大学物理
自主学习模式的建构

曹秀华 编著

清華大学出版社
北京

内容简介

大学物理是高等学校非物理类理工科专业的基础课程。本书是大学物理课程通用辅导教材。本书共15个案例均设"知识框图""任务分析与学习方法""内容提要""疑难点分析与课题研究""例题指导""反思与总结"等单元，把学习者的心理学特点与具体学科知识结合，对学习过程中可能出现的主要疑难问题作出了较为全面的分析，并提供自我测试，覆盖主要知识点。

本书可供大学物理课程教学的师生使用，也可供研究生、科研人员、自学者参考使用。

图书在版编目(CIP)数据

大学物理自主学习模式的建构/曹秀华编著. —北京：清华大学出版社，2020.2
ISBN 978-7-302-54897-3

Ⅰ. ①大…　Ⅱ. ①曹…　Ⅲ. ①物理学－高等学校－教学参考资料　Ⅳ. ①O4

中国版本图书馆 CIP 数据核字(2020)第 024780 号

责任编辑：朱红莲
封面设计：常雪影
责任校对：赵丽敏
责任印制：宋　林

出版发行：清华大学出版社
　　网　　址：http://www.tup.com.cn，http://www.wqbook.com
　　地　　址：北京清华大学学研大厦 A 座　　**邮　　编**：100084
　　社 总 机：010-62770175　　**邮　　购**：010-62786544
　　投稿与读者服务：010-62776969，c-service@tup.tsinghua.edu.cn
　　质量反馈：010-62772015，zhiliang@tup.tsinghua.edu.cn
印 装 者：三河市铭诚印务有限公司
经　　销：全国新华书店
开　　本：185mm×260mm　　**印　　张**：24.25　　**字　　数**：585 千字
版　　次：2020 年 4 月第 1 版　　**印　　次**：2020 年 4 月第1 次印刷
定　　价：68.00 元

产品编号：058205-01

前言

本书主要是从课程与教学论维度出发，研究的是学生学习方式的转变，解决的是学生“怎样学”的问题，而不是传统意义上教师的“教”与“灌”和学生的“受”与“考”。

在我国课程与教学论领域，教师队伍兴起了反思的热潮。学习目标、课程目标的重大变化，必然要求创新教学模式。通过对教育理论的深入研究、学生心理特征分析及对教学者教学目的、内容、过程等的反思，从而改变学习者的学习方式，促进学生三维的整体发展，对培养未来需要的创新人才具有极其重大的现实意义。本书正是从这个战略高度出发，通过深入研究施教理论、学习理论和教学设计策略，使本书具有较强的理论价值、学科特性、个人鲜明特色，以期对施教者、学习者都有具体指导作用。

本书内容概要如下：第一部分主要分析大学生的心理特点及自主学习材料应具有的特征，第二部分是将自主学习循环模式引入物理课堂的学科案例及策略指导。15 个案例均设“知识框图”“任务分析与学习方法”“内容提要”“疑难点分析与课题研究”“例题指导”“反思与总结”等单元。本书具有以下特点：

其一，观点新颖。例如“知识框图”——“质点动力学”分列出牛顿定律，进而从“力的时间积累效应、力的位移积累效应、力的转动效应”分别构建了“冲量与动量、功和能、冲量矩与角动量”，与构建“动量定理、能量定理、角动量定理”分别构成横向与纵向的概念关系图式，并由并列关系引申三个守恒定律；由此上升从而归纳出普遍的“动量守恒空间匀称性和普遍的能量守恒时间匀称性”，从中发现物理学科的发展与自然界的匀称美学，给人以极大的视觉享受和宏大的框架建构与发现，探求如何让学习者的提炼与综合能力得到一次又一次的训练与升华，探求大学物理的教学规律与实质。

例如“任务分析与学习方法”——以大学物理学科知识为依托，探求怎样让学习者在具体的学习过程中培养对比法、微分法、积分法、补偿法、知识迁移法等方法。

其二，视角独特。例如“内容提要”——把物理学科知识纵向划分出陈述性知识与程序性知识；横向划分出显性知识与隐性知识；方法论维度划分出认知策略、元认知策略、资源管理策略等，给学习者提供了可操作技术。

又如“疑难点分析与课题研究”——把学习者的心理学特点与具体学科知识结合，对学习过程中可能出现的主要疑难问题作出了较为全面的分析，并提供自我测试。

其三，自成系统。如“例题指导”不是常规意义上的习题解析，而是探求如何组题才能把具有不同却又相似的物理规律的一些习题进行创新性组合，如在“案例二　质点动力学”中关于柔软绳索在向上提起、自由掉下、从桌边自由滑落、有摩擦滑落、从小孔掉下等情况共搜集了 6 类问题，表面很相似，实质其物理规律却不同，学习者非常容易混淆，本书将它们进行了具体分析与对比，探求如何培养学习者的观察、类比及对概念的升华与提升能力。事实上这样才符合教学论的实质所归。

其四，方法多样。在“内容提要”中穿插了“物理沙龙”和“课题研究”，为让学习者对各重要知识点的掌握与了解物理学家做出的贡献，穿插了物理巨擘的人物生平和轶事。本书特别强调对祖国优秀文化的弘扬，如指出，我国古代数学家刘徽等最早由“割圆术”创造的“极限思想”比牛顿创立微积分早1500多年历史。通过引出诸多学者是如何推翻前人观点的错误，在探索过程中遇到了什么困难，如何解决的，采用什么样的科学方法等问题将引起学习者的极大兴趣和欲望，促使学习者查找文献，进行自主学习、自我完善，达到自我满足的心理需求。

本着“以人为本”的原则，遵循教育规律，运用建构主义教学理论并结合杜威的反思性思维“五步论”、维果斯基的最近发展区理论、巴纳德的“协作系统论”等，本书内容注重培养学生的探索、发现、重构知识的能力，达到意义建构，提高认知能力，探索培养学生协作互动学习的有效策略。

本书在编写过程中参考了国内同类教学辅导书及其他教学资料，编者在此表示衷心感谢。

本书具有一定的通用性，可作为理工科院校学生的自学辅导书，也可作为理工院校各相关专业大学物理课程的教学参考书。也是广大教师、教育工作者、教育学者研究教育、教学改革的参考素材。

限于编者水平，书中难免出现错漏之处，敬请批评指正。

曹秀华

2019年10月于苏州

目录

绪论

大学物理课程学习具备的自主学习特点

21 世纪所需要的人才应该是能够自我获取知识、更新知识的创造型人才,学校教育只有适应这种变革和挑战,教会学生自我获取知识的方法,培养学生的自主学习能力,才能为社会输送大批高素质人才。本书以主体性教育理论、建构主义学习理论为基础,从大学物理学科的特点出发,在研究相关文献的基础上,对大学生物理自主学习能力的现状进行分析,根据学生自主学习能力的现状和相关理论,就教师的不同教学方法对大学生自主学习大学物理的影响进行研究。

0.1 大学生的心理特点与自主学习

1. 主要生理特点与心理特点

(1) 主要生理特点: 我国大学生多数处于青年中期(18～24 岁)这一年龄阶段。在这个阶段,个体的生理发展已接近完成,已具备了成年人的体格及种种生理功能。

(2) 主要心理特点: 心理发展趋向完善。即形成了较完善的自我概念,形成了较稳定的个性。

(3) 兴趣与情感特点: 大学时期是真正认识自我的时期。大学生所处的年龄阶段和所具备的文化水准,决定了他们不再像中学生那样眼光向外,对外界的事物感兴趣,急于去了解世界,把握外部环境,急于显示自己的独立,想做环境的主人; 而是眼光向内,注重对自己进行体察和分析,把自我分化为主体的我和客体的我,以及理想的我和现实的我。注意内省,注重探求自己微妙的内心世界,力图理解自己情感、心理的变化,自觉地从各方面了解自己,塑造自己的形象,设计自我的模式。大学校园这种特殊的环境,又是十分强调独立、注重自我确立的地方,许多大学生在较大程度上能按照自己的方式安排自己的生活,校园有一种宽松自由的氛围。

2. 自主学习物理的思维过程

(1) 发现问题: 发现问题的一般方法有两种: 因果法,比较与联想法。

(2) 分析问题: 发现问题后要进一步分析问题的特点与条件。

(3) 提出假设: 在分析问题时,要提出假设,考虑解决的方法,这样,思维就在寻求问题的解答中深入发展了。

(4) 检验结论: 根据假设,一旦找到解答,还要回到原来的问题中,思维就在检验的过程中进一步发展了。

在物理教学中,既要充分运用物理实验,特别注意展现物理图景,重视表象的作用,又要重视思维的进一步发展，创造条件向抽象逻辑思维过渡。

分析大学生的心理特点，可知：

（1）大学生的认知、自我发展为自主学习准备了内部条件。

（2）教学实践有助于促进学生的自主学习。

0.2 大学物理课程学习应具备的自主学习特点

表0.1列出自主学习式材料的特点和一般材料的特点对比。

表0.1 自主学习式材料和一般材料的特点对比

自主学习式材料	一般材料
引发学习兴趣	预设学生有学习兴趣
预估学习使用时间	未估计学习使用时间
有明确的学习者	广大的使用群
提供学习目的及目标	很少提供学习目的及目标
采用多种学习途径	基本上采用单一学习模式
根据学生的要求设计教材结构	根据学术、专业决定教材结构
强调自我评价活动	很少或没有自我评价活动
注意学生可能遇到的学习困难	不太关注学习者可能遇到的困难
提供内容的总结	很少提供内容的总结
使用个人化的称谓	不使用个人化的称谓
内容详细陈述	内容精简、浓缩
版面留出的空白较多，低信息容量设计	版面充满文字，采用高容量设计法
寻求学生的评价反馈	很少顾及学习者的观点
提供学习技巧的建议	很少提供学习技巧方面的建议
需要学习者主动回应	学习者被动阅读
以达成有效的学习为目的	以习得专业知识为主要目的
鼓励学习者共同参与	假设学习者是个别使用
清楚鲜明的教材结构	较笼统的学习结构
简单的语法、词句	复杂、典雅的语法和词句
较短的课程片段	较长的课程片段
使用大量的范例、图表	不特别使用范例、图表
引用学习者的经验	以学科逻辑顺序为主
建议对知识进行应用	较不注重知识的应用

采用合理编排方式，可以使学生首先大致了解一章中要学习的内容，明确自己的学习目标，“自我测试”则用来提示学生回忆与当前学习内容相关的已有经验，或以诗或以散文的形式呈现，蕴含了物理世界诗句般的美妙和新奇，大大激发学习兴趣，同时又培养了跨学科的文学素养的积累。然后对照目标学习各节的内容。在学完每节内容后，也可以帮助学生检查自己对内容的掌握情况。

学习材料不但要有利于培养学生的自我学习能力和创新精神，而且还要培养学生综合运用知识的能力、收集和处理信息的能力、分析和解决问题的能力、语言表达能力等。总之，学习材料在整体上要体现以学生为主体的教学思想，在培养学生的自主学习意识和创造能力方面起到积极作用。

1. 要在教学研究与设计中能够渗透和实现以下 4 个转变：

（1）由单纯传播知识向既传播知识又培养能力转变

重视学生的生活经验，传递多种与科学内容相伴的大量其他信息。它强调培养学生的“独立思考能力”“观察实验能力”“科学思维能力”“学科思维能力”等。

（2）由“重结论”向“重过程”转变

哈佛大学有一种观点认为：不必过分重视是否有正确的答案，而应重视思维过程。要特别注重分析物理过程和物理情景，注意分析问题的来龙去脉，注意问题的叙述和铺垫，这不仅有利于学生形成知识结构，而且能够培养学生的分析解决问题的能力，引导学生进行科学的思考，通过自己的实践得出结论。

（3）由“重知识”向“重方法”尤其是“学科思想方法”转变

比如在任务分析与学习方法中指出很多物理研究方法和思想方法。例如，可以利用物理沙龙认识多普勒，设计光速学习时认识伽利略，帮助学生学习科学精神与科学态度。在教学设计中，我们应该充分重视和利用这些材料，帮助学生树立科学观，了解科学的社会功能，以此来培养学生的科学思维能力。

（4）由“重理论”向“重实践”转变

从培养 21 世纪合格人才的角度考虑，要注重课本知识与社会和生活的联系，加强知识的实用性，引导学生关心实际问题，把所学物理知识应用到实际中去。例如，降低光学的计算要求，加强力学、声学、光学与实际的应用等。此外，课题研究也要密切联系实际，包括自然现象、体育、现代生活、科学实验、各种产业部门中的实际问题，以及现代科学技术的发展等。

2. 贯彻学生为主体、教师为主导的观念

（1）利用知识结构框图教学，培养学生逻辑思维能力

加强知识结构框图教学设计，不仅能够使学生对物理结构框架有明确的认识，帮助学生理解概念和规律之间的联系，还能够培养学生的逻辑思维能力，培养实事求是的科学态度，引起学习兴趣。

（2）利用图像教学，培养学生观察、分析问题的能力

没有观察，就没有发现；没有分析，就没有创造。通过精心设计许多插图，它们与所要学内容紧密联系，既增强了趣味性，又能真实地反映物理内涵，且形象直观、生动，还可以培养学生观察、分析问题的能力。因此要在教学设计中建立与引导学生用心读图，分析、体会插图所表现的物理规律。

（3）培养学生归纳、整理数据的能力

很多科学规律都是从数据中总结出的，要创新，必须具有获取信息和利用资源的能力。重视材料中表格、数据的教学设计，教会学生获取、分析、处理数据的能力，能够培养学生透过现象看本质进行创新的能力。

（4）利用“物理沙龙”“课题研究”展开讨论，培养学生发表见解的意识和勇气

案例中的“课题研究”“自我测试”是编者精心设计的，目的是通过师生对问题的讨论，使学生进一步加深对物理规律和概念的理解，分散学习难点，培养学生发表见解的意识和勇气。在教学实施中，教师应该组织学生积极思考，充分发挥学生的主体作用，不可包办代替

或直接告诉学生结论。例如，在探究“波的传播特点”时，让同学们交流：①各自探究结果是否相同？②关于波的传播的特点，你还有哪些猜想？准备怎样去验证？通过讨论，不仅使学生认识机械波的特点，而且培养了学生透过现象看本质的能力。

（5）精心设计问题，指导学生阅读与实验，培养学生的自主学习习惯

要使学生学会自主学习，必须培养学生的自主学习习惯。学习的内容文字编排要浅显，适合学生阅读自学，而且设计的问题要注意层次，力求做到“低起点，小坡度”，且具有启发性，能够激发学生的求知欲，开发学生的智力。

3. 运用“知识框图”培养学生的逻辑思维能力

全书的知识框图的设置，让学生学前以及学完每章对学习内容重点及内在逻辑关系有一个准确把握与提炼，这种知识框图实质上是所学内容的内在筋脉的直观外化。教师要逐步培养学生能准确把它抽象、提炼、概括出来的思维能力。

4. 利用学习材料培养学生发现问题的能力

传统教学只注重培养学生解决别人设置的问题，不注重培养学生发现问题的能力。而要培养学生的创造能力，必须培养学生发现问题的能力。爱因斯坦曾说：“提出一个问题往往比解决一个问题更重要。”“而提出新的问题，新的可能性，从新的角度去看待旧的问题，却需要有创造性的想象力，而且标志着科学的真正进步。”学习材料与设计为学生提供了很多趣味性及拓展性内容，目的是要让学生通过对这些材料的研究发现问题，培养学生发现问题的能力。因此，在教学的设计过程中我们应建立引导、鼓励和培养学生在学习过程中大胆质疑、敢于争辩、勇于发表自己的见解的理念。

第1章

将自主学习循环模式引入物理课堂的教学案例及剖析

案例一 质点运动学

第一 质点运动学知识框图

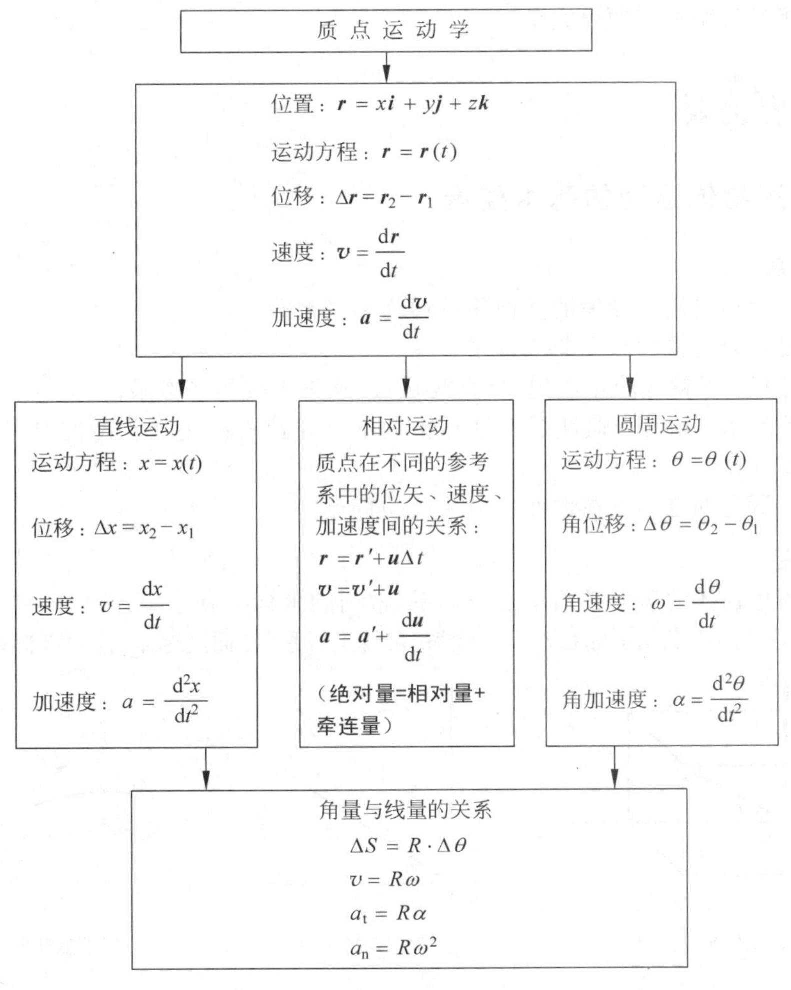

第二 任务分析与学习方法

(1) 了解描述物体运动的基本要素：参考系、坐标系；物理模型(如质点、质点系、刚体)；初始状态(或初始条件)。

(2) 掌握描述质点运动的基本物理量：位矢；位移；矢径；平均速度；瞬时速度；平均加速度；瞬时加速度的定义；速度的大小、平均速率、速率的区分；明确这些物理量的矢量特征与标量特征。

(3) 掌握求解质点运动的两类问题(由已知运动方程求解速度、加速度；由已知初始状态及速度、加速度求解运动方程)。

(4) 掌握曲线运动的角量表示以及角量与线量之间的关系。

(5) 理解相对运动的有关概念，掌握各物理量的相对量、绝对量与牵连量的关系。

(6) 学会用微元法、积分法、统一变量法、图示法、模型法、三角法等解决实际问题；学会直角坐标法与自然坐标法之间的转换与等价关系。

(7) 学会运用推理方法、理想模型法、数学方法、实验方法、文献对比法以及伽利略的科学研究方法等进行微型课题研究。

第三 内容提要

一、描述物体运动的基本要素

1. 参考系

描述物体运动时用作参考的其他物体称为参考系。

参考系可以分为惯性系和非惯性系。

惯性系是指：保持或静止或匀速(直线)运动状态不变的参考系；

非惯性系是指：相对于惯性系不是静止且不是匀速直线运动状态的参考系(这将在案例二中进一步阐释)。

本章主要研究的是质点在惯性系中的运动特点。

2. 坐标系

要定量描述物体的运动必须建立坐标系，常用的坐标系有：

直角坐标系(即笛卡儿坐标系)、极坐标系、自然坐标系、球面坐标系、柱面坐标系等(图 1.1)。

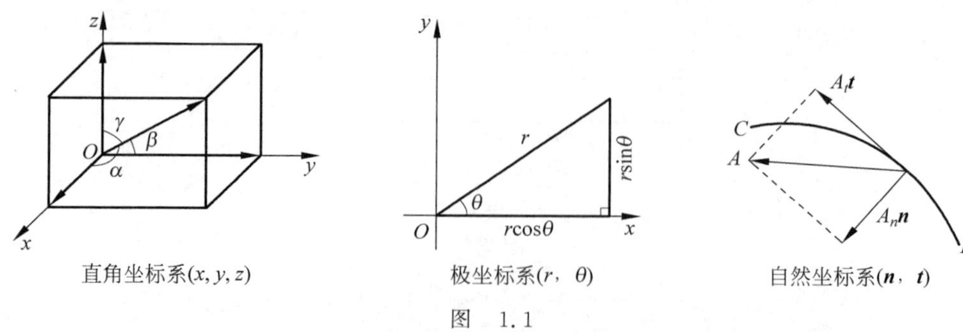

图 1.1

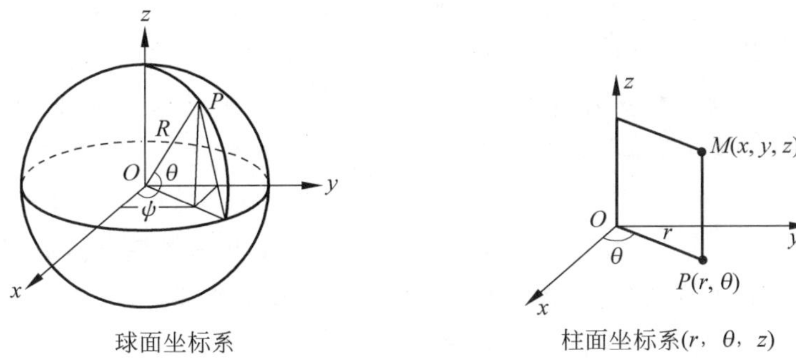

图 1.1 （续）

3. 物理模型

（1）质点：质点是指只考虑物体的质量，其形状、大小与其运动的空间相比可以忽略不计的理想模型，或者物体仅作平动，各点具有相同的速度和加速度，此时也可将该物体抽象为一个质点。

（2）质点系：质点系是指如果物体不具备上述两个特点，可以将物体分割出许多无限小的质量元，每个质量元可以看成一质点，此时物体就变成了许多质点构成的质点系。

（3）刚体：刚体是指各质量元之间无相对位移的质点系，将在案例三中讨论刚体的运动特点。

4. 初始状态(即初始条件)

指开始计时时刻物体所在的位置和速度(或角位置和角速度)，这会影响下一个时刻物体的运动状态。(如已知 $t=3\text{s}, x=4\text{m}, y=-5\text{m}, v=2\text{m/s}$ 就是质点的初始条件)

物理沙龙一

笛卡儿轶事：蜘蛛织网和平面直角坐标系的创立

勒奈·笛卡儿(Rene Descartes，1596—1650)，1596 年 3 月 31 日生于法国都兰城。笛卡儿是伟大的哲学家、物理学家、数学家、生理学家，也是解析几何的创始人。笛卡儿是欧洲近代资产阶级哲学的奠基人之一，黑格尔称他为“现代哲学之父”。他自成体系，熔唯物主义与唯心主义于一炉，在哲学史上产生了深远的影响。同时，他又是一位勇于探索的科学家，他所建立的解析几何在数学史上具有划时代的意义。笛卡儿堪称 17 世纪欧洲哲学界和科学界最有影响的巨匠之一，被誉为“近代科学的始祖”。

勒奈·笛卡儿

据说有一天，笛卡儿生病卧床，病情很重，尽管如此他还反复思考一个问题：几何图形是直观的，而代数方程是比较抽象的，能不能把几何图形和代数方程结合起来，也就是说能不能用方程来表示几何图形呢？

要想达到此目的，关键是如何把组成几何图形的点和满足方程的每一组“数”挂上钩，他苦苦思索，拼命琢磨，通过什么样的方法，才能把“点”和“数”联系起来。突然，他看见屋顶角上的一只蜘蛛，拉着丝垂了下来。一会功夫，蜘蛛又顺着丝爬上去，在上边左右拉丝。蜘蛛的“表演”使笛卡儿的思路豁然开朗。他想，可以把蜘蛛看作一个点。它在屋子里可以上、下、左、右运动，能不能把蜘蛛的每一个位置用一组数确定下来呢？

他又想，屋子里相邻的两面墙与地面交出了三条线，如果把地面上的墙角作为起点，把交出来的三条线作为三根数轴，那么空间中任意一点的位置就可以在这三根数轴上找到有顺序的三个数。反过来，任意给一组三个有顺序的数也可以在空间中找到一点 P 与之对应，同样道理，用一组数 (X,Y) 可以表示平面上的一个点，平面上的一个点也可以用一组两个有顺序的数来表示，这就是坐标系的雏形。

笛卡儿曲线(邮票)

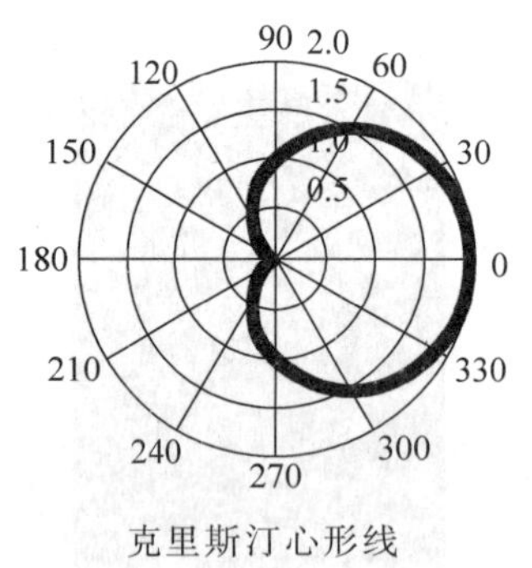

克里斯汀心形线

笛卡儿与克里斯汀心形线的故事

《数学的故事》里面说到了数学家笛卡儿的爱情故事。欧洲大陆爆发黑死病时他流浪到瑞典，认识了瑞典一个小公国 18 岁的小公主克里斯汀，后来成为她的数学老师，日日相处使他们彼此产生爱慕之心，公主的父亲国王知道后勃然大怒，下令将笛卡儿处死，后因女儿求情才将其流放回法国，克里斯汀公主也被父亲软禁起来。笛卡儿回法国后不久便染上重病，他日日给公主写信，因被国王拦截，克里斯汀一直没收到笛卡儿的信。笛卡儿在给克里斯汀寄出第十三封信后就气绝身亡了，这第十三封信内容只有短短的一个公式：$r=a(1-\sin\theta)$。国王看不懂，觉得他俩之间并不是总说情话的，便大发慈悲把这封信交给一直闷闷不乐的克里斯汀。公主看到后，立即确知了恋人的意图，她马上着手把方程的图形画出来，看到图形，她开心极了，她知道恋人仍然爱着她，原来方程的图形是一颗心的形状。这也就是著名的“心形线”。

国王死后，克里斯汀登基，立即派人在欧洲四处寻找她的心上人，无奈斯人已故，先她走一步了，徒留她孤零零在人间。

据说这封享誉世界的另类情书还保存在欧洲笛卡儿的纪念馆里。

二、描述质点运动的基本物理量

1. 位矢 $\boldsymbol{r}$

由坐标原点 O 指向质点所在位置处的有向线段。

(1) 在笛卡儿坐标系中表示为 $\boldsymbol{r}=x\boldsymbol{i}+y\boldsymbol{j}+z\boldsymbol{k}$，其大小关系为

$$\begin{cases}x=r\cos\alpha\\y=r\cos\beta\\z=r\cos\gamma\end{cases}$$

位矢的大小又叫矢径的长度：$|\boldsymbol{r}|=r=\sqrt{x^2+y^2+z^2}$

(2) 在平面极坐标系中表示为 $\boldsymbol{r}(r,\theta)$，$\boldsymbol{r}$ 是指由坐标原点 O 指向该质点的有向线段，θ 为由 x 轴逆时针绕向 $\boldsymbol{r}$ 的夹角，其大小关系为

$$\begin{cases}x=r\cos\theta\\y=r\sin\theta\end{cases}$$

2. 运动方程

$$\boldsymbol{r}=\boldsymbol{r}(t)\quad 或\quad \boldsymbol{r}(t)=x(t)\boldsymbol{i}+y(t)\boldsymbol{j}+z(t)\boldsymbol{k}$$

表示质点位置随时间变化的函数式，写成分量式：

$$\begin{cases}x=x(t)\\y=y(t)\\z=z(t)\end{cases}$$

轨道方程：从上式中消去时间 t，即得到质点的轨道方程。

3. 位移 $\Delta\boldsymbol{r}$：$\Delta\boldsymbol{r}=\boldsymbol{r}_2-\boldsymbol{r}_1$

(1) 指质点运动时位置的移动或改变，用由起点指向终点的有向线段来描述位移；

(2) 也可以理解为位矢的变化，它是矢量；

(3) 而路程是指由起点到终点的轨迹的长度，是标量。

4. 对比学习平均速度、瞬时速度、平均速率、瞬时速率

(1) 平均速度、瞬时速度

平均速度 $\bar{\boldsymbol{v}}$：是用位移除以时间来计算，$\bar{\boldsymbol{v}}=\dfrac{\Delta\boldsymbol{r}}{\Delta t}$，是质点在单位时间内位矢的变化，它是矢量。

瞬时速度 $\boldsymbol{v}$：$\boldsymbol{v}=\dfrac{\mathrm{d}\boldsymbol{r}}{\mathrm{d}t}=\lim\limits_{\Delta t\to0}\dfrac{\Delta\boldsymbol{r}}{\Delta t}$，表示 $\Delta t\to0$ 时平均速度的极限值，又叫该时刻的速度，它是矢量。在笛卡儿坐标系中，$\boldsymbol{v}=\lim\limits_{\Delta t\to0}\dfrac{\Delta\boldsymbol{r}}{\Delta t}=\dfrac{\mathrm{d}\boldsymbol{r}}{\mathrm{d}t}=\dfrac{\mathrm{d}x}{\mathrm{d}t}\boldsymbol{i}+\dfrac{\mathrm{d}y}{\mathrm{d}t}\boldsymbol{j}+\dfrac{\mathrm{d}z}{\mathrm{d}t}\boldsymbol{k}=\boldsymbol{v}_x+\boldsymbol{v}_y+\boldsymbol{v}_z$，也可写成：$\boldsymbol{v}=v_x\boldsymbol{i}+v_y\boldsymbol{j}+v_z\boldsymbol{k}$；在自然坐标系中，$\boldsymbol{v}=v_{\mathrm{t}}\boldsymbol{e}_{\mathrm{t}}+v_{\mathrm{n}}\boldsymbol{e}_{\mathrm{n}}$，其中切向速度 $v_{\mathrm{t}}=\dfrac{\mathrm{d}v}{\mathrm{d}t}$，法向速度 $v_{\mathrm{n}}=\dfrac{v^2}{\rho}$，$\rho$ 是指曲率半径。

(2) 平均速率、瞬时速率

平均速率 $\bar{v}$：是用路程除以时间，$\bar{v}=\dfrac{\Delta s}{\Delta t}$是指单位时间内路程的变化，它是标量。

瞬时速率 v：$v=\lim\limits_{\Delta t\to0}\dfrac{\Delta s}{\Delta t}=\dfrac{\mathrm{d}s}{\mathrm{d}t}$表示 $\Delta t\to0$ 时路程变化的极限值，它是标量。

瞬时速率就是瞬时速度的大小，而平均速率不是平均速度的大小，即$|\bar{\boldsymbol{v}}|\neq\bar{v}$。

（3）平均加速度、瞬时加速度

平均加速度 $\bar{\boldsymbol{a}}$：$\bar{\boldsymbol{a}}=\dfrac{\Delta \boldsymbol{v}}{\Delta t}$，是指单位时间内速度的增量（或改变）。

瞬时加速度 $\boldsymbol{a}$：$\boldsymbol{a}=\lim\limits_{\Delta t\to 0}\dfrac{\Delta \boldsymbol{v}}{\Delta t}=\dfrac{\mathrm{d}\boldsymbol{v}}{\mathrm{d}t}=\dfrac{\mathrm{d}^2\boldsymbol{r}}{\mathrm{d}t^2}$，指 $\Delta t\to 0$ 时平均加速度的极限值。

在笛卡儿坐标系中，$\boldsymbol{a}=a_x\boldsymbol{i}+a_y\boldsymbol{j}+a_z\boldsymbol{k}=\dfrac{\mathrm{d}v_x}{\mathrm{d}t}\boldsymbol{i}+\dfrac{\mathrm{d}v_y}{\mathrm{d}t}\boldsymbol{j}+\dfrac{\mathrm{d}v_z}{\mathrm{d}t}\boldsymbol{k}$。

在自然坐标系中，$\boldsymbol{a}=a_\mathrm{t}\boldsymbol{e}_\mathrm{t}+a_\mathrm{n}\boldsymbol{e}_\mathrm{n}$，$a_\mathrm{t}$ 为切向加速度，a_n 为法向加速度：

$$\begin{cases} a_\mathrm{t}=\dfrac{\mathrm{d}v}{\mathrm{d}t} \\ a_\mathrm{n}=\dfrac{v^2}{\rho} \end{cases}$$

课题设计：

把上述 6 个概念（平均速度、瞬时速度、平均速率、瞬时速率、平均加速度、瞬时加速度）设计出二维表，分析其中一个概念怎样从前一个概念中获得，并分析每两个概念之间存在怎样的地位关系，是地位相当还是延伸关系，分析存在纵向关系的一组或几组概念，分析讨论在实际生活中能够实验与测量的是哪些概念。

拓展介绍：

我国魏晋时期数学家刘徽于公元 263 年撰写《九章算术注》，在这一公式后面写了一篇 1800 余字的注记，这篇注记就是数学史上著名的“割圆术”。“割圆术”，即是以“圆内接正多边形的面积”来无限逼近“圆面积”。刘徽形容他的“割圆术”说：割之弥细，所失弥少，割之又割，以至于不可割，则与圆合体，而无所失矣。随着圆面积公式的证明，刘徽也创造出了求圆周率精确近似值的科学程序。在刘徽之前古希腊数学家阿基米德也曾研究过求解圆周率的问题。古希腊人的穷竭法也蕴含了极限思想，但由于希腊人对“无限”的恐惧，他们避免“取极限”，而是借助于间接证法——归谬法来完成了有关的证明。

到了 16 世纪，荷兰数学家斯泰文在研究三角形重心的过程中改进了古希腊人的穷竭法，他借助几何直观，大胆地运用极限思想思考问题，放弃了归谬法的证明。

起初牛顿（1643 年 1 月 4 日—1727 年 3 月 21 日）和莱布尼茨以无穷小概念为基础建立微积分，后来因遇到了逻辑困难，所以在他们晚年都不同程度地接受了极限思想。牛顿用路程的改变量 ΔS 与时间的改变量 Δt 之比 $\Delta S/\Delta t$ 表示运动物体的平均速度，让 Δt 无限趋近于零，得到物体的瞬时速度，并由此引出导数概念和微分学理论。

可见，我国古代数学家刘徽等最早由“割圆术”创造“极限思想”比牛顿创立微积分早 1500 多年历史。到了 19 世纪，法国数学家柯西在前人工作的基础上，比较完整地阐述了极限概念及其理论，但柯西（他一生中最重要的贡献主要是在微积分学、复变函数和微分方程这三个领域)的叙述中还存在描述性的词语,如"无限趋近""要多小就多小"等,因此还保留着几何和物理的直观痕迹。为了排除极限概念中的直观痕迹,维尔斯特拉斯(德国数学家,被誉为"现代分析之父")提出了极限的静态的定义,给微积分提供了严格的理论基础,之后,维尔斯特拉斯建立的 ε-N 语言,用静态的定义刻划变量的变化趋势。这种"静态—动态—静态"的螺旋式的演变,反映了数学发展的辩证规律。

人们先在小范围内用匀速代替变速,并求其平均速度,把瞬时速度定义为平均速度的极限,就是借助于极限的思想方法——从"不变"来认识"变"的。

设计问题 1:

以割圆术和瞬时速度为例,你怎样理解"量变和质变既有区别又有联系,两者之间有着辩证的关系"?

设计问题 2:

如何理解"近似与精确是对立统一关系,两者在一定条件下也可相互转化"?

设计问题 3:

以"极限"为关键词,举身边生活的例子写出你对极限思想的理解。

5. 运动的独立性原理或运动的叠加原理

质点的运动是各个分运动的合成,一个运动可以看成由几个同时进行的各自独立的运动叠加而成,称为运动的叠加原理,可以采用"正交分解法"或"平行四边形法"进行分解与合成。如:抛体运动($\boldsymbol{a}=-g\boldsymbol{j}$)可以看成是由水平方向的匀速直线运动与竖直方向的匀变速直线运动的叠加。

6. 抛体运动

抛体运动中忽略空气阻力,物体具有恒定的重力加速度,是平面曲线运动,可以分解为水平方向的匀速直线运动和竖直方向的加速度为 $-g$ 的匀变速直线运动,设抛体初始速度为 v_0,与 x 轴的夹角为 θ,则

抛体在空中的加速度为

$$\begin{cases} a_x = 0 \\ a_y = -g \end{cases}$$

任一时刻的速度为

$$\begin{cases} v_x = v_0 \cos\theta \\ v_y = v_0 \sin\theta - gt \end{cases}$$

抛体的运动方程为

$$\begin{cases} x = v_0 \cos\theta \cdot t \\ y = v_0 \sin\theta \cdot t - \dfrac{1}{2} g t^2 \end{cases}$$

抛体的轨道方程为

$$y = x\tan\theta - \frac{1}{2}\frac{gx^2}{v_0^2 \cos^2\theta}$$

物理沙龙二

伽利略·伽利雷(Galileo Galilei，1564—1642)，意大利物理学家、天文学家、比萨大学教授。伽利略发明了摆针和温度计，他在科学上为人类做出过巨大贡献，是近代实验科学的奠基人之一。他被誉为“近代力学之父”“现代科学之父”和“现代科学家的第一人”。

伽利略铜像

伽利略画像

他在力学领域推翻了亚里士多德关于“物体落下的速度与重量成正比例”的学说(两个铁球同时落地)，建立了自由落体定律；伽利略对运动基本概念，包括重心、速度、加速度等都做了详尽研究，并给出了严格的数学表达式。尤其是加速度概念的提出，在力学史上是一个里程碑；还发现物体的惯性定律、摆振动的等时性和抛体运动规律；在发现惯性定律的基础上，伽利略提出了相对性原理：力学规律在所有惯性坐标系中是等价的。力学过程对于静止的惯性系和运动的惯性系是完全相同的；他是利用望远镜观测天体取得大量成果的第一位科学家。这些成果包括：发现月球表面凹凸不平，木星有四个卫星(现称伽利略卫星)，太阳黑子和太阳的自转，金星、木星的盈亏现象以及银河由无数恒星组成等。他用实验证实了哥白尼的“地动说”，彻底否定了统治千余年的亚里士多德和托勒密的“天动说”。

但是，伽利略在晚年受到了迫害。年近七旬而又体弱多病的伽利略被迫在寒冬季节抱病前往罗马，在严刑威胁下被审讯了三次，根本不容申辩。几经折磨，最终于1633年6月22日在圣玛丽亚修女院的大厅上由10名枢机主教联席宣判，主要罪名是违背“1616年禁令”和圣经教义。伽利略被迫跪在冰冷的石板地上，在教廷已写好的“悔过书”上签字。主审官宣布：判处伽利略终身监禁；《对话》必须焚绝，并且禁止出版或重印他的其他著作。此判决书立即通报整个天主教世界，凡是设有大学的城市均须聚众宣读，借此以一儆百。

设计问题4：

据说，伽利略并没有亲自在比萨斜塔上做“两个铁球同时落地”的著名试验，请同学们查找文献，这个说法是否成立？

三、质点运动学的两类问题

(1) 由已知运动方程 $\boldsymbol{r}=\boldsymbol{r}(t)$ 求解质点的各个物理量及运动轨迹(通过求导得到速度、加速度;通过消去参数 t 得到轨道方程)。

(2) 由已知质点的某个物理量(速度或加速度)及初始状态(条件)求解运动方程 $\boldsymbol{r}=\boldsymbol{r}(t)$ 的表达式(通过求积分得到位置矢量的表达式)。

四、圆周运动的角量表示

1. 平面极坐标系中速度的表示:

$$\boldsymbol{v}=\frac{\mathrm{d}r}{\mathrm{d}t}\boldsymbol{e}_{\mathrm{r}}+r\frac{\mathrm{d}\theta}{\mathrm{d}t}\boldsymbol{e}_{\theta}$$

$\frac{\mathrm{d}r}{\mathrm{d}t}$为径向(法向)速度,$r\frac{\mathrm{d}\theta}{\mathrm{d}t}$为横向(切向)速度。

2. 自然坐标系中加速度的表示:

$$\boldsymbol{a}=\boldsymbol{a}_{\mathrm{t}}+\boldsymbol{a}_{\mathrm{n}}=\frac{\mathrm{d}v}{\mathrm{d}t}\boldsymbol{e}_{\mathrm{t}}+\frac{v^{2}}{\rho}\boldsymbol{e}_{\mathrm{n}}$$

切向加速度 $\boldsymbol{a}_{\mathrm{t}}=\frac{\mathrm{d}v}{\mathrm{d}t}\boldsymbol{e}_{\mathrm{t}}$,反映了速度大小的改变;

法向加速度 $\boldsymbol{a}_{\mathrm{n}}=\frac{v^{2}}{\rho}\boldsymbol{e}_{\mathrm{n}}$,反映了速度方向的改变。

我们已经知道质点的运动可以用一系列线量表示,如 $\boldsymbol{r}$,$\Delta\boldsymbol{r}$,$\boldsymbol{v}$,$\boldsymbol{a}$,则在圆周运动中引入以下角量表示:θ,$\Delta\theta$,ω,α,对比表 1.1 如下,请同学们理解并掌握概念之间的平等关系、递进关系和知识迁移方法。

表 1.1 直线运动和圆周运动的各量表示

直线运动	圆周运动(半径为 R)
位置:$\boldsymbol{r}=\boldsymbol{r}(t)$	角位置:$\theta=\theta(t)$
位移:$\Delta\boldsymbol{r}=\boldsymbol{r}_2-\boldsymbol{r}_1$	角位移:$\Delta\theta=\theta_2-\theta_1$
速度:$\boldsymbol{v}=\frac{\mathrm{d}\boldsymbol{r}}{\mathrm{d}t}=\lim\limits_{\Delta t\to 0}\frac{\Delta\boldsymbol{r}}{\Delta t}$	角速度:$\omega=\frac{\mathrm{d}\theta}{\mathrm{d}t}=\lim\limits_{\Delta t\to 0}\frac{\Delta\theta}{\Delta t}$
加速度:$\boldsymbol{a}=\lim\limits_{\Delta t\to 0}\frac{\Delta\boldsymbol{v}}{\Delta t}=\frac{\mathrm{d}\boldsymbol{v}}{\mathrm{d}t}=\frac{\mathrm{d}^2\boldsymbol{r}}{\mathrm{d}t^2}$	角加速度:$\alpha=\lim\limits_{\Delta t\to 0}\frac{\Delta\omega}{\Delta t}=\frac{\mathrm{d}\omega}{\mathrm{d}t}=\frac{\mathrm{d}^2\theta}{\mathrm{d}t^2}$
二者关系:$\begin{cases}r=R\theta\\ v=R\omega\\ a_{\mathrm{t}}=R\alpha\\ a_{\mathrm{n}}=\frac{v^2}{R}=R\omega^2\end{cases}$	
匀变速直线运动$\begin{cases}v_{\mathrm{t}}=v_0+at\\ x-x_0=v_0t+\frac{1}{2}at^2\\ v_{\mathrm{t}}^2=v_0^2+2a(x-x_0)\end{cases}$	匀变速圆周运动$\begin{cases}\omega_{\mathrm{t}}=\omega_0+\alpha t\\ \theta-\theta_0=\omega_0t+\frac{1}{2}\alpha t^2\\ \omega_{\mathrm{t}}^2=\omega_0^2+2\alpha(\theta-\theta_0)\end{cases}$

五、相对运动的有关概念

质点的运动状况在不同的参考系中观察其结果不同，这里讨论两个参考系是惯性系，相对运动是平动并且是宏观低速下的质点的一些物理量——相对位移、相对速度和相对加速度的概念。

如图 1.2 所示，分别建立 S 系（静止坐标系）$S\text{-}Oxyz$ 和 S' 系（相对于 S 系作匀速运动）$S'\text{-}O'x'y'z'$，设初始时刻 O 与 O' 重合。

S' 系相对于 S 系的运动速度为 $\boldsymbol{u}$，$\boldsymbol{u}$ 叫牵连速度，经过时间 Δt，S' 相对于 S 系的位移为 $\boldsymbol{u}\cdot\Delta t$。

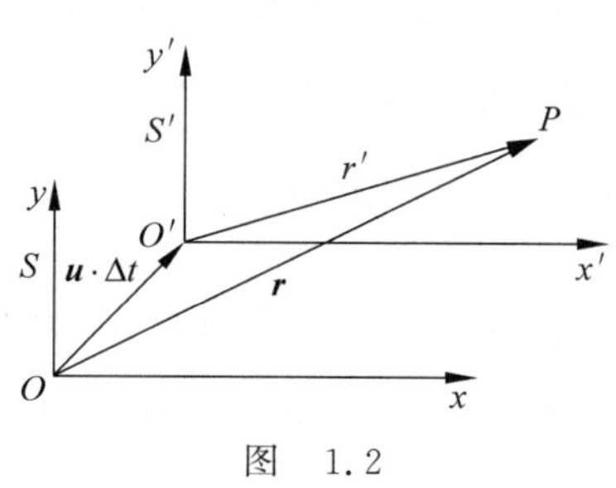

图 1.2

务必理清以下概念：

牵连量：指 S' 系相对于 S 系的运动量；

相对量：指质点相对于 S' 系的运动量；

绝对量：指质点相对于 S 系的运动量。

三者关系口诀（三角法）：绝对量等于对应的牵连量与相对量的矢量和。由此，

牵连位移：指 S' 系相对于 S 系的位移，即 $\boldsymbol{u}\cdot\Delta t$；

相对位移：指质点相对于 S' 系的位移，即 $\boldsymbol{r}'$；

绝对位移：指质点相对于 S 系的位移，即 $\boldsymbol{r}$。

三者关系：绝对位移 $\boldsymbol{r}$ = 牵连位移 $\boldsymbol{u}\cdot\Delta t$ 与相对位移 $\boldsymbol{r}'$ 的矢量和

$$\boldsymbol{r}=\boldsymbol{u}\cdot\Delta t+\boldsymbol{r}'$$

对上式中三个量两边取 $\Delta t\to 0$ 时，与 Δt 比值的极限值得到

$$\frac{\mathrm{d}\boldsymbol{r}}{\mathrm{d}t}=\boldsymbol{u}+\frac{\mathrm{d}\boldsymbol{r}'}{\mathrm{d}t}$$

即 $\boldsymbol{v}=\boldsymbol{u}+\boldsymbol{v}'$，叫伽利略速度变换式。

相应的三个量分别叫：

牵连速度 $\boldsymbol{u}$：指 S' 系相对于 S 系的速度；

相对速度 $\boldsymbol{v}'$：指质点相对于 S' 系的速度；

绝对速度 $\boldsymbol{v}$：指质点相对于 S 系的速度。

即绝对速度 $\boldsymbol{v}$ = 牵连速度 $\boldsymbol{u}$ 与相对速度 $\boldsymbol{v}'$ 的矢量和。

对上式两边再次取 $\Delta t\to 0$ 时与 Δt 比值的极限值得到

$$\frac{\mathrm{d}\boldsymbol{v}}{\mathrm{d}t}=0+\frac{\mathrm{d}\boldsymbol{v}'}{\mathrm{d}t}$$

此时牵连加速度为 0，得到 $\boldsymbol{a}=\boldsymbol{a}'$，绝对加速度 = 牵连加速度与相对加速度的矢量和。

通过分析我们得到：$\boldsymbol{a}=\boldsymbol{a}'$，$\boldsymbol{F}=m\boldsymbol{a}=m\boldsymbol{a}'=\boldsymbol{F}'$，即在惯性系中牛顿第二定律有相同的表现形式（叫经典力学相对性原理或伽利略相对性原理）。

在解决实际问题时充分掌握好这三个量，确定好研究对象，找出 S 系（通常为地面坐标系），找出运动坐标系 S' 系，找出 S' 系相对于 S 系的运动量，找出牵连量、绝对量、相对量就可准确解题。

第四　疑难点分析与课题研究

一、疑难点分析

(1) 位移 $\Delta \boldsymbol{r}=\boldsymbol{r}_2-\boldsymbol{r}_1$。

① 质点运动时位置的移动或改变叫位移，用由起点指向终点的有向线段来描述位移；

② 也可以理解为位矢的变化，它是矢量。

(2) 路程 Δs：是指质点位置发生改变时实际运动轨迹的大小，它是标量。

(3) 矢径 r：$r=|\boldsymbol{r}|$，是指由坐标原点 O 指向质点位置的有向线段的大小或长度。

(4) 径向增量即矢径的变化 Δr 或 $\Delta|\boldsymbol{r}|$：$\Delta r=r'-r$ 是指质点位置改变时离开坐标原点的矢径的大小的改变。或写成 $\Delta|\boldsymbol{r}|=|\boldsymbol{r}'|-|\boldsymbol{r}|$，如图 1.3 所示，表现为三角形中 2 个边长之差 $OP'-OP$。

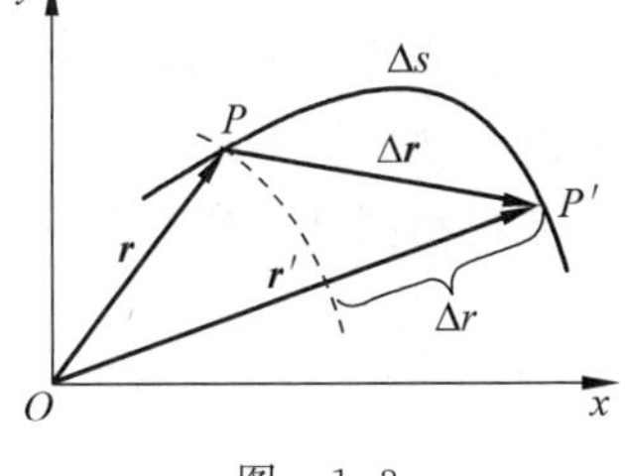

图　1.3

(5) 位移的大小 $|\Delta \boldsymbol{r}|$：$|\Delta \boldsymbol{r}|=|\boldsymbol{r}'-\boldsymbol{r}|$ 是指质点位移的大小。如图 1.3，表现为三角形的第 3 边的长度 PP'。

注意：$|\Delta \boldsymbol{r}|\neq\Delta s\neq\Delta r$，即位移的大小 $|\Delta \boldsymbol{r}|$ 不等于路程 Δs，也不等于矢径的改变量 Δr。

(6) 元位移 $\mathrm{d}\boldsymbol{r}$：是指质点经历时间 $\Delta t\to 0$($\mathrm{d}t$ 时间)的位移。

(7) 元位移的大小 $|\mathrm{d}\boldsymbol{r}|$：是指质点经历 $\Delta t\to 0$($\mathrm{d}t$ 时间)的位移的大小。

(8) 元路程 $\mathrm{d}s$：是指质点经历时间 $\Delta t\to 0$($\mathrm{d}t$ 时间)的路程。

(9) 元矢径 $\mathrm{d}r$：是指质点经历 $\Delta t\to 0$($\mathrm{d}t$ 时间)的矢径的变化。

注意：$|\mathrm{d}\boldsymbol{r}|=\mathrm{d}s\neq\mathrm{d}r$，即元位移的大小等于元路程，但不等于元矢径。

同学们用圆周运动举例即可充分体会上述表达式各量的关系。

(10) 曲率半径 ρ：质点作平面曲线运动时所在轨道处的半径。

(11) 平均速度 $\bar{\boldsymbol{v}}$：指用位移除以时间，是矢量。

(12) 平均速率 $\bar{v}$：指用路程除以时间，是标量，注意：$|\bar{\boldsymbol{v}}|\neq\bar{v}$。

(13) $|\boldsymbol{a}|$ 指加速度的大小。

(14) 务必区分以下概念：

牵连量：指 S' 系相对于 S 系的运动量

相对量：指质点相对于 S' 系的运动量

绝对量：指质点相对于 S 系的运动量

三者关系口诀(三角法)：对应的绝对量等于牵连量与相对量的矢量和。

(15) 瞬时速度与瞬时速率的区别：

瞬时速度 $\boldsymbol{v}$：$\boldsymbol{v}=\lim\limits_{\Delta t\to 0}\dfrac{\Delta \boldsymbol{r}}{\Delta t}=\dfrac{\mathrm{d}\boldsymbol{r}}{\mathrm{d}t}$ 表示 $\Delta t\to 0$ 时平均速度的极限值，是矢量。

瞬时速率 v：$v=\lim\limits_{\Delta t\to 0}\dfrac{\Delta s}{\Delta t}=\dfrac{\mathrm{d}s}{\mathrm{d}t}$ 表示 $\Delta t\to 0$ 时路程变化的极限值，是标量。

瞬时速率就是瞬时速度的大小，而平均速率不是平均速度的大小。

自我测试 1 请同学列出运动方程、轨道方程和路径公式的区别。

自我测试 2 $|\Delta \boldsymbol{r}|$ 与 Δs，$|\Delta \boldsymbol{r}|$ 与 Δr，$|\mathrm{d}\boldsymbol{r}|$ 与 $\mathrm{d}s$，Δs 与 Δr，$\left|\frac{\mathrm{d}\boldsymbol{r}}{\mathrm{d}t}\right|$ 与 $\frac{\mathrm{d}s}{\mathrm{d}t}$，$|\Delta \boldsymbol{v}|$ 与 Δv，$\left|\frac{\mathrm{d}\boldsymbol{r}}{\mathrm{d}t}\right|$ 与 $\frac{\mathrm{d}r}{\mathrm{d}t}$，$\frac{\mathrm{d}\boldsymbol{v}}{\mathrm{d}t}$ 与 $\frac{\mathrm{d}v}{\mathrm{d}t}$ 是否相同，有何区别？

要点分析 本题测试的是关于位移、速度、加速度的矢量性概念，针对学生对矢量符号容易混淆以及矢量标记漏掉的问题展开的。

自我测试 3 一质点某时刻位于 $\boldsymbol{r}(x,y)$ 端点处，对其速度的大小有下列几种描述：$v=\sqrt{\left(\frac{\mathrm{d}x}{\mathrm{d}t}\right)^2+\left(\frac{\mathrm{d}y}{\mathrm{d}t}\right)^2}$，$\frac{\mathrm{d}r}{\mathrm{d}t}$，$\frac{\mathrm{d}\boldsymbol{r}}{\mathrm{d}t}$，$\frac{\mathrm{d}s}{\mathrm{d}t}$，$\lim\limits_{\Delta t\to 0}\frac{\Delta r}{\Delta t}$，$\lim\limits_{\Delta t\to 0}\frac{\Delta \boldsymbol{r}}{\Delta t}$，$\lim\limits_{\Delta t\to 0}\left|\frac{\Delta \boldsymbol{r}}{\Delta t}\right|$，$\left|\lim\limits_{\Delta t\to 0}\frac{\Delta \boldsymbol{r}}{\Delta t}\right|$，哪些是正确的？

要点分析 本题测试的是关于速度矢量性概念，针对矢量符号与标量符号所代表的物理意义不同而展开的。

自我测试 4 对于质点作曲线运动，下列表达式，哪些是正确的？

$$\frac{\mathrm{d}v}{\mathrm{d}t}=a,\quad \frac{\mathrm{d}s}{\mathrm{d}t}=v,\quad \frac{\mathrm{d}r}{\mathrm{d}t}=v,\quad \left|\frac{\mathrm{d}\boldsymbol{v}}{\mathrm{d}t}\right|=a_t,\quad \frac{v^2}{\rho}=a,\quad \frac{\mathrm{d}v}{\mathrm{d}t}+\frac{v^2}{\rho}=a,$$

$$\sqrt{\left(\frac{\mathrm{d}v}{\mathrm{d}t}\right)^2+\left(\frac{v^2}{\rho}\right)^2}=a,\quad \sqrt{\left(\frac{\mathrm{d}v_x}{\mathrm{d}t}\right)^2+\left(\frac{\mathrm{d}v_y}{\mathrm{d}t}\right)^2}=a$$

要点分析 本题测试的是笛卡儿坐标系与自然坐标系中关于速率、加速度的大小的相关概念。

自我测试 5 一质点作匀速率圆周运动，周期为 T，半径为 R，问在 $3T$ 时间间隔中，平均速率与平均速度的大小分别为( )。

(A) 0,0　　(B) $0,\frac{2\pi R}{T}$　　(C) $\frac{2\pi R}{T},0$　　(D) $\frac{2\pi R}{T},\frac{2\pi R}{T}$

要点分析 本题测试的是平均速率与平均速度的大小的区别，平均速率是路程除以时间，平均速度的大小是位移除以时间得出的数值。

错误分析：选(A)的同学把平均速率与平均速度的大小认为是同一个概念；选(C)、(D)的同学不清楚平均速率与平均速度的定义。

自我测试 6 已知一质点在 $x=5\mathrm{m}$ 处由静止开始沿 x 轴运动，它的加速度为 $a=4t$，求任意时刻质点的位置。

要点分析 本题测试的是关于运动学的第二类问题，利用积分法。

由 $a=4t$，得到 $a=\frac{\mathrm{d}v}{\mathrm{d}t}=4t$，$\mathrm{d}v=4t\,\mathrm{d}t$，两边积分，$\int_0^v \mathrm{d}v=\int_0^t 4t\,\mathrm{d}t$，得到 $v=2t^2$

由 $v=2t^2$，得到 $v=\frac{\mathrm{d}x}{\mathrm{d}t}=2t^2$，$\mathrm{d}x=2t^2\,\mathrm{d}t$，两边积分，$\int_5^x \mathrm{d}x=\int_0^t 2t^2\,\mathrm{d}t$，得到 $x=\frac{2}{3}t^3+5$

二、课题研究

5～6 个同学一组，选择下列一项作为课题，并结合实例作出微型研究报告。

1. 为什么说在曲线运动中加速度 $\boldsymbol{a}$ 的方向偏向曲线凹的一侧？

(提示：先从圆周运动开始分析，分匀速圆周运动与变速圆周运动，进而推广到曲线运动进行分析，学会从特殊到一般的归纳推理。）

高士其曾说过："思维科学是培养人才的科学。"要培养一个人成才，很重要的一个因素在于思维，在于科学的思维。因为单纯地进行知识与技术的灌输而没有一种正确思维方法来予以归纳整理和指导应用，是不能成为社会所需要的合格人才的，它只能造就头脑僵化，缺乏应变能力和创造能力的一代人。只有具备了正确的思维方法，培养独立思考和分析问题、解决问题的实际能力，才能把所学的知识与技术活化地运用到生活实际和客观世界的改造之中去。

2. 关于运动学的第二类问题的探讨

在上述自我测试5中，如果已知加速度不是关于时间的函数，是关于速度 v 的函数 $a=a(v)$，则如何改写加速度定义式进行变量调整，才能得到位矢方程？请查找资料自拟题目并讨论解决。

如果已知加速度不是关于时间的函数，是关于位置 x 的函数 $a=a(x)$，则如何改写加速度定义式进行变量分离，才能得到位矢方程？请查找资料自拟题目并讨论解决。

3. 关于相对运动问题的探讨

有一粗心的货车司机，在运输大米路途中，忘带遮雨布了，突遇天气变化，又刮风又下雨，司机目测了雨滴的速度方向偏于竖直方向之前约20°，雨滴的速度大小为 v_1，而敞篷箱内若干袋大米所占宽度为 s，高度为 h，请设计司机应以多大的速度前进才不至于淋湿大米？

4. 实例研究

1642年，伽利略在贫病交加中逝世，享年78岁。直到1983年，罗马教廷才正式承认，350年前宗教裁判对伽利略的审判是错误的。上网以"伽利略"为关键词键入查找有关伽利略的故事，了解并学习伽利略研究自由落体运动的科学思维方法和巧妙的实验构思，讨论：

(1) 伽利略亲自做过比萨斜塔实验吗？

(2) 伽利略是怎么推翻亚里士多德的结论并建立自己的理论的？

(3) 伽利略是怎样论证亚里士多德观点是错误的？

(4) 伽利略遇到了什么困难？如何解决的？

(5) 请同学们总结所查资料的内容，归纳伽利略的科学方法：

（对现象的一般观察→提出假设→运用逻辑得出推论→实验进行检验→对假设进行修正和推广，是演绎推理还是归纳推理？）

(6) 以"望远镜"为关键词查找整理伽利略的贡献。

(7) 运用文献对比法，对亚里士多德与伽利略你作出怎样的评价？

第五　例题指导

例1　一质点在 Oxy 平面内运动，其运动方程（SI单位制）为 $\boldsymbol{r}=3t\boldsymbol{i}+(15-9t^2)\boldsymbol{j}$，求：

(1) 质点的轨道方程；

(2) 计算在 $t=1\text{s}$ 到 $t=2\text{s}$ 的这1s时间内平均速度和径向增量；

(3) 计算 $t=1\text{s}$ 时的速度；

(4) 计算 $t=1\text{s}$ 时的切向和法向加速度；

(5) 计算 $t=1\text{s}$ 时轨道的曲率半径；

(6) 什么时刻，质点的位置矢量与其速度矢量恰好垂直？

(7) 什么时刻，质点离原点最近？

要点分析 本题测试的知识点是运动方程、轨道方程、位置矢量、速度、加速度、径向增量、曲率半径等物理量。

解题提示 (1) 根据运动方程可直接写出其分量式 $x=x(t)$ 和 $y=y(t)$，从中消去参数 t，即得质点的轨迹方程。

(2) 平均速度的计算用位移除以时间，是反映质点在一段时间内位置的变化率，即 $\bar{\boldsymbol{v}}=\dfrac{\Delta \boldsymbol{r}}{\Delta t}$，它与时间间隔 Δt 的大小有关；径向增量是指在这段时间内矢径大小的改变，用 $\Delta r=r_2-r_1$ 计算。

(3) 当 $\Delta t\to 0$ 时，平均速度的极限值即瞬时速度 $\boldsymbol{v}=\dfrac{\mathrm{d}\boldsymbol{r}}{\mathrm{d}t}$，用位矢对时间求一阶导数即可。

(4) 切向和法向加速度是指在自然坐标下的分矢量 $\boldsymbol{a}_\mathrm{t}$ 和 $\boldsymbol{a}_\mathrm{n}$，前者只反映质点在切线方向速度大小的变化，即 $\boldsymbol{a}_\mathrm{t}=\dfrac{\mathrm{d}v}{\mathrm{d}t}\boldsymbol{e}_\mathrm{t}$，后者反映质点速度方向的变化，由于 $a=\sqrt{a_\mathrm{t}^2+a_\mathrm{n}^2}$，所以它可由总加速度 $\boldsymbol{a}$ 和 $\boldsymbol{a}_\mathrm{t}$ 得到。

(5) 在求得 t_1 时刻质点的速度和法向加速度的大小后，可由公式 $a_\mathrm{n}=\dfrac{v^2}{\rho}$ 求出曲率半径 ρ。

(6) 要使质点的位置矢量与其速度矢量恰好垂直，即两矢量的点乘为 0：$\boldsymbol{A}\cdot\boldsymbol{B}=AB\cos\theta=0$，$\boldsymbol{A}\perp\boldsymbol{B}$，$\theta=90°$。

(7) 要求质点离原点最近，即要求质点位置矢量大小的最小值，$r=\sqrt{x^2+y^2}$，r 对时间求一阶导数使之等于 0 时求出的时刻 t，再代入求出 r。

解 (1) 由参数方程

$$x=3t,\quad y=15-9t^2$$

消去 t 得质点的轨道方程

$$y=15-x^2$$

(2) 在 $t_1=1\text{s}$ 到 $t_2=2\text{s}$ 时间内的平均速度

$$\bar{\boldsymbol{v}}=\frac{\Delta \boldsymbol{r}}{\Delta t}=\frac{\boldsymbol{r}_2-\boldsymbol{r}_1}{t_2-t_1}=3\boldsymbol{i}-27\boldsymbol{j}$$

$$\boldsymbol{r}_1=3\boldsymbol{i}+6\boldsymbol{j},\quad r_1=\sqrt{45}$$

$$\boldsymbol{r}_2=6\boldsymbol{i}-21\boldsymbol{j},\quad r_2=\sqrt{477}$$

得径向增量

$$\Delta r=r_2-r_1=15\text{m}$$

(3) 质点在任意时刻的速度为

$$\boldsymbol{v}(t)=v_x\boldsymbol{i}+v_y\boldsymbol{j}=\frac{\mathrm{d}x}{\mathrm{d}t}\boldsymbol{i}+\frac{\mathrm{d}y}{\mathrm{d}t}\boldsymbol{j}=3\boldsymbol{i}-18t\boldsymbol{j}$$

（4）加速度为

$$\boldsymbol{a}(t)=\frac{\mathrm{d}^2x}{\mathrm{d}t^2}\boldsymbol{i}+\frac{\mathrm{d}^2y}{\mathrm{d}t^2}\boldsymbol{j}=-18\boldsymbol{j}$$

则 $t_1=1\mathrm{s}$ 时的速度

$$\boldsymbol{v}(t)\mid_{t=1\mathrm{s}}=3\boldsymbol{i}-18\boldsymbol{j}$$

切向和法向加速度分别为

$$\boldsymbol{a}_\mathrm{t}\mid_{t=1\mathrm{s}}=\frac{\mathrm{d}v}{\mathrm{d}t}\boldsymbol{e}_\mathrm{t}=\frac{\mathrm{d}}{\mathrm{d}t}(\sqrt{v_x^2+v_y^2})\boldsymbol{e}_\mathrm{t}=17.75\boldsymbol{e}_\mathrm{t}$$

$$\boldsymbol{a}_\mathrm{n}=\sqrt{a^2-a_\mathrm{t}^2}\boldsymbol{e}_\mathrm{n}=2.98\mathrm{m}\cdot\mathrm{s}^{-2}\boldsymbol{e}_\mathrm{n}$$

（5）$t=1\mathrm{s}$ 时质点的速度大小为

$$v=\sqrt{v_x^2+v_y^2}=18.25\mathrm{m}\cdot\mathrm{s}^{-1}$$

则

$$\rho=\frac{v^2}{a_\mathrm{n}}=111.7\mathrm{m}$$

（6）质点的位置矢量与其速度矢量恰好垂直，需满足 $\boldsymbol{r}\cdot\boldsymbol{v}=0$

$$9t-18t(15-9t^2)=0$$

则

$$t=1.27\mathrm{s}$$

（7）$r=\sqrt{81t^4-261t^2+225}$，由此求$\frac{\mathrm{d}r}{\mathrm{d}t}=0$，得 $t=1.27\mathrm{s}$。

例 2　一质点运动轨迹为抛物线，其运动方程为 $x=-t^2$；$y=-t^4+2t^2$。求：$x=-4\mathrm{m}$ 时（$t>0$），质点的速度、速率和加速度。

分析　由已知的 x 值可求出时间 t，再求出速度等未知量。

解　由题意，令 $x=-t^2=-4$，得到 $t=2\mathrm{s}$。于是

$$v_x=\frac{\mathrm{d}x}{\mathrm{d}t}=-2t,\quad v_y=\frac{\mathrm{d}y}{\mathrm{d}t}=-4t^3+4t$$

$t=2\mathrm{s}$ 时，

$$v_x=-4\mathrm{m/s},\quad v_y=-24\mathrm{m/s}$$

则速度为

$$\boldsymbol{v}=-4\boldsymbol{i}-24\boldsymbol{j}$$

速率为

$$v=\sqrt{v_x^2+v_y^2}=4\sqrt{37}\,\mathrm{m/s^2}$$

又因为

$$a_x=\frac{\mathrm{d}v_x}{\mathrm{d}t}=\frac{\mathrm{d}^2x}{\mathrm{d}t^2}=-2\mathrm{m/s^2},\quad a_y=\frac{\mathrm{d}v_y}{\mathrm{d}t}=\frac{\mathrm{d}^2y}{\mathrm{d}t^2}=-12t^2+4$$

所以 $t=2\mathrm{s}$ 时，

$$a_x=-2\mathrm{m/s^2},\quad a_y=-44\mathrm{m/s^2}$$

即加速度为

$$\boldsymbol{a}=-2\boldsymbol{i}-44\boldsymbol{j}$$

例 3　一质点作直线运动，其加速度为 $a=-a\omega^2\cos\omega t$，在 $t=0$ 时，由静止开始运动，$x_0=A$，求质点的运动方程。

分析 由已知可知加速度是关于 t 的方程，积分得到速度方程，再积分得到运动方程。

解 $a=-a\omega^2\cos\omega t=\frac{\mathrm{d}v}{\mathrm{d}t}$，$\mathrm{d}v=-a\omega^2\cos\omega t\,\mathrm{d}t$，两边积分并代入初始条件得

$$\int_0^v \mathrm{d}v=\int_0^t -a\omega^2\cos\omega t\,\mathrm{d}t,\quad v=-a\omega\sin\omega t$$

$v=-a\omega\sin\omega t=\frac{\mathrm{d}x}{\mathrm{d}t}$，$\mathrm{d}x=-a\omega\sin\omega t\,\mathrm{d}t$，两边积分得到质点的运动方程为

$$\int_A^x \mathrm{d}x=\int_0^t -a\omega\sin\omega t\,\mathrm{d}t,\quad x=a\cos\omega t+A$$

例 4 一质点在半径为 0.10m 的圆周上运动，其角位置为 $\theta=2+4t^3$，式中 θ 的单位为 rad，t 的单位为 s。

(1) 求在 $t=2\mathrm{s}$ 时质点的法向加速度和切向加速度。

(2) 当切向加速度的大小恰等于总加速度大小的一半时，θ 值为多少？

(3) t 为多少时，法向加速度和切向加速度的值相等？

分析 掌握角量与线量、角位移方程与位矢方程的对应关系，应用运动学求解的方法即可得到答案。

解 (1) 由于 $\theta=2+4t^3$，则角速度 $\omega=\frac{\mathrm{d}\theta}{\mathrm{d}t}=12t^2$。在 $t=2\mathrm{s}$ 时，法向加速度和切向加速度的数值分别为

$$a_{\mathrm{n}}\big|_{t=2\mathrm{s}}=v^2/r=r\omega^2=230\mathrm{m}\cdot\mathrm{s}^{-2}$$

$$a_{\mathrm{t}}\big|_{t=2\mathrm{s}}=r\alpha=r\frac{\mathrm{d}\omega}{\mathrm{d}t}=4.80\mathrm{m}\cdot\mathrm{s}^{-2}$$

(2) 当 $a_{\mathrm{t}}=a/2=\frac{1}{2}\sqrt{a_{\mathrm{n}}^2+a_{\mathrm{t}}^2}$ 时，有 $3a_{\mathrm{t}}^2=a_{\mathrm{n}}^2$，即

$$3(24rt)^2=r^2(12t^2)^4$$

得

$$t^3=\frac{1}{2\sqrt{3}}$$

此时刻的角位置为

$$\theta=2+4t^3=3.15\mathrm{rad}$$

(3) 要使 $a_{\mathrm{n}}=a_{\mathrm{t}}$，则有

$$(12t^2)^2=24t$$

$t=0.55\mathrm{s}$ 时法向加速度和切向加速度的值相等。

例 5 已知一质点作直线运动，其加速度为 $a=Av+B$（SI 单位），初始时刻其位置在 $x=0$，速度为 0，求任意时刻质点运动的速度和位置。

分析 本题已知加速度的条件与例 3 不同，本题加速度是关于速度的方程，此时要注意积分变量的计算。

解 由已知的 $a=Av+B=\frac{\mathrm{d}v}{\mathrm{d}t}$，$\frac{\mathrm{d}v}{Av+B}=\mathrm{d}t$，两边积分

$$\int_0^v \frac{\mathrm{d}v}{Av+B}=\int_0^t \mathrm{d}t,\int_0^v \frac{\mathrm{d}(Av+B)}{A(Av+B)}=\int_0^t \mathrm{d}t,\quad \frac{1}{A}[\ln(Av+B)-\ln B]=t,$$

得

$$v=\frac{B\mathrm{e}^{At}-B}{A}$$

再由 $v=\frac{B\mathrm{e}^{At}-B}{A}=\frac{\mathrm{d}x}{\mathrm{d}t}$，两边积分

$$\int_0^x \mathrm{d}x=\int_0^t \frac{B\mathrm{e}^{At}-B}{A}\mathrm{d}t,\quad x=\frac{B}{A^2}\mathrm{e}^{At}-\frac{B}{A}t-\frac{B}{A^2}$$

（此题为课题研究 2 中的第一类提供了素材）

例 6　已知一质点作直线运动，其加速度为 $a=A^2x$（SI 单位），初始时刻其位置在 $x=0$，求任意时刻质点运动的速度与位置。

分析　本题已知加速度的条件与例 3、例 5 均不同，本题加速度是关于位置的方程，此时要注意积分变量的计算。

解　由已知的 $a=A^2x$，得 $a=A^2x=\frac{\mathrm{d}v}{\mathrm{d}t}$，这个积分计算前面未遇到，怎么办？这里介绍一种新的方法叫分离变量法

$$a=A^2x=\frac{\mathrm{d}v}{\mathrm{d}t}\cdot\frac{\mathrm{d}x}{\mathrm{d}x}=v\,\frac{\mathrm{d}v}{\mathrm{d}x},\quad v\mathrm{d}v=A^2x\mathrm{d}x$$

两边积分 $\int_0^v v\mathrm{d}v=\int_0^x A^2x\mathrm{d}x$，得

$$v=Ax$$

又由 $v=Ax=\frac{\mathrm{d}x}{\mathrm{d}t}$，得

$$\frac{\mathrm{d}x}{x}=A\mathrm{d}t$$

两边积分，得到位置方程

$$x=\mathrm{e}^{At}-1$$

求导得速度方程

$$v=A\mathrm{e}^{At}$$

（此题为课题研究 2 中的第二类提供了素材）

例 7　一列火车以 $v_1=20.0\mathrm{m}\cdot\mathrm{s}^{-1}$ 的速度匀速向东前进，玻璃窗外的雨滴匀速下降和垂线成 75°。求

（1）雨滴相对于地面的水平分速度为多大？相对于列车的水平分速度有多大？

（2）雨滴相对于地面下落的速度 v_2 多大？

分析　这是一个相对运动的问题，以雨滴为研究对象，地面为静止参考系 S，火车为动参考系 S'。v_1 为 S' 系相对于 S 系的速度，v_2 为雨滴相对 S 的速度，利用相对运动速度的关系即可解。

解　以地面为参考系，火车相对地面运动的速度为 $\boldsymbol{v}_1$（为牵连速度），雨滴相对地面竖直下落的速度为 $\boldsymbol{v}_2$（绝对速度），旅客看到雨滴下落的速度 $\boldsymbol{v}'_2$（为相对速度），与竖直线的夹角为 α，它们之间的关系为

$\boldsymbol{v}_2$（绝对速度）$=\boldsymbol{v}'_2$（为相对速度）与 $\boldsymbol{v}_1$（为牵连速度）的矢量和，即

$$\boldsymbol{v}_2=\boldsymbol{v}'_2+\boldsymbol{v}_1\text{（如图 1.4 所示）},$$

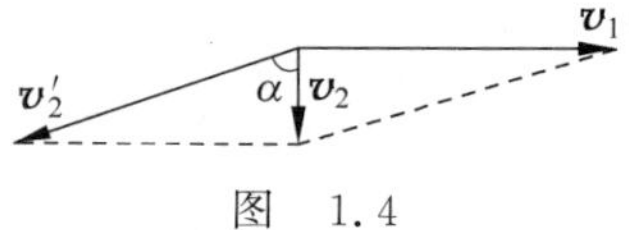

图 1.4

于是可得

$$v_2=\frac{v_1}{\tan 75^\circ}=5.36\text{m}\cdot\text{s}^{-1}$$

点评：仔细审题，准确找出研究对象、S 系、S'系以及牵连量，掌握三者关系口诀，即可正确快速解题。第(1)问自行解答。

第六　反思与总结

你对“质点运动学”的学习大约花了多少学时？通过对“质点运动学”的学习，你有没有学会如何建立二维知识图表？举出具体概念关系。

你有没有学会建立质点运动学知识框图？对本案例中知识框图，你觉得缺了什么物理问题？你如何将它们补充进去？

你有没有学会微元法、积分法、统一变量法、图示法、模型法、三角法？

你有没有学会直角坐标系与自然坐标系之间的转换与等价关系？

你有没有了解并学会归纳推理方法、理想模型法、数学方法、实验方法、文献对比法、伽利略的科学研究方法等进行微型课题研究？给自己一个评价，找出不足，并努力在今后的学习中养成以上学习与思考问题的习惯。

案例二　质点动力学

第一　质点动力学知识框图

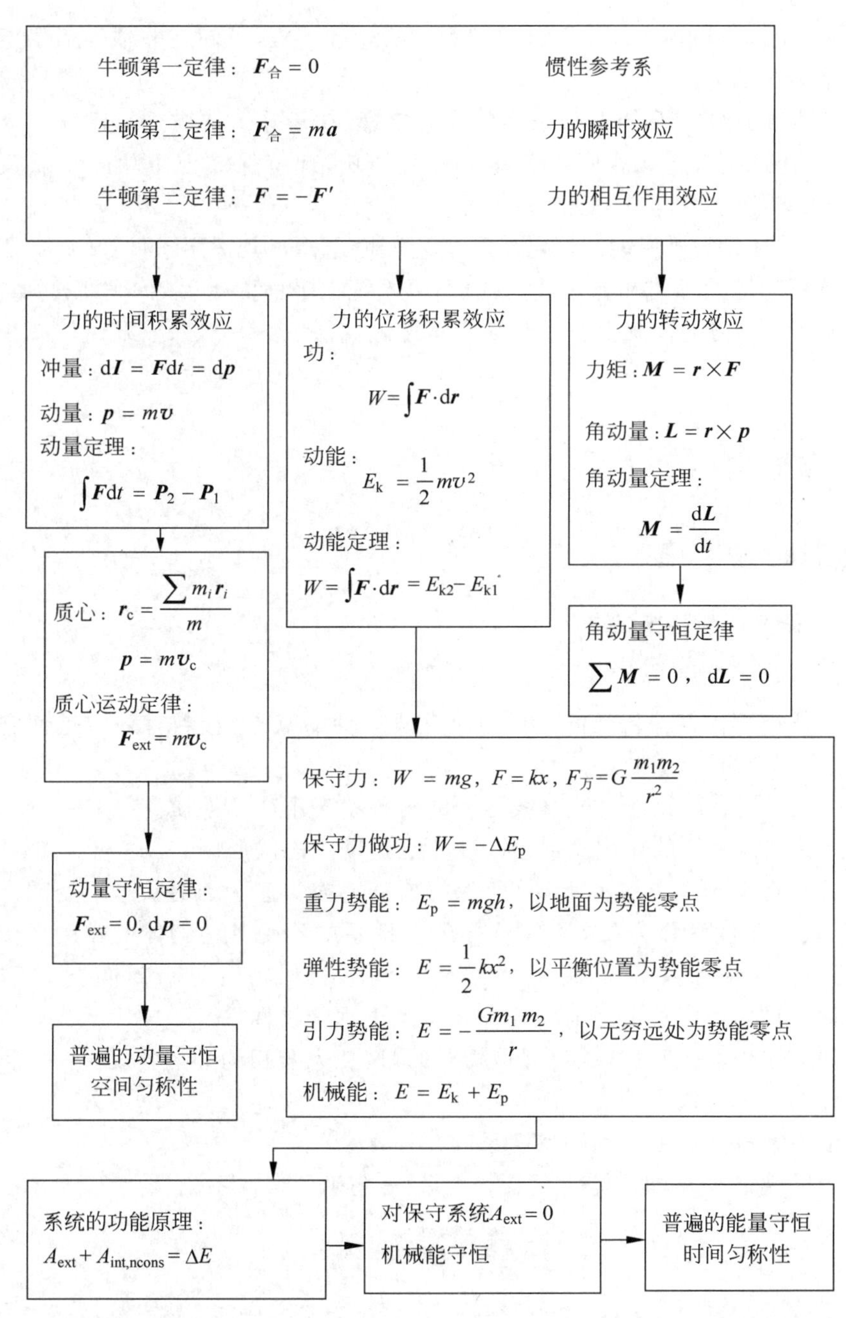

第二　任务分析与学习方法

(1) 掌握牛顿定律的内容和实质,明确牛顿定律的适用范围与条件。

(2) 能用微积分方法求解一维变力作用下的简单质点动力学问题,掌握隔离法分析质点受力和解题的基本方法。

(3) 了解惯性系和非惯性系,了解惯性力的概念和特点,了解在非惯性系中运用牛顿定律求解质点动力学的方法。

(4) 掌握动量、冲量;质点和质点系的动量定理、动量守恒定律。

(5) 掌握功的概念,能计算曲线运动下变力的功,理解保守力做功的特点及势能的概念,会计算重力势能、弹性势能和万有引力势能。

(6) 掌握功能原理,机械能守恒定律和动量守恒定律及其适用条件,掌握运用功能原理和守恒定律分析问题的思路和方法,能分析简单系统在平面内运动的力学问题。

(7) 在案例一学习的基础上进一步学会运用隔离法、微积分法,以及建构知识框图的思路和方法。

第三　内容提要

一、牛顿运动定律

1. 第一定律又叫惯性定律

数学表达式:$\sum \boldsymbol{F}_i = 0$。

内容——任何物体都保持或静止或匀速直线运动的状态,直到有外力迫使它改变这种状态为止,包含两个重要的概念:

惯性:质点保持或静止或匀速直线运动的这种状态不变的性质。

力:质点受其他物体的作用。力是改变质点运动状态的原因。

惯性系——在案例一中初步介绍了:保持或静止或匀速运动的状态不变的参考系叫惯性系,这里从受力角度解释为:质点在这样的惯性系中不受其他物体的作用而保持惯性状态,这个参考系就是惯性系。

相对该惯性系以恒定速度运动的任一参考系也都是惯性系。

在一切惯性系中,一切力学现象都是相同的,遵从完全相同的力学规律——称为力学相对性原理或伽利略相对性原理。

相对该惯性系以变速度运动的参考系叫非惯性系。

对一般力学现象来说,地面参考系是一个足够精确的惯性系。

物理沙龙一

牛顿即艾萨克·牛顿(Isaac Newton,1643—1727)爵士,英国皇家学会会员,英国伟大的物理学家、数学家、天文学家、自然哲学家,百科全书式的“全才”,著有《自然哲学的数学原理》《光学》《二项式定理》《微积分》。他在1687年发表的论文《自然定律》里，对万有引力和三大运动定律进行了描述。这些描述奠定了此后三个世纪里物理世界的科学观点，并成为了现代工程学的基础。牛顿通过论证开普勒行星运动定律与他的引力理论间的一致性，展示了地面物体与天体的运动都遵循着相同的自然定律，为太阳中心说提供了强有力的理论支持，并推动了科学革命。在力学上，牛顿阐明了动量和角动量守恒的原理。在光学上，他发明了反射望远镜，并基于对三棱镜将白光发散成可见光谱的观察，发展出了颜色理论。在此期间，他研究了光的折射，表明棱镜可以将白光发散为彩色光谱，而透镜和第二个棱镜可以将彩色光谱重组为白光。他还系统地表述了冷却定律，并研究了声速。在数学上，牛顿与戈特弗里德·威廉·莱布尼茨分享了发展出微积分学的荣誉。他也证明了广义二项式定理，提出了“牛顿法”以趋近函数的零点，并为幂级数的研究做出了贡献。

牛顿老家：伍尔索普庄园

牛顿观察光的色散

艾萨克·牛顿

牛顿的哲学思想和方法论体系被爱因斯坦(1879—1955)赞为“理论物理学领域中每一工作者的纲领”。这是一个指引着一代又一代科学工作者前进的开放的纲领。牛顿的哲学思想和方法论不可避免地有着明显的时代局限性和不彻底性，但这是科学处于幼年时代的最高成就。牛顿当时只对物质最简单的机械运动作了初步系统研究，并且把时空、物质绝对化，企图把粒子说外推到一切领域(如连他自己也不能解释他所发现的“牛顿环”)，这些都是他的致命伤。牛顿在看到事物的“第一原因”“不一定是机械的”时，提出了“这些事情都是这样地井井有条……是否好像有一位……无所不在的上帝”的问题(《光学》)，并长期转到神学的“科学”研究中，费了大量精力。但是，牛顿的历史局限性和他的历史成就一样，都是启迪后人不断前进的教材。

胡克先于牛顿发现了引力与距离成反比规律，并与牛顿展开争论：1679年，R. 胡克在写给牛顿的信中提出，引力应与距离平方成反比，地球高处抛体的轨道为椭圆，假设地球有缝，抛体将回到原处，而不是像牛顿所设想的轨道是趋向地心的螺旋线。牛顿没有回信，但采用了胡克的见解，在开普勒行星运动定律以及其他人的研究成果上，他用数学方法导出了万有引力定律。

牛顿把地球上物体的力学和天体力学统一到一个基本的力学体系中，创立了经典力学理论体系，正确地反映了宏观物体低速运动的规律，实现了自然科学的第一次大统一。这是人类对自然界认识的一次大飞跃。

2. 第二定律

数学表达式：$\sum \boldsymbol{F}_i=\frac{\mathrm{d}\boldsymbol{p}}{\mathrm{d}t}=\frac{\mathrm{d}(m\boldsymbol{v})}{\mathrm{d}t}$，该式又叫质点的动力学方程。

内容——物体动量随时间的变化率等于作用于物体的合外力。

考虑宏观低速 $v \ll c$，m 不变，上式写成 $\sum \boldsymbol{F}_i=\frac{\mathrm{d}\boldsymbol{p}}{\mathrm{d}t}=\frac{\mathrm{d}(m\boldsymbol{v})}{dt}=m\frac{\mathrm{d}\boldsymbol{v}}{\mathrm{d}t}=m\boldsymbol{a}$，该表达式中包含两个主要概念：

惯性质量 m：质量是物体惯性大小的量度，质量大的物体抵抗运动变化的性能强，即它的惯性大。

动量：质点的惯性质量 m 与速度 $\boldsymbol{v}$ 的乘积叫物体的动量，用 $\boldsymbol{p}$ 表示，$\boldsymbol{p}=m\boldsymbol{v}$。

第二定律反映了力与加速度之间的瞬时性关系；反映了力的矢量性；反映了力的叠加性，也即力的独立性原理。

在笛卡儿坐标系中第二定律可写成

$$\sum \boldsymbol{F}=m\boldsymbol{a}=ma_x\boldsymbol{i}+ma_y\boldsymbol{j}+ma_z\boldsymbol{k}$$

在自然坐标系中第二定律可写成

$$\sum \boldsymbol{F}=m\boldsymbol{a}=m\boldsymbol{a}_\mathrm{t}+m\boldsymbol{a}_\mathrm{n}=m\frac{\mathrm{d}v}{\mathrm{d}t}\boldsymbol{e}_\mathrm{t}+m\frac{v^2}{\rho}\boldsymbol{e}_\mathrm{n}$$

3. 第三定律

数学表达式：$\boldsymbol{F}=-\boldsymbol{F}'$

内容——两个质点之间的作用是相互的，分别叫作用力与反作用力。

用 24 个字概括："同时存在，同种性质，同一直线，相互作用，大小相等，方向相反。"

特别注意：牛顿运动定律只适用于惯性系。

二、几种常见的力

1. 重力和万有引力

重力 $W=mg$，$g=G\frac{M}{R^2}$；

开普勒分析第谷留给他的行星数据，提出开普勒三大定律；

牛顿继承前人的成果，提出万有引力定律，写成矢量式：$\boldsymbol{F}=-G\frac{m_1m_2}{r^2}\boldsymbol{e}_\mathrm{r}$，$\boldsymbol{e}_\mathrm{r}$ 是由 m_1 指向 m_2 的单位矢量；

引力常量由英国物理学家卡文迪许于 1798 年实验测出。

物理沙龙二

约翰尼斯·开普勒(Johanns Kepler，1571—1630)，杰出的德国天文学家，他发现了行星运动的三大定律，分别是轨道定律、面积定律和周期定律，这三大定律可分别描述为：所有行星分别是在大小不同的椭圆轨道上运行；在同样的时间里行星径向在轨道平面上所扫过的面积相等；行星公转周期的平方与它们椭圆轨道的半长轴的立方成正比。这三大定律最终使他赢得了“天空立法者”的美名，为哥白尼的日心说提供了最可靠的证据，同时他对光学、数学也做出了重要的贡献，是现代实验光学的奠基人。

约翰尼斯·开普勒

当时不论是地心说还是日心说，都认为行星作匀速圆周运动。但开普勒发现，对火星的轨道来说，按照哥白尼、托勒密和第谷提供的三种不同方法，都不能推算出同第谷的观测相吻合的结果，始终存在 8 弧分的误差，难道日心说是错的？或者第谷的观测数据有误？但他坚信第谷的数据是非常精确的，于是他放弃了火星作匀速圆周运动的观念，并试图用别的几何图形来解释，经过四年的苦思冥想，到了 1609 年他发现椭圆形完全适合第谷数据的要求，能做出同样准确的解释，于是得出了“开普勒第一定律”：火星沿椭圆轨道绕太阳运行，太阳处于两焦点之一的位置。这就是“8 弧分引起天文学的一场革命”。发现第一定律，就是说行星沿椭圆轨道运动，需要有摆脱传统观念的智慧和毅力，在此之前所有天文学家，包括哥白尼和伽利略在内都坚持古希腊亚里士多德和毕达哥拉斯的天体是完美的物体，圆是完美的形状，一切天体运动都是圆周运动的成见。哥白尼从来没有用椭圆形来描述天体的轨道。当时由于第谷观测的精确和开普勒的努力，终于使日心说向前推进了一大步。

开普勒的身世是不幸的，他 17 岁时父亲去世。1620 年，他的母亲——一个酒馆老板的女儿，平时爱吵吵闹闹，因被指控犯有巫术罪而入狱，他经过一年多的奔波才使其无罪释放。开普勒 26 岁时与一个出身名门的寡妇结婚，但举止傲慢的妻子使他很少感到家庭温暖。1613 年在前妻死后他又选择了一个贫家女为伴，感情虽很融洽，无奈经济上常处于绝望境地。他和两个妻子共生有 12 个小孩，大多在贫困中夭折。他作为新教徒常受到天主教会的迫害，他的一些著作被教皇列为禁书。

这样一位为科学发展开拓道路的勇士，一生却是在极端艰难的条件下度过的。连年的战争，长期漂泊，生活贫困以及来自教会的迫害，不断困扰着他。在他花甲之年，为向宫廷讨取 20 余年的欠薪，他长途跋涉去拉提明，于公元 1630 年 11 月 15 日感染伤寒死在途中，只留下几件衣服和一些书籍。

物理沙龙三

第谷·布拉赫（Tycho Brahe，1546—1601），丹麦天文学家和占星学家。1546 年 12 月 14 日生于斯坎尼亚省基乌德斯特普的一个贵族家庭，1601 年 10 月 24 日，第谷逝世于布拉格，终年 55 岁。1572 年 11 月 11 日第谷发现仙后座中的一颗新星，后来受丹麦国王腓特烈二世的邀请，在汶岛建造天堡观象台，经过 20 年的观测，第谷发现了许多新的天文现象。第谷·布拉赫曾提出一种介于地心说和日心说之间的宇宙结构体系，17 世纪初传入我国后曾一度被接受。第谷所做的观测精度之高，是他同时代的人望尘莫及的。第谷编制的一部恒星表相当准确，至今仍然有价值。

第谷·布拉赫

关于第谷的死因，传统的说法颇为稀奇：话说这位伟大的天文学家去参加宴会，大吃大喝了一番又坚决不去厕所，结果憋尿憋得过度，以至于撑破了膀胱而死。但1991年，哥本哈根大学对第谷的毛发进行了一次化学分析，发现其中的汞含量大大超标，证明这位天文学开山始祖其实是死于汞中毒。而1996年的进一步检验则证实，过量的汞是在他死去的前一天摄入的。更多的流言顿时散播开来，说第谷死于谋杀，主使者有说是教会，有说是鲁道夫二世，更有甚者认为是开普勒。不过最有可能的，还是第谷无意中服食了自制的、含有大量汞的药剂而致。当时炼金术风行于世，误服丹药而死者不计其数。就在第谷去世后19年，明朝的光宗皇帝也是服食了臣下进贡的药丸，暴毙而亡，从而引发了明末著名三大案之一的“红丸案”。

第谷爱才的故事

1597年，年轻的开普勒写成《神秘的宇宙》一书，设计了一个有趣的、由许多有规则的几何形体构成的宇宙模型。1599年第谷看到那本书，十分欣赏作者的智慧和才能，立即写信给开普勒，热情邀请他做自己的助手，还给他寄去了路费。开普勒来到第谷身边以后，师徒俩朝夕相处，形影不离，结成了忘年交。业务上，第谷精心指导；经济上，第谷慷慨相助。但是，过了一段时间，开普勒受多疑的妻子的挑唆，突然和第谷决裂了。他忘恩负义地公开散布第谷的坏话，最后留下一封满纸侮辱性言语的信，不辞而别。开普勒的离去，使爱才如命的第谷非常伤心。他意识到这完全是一种误会，马上写信给开普勒，胸怀宽广地请他回来。开普勒读了第谷的诚挚友好的来信，惭愧得无地自容。他热泪盈眶，提笔写了忏悔信，彻底承认错误。当两人重修旧好的时候，开普勒不由自主地又检讨起来，第谷立刻制止说：“过去的还要说什么呢？你是我的好朋友。现在我们又在一起研究了，这就够了！”第谷不记旧怨，不但把才华出众的开普勒推荐给国王，而且把自己几十年辛勤工作积累下来的观测资料和手稿，全部交给开普勒使用。他语重心长地对开普勒说：“除了火星所给予你的麻烦之外，其他一切麻烦都没有了。火星我也要交托于你，它是够一个人麻烦的。”

物理沙龙四

亨利·卡文迪许(Henry Cavendish，又译亨利·卡文迪什，1731—1810)，万有引力常量的精确测量者，英国物理学家、化学家。他首次对氢气的性质进行了细致的研究，证明了水并非单质，预言了空气中稀有气体的存在。将电势概念广泛应用于电学，并精确测量了地球的密度，被认为是牛顿之后英国最伟大的科学家之一。在18世纪时，还没有公家开办的实验室，所以卡文迪许在自己家里装备了一座规模相当大的实验室，他终身在自己家里做实验工作。

他一生没有结婚，过着独身生活。曾经有人说：“没有一个活到80岁的人，一生讲的话像卡文迪许那样少的了。”在一本《化学

亨利·卡文迪许

史》书上,曾举出卡文迪许最怕交际的一件事例。

有一天,一位英国科学家携同一位奥地利科学家到班克斯爵士的家里做客,正巧卡文迪许也在座。班克斯便介绍他们相识。在互相介绍时,班克斯曾对这位远客盛赞卡文迪许,而这位初见面的客人更是对卡文迪许说出非常敬仰他的话,并说这次来伦敦的最大收获,就是专程拜访这位名震一时的大科学家。卡文迪许听到这话,起初大为忸怩,最后完全手足无措,便从人丛中冲到了室外,坐上他的马车赶回家去了。从这段记载可以看出卡文迪许为人性格孤僻。据记载,卡文迪许长年穿着一件褪色的天鹅绒大衣,戴当时已经少见的三角帽,性格独特,说话显得犹豫和困难,而面对女士和陌生人会很羞涩而避免和他们说话。他非常喜欢独自沉思,甚至很少和自己的仆人见面,一般只会在桌子上留下字条说明自己晚餐要吃什么,常常是"一只羊腿"。卡文迪许终生未婚,唯一的社会活动就是参加皇家学会俱乐部两周一次的会议。他对没有研究透彻的东西从不发表,所以尽管他一生只提交过不足20篇论文,却获得了皇家学会成员的一致尊重。

由于父母留给他大量财产,使得卡文迪许曾是伦敦银行的最大储户,但他心思专注在科学研究中,对于财产,他几十年都只让投资顾问买一种股票,不论涨跌。他的一名投资顾问建议他向另一种股票投资,卡文迪许以平生罕见的大怒告知对方:"不要拿这些事情来烦我,否则我就解雇你。"法国科学家Biot曾说:"卡文迪许是有学问的人中最富有的,也很有可能是富有的人中最有学问的。"

2. 弹性力

例如桌面对放在其上物体的支持力,绳子间的张力,弹簧的伸缩力等。

弹性力的性质:必须接触,发生形变,方向沿接触面的法向指向恢复原状的方向。

3. 摩擦力

包括:静摩擦力 $f_s=\mu_s N$,大小介于0与某最大值之间,μ_s 为静摩擦系数。

滑动摩擦力 $f=\mu N$,μ 为滑动摩擦系数,$f\leqslant f_{smax}$。

4. 流体曳力

物体在流体(液体或气体)中和流体有相对运动时物体会受到流体的阻力称为流体曳力,方向和物体相对于流体的速度方向相反。

$f=\frac{1}{2}C\rho Av^2$,C 为曳引系数,A 为物体的有效横截面积,ρ 为液体的密度。

当速率足够大时,曳力和重力平衡,物体以匀速下落,下落的最大速率叫终极速率。

三、牛顿定律的应用

1. 用牛顿定律解题的基本思路：

(1) 审明题意；

(2) 明确研究对象；

(3) 隔离物体；

(4) 选取坐标系，一般以各物体的运动方向为各自的坐标轴；

(5) 列出方程(一般用分量式)；

(6) 求解未知量；

(7) 总结反思。

2. 牛顿定律的应用题一般分为三类：

(1) 已知运动方程求力，用求导方法；

(2) 已知力求运动方程，用积分方法，当力是变力时需要用“分离变量法”，并确定积分上下限；

(3) 已知运动方程和力，求惯性质量。

四、非惯性系和惯性力

非惯性系：相对于惯性系作加速运动的参考系。

惯性力：指物体在非惯性系中受到的力，是一种假想的虚拟力。数学表达式：$\boldsymbol{F}_i=-m\boldsymbol{a}_i$，$\boldsymbol{a}_i$ 是指相对于惯性系而言非惯性系的加速度，m 是指我们所要研究的对象的惯性质量。

分析思考：牛顿定律对于非惯性系成立吗？

设对于某一惯性系 S 系，某质点存在这样的关系：$\boldsymbol{F}=m\boldsymbol{a}$，$\boldsymbol{F}$ 是实际存在的自然力；

对于某一非惯性系 S'系(相对于 S 系有一加速度 $\boldsymbol{a}_i$)，同样的质点存在这样的关系(根据案例一中三者关系口诀)：$\boldsymbol{a}=\boldsymbol{a}'+\boldsymbol{a}_i$，$\boldsymbol{a}'$是指质点相对于 S'系的加速度，于是

$$\boldsymbol{F}=m\boldsymbol{a}'+m\boldsymbol{a}_i,\quad \text{或写成 } \boldsymbol{F}+(-m\boldsymbol{a}_i)=m\boldsymbol{a}'$$

用 $\boldsymbol{F}_i=-m\boldsymbol{a}_i$ 表示惯性力，上式写成 $\boldsymbol{F}+\boldsymbol{F}_i=m\boldsymbol{a}'$，说明牛顿定律在非惯性系中不成立。$\boldsymbol{F}_i$ 不是物体间的相互作用，也没有反作用力，是虚拟力。

文字叙述：在非惯性系中，物体受到的惯性力与除惯性力以外受到的其他力的矢量和等于该物体的质量与相对于非惯性系的加速度的乘积。

五、动量、冲量、质点和质点系的动量定理

(1) 动量：把质点的质量与速度的乘积定义为质点的动量。

数学表达式：$\boldsymbol{p}=m\boldsymbol{v}$。

它是矢量，方向与速度方向相同，也是状态量。

(2) 冲量：把力和力的作用时间的乘积定义为冲量。

数学表达式：$\boldsymbol{I}=\int_{t_1}^{t_2}\boldsymbol{F}\mathrm{d}t$。

它是矢量，方向与力的方向相同，是过程量。

(3) 质点的动量定理：作用在质点上的合外力的冲量等于质点动量的增量，适用于惯性系。

数学表达式：$\int_{t_1}^{t_2} \boldsymbol{F}\mathrm{d}t = \boldsymbol{p}_2 - \boldsymbol{p}_1 = m\boldsymbol{v}_2 - m\boldsymbol{v}_1$。

分量式：$\begin{cases} \int_{t_1}^{t_2} F_x \mathrm{d}t = p_{2x} - p_{1x} = mv_{2x} - mv_{1x} \\ \int_{t_1}^{t_2} F_y \mathrm{d}t = p_{2y} - p_{1y} = mv_{2y} - mv_{1y} \\ \int_{t_1}^{t_2} F_z \mathrm{d}t = p_{2z} - p_{1z} = mv_{2z} - mv_{1z} \end{cases}$。

(4) 质点系的动量定理：作用在质点系的合外力的冲量等于质点系的动量的增量，适用于惯性系。

数学表达式：$\int_{t_1}^{t_2} \sum \boldsymbol{F}\mathrm{d}t = \sum \boldsymbol{p}_{i2} - \sum \boldsymbol{p}_{i1} = \sum m_i \boldsymbol{v}_{i2} - \sum m_i \boldsymbol{v}_{i1}$。

分析思考：质点系受到的力包括各质点受到系统外的力和质点系内相互之间的内力，而后者遵循牛顿第三定律，其动量又是矢量，相互抵消，因此后者不影响质点系的总动量，只影响各个质点的动量。

六、动量守恒定律

内容：当系统的合外力为零时，系统的总动量保持不变，适用于同一惯性系。

数学表达式：$\sum m_i \boldsymbol{v}_i = \sum m_i \boldsymbol{v}_{i0} =$ 恒矢量。

分量式：$\sum m_i v_{ix} = C_1$，$\sum m_i v_{iy} = C_2$，$\sum m_i v_{iz} = C_3$。

特别注意：

(1) 系统的动量守恒是指系统的总动量不变，系统内任一物体的动量是可变的，各物体的动量必相对于同一惯性参考系。

(2) 守恒条件是合外力为零。有时合外力虽不为零，但远小于内力，一般可以处理为总动量守恒，像碰撞、打击、爆炸等。

(3) 系统所受外力的矢量和不为零，但若某一方向合外力为零，则此方向动量守恒。

(4) 动量守恒定律只在惯性参考系中成立，是自然界最普遍、最基本的定律之一。

七、功　动能　质点的动能定理

(1) 功：把质点受到的外力与质点的位移的点积叫作功，是标量，是过程量。

数学表达式：$\mathrm{d}W = \boldsymbol{F} \cdot \mathrm{d}\boldsymbol{r}$ 或 $W = \int_A^B \boldsymbol{F} \cdot \mathrm{d}\boldsymbol{r}$。

(2) 平均功率 $\bar{P} = \frac{\Delta W}{\Delta t}$。

(3) 瞬时功率 $P = \lim\limits_{\Delta t \to 0} \frac{\Delta W}{\Delta t} = \frac{\mathrm{d}W}{\mathrm{d}t} = \boldsymbol{F} \cdot \boldsymbol{v}$。

(4) 动能：质点的质量与速度平方的乘积的一半叫动能，是标量，是状态量。

数学表达式：$E_\mathrm{k} = \frac{1}{2}mv^2 = \frac{p^2}{2m}$。

质点的动能定理：合外力对质点所做的功，等于质点动能的增量，适用于惯性系。

数学表达式：$W=E_{k2}-E_{k1}$。

八、保守力与非保守力　势能　机械能

1. 保守力

这类力对质点做功只与质点的始末位置有关，与路径无关，称之为保守力，如：重力、万有引力、弹性力；质点沿闭合路径运动一周，保守力做功为零。

（1）重力的功：$W=-\int_{y_1}^{y_2} mg\,\mathrm{d}y$。

（2）万有引力的功：$W=-Gm_1m_2\int_{r_1}^{r_2}\frac{1}{r^2}\mathrm{d}r$。

（3）弹性力的功：$W=-\int_{x_1}^{x_2}kx\,\mathrm{d}x$。

物理沙龙五

罗伯特·胡克（Robert Hooke，1635—1703）是17世纪英国最杰出的科学家之一。他在力学、光学、天文学等方面都有重大成就。他所设计和发明的科学仪器在当时是无与伦比的，本人被誉为英国的“双眼和双手”。胡克也因其兴趣广泛、贡献重大而被某些科学史家称为“伦敦的莱奥纳多（达·芬奇）”。胡克是在光学和力学方面仅次于牛顿的伟大科学家。

罗伯特·胡克

尽管胡克并不贫穷，但是他的晚年生活却是灾难性的。其中主要的原因是他在发现“平方反比关系”优先权的争夺中得罪了牛顿。奇怪的是，胡克就像是个倒霉蛋，集聚在他身上的争议特别多。在发现螺旋弹簧振动周期的等时性方面，是胡克在先还是惠更斯在先也存在争论。即使在胡克和其终生好友雷恩之间，仍然有许多未解之谜。通过胡克的日记和朋友间的通信，人们发现许多原先以为是雷恩设计的建筑很可能是胡克设计的，其中包括著名的格林尼治皇家天文台、为纪念1666年伦敦大火而建造的纪念碑等。有人指出，雷恩的名气太大了，一提到当时的建筑设计，人们就想到了雷恩，谁还记得胡克呢？甚至胡克的为人和脾气也是一个有争论的话题。胡克常被描绘成一个忧郁的修道士般的老处男（胡克终身未婚），但是，他的日记显示出他是一个善于交际的、拥有很多朋友的人，哪一个才是真正的胡克呢？

1703年3月3日，胡克在落寞中去世了，在他死后不久，牛顿就当上了英国皇家学会的主席。随后，英国皇家学会中的胡克实验室和胡克图书馆就被解散，胡克的所有研究成果、研究资料和实验器材或被分散或被销毁，没多久，这些属于胡克的东西就全都消失了，胡克死后一无所有。

2. 非保守力

把对物体做功与路径有关的力叫非保守力，如摩擦力、安培力等。

3. 势能和势函数

引入势能概念的前提条件是系统内各质点的相互作用力是保守力，此时把与物体位置有关的能量称为势能，是标量，是状态量。

三种势能的数学表达式：

$$\begin{cases}\text{重力势能} \quad E_p = mgy\text{（通常以地面为零势能点）} \\ \text{引力势能} \quad E_p = -G\dfrac{m_1 m_2}{r}\text{（以无穷远处为零势能点）} \\ \text{弹性势能} \quad E_p = \dfrac{1}{2}kx^2\text{（以弹簧原长为零势能点）}\end{cases}$$

保守力做功等于势能增量的负值，$W=-(E_{p2}-E_{p1})$。

4. 机械能

质点动能与势能的总和 $E=E_k+E_p$。

九、质点系的动能定理　功能原理　机械能守恒定律

（1）质点系的动能定理：质点系所受合外力做功与质点系内力做功的总和等于质点系动能的增量。

数学表达式：$W_{外}+W_{内}=E_{k2}-E_{k1}$。

或者：$W_{外}+W_{保内}+W_{非保内}=E_{k2}-E_{k1}$。

（2）质点系的功能原理：质点系外力做的功等于质点系机械能的增量。

数学表达式：$W_{外}+W_{非保内}=E_2-E_1$。

简要推导：根据质点系的动能定理，$W_{外}+W_{保内}+W_{非保内}=E_{k2}-E_{k1}$，又因为保守内力做的功等于势能增量的负值，即 $W_{保内}=-(E_{p2}-E_{p1})$，代入上式并移项即得。

设问：在质点系的动能定理中，描述的是功等于动能的增量，而隐含的“功”指的是什么力做的功？那么，功能原理中的功指的是什么力做的功？功能原理中的能又是指的什么能？其中保守内力做的功隐藏在哪里？非保守内力也遵循牛顿第三定律，做的功为什么不能相互抵消？

对质点系的动量定理与质点系的功能原理作出比较概念关系图，并将相关概念列入（如冲量、动量、功、能等）。

（3）机械能守恒定律：质点系所受外力与非保守内力不做功时质点系的动能和势能可以相互转换，但机械能守恒。

数学表达式：当 $W_{外}+W_{非保内}=0$，$E_2=E_1$。

（4）碰撞：泛指强烈而短暂的相互作用过程，如打桩、投掷、射击、爆炸等，产生的内力极大，外力可以忽略不计，可以看作动量守恒，具体有以下分类：

弹性碰撞：动量守恒，动能守恒。

非弹性碰撞：动量守恒，动能不守恒。

完全非弹性碰撞：动量守恒，动能不守恒，碰撞后物体有共同的速度。

第四 疑难点分析与课题研究

一、疑难点分析

（一）牛顿定律只在惯性系中成立，正确运用牛顿定律解题

牛顿第二定律反映了力的瞬时作用规律。运用这一定律求解质点动力学问题时要注意：

（1）明确 $\boldsymbol{a}$ 与 $\boldsymbol{F}$ 之间是因果关系、瞬时关系和矢量关系。

（2）求解动力学问题的主要步骤：

① 对于恒力作用下的连结体的约束运动：

选取研究对象、分析运动趋势、画出隔离体示意图、建立各自的坐标系、列出运动方程、找出关联方程、求解方程组；

② 对于变力作用下的单质点运动：

分析力函数、选取坐标系、列运动方程、用积分法求解。

（3）动力学问题除用牛顿定律求解外，还可用功能关系求解，但涉及的物理量不同，前者涉及加速度、位移，后者涉及功、动能，解题时视具体情况选择最佳解法。

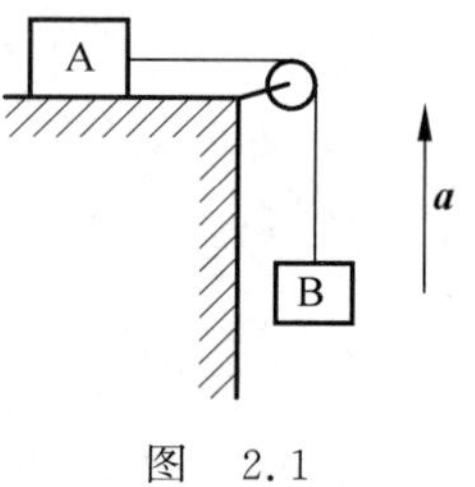

图 2.1

自我测试 1 如图 2.1 所示，系统置于以 $a=1/4g$ 的加速度上升的升降机内，A、B 两物体质量相同均为 m，A 所在的桌面是水平的，绳子和定滑轮质量均不计，若忽略滑轮轴上和桌面上的摩擦，并不计空气阻力，则绳中张力为（ ）。

（A）$5/8mg$ （B）$1/2mg$ （C）mg （D）$2mg$

分析与解 由于牛顿定律只适用于惯性参考系，因此选取地面参考系，对于 A、B 物体，设 B 物体在升降机内相对于升降机的加速度为 a_1，方向向下，a_1 为相对加速度，a 为牵连加速度，找出 B 物体对于地面惯性系的绝对加速度 $a_B=a_1-a$（绝对量等于牵连量与相对量的矢量和）。

在惯性系中分别进行受力分析并列出方程：

$$\begin{cases} m_B g - F_T = m_B(a_1 - a) \\ F_T = m_A a_1 \end{cases}$$

得

$$a_1 = \frac{5}{8}g$$

选（A）。

（二）牛顿定律只在惯性系中成立，牛顿定律对于非惯性系不成立

如何在非惯性系中求解动力学问题呢？

分析与解 对于上题可考虑对 A、B 两物体加上惯性力（ma，A 物体方向向下，B 物体

方向向下)后,以电梯这个非惯性参考系进行求解。此时 A、B 两物体受力情况如图 2.2 所示,图中 a'为 A、B 两物体相对电梯的加速度,ma 为惯性力。

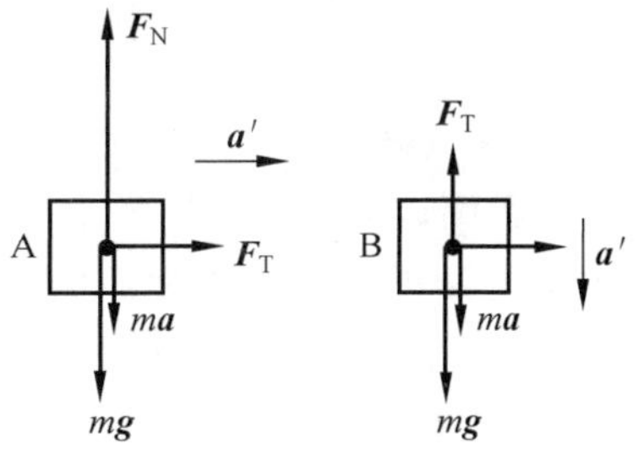

在非惯性系中,物体受到的惯性力与除惯性力以外受到的其他力的矢量和等于该物体的质量与相对于非惯性系的加速度的乘积。

对 A、B 两物体,(注意 A 物体只在水平方向上运动)分别为

图　2.2

$$\begin{cases} F_{\mathrm{T}}=m_{\mathrm{A}}a' \\ m_{\mathrm{B}}g+m_{\mathrm{B}}a-F_{\mathrm{T}}=m_{\mathrm{B}}a' \end{cases}$$

可解得

$$F_{\mathrm{T}}=5/8mg$$

故选(A)。

总结:对于这种类型的物理问题,往往从非惯性参考系(本题为电梯)观察到的运动图像较为明确,但由于牛顿定律只适用于惯性参考系,故从非惯性参考系求解力学问题时,必须对物体加上一个虚拟的惯性力。如以地面为惯性参考系求解,则两物体的加速度 a_{A} 和 a_{B} 均应对地而言,本题中 a_{A} 和 a_{B} 的大小与方向均不相同。对 a_{A}、a_{B}、a 和 a'之间还要用到相对运动规律,求解过程较烦琐。有兴趣的同学不妨自己尝试一下。

(三)受力分析中应注意的问题

力学中经常遇到的力有以下几种类型:万有引力、重力、弹力、摩擦力、流体曳力,前两者是场力,后三者是接触力,受力分析时注意以下两个问题:

(1) 避免遗漏某些作用力;

(2) 不要列入多余的力。

例如将 ma 作为一个力,并将它与其他力放在一起同等对待,或者是在圆周运动中加上一个向心力,都是多余力。所谓多余的力,本质上就是将效果力混淆为作用力。

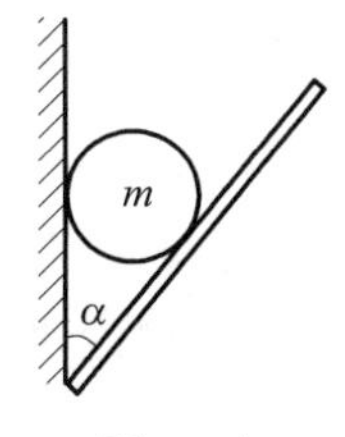

图　2.3

自我测试 2　如图 2.3 所示,质量为 m 的小球,放在光滑的木板和光滑的墙壁之间,并保持平衡,设木板和墙壁之间的夹角为 α,当夹角增大时,小球对木板的压力将(　　)。

(A) 增加

(B) 减少

(C) 不变

(D) 先增加,后减小,压力增减的临界角是 45°

分析　本题测试的是质点受力的分析,$N_{木}=\dfrac{mg}{\sin\alpha}$,因此,随着夹角增大,木板对球的支持力减小,因此小球对木板的压力将减小,选(B)。

自我测试 3　质量为 m 的小木块,静止放在粗糙的桌面上,与桌面的摩擦因数为 μ,当力 F 向下作用其上时,无论 F 多大,都不能使木块滑动的条件是力与竖直方向的夹角必须满足(　　)。

(A) $\theta < \arccos\left(\frac{\mu mg}{F}\right)$　　(B) $\theta = \arccos\left(\frac{\mu mg}{F}\right)$

(C) $\theta < \arctan\mu$　　(D) $\theta < \arcsin\mu$

答案：选(C)。

自我测试 4　用力 F 推水平地面上一质量为 M 的木箱，如图 2.4 所示。设力 F 与水平面的夹角为 θ，木箱与地面间的滑动摩擦系数和静摩擦系数分别为 μ_k 和 μ_s。

(1) 要推动木箱，力至少应多大？此后维持木箱匀速前进，F 应需多大？

(2) 证明当 θ 角大于某一值时，无论用多大的力 F 也不能推动本箱。此角是多大？

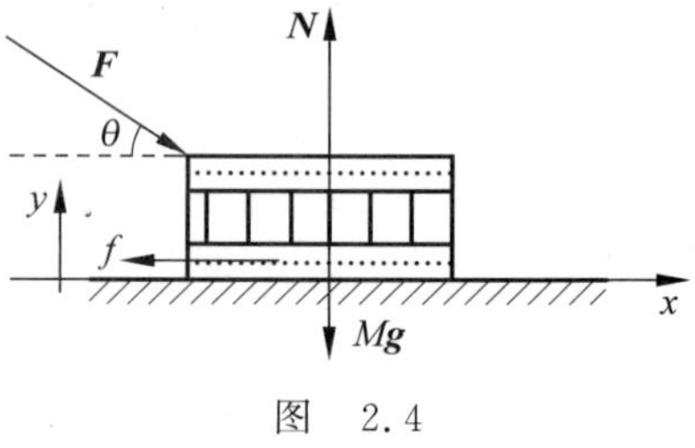

图 2.4

解　(1) 由牛顿第二定律，在木箱将要被推动的情况下，

x 向：

$$F_{\min}\cos\theta - f_{\max} = 0$$

y 向：

$$N - F_{\min}\sin\theta - Mg = 0$$

还有

$$f_{\max} = \mu_s N$$

解以上三式可得要推动木箱所需力 F 的最小值为

$$F_{\min} = \frac{\mu_s Mg}{\cos\theta - \mu_s\sin\theta}$$

在木箱作匀速运动的情况下，如上类似分析可得所需力 F 的大小为

$$F = \frac{\mu_k Mg}{\cos\theta - \mu_k\sin\theta}$$

(2) 在上面 $F_{\min}$ 的表达式中，如果 $\cos\theta - \mu_s\sin\theta \to 0$，则 $F_{\min} \to \infty$，这意味着用任何有限大小的力都不可能推动木箱，不能推动木箱的条件是

$$\cos\theta - \mu_s\sin\theta \leqslant 0$$

由此得 θ 的最小值为

$$\theta = \arctan\frac{1}{\mu_s}$$

自我测试 5　如图 2.5 所示，平地上放一质量为 m 的物体，已知物体与地面的摩擦因数为 μ，当力 F 作用其上时，物体向右运动，欲使物体具有最大的加速度，则力与水平方向的夹角 α 应满足(　　)。

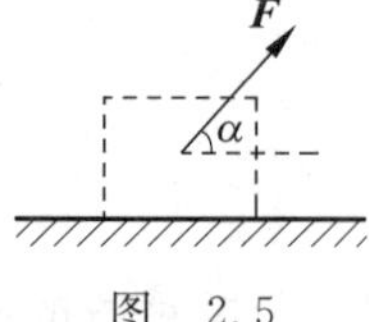

图 2.5

(A) $\cos\alpha = 1$　　(B) $\sin\alpha = \mu$

(C) $\tan\alpha = \mu$　　(D) $\cot\alpha = \mu$

要点分析　本题测试的是受力分析，以及最大加速度的求解方法。

解　水平方向上 $F\cos\alpha - \mu N = ma$，竖直方向上 $N + F\sin\alpha = mg$，得到

$$a = \frac{F}{m}\cos\alpha - \mu g + \frac{\mu F}{m}\sin\alpha$$

让 a 对 α 求一阶导数使之等于零，得到 $\tan\alpha=\mu$，选(C)。

（四）功和能

功是一个标量，只有大小，没有方向，但有正负。计算功的方法有

(1) 已知力 F，用积分求功 $W=\int_A^B \boldsymbol{F}\cdot \mathrm{d}\boldsymbol{r}$；

(2) 已知合力作用前后动能增量时，用动能定理求合力的功 $W=E_{k2}-E_{k1}$；

(3) 已知始末状态的机械能增量时，用功能原理求出外力的功和非保守内力的功

$$W_{外}+W_{非保内}=E_2-E_1$$

自我测试 6　如图 2.6 所示，一质量为 m 的木块静止在光滑水平面上，一质量为 $m/2$ 的子弹沿水平方向以速率 v_0 射入木块一段距离 L（此时木块滑行距离恰为 s）后留在木块内，求：子弹与木块间的摩擦阻力对木块和子弹各做了多少功？

分析　对子弹-木块系统来说，满足动量守恒，但系统动能并不守恒，这是因为一对摩擦内力所做功的代数和并不为零，其中摩擦阻力对木块做正功，其反作用力对子弹做负功，后者功的数值大于前者，通过这一对作用力与反作用力所做的功，子弹将一部分动能转移给木块，而另一部分却转化为物体内能。

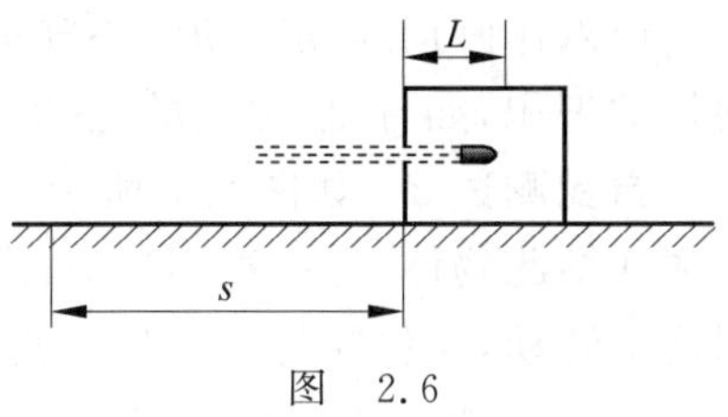

图　2.6

解　子弹-木块系统满足动量守恒，有

$$mv_0/2=(m/2+m)v$$

解得共同速度

$$v=\frac{1}{3}v_0$$

对木块和子弹分别运用质点动能定理，则对木块做的功：

$$\Delta E_{k2}=\frac{1}{2}mv^2-0=\frac{1}{18}mv_0^2$$

对子弹做的功：

$$\Delta E_{k2}=\frac{1}{2}\left(\frac{m}{2}\right)v^2-\frac{1}{2}\left(\frac{m}{2}\right)v_0^2=-\frac{2}{9}mv_0^2$$

（五）弹性势能零点的选取

重力势能零点可以任意选取，重力势能有正有负。

弹性势能零点的选取分两种情况：当弹簧系统水平放置时，把弹簧原长作为弹性势能零点，弹性势能的表达式为 $E_p=\frac{1}{2}kx^2$；当系统竖直放置或放置在斜面上时，则需取平衡位置处为弹性势能零点。

（六）变力做功的问题

如果力的函数变量与元位移变量不一致时，要化成同一积分变量，否则积分无法进行。

自我测试 7　质量为 $M=1\text{kg}$ 的质点在力 $F=10t$ 作用下，从静止出发沿 x 轴作直线运动，求前 2s 力 F 所做的功。

分析 本题测试的是变力做的功,注意力与位移积分对象不一致时要做的转化工作。

解 $W=\int F\cdot \mathrm{d}x=\int 10t\cdot \mathrm{d}x$,此时尚无法计算,把 $\mathrm{d}x$ 化成 $\mathrm{d}t$ 来计算。

$$a=\frac{F}{M}=10t=\frac{\mathrm{d}v}{\mathrm{d}t}$$

得到

$$v=\int_0^t 10t\,\mathrm{d}t=5t^2,\quad v=\frac{\mathrm{d}x}{\mathrm{d}t}=5t^2,\quad \mathrm{d}x=5t^2\mathrm{d}t$$

所以

$$W=\int_0^2 50t^3\,\mathrm{d}t=12.5t^4\Big|_0^2=200\mathrm{J}$$

(七)质点的角动量和角动量守恒定律

质点作圆周运动时动量不守恒,因此要引入角动量,定义为质点对圆心的位矢与质点的动量的矢积,如行星、卫星的运动。

自我测试 8 如图 2.7 所示,有一个小块物体,置于一个光滑的水平桌面上,有一绳其一端连结此物体,另一端穿过桌面中心的小孔,该物体原来以角速度 ω 在距孔为 R 的桌面圆周上转动,今将绳另一端从小孔缓慢往下拉。则物体

(A) 动能不变,动量改变

(B) 动量不变,动能改变

(C) 角动量不变,动能、动量都改变

(D) 角动量不变,动量不变

(E) 角动量改变,动量改变

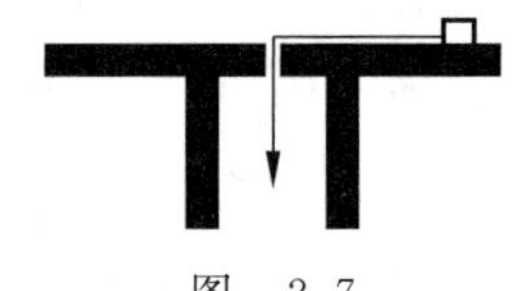

图 2.7

分析 本题测试的是有关动量、角动量、动能的概念。物体受到绳的拉力作用不产生力矩,因此角动量不变;但由于圆运动的半径在减小,因此角速度增大,线速度也增大。因此选(C)。

二、课题研究

(1) 在上述自我测试 7 中,能否证明这一对摩擦阻力所做功的代数和不等于零,而等于其中一个摩擦阻力沿相对位移 L 所做的功?

(2) 在上述自我测试 7 中,能否证明这一对摩擦阻力所做功的代数和不等于零,也可等于"子弹—木块"系统总机械能的减少量(亦即转化为热的那部分能量)?

第五 例题指导

例 1 一跳伞运动员质量为 70kg,从 4200m 高空的飞机上跳出,以雄鹰展翅的姿势下落,有效横截面积为 $0.6\mathrm{m}^2$,设空气密度为 $1.1\mathrm{kg/m}^3$,曳引系数为 $C=0.6$,计算他下落的终极速度为多大?

要点分析 本题测试的是终极速度。

解 根据空气曳力公式 $f=\frac{1}{2}C\rho Av^2$,终极速度出现时曳力等于运动员的重力,可得

$$v=\sqrt{\frac{2mg}{C\rho A}}=58.9\mathrm{m/s}$$

这一速度比从 4200m 高空自由下落的速度 287m/s 小得多，但运动员以 58.9m/s 的速度触地还是很危险的，所以在接近地面时要打开降落伞，以减小落地速度。

例 2 跳水一般分跳板和跳台，跳台运动员从 10m 高台跳入游泳池，为保证运动员的安全，规范要求游泳池水深必须在什么范围内，为什么？设曳引系数 $C=0.5$，水的密度 $\rho=1\mathrm{kg/m^3}$，有效横截面积为 $A=0.08\mathrm{m^2}$，运动员质量假设为 50kg，安全速度为 2m/s。

要点分析 本题测试的是运动员在水中受流体曳力减度最终须以安全速度翻身并以脚蹬池底上浮，才能确保运动员的安全。

解 设运动员从 10m 高台至落水前作自由落体运动，她到达水面时的速度为 14m/s，运动员入水后受重力、浮力和流体曳力即阻力作用，考虑到人的密度与水的密度接近，故重力与浮力的大小相等方向相反，所以她入水后只受水的阻力 $f=\frac{1}{2}C\rho Av^2$。

根据牛顿定律 $f=m\frac{\mathrm{d}v}{\mathrm{d}t}$以及 $v=\frac{\mathrm{d}y}{\mathrm{d}t}$，得

$$f=m\frac{\mathrm{d}v}{\mathrm{d}t}=m\frac{\mathrm{d}y}{\mathrm{d}y}\frac{\mathrm{d}v}{\mathrm{d}t}=mv\frac{\mathrm{d}v}{\mathrm{d}y}=-\frac{1}{2}C\rho Av^2$$

$$\int_{14}^{2}\frac{\mathrm{d}v}{v}=\int_{0}^{y}-\frac{1}{2m}C\rho A\,\mathrm{d}y$$

得到

$$y=4.86\mathrm{m}$$

因此，标准跳水游泳池的水深为 4.5～5.0m 之间是安全的，过浅过深都不安全。

跟踪自我测试：跳板运动员郭晶晶走上跳板，跳板被压缩到最低点，跳板又将郭晶晶竖直向上弹到最高点，她作自由落体运动，竖直落入水中(图 2.8)。将郭晶晶视为质点，她身高为 1.63m，取 $g=10\mathrm{m/s^2}$，最高点 A、跳板的水平点 B、最低点 C 和水面之间的竖直距离如图 2.9 所示。求：郭晶晶入水前的速度大小。

图 2.8

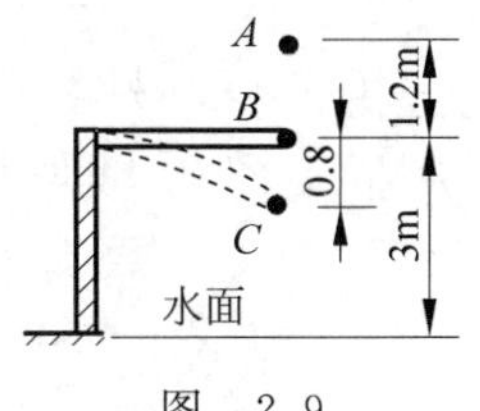

图 2.9

设郭晶晶体重 49kg，计算她跳板入水的水池深度是在多少范围内？3～5m(3.69m)。

拓展介绍：

伏明霞，女，1978 年 8 月 16 日出生，湖北武汉人，身高 1.60m，体重 48kg，1991 年 1 月，

伏明霞于澳大利亚举行的第6届世界游泳锦标赛获得女子10m跳台金牌，以不足13岁之龄成为史上最年轻的跳水世界冠军，被列入吉尼斯世界纪录大全。1992年，只有14岁的她获得了首次参加奥运会的机会。在巴塞罗那奥运会获得女子10m跳台项目金牌，成为中国及奥运会跳水历史上最年轻的奥运金牌得主，同年成为美国《时代周刊》的封面人物。

郭晶晶，女，1981年10月15日出生于河北保定，奥运冠军，有“跳水女皇”之称。身高1.63m，体重49kg，特长为3m跳板单人/双人。跳水女皇郭晶晶是继伏明霞后的又一位跳水冠军。2004年获雅典奥运会跳水冠军。2008年在北京第二十九届世界杯跳水赛获女子3m板单人冠军；2008年8月17日在北京奥运会中，郭晶晶与吴敏霞以343.50分的总分毫无悬念地摘得冠军。

吴敏霞，女，1985年11月10日生，上海人，奥运冠军，中国女子跳水队运动员，2013年12月当选上海市青联副主席。连续夺得2004年、2008年两届奥运会女子跳水双人3m板冠军。2011年第14届国际泳联世界锦标赛(上海)女子双人3m板冠军(与何姿)，女子单人3m板冠军。2011年7月23日，吴敏霞夺得上海世锦赛女子3m板冠军。2012年第18届国际泳联跳水世界杯冠军。2012年伦敦奥运会跳水女子3m板冠军(与何姿)。2012年8月6日，在伦敦奥运会跳水女子单人3m板中，吴敏霞获得冠军。

近年来，我国的陈若琳、汪皓、施廷懋、刘蕙瑕、任茜等运动员也相继获得过冠军。

例3 如图2.10所示，在卡车车厢底板上放一个木箱，该木箱距车厢前沿挡板的距离$L=2.0\text{m}$，已知制动时卡车的加速度$a=7.0\text{m}\cdot\text{s}^{-2}$，设制动一开始木箱就开始滑动。求该木箱撞上挡板时相对卡车的速度为多大？设木箱与底板间滑动摩擦因数$\mu=0.50$。

要点分析 本题测试的是在非惯性系中求解力学问题。可对木箱加上惯性力F_0方向向右后，以车厢为参考系进行求解，如图2.10所示，此时木箱在水平方向受到惯性力和摩擦力作用，图中a'为木箱相对车厢的加速度。

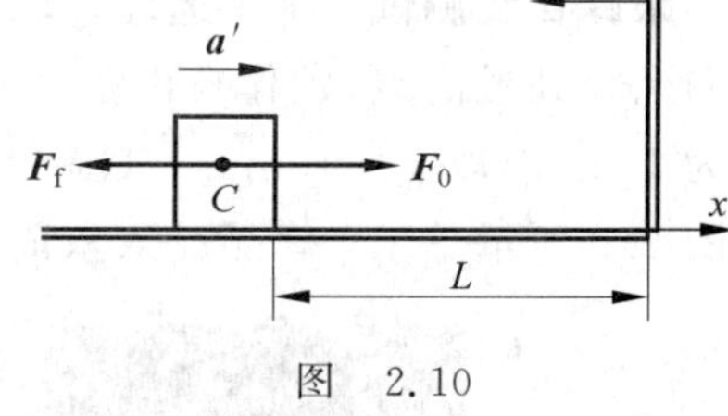

图 2.10

解 由牛顿第二定律和相关运动学规律有

$$F_0-F_f=ma-\mu mg=ma'$$

$$v'^2=2a'L$$

联立解两式并代入题给数据，得木箱撞上车厢挡板时的速度为

$$v'=\sqrt{2(a-\mu g)L}=2.9\text{m}\cdot\text{s}^{-1}$$

例4 质量为m的小球，用轻绳AB、BC连接，其中AB水平，如图2.11所示，剪断绳AB前后瞬间，绳BC中的张力之比为多少？

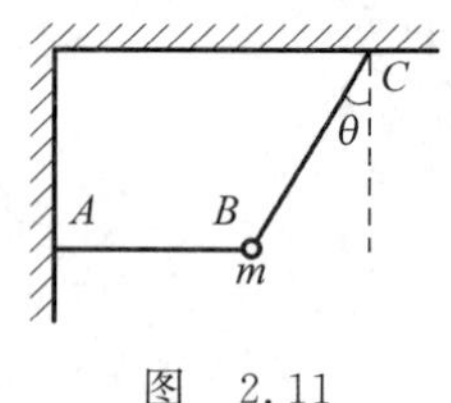

图 2.11

要点分析 本题测试的是质点受力平衡的条件，剪断绳子质点作圆周运动的条件。

解 绳子剪断前，受力平衡：

$$T=mg/\cos\theta$$

绳子剪断后瞬间，小球作初速度为0的圆周运动，沿法向方向进行分解，

$$T'=mg\cos\theta$$

所以二者之比为

$$\frac{T}{T'}=\frac{1}{\cos^2\theta}$$

例 5　如图 2.12 所示，一质量为 m'的物块放置在斜面的最底端 A 处，斜面的倾角为 α，高度为 h，物块与斜面的动摩擦因数为 μ，今有一质量为 m 的子弹以速度 v 沿水平方向射入物块并留在其中，且使物块沿斜面向上滑动。求物块滑出顶端时的速度大小。

要点分析　本题测试的是子弹和物块的撞击过程，因撞击力(属于内力)远大于子弹的重力 P_1 和物块的重力 P_2 在斜面的方向上的分力以及物块所受的摩擦力 F_f，在该方向上动量守恒，由此可得到物块被撞击后的速度。第二阶段是非保守内力中仅摩擦力做功，测试的是系统的功能原理。

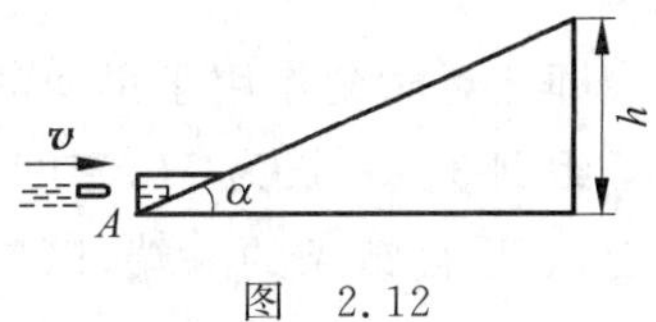

图　2.12

解　在子弹与物块的撞击过程中，在沿斜面的方向上，根据动量守恒有

$$mv\cos\alpha=(m+m')v_1 \tag{1}$$

在物块上滑的过程中，若令物块刚滑出斜面顶端时的速度为 v_2，并取 A 点的重力势能为零。由系统的功能原理可得

$$-\mu(m+m')g\cos\alpha\ \frac{h}{\sin\alpha}=\frac{1}{2}(m+m')v_2^2+(m+m')gh-\frac{1}{2}(m+m')v_1^2 \tag{2}$$

由式(1)、式(2)可得

$$v_2=\sqrt{\left(\frac{m}{m+m'}v\cos\alpha\right)^2-2gh(\mu\cot\alpha+1)}$$

下面为一组 6 类相关题例。

组例 1　如图 2.13 所示，一根长为 l，质量为 m 的均匀链条放在光滑水平桌面上，将其长度的 $l/3$ 悬挂于桌边下，若将悬挂部分拉回桌面，需做功为多少？

要点分析　本题测试的是外力做功等于物体机械能的增量。

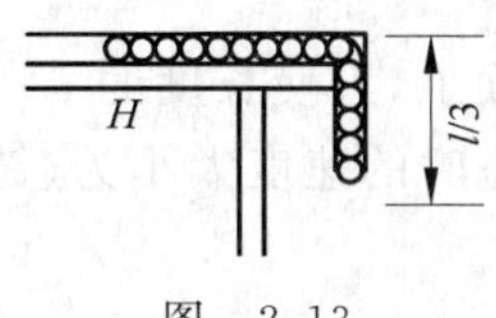

图　2.13

解　以桌面为零势能面，则有

$$W=E_2-E_1=0-\left(-\frac{1}{6}l\cdot\frac{1}{3}mg\right)=\frac{1}{18}mgl$$

组例 2　一质量均匀分布的柔软细绳铅直悬挂着，绳的下端刚好触到水平桌面上，如果把绳的上端放开，绳将落在桌面上(图 2.14)，探讨在绳的下落过程中，任意时刻作用于桌面的压力等于已落到桌面上的绳重量的 3 倍。

要点分析　本题测试的是动量定理。

解　设绳总长为 L，总质量为 M，落到桌面的细绳的质量为 m，落到桌面的细绳的长度为 x，随后在 $\mathrm{d}t$ 时间内有质量为 $\mathrm{d}m=\frac{M}{L}\mathrm{d}x$ 的细绳以 $\mathrm{d}x/\mathrm{d}t$ 的速率落到桌面上而停止，它的动量的变化率为

$$\frac{\mathrm{d}p}{\mathrm{d}t}=\frac{0-\frac{M}{L}\mathrm{d}x\cdot\frac{\mathrm{d}x}{\mathrm{d}t}}{\mathrm{d}t}=-\frac{M}{L}v^2$$

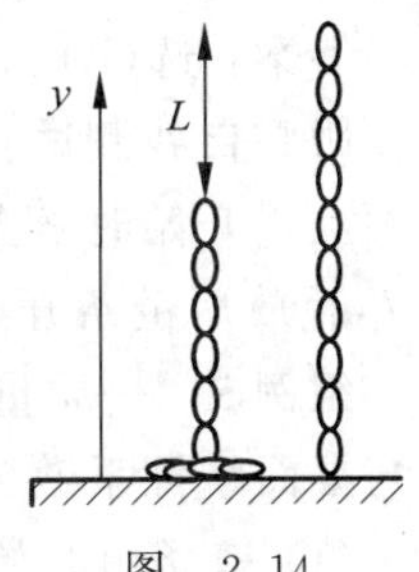

图　2.14

速率为

$$v=\sqrt{2gx}$$

落在桌面上的柔绳受力分析

$$mg-N=F=\frac{\mathrm{d}p}{\mathrm{d}t}$$

$$N=mg-\left(-\frac{M}{L}\cdot 2gx\right)=mg+2mg=3mg$$

即任意时刻作用于桌面的压力，等于已落到桌面上的绳重量的 3 倍。

组例 3 一长为 H，密度均匀的柔软链条，单位长度的质量为 ρ，将其卷成一堆放在地面上，若手握链条的一端，以匀速 v_0 将其上提，当链条一端被提离地面高度为 l 时，求手的提力。

要点分析 本题测试的是动量定理。

解 如图 2.15 所示，取地面为惯性系，设在时刻 t，链条一端距原点的距离为 l，速率为 v，离地部分的链条的动量为

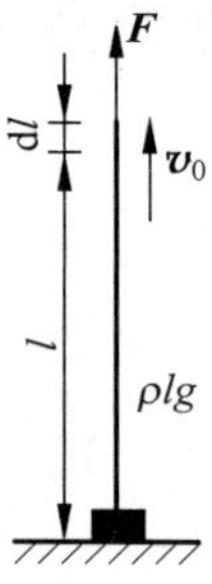

$$p=\rho l v_0$$

动量的变化率为

$$\frac{\mathrm{d}p}{\mathrm{d}t}=\rho v_0\frac{\mathrm{d}l}{\mathrm{d}t}=\rho v_0^2$$

地面链条受力分析

$$N=\rho(H-l)g$$

离地部分链条受力分析

$$F-\rho gl=\frac{\mathrm{d}p}{\mathrm{d}t}$$

图 2.15

则

$$F=\rho gl+\rho v_0^2$$

组例 4 如图 2.16 所示，长度为 L 的均匀链条放在光滑水平桌面上，且使长度的 $L/4$ 在桌边，松手后链条从静止开始沿桌边下滑，则链条滑至刚刚离开桌边时的速度大小为(链条未着地)

(A) $\frac{1}{2}\sqrt{15gL}$ (B) $\frac{1}{4}\sqrt{15gL}$

(C) $\frac{3}{4}\sqrt{15gL}$ (D) $\sqrt{15gL}$

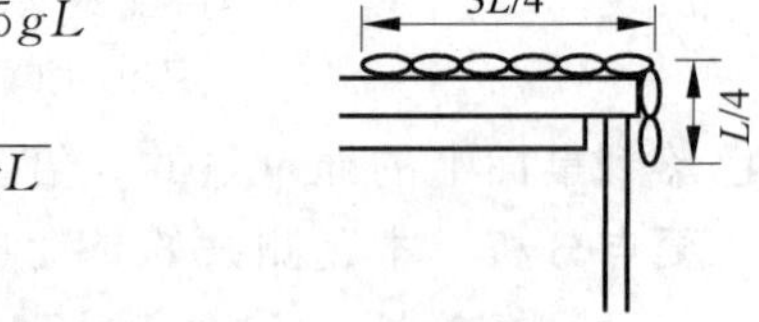

图 2.16

答案：选(B)。

跟踪自我测试：一根长为 L，质量均匀分布的链条静止放在光滑桌面上。开始时链条静止地搭在桌边，其中一端下垂，下垂部分长度为 l，释放后链条开始下落。求：链条下落到任意位置处的速度。

组例 5 一质量为 m，长为 l 的链条置于桌边，一端下垂长度为 a，如图 2.17 所示，若链条与桌面摩擦系数为 μ，则

(1) 链条由开始到完全离开桌面的过程中，摩擦力做的功为多少？

(2) 链条开始离开桌面的速度为多大？

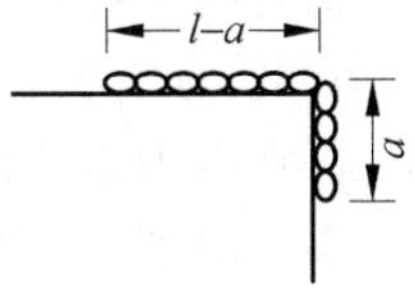

要点分析　本题测试的是摩擦力做功与功能原理。

解　(1) 设 t 时刻，链条下落 x 长度，则桌面链条受到的摩擦力为

$$f=\mu\lambda(l-a-x)g$$

链条由开始到完全离开桌面的过程中，摩擦力做的功为

$$W=\int_0^{l-a} f\cdot \mathrm{d}x=\frac{1}{2}\frac{m}{l}\mu g(l-a)^2$$

$l-a$

a

图　2.17

(2) 以桌面为重力势能零点，根据功能原理，外力即摩擦力做的功等于质点系机械能的增量，则

$$W=E_2-E_1=\left(\frac{1}{2}mv^2-\frac{1}{2}mgl\right)-\left(0-\frac{1}{2}a\cdot\lambda ag\right)$$

$$v=\sqrt{\frac{g}{l}[(l^2-a^2)-\mu(l-a)^2]}$$

组例 6　一柔软链条长为 l，单位长度的质量为 λ，链条放在有一小孔的桌上，链条一端由小孔稍伸下，其余部分堆在小孔周围。由于某种扰动，链条因自身重量开始下落，求链条下落速度 v 与 y 之间的关系。设各处摩擦均不计，且认为链条软得可以自由伸开。

要点分析　本题测试的是质点系的动量定理。

解　以竖直悬挂的链条和桌面上的链条为一系统，建立坐标系

下落部分链条受到的力 $F=m_1g=\lambda yg$，动量 $p=\lambda yv$

根据质点系的动量定理，有

$$F=\frac{\mathrm{d}p}{\mathrm{d}t},\quad \lambda yg=\frac{\mathrm{d}(\lambda yv)}{\mathrm{d}t}$$

约去 λ，有 $yg=\dfrac{\mathrm{d}(yv)}{\mathrm{d}t}$，此时有两个变量怎么计算？

为进一步靠近变量，两边乘以 $\mathrm{d}y$，$yg\mathrm{d}y=\dfrac{\mathrm{d}(yv)}{\mathrm{d}t}\mathrm{d}y=v\mathrm{d}(yv)$，两边再乘以 y，得到 $y^2g\mathrm{d}y=yv\mathrm{d}(yv)$，分别积分，得

$$\int_0^y y^2g\mathrm{d}y=\int_0^{yv}yv\mathrm{d}(yv),\quad 得\ v=\sqrt{\frac{2}{3}yg}$$

拓展跟踪测试：一条质量为 m 的柔软链条长为 l，成直线状放在桌面上，一端下垂长度为 a，链条从静止开始下落，摩擦不计，试求链条下落过程中，速度随下落长度变化的规律，以及链条下端位置随时间变化的规律。

第六　反思与总结

在高中已学过牛顿三定律、动量定理、动能定理、功能原理、机械能守恒定律，通过大学质点动力学的学习，与高中知识相比较有了哪些递进？

在本案例的知识框图中，力对时间的积累效应表现为冲量，进而分析得到动量守恒定律，怎样体现了普遍的动量守恒空间匀称性？

而力对空间的积累效应表现为功，进而分析获得机械能守恒定律，怎样体现了普遍的能

量守恒时间匀称性？

对此，你有何哲学思考？

保守内力做功体现质点系动能的变化吗？

学会隔离法、微积分法以及组例中柔软细链看似相似却不同的物理过程特点，分析各自遵循什么规律？自己设计 1～2 条相关计算题，并正确求解。

案例三　刚体的定轴转动

第一　刚体的定轴转动知识框图

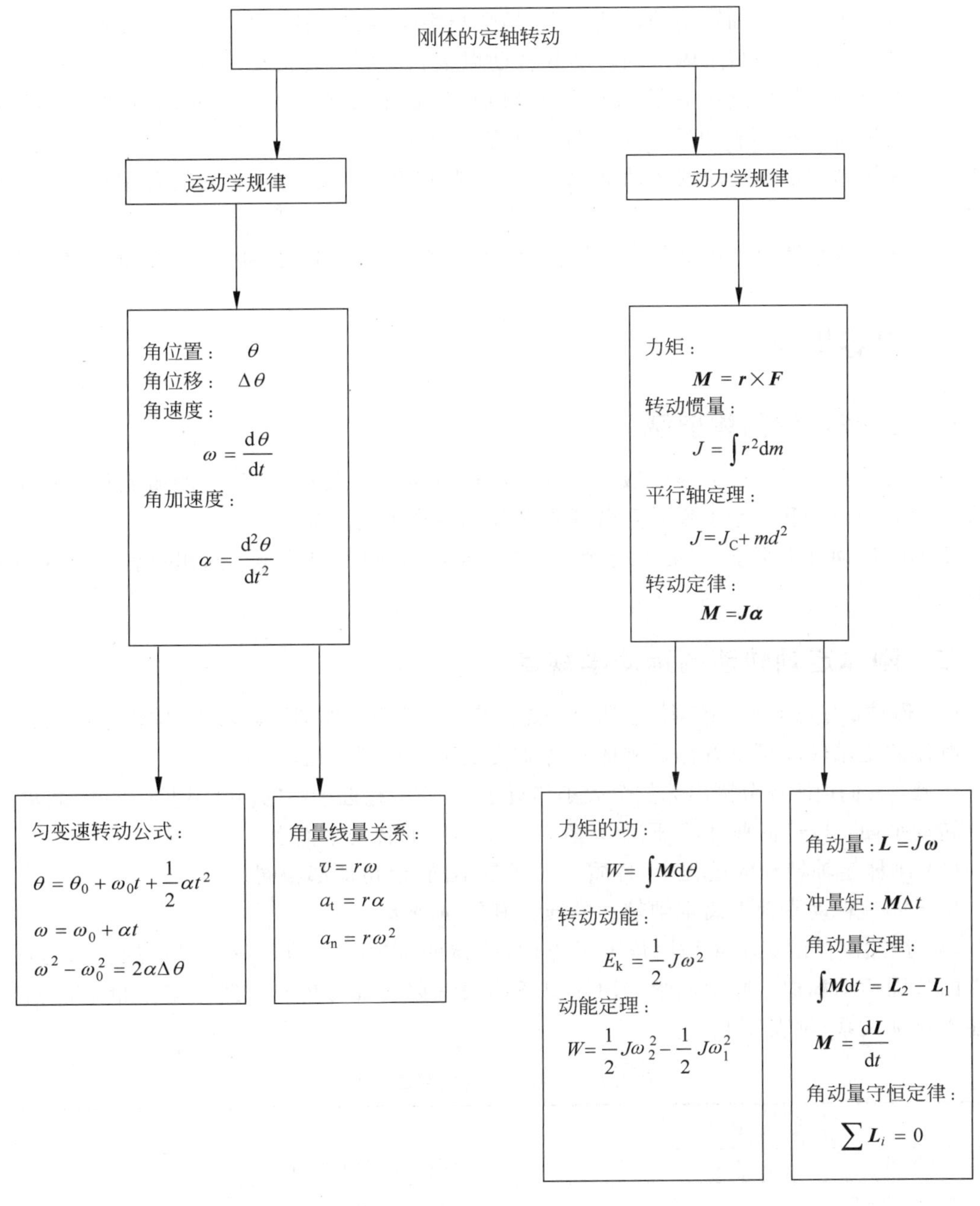

第二 任务分析与学习方法

(1) 认识刚体模型,认识刚体的几种运动形式。

(2) 理解刚体绕定轴转动的角坐标、角位移、角速度和角加速度的物理意义,并掌握角量与线量的关系以及匀变速转动的规律。

(3) 掌握刚体绕定轴转动的转动定理,学会与牛顿第二定律进行对比,并能熟练运用。

(4) 理解并掌握描写刚体定轴转动的转动惯量和力矩的概念及计算。

(5) 能处理一般质点在平面内运动以及刚体绕定轴转动情况下的角动量守恒问题,能认识质点与刚体碰撞过程中遵循运用角动量守恒问题。

(6) 理解刚体定轴转动的转动动能概念,能在有刚体绕定轴转动的问题中正确地应用机械能守恒定律。

(7) 通过本章学习旨在培养学生学会对比法、微分法、积分法、补偿法、知识迁移法等。

第三 内容提要

一、正确认识刚体模型

刚体实质上是一种由许多分散质点或连续质点组成的质点组,和一般质点组不同的地方在于刚体的形状和大小不变并且各质点之间的距离保持不变。

刚体的运动分为平动、平面平行运动、定轴转动、非定轴转动等。这里我们研究刚体的定轴转动。

二、刚体定轴转动的运动学规律

(1) 刚体的定轴转动:指刚体上所有的点都绕某固定直线作圆周运动,这固定直线叫转轴。

刚体的定轴转动可以看作是刚体上各质元绕定轴作圆周运动。

质元:我们把刚体分割出无数个大小趋近于零,质量趋近于零的质元,用符号 dm 表示。

转动平面:与转轴垂直,不同质元各自位于不同的转动平面上。

(2) 刚体定轴转动的过程中,各质元的线量不同,但角量都相同。

位于同一转动平面上离定轴较远的质元其线量较大。

(3) 描述刚体的定轴转动用角量最方便,刚体的定轴转动的角量与线量的关系与描述质点的圆周运动相似。同学们学会用知识迁移法掌握线量与角量。线量与角量地位相当,存在着对称关系,见表 3.1。

表 3.1 线量与角量的对应关系

线 量	角 量
位矢 $\boldsymbol{r}$	角位置 θ(有方向,以逆时针为正)
线位移 $\Delta\boldsymbol{r}$	角位移 $\Delta\theta$
切向速度 $\boldsymbol{v}=\dfrac{d\boldsymbol{r}}{dt}$	角速度 $\omega=\dfrac{d\theta}{dt}$

续表

<table>
<tr><th>线 量</th><th>角 量</th></tr>
<tr><td>（切向）线加速度 $a_t=\dfrac{d\boldsymbol{v}}{dt}$</td><td>角加速度 $\alpha=\dfrac{d\omega}{dt}$</td></tr>
<tr><td colspan="2">切向速度 $v=r\omega$
切向加速度 $a_t=r\alpha$</td></tr>
<tr><td>线加速度为恒量时的直线运动规律
$\begin{cases}v=v_0+at\\x=x_0+v_0t+\frac{1}{2}at^2\\v^2=v_0^2+2a(x-x_0)\end{cases}$</td><td>角加速度为恒量时的圆周运动规律
$\begin{cases}\omega=\omega_0+\alpha t\\\theta=\theta_0+\omega_0t+\frac{1}{2}\alpha t^2\\\omega^2=\omega_0^2+2\alpha(\theta-\theta_0)\end{cases}$</td></tr>
</table>

三、转动惯量 J 的定义

1. 定义式

$$J=\sum_{i=1}^{n}m_ir_i^2 \quad 或 \quad J=\int_m r^2\mathrm{d}m$$

刚体定轴转动的转动惯量 J 等于每个质元的质量 $\mathrm{d}m$ 与这一质元到转轴的距离 r 的平方的乘积的总和。

对于质元连续分布的刚体，常规方法是：

（1）找出定轴转动的轴以及该轴与转动平面相交的点 O；

（2）把刚体无限分割成质量→0 的质元 $\mathrm{d}m$，根据刚体质量是线分布、面分布还是体分布列出关系；

（3）找出点 O 到该质元的位矢 $\boldsymbol{r}$，其中 $\mathrm{d}m$ 是质元的质量，r 是 $\mathrm{d}m$ 到转轴的距离；

（4）写出定义式；

（5）准确找出积分的上下限，代入公式求积分和。

2. 转动惯量 J 的含义

是刚体转动惯性的量度，与平动质点的惯性质量相当。

3. 相关因素

与刚体的质量、质量的分布、转轴的位置有关，与是否在转动或转动的快慢无关。

四、刚体定轴转动的动力学规律

1. 首先确定转轴 Z 轴及与转轴 Z 轴垂直的平面 α 面以及它们的交点 O 点，如图 3.1 所示。

2. 明确任意方向的力可分解为沿 Z 轴的力及在 α 面内的力。

搞清沿 Z 轴的力对刚体的转动不起作用；α 面内大小相同而作用点不同的力对刚体的转动效果不同，因此，考虑用力来表征对刚体的作用是没有意义的，需要考虑用力矩来表征对刚体的作用。

3. 引进力矩：$\boldsymbol{M}=\boldsymbol{r}\times\boldsymbol{F}$

$\boldsymbol{r}$ 是指 O 点指向作用点的位矢，力矩的方向遵循右手螺旋定则，或遵循两个矢量的叉乘结果，如图 3.2 所示。

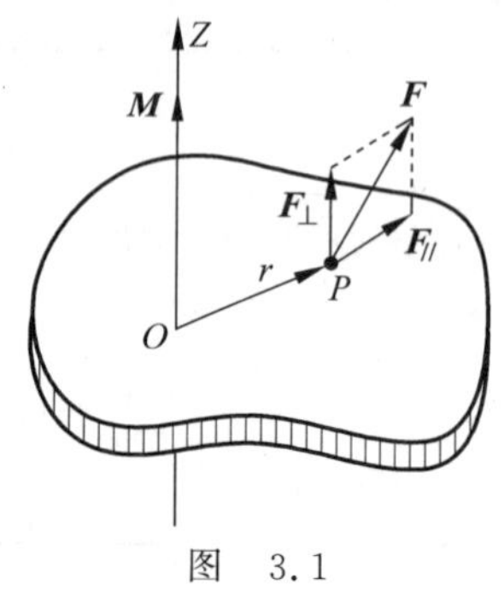

图 3.1

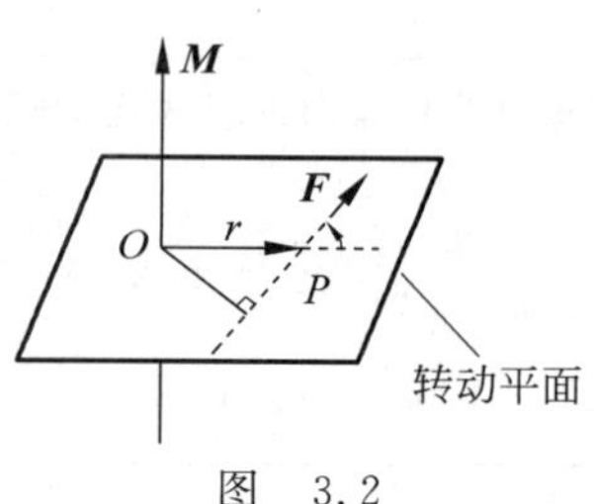

图 3.2

4. 转动定律：$\boldsymbol{M}=J\boldsymbol{\alpha}$

即刚体定轴转动的角加速度与合外力矩成正比，与转动惯量成反比。

该式与牛顿第二定律的 $\boldsymbol{F}=m\boldsymbol{a}$ 地位相当。

五、刚体定轴转动的动能定理

(1) 转动动能 $E_k=\frac{1}{2}J\omega^2$。

(2) 合外力矩的功 $W=\int_{\theta_1}^{\theta_2}M\cdot\mathrm{d}\theta$。

(3) 刚体定轴转动的动能定理：$W=\int_{\theta_1}^{\theta_2}M\cdot\mathrm{d}\theta=E_{k2}-E_{k1}$。

合外力矩对刚体做的功等于刚体转动动能的增量，与质点的动能定理相似且地位相当。

六、刚体定轴转动的角动量定理和角动量守恒定律

(1) 角动量 $\boldsymbol{L}=J\boldsymbol{\omega}$，$\boldsymbol{L}=\boldsymbol{r}\times\boldsymbol{p}=\boldsymbol{r}\times m\boldsymbol{v}$ 与质点动量 $\boldsymbol{p}=m\boldsymbol{v}$ 地位相当。

(2) 角动量定理：$\int\boldsymbol{M}\mathrm{d}t=\boldsymbol{L}_2-\boldsymbol{L}_1$。

(3) 角动量守恒定律：若 $M=0$，则 $\boldsymbol{L}=J\boldsymbol{\omega}=$ 常量。

归纳总结：

1. 注意学会用知识迁移的方法对刚体与质点的运动特点和规律加以区别，见表 3.2。

表 3.2 质点运动规律与刚体定轴转动规律的对照

质点的平动	刚体的定轴转动
速度：$\boldsymbol{v}=\frac{\mathrm{d}\boldsymbol{r}}{\mathrm{d}t}$	角速度：$\omega=\frac{\mathrm{d}\theta}{\mathrm{d}t}$
加速度：$a=\frac{\mathrm{d}\boldsymbol{v}}{\mathrm{d}t}$	角加速度：$\alpha=\frac{\mathrm{d}\omega}{\mathrm{d}t}$
力：$\boldsymbol{F}=m\boldsymbol{a}$	力矩：$\boldsymbol{M}=J\boldsymbol{\alpha}$

续表

质点的平动	刚体的定轴转动
惯性质量：m	转动惯量：$J=\int r^2\mathrm{d}m$
动量：$\boldsymbol{p}=m\boldsymbol{v}$	角动量：$\boldsymbol{L}=J\boldsymbol{\omega}=\boldsymbol{r}\times m\boldsymbol{v}$
动量定理：$\int\boldsymbol{F}\mathrm{d}t=\boldsymbol{p}_2-\boldsymbol{p}_1$	角动量定理：$\int\boldsymbol{M}\mathrm{d}t=\boldsymbol{L}_2-\boldsymbol{L}_1$
动量守恒定律：$\sum\boldsymbol{F}_i=0,\sum m_i\boldsymbol{v}_i=$恒量	角动量守恒定律：$\sum\boldsymbol{M}_i=0,\sum J_i\boldsymbol{\omega}_i=$恒量
力的功：$W=\int_A^B\boldsymbol{F}\cdot\mathrm{d}\boldsymbol{r}$	力矩的功：$W=\int_{\theta_1}^{\theta_2}\boldsymbol{M}\cdot\mathrm{d}\theta$
动能：$E_\mathrm{k}=\frac{1}{2}mv^2$	转动动能：$E_\mathrm{k}=\frac{1}{2}J\omega^2$
动能定理：$W=\frac{1}{2}mv_2^2-\frac{1}{2}mv_1^2$	转动动能定理：$W=\frac{1}{2}J\omega_2^2-\frac{1}{2}J\omega_1^2$
重力势能：$E_\mathrm{p}=mgh$	$E_\mathrm{p}=mgh_C$
机械能守恒，只有保守力做功时 $E_\mathrm{k}+E_\mathrm{p}=$恒量	机械能守恒，只有保守力做功时 $E_\mathrm{k}+E_\mathrm{p}=$恒量

2. 定轴转动的动力学问题，解题基本步骤

首先分析各物体所受力和力矩情况，然后根据已知条件和所求物理量判断应选用的规律，最后列方程求解。

(1) 求刚体转动某瞬间的角加速度，一般应用转动定律求解。如质点和刚体组成的系统，对质点列牛顿运动方程，对刚体列转动定律方程，再列角量和线量的关联方程，最后联立求解。

(2) 刚体与质点的碰撞、打击问题，在有心力场作用下绕力心转动的质点问题，考虑用角动量守恒定律。

(3) 在刚体所受的合外力矩不等于零时，比如木杆摆动，受重力矩作用，一般应用刚体的转动动能定理或机械能守恒定律求解。

另外：实际问题中常常有多个复杂过程，要分成几个阶段进行分析，分别列出方程，进行求解。

第四　疑难点分析与课题研究

一、疑难点分析

(一) 转动惯量的计算方法

第1类　直接求和——针对刚体各质点相对独立，将每一部分的 $J=m_ir_i^2$ 求和即可。

第2类　积分——针对刚体各质点连续分布 $J=\int r^2\mathrm{d}m$。

质量为线分布时取质元 $\mathrm{d}m$，$\mathrm{d}m=\lambda\mathrm{d}l$（$\lambda$ 为刚体的质量线密度）；

质量为面分布时取质元 $\mathrm{d}m$，$\mathrm{d}m=\sigma\mathrm{d}s$（$\sigma$ 为刚体的质量面密度）；

质量为体分布时取质元 $\mathrm{d}m$，$\mathrm{d}m=\rho\mathrm{d}v$（$\rho$ 为刚体的质量体密度）。

例 1 如图 3.3 所示，求质量为 m，半径为 R 的均匀细圆环的转动惯量（轴的位置经过环心与环面垂直）。

要点分析 该刚体模型的特点：环上每一质元到轴心的距离都相等，所以计算比较简单。

解

$$J=\int r^2\mathrm{d}m=\int R^2\mathrm{d}m=R^2\int\mathrm{d}m=mR^2$$

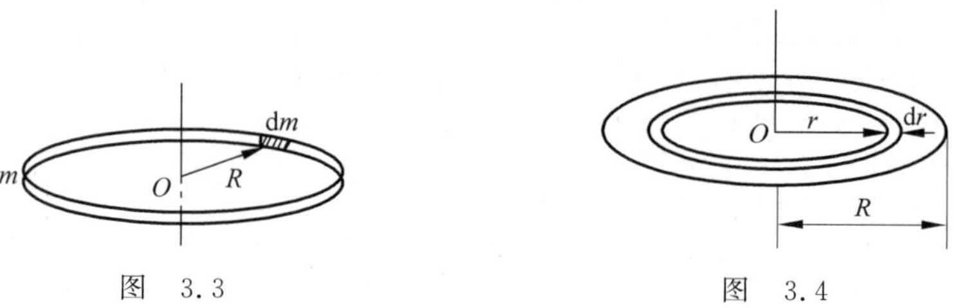

图 3.3 图 3.4

例 2 如图 3.4 所示，求质量为 m，半径为 R 的均匀薄圆盘的转动惯量（轴的位置经过盘心与盘面垂直）。

要点分析 本题是关于转动惯量的计算，要善于借助上题的结论和分析方法，与上题不同的是圆盘质量是面分布。

要学会把圆盘无限分割为半径逐步增大的细圆环，细圆环宽度为 $\mathrm{d}r$，取任一细圆环其半径为 r（r 是变量，从 $0\to R$ 逐步增大），该细圆环的质量为

$$\mathrm{d}m=\rho\mathrm{d}s=\frac{m}{\pi R^2}2\pi r\mathrm{d}r=\frac{2mr\mathrm{d}r}{R^2}$$

根据转动惯量定义

$$J=\int r^2\mathrm{d}m=\int r^2\frac{2m}{R^2}r\mathrm{d}r=\frac{2m}{R^2}\int_0^R r^3\mathrm{d}r=\frac{1}{2}mR^2$$

跟踪拓展思考 1：求质量为 m，内半径为 R_1，外半径为 R_2 的均匀薄圆环的转动惯量（轴的位置经过环心与环面垂直）。

（提示：这是关于质量成面分布的转动惯量的计算，需借助于上题的思考方法，把该环分割成半径为 r，宽为 $\mathrm{d}r$ 的薄圆环，表达出质量 $\mathrm{d}m$，其 r 的大小从 $R_1\to R_2$ 逐步增大，然后代入转动惯量定义式积分计算得 $J=\frac{1}{2}m(R_2^2-R_1^2)$）。

跟踪拓展思考 2：求质量为 m，半径为 R，厚为 d 的圆柱体的转动惯量（轴的位置经过柱心与柱面垂直）。

（提示：这是关于质量成体分布的转动惯量的计算，需借助于上题的思考方法，把该柱体分割成半径为 r，宽为 $\mathrm{d}r$ 的薄圆环，表达出质量 $\mathrm{d}m$，然后代入转动惯量定义式积分计算得 $J=\frac{1}{2}mdR^2$。）

例 3 求长度为 L，质量为 m 的均匀细棒的转动惯量：

(1) 通过棒的一端与棒垂直的轴；

(2) 通过棒的中点与棒垂直的轴。

要点分析 本题是关于转动惯量的计算，要学会把细棒微分成许多质量元，求出每一质量元的转动惯量再求积分和。

解 (1) 如图 3.5 建立坐标，沿棒长方向分割出质量元，其宽度为 $\mathrm{d}x$，$\rho=\dfrac{m}{L}$表示质量线密度，则质量元 $\mathrm{d}m=\rho\mathrm{d}x$，它的转动惯量为 $\mathrm{d}J=x^2\mathrm{d}m=x^2\rho\mathrm{d}x$，细棒总的转动惯量为 $J=\int_0^L \mathrm{d}J=\dfrac{1}{3}mL^2$。

(2) 转轴通过中心与棒垂直(图 3.6)，棒的转动惯量为

$$J=\int_{-\frac{1}{2}L}^{\frac{1}{2}L}\mathrm{d}J=\frac{1}{12}mL^2$$

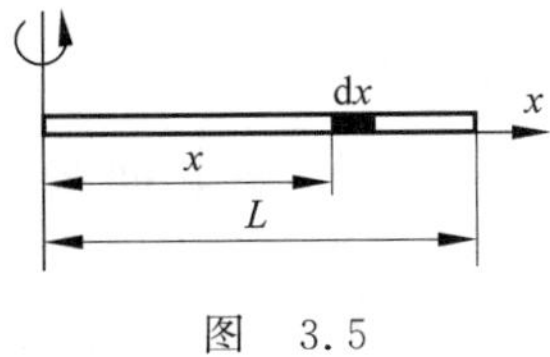

图 3.5

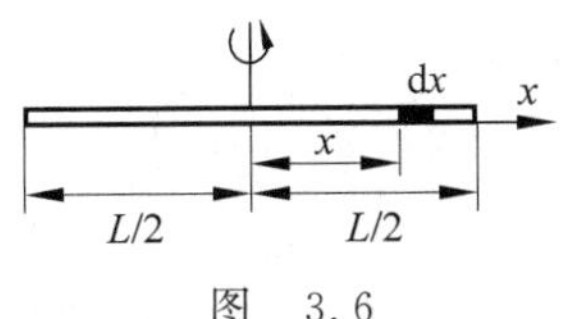

图 3.6

记住一些均匀刚体的转动惯量。

转轴通过棒一端垂直于细棒：

$$J=\frac{1}{3}mL^2$$

转轴通过棒中心垂直于细棒：

$$J=\frac{1}{12}mL^2$$

转轴通过细圆环环心垂直于环面：

$$J=mR^2$$

转轴通过细圆环直径且在环面内：

$$J=\frac{1}{2}mR^2$$

转轴通过薄圆盘盘心垂直于盘面：

$$J=\frac{1}{2}mR^2$$

转轴通过薄圆盘直径且在盘面内：

$$J=\frac{1}{4}mR^2$$

转轴通过薄球壳直径：

$$J=\frac{2}{3}mR^2$$

转轴通过球体直径：

$$J=\frac{2}{5}mR^{2}$$

（二）对平行轴定理的理解与应用

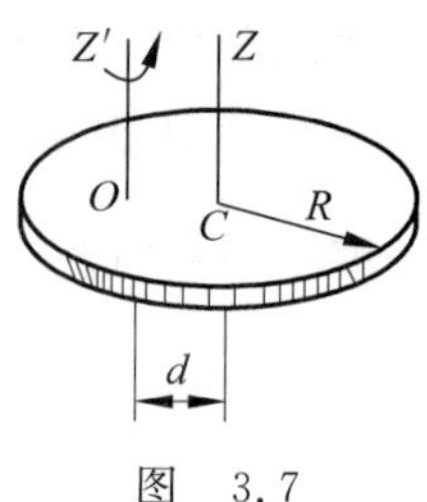

图 3.7

平行轴定理描述的是求刚体绕任一新轴 Z'轴转动的转动惯量。

方法是找出经过刚体质心且与该轴平行的质心轴 Z 轴，如图 3.7 所示，求出绕质心轴转动的转动惯量 J_C，标出两轴的距离 d，则

$$J=J_C+md^2$$

（三）对刚体角动量定理的应用

例 4 一质量为 m，长为 l 的均匀细棒，支点在棒的上端点，棒自由悬挂。以 F 的力打击它的下端点 O 点，打击时间为 Δt。

(1) 若打击前棒是静止的，求打击时其角动量的变化；

(2) 求棒的最大偏转角与竖直线的夹角(SI 单位)。

要点分析 本题可分为两个过程来讨论：

(1) 瞬间的打击过程，棒受到外力矩的角冲量，根据角动量定理，棒瞬间获得一定的角速度。

(2) 此后，棒在转动的过程中，由于棒和地球所组成的系统，除重力(保守内力)外无其他外力做功，因此系统的机械能守恒，可求得棒的偏转角度。

解 (1) 由刚体的角动量定理得

$$\Delta L=J\omega_0=\int M\mathrm{d}t=Fl\Delta t$$

(2) 取棒和地球为一系统，并选择自由悬挂时的质心处为重力势能零点。在转动过程中，系统的机械能守恒，即打击瞬间棒的动能与势能(为 0)之和等于最大偏转位置处的势能与动能(为 0)之和：

$$\frac{1}{2}J\omega_0^2+0=0+\frac{1}{2}mgl(1-\cos\theta)$$

由上述等式可得棒的偏转角度为

$$\theta=\arccos\left(1-\frac{3F^2\Delta t^2}{m^2gl}\right)$$

（四）对刚体角动量守恒定律的应用

例 5 一长为 l，质量为 m_1 的杆可绕支点 O 自由转动，一质量为 m_2、速率为 v_0 的子弹射入杆内距支点为$\frac{1}{2}l$ 处，并以$\frac{1}{2}v_0$ 穿出杆子，使杆的偏转角为 90°，如图 3.8 所示。问子弹的初速率为多少？

要点分析 本题与上题不同，上题是打击力打完瞬间撤销，随后是杆获得角动量，与地球组成的系统机械能守恒。

本题遇到的是质点与刚体碰撞，第一过程是碰撞瞬间，动量与能量都不守恒，必须用角动量守恒来解决问题；第二过程是碰撞后子弹穿出杆子，杆获得角速度而偏转，偏转过程与

上题第二过程相同。

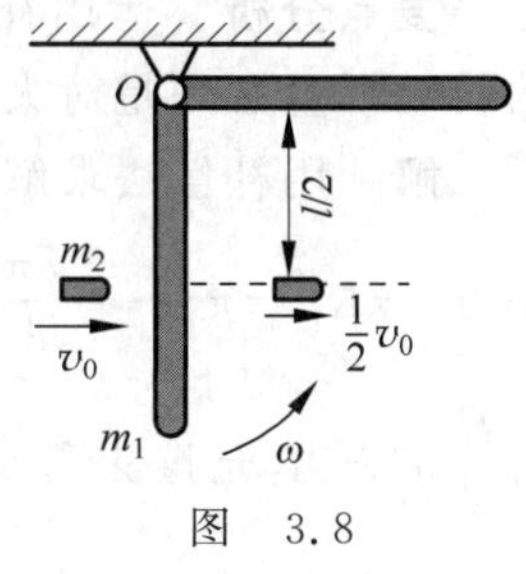

图　3.8

解　(1) 子弹与杆碰撞并穿出杆子，使杆获得角速度，以子弹和杆作为系统，动量不守恒，机械能不守恒，角动量守恒，即碰撞前系统的角动量等于碰撞后系统的角动量：

$$m_2 v_0 \frac{1}{2}l + 0 = \frac{1}{3}m_1 l^2 \omega + m_2 \frac{l}{2}\frac{1}{2}v_0$$

$$\omega = \frac{3m_2 v_0}{4m_1 l}$$

(2) 穿出杆后，以细杆和地球为系统，机械能守恒：

$$0 + \frac{1}{2} \times \frac{1}{3}m_1 l^2 \omega^2 = m_1 g \frac{l}{2}$$

$$v_0 = \frac{4m_1}{3m_2}\sqrt{3gl}$$

跟踪拓展思考3：上题中，若子弹以已知的速率 v 射击杆后留在杆内，则杆最大偏转角是多大？

(提示：此题中，第一过程碰撞仍遵守角动量守恒，第二过程是杆与子弹一起偏转，遵守机械能守恒。)

(五) 处理定轴转动问题的方法

处理定轴转动问题有两套方法：

(1) 基本方法——利用转动定律解决问题的方法。

(2) 辅助方法——利用运动定理解决问题的方法。

转动定律是定轴转动动力学的核心，其地位与牛顿定律在质点力学中的地位相当。利用转动定律，原则上可以解决以下两类问题：

(1) 已知力矩 M，求角加速度 α、角速度 ω 以及转动的运动方程；

(2) 已知转动运动方程 $\theta=\theta(t)$，求力矩 M。

解刚体动力学问题，与解质点动力学问题一样，力的分析是关键，当一系统中，既有平动物体，又有转动物体时，解题一般分为以下5个步骤：

(1) 对平动和转动物体逐个进行受力分析；

(2) 对平动物体，根据牛顿第二定律列出相应的牛顿方程；

(3) 对转动物体，先求出合外力矩，然后根据转动定律列出相应的转动方程；

(4) 找出线量与角量之间的关系；

(5) 求解。

(六) 处理力矩、转动惯量、角加速度这3个物理量应该相对于同一转轴去计算

应该指出的是：定轴转动定律 $\boldsymbol{M}=J\boldsymbol{\alpha}$ 中的力矩 M、转动惯量 J 以及角加速度 α 都是与转轴有关的物理量，处理问题时这3个物理量应该相对于同一转轴去计算，否则，将导致错误的结果。

例6　如图3.9所示，在一匀质大圆板内挖一个直径为大圆板半径的圆孔。设大圆板的半径为 R，剩余部分的质量为 m。求 m 对经过圆心 O 且与圆板平面垂直的轴的转动惯量。

要点分析 运用补偿法将剩余部分补全成为一个大圆，小圆部分的转动惯量必须是对大圆圆心 O 且与圆板平面垂直的轴的转动惯量。

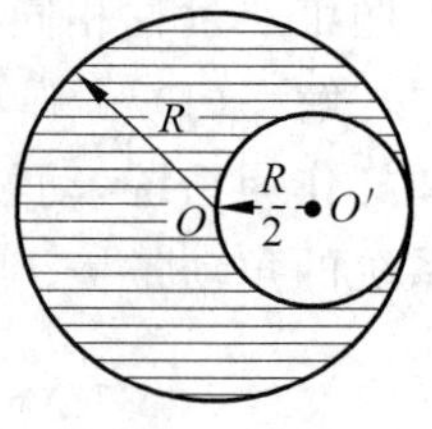

图 3.9

解 用补偿法求解简便直观。图 3.9 中阴影部分的质量为 m。面积 $S=\pi R^2-\pi\dfrac{R^2}{4}=\dfrac{3\pi}{4}R^2$，质量面密度 $\sigma=\dfrac{4m}{3\pi R^2}$。用面密度为 σ，半径为 $\dfrac{R}{2}$ 的圆填充挖去部分，组成完整的半径为 R 的大圆，设其质量为 m_1，则 $m_1=\dfrac{4}{3}m$。用面密度为 $-\sigma$，半径为 $\dfrac{R}{2}$ 的圆填充挖去部分，组成半径为 $R/2$ 的小圆，设其质量为 m_2，则 $m_2=-\dfrac{1}{3}m$。

大圆板对 O 轴的转动惯量为

$$J_1=\frac{1}{2}\ \frac{4}{3}mR^2=\frac{2}{3}mR^2$$

小圆板对 O' 轴的转动惯量为

$$J_{O'}=-\frac{1}{2}\ \frac{1}{3}m\ \frac{R^2}{4}=-\frac{1}{24}mR^2$$

利用平行轴定理，小圆板对 O 轴的转动惯量为

$$J_O=-\frac{1}{24}mR^2+\left(-\frac{1}{3}m\ \frac{1}{4}R^2\right)=-\frac{1}{8}mR^2$$

所以，剩余部分的转动惯量为 $J_2=J_1+J_O=\dfrac{13}{24}mR^2$。

二、课题研究

课题研究 1 实际生活中，常常有梯子之类的需要靠放在墙边，与竖直墙靠放的角度过小会翻转，角度过大会滑下，如何控制角度需要同学们测算一下。如图 3.10 所示，找一根匀质棒 AB，测出其质量为 m，A 端靠在竖直光滑墙壁上，B 端置于粗糙水平地面上，测出棒身与竖直墙壁的夹角为 θ，B 端受到的地面摩擦力为多大？

课题研究 2 如图 3.11 所示，一圆柱体截面半径为 r，重力为 G，它与墙面和地面之间的静摩擦因数均为 0.3，若对圆柱体施以向下的力，其大小为 $2G$，要使它正好能够逆时针方向转动，则 F 和 G 之间的垂直距离 $d=$？3～5 个同学一组，列出需要的器材，实际测一测，自拟表格，列出数据，写出研究报告，同时求出墙壁对 A 的摩擦力和地面对 B 点的正压力。

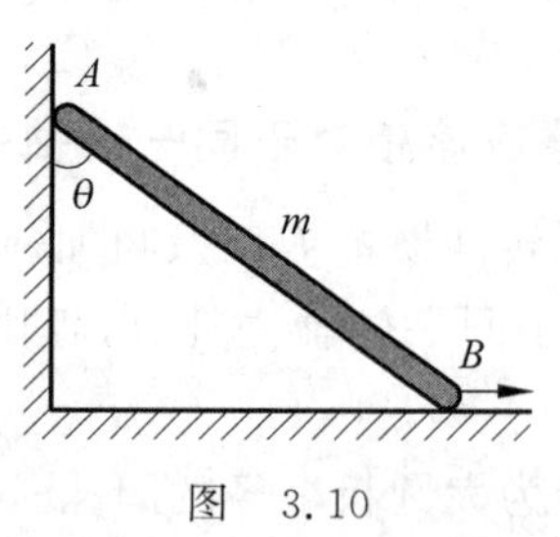

图 3.10

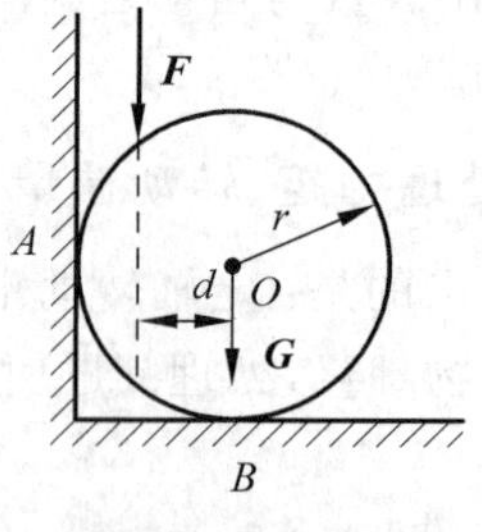

图 3.11

课题研究 3　利用角动量守恒定律解释为什么秋千越荡越高？

课题研究 4　利用角动量定理和角动量守恒定律，解释回转仪和常平架的运动。

课题研究 5　如图 3.12 所示，讨论如果回转仪的运动受到外力矩的作用会作怎样的运动呢？在实验室以自行车车轮作例子，将其轴的一端，用一根结实的细绳系紧。用手握住车轮的轴，让轴保持水平，并使车轮绕轴高速旋转。用另外一只手将绳子拉直，然后松开握住车轴的手，使车轮和轴组成的系统在 O 点被悬挂起来。实验中发现，车轮在绕自身轴转动的同时，其轴会绕着竖直的细绳转动，这种现象叫做进动。所谓进动是指高速自旋回转仪的轴在空间转动的现象。

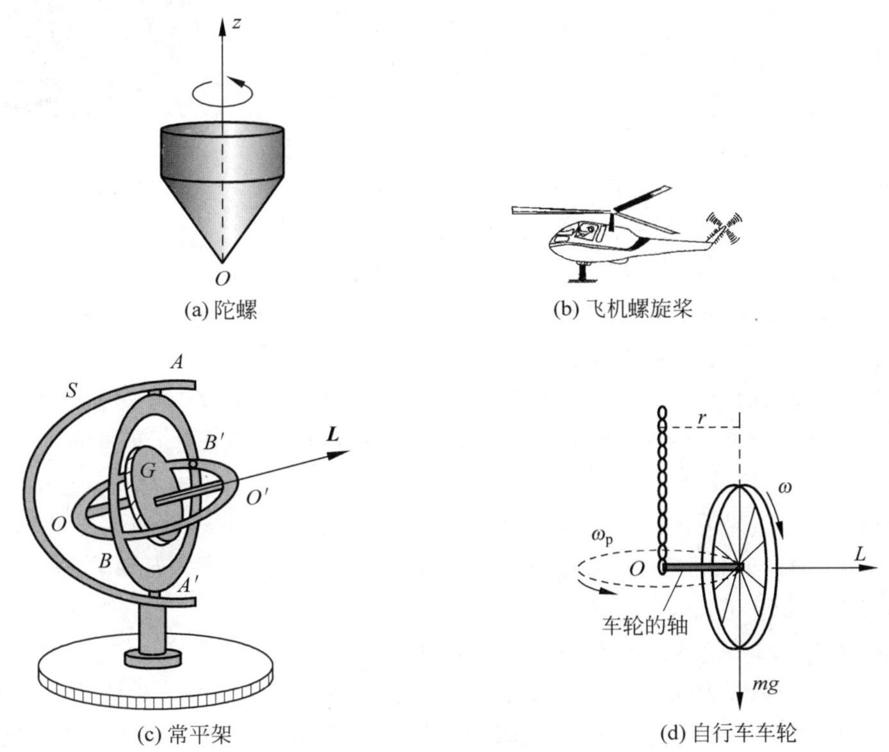

图　3.12

拓展介绍：

地球的自转轴与它绕太阳的轨道平面的垂线间的夹角是 23.5°，由于太阳和月亮对地球的引力产生力矩，地球的自转轴绕轨道平面的垂线进动，进动一周需时间约 26 000a(年)。

所谓回转仪泛指绕其对称轴高速转动的物体。如汽车或轮船发动机上高速转动的飞轮或转子、小孩玩的陀螺、飞机上高速转动的螺旋桨、行进中自行车的车轮等都可以被视为回转仪。回转仪的特点是，它具有对称轴，质量分布相对于自身的对称轴都是对称的。图 3.12(a)所示的是一个绕自身竖直对称轴旋转的陀螺。它运动时只在点 O 受到支撑，这样的运动叫做刚体的固定点运动。将坐标原点置于陀螺的尖端 O 处，以竖直向上为 z 轴正方向，陀螺绕 Oz 轴以角速度 ω 转动。

常平架就是这样的回转仪。其结构简图如图 3.12(c)所示，框架 S 上有两个圆环，外面的环可以绕支撑 AA' 所确定的轴线转动，内环可以绕着与外环相连的支撑 BB' 所确定的轴线，相对于外环转动。回转体 G 的轴靠支撑 OO'装在内环上，它可以绕 OO'轴转动。这样的装置使回转体轴线 OO'在空间取任意方向。AA'、BB'、OO'都通过回转体 G 的质心。使回转体 G 高速旋转起来，并使 OO'轴指向某一个方向。若各个轴的支撑处做得十分光滑，则无论框架怎样运动，回转体都不受外力矩的作用，因而它的角动量守恒，转轴 OO'始终保持其初始的指向。这是一种很奇妙的特性，转子可以在宇宙中确定一个方向，其转轴始终沿着这个方向。这个特性可以用来作自动导航。在火箭、导弹、鱼雷以及无人驾驶的飞行器上安装这种转轴方向一定的回转仪，当飞行方向与回转仪所确定的方向偏离时，回转仪通过传感器发出信号，纠正飞行方向。在实际应用中，往往用 3 个回转仪，使三者回转体的转轴相互垂直，构成一个笛卡儿直角坐标系。

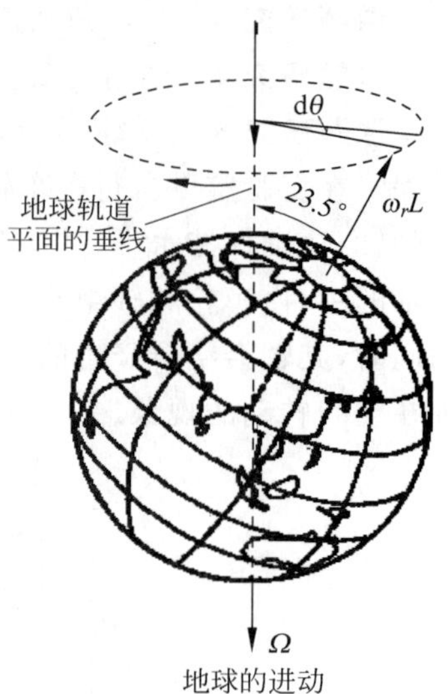

地球的进动

关于车轮进动现象可以用角动量定理来作一个简单的解释，详细地讨论和解释这个现象需要更多的知识和更长的篇幅。实际上，如果在实验中仔细观察就会发现，车轮在进动时，它的轴还会上下周期性地摆动，这叫做章动，其原因比较复杂，不在这里赘述了。有兴趣的同学自行查找资料进行研究。

进动(procession)现象可以用角动量定理来作一个简单的解释。松开握住车轴的手，用细绳将系统点悬挂起来，车轮绕着车轴高速自旋，其自旋角速度远远大于车轮的对称轴绕着绳子转动的角速度，因此计算系统的角动量时可以忽略由于进动引起的角动量，而只考虑车轮绕对称轴自转的角动量。于是系统对 O 点的角动量近似等于车轮绕其对称轴自转的角动量。系统受到对 O 点的合外力矩等于重力矩，该力矩的方向与重力垂直，若车轮的轴在纸面内，如图 3.12(d)所示，则力矩的方向垂直纸面向里。

课题研究 6　回转仪的进动在技术上有各种各样的应用。用炮筒内壁上的来复线来控制炮弹的飞行方向就是其应用之一。炮筒的内壁上均被刻出螺旋线，称之为来复线。如果没有来复线，炮弹被射出后无自旋，空气阻力对炮弹的力矩将会使炮弹在空中翻转，导致炮弹尾部落地，从而失效。讨论炮筒的内壁上来复线的作用。

第五　例题指导

例 1　如图 3.13(a)所示，A 为定滑轮，其半径为 r，A 滑轮挂一质量为 M 的物体，设滑轮的角加速度为 α_A，不计滑轮的摩擦，这个滑轮的角加速度的大小为多少？

要点分析　本题的关键在于分清研究对象是刚体还是质点，正确选用合适的定律来解决问题。当遇到是刚体时我们就用刚体的转动定律，它相当于质点动力学中的牛顿第二定律。当遇到是质点时就用牛顿第二定律。

解　对质量为 M 的重物有

$$Mg - T = Ma_A$$

对滑轮(转动的刚体)有

$$Tr = J\alpha_A = J\frac{a_A}{r}$$

可得

$$\alpha_A = \frac{Mgr}{J + Mr^2}$$

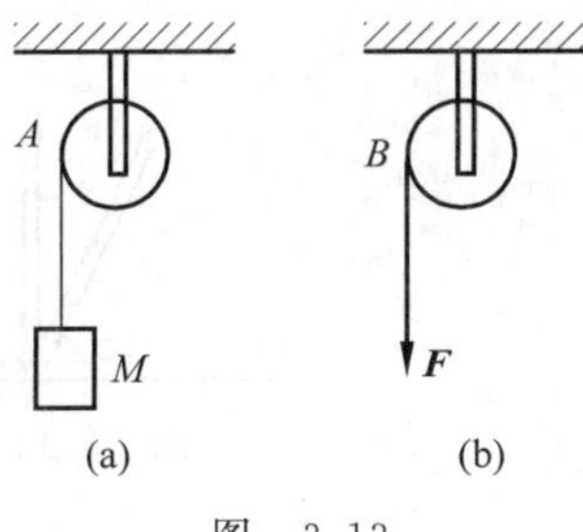

图　3.13

例 2　如图 3.13(b)所示，B 为定滑轮，B 滑轮改用手拉绳使之受力的大小为 $F = Mg$。设滑轮的角加速度为 α_B，不计滑轮的摩擦，这个滑轮的角加速度的大小为多少？和上题结论相同吗？

解　例 1 针对滑轮挂的是重物，则重物作为质点运用牛顿第二定律。

例 2 针对用力拉绳，只需考虑滑轮作为刚体：

$$Fr = Mgr = J\alpha_B = J\frac{a_B}{r}$$

得到

$$\alpha_B = \frac{Mgr}{J}$$

两次求解得

$$\alpha_A < \alpha_B$$

例 3　质量为 m，长度为 l 的匀质杆，可绕通过其下端的水平光滑固定轴 O 在竖直平面内转动(图 3.14)，设它从竖直位置由静止倒下。求它倾倒到与水平面成 θ 角时的角速度 ω 与角加速度 α。

解　这类题目生活中也经常遇到，像同学们把钢笔竖直放置然后松手就是这样的情形。

以与水平面成 θ 角时质心所在位置处为重力势能零点，选杆与地球为系统，机械能守恒。有

$$0 + \frac{1}{2}mgl(1 - \sin\theta) = \frac{1}{2}J\omega^2 + 0$$

$$\frac{1}{2}mgl(1 - \sin\theta) = \frac{1}{2} \times \frac{1}{3}ml^2\omega^2$$

得

$$\omega = \sqrt{3(1 - \sin\theta)g/l}$$

由定轴转动定律

$$M = J\alpha$$

在 θ 角位置杆受重力矩

$$M = \frac{1}{2}mgl\cos\theta$$

故这时有

$$\frac{1}{2}mgl\cos\theta = \frac{1}{3}ml^2\alpha$$

得

$$\alpha = \frac{3g}{2l}\cos\theta$$

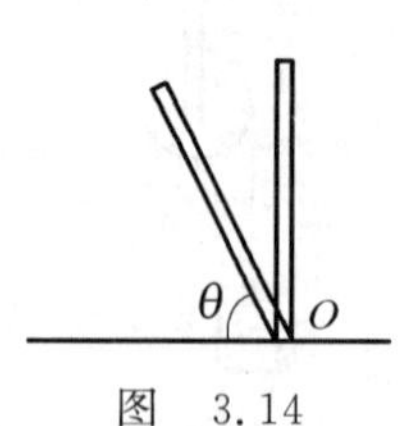

图 3.14

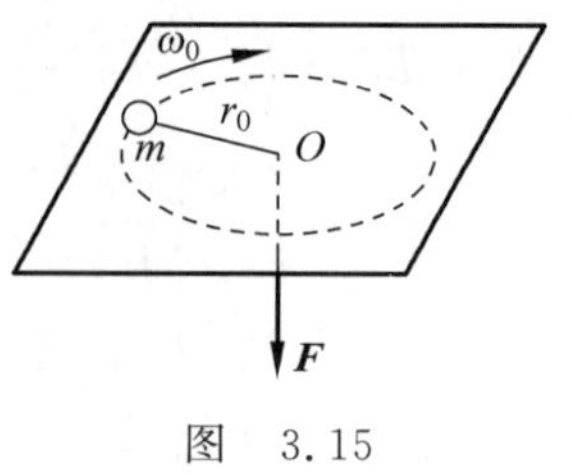

图 3.15

例 4 如图 3.15 所示，一质量为 m 的小球由一绳索系着，以角速度 ω_0 在无摩擦的水平面上，作半径为 r_0 的圆周运动。如果在绳的另一端作用一竖直向下的拉力，使小球作半径为 $r_0/2$ 的圆周运动。试求：(1)小球新的角速度；(2)拉力所做的功。

要点分析 沿轴向的拉力对小球不产生力矩，因此，小球在水平面上转动的过程中不受外力矩作用，其角动量应保持不变。但是，外力改变了小球圆周运动的半径，也改变了小球的转动惯量，从而改变了小球的角速度。至于拉力所做的功，可根据动能定理由小球动能的变化得到。

解 (1) 根据分析，小球在转动的过程中，角动量保持守恒，故有

$$J_0\omega_0 = J_1\omega_1$$

式中 J_0 和 J_1 分别是小球在半径为 r_0 和 $1/2r_0$ 时对轴的转动惯量，即

$$J_0 = mr_0^2 \quad \text{和} \quad J_1 = \frac{1}{4}mr_0^2$$

则

$$\omega_1 = \frac{J_0}{J_1}\omega_0 = 4\omega_0$$

(2) 随着小球转动角速度的增加，其转动动能也增加，这正是拉力做功的结果。由转动的动能定理可得拉力的功为

$$W = \frac{1}{2}J_1\omega_1^2 - \frac{1}{2}J_0\omega_0^2 = \frac{3}{2}mr_0^2\omega_0^2$$

例 5 我国 1970 年 4 月 24 日发射的第一颗人造卫星，其近地点为 4.39×10^5 m，远地点为 2.38×10^6 m。试计算卫星在近地点和远地点的速率。(设地球半径为 6.38×10^6 m)

分析 当人造卫星在绕地球的椭圆轨道上运行时，只受到有心力——万有引力的作用。因此，卫星在运行过程中角动量是守恒的，同时该力对地球和卫星组成的系统而言，又是属于保守内力，因此，系统又满足机械能守恒定律。根据上述两条守恒定律可求出卫星在近地点和远地点时的速率。

解 设 m_E 和 m 分别表示地球和卫星的质量，由于卫星在近地点和远地点处的速度方向与椭圆径矢垂直，因此，由角动量守恒定律有

$$m(r_1 + r_E)v_1 = m(r_2 + r_E)v_2 \tag{1}$$

又因卫星与地球系统的机械能守恒(动能加引力势能)，故有

$$\frac{1}{2}mv_1^2 - \frac{Gmm_E}{r_1 + r_E} = \frac{1}{2}mv_2^2 - \frac{Gmm_E}{r_2 + r_E} \tag{2}$$

式中，G 为引力常量，r_1 和 r_2 是卫星在近地点和远地点时离地球中心的距离。由式(1)、式(2)可解得卫星在近地点和远地点的速率分别为

$$v_1=\sqrt{\frac{2Gm_E(r_2+r_E)}{(r_1+r_E)(r_1+r_2+2r_E)}}=\sqrt{\frac{2gr_E^2(r_2+r_E)}{(r_1+r_E)(r_1+r_2+2r_E)}}=8.11\times10^3\,\text{m}\cdot\text{s}^{-1}$$

$$v_2=\frac{r_1+r_E}{r_2+r_E}v_1=6.31\times10^3\,\text{m}\cdot\text{s}^{-1}$$

例 6　一质量为 m'，半径为 R 的转台，以角速度 ω_a 转动，转轴的摩擦略去不计。(1)有一质量为 m 的七星瓢虫垂直地落在转台边缘上。此时，转台的角速度 ω_b 为多少？(2)若七星瓢虫随后慢慢地爬向转台中心，当它离转台中心的距离为 r 时，转台的角速度 ω_c 为多少？设七星瓢虫下落前距离转台很近。

要点分析　本题测试的是系统的角动量守恒定律。对七星瓢虫和转台所组成的转动系统而言，在七星瓢虫下落至转台以及慢慢向中心爬移过程中，均未受到外力矩的作用，故系统的角动量守恒。应该注意的是，七星瓢虫爬行过程中，其转动惯量是在不断改变的。由系统的角动量守恒定律即可求解。

解　(1) 七星瓢虫垂直下落至转台边缘时，由系统的角动量守恒定律，有

$$J_0\omega_a=(J_0+J_1)\omega_b$$

式中，$J_0=\frac{1}{2}m'R^2$ 为转台对其中心轴的转动惯量，$J_1=mR^2$ 为七星瓢虫刚落至台面边缘时，它对轴的转动惯量。于是可得

$$\omega_b=\frac{J_0}{J_0+J_1}\omega_a=\frac{m'}{m'+2m}\omega_a$$

(2) 在七星瓢虫向中心轴处慢慢爬行的过程中，其转动惯量将随半径 r 而改变，即 $J_2=mr^2$。在此过程中，由系统角动量守恒，有

$$J_0\omega_a=(J_0+J_2)\omega_c$$

则

$$\omega_c=\frac{J_0}{J_0+J_2}\omega_a=\frac{m'R^2}{m'R^2+2mr^2}\omega_a$$

例 7　求图 3.16(a)示系统中物体的加速度，设滑轮为质量均匀分布的圆柱体，其质量为 M，半径为 r，在绳与轮缘的摩擦力的作用下旋转，忽略桌面与物体间的摩擦，设 $m_1=50\text{kg}$，$m_2=300\text{kg}$，$M=15\text{kg}$，$r=0.1\text{m}$。

要点分析　本题测试的是联结体的运动，考虑滑轮的质量作为刚体转动，遵循牛顿定律和转动定律。

解　分别以 m_1、m_2、滑轮为研究对象，受力图如图 3.16(b)所示。对 m_1、m_2 运用牛顿定律，有

$$m_2g-T_2=m_2a \tag{1}$$

$$T_1=m_1a \tag{2}$$

对滑轮运用转动定律，有

$$T_2r-T_1r=\frac{1}{2}Mr^2\cdot\alpha \tag{3}$$

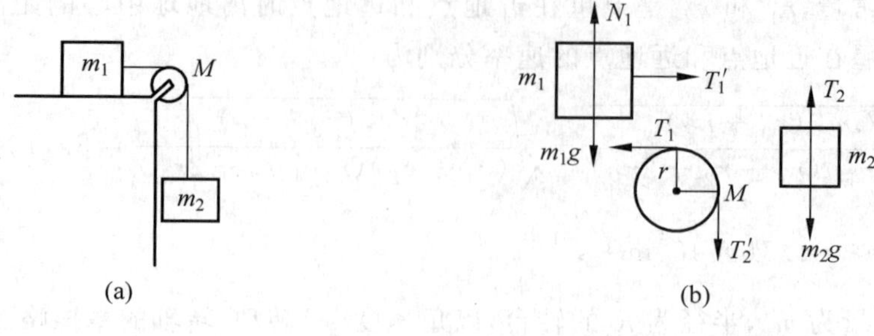

图 3.16

又

$$a = r\alpha \tag{4}$$

联立以上 4 个方程，得

$$a = \frac{m_2 g}{m_1 + m_2 + \frac{M}{2}} = \frac{300 \times 9.8}{50 + 300 + \frac{15}{2}} \mathrm{m \cdot s^{-2}} = 8.2 \mathrm{m \cdot s^{-2}}$$

第六 反思与总结

(1) 通过本案例刚体的定轴转动的学习，再次返回"任务分析与学习方法"栏目，7 个方面的要求你掌握的程度怎样？给自己一个评价，对于学习方法中的对比法或补偿法，请举 1 个例子，设计 1 道题目。

(2) 刚体的定轴转动的角量与线量的关系与描述质点的圆周运动相似。同学们要学会用知识迁移法掌握线量与角量。

(3) 学会用知识迁移的方法对刚体与质点的运动特点和规律加以区别。

案例四 狭义相对论

第一 狭义相对论知识框图

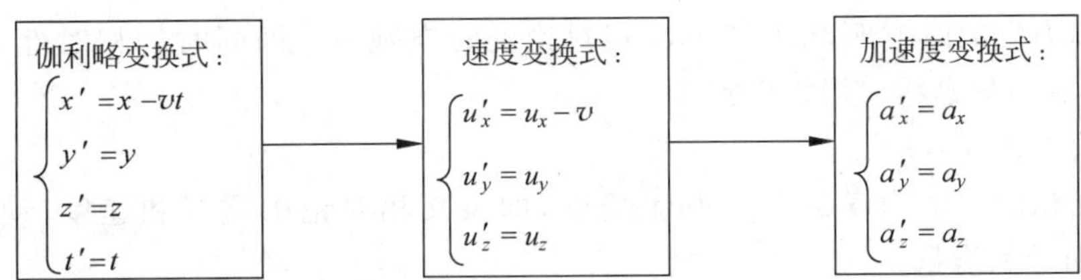

经典力学相对性原理：$m'=m$，$\boldsymbol{F}'=\boldsymbol{F}=m\boldsymbol{a}$

狭义相对论的基本原理
(1) 在所有惯性系中，物理定律都有相同的表现形式。
(2) 光速不变原理。

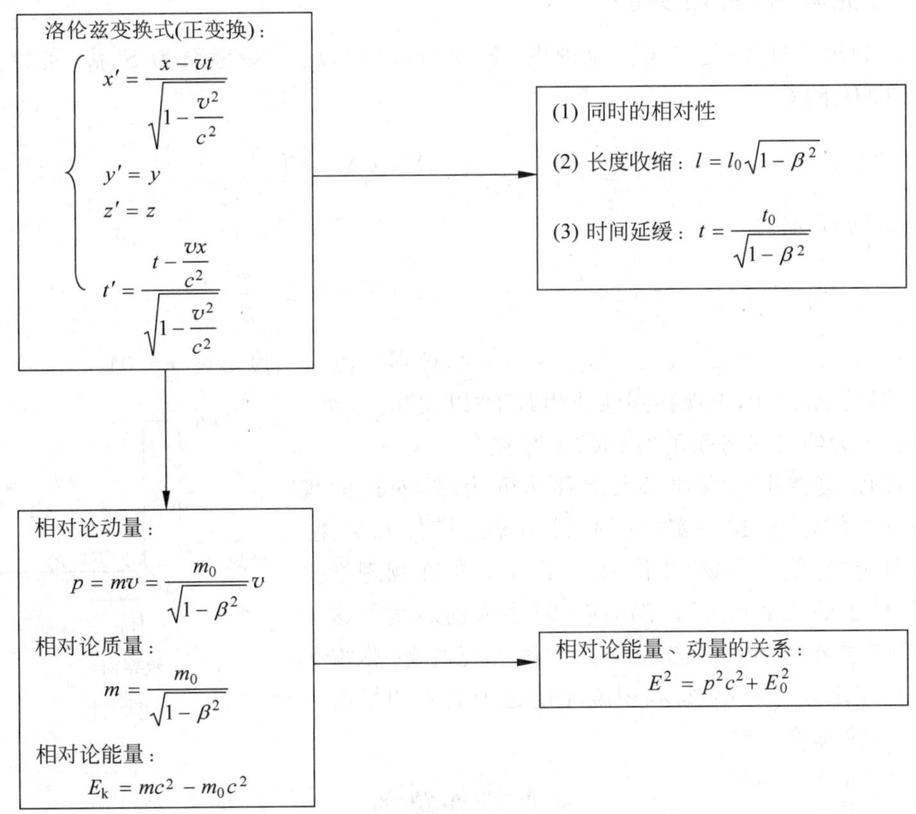

第二 任务分析与学习方法

(1) 了解迈克耳孙-莫雷实验。

(2) 掌握爱因斯坦狭义相对论的两条基本假设。

(3) 对伽利略变换式与洛伦兹变换式加以区别。

(4) 了解牛顿力学的时空观和理解狭义相对论的时空观——即同时的相对性,长度的收缩(动尺变短),时间的延缓(动钟变慢)。

(5) 了解光的多普勒效应。

(6) 掌握狭义相对论动力学的几个基本概念,即狭义相对论中质量和速度,动量和速度,质量和能量,动量和能量。

(7) 了解核裂变和轻核聚变中能量的释放。

(8) 掌握对比学习法,以及对称性研究法、换位法、换系思考法。

第三 内容提要

一、迈克耳孙-莫雷实验

图 4.1 为迈克耳孙-莫雷实验原理图(俯视图),设"以太"参考系为 S 系,实验室为 S' 系,从 G 到 M_1 到 G,有

$$t_1=\frac{L}{c-v}+\frac{L}{c+v},\quad \Delta=c\Delta t\approx L\frac{v^2}{c^2}$$

从 G 到 M_2 到 G,有

$$t_2=\frac{2L}{c\sqrt{1-v^2/c^2}},\quad \Delta N=\frac{2\Delta}{\lambda}\approx 2L\frac{v^2}{\lambda c^2}$$

$L=10\text{m},\lambda=500\text{nm},v=3\times10^4\text{m/s},\Delta N\approx0.4$,仪器可测量精度 $\Delta N\to0.01$。

实验结果:$\Delta N=0$,未观察到地球相对于"以太"的运动。

结论:作为绝对参考系的"以太"不存在。

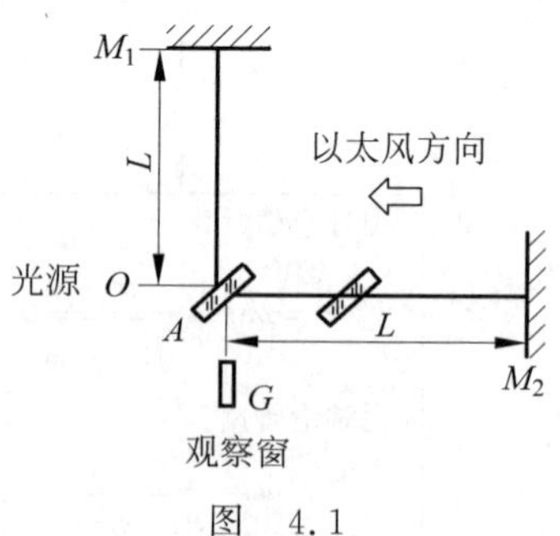

图 4.1

迈克耳孙-莫雷实验测到以太漂移速度为零,对以太理论是一个沉重的打击,这一实验引起科学家的震惊和关注,其与热辐射中的"紫外灾难"并称为 19 世纪笼罩在物理学上空的"科学史上的两朵乌云"。随后有 10 多人前后重复这一实验,在不同季节、时刻、方向上反复重做迈克耳孙-莫雷实验,历时 50 年之久。近年来,利用激光使这个实验的精度大为提高,但结论却都一样。

物理沙龙

迈克耳孙(A. A. Michelsen,1852—1931),美国物理学家。1852 年 12 月 19 日出生于普鲁士斯特雷诺(现属波兰),后随父母移居美国,1873 年毕业于美国海军学院,

曾任芝加哥大学教授、美国科学促进协会主席、美国科学院院长，还被选为法国科学院院士和伦敦皇家学会会员，1931 年 5 月 9 日在帕萨迪纳逝世。由于创制了精密的光学仪器和利用这些仪器所完成的光谱学和基本度量学研究，迈克耳孙于 1907 年获诺贝尔物理学奖。

迈克耳孙

迈克耳孙-莫雷(E. W. Morley，1838—1923)实验，是 1881 年迈克耳孙和英国化学家莫雷在德国柏林大学亥姆霍兹实验室做的用迈克耳孙干涉仪测量两垂直光的光速差值的一项著名的物理实验。

假设“以太”(传播光波的弹性介质)存在，且光速在以太中的传播服从伽利略速度叠加原理。迈克耳孙和莫雷将干涉仪装在十分平稳的大理石上，并让大理石漂浮在水银槽上，可以平稳地转动。当整个仪器缓慢转动时连续读数，这时该仪器的精确度为 0.01%，即能测到 1/100 条条纹移动，用该仪器测条纹移动应该是很容易的。迈克耳孙和莫雷设想：如果让仪器转动 90°，光通过两个相互垂直的平面镜的时间差应改变，干涉条纹要发生移动，从实验中测出条纹移动的距离，就可以求出地球相对以太的运动速度，从而证实以太的存在。但实验结果是：未发现任何条纹移动。在此之后的许多年，迈克耳孙-莫雷实验又被重复了许多次，所得都是零结果。

实验结果证明光速在不同惯性系和不同方向上都是相同的，由此确定了光速不变原理，从而动摇了经典物理学基础。本实验成为近代物理学的一个发端，在物理学发展史上占有十分重要的地位。

迈克耳孙第一次以光的波长为基准，对标准米尺进行了测定，由此于 1907 年成为美国获得诺贝尔物理学奖的第一人。

二、爱因斯坦狭义相对论的两条基本假设

(1) 相对性原理：物理定律包括热学、光学定律对于所有的惯性系都具有相同的表达形式。

(2) 光速不变原理：在所有的惯性系中，真空中的光速是常量，与光源或观测者的运动无关。

第一条表明所有的惯性系对运动的描述都是等效的。

第二条表明光或电磁波的传播并不需要弹性介质——以太；对于光或电磁波这样高速运动的客体，伽利略速度变换式不再适用。

三、伽利略变换式(牛顿的绝对时空观)与洛伦兹变换式(狭义相对论的时空观)

牛顿的绝对时空观与麦克斯韦电磁场理论似乎发生了矛盾？

设有两个惯性系 S 系($Oxyz$)和 S'系($O'x'y'z'$)，坐标轴相互平行，S'系相对于 S 系沿 x 轴正方向的运动速度为 v，初始时刻原点重合，同一质点的时空坐标分别用不带一撇的量(x,y,z,t)和带一撇的量(x',y',z',t')表示(本案例无特别说明均指两个惯性系 S 系和 S'

系，S'系相对于 S 系沿 x 轴正方向的运动速度为 v)，对比伽利略变换与洛伦兹变换列表 4.1 如下。

表 4.1 伽利略变换和洛伦兹变换

伽利略变换	洛伦兹变换
$v \ll c, \beta = v/c \ll 1$， 洛伦兹变换转换成伽利略变换	$v \to c, \beta = v/c,\ \gamma = 1/\sqrt{1-\beta^2}$
时空变换式$\begin{cases} x' = x - vt \\ y' = y \\ z' = z \\ t' = t \end{cases}$ 逆变换式$\begin{cases} x = x' + vt \\ y = y' \\ z = z' \\ t = t' \end{cases}$	时空变换式$\begin{cases} x' = \dfrac{x - vt}{\sqrt{1-\beta^2}} \\ y' = y \\ z' = z \\ t' = \dfrac{t - \dfrac{vx}{c^2}}{\sqrt{1-\beta^2}} \end{cases}$ 逆变换式$\begin{cases} x = \dfrac{x' + vt'}{\sqrt{1-\beta^2}} \\ y = y' \\ z = z' \\ t = \dfrac{t' + \dfrac{vx'}{c^2}}{\sqrt{1-\beta^2}} \end{cases}$
速度变换式$\begin{cases} u_x' = u_x - v \\ u_y' = u_y \\ u_z' = u_z \end{cases}$ 逆变换式$\begin{cases} u_x = u_x' + v \\ u_y = u_y' \\ u_z = u_z' \end{cases}$	速度变换式$\begin{cases} u_x' = \dfrac{u_x - v}{1 - \dfrac{v}{c^2}u_x} \\ u_y' = \dfrac{u_y}{\gamma\left(1 - \dfrac{v}{c^2}u_x\right)} \\ u_z' = \dfrac{u_z}{\gamma\left(1 - \dfrac{v}{c^2}u_x\right)} \end{cases}$ 逆变换式$\begin{cases} u_x = \dfrac{u_x' + v}{1 + \dfrac{v}{c^2}u_x'} \\ u_y = \dfrac{u_y'}{\gamma\left(1 + \dfrac{v}{c^2}u_x'\right)} \\ u_z = \dfrac{u_z'}{\gamma\left(1 + \dfrac{v}{c^2}u_x'\right)} \end{cases}$
加速度变换式$\begin{cases} a_x' = a_x \\ a_y' = a_y \\ a_z' = a_z \end{cases}$	加速度变换式$\begin{cases} a_x' = a_x \\ a_y' = a_y \\ a_z' = a_z \end{cases}$

由上可见，无论 S'系相对于 S 系沿 x 轴正方向的运动速度 v 多大，始终存在 $\boldsymbol{a}=\boldsymbol{a}'$，$\boldsymbol{F}=m\boldsymbol{a}$，$\boldsymbol{F}'=m\boldsymbol{a}'$。即在两个相互作匀速直线运动的惯性系中，牛顿运动定律具有相同的表现形式。

运用洛伦兹变换可以得到许多与我们的日常生活经验大相径庭的令人惊奇的重要结论，这些结论后来被近代高能物理实验所证实。比如，某一事件经历的时间随惯性系而异；物体的长度随所在惯性系的不同而不同；以及动量与速度的关系和质能关系等。

四、狭义相对论的时空观

1. 同时的相对性

沿着两个惯性系的运动方向，在不同地点发生的两个事件，在其中一个惯性系中是同时的，在另一惯性系中观察则不同时，所以同时具有相对意义；只有在同一地点同一时刻发生的两个事件，在其他惯性系中观察才是同时的。（此结果反之亦然）

2. 长度的收缩（动尺变短）

设 $l'=l_0$ 为物体放在与之相对静止的 S'系中测得的长度，叫固有长度；l 为在 S 系中的观察者测该物体的长度，则在运动的参考系中，物体沿运动方向的长度比固有长度短，即动尺变短（图 4.2）。

$$l=l_0\sqrt{1-\beta^2}<l_0$$

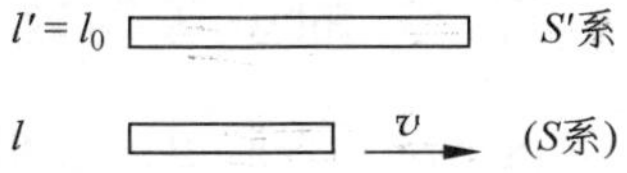

图　4.2

长度收缩只发生在平行于运动的方向上，在垂直于运动方向上无收缩反应。

3. 时间的延缓（动钟变慢）

设 $\Delta t'=\tau_0$ 为发生在 S'系中与之相对静止的两个事件在同一地点发生的时间差，叫固有时间；Δt 为在 S 系中的观察者测这两个事件发生的时间差，则在运动的参考系中，两个事件发生的时间差比固有时间长，也叫爱因斯坦延缓或时间膨胀或动钟变慢或钟慢效应。

$$\Delta t=\frac{\Delta t'}{\sqrt{1-\beta^2}}>\tau_0$$

4. 因果律能否颠倒？

在一个惯性系中观测，不同地点先后发生的两个事件，在另一个惯性系中观测，时间顺序（时序）能不能颠倒呢？

设有两个事件 1 和 2，在惯性系 S 中的时空坐标分别为(x_1,t_1)和(x_2,t_2)，在惯性系 S'中的时空坐标分别为(x_1',t_1')和(x_2',t_2')，由洛伦兹变换，得

$$t_2'-t_1'=\frac{(t_2-t_1)-\frac{u}{c^2}(x_2-x_1)}{\sqrt{1-u^2/c^2}}$$

如果 $t_1<t_2$，即在 S 系中观测事件 1 先于事件 2 发生，那么对于不同的 x_2-x_1 值，t_1'可以小于/等于/大于 t_2'，即在 S'系中观测事件 1 可能先于/同时/晚于事件 2 发生。也就是说，在不同的参考系中观测，两个事件发生的时序有可能发生颠倒。但是，这个结论只限于

t_2-t_1，和 x_2-x_1 没有关系，即两个事件没有因果关系的情况下。

如果在 S 系中先发生的事件 1 是后发生的事件 2 的原因，例如事件 1 是发射光或粒子产生，事件 2 是接收光或粒子消灭，那么必然从事件 1 向事件 2 传递某种"信号"(例如光的传播或粒子的运动)。"信号"传递距离是 x_2-x_1，花费时间是 t_2-t_1，所以传递速度是 $v_s=\frac{x_2-x_1}{t_2-t_1}$，这样就有

$$t'_2-t'_1=\frac{t_2-t_1}{\sqrt{1-u^2/c^2}}\left[1-\frac{u}{c^2}\frac{x_2-x_1}{t_2-t_1}\right]=\frac{t_2-t_1}{\sqrt{1-u^2/c^2}}\left[1-\frac{u}{c^2}v_s\right]$$

因为参考系(即参考物)运动和信号传递的速度都不可能大于真空光速($u<c$，$v_s\leqslant c$)，所以上式方括号内的值总为正，故 $t'_2-t'_1$ 总与 t_2-t_1 符号一致。这意味着，在 S 系中观测，如果事件 1 先于事件 2 发生，那么在 S' 系中观测事件 1 也是先于事件 2 发生。也就是说，在某个惯性系中观测具有因果关系的两个事件，在其他任何惯性系观测都不会发生时序颠倒，即不会发生因果倒置，甚至丧失因果关系的现象。这个结论在经典物理中是很自然的，在狭义相对论中也是成立的。因此，我们说狭义相对论是服从因果律的，那种试图利用狭义相对论原理回到过去、起死回生的想法是不能实现的。

五、光的多普勒效应

这里从爱因斯坦狭义相对论的两条基本假设来讨论光的多普勒效应。设存在光源 B 和探测器 A，表 4.2 中列出 B 和 A 在 S' 和 S 中的关系。

表 4.2 光源 B 和探测器 A 在 S' 和 S 中的关系

S'(运动的参考系)相对于 S 系以速度 v 沿 x 轴匀速运动	S(地面参考系)
光源 B 放在 S' 中的原点与之相对静止	探测器 A 放在 S 系中的原点
某时刻 B 与 A 相距为 x 时，B 发出一频率为 ν_B，波数为 N'，速度为 c，叫本征频率的光束	A 测得该光源频率为 ν_A，波数为 N
S' 系测 B 发信号持续时间 $\Delta t'=t'_2-t'_1$ $N'=\frac{c\Delta t'}{\lambda'}=\nu_B\Delta t'$	根据时间延缓效应，得 A 在 S 系测 B 发信号持续的时间为 $\Delta t=t_2-t_1=\frac{1}{\sqrt{1-\beta^2}}\Delta t'$，光源刚开始被 A 探测的时刻为 $t_{1N}=t_1+\frac{x}{c}$，光源持续的时间为 Δt，在这段时间 A 与 B 距离增加了 $x+v\Delta t$，因此光信号结束被 A 探测的时刻为 $t_{2N}=t_2+\frac{x+v\Delta t}{c}$，$\Delta t_{AN}=t_{2N}-t_{1N}=\left(1+\frac{v}{c}\right)\Delta t=(1+\beta)\Delta t$，又由于 $N_A=N_B=N$，所以 $\nu_B\Delta t'=\nu_A\Delta t_{AN}=\nu_A(1+\beta)\Delta t$
当光源与探测器沿连线相远离时出现谱线的红移	得 $\nu_A=\left(\frac{1-\beta}{1+\beta}\right)^{1/2}\nu_B<\nu_B$ 谱线的红移：当光源与探测器相远离时，探测器测得光的频率 ν_A 要小于光的本征频率 ν_B，即波长变大

续表

当光源与探测器沿连线相向运动时出现谱线的蓝移	得 $\nu_A=\left(\frac{1+\beta}{1-\beta}\right)^{1/2}\nu_B>\nu_B$ 谱线的蓝移：当光源与探测器相向运动时，探测器接收到的频率要大于光的本征频率，即波长变小

注：上述结论不能用于光源与探测器不沿两者连线运动的情况。

1917—1918 年间斯里弗(V. M. Slipher)发现河外星系谱线有红移现象，说明在天体物理中，宇宙呈现膨胀的图景；1929 年哈勃(E. P. Hubble)指出由红移计算出的河外星系的退行速度与该星系与地球的距离大致呈线性关系，所以河外星系谱线有红移现象是宇宙膨胀的表现。

谱线的蓝移已广泛用于卫星导航技术。

六、相对论性动量和能量

1. 动量与速度的关系

按照狭义相对论原理和洛伦兹变换的要求：

1）相对论动量

$$\boldsymbol{p}=m\boldsymbol{v}=\frac{m_0\boldsymbol{v}}{\sqrt{1-\beta^2}}=\gamma m_0\boldsymbol{v}$$

$$v\ll c,\quad \boldsymbol{p}=m\boldsymbol{v}\rightarrow m_0\boldsymbol{v}$$

2）相对论质量

$$m=\frac{m_0}{\sqrt{1-\beta^2}}$$

其中，静质量 m_0 为物体相对于惯性系静止时的质量。

2. 狭义相对论力学的基本方程

$$\boldsymbol{F}=\frac{\mathrm{d}\boldsymbol{p}}{\mathrm{d}t}=\frac{\mathrm{d}}{\mathrm{d}t}\left(\frac{m_0\boldsymbol{v}}{\sqrt{1-\beta^2}}\right)=m\frac{\mathrm{d}\boldsymbol{v}}{\mathrm{d}t}+\boldsymbol{v}\frac{\mathrm{d}m}{\mathrm{d}t}$$

当 $v\rightarrow c$，$\mathrm{d}m/\mathrm{d}t$ 急剧增加，而 $\boldsymbol{a}\rightarrow 0$，所以光速 c 为物体的极限速度。

当 $v\ll c$，$m\rightarrow m_0$

$$\boldsymbol{F}=m\frac{\mathrm{d}\boldsymbol{v}}{\mathrm{d}t}=m_0\boldsymbol{a}$$

相对论动量守恒定律：

当 $\sum_i \boldsymbol{F}_i=0$，$\sum_i \boldsymbol{p}_i=\sum_i \frac{m_{i0}\boldsymbol{v}_i}{\sqrt{1-\beta^2}}=$常矢量

若 $v\ll c$，则相对论动量守恒→经典动量守恒

$$\sum_i \boldsymbol{p}_i=\sum_i \frac{m_{i0}\boldsymbol{v}_i}{\sqrt{1-\beta^2}}=\sum_i m_{0i}\boldsymbol{v}_i=\text{常矢量}$$

3. 质量与能量的关系

质量与能量的关系——总能量等于静能加动能的和：

$$E = mc^2 = m_0c^2 + E_k$$

其中，静能 m_0c^2 为物体静止时所具有的能量，总能量为 E，动能为 E_k。由此可知，运动的物体质量会发生改变。

质能关系预言：物质的质量就是能量的一种储藏。

爱因斯坦认为(1905)：

懒惰性→惯性 (inertia)

活泼性→能量 (energy)

物体的懒惰性就是物体活泼性的度量 $\Delta E = (\Delta m)c^2$。

相对论的质能关系为开创原子能时代提供了理论基础，这是一个具有划时代意义的理论公式。

七、质能公式在原子核裂变和聚变中的应用

一些微观粒子和轻核的静能量(单位 MeV)：光子 0.511；质子 938.28；中子 939.573；氘 1875.628；氚 2808.944；氦 3727.409。

1. 核裂变

$$^{235}_{92}\mathrm{U} + ^{1}_{0}\mathrm{n} \longrightarrow ^{139}_{54}\mathrm{Xe} + ^{95}_{38}\mathrm{Sr} + 2^{1}_{0}\mathrm{n}$$

质量亏损

$$m = 0.22\mathrm{u}$$

原子质量单位

$$1\mathrm{u} = 1.66 \times 10^{-27}\mathrm{kg}$$

放出的能量

$$Q = \Delta E = (\Delta m)c^2 \approx 200\mathrm{MeV}$$

1g 铀-235 的原子裂变所释放的能量 $Q = 8.5 \times 10^{10}\mathrm{J}$。

2. 轻核聚变

$$^{2}_{1}\mathrm{H} + ^{2}_{1}\mathrm{H} \longrightarrow ^{4}_{2}\mathrm{He}$$

氘核

$$m_0(^{2}_{1}\mathrm{H}) = 3.3437 \times 10^{-27}\mathrm{kg}$$

氦核

$$m_0(^{4}_{2}\mathrm{He}) = 6.6425 \times 10^{-27}\mathrm{kg}$$

质量亏损

$$\Delta m = 0.026\mathrm{u} = 4.3 \times 10^{-29}\mathrm{kg}$$

释放能量

$$Q = \Delta E = (\Delta m)c^2 = 3.87 \times 10^{-12}\mathrm{J} = 24\mathrm{MeV}$$

轻核聚变条件：温度达到 10^8K 时，使$^{2}_{1}$H 具有 10keV 的动能，足以克服两个$^{2}_{1}$H 之间的

库仑排斥力。

八、动量与能量的关系

$$E=mc^2=\frac{m_0c^2}{\sqrt{1-v^2/c^2}},\quad p=mv=\frac{m_0v}{\sqrt{1-v^2/c^2}}$$

$$(mc^2)^2=(m_0c^2)^2+m^2v^2c^2,\quad E^2=E_0^2+p^2c^2$$

当光子 $m_0=0,v=c$ 时，动量 $p=E/c=mc$。

光的波粒二象性 $E=h\nu,p=\frac{h}{\lambda}$（$h$ 为普朗克常量）。

第四　疑难点分析与课题研究

一、关于光速不变原理

麦克斯韦电磁场理论取得了巨大成功，预言了电磁波的存在，认为光是一种电磁波，电磁波的传播不需要介质，电磁波的传播速度与光速接近，是 $c=\frac{1}{\sqrt{\varepsilon_0\mu_0}}=3\times10^8\mathrm{m/s}$，然而，按伽利略变换，光速应随惯性系的选取不同而不同，不是一个不变的量。二者出现了难以解决的矛盾。1887 年，迈克耳孙-莫雷做了一个实验以证明以太的存在却得出了零结果。1904 年洛伦兹首先提出了变换式但未给予解释，在洛伦兹、彭加勒等人为探求新理论所做的先期工作的基础上，第二年，一位具有变革思想的青年学者——爱因斯坦作出了大胆假设，于 1905 年创立了狭义相对论，为物理学的发展树立了新的里程碑，揭示了时空量度与惯性系的选取有关，当然变换式仍然以洛伦兹命名。狭义相对论和量子论是 20 世纪初最伟大最深刻的创新，促进了 20 世纪能源科学、材料科学、生命科学等的巨大发展，并将在 21 世纪继续产生重大影响。

二、对于洛伦兹变换的几点注意事项

应当注意洛伦兹变换的特点：

（1）x',t' 与 x,t 成线性关系，但比例系数 $\gamma\neq1$；

（2）时间不独立，t 和 x 变换相互交叉，构成四维时空；

（3）逆正变换的区别在于带一撇的量与不带一撇的量互换位置，同时用 $-v$ 代替 v；

（4）洛伦兹速度变换式不仅速度的 x 分量要变换，其 y,z 分量都要变换；而伽利略变换仅 x 分量变换，其 y,z 分量无需变换；

（5）$v\ll c$ 时，洛伦兹变换 $\Longrightarrow$ 伽利略变换；

（6）有趣的是，如果一光束相对于 S 系沿 x 轴以速度 c 传播，在 S' 系测得的光速由速度变换式可得：$u_x'=\frac{u_x-v}{1-\frac{v}{c^2}u_x}=\frac{c-v}{1-\frac{v}{c^2}c}=c$。这一结果与伽利略变换不符，但却与光速不变

原理自洽,符合实验事实。

三、充分利用换系思考正确理解狭义相对论的时空观

1. 同时的相对性

沿着两个惯性系的运动方向,在不同地点发生的两个事件,在其中一个惯性系中是同时的,在另一惯性系中观察则不同时,所以同时具有相对意义;只有在同一地点同一时刻发生的两个事件,在其他惯性系中观察才是同时的,具体说明如表 4.3。(此结果反之亦然)

表 4.3 同时的相对性

	S'系(车厢参考系)	S 系(地面参考系)
事件 1 的时空坐标	(x_1', y_1', z_1', t_1')	(x_1, y_1, z_1, t_1)
事件 2 的时空坐标	(x_2', y_2', z_2', t_2')	(x_2, y_2, z_2, t_2)
在 S'系中同时不同地,则在 S 系中不同时	同时 $\Delta t' = t_2' - t_1' = 0$ 不同地 $\Delta x' = x_2' - x_1' \neq 0$	则 $\Delta t = \dfrac{\Delta t' + \dfrac{v}{c^2}\Delta x'}{\sqrt{1-\beta^2}} = \dfrac{\dfrac{v}{c^2}\Delta x'}{\sqrt{1-\beta^2}} \neq 0$
只有在 S'系中同时同地,才在 S 系中同时	同时 $\Delta t' = t_2' - t_1' = 0$ 同地 $\Delta x' = x_2' - x_1' = 0$	$\Delta t = \dfrac{\Delta t' + \dfrac{v}{c^2}\Delta x'}{\sqrt{1-\beta^2}} = 0$

2. 长度的收缩(动尺变短)

长度的收缩如表 4.4 所列。

表 4.4 长度的收缩

S'系相对于 S 系以速度 v 沿 x 轴匀速运动	在 S'系中测量棒长(棒放在 S'系中与 S'系相对静止)	在 S 系中测量棒长
测量值	$(x_1', t_1'), (x_2', t_2')$, t_1'可以$\neq t_2'$	$(x_1, t_1), (x_2, t_2)$,必须要求 $t_1 = t_2$
长度	$l_0 = x_2' - x_1' = l'$(固有长度) 固有长度:物体相对静止时所测得的长度。(最长)	$l = x_2 - x_1$
根据洛伦兹变换	$x_1' = \dfrac{x_1 - vt_1}{\sqrt{1-\beta^2}}$, $x_2' = \dfrac{x_2 - vt_2}{\sqrt{1-\beta^2}}$	
结论:(洛伦兹收缩)运动物体在运动方向上长度收缩	$l' = x_2' - x_1' = \dfrac{x_2 - x_1}{\sqrt{1-\beta^2}}$	所以 $l = l'\sqrt{1-\beta^2} < l_0$,当 $\beta \ll 1$ 时,$l \approx l_0$

3. 时间的延缓(动钟变慢)

时间的延缓如表 4.5 所列。

表 4.5 时间的延缓

S'系相对于 S 系以速度 v 沿 x 轴匀速运动	在 S'系中的同一地点测量	在 S 系中测量
测量值	在 S'系中的同一地点发生两事件：$(x',t_1')(x',t_2')$	在 S 系中测量此两事件：$(x_1,t_1),(x_2,t_2)$
时间间隔	$\Delta t'=t_2'-t_1'=\Delta t_0$ 同一地点发生的两事件的时间间隔叫固有时间	$t_1=\gamma\left(t_1'+\frac{vx'}{c^2}\right)$ $t_2=\gamma\left(t_2'+\frac{vx'}{c^2}\right)$ $\Delta t=\gamma\left(\Delta t'+\frac{v\Delta x'}{c^2}\right)$
结论：时间延缓即运动的钟走得慢	由于 $\Delta x'=0$	得 $\Delta t=t_2-t_1=\gamma\Delta t'=\frac{\Delta t'}{\sqrt{1-\beta^2}}$ $\Delta t>\Delta t'=\Delta t_0$ 当 $v\ll c$ 时，$\Delta t\approx\Delta t'$

四、课题研究

(1) 请同学们查找资料，继迈克耳孙-莫雷实验之后又有几种再验证以太不存在的实验？在 1887—1905 年之间有哪 4 种解释？

(2) 你怎样理解爱因斯坦这句名言：Isn't it strange that I who have written only unpopular books should be such a popular fellow?（这件事不奇怪吗——我写的书从不畅销，但我却是个如此有名的家伙?）

请同学们查找资料，探讨爱因斯坦大脑、爱因斯坦名言、爱因斯坦轶事、爱因斯坦的成就……

(3) 如果一光束相对于 S 系沿 z 轴以速度 c 传播，则洛伦兹速度变换式如何表示？在 S'系中测得的此光束的速度为多大？

(4) 以速度 v 沿 x 方向运动的粒子，在 y 方向上发射一光子，则地面观察者所测得光子的速度为多大？

(5) 长度的收缩（动尺变短），如表 4.4。请问，相反的情况，在 S'系中测量棒长怎样？请具体解释。

(6) 时间的延缓（动钟变慢），如表 4.5。请问，相反的情况，在 S'系中测量时间怎样？请具体解释。

第五 例题指导

例 1 长为 1m 的棒静止地放在 $O'x'y'$平面内，在 S'系的观察者测得此棒与 x'轴成 45°，试问从 S 系的观察者来看，此棒的长度以及棒与 Ox 轴的夹角是多少？设 S'系相对 S 系沿 x 轴的运动速度为 $v=\sqrt{3}c/2$。

解 在 S'系，$\theta'=45°$，$l'=1\text{m}$，$l'_{x'}=l'_{y'}=\sqrt{2}/2\text{m}$，$v=\sqrt{3}c/2$

在 S 系，$l_y=l'_{y'}=\sqrt{2}/2\text{m}$，$l_x=l'_x\sqrt{1-v^2/c^2}=\sqrt{2}/4\text{m}$

棒长 $l=\sqrt{l_x^2+l_y^2}=0.79\text{m}$，与 Ox 轴的夹角是 $\theta=\arctan\dfrac{l_y}{l_x}\approx 63.43°$。

例 2 一艘宇宙飞船的船身固有长度为 $L_0=90\text{m}$，相对于地面以 $v=0.8c$（c 为真空中光速）的匀速度在地面观测站的上空飞过。

(1) 观测站测得飞船的船身通过观测站的时间间隔是多少？

(2) 航天员测得船身通过观测站的时间间隔是多少？

此题可用两种方法求解：

解法一 (1) 观测站测得飞船船身的长度收缩为

$$L=L_0\sqrt{1-(v/c)^2}=54\text{m}$$

则
$$t_1=L/v=2.25\times10^{-7}\text{s}$$

(2) 航天员测得飞船船身的长度为 L_0，则

$$t_2=L_0/v=3.75\times10^{-7}\text{s}$$

解法二 航天员测得飞船船身的长度为 L_0，则

第(2)问的解答 $\Delta t'=L_0/v=3.75\times10^{-7}\text{s}$

第(1)问的解答 $\Delta t=\dfrac{\Delta t'}{\sqrt{1-v^2/c^2}}=\dfrac{3.75\times10^{-7}}{\sqrt{1-0.64}}=6.25\times10^{-7}\text{s}$（错误）

错在哪儿？

错误原因分析：时间延缓效应必须指明是发生在 S'系中同一地点的两个事件的时间差，在 S 系测得这两个事件的时间差发生了延缓。该题中是飞船通过 S 系的同一地点——观测站，有着本质的区别。

宇宙飞船的船头坐标为 $x'_1=90\text{m}$，经过地面观测站开始计时 $t'_1=0$，$x'_2=0$，$t'_2=3.75\times10^{-7}\text{s}$，根据时间变换关系：

$$t_1=\frac{t'_1+\dfrac{v}{c^2}x'_1}{\sqrt{1-\beta^2}}=\frac{0+\dfrac{0.8c}{c^2}\times 90}{0.6}=4\times10^{-7}\text{s}$$

$$t_2=\frac{t'_2+\dfrac{v}{c^2}x'_2}{\sqrt{1-\beta^2}}=\frac{3.75\times10^{-7}+0}{0.6}=6.25\times10^{-7}\text{s}$$

地面观测站测得飞船船头船尾先后通过观测站的时间间隔为 $t_2-t_1=2.25\times10^{-7}\text{s}$。

例 3 一列火车长 0.30km（火车上观察者测得），以 $100\text{km}\cdot\text{h}^{-1}$ 的速度行驶，地面上观察者发现有两个闪电同时击中火车的前后两端。问火车上的观察者测得两闪电击中火车前后两端的时间间隔为多少？

分析 首先应确定参考系，如设地面为 S 系，火车为 S'系，把两闪电击中火车前后端视为两个事件（即两组不同的时空坐标）。地面观察者看到两闪电同时击中，即两闪电在 S 系

中的时间间隔 $\Delta t = t_2 - t_1 = 0$。火车的长度是相对火车静止的观察者测得的长度(注：物体长度在不指明观察者的情况下均指相对其静止参考系测得的长度)，即两事件在 S'系中的空间间隔 $\Delta x' = x'_2 - x'_1 = 300\text{m}$。$S'$系相对 S 系的速度即为火车速度(对同学们来说完成上述基本操作是十分必要的)。

由洛伦兹变换可得两事件时间间隔之间的关系式为

$$t_2 - t_1 = \frac{(t'_2 - t'_1) + \frac{v}{c^2}(x'_2 - x'_1)}{\sqrt{1 - v^2/c^2}} \tag{1}$$

$$t'_2 - t'_1 = \frac{(t_2 - t_1) - \frac{v}{c^2}(x_2 - x_1)}{\sqrt{1 - v^2/c^2}} \tag{2}$$

将已知条件代入式(1)可直接解得结果。也可利用式(2)求解，此时应注意，式中 $x_2 - x_1$ 为地面观察者测得两事件的空间间隔，即 S 系中测得的火车长度，而不是火车原长。根据相对论，运动物体(火车)有长度收缩效应，即 $x_2 - x_1 = (x'_2 - x'_1)\sqrt{1 - v^2/c^2}$。考虑这一关系方可利用式(2)求解。

解法一　根据分析，由式(1)可得火车前后端的时间间隔为

$$t'_2 - t'_1 = -\frac{v}{c^2}(x'_2 - x'_1) = -9.26 \times 10^{-14}\text{s}$$

负号说明火车(S'系)上的观察者测得闪电先击中车头 x'_2处。

解法二　根据分析，把关系式 $x_2 - x_1 = (x'_2 - x'_1)\sqrt{1 - v^2/c^2}$ 代入式(2)亦可得与解一相同的结果。相比之下解一较简便，这是因为解一中直接利用了 $x'_2 - x'_1 = 0.30\text{km}$ 这一已知条件。

例 4　在惯性系 S 系中，某事件 A 发生在 x_1 处，经过 $2.0 \times 10^{-6}\text{s}$ 后，另一事件 B 发生在 x_2 处，已知 $x_2 - x_1 = 300\text{m}$。问：

(1) 能否找到一个相对 S 系作匀速直线运动的参考系 S'系，在 S'系中，两事件发生在同一地点？

(2) 在 S'系中，上述两事件的时间间隔为多少？

分析　在相对论中，从不同惯性系测得两事件的空间间隔和时间间隔有可能是不同的。它与两惯性系之间的相对速度有关。设惯性系 S'以速度 v 相对 S 系沿 x 轴正向运动，因在 S 系中两事件的时空坐标已知，由洛伦兹时空变换式，可得

$$x'_2 - x'_1 = \frac{(x_2 - x_1) - v(t_2 - t_1)}{\sqrt{1 - v^2/c^2}} \tag{1}$$

$$t'_2 - t'_1 = \frac{(t_2 - t_1) - \frac{v}{c^2}(x_2 - x_1)}{\sqrt{1 - v^2/c^2}} \tag{2}$$

题目要求两事件在 S'系中发生在同一地点，即 $x'_2 - x'_1 = 0$，代入式(1)可求出 v 值，以此速度相对于 S 系作匀速直线运动的 S'系，即为所寻找的参考系。然后由式(2)可得两事

件在 S'系中的时间间隔。对于本题第二问，也可从相对论时间延缓效应来分析。因为如果两事件在 S'系中发生在同一地点，则 $\Delta t'$为固有时间间隔（原时），由时间延缓效应关系式 $\Delta t'=\Delta t\sqrt{1-v^2/c^2}$ 可直接求得结果。

解 (1) 令 $x_2'-x_1'=0$，由式(1)可得

$$v=\frac{x_2-x_1}{t_2-t_1}=1.50\times10^8\,\mathrm{m\cdot s^{-1}}=0.50c$$

(2) 将 v 值代入式(2)，可得

$$t_2'-t_1'=\frac{(t_2-t_1)-\frac{v}{c^2}(x_2-x_1)}{\sqrt{1-v^2/c^2}}=\frac{(t_2-t_1)-\frac{v^2}{c^2}(t_2-t_1)}{\sqrt{1-\frac{v^2}{c^2}}}$$

$$=(t_2-t_1)\sqrt{1-v^2/c^2}=1.73\times10^{-6}\,\mathrm{s}$$

这表明在 S'系中事件 A 先发生。

例 5 设在爱因斯坦列车上的观察者小红测得脱离他而去的飞行器 M 相对他的速度为 $0.8\times10^8\,\mathrm{m\cdot s^{-1}}$。同时，飞行器 M 发射一枚空间火箭，飞行器 M 中的小蓝测得此火箭相对他的速度为 $0.6\times10^8\,\mathrm{m\cdot s^{-1}}$。问：

(1) 此火箭相对爱因斯坦列车的速度为多少？

(2) 如果以激光光束来替代空间火箭，此激光光束相对爱因斯坦列车的速度又为多少？

请将上述结果与伽利略速度变换所得结果相比较，并理解光速是运动体的极限速度。

分析 该题仍是相对论速度变换问题。正确分清速度 v 与 u_x'是解决本问题的关键；(2)中用激光束来替代火箭，其区别在于激光束是以光速 c 相对爱因斯坦列车运动，因此其速度变换结果应该与光速不变原理相一致。

解 设爱因斯坦列车为 S 系，飞行器为 S'系，则 S'系相对 S 系的速度 $v=0.8\times10^8\,\mathrm{m\cdot s^{-1}}$，空间火箭相对飞行器的速度为 $u_x'=0.6\times10^8\,\mathrm{m\cdot s^{-1}}$，激光束相对飞行器的速度为光速 c。由洛伦兹变换可得：

(1) 空间火箭相对 S 系的速度为

$$u_x=\frac{u_x'+v}{1+\frac{v}{c^2}u_x'}=1.33\times10^8\,\mathrm{m\cdot s^{-1}}$$

(2) 将 $u_x'=c$ 代入上式，得激光束相对 S 系的速度为

$$u_x=\frac{u_x'+v}{1+\frac{v}{c^2}u_x'}=\frac{c+v}{1+\frac{v}{c^2}c}=c$$

即激光束相对爱因斯坦列车的速度仍为光速 c，这是光速不变原理所预料的。如用伽利略变换，则有 $u_x=c+v>c$。这表明对伽利略变换而言，运动物体没有极限速度，但对相对论的洛伦兹变换来说，光速是运动物体的极限速度。

例 6 以速度 v 沿 x 方向运动的粒子，在 y 方向上发射一光子，求地面观察者所测得光子的速度。

分析　设地面为 S 系，运动粒子为 S' 系。与上题不同，光子运动方向与粒子运动方向不一致，因此应先求出光子相对 S 系速度 u 的分量 u_x、u_y 和 u_z，然后才能求 u 的大小和方向。根据所设参考系，光子相对 S' 系的速度分量分别为 $u'_x=0, u'_y=c, u'_z=0$。

解　由洛伦兹速度的逆变换式可得光子相对 S 系的速度分量分别为

$$u_x=\frac{u'_x+v}{1+\frac{v}{c^2}u'_x}=v$$

$$u_y=\frac{u'_y\sqrt{1-v^2/c^2}}{1+\frac{v}{c^2}u'_x}=c\sqrt{1-v^2/c^2}$$

$$u_z=0$$

所以，光子相对 S 系速度 u 的大小为

$$u=\sqrt{u_x^2+u_y^2+u_z^2}=c$$

速度 u 与 x 轴的夹角为

$$\theta=\arctan\frac{u_y}{u_x}=\arctan\frac{\sqrt{c^2-v^2}}{v}$$

讨论　地面观察者所测得光子的速度仍为 c，这也是光速不变原理的必然结果。但在不同惯性参考系中其速度的方向却发生了变化。

例 7　一遥远的星系以很高的速率离地球而去，其光学谱线发生红移，与本征频率相对应的波长为 434nm 的谱线，被地球上的记录仪记录到的波长为 600nm。此星系相对地球运动的速率为多少？

解　设星系发出某一本征谱线的频率和波长为 ν 和 λ，地球上的记录仪记录到此谱线的频率和波长为 ν' 和 λ'，有

$$\nu=c/\lambda,\quad \nu'=c/\lambda'$$

由 $\nu'=\left(\frac{1-\beta}{1+\beta}\right)^{1/2}\nu$，得

$$\lambda'=\lambda\sqrt{\frac{1+v/c}{1-v/c}}$$

$\lambda=434\text{nm}, \lambda'=600\text{nm}$ 代入，得

$$v=0.31c\approx 9.3\times10^7\,\text{m}\cdot\text{s}^{-1}$$

例 8　在速度 $v=$________情况下粒子的动量等于非相对论动量的两倍，在速度 $v=$________情况下粒子的动能等于它的静止能量。

答案：$0.866c$；$0.866c$。

第六　反思与总结

（1）请搜索“谱线红移”，讨论导致谱线频移的几种原因，即：距离效应、多普勒效应、康普顿效应，提出鉴别方法。

（2）请搜索“多普勒”，了解奥地利物理学家多普勒的故事，谈谈多普勒效应在交通测

速、医学、通信、天体中有哪些应用？

(3) 如果一对孪生兄弟，哥哥乘坐宇宙飞船以接近光速飞行后回到地球，与地球上的弟弟相比，有何变化？祖父佯谬是什么？

(4) 据你所知有无实验直接验证狭义相对论？

(5) 推荐阅读《时间简史》(史蒂芬·霍金著，湖南科学技术出版社，1988年)。

案例五　简谐振动

第一　简谐振动知识框图

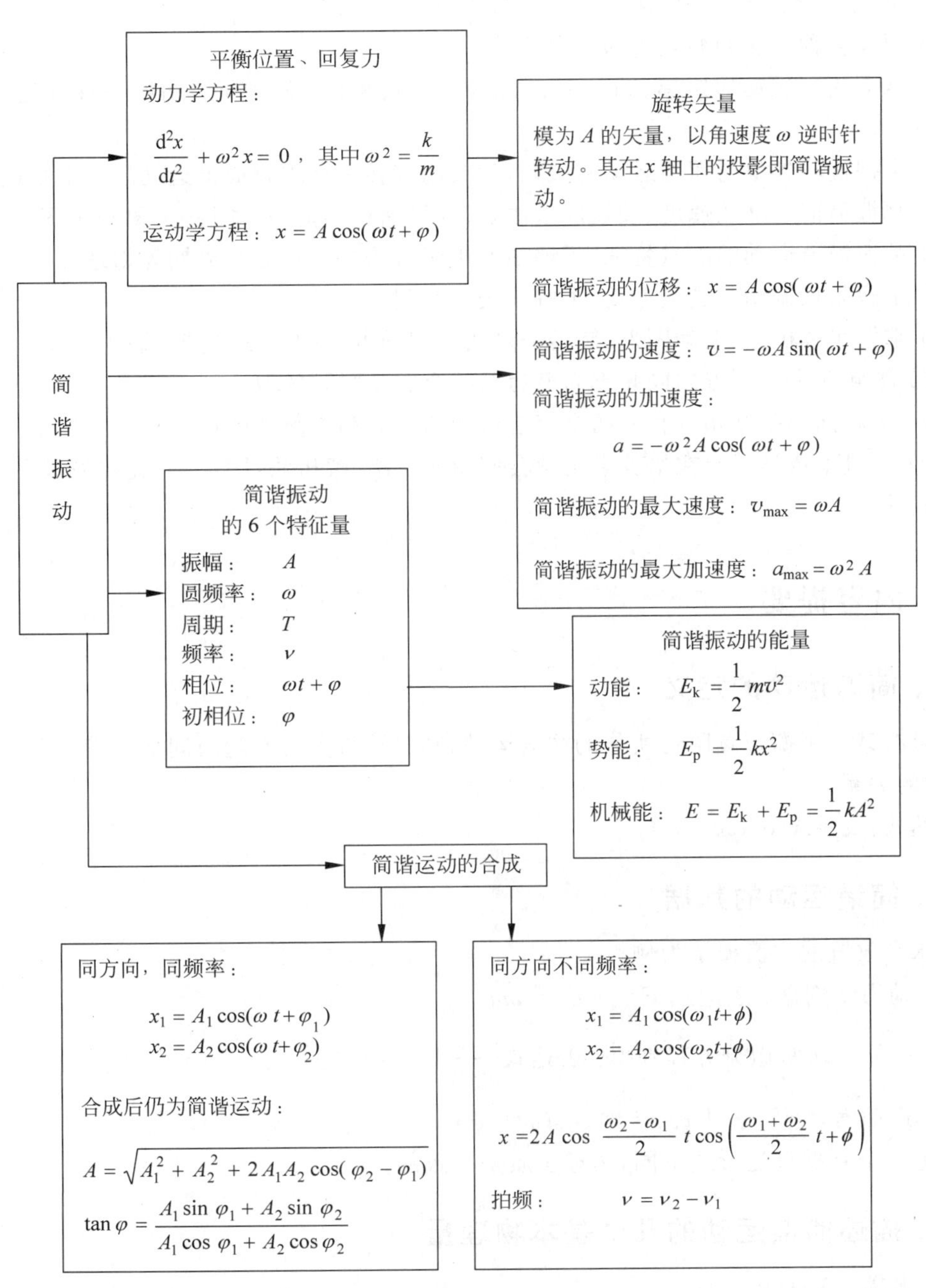

第二 任务分析与学习方法

(1) 认识简谐振动的运动形式,理解简谐运动的定义,准确找出水平放置或竖直放置的振子的平衡位置,会分析受力特征。

(2) 掌握简谐运动的一般运动方程式与动力学方程式。

(3) 根据多种方法判断是否为简谐运动。

(4) 掌握简谐运动的振幅、圆频率、周期(频率)、相位,学会利用初始条件确定振幅 A 和初相位 φ。

(5) 掌握旋转矢量与简谐运动的关系,学会用旋转矢量求解简谐运动的 4 个物理量。

(6) 掌握简谐运动的速度、加速度求法,掌握简谐运动的 x-t 图、v-t 图、a-t 图。

(7) 掌握简谐运动的能量特征,了解如何用能量法求解振幅与周期等物理量。

(8) 了解阻尼振动与受迫振动,了解共振及其利弊。

(9) 掌握用解析法、振动图形、旋转矢量法求解同方向同频率简谐运动的合成。

(10) 了解两个不同方向同频率简谐运动的合成及“拍”的概念。

(11) 了解同频率互相垂直的两个简谐运动的合成和李萨如图形。

(12) 通过本章学习旨在培养学生学会使用比较法、解析法、图示法、旋转矢量表示法和相位分析法。

第三 内容提要

一、简谐运动的定义

质点在某一平衡位置附近所作的往复运动,其位移特点具有随时间变化满足余弦(或正弦)函数的关系。

表达式:$x=A\cos(\omega t+\varphi)$。

二、简谐运动的判据

以水平放置的弹簧振子为例。

(1) 动力学判据:表达式 $F=-kx=ma$。

(2) 一元二次常微分方程判据:表达式$\frac{\mathrm{d}^2x}{\mathrm{d}t^2}+\omega^2x=0$。

(3) 运动学判据:表达式 $x=A\cos(\omega t+\varphi)$。

以上 3 个判据只是形式不同,物理实质是一致的。

三、描述简谐运动的几个基本物理量

(1) 振幅:$A=|x_{\max}|$。

(2) 圆频率:$\omega=2\pi\nu=\frac{2\pi}{T}$,$\omega^2=\frac{k}{m}$。

只要简谐运动的振子的质量和弹簧的劲度系数不变，圆频率就不变。

(3) 周期 $T=\frac{2\pi}{\omega}$，频率 $\nu=\frac{1}{T}=\frac{\omega}{2\pi}$，$T=2\pi\sqrt{\frac{m}{k}}$。

(4) 初位相 $\varphi(t=0)$，位相 $\omega t+\varphi$。

初位相描述的是作简谐运动的谐振子的一种初始状态。

位相描述的是作简谐运动的谐振子在 t 时刻的运动状态，谐振子运动一个周期 T，位相改变 2π。

此时感觉初位相 $\varphi(t=0)$，位相 $\omega t+\varphi$ 有点抽象，但当学习了旋转矢量后将对初位相和位相的概念了解得更加具体清晰。

四、简谐运动的描述

1. 数学描述

位移

$$x=A\cos(\omega t+\varphi)$$

速度

$$v=-A\omega\sin(\omega t+\phi)$$

加速度

$$a=-A\omega^2\cos(\omega t+\varphi)$$

2. 请同学们自行完成图形描述

3. 几何描述——旋转矢量

在简谐运动中"旋转矢量"是一个非常重要的概念，同学们认真掌握了"旋转矢量"，对描述谐振子的运动状态和位相会更加立体、全面、清晰。

如图 5.1 所示，以 O 作为原点，以振幅 A 的大小作为半径画一矢径，该矢径在 $t=0$ 时与 x 轴的夹角为初相位 $\varphi(t=0)$，使之以匀角速度 ω 沿逆时针在水平面上作圆周运动，这一矢径称为旋转矢量。

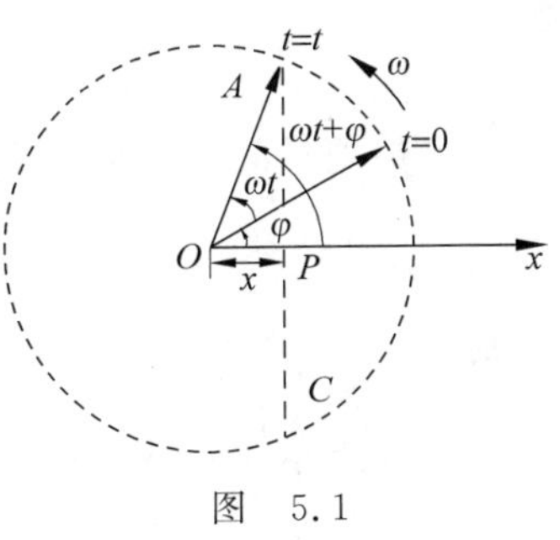

图 5.1

我们可以发现，在水平面上作圆周运动的主视图的动态投影和简谐运动的状态相似，经分析，二者存在密切的关系。旋转矢量的末端的投影就是谐振子离开原点 O 的位置 x。

(1) 如何由旋转矢量的末端来确定简谐运动的位置与状态？

具体方法是：逆时针画一圆周，以 O 为原点画一水平 x 轴。t 时刻经旋转矢量的末端 A 画 x 轴的垂线，垂足为 P，则直角三角形 OAP 中，发现 OA 与 x 轴的夹角就是 $\omega t+\varphi$，而 OP 就是 x，是 OA 在 x 轴上的余弦投影，正是 $x=A\cos(\omega t+\varphi)$。

(2) 如何由简谐运动 t 时刻的位置来确定简谐运动的位相？

仍需要借助于旋转矢量的概念，具体方法是：

画 Ox 轴，在 x 轴上找到简谐运动 t 时刻的位置 P；以 O 为原点，振幅 A 为半径逆时针画一圆周；由 P 作 x 轴的垂线，此时与圆周有 2 个交点 A 和 C；连接 OA(或 OC)，直角三

角形 OAP(或 OCP)中存在这样一种余弦关系：$x=A\cos(\omega t+\varphi)$，从而求出 φ，φ 有 2 个值，再根据谐振子下一时刻往哪里运动来取舍其一。

当 x 为正值时，位相在 1、4 象限，若下时刻沿 x 负方向运动，则位相在 1 象限；若下时刻沿 x 正方向运动，则位相在 4 象限。

当 x 为负值时，位相在 2、3 象限，若下时刻沿 x 负方向运动，则位相在 2 象限；若下时刻沿 x 正方向运动，则位相在 3 象限。

4. 简谐运动的能量

振动动能

$$E_{\mathrm{k}}=\frac{1}{2}mv^2=\frac{1}{2}m\omega^2A^2\sin^2(\omega t+\varphi)$$

振动势能

$$E_{\mathrm{p}}=\frac{1}{2}kx^2=\frac{1}{2}kA^2\cos^2(\omega t+\varphi)$$

总机械能

$$E=E_{\mathrm{k}}+E_{\mathrm{p}}=\frac{1}{2}kA^2\propto A^2(\text{振幅的动力学意义})$$

谐振子振幅的大小影响振动的能量，但不影响振动的周期或频率及圆频率，因此振动的周期或频率又叫固有周期或固有频率。

简谐运动的能量特点：

(1) 简谐运动的机械能守恒，这一特点与谐振子没有外力做功相符。除受到弹性力是保守内力以外，不受其他的外力。

(2) 简谐运动的动能与势能交替转化，动能为零时势能最大，势能为零时动能最大。动能为零时的位置在最大位移处，势能为零时的位置在平衡位置处(即原点 O 处)。

(3) 在一个周期 T 内，平均动能与平均势能相等，等于总机械能的一半，即

$$\bar{E}_{\mathrm{k}}=\bar{E}_{\mathrm{p}}=\frac{1}{2}E=\frac{1}{4}kA^2$$

一个物理量的平均值定义为

$$\bar{f}=\frac{1}{T}\int_0^T f(t)\mathrm{d}t$$

则

$$\bar{E}_{\mathrm{p}}=\frac{1}{T}\int_0^T E_{\mathrm{p}}(t)\mathrm{d}t=\frac{1}{T}\int_0^T\frac{1}{2}kA^2\cos^2(\omega t+\varphi)\mathrm{d}t=\frac{1}{4}kA^2=\frac{1}{4}m\omega^2A^2$$

$$\bar{E}_{\mathrm{k}}=\frac{1}{T}\int_0^T E_{\mathrm{k}}(t)\mathrm{d}t=\frac{1}{T}\int_0^T\frac{1}{2}m\omega^2A^2\sin^2(\omega t+\varphi)\mathrm{d}t=\frac{1}{4}m\omega^2A^2=\frac{1}{4}kA^2$$

(4) 谐振子的动能和势能的变化频率是振动频率的 2 倍。

5. 简谐运动的合成

第 1 类　如图 5.2 所示，同方向同频率简谐运动的合成

设分运动的方程为

$$\begin{cases}x_1=A_1\cos(\omega t+\varphi_1)\\x_2=A_2\cos(\omega t+\varphi_2)\end{cases}$$

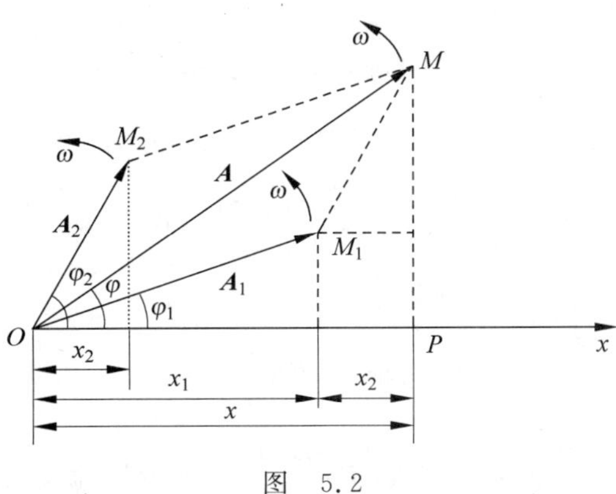

图　5.2

合成后仍为简谐运动 $x=A\cos(\omega t+\varphi)$，其中，

$$A=\sqrt{A_1^2+A_2^2+2A_1A_2\cos(\varphi_2-\varphi_1)}$$

$$\tan\phi=\frac{A_1\sin\varphi_1+A_2\sin\varphi_2}{A_1\cos\varphi_1+A_2\cos\varphi_2}$$

讨论

(1) 相位差 $\Delta\varphi=\varphi_2-\varphi_1=2k\pi\quad(k=0,\pm1,\pm2,\cdots)$

$$\begin{cases}A=A_1+A_2\\ \varphi=\varphi_2=\varphi_1+2k\pi\end{cases}\quad\text{合振动加强}$$

(2) 相位差 $\Delta\varphi=\varphi_2-\varphi_1=(2k+1)\pi\quad(k=0,\pm1,\pm2,\cdots)$

$$\begin{cases}A=|A_1-A_2|\\ \varphi=\varphi_2-\varphi_1\end{cases}\quad\text{合振动减弱}$$

第 2 类　如图 5.3 所示，同方向不同频率简谐运动的合成——拍

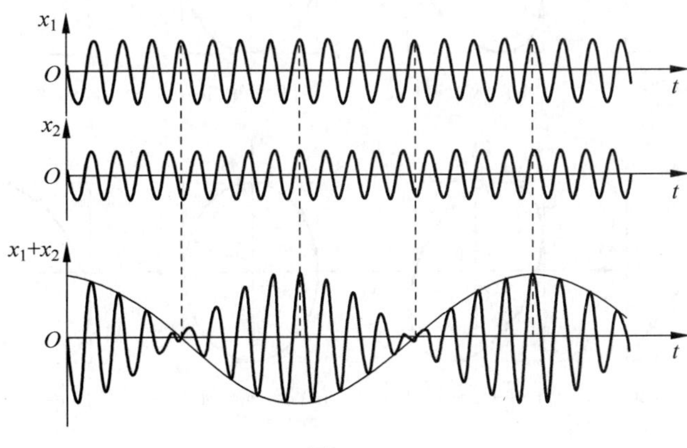

图　5.3

频率较大而频率之差很小的两个同方向简谐运动的合成，其合振动的振幅时而加强时而减弱的现象叫拍。

为简化问题，设 2 个简谐运动的振幅和初相位都相同，且 $|\nu_2-\nu_1|\ll\nu_1+\nu_2$，分运动方

程分别为

$$\begin{cases} x_1 = A\cos\omega_1 t = A\cos 2\pi\nu_1 t \\ x_2 = A\cos\omega_2 t = A\cos 2\pi\nu_2 t \end{cases}$$

则 $x = x_1 + x_2$，$x = \left(2A\cos 2\pi\dfrac{\nu_2 - \nu_1}{2}t\right)\cos 2\pi\dfrac{\nu_2 + \nu_1}{2}t$，式中

$$\begin{cases} \text{合振动的频率为 } \nu = (\nu_1 + \nu_2)/2 \\ \text{合振动的振幅为 } \left|2A\cos 2\pi\dfrac{\nu_2 - \nu_1}{2}t\right| \end{cases}$$

当 $2\pi\dfrac{\nu_2-\nu_1}{2}T=\pi$ 时，出现的拍的周期 $T=\dfrac{1}{\nu_2-\nu_1}$，而拍频(振幅变化的频率)为 $\nu=\nu_2-\nu_1$。人们常利用拍现象校准乐器、测定声波或无线电波的频率等。

第 3 类　振动方向相互垂直的两个简谐运动的合成

设分运动方程为

$$\begin{cases} x = A_1\cos(\omega t + \varphi_1) \\ y = A_2\cos(\omega t + \varphi_2) \end{cases}$$

合成的振动轨迹为

$$\frac{x^2}{A_1^2} + \frac{y^2}{A_2^2} - \frac{2xy}{A_1A_2}\cos(\varphi_2 - \varphi_1) = \sin^2(\varphi_2 - \varphi_1)$$

(1) 当频率相同时合振动的轨迹为一直线，圆或椭圆，如图 5.4 所示；

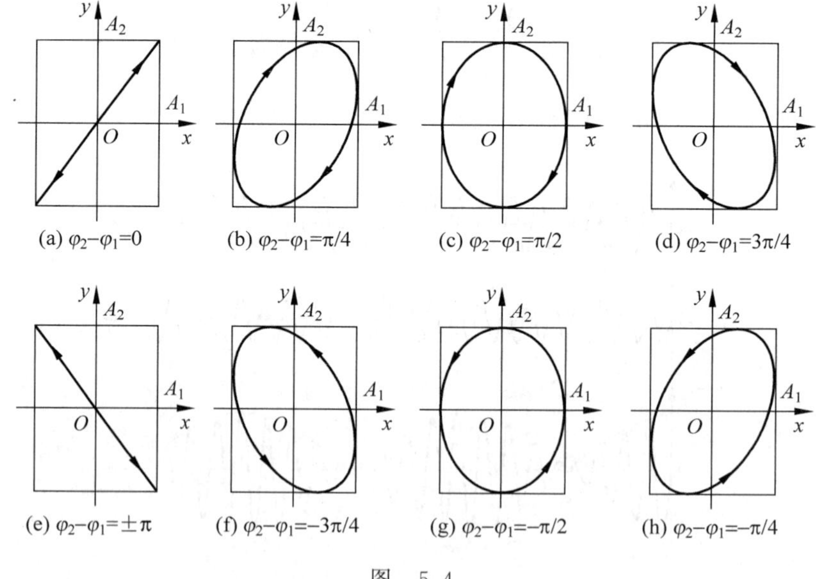

图　5.4

(2) 当频率不同时合振动的轨迹一般不能形成稳定图案；

(3) 当两频率成整数比时，合振动的轨迹为一封闭曲线，称为李萨如图形，如图 5.5 所示。

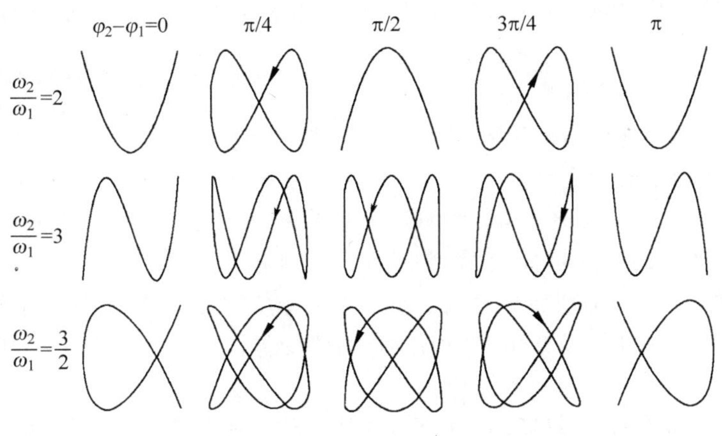

图　5.5

关于“李萨如图形”的补充说明：李萨如(Jules Antoine Lissajous,1822—1880),法国数学家。物理、工程中常用的李萨如图形便是以他的名字命名的。在众多的创造中,李萨如发明了李萨如仪器,一种用来绘制李萨如图形的装置。在这个装置中,一束光被一面固定在音叉上的镜子反射,然后再被第二面固定在音叉上的镜子反射,两个音叉振动方向互相垂直,两者音高也经常被设置为不同,以取得不同的谐振频率。光束最后被打在墙上,得到了我们如今所称的李萨如图形。这项发明是之后许多仪器的基础,如谐振仪(谐振记录仪)。

6．阻尼振动和共振

(1) 阻尼振动：实际生活中振动总要受到阻力的影响,振动系统的能量逐渐减少,振幅也逐渐减少。

(2) 受迫振动：实际生活中阻尼振动总是存在的,要使振动持续不断地进行,需对系统施加一个周期性的外力,这种振动叫受迫振动。

(3) 共振：受迫振动中策动力的频率与系统的固有频率相同时,振幅达到最大值,称为共振。如部队过桥为避免与桥梁共振而改为散步。

1831年,一支骑兵队雄赳赳气昂昂通过英国曼彻斯特的一座吊桥,然而,大桥突然倒塌,人马坠入河中,死伤惨重——分析什么原因?

第四　疑难点分析与课题研究

一、疑难点分析

(一) 简谐运动的判定

判断一个系统是否作简谐运动一般根据3个基本要点。

(1) 要有平衡位置；

(2) 受力特征即受到的合力是回复力 $F=-kx$；

(3) 运动特征即简谐运动微分方程：位移按正弦或余弦规律作周期性变化。

广义上说，如果某一物理量（如角位移、电量、电场强度等用符号 Ψ 表示）随时间变化的关系满足 $\Psi=\Psi_0\cos(\omega t+\varphi)$ 或 $\frac{d^2\Psi}{dt^2}+\omega^2\Psi=0$，则该物理量的运动为简谐运动。

例 1 如图 5.6(a)所示，两个轻弹簧的劲度系数分别为 k_1、k_2，当物体在光滑斜面上振动时，证明其运动仍是简谐运动。

要点分析 从上面分析知道，要证明一个系统作简谐运动，首先要分析受力情况，然后看是否满足简谐运动的受力特征（或简谐运动微分方程）。

为此，建立如图 5.6(b)所示的坐标。设系统平衡时物体所在位置为坐标原点 O，Ox 轴正向沿斜面向下，由受力分析可知，沿 Ox 轴，物体受弹性力及重力分力的作用，其中弹性力是变力。

利用串联时各弹簧受力相等，分析物体在任一位置时受力与位移的关系，即可证得物体作简谐运动。

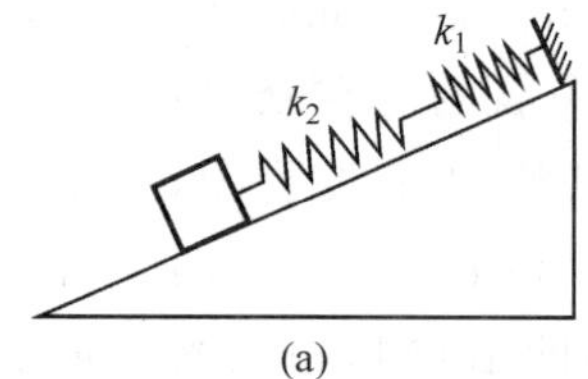

(a)

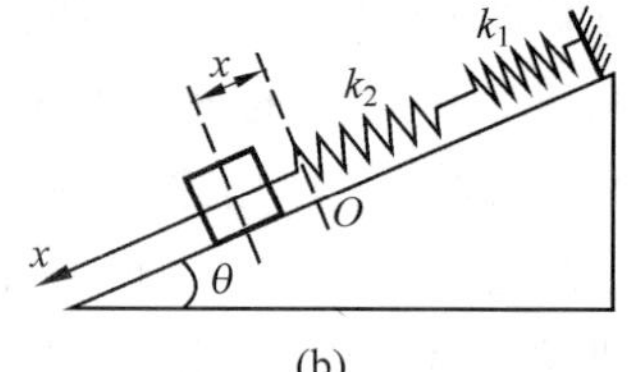

(b)

图 5.6

证明 设物体平衡时两弹簧伸长分别为 x_1、x_2，则由物体受力平衡，有

$$mg\sin\theta=k_1x_1=k_2x_2 \tag{1}$$

按图 5.6(b)所取坐标，物体沿 x 轴移动位移 x 时，两弹簧又分别被拉伸 x_1' 和 x_2'，即 $x=x_1'+x_2'$。则物体受力为

$$F=mg\sin\theta-k_2(x_2+x_2')=mg\sin\theta-k_1(x_1+x_1') \tag{2}$$

将式(1)代入式(2)得

$$F=-k_2x_2'=-k_1x_1' \tag{3}$$

由式(3)得 $x_1'=-F/k_1$、$x_2'=-F/k_2$，而 $x=x_1'+x_2'$，则得到

$$F=-[k_1k_2/(k_1+k_2)]x=-kx$$

式中 $k=k_1k_2/(k_1+k_2)$ 为常数，则物体作简谐运动。

振动圆频率为

$$\omega=\sqrt{k/m}=\sqrt{k_1k_2/(k_1+k_2)m}$$

（二）简谐运动位移与势能的关系

由于简谐运动的总能量等于动能和势能的总和，当势能是总能量的一半时，位移并不是振幅的一半。

例 2 质量为 m 的物体，以振幅 A 作简谐运动，其最大加速度为 a，求物体在何处其动能和势能相等？

错误解答 误以为在 $x=\frac{1}{2}A$ 处，动能和势能相等。

要点分析 本题测试的是简谐运动的动能和势能。

解　动能和势能相等,即

$$E_k = \frac{1}{2}mv^2 = E_p = \frac{1}{2}kx^2 = \frac{1}{2}\cdot\frac{1}{2}kA^2$$

得

$$x^2 = \frac{1}{2}A^2,\quad x = \pm\frac{\sqrt{2}}{2}A$$

(三)简谐运动位移与周期关系

简谐运动一个完整的全运动的路程是振幅的 4 倍,质点完成一个振幅所用时间是周期的 1/4,但质点完成半个振幅需要的时间不是 1/8 周期。

例 3　一质点作谐振动,周期为 T,当它由平衡位置向 x 轴正方向运动时,从 1/2 最大位移处到最大位移处这段路程所需要的时间为多少?

错误解答　误以为是 1/4 周期或 1/8 周期。

要点分析　本题测试的是质点由平衡位置向 x 轴正方向运动时,从 1/2 最大位移处到最大位移处经历的相位与时间关系。

解　质点由平衡位置向 x 轴正方向运动时,从 1/2 最大位移处到最大位移处经历的相位为

$$\Delta\varphi = \frac{\pi}{3},\quad \Delta\varphi = \omega\cdot\Delta t = \frac{2\pi}{T}\Delta t$$

得到

$$\Delta t = T/6$$

(四)简谐运动的相位和初相位

反映简谐运动任一时刻的状态的核心物理量是相位 $\omega t+\varphi$,相位变化 2π,振动经历一个周期。

反映简谐运动初始时刻的状态的物理量是初相位 φ。

由振动曲线 x-t 图判断振动的初相位,要根据质点的初始位置、运动趋势或速度的大小和方向来判断。

例 4　已知谐振动的 A、T,求

(1) 简谐运动方程。

(2) 到达 a、b 点运动状态的时间。

(要求用 2 种方法解题)

要点分析　本题测试的是如何从振动曲线 x-t 图(图 5.7)判断振动的初相位。

解一　"解析法"

(1) 常规第一步是设简谐运动的方程为

$$x = A\cos(\omega t+\varphi)$$

从图 5.7 可知,当 $t=0$ 时,

$$x = \frac{1}{2}A,\quad \varphi = \pm\frac{\pi}{3}$$

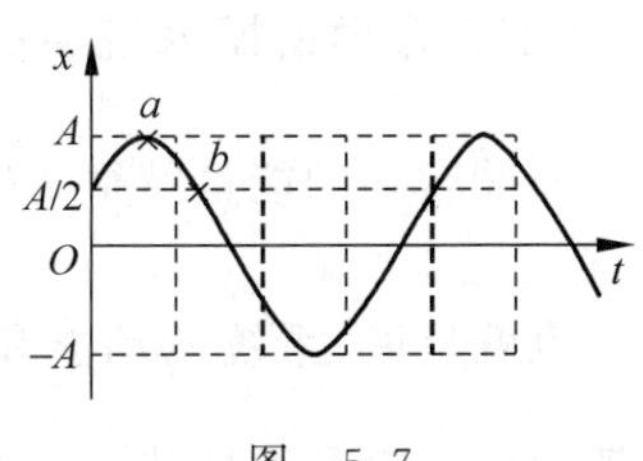

图　5.7

且下一步向 x 轴上方即 x 正方向运动

$$v=-A\sin(\omega t+\varphi)>0$$

可得

$$\varphi=-\frac{\pi}{3}$$

因此简谐运动的方程为 $x=A\cos\left(\frac{2\pi}{T}t-\frac{\pi}{3}\right)$。

(2) 到达 a 点的时间的计算

由 a 点的 $x=A$ 代入运动方程，$\cos\left(\frac{2\pi}{T}t-\frac{\pi}{3}\right)=1$，得到 $t=\frac{T}{6}$。

由 b 点的 $x=\frac{A}{2}$ 代入运动方程，$\cos\left(\frac{2\pi}{T}t-\frac{\pi}{3}\right)=\frac{1}{2}$，且下一步向 x 轴负方向运动，得到 $t=\frac{T}{3}$。

解二 “旋转矢量法”

(1) 常规第一步是设简谐运动的方程为 $x=A\cos(\omega t+\varphi)$。

做出旋转矢量图，标出 $t=0$ 时，$x=\frac{1}{2}A$，且下一步向 x 轴上方即 x 正方向运动的初始位置，很快找到 $\varphi=-\frac{\pi}{3}$，得到简谐运动的方程为 $x=A\cos\left(\frac{2\pi}{T}t-\frac{\pi}{3}\right)$。

(2) 在旋转矢量图中找出 a 点，初始位置与 a 点的夹角为 $\Delta\varphi=\frac{\pi}{3}$，由于

$$\Delta\varphi=\omega\cdot\Delta t=\frac{2\pi}{T}\Delta t$$

得到由初始位置到达 a 点的时间为

$$\Delta t=\frac{T}{6}$$

同样在旋转矢量图中找出 b 点，初始位置与 b 点的夹角为 $\Delta\varphi=\frac{2\pi}{3}$，由于

$$\Delta\varphi=\omega\cdot\Delta t=\frac{2\pi}{T}\Delta t$$

得到由初始位置到达 b 点的时间为

$$\Delta t=\frac{T}{3}$$

(五) 力学谐振系统中的振动势能

简谐运动的能量特征为 $E=E_k+E_p=\frac{1}{2}mv^2+\frac{1}{2}kx^2=\frac{1}{2}kA^2=$恒量。

也就是说，系统的动能和势能相互转化，总能量守恒。但对于势能 $E_p=\frac{1}{2}kx^2$ 却常常误解为就一定是弹性势能。振动势能虽然在形式上与弹性势能的表达式相同，但它却不一定是弹性势能。对于水平放置的弹簧振子来说，系统的振动势能才是弹性势能。

物理沙龙

克里斯蒂安·惠更斯(C. Huygens, 1629—1695)是荷兰人,1629年4月14日出生于海牙。父母分别是大臣和诗人,与R.笛卡儿等学界名流交往甚密。惠更斯自幼聪慧,13岁时曾自制一台车床,表现出很强的动手能力。1645—1647年在莱顿大学学习法律与数学,1647—1649年转入布雷达学院深造。在阿基米德等人的著作及笛卡儿等人的直接影响下,致力于力学、光波学、天文学及数学的研究。他善于把科学实践和理论研究结合起来,透彻地解决问题,因此在摆钟的发明、天文仪器的设计、弹性体碰撞和光的波动理论等方面都有突出成就。1663年他被聘为英国皇家学会第一个外国会员,1666年刚成立的法国皇家科学院选他为院士。他还推翻了牛顿的微粒说。惠更斯体弱多病,一心致力于科学事业,终生未婚。1695年7月8日在海牙逝世。

克里斯蒂安·惠更斯

纪念邮票

惠更斯的《关于论碰撞作用下物体的运动》的论文在当时没有公开发表,在他逝世后的1703年遗稿才被人发现。他的重要贡献有:

① 建立了光的波动学说,打破了当时流行的光的微粒学说,提出了光波面在媒体中传播的惠更斯原理。

② 1673年他解决了物理摆的摆动中心问题,测定了重力加速度之值,改进了摆钟,得出了离心力公式,还发明了测微计。

③ 他首先发现了双折射光束的偏振性,并用波动观点作了解释。

④ 在天文学方面,他借助自己设计和制造的望远镜,于1665年发现了土星卫星——土卫六,且观察到了土星环。

原始理论缺陷

光的直线传播、反射、折射等都能以惠更斯原理来进行较好的解释。此外,惠更斯原理还可解释晶体的双折射现象。但是,原始的惠更斯原理是比较粗糙的,用它不能解释衍射现象,而且由惠更斯原理还会导致有倒退波的存在,而这显然是不存在的。

由于惠更斯原理的次波假设不涉及波的时空周期特性——波长、振幅和位相,虽然能说明波在障碍物后面拐弯偏离直线传播的现象,但实际上,光的衍射现象要细微得多,例如还有明暗相间的条纹出现,表明各点的振幅大小不等,对此惠更斯原理就无能为力了。因此必须能够定量计算光所到达的空间范围内任何一点的振幅,才能更精确地解释衍射现象。

改进原理

菲涅耳在惠更斯原理的基础上,补充了描述次波的基本特征——位相和振幅的定量表示式,并增加了"次波相干叠加"的原理,从而发展成为惠更斯-菲涅耳原理。

二、课题研究

(1) 斜面倾角 θ 对弹簧是否作简谐运动以及振动的频率是否产生影响?

(提示:事实上,在忽略阻力的情况下,无论弹簧水平放置、斜置还是竖直悬挂,物体均作简谐运动,而且可以证明它们的频率相同,均由弹簧振子的固有性质决定,这就是称为固有频率的原因)。

(2) 如果振动系统如图 5.8(弹簧并联)或如图 5.9 所示,系统是否作简谐运动?

$\left(\text{提示:也可通过物体在某一位置的受力分析得出其作简谐运动,且振动频率均为 } \nu = \frac{1}{2\pi}\sqrt{(k_1+k_2)/m}\right)$

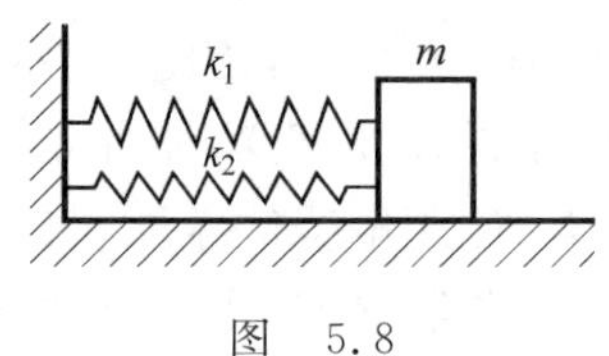

图 5.8

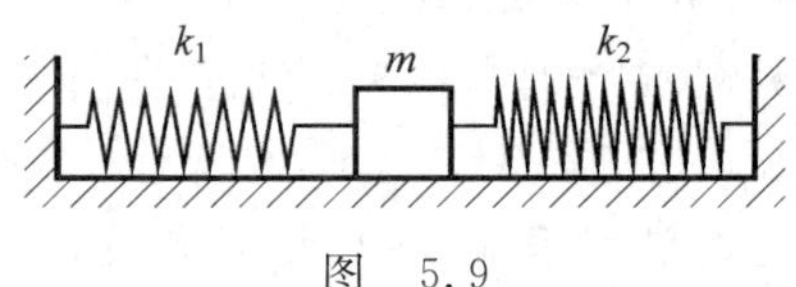

图 5.9

(3) 自己制作一根 40cm 的单摆,利用小球、秒表、直尺,探讨单摆作小于 5°的简谐运动,由平衡位置到 1/2 最大位移这段路程所需要的最短时间;换一个大一点的小球再测一测;换一根 30cm 的单摆再测一测;作出记录,画出 x-t 图和旋转矢量图,与计算结果是否相符,分析产生误差的原因有哪些因素?

第五 例题指导

例 1 一简谐运动曲线如图 5.10 所示,则运动周期是多少?

分析 在本案例振动及案例六波动中一定要注意观察给定的是 x-t 图还是 v-t 图或者是 y-x 图、y-t 图、x-t 图,案例六将继续举例。

(1) 由振动曲线可知是 x-t 图,$A=4\text{cm}$。初始时刻质点的位移为 $A/2$,且向 x 轴正方向运动。(由 $t=0$ 时刻的 2cm 逐步往上增大即向 x 轴正向),$t=1\text{s}$ 时 $x=0$。

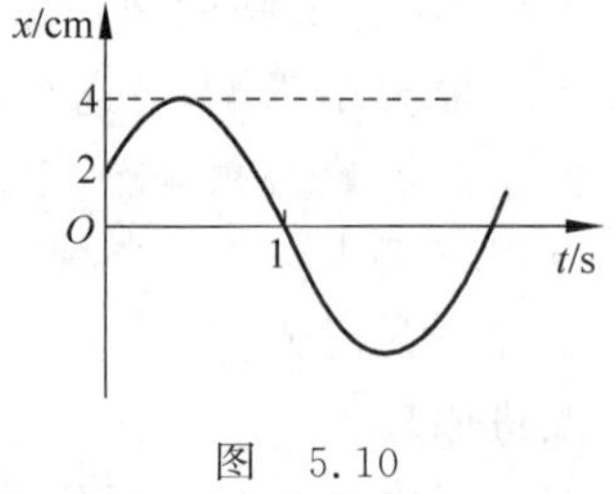

图 5.10

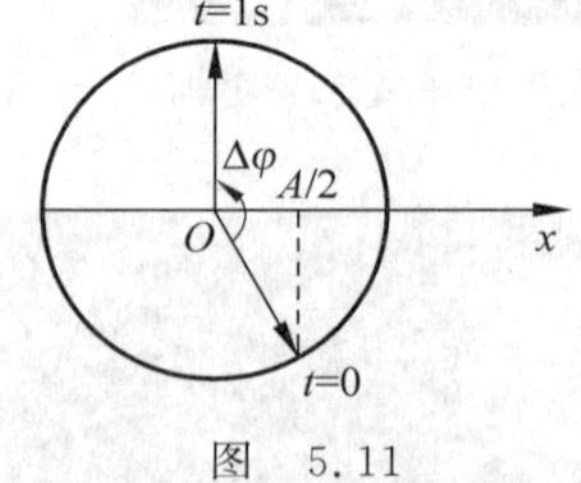

图 5.11

(2) 学会用旋转矢量来准确画出已知条件,图 5.11 就是其相应的旋转矢量图,由旋转矢量法可知初相位为 $-\pi/3$。振动曲线上给出质点从 $A/2$ 处运动到 $x=0$ 处所需时间为 1s,由对应旋转矢量图可知相应的相位差 $\Delta\varphi=\frac{\pi}{3}+\frac{\pi}{2}=\frac{5\pi}{6}$,则角频率

$$\omega=\frac{\Delta\varphi}{\Delta t}=\frac{5\pi}{6}\text{rad}\cdot\text{s}^{-1}$$

得到周期为

$$T=\frac{2\pi}{\omega}=2.40\text{s}$$

例 2　某振动质点的 x-t 曲线如图 5.12(a)所示，试求：

(1) 运动方程；

(2) 点 P 对应的相位；

(3) 到达点 P 相应位置所需的时间。

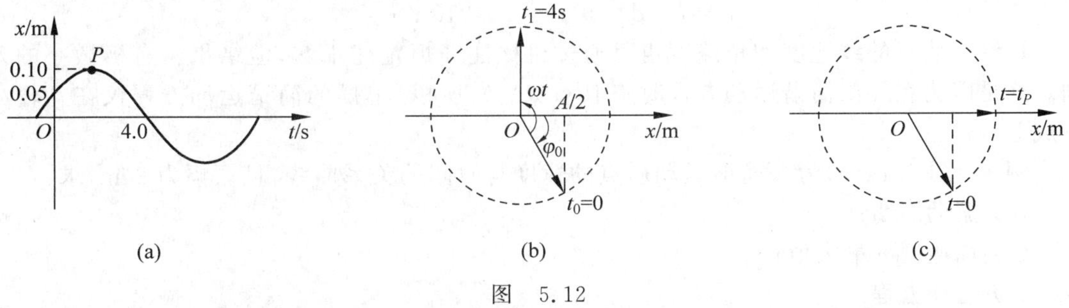

图　5.12

分析　由已知运动方程画振动曲线和由振动曲线求运动方程是振动中常见的两类问题。本题就是要通过 x-t 图线确定振动的 3 个特征量 A、ω 和 φ_0，从而写出运动方程。曲线最大幅值即为振幅 A；而 ω、φ_0 通常可通过旋转矢量法或解析法解出，一般采用旋转矢量法比较方便。

解　(1) 质点振动振幅 $A=0.10\text{m}$。而由振动曲线可画出 $t_0=0\text{s}$ 和 $t_1=4\text{s}$ 时旋转矢量，如图 5.12(b)所示。由图可见初相 $\varphi_0=-\pi/3$(或 $\varphi_0=5\pi/3$)，而由 $\omega(t_1-t_0)=\pi/2+\pi/3$ 得 $\omega=5\pi/24\text{s}^{-1}$，则运动方程为

$$x=0.10\cos\left(\frac{5\pi}{24}t-\pi/3\right)(\text{m})$$

(2) 图 5.12(a)中点 P 的位置是质点从 $A/2$ 处运动到正向的端点处。对应的旋转矢量图如图 5.12(c)所示。当初相取 $\varphi_0=-\pi/3$ 时，点 P 的相位为 $\varphi_p=\varphi_0+\omega(t_p-0)=0$(如果初相取成 $\varphi_0=5\pi/3$，则点 P 相应的相位应表示为 $\varphi_p=\varphi_0+\omega(t_p-0)=2\pi$)。

(3) 由旋转矢量图可得 $\omega(t_p-0)=\pi/3$，则 $t_p=1.6\text{s}$。

例 3　有一单摆，长为 $l=1\text{m}$，最大摆角为 5°，如图 5.13 所示，求：

(1) 摆的角频率和周期；

(2) 设开始时摆角最大，试写出此单摆的运动方程；

(3) 摆角为 3°时的角速度和摆球的线速度各为多少?

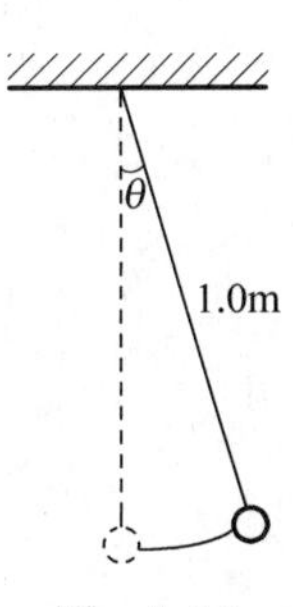

图　5.13

分析　单摆在摆角较小时($\theta<5°$)的摆动，其角量 θ 与时间的关系可表示为简谐运动方程 $\theta=\theta_{\max}\cos(\omega t+\varphi)$，其中，角频率 ω 仍由该系统的性质(重力加速度 g 和绳长 l)决定，即 $\omega=\sqrt{g/l}$。初相 φ 与摆角 θ，质点的角速度与旋转矢量的角速度(角频率)均是不同的物理概念，必须注意区分。

解 (1) 单摆角频率及周期分别为

$$\omega=\sqrt{g/l}=3.13\text{s}^{-1},\quad T=2\pi/\omega=2.01\text{s}$$

(2) 由 $t=0$ 时 $\theta=\theta_{max}=5°$可得振动初相 $\varphi=0$,则以角量表示的简谐运动方程为

$$\theta=\frac{\pi}{36}\cos 3.13t$$

(3) 摆角为3°时,有 $\cos(\omega t+\varphi)=\theta/\theta_{max}=0.6$,则这时质点的角速度为

$$\begin{aligned}\text{d}\theta/\text{d}t&=-\theta_{max}\omega\sin(\omega t+\varphi)=-\theta_{max}\omega\sqrt{1-\cos^2(\omega t+\varphi)}\\&=-0.80\theta_{max}\omega=-0.218\text{s}^{-1}\end{aligned}$$

线速度的大小为

$$v=l\mid \text{d}\theta/\text{d}t\mid=-0.218\text{m}\cdot\text{s}^{-1}$$

讨论 质点的线速度和角速度也可通过机械能守恒定律求解,但结果会有极微小的差别。这是因为在导出简谐运动方程时曾取 $\sin\theta\approx\theta$,所以,单摆的简谐运动方程仅在 θ 较小时成立。

例4 图5.14(a)为一简谐运动质点的速度与时间的关系曲线,且振幅为2cm,求:

(1) 振动周期;

(2) 加速度的最大值;

(3) 运动方程。

分析 注意本题的曲线图表面看与例1、例2相似,但一定要注意观察它是 v-t 图。根据 v-t 图可知速度的最大值 v_{max},由 $v_{max}=A\omega$ 可求出角频率 ω,进而可求出周期 T 和加速度的最大值 $a_{max}=A\omega^2$。

在要求的简谐运动方程 $x=A\cos(\omega t+\varphi)$中,因为 A 和 ω 已得出,故只要求初相位 φ 即可。由 v-t 曲线图可以知道,当 $t=0$s 时,质点运动速度 $v_0=v_{max}/2=A\omega/2$,之后速度越来越大,因此可以判断出质点沿 x 轴正向向着平衡点运动。利用 $v_0=-A\omega\sin\varphi$ 就可求出 φ。

解 (1) 由 $v_{max}=A\omega$ 得 $\omega=1.5\text{s}^{-1}$,则

$$T=2\pi/\omega=4.2\text{s}$$

(2) $a_{max}=A\omega^2=4.5\times10^{-2}\text{m}\cdot\text{s}^{-2}$

(3) 从分析中已知 $v_0=-A\omega\sin\varphi=A\omega/2$,即

$$\sin\varphi=-1/2,\quad \varphi=-\pi/6,\quad -5\pi/6$$

因为质点沿 x 轴正向向平衡位置运动,则取 $\varphi=-5\pi/6$,其旋转矢量图如图5.14(b)所示。则运动方程为 $x=2\cos\left(1.5t-\frac{5\pi}{6}\right)\text{cm}$。

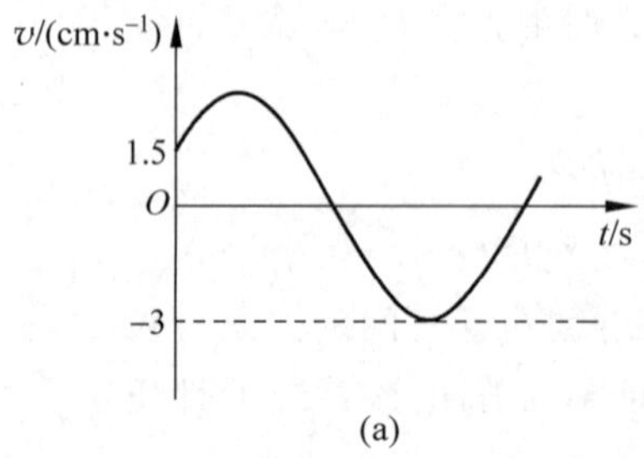

(a)

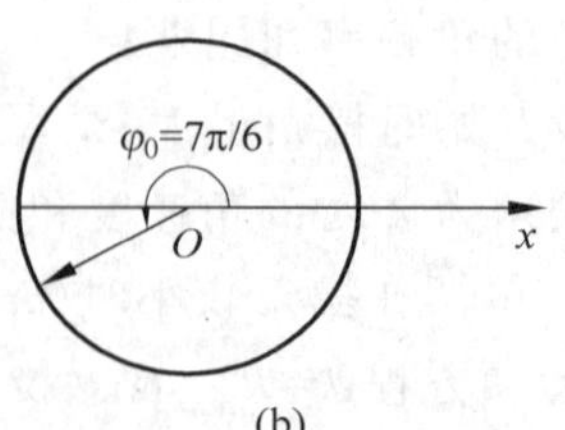

(b)

图 5.14

例 5 一劲度系数 $k=312\text{N}\cdot\text{m}^{-1}$ 的轻弹簧，一端固定，另一端连接一质量 $m_0=0.3\text{kg}$ 的物体，放在光滑的水平面上，上面放一质量为 $m=0.2\text{kg}$ 的物体，两物体间的最大静摩擦系数 $\mu=0.5$。求两物体间无相对滑动时，系统振动的最大能量。

分析 简谐运动系统的振动能量为 $E=E_k+E_p=\frac{1}{2}kA^2$。因此只要求出两物体间无相对滑动条件下，该系统的最大振幅 A_{max} 即可求出系统振动的最大能量。因为两物体间无相对滑动，故可将它们视为一个整体，则根据简谐运动频率公式可得其振动角频率为

$$\omega=\sqrt{\frac{k}{m_0+m}}$$

然后以物体 m 为研究对象，它和 m_0 一起作简谐运动所需的回复力是由两物体间静摩擦力来提供的。而其运动中所需最大静摩擦力应对应其运动中具有最大加速度，即

$$\mu mg=ma_{max}=m\omega^2A_{max}$$

由此可求出 A_{max}。

解 根据分析，振动的角频率

$$\omega=\sqrt{\frac{k}{m_0+m}}$$

由 $\mu mg=ma_{max}=m\omega^2A_{max}$，得

$$A_{max}=\frac{\mu g}{\omega^2}=\frac{(m_0+m)\mu g}{k}$$

则最大能量

$$E_{max}=\frac{1}{2}kA_{max}^2=\frac{1}{2}k\left[\frac{(m_0+m)\mu g}{k}\right]^2$$

$$=\frac{(m_0+m)^2\mu^2g^2}{2k}=9.62\times10^{-3}\text{J}$$

第六 反思与总结

(1) 对于小幅角度 θ 振动的单摆来说，证明系统的振动势能就是重力势能。

(提示：分析回复力与角位移 θ 的关系，分析任意位置处的重力势能，需要用到 $\cos\theta$ 的级数展开，$\cos\theta=1-\frac{\theta^2}{2!}+\frac{\theta^4}{4!}-\frac{\theta^6}{6!}+\cdots$，高次项忽略不计)

(2) 对于竖直方向的弹簧振子，将重力势能和弹性势能零点取在平衡位置，证明系统的振动势能是重力势能和弹性势能的总和。

(提示：分析平衡位置处重力大小等于弹力大小，列出任意位置处的总振动势能)

(3) 阻尼振动：实际生活中振动总要受到阻力的影响，振动系统的能量逐渐减小，振幅也逐渐减小。

(4) 受迫振动：实际生活中阻尼振动总是存在的，要使振动持续不断地进行，需对系统施加一个周期性的外力，这种振动叫受迫振动。

(5) 共振：受迫振动中策动力的频率与系统的固有频率相同时，振幅达到最大值，称之为共振。

案例六 机械波

第一 机械波知识框图

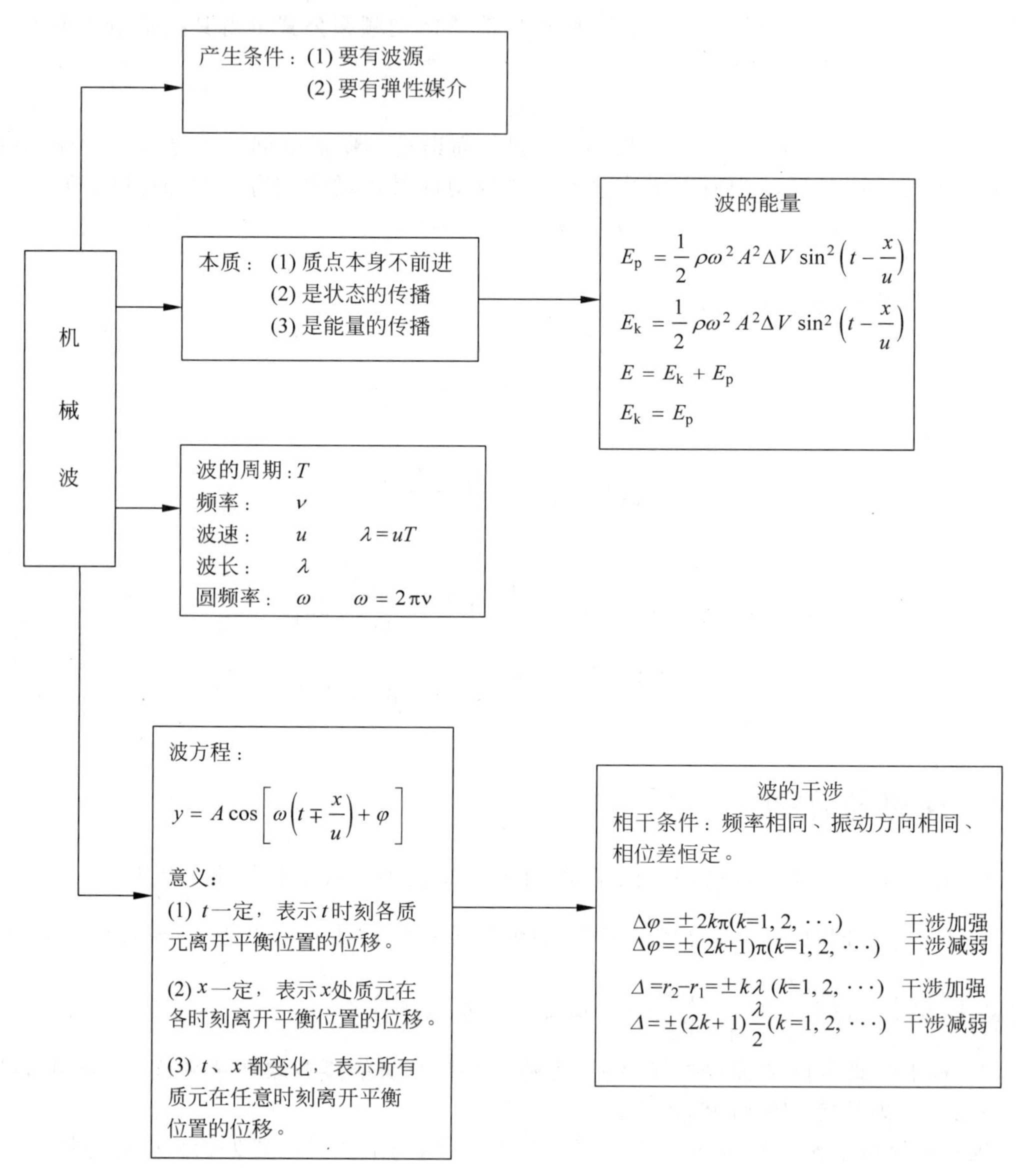

第二　任务分析与学习方法

(1) 认识波的形成与传播条件，掌握波动的物理本质实际是质元振动，把能量传递给相邻介质元，引起相邻介质跟随振动，从而形成了一种动态行波。

(2) 掌握机械波的几个物理量如波长、频率、波速、周期的物理意义与求解方法，并注意与简谐振动进行区别。

(3) 理解平面简谐波波函数的 3 种物理意义及两种建立方法：相位落后法、时间平移法。

(4) 掌握波动方程的标准形式及其他形式。

(5) 掌握波动能量的特征，理解波动是能量传播的一种形式。

(6) 了解波的能流、能流密度的概念。

(7) 掌握惠更斯原理并用来解释波的衍射。

(8) 掌握波的叠加原理和波的相干条件以及干涉加强与减弱的波程差和相位差公式。

(9) 了解驻波的形成、波动表达式。

(10) 理解、掌握半波损失的概念。

(11) 了解多普勒效应及其应用。

(12) 通过本章学习旨在培养学生的对比法、叠加法和对称性研究法、时间平移法、相位落后法，学会使用多种方法解题的情感态度价值观。

第三　内容提要

一、机械波：机械振动在弹性介质中的传播

1. 机械波产生的条件

波源和弹性媒质。

2. 机械波的分类

横波、纵波。

3. 机械波的本质

波在传播过程中，媒质的各质元都在各自的平衡位置附近振动，质元本身不随波前进；波的传播是位相的传播，即振动状态的传播；沿传播方向，各质元相位依次落后，并呈周期性重复；同时能量也在向前传播。

4. 描述简谐波的 3 个基本物理量

(1) 波长；

(2) 波的周期或频率；

(3) 波速——振动的状态(或相位)向外传播的速度(即单位时间内传播的距离)。

波速由弹性介质的力学性质唯一决定(即介质的密度和弹性模量)，与波源及观察者的运动无关。

波速与振动速度的区别在于：

振动速度：指质元在各自的平衡位置附近往复运动的速度，该速度时大时小，显示为 $v=-A\omega\sin(\omega t+\varphi)$，与介质无关。

波速：指质元振动状态向外传播的速度，如果介质确定，不管振动速度如何改变，波速不变；波速显示的是质元把能量传递给相邻的质元从而使相邻质元获得振动的速度。

同一频率(周期)的波，其波长随介质的不同而不同。

波长、周期和波速三者的关系：

$$\lambda=\frac{u}{\nu}=uT$$

这里，波的周期与振源振动的周期相等，振源以及各质元在这个时间内各自完成了一个完整的全振动。

二、平面简谐波的波函数也叫波动方程

我们以沿 x 轴正方向传播的平面简谐横波为例来分析波动方程中位相的传播。

1. 波线，波面，波前

沿波的传播方向画一些带有箭头的线叫波线(波射线)。

把波线上各质点振动位相(或状态)相同的点连成的曲面叫波面。

传到最前面的波面叫波前。一般画相邻 2 个波面之间的距离等于一个波长。波面是球面的叫球面波，波面是平面的叫平面波。

2. 平面简谐波

当波源作简谐振动时在介质中传播的波面是平面的波。

3. 平面简谐波的波动方程(波函数)

基于波源在 y 轴的简谐振动方程 $y=A\cos(\omega t+\varphi)$，我们研究离开波源 O 点相距 x 处的 P 质元在 t 时刻的振动方程。

方法一：相位落后法

(1) P 质元落后 O 点的距离 $x=ut$；

(2) P 质元落后 O 点(O 点的相位为 $\omega t+\varphi$)的相位为 $2\pi\frac{x}{\lambda}$，t 时刻 P 质元的相位为 $\omega t+\varphi-2\pi\frac{x}{\lambda}=\omega t+\varphi-2\pi\frac{x}{uT}=\omega t+\varphi-\omega\frac{x}{u}=\omega\left(t-\frac{x}{u}\right)+\varphi$，则 t 时刻 P 质元的振动方程为 $y_p=A\cos\left[\omega\left(t-\frac{x}{u}\right)+\varphi\right]$。

方法二：时间平移法

(1) O 点的振动方程为 $y_O=A\cos(\omega t+\varphi)$，经过 $\frac{x}{u}$ 的时间，O 点的振动就传到了 P 点(P 离开 O 点的距离为 x)。

(2) 表明 P 点落后 O 点 $\frac{x}{u}$ 的时间，也就是 O 点超前 P 点 $\frac{x}{u}$ 的时间，由此可知：

O 点在 t 时刻的振动状态等同于 P 点在 $t+\frac{x}{u}$ 时刻的振动状态$\left(\text{从 } O \text{ 点传到 } P \text{ 点时间延迟了}\frac{x}{u}\right)$，也就是 P 点在 t 时刻的运动状态等同于 O 点在 $t-\frac{x}{u}$ 时刻的运动状态$\left(O \text{ 点的振动比 } P \text{ 点的振动提前了}\frac{x}{u}\right)$。

所以，

$$y_{P(t)}=y_{O\left(t-\frac{x}{u}\right)}=A\cos\left[\omega\left(t-\frac{x}{u}\right)+\varphi\right]$$

这样我们已经完成了对波线上任意质元在 t 时刻的振动方程

$$y_{P(t)}=A\cos\left[\omega\left(t\mp\frac{x}{u}\right)+\varphi\right]$$

它包含了 x、t 这 2 个变量，是波线上质元的振动方程，我们把它叫作波函数或波方程。

当波沿 x 轴正方向传播时波函数为

$$y=A\cos\left(\omega\left(t-\frac{x}{u}\right)+\varphi\right)$$

当波沿 x 轴负方向传播时波函数为

$$y=A\cos\left[\omega\left(t+\frac{x}{u}\right)+\varphi\right]$$

波函数的其他几种书写形式：

$$y=A\cos\left[2\pi\left(\frac{t}{T}\mp\frac{x}{\lambda}\right)+\varphi\right]$$

$$y=A\cos\left[2\pi\nu\left(t\mp\frac{x}{u}\right)+\varphi\right]$$

$$y=A\cos\left[\frac{2\pi}{\lambda}(ut\mp x)+\varphi\right]$$

同学们可根据具体情况具体使用。

4. 波函数的物理意义

(1) 当 x 确定时，波函数表示该质元在所有 t 时间内的简谐运动方程，并给出该质元与点 O 振动的相位差 $\Delta\varphi=-\omega\frac{x}{u}=-2\pi\frac{x}{\lambda}$(此时要观察它的动态情况建议用摄像机拍摄全程)。

(2) 当 t 确定时，波函数表示该时刻波线上各点在此同一时刻相对各自平衡位置的位移，把各点此时刻的位置描出的曲线就是余弦(或正弦)波形(此时要观察它们的位置状态，建议用照相机在 t 时刻拍照)。

(3) 若 x、t 均变化，波函数则表示波形沿传播方向的运动情况(行波)(可以说是波形的传播、状态的传播、相位的传播、能量的传播)。

三、波的能量

1. 这里以一列绳线上的横波为例分析波动能量的传播

当这列平面简谐波在介质绳线中传播时，介质中各质点均在其平衡位置附近振动，因而各质元具有振动动能，也具有振动势能，各质元的振动总能量不变，反映的是简谐振动。

与此同时，质元把振动状态向邻居传递，这样介质发生了弹性形变，因此具有弹性势能。

观察某质点的平衡位置，它们的变形最大，因此弹性势能最大，而此时该质点具有最大振动速度，因此，该位置处质元总能量最大。

观察某质点的最大位移处(波峰或波谷)，它们的变形最小，因此弹性势能最小为 0，而此时该质点具有最小振动速度是 0，因此，该位置处质元总能量最小为 0。

综上对简谐波能量的讨论，不难获得，波的传播其实就是能量的传播，波的能量是不守恒的。各质元动能和势能恒等同相变化。

沿着波传播方向，质元不断从之前的介质获得能量又把能量传递给后面的介质，能量随着波动的行进，从介质的这部分传向另一部分，这就是波动能量的流动性。由此引进"能流"的概念。

能流：单位时间内垂直通过某一面积的能量。

平均能流：

$$\bar{P} = \bar{w}uS$$

能流密度(波的强度)I：通过垂直于波传播方向的单位面积的平均能流。

$$I = \bar{P}/S = \bar{w}u$$

$$I = \frac{1}{2}\rho A^2\omega^2 u$$

2. 声强：声波的能流密度

声强级：人们规定声强 $I_0 = 10^{-12}\,\mathrm{W \cdot m^{-2}}$(即相当于频率为 1000Hz 的声波能引起听觉的最弱的声强)为测定声强的标准。如某声波的声强为 I，则比值 I/I_0 的对数，叫做相应于 I 的声强级 L。

$$L = \lg\frac{I}{I_0},\quad L = 10\lg\frac{I}{I_0}(\mathrm{dB})$$

人耳听不到超声波和次声波。超声波是指频率高(可达 10^9 Hz)或波长短的波，能量大、穿透本领强。超声波在科学研究和生产上的应用：可用于测量海洋深度、海底地形、探测沉船和鱼群，工业探伤，医学上用超声波显示人体内部病变部分图像等。

声呐探测器：船只上的发射器先向海底发射超声波，然后通过仪器接收和分析反射回来的信息，从而得到整个海床的面貌。

B 超：因为不同身体构造反射是不同的，所以高频率声音(超声波)可用来作医学成像。越短的波长，得到的图像度就越高。

超声波在液体中会引起空化作用，它可用于捣碎药物制成各种药剂，食品工业上用于制作调味剂，建筑业上用于制作水泥乳浊液。

多普勒超声波扫描术：利用多普勒效应，反射超声波物体的运动会改变回声的频率，可测量血流速度。

超声波可以用来弄碎肾石，消毒食物，因为高速的振动会令细菌难以抵抗。超声波亦可以用来清除眼镜或饰物的污垢，玻璃镜片通过超声波高频产生的"气化现象"的冲击和系统自身不停地作上下运动，增加了液体的摩擦，利用科学的超音波振子振动彻底清洁附着于镜片上的沉淀物，为眼镜护理带来了前所未有的改观，从而使玻璃表面的污垢能够迅速脱落，实现其高清洁度的目的。

超声波加湿器采用高频振荡(振荡频率为 1.7MHz,超过人的听觉范围),通过雾化片的高频谐振,将水抛离水面而产生自然飘逸的水雾,雾粒直径只有 1～5μm,颗粒均匀,能长时间悬浮于空气当中,能快速与空气融合,绝不会在加湿现场形成水渍或滴水现象,有效消除静电及降尘,广泛应用于纺织、造纸、计算机房、电子行业、喷涂行业、塑料行业、火药行业、印刷行业、实验室、烟草行业、暖通行业、食品行业、种植业等。

次声波(10^{-4}～20Hz):在火山爆发、地震、陨石落地、大气湍流、雷暴、磁暴等自然活动中都会有次声波产生,次声波是研究地球、大气、海洋运动的有力工具。

次声波的波长很长,传播距离也很远。它比一般的声波、光波和无线电波都要传得远。例如,频率低于 1Hz 的次声波,可以传到几千以至上万千米以外的地方。次声波具有极强的穿透力,不仅可以穿透大气、海水、土壤,而且还能穿透坚固的钢筋水泥构成的建筑物,甚至连坦克、军舰、潜艇和飞机都不在话下。1883 年 8 月,南苏门答腊岛和爪哇岛之间的克拉卡托火山爆发,产生的次声波绕地球 3 圈,全长十多万公里,历时 108 小时。1961 年,苏联在北极圈内新地岛进行核试验激起的次声波绕地球转了 5 圈。7000Hz 的声波用一张纸即可阻挡,而 7Hz 的次声波可以穿透十几米厚的钢筋混凝土。人体内脏固有的振动频率和次声频率相近似(0.01～20Hz),倘若外来的次声频率与内脏的振动频率相似或相同,就会引起人体内脏的“共振”,从而使人产生头晕、烦躁、耳鸣、恶心等一系列症状。发生在马六甲海峡的那桩惨案,就是因为这艘货船在驶近该海峡时,恰遇海上起了风暴,风暴与海浪摩擦,产生了次声波。次声波使人的心脏及其他内脏剧烈抖动、狂跳,以致血管破裂,最后促使死亡。

次声波武器:用振荡频率与人体大脑节律或人体内脏器官固有频率相近的次声波,使人神经错乱或破坏内脏至死亡。这是目前威力最大的声波武器。

四、惠更斯原理

惠更斯于 1679 年首先提出:介质中波动传播到的各点都可以看作是发射子波的波源,而在其后的任意时刻,这些子波的包络就是新的波前。这就是惠更斯原理。

惠更斯原理的内涵是:波动过程中,波源的振动是通过介质中的质点依次传播出去的,因此每个质点都可看作是新的波源。

由惠更斯原理可以定性地解释衍射现象。

波在前进过程中,遇到开有小孔或细缝(小孔或细缝的大小比波长小或差不多)的障碍物,却能传到小孔或细缝的后面,即波绕过了障碍物继续传播(这种现象叫衍射),用惠更斯原理解释,就是波之所以绕到障碍物后面继续传播,波传播到小孔或细缝,小孔或细缝上各点都可看作是子波的波源,这些子波的包络就是新的波前,细缝边缘处波前弯曲,即波绕过障碍物而继续传播。

在声学中,关门的屋内听到屋外的声音,就是波绕过门缝继续传播的原因。

在电磁波中,两支细杆并排挤放,让缝平行对着日光灯可看见彩色条纹就是光的衍射现象。衍射现象反映了波动的重要特征之一。

五、波的干涉

1. 波的独立性原理

几列波在空间某点相遇后,每一列波都能独立地保持自己原有的特性(频率、波长、振幅、振动方向)传播,就像在各自的路程中并没有遇到过其他波一样。

2. 波的叠加性原理

在波相遇区域内,任一质点的振动,为各波单独存在时所引起的振动的合振动。

3. 波的干涉

两列波只有满足干涉条件——频率相同、传播方向相同、相位差恒定并且在空间相遇,某些地方振动加强,某些地方振动减弱的现象叫波的干涉。干涉是波动的又一重要特征。

4. 干涉加强或减弱的条件

设两列相干波源的简谐运动方程为

$$\begin{cases} y_1 = A_1\cos(\omega t + \varphi_1) \\ y_2 = A_2\cos(\omega t + \varphi_2) \end{cases}$$

传到 P 点分别经过 r_1 和 r_2 的距离,则 P 点的振动方程为

$$\begin{cases} y_{1P} = A_1\cos\left(\omega t + \varphi_1 - 2\pi\dfrac{r_1}{\lambda}\right) \\ y_{2P} = A_2\cos\left(\omega t + \varphi_2 - 2\pi\dfrac{r_2}{\lambda}\right) \end{cases}$$

二者的相位差为

$$\Delta\varphi = \varphi_2 - \varphi_1 - 2\pi\frac{r_2 - r_1}{\lambda}$$

点 P 的合成振动为 $y_P = y_{1P} + y_{2P} = A\cos(\omega t + \varphi)$,合振动的振幅和相位分别为

$$\begin{cases} A = \sqrt{A_1^2 + A_2^2 + 2A_1A_2\cos\Delta\varphi} \\ \tan\varphi = \dfrac{A_1\sin\left(\varphi_1 - \dfrac{2\pi r_1}{\lambda}\right) + A_2\sin\left(\varphi_2 - \dfrac{2\pi r_2}{\lambda}\right)}{A_1\cos\left(\varphi_1 - \dfrac{2\pi r_1}{\lambda}\right) + A_2\cos\left(\varphi_2 - \dfrac{2\pi r_1}{\lambda}\right)} \end{cases}$$

相位差存在下列条件

$$\begin{cases} \Delta\varphi = \pm 2k\pi(k = 0,1,2,\cdots), \quad A = A_1 + A_2 & \text{振动始终加强} \\ \Delta\varphi = \pm(2k+1)\pi(k = 0,1,2,\cdots), \quad A = |A_1 - A_2| & \text{振动始终减弱} \\ \Delta\varphi = \text{其他}, \quad |A_1 - A_2| < A < A_1 + A_2 & \text{介于强弱之间} \end{cases}$$

波程差存在下列条件

$$\begin{cases} \delta = \pm k\lambda(k = 0,1,2,\cdots), \quad A = A_1 + A_2 & \text{振动始终加强} \\ \delta = \pm(k + 1/2)\lambda(k = 0,1,2,\cdots), \quad A = |A_1 - A_2| & \text{振动始终减弱} \\ \delta = \text{其他}, \quad |A_1 - A_2| < A < A_1 + A_2 & \text{介于强弱之间} \end{cases}$$

语言描述为:(希望同学们记住)

$$\begin{cases} \text{当波程差等于波长的整数倍时,干涉加强} \\ \text{当波程差等于半波长的奇数倍时,干涉减弱} \end{cases}$$

干涉应用:大礼堂、影剧院的设计必须考虑到声波的干涉,以避免局部声音过强或过弱,从而产生很好的空间音响效果;在噪声大的地方要利用干涉设法消声。

六、驻波

驻波是干涉的特例。由振幅、频率和传播速度都相同的两列相干波，在同一直线上沿相反方向传播时叠加而形成。

两列波方程分别为

$$y_1 = A\cos 2\pi\left(\nu t - \frac{x}{\lambda}\right)$$

$$y_2 = A\cos 2\pi\left(\nu t + \frac{x}{\lambda}\right)$$

$$y = y_1 + y_2 = A\cos 2\pi\left(\nu t - \frac{x}{\lambda}\right) + A\cos 2\pi\left(\nu t + \frac{x}{\lambda}\right) = 2A\cos 2\pi\frac{x}{\lambda}\cos 2\pi\nu t$$

(1) 驻波的振幅$\left|2A\cos 2\pi\frac{x}{\lambda}\right|$随$x$而异，与时间无关。

$$x = \begin{cases} \pm k\dfrac{\lambda}{2} & (k=0,1,\cdots), A_{\max}=2A \quad \text{形成波腹} \\ \pm\left(k+\dfrac{1}{2}\right)\dfrac{\lambda}{2} & (k=0,1,\cdots), A_{\min}=0 \quad \text{形成波节} \end{cases}$$

相邻波腹(或波节)间距$=\lambda/2$，相邻波腹和波节间距$=\lambda/4$。

(2) 相邻两波节之间质点振动同相位，任一波节两侧振动相位相反，在波节处产生的相位跃变(与行波不同，无相位的传播)。

(3) 半波损失(相位跃变)。当波从波疏介质垂直入射到波密介质，被反射到波疏介质时形成波节。入射波与反射波在此处的相位时时相反，即反射波在分界处产生π的相位跃变，相当于出现了半个波长的波程差，称半波损失(图6.1)。

当波从波密介质垂直入射到波疏介质，被反射到波密介质时形成波腹。入射波与反射波在此处的相位时时相同，即反射波在分界处不产生相位跃变。

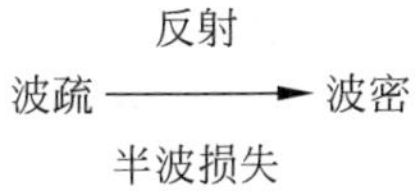

反射
波疏 ——→ 波密
半波损失

图 6.1

(4) 驻波的能量在相邻的波腹和波节间往复变化，在相邻的波节间发生动能和势能间的转换，动能主要集中在波腹，势能主要集中在波节，但无长距离的能量传播。

七、声波的多普勒效应

当你在走动时你双耳听到的声音的频率与声源的频率相同吗?

接收频率是观测者接收到的振动的频率(单位时间内观测者接收到的振动次数或完整波数)。只有波源与观察者相对静止时才相等。

当高速行驶的火车鸣笛而来时，我们听到的笛声音调变高，即频率变大；反之当我们远离静止而鸣笛的火车时，我们听到的笛声变低，即频率变小，这种现象就是多普勒效应。

$$\nu' = \frac{u \pm v_o}{u \mp v_s}\nu$$

其中，ν为波源本身的频率；ν'为接收者(观察者)接收到的频率；v_o为观察者的运动速度；v_s为波源的运动速度(不是传播速度)；u为波源的传播速度。

v_o的取值：观察者向波源运动取+，远离取−；v_s的取值：波源向观察者运动取−，远离取＋。

我们不难发现：

（1）当波源或观察者都静止不动时，观察者接收到的频率不变。（同学们把 $v_o=v_s=0$ 代入可得 $\nu'=\nu$）

（2）二者互相靠近时接收到的频率增大；互相远离时接收到的频率减小。

物理沙龙

奥地利物理学家多普勒（*Doppler Christian Andreas*，1803—1853）是萨尔茨堡一名石匠的儿子。父母本来期望他子承父业，可是他自小体弱多病，无法当一名石匠。他们接受了一位数学教授的意见，让多普勒到维也纳理工学院学习数学。多普勒毕业后又回到萨尔茨堡修读哲学课，然后再到维也纳大学学习高级数学、天文学和力学。

克里斯琴·多普勒

毕业后，多普勒留在维也纳大学当了四年教授助理，又当过工厂的会计员，然后到了布拉格一所技术中学任教，同时任布拉格理工学院的兼职讲师。到了1841年，他才正式成为理工学院的数学教授。多普勒是一位严谨的老师。他曾经被学生投诉考试过于严厉而被学校调查。繁重的教务和沉重的压力使多普勒的健康每况愈下，但他的科学成就使他闻名于世。1850年，他被委任为维也纳大学物理学院的第一任院长，可是他在3年后便辞世，年仅51岁。

多普勒效应不仅仅适用于声波，它也适用于所有类型的波，包括光波、电磁波。科学家哈勃使用多普勒效应得出宇宙正在膨胀的结论。他发现远处银河系的光线频率在变高，即移向光谱的红端。这就是红色多普勒频移，或称红移。若银河系正远离我们，光线就成为蓝移。

在移动通信中，当移动台移向基站时，频率变高，远离基站时，频率变低，所以我们在移动通信中要充分考虑“多普勒效应”。当然，由于日常生活中，我们移动速度的局限，不可能会带来十分大的频率偏移，但是这不可否认地会给移动通信带来影响，为了避免这种影响造成我们通信中的问题，我们不得不在技术上加以考虑。

第四　疑难点分析与课题研究

一、疑难点分析

（一）坐标系的选择对波函数的影响

1. 坐标轴正向的选取

同一波动过程，沿波的传播方向取 x 轴正向还是沿相反方向取 x 轴正向，所建立的波函数将有所不同。

沿 x 轴正向传播的波函数为

$$y = A\cos\left[\omega\left(t - \frac{x}{u}\right) + \varphi\right]$$

沿 x 轴负向传播的波函数为

$$y = A\cos\left[\omega\left(t + \frac{x}{u}\right) + \varphi\right]$$

在波的叠加问题中，常常会碰到两列沿相反方向传播的波，这时只能在同一坐标系中处理问题，这就不可避免地要建立沿 x 轴负向传播的波函数。

2. 坐标原点的选取

坐标原点不一定选在波源处，可以选在波线上任何一点处。

坐标原点位置的选取不同，所建立的波函数也有所不同。其差别表现在两个方面，一是波动相位不同，二是波函数的适用范围不同。

如图 6.2(a)所示，当波源在 $-\infty$ 处，波函数 $y = A\cos\left[\omega\left(t - \frac{x}{u}\right) + \varphi\right]$ 适用于所有区域，在 $x<0$ 区域，x 取负值，表示该区域各点相位超前于 O 点的相位。

如图 6.2(b)所示，当波源在 $-l$ 处，波函数 $y = A\cos\left[\omega\left(t - \frac{x}{u}\right) + \varphi\right]$ 只适用于 $x>-l$ 区域，在 $-l<x<0$ 区域 x 取负值，在 $x<-l$ 区域，此波函数不适用。

如图 6.2(c)所示，当波源在 l 处，波函数 $y = A\cos\left[\omega\left(t - \frac{x}{u}\right) + \varphi\right]$ 对整个区域都不适用，此时，沿 x 轴正向传播的波函数为 $y = A\cos\left[\omega\left(t - \frac{x-l}{u}\right) + \varphi\right]$。

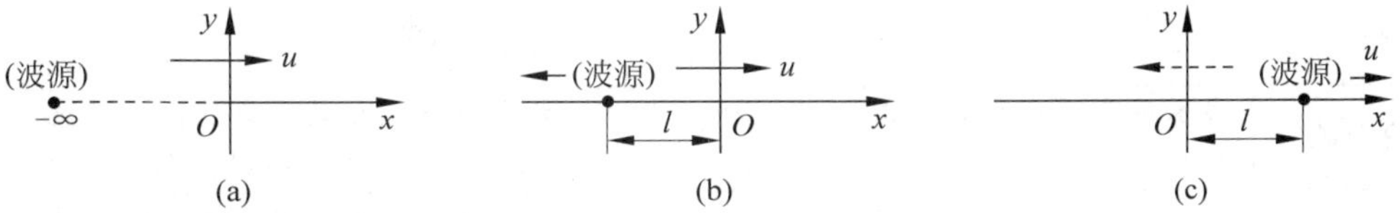

图 6.2

（二）波函数的建立方法

波线中任一质元的振动频率等于波源的振动频率，且各质元的振幅相等，只是相位不同，靠近波源的点相位超前，据此分析，我们可将建立平面简谐波波函数的方法概括如下：

(1) 根据已知条件，写出波线上某点 a 点的振动方程(可以不是波源)；

(2) 建立坐标系；

(3) 在坐标轴上任取一点 P，求出 P 点相对于 a 点的振动所落后或超前的时间(时间平移法)；

(4) 将振动方程中的 t 减去或加上这段时间即可得波函数。

（三）波场中弹性质元的能量特征

波的传播其实就是能量的传播，波的能量是不守恒的。各质元动能和势能恒等同相变化。

观察波场中某质元在平衡位置，它们的形变最大，因此弹性势能最大，而此时该质元具有最大振动速度,因此,该位置处质元总能量最大。

观察某质元在最大位移处(波峰或波谷),它们的形变最小,因此弹性势能最小为0,而此时该质元具有最小振动速度是0,因此,该位置处质元总能量最小为0。

(四)振动与波动的关系

振动与波动的关系对比见表6.1。

表6.1　振动与波动的关系对比

对比内容	简谐振动	平面简谐波动
运动现象	振动是单个质点在其平衡位置处所作的周期性的往复运动	波动是波源处质点的振动通过连续弹性介质质元传播的过程
运动的成因	质点受到指向平衡位置的回复力的作用	介质中质元受到相邻质元的扰动而获得能量,并由近及远传播开去
能量	质点动能与势能相互转化,总能量守恒	每一质元动能和势能恒等同相变化,总能量不守恒
联系	从构成介质的单个质元来看,呈现的是各自的振动;振动波动都包含各质元在各自平衡位置的往复运动,振动是波动的成因	从整个介质来看,呈现的是波动;波动是振动借助连续介质在时空上的延伸
图像对比	振动图像	波动图像 (a)　(b)
研究对象	表示单个质点在每一时刻的振动状态	图(a)表示所有质元在某时刻的振动状态;图(b)表示某质元在每一时刻的振动状态
纵坐标表示的含义	振动质点在每一时刻对平衡位置的位移	图(a)表示所有质元在某时刻对平衡位置的位移;图(b)表示某一质元在每一时刻对平衡位置的位移
速度的观察	同学自行完成	同学自行完成
物理意义	描述一个质点的位移随时间变化的规律,能直观表示质点在一段时间内的位移、速度、动能、势能、相位等	图(a)描述介质中各质元在同一时刻的位移、速度、动能、势能、相位等;图(b)描述某一质元在一段时间内的位移、速度、动能、势能、相位等
两个相邻峰值间沿横轴的距离	表示质点振动的周期	图(a)表示一个波长;图(b)表示一个周期
图像随时间的变化	随着时间的推移,图像将沿 t 轴方向延伸,经过一个周期重复出现原来的图像	随着时间的推移,波动图像将沿波的传播方向平移,经过一个周期重复出现原来的形状

续表

对比内容	简谐振动	平面简谐波动
图像显示的主要物理量	(1) 由纵坐标可知振幅、位移； (2) 由横坐标可知周期； (3) 图像的切线斜率可知速度的大小和运动方向（根据图像曲线的走向）； (4) 由位移的变化情况可知加速度及受力的大小和方向	(1) 由纵坐标可知振幅、位移； (2) 由图(a)横坐标可知波长； (3) 根据波的传播方向确定各质点下一时刻的运动方向（向右传播图像就向右微平移不超过 $T/4$ 找出某质元对应的纵坐标的变化即可知）； (4) 根据质元的运动方向可知波的传播方向； (5) 由位移的变化情况可知各质元某时刻加速度及受力的大小和方向
速度图像	同学自行完成	
叠加	同学自行完成	

二、课题研究

选择以下任一项课题研究做出小型报告。

(1) 总结归纳判断波的传播方向和质元振动方向的 4 种方法并结合具体波形图像举例说明。

(提示：方法一：微平移法——设一列波从左向右传播，将波形向右微平移不超过四分之一波长或周期；

方法二：上下坡法——逆着波速向前看，波峰波谷紧相连，上坡质点向上跳，下坡质点向下滑；

方法三：带动法——以向右传播为例，靠近波源的点在上或在下带动邻近的离波源稍远的点向上或向下运动；

方法四：同侧法——就是除了波峰和波谷其他各质元的振动方向和波的传播方向必定在波形曲线的同侧：同在内侧或同在外侧。)

(2) 上网查找有关文献探讨多普勒胎心仪的工作原理和胎心异常检测。

(3) 同学们都知道 B 超，谈谈多普勒彩超的功能以及与普通彩超的区别。

(4) 多普勒雷达(Doppler radar)是利用多普勒效应测量物体在雷达波束方向上的径向运动速度的一种雷达，常用于气象观测，谈谈多普勒雷达的工作原理、基本组成、发展过程以及特点等。

(5) 汽车消音器的原理就是其汽车排气管是由两个长度不同的管道构成，这两个管道先分开再交汇。由于两个管道的长度差值等于汽车所发出的声波的波长的一半，使得两列声波在叠加时发生干涉相互抵消而减弱声强，使声音减小，从而起到消音的效果。实地到汽车 4s 店了解不同品牌汽车消音器的原理、主要结构、作用、相关运用以及常见故障。

第五　例题指导

例 1　图 6.3(a)表示 $t=0$ 时的简谐波的波形图，波沿 x 轴正方向传播，图 6.3(b)为一质点的振动曲线。则图 6.3(a)中所表示的 $x=0$ 处振动的初相位与图 6.3(b)所表示的振动的初相位分别为多少？

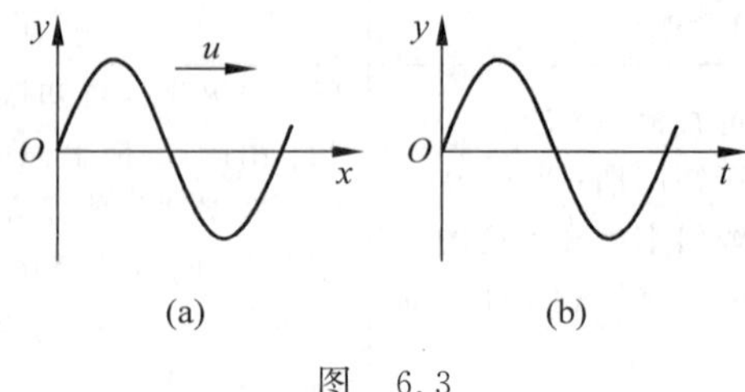

图 6.3

分析与解 本题给了两个很相似的曲线图，但本质却完全不同。求解本题要弄清振动图和波形图不同的物理意义。图 6.3(a)描述的是连续介质中沿波线上许许多多质点振动在 t 时刻的位移状态。其中原点处质点位移为零，其运动方向由图中波形状态和波的传播方向可以知道是沿 y 轴负向，利用旋转矢量法可以方便地求出该质点振动的初相位为 $\pi/2$。而图 6.3(b)是一个质点的振动曲线图，该质点在 $t=0$ 时位移为 0，$t>0$ 时，由曲线形状可知，质点向 y 轴正向运动，故由旋转矢量法可判知初相位为 $-\frac{\pi}{2}$。答案为 $\frac{\pi}{2}$ 与 $-\frac{\pi}{2}$。

例 2 一横波以速度 u 沿 x 轴负方向传播，t 时刻波形曲线如图 6.4(a)所示，则该时刻(　　)。

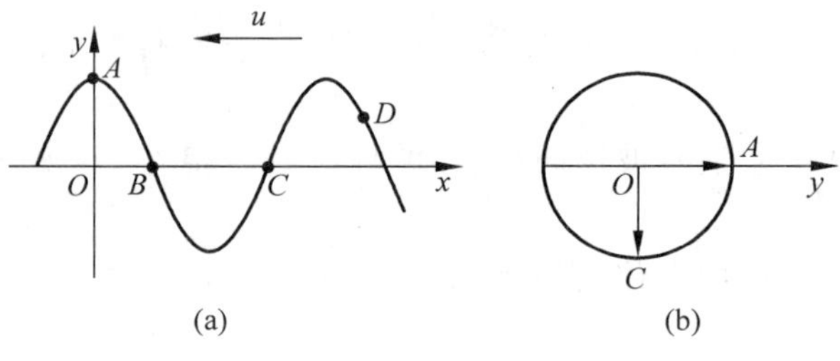

图 6.4

(A) A 点相位为 π　　(B) B 点静止不动

(C) C 点相位为 $\frac{3\pi}{2}$　　(D) D 点向上运动

分析与解 由波形曲线可知，波沿 x 轴负向传播，B、D 处质点均向 y 轴负方向运动，且 B 处质点在运动速度最快的位置。因此答案(B)和(D)不对。A 处质点位于正最大位移处，C 处质点位于平衡位置且向 y 轴正方向运动，它们的旋转矢量图如图 6.4(b)所示。A、C 点的相位分别为 0 和 $\frac{3\pi}{2}$。故答案为(C)。

例 3 图 6.5 所示为平面简谐波在 $t=0$ 时的波形图，设此简谐波的频率为 250Hz，且此时图中质点 P 的运动方向向上。求：

(1) 该波的波动方程；

(2) 在距原点 O 为 7.5m 处质点的运动方程与 $t=0$ 时该点的振动速度。

分析 (1) 从波形曲线图获取波的特征量，从而写出波动方程是建立波动方程的又一途径。具体步骤为：①从波形图得出波长 λ、振幅 A 和波速 $u=\lambda\nu$；②根据点 P 的运动趋势来判断波的传播方向，从而可确定原点处质点的运动趋向，并利用旋转矢量法确定其初

相 φ_0。

(2) 在波动方程确定后,即可得到波线上距原点 O 为 x 处的运动方程 $y=y(t)$,及该质点的振动速度 $v=\mathrm{d}y/\mathrm{d}t$。

解 (1) 从图 6.5 中得知,波的振幅 $A=0.10\mathrm{m}$,波长 $\lambda=20.0\mathrm{m}$,则波速 $u=\lambda\nu=5.0\times10^3\mathrm{m}\cdot\mathrm{s}^{-1}$。根据 $t=0$ 时点 P 向上运动,可知波沿 Ox 轴负向传播,并判定此时位于原点处的质点将沿 Oy 轴负方向运动。利用旋转矢量法可得其初相 $\varphi_0=\pi/3$。故波动方程为

$$
\begin{aligned}
y &= A\cos[\omega(t+x/u)+\varphi_0] \\
&= 0.10\cos[500\pi(t+x/5000)+\pi/3]\mathrm{m}
\end{aligned}
$$

(2) 距原点 O 为 $x=7.5\mathrm{m}$ 处质点的运动方程为

$$y=0.10\cos(500\pi t+13\pi/12)\mathrm{m}$$

$t=0$ 时该点的振动速度为

$$v=(\mathrm{d}y/\mathrm{d}t)_{t=0}=-50\pi\sin13\pi/12=40.7\mathrm{m}\cdot\mathrm{s}^{-1}$$

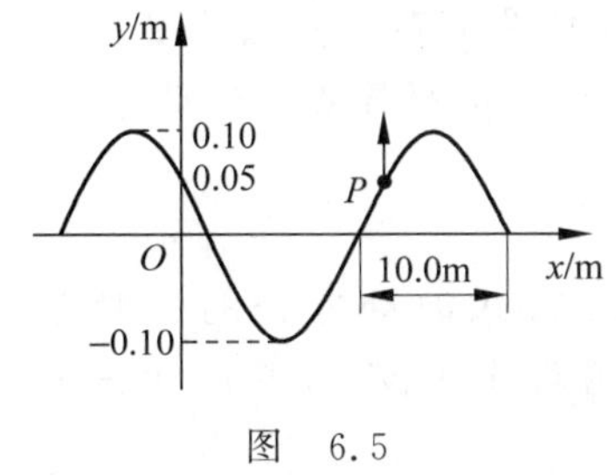

图 6.5

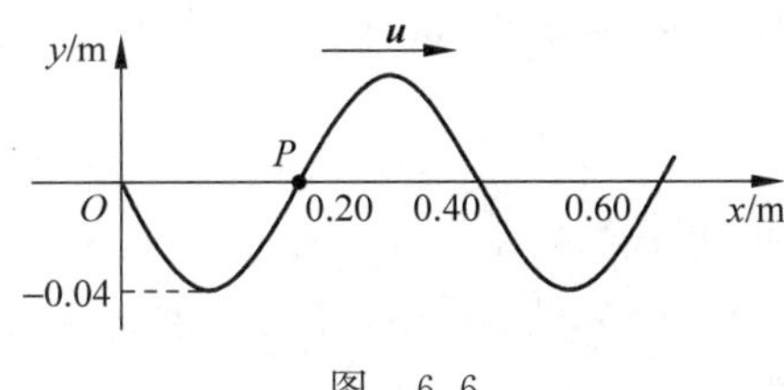

图 6.6

例 4 一平面简谐波以速度 $u=0.08\mathrm{m}\cdot\mathrm{s}^{-1}$ 沿 Ox 轴正向传播,图 6.6 所示为其在 $t=0$ 时刻的波形图,求:

(1) 该波的波动方程;

(2) P 处质点的运动方程。

分析 (1) 根据波形图 6.6 可得到波的波长 λ、振幅 A 和波速 u,因此只要求初相 φ,即可写出波动方程。而由图可知 $t=0$ 时,$x=0$ 处质点在平衡位置处,且由波的传播方向可以判断出该质点向 y 轴正向运动,利用旋转矢量法可知 $\varphi=-\pi/2$。

(2) 波动方程确定后,将 P 处质点的坐标 x 代入波动方程即可求出其运动方程 $y_P=y_P(t)$。

解 (1) 由图 6.6 可知振幅 $A=0.04\mathrm{m}$,波长 $\lambda=0.40\mathrm{m}$,波速 $u=0.08\mathrm{m}\cdot\mathrm{s}^{-1}$,则

$$\omega=2\pi/T=2\pi u/\lambda=(2\pi/5)\mathrm{s}^{-1}$$

根据分析已知 $\varphi=-\pi/2$,因此波动方程为

$$y=0.04\cos\left[\frac{2\pi}{5}\left(t-\frac{x}{0.08}\right)-\frac{\pi}{2}\right]\mathrm{m}$$

(2) 距原点 O 为 $x=0.20\mathrm{m}$ 处的 P 点运动方程为

$$y=0.04\cos\left[\frac{2\pi}{5}t+\frac{\pi}{2}\right]\mathrm{m}$$

例 5 一平面简谐波,波长为 120m,沿 Ox 轴负向传播。图 6.7(a)所示为 $x=10\mathrm{m}$ 处质点的振动曲线,求此波的波动方程。

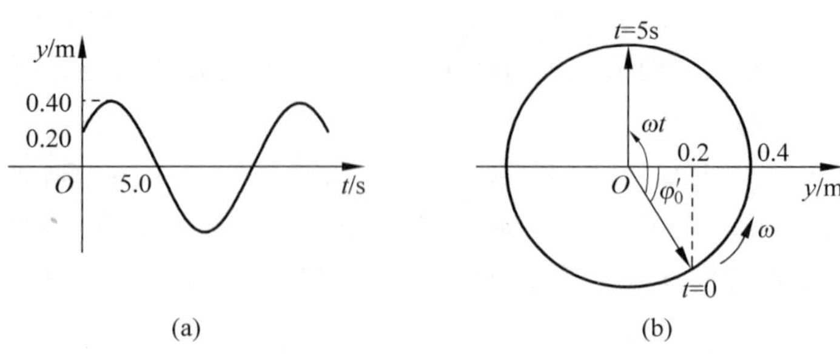

图 6.7

分析 该题可利用振动曲线来获取波动的特征量，从而建立波动方程。求解的关键是如何根据图6.7(a)写出它所对应的运动方程。较简便的方法是旋转矢量法。

解 由图6.7(a)可知质点振动的振幅 $A=0.40\text{m}$，$t=0$ 时位于 $x=10\text{m}$ 处的质点在 $A/2$ 处并向 Oy 轴正向移动。据此做出相应的旋转矢量图6.7(b)，从图中可知 $\varphi_0'=-\pi/3$。又由图6.7(a)可知，$t=5\text{s}$ 时，质点第一次回到平衡位置，由图6.7(b)可看出 $\Delta\varphi=5\pi/6$，因而得角频率 $\omega=(\pi/6)\text{rad}\cdot\text{s}^{-1}$。由上述特征量可写出 $x=10\text{m}$ 处质点的运动方程为

$$y=0.4\cos\left[\frac{\pi}{6}t-\frac{\pi}{3}\right]\text{m}$$

将波速 $u=\lambda/T=\omega\lambda/2\pi=10\text{m}\cdot\text{s}^{-1}$ 及 $x=10\text{m}$ 代入波动方程的一般形式 $y=A\cos[\omega(t+x/u)+\varphi_0]$ 中，并与上述 $x=10\text{m}$ 处的运动方程作比较，可得 $\varphi_0=-\pi/2$，则波动方程为

$$y=0.4\cos\left[\frac{\pi}{6}\left(t+\frac{x}{10}\right)-\frac{\pi}{2}\right]\text{m}$$

例6 《三国演义》中有大将张飞在长坂坡大喝一声，吼断当阳桥，吓退曹操数万大军的故事。假设张飞大声一喝声级为140dB，频率为400Hz，如果一个士兵的喝声声级为90dB，张飞一喝相当于多少士兵同时大喝一声？

解
$$L=10\lg\frac{I}{I_0}\text{dB},\quad I_0=10^{-12}\text{W/m}^2$$

得张飞的声强 $I=100\text{W/m}^2$，一个士兵的声强为 $I_1=10^{-3}\text{W/m}^2$，即张飞一喝相当于10万士兵同时齐声大喝。

第六 反思与总结

(1) 关于波长的概念有3种说法，分析它们是否一致：①同一波线上，相位差为 2π 的两个振动质元之间的距离；②在一个周期内，振动所传播的距离；③横波的两个相邻波峰(或波谷)之间的距离；纵波的两个相邻密部(或疏部)对应点之间的距离。

(2) 当波从一种介质进入另一种介质时，机械波的波长、频率、周期和波速4个量中，哪些量是不变的？

(3) 波动过程中体积元的总能量随时间而变化，这和能量守恒定律是否矛盾？

(4) 蝙蝠能发出超过20 000Hz的超声波来准确给它导航定位，因此能在伸手不见五指的夜晚在岩洞中飞来飞去盘旋自如，查找有关文献，探讨蝙蝠是怎么发出超声波的？探讨它

的声调感知和回声定位，它为什么会发出超声波？蝙蝠的眼睛和鼻子会发出超声波吗？

（5）舰艇、油轮、货船行驶在浩瀚无垠的大海上，如何准确地沿着既定的航线前进呢？多普勒声呐导航系统，就可以随时显示船舶的准确地理位置（经、纬度）和航行状态，从而有效地引导船舶在各种气象条件下顺利航行。多普勒声呐是根据多普勒效应研制的一种利用水下声波来测速和计程的精密仪器。它不仅能够测定船舶前进或后退的速度，同时还能测定船舶向左或向右横移的速度。请查找介绍多普勒声呐的原理的资料。

案例七 几何光学

第一 几何光学知识框图

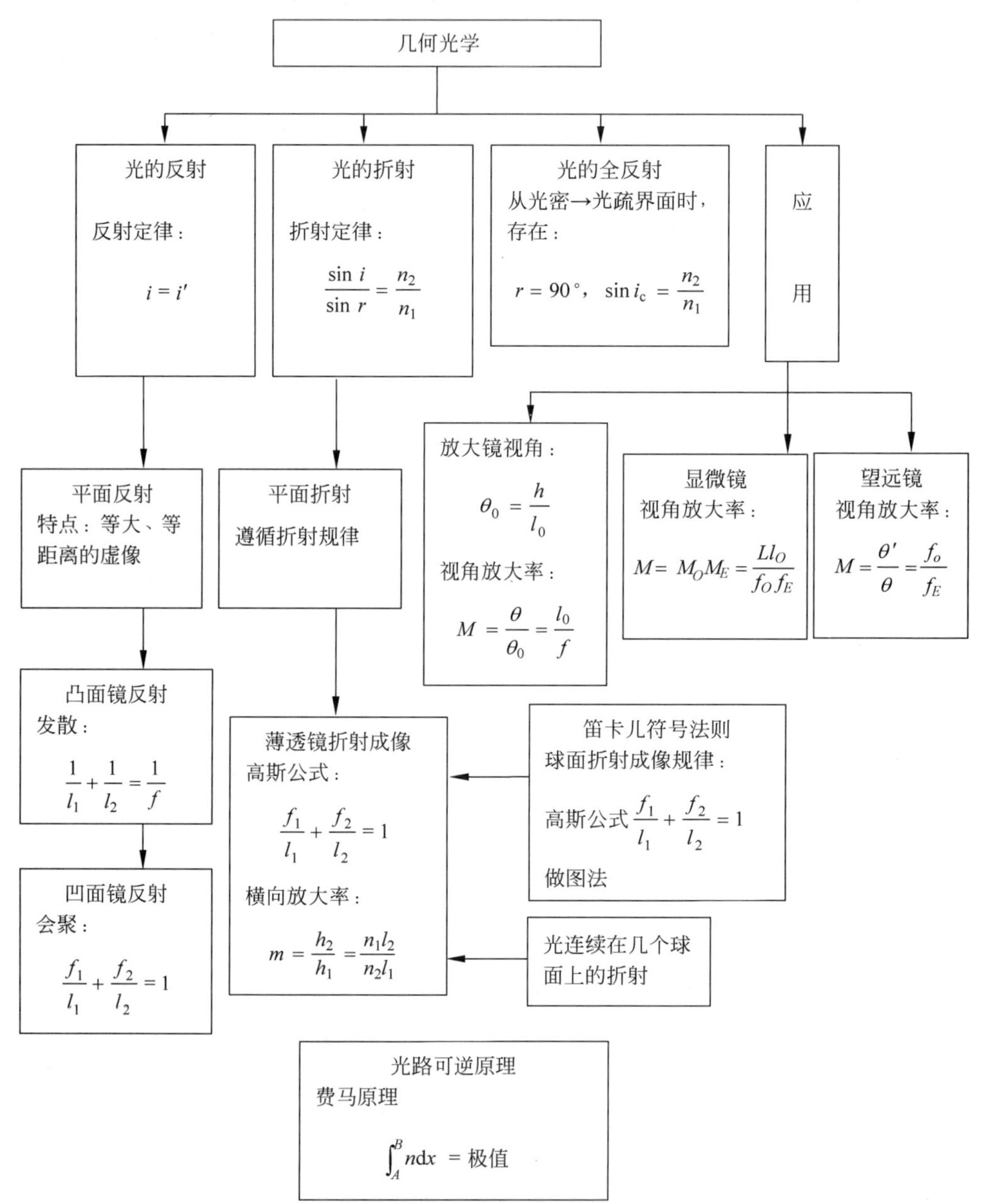

第二　任务分析与学习方法

(1) 掌握几何光学基本定律：光的直线传播定律、光的独立传播定律。
(2) 了解光疏介质和光密介质，掌握光的反射定律和折射定律(即斯涅耳定律)。
(3) 掌握全反射现象及其应用。
(4) 掌握光学几个基本原理：光路可逆原理、费马原理。
(5) 熟悉笛卡儿符号法则。
(6) 光在球面上的折射成像要求掌握：
① 近轴光线的单球面折射成像公式；
② 高斯公式；
③ 球面折射成像的作图法；
④ 横向放大率。
(7) 球面上的反射成像要求掌握：
① 球面上的反射成像公式；
② 高斯公式；
③ 横向放大率；
④ 学会对比法对上述进行对比研究。
(8) 光在平面分界面上的折射和反射。
(9) 光连续在几个球面上的折射。
(10) 薄透镜要求掌握：
① 薄透镜成像公式；
② 高斯公式：$\frac{1}{l_2}-\frac{1}{l_1}=\frac{1}{f}$；
③ 横向放大率：$m=\frac{h_2}{h_1}=\frac{l_2}{l_1}$。
(11) 成像光学仪器的基本原理：
① 眼睛；
② 放大镜；
③ 显微镜；
④ 望远镜；
⑤ 了解开普勒望远镜和伽利略望远镜。

第三　内容提要

一、几何光学基本定律

1. 光的直线传播定律

光在均匀媒质中是沿直线传播的。常用一条直线代表一束光，这样的直线叫做光线。

在非均匀媒质中，光线会因折射发生弯曲，这种现象在大气中经常发生。如在海边或沙漠地区有时会出现的海市蜃楼幻景，就是因为光线通过当地密度不均匀的大气产生折射而形成的。

2. 光的独立传播定律

光在传播过程中与其他光束相遇时各光束独立传播而不改变原来的传播方向。

3. 光的反射和折射定律

如图 7.1 所示，一般情况下，光入射到两种媒质分界面上时，其传播方向发生改变，一部分被反射，另一部分折射，实验表明：

(1) 反射光线和折射光线都位于入射光线和界面法线所组成的入射面内；

(2) 反射角等于入射角：$i=i'$；

(3) 入射角 i 的正弦和折射角 r 的正弦之比与入射角无关，等于折射光线所在媒质的折射率 n_2 和入射光线所在媒质的折射率 n_1 之比，即

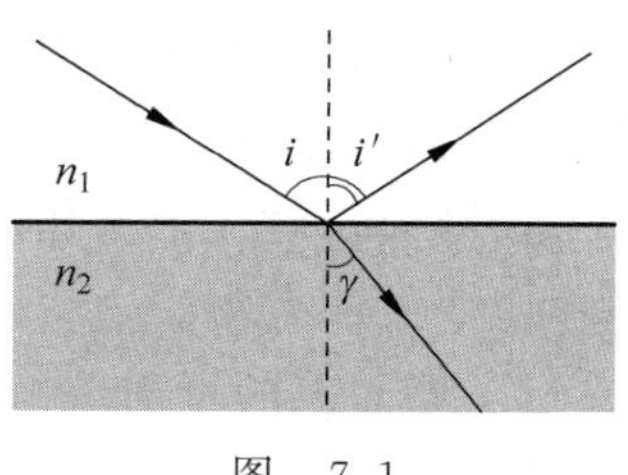

图 7.1

$$\frac{\sin i}{\sin r}=\frac{n_2}{n_1} \quad \text{(斯涅耳公式)}$$

以上规律称为光的反射和折射定律。在式中，若令 $n_2=n_1$，可得 $i=r$，因此可把直线传播定律看作是折射定律在 $n_2=n_1$ 情况下的特例。

从式中可以看出，如果 $n_2>n_1$，即光线从折射率较小的介质（通常也叫光疏介质）射向折射率较大的介质（通常也叫光密介质），那么入射角 i 将大于折射角 r，折射后的光线将向法线靠拢；如果 $n_2<n_1$，则会出现全反射现象。

几种常用介质的折射率列于表 7.1 中。

表 7.1 几种常用介质的折射率

介质	折射率	介质	折射率
真空	1.00	绿宝石	1.570
空气	1.00029	红宝石	1.770
水	1.333	酒精	1.390
液态二氧化碳	1.200	乙醇	1.362
普通玻璃	1.468	甲醇	1.441
冕牌玻璃	1.516	色拉油	1.473
火石玻璃	1.603	煤油	1.457
重火石玻璃	1.755		

4. 全反射

如果 $n_2<n_1$，即光线从折射率较大的介质射向折射率较小的介质。那么入射角 i 将小于折射角 r，折射后的光线将偏离法线，如图 7.2 所示，当光线从光密介质射向光疏介质时，增大入射角，折射角也相应增大，折射光线将偏离法线更远，折射角将接近或等于 90°，可能

会发生一种称为全反射的现象。

当入射角 i 等于某特定值 i_c 时，$\sin r=\frac{n_1\sin i_c}{n_2}=1$，$r=90°$，可得

$$i_c=\arcsin\frac{n_2}{n_1}$$

其中，i_c 称为全反射临界角。

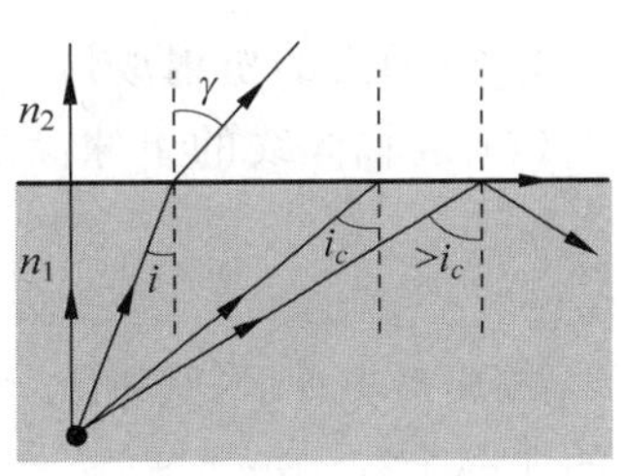

图　7.2

这表示，折射光线沿着两种介质的分界面传播。如果增大入射角 i，使 $i>i_c$，折射光线将不会进入第二种介质，而全部返回第一种介质，这就是全反射。

二、光学基本原理

1. 光路可逆原理

对于光在两种媒质的分界面上的反射和折射，当光线的方向逆转时，光线将沿着与原先反方向的同一路径传播，这一规律称为光路可逆原理。按照这一原理，如果光线逆着原来的反射线或折射线的方向入射，则它必定逆着原先的入射线的方向出射。光路可逆原理对于光的一切传播过程都是适用的。

在某些成像问题中，应用光路可逆原理会给我们带来方便。例如，在一个系统中，物和像是可以互换的。

2. 费马原理

光从空间一点 A 到另一点 B 总是沿着光程为极值的路径传播，这称为费马原理，一般表述为

$$\int_A^B n\,\mathrm{d}x=\text{极值}$$

由费马原理可导出光的直线传播定律和反射、折射定律。直线是两点之间最短的线，光在均匀媒质中的直线传播定律是费马原理的直接推论。同样可以证明，光在通过两种不同媒质的分界面时，所遵从的反射和折射定律也是费马原理的必然结论。

费马原理本身包含了光的可逆性。费马原理只涉及光的传播路径，而不管光沿哪个方向传播，光从 A 点传到 B 点或从 B 点传到 A 点，光程为极值的条件是相同的，因此，两种情况下光将沿同一路径传播。

费马原理概括了光线传播的规律，是几何光学的基本原理。

三、光在球面上的反射和折射成像

1. 笛卡儿符号法则

(1) 轴向距离（物距、像距、焦距、曲率半径等）都从球面的顶点算起。到被考察点所形成线段的方向，顺着入射光方向为正，逆着入射光方向为负。垂直距离（物高、像高）在主轴上方为正，在下方为负。

(2) 光线方向的倾斜角度都从主光轴(或法线)算起,所有的角度都取锐角。

2. 球面上的折射成像

(1) 近轴光线的单球面折射成像公式:

$$\frac{n_2}{l_2}-\frac{n_1}{l_1}=\frac{n_2-n_1}{R}$$

如图 7.3 所示,其中 l_1 为物距,l_2 为像距,n_1 为物方折射率,n_2 为像方折射率,R 为球面的曲率半径。

由这个公式可以看到,对于折射率为 n_1 和 n_2 的媒质以及给定的界面曲率半径 R,像点的位置只依赖于物点的位置。或者说,物点和像点之间存在一一对应关系。

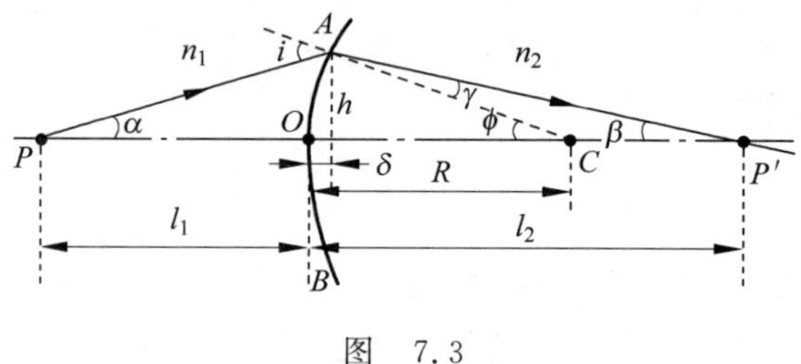

图 7.3

(2) 高斯公式。

了解了物方焦点、物方焦距、像方焦点、像方焦距,由它们之间的关系可得

$$\frac{f_1}{l_1}+\frac{f_2}{l_2}=1$$

这就是高斯公式,与近轴光线的单球面折射公式完全等效。

(3) 球面折射成像的作图法。

对于单球面折射系统,下列 3 条特殊光线是容易画出的,如图 7.4 所示。

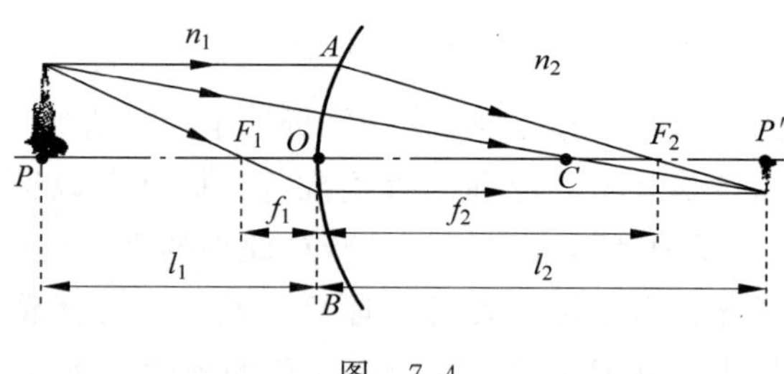

图 7.4

① 平行于主光轴的光线,折射后通过像方焦点;

② 通过物方焦点的光线,折射后平行于主光轴;

③ 通过球面曲率中心 C 的光线,折射后不改变方向。

如果要求位于主光轴上的物点所成的像,此时上述 3 条可供选择的特殊光线互相重合,作图时应利用对主光轴倾斜的光线。如图 7.5 所示轴上物点成像作图法,从轴上的物点 P 引斜光线 PA,过物方焦点 F_1 引辅助光线 F_1B 平行于 PA,F_1B 经球面折射后成为平行于主光轴的光线,且与像方焦平面交于 Q,连接 AQ 与主光轴的交点 P' 即为物点 P 的像。同理,利用物方焦平面的特性作辅助线,也可求 P 的像点 P'。

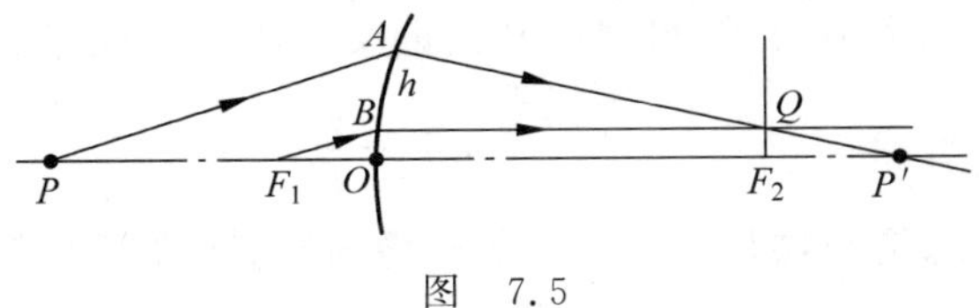

图　7.5

(4) 横向放大率。

若物体的高度为 h_1，经光学系统成像后像的高度为 h_2，则可定义像高与物高之比为光学系统的横向放大率

$$m=\frac{h_2}{h_1}=\frac{n_1 l_2}{n_2 l_1}$$

对于单折射球面，上式不仅可以说明物像大小的比例，还可以说明像的虚实、倒正等性质。当 $m>0$ 时，h_1、h_2 同号，物正立，像也正立。而且此时 l_1、l_2 也必然具有相同的符号，物是实物时，像是虚像；反之，当物是虚物时，像是实像。

同理可知，当 $m<0$ 时，物和像的虚实相同。

3. 球面上的反射成像

描述光在球面上的反射规律的球面镜公式可由近轴光线的单球面折射公式获得，在 $\frac{n_2}{l_2}-\frac{n_1}{l_1}=\frac{n_2-n_1}{R}$ 中令 $n_2=-n_1$，得到球面上的反射成像公式为

$$\frac{1}{l_1}+\frac{1}{l_2}=\frac{2}{R}$$

光在球面上的反射规律也可以用高斯公式来描述，这时高斯公式成为下面的形式：

$$\frac{1}{l_1}+\frac{1}{l_2}=\frac{1}{f}$$

球面镜有凸面镜和凹面镜两种。凸面镜总是成正立、缩小的虚像；对于凹面镜，像一般是倒立的实像，只有当物点处于焦点到镜面之间时，才成正立的虚像。

横向放大率为

$$m=\frac{h_2}{h_1}=\left.\frac{n_1 l_2}{n_2 l_1}\right|_{n_2=-n_1}=-\frac{l_2}{l_1}$$

四、光在平面分界面上的折射和反射

令 $R=\infty$，可以由光在球面上的折射和反射结论推得在平面分界面上的折射和反射规律。当 $R=\infty$ 时，折射球面就变为平面，单球面折射公式变为

$$l_2=\frac{n_2}{n_1}l_1$$

例如，从空气中垂直观察水中的物体时，因为 $n_1=\frac{4}{3}$，$n_2=1$，所以水中物体的表现深度是实际深度的 $\frac{3}{4}$，如图 7.6 所示。

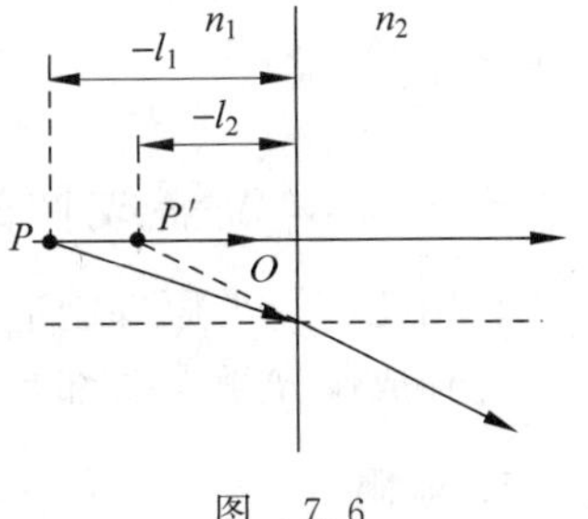

图　7.6

将 $R=\infty$ 代入球面镜反射公式，可得到平面镜反射成像的规律

$$l_2=-l_1,\quad m=-\frac{l_2}{l_1}=1$$

这表示平面镜所成的像总是与物是等大正立的虚像，像与物镜面对称。

五、光连续在几个球面上的折射

在近轴光线的情况下，求解共轴球面系统的成像问题，可以使用逐个球面成像法。前一个球面所形成的像，看作是后一个球面的物，依次对各个球面成像，最后就能求出物体通过整个光学系统所成的像。对于每一个球面应用物像公式时，都要重新考虑各量的正负号法则。

共轴球面系统的横向放大率等于各个球面放大率的乘积，即

$$m=m_1m_2m_3\cdots$$

六、薄透镜

1. 薄透镜成像公式

$$n_1\left(\frac{1}{l_2}-\frac{1}{l_1}\right)=(n-n_1)\left(\frac{1}{R_1}-\frac{1}{R_2}\right)$$

对于薄透镜，也可以引入焦点和焦距的概念。处于主光轴上并离光心无限远的物点，发出的平行光线经透镜折射后成像于像方焦点 F_2。而物方焦点 F_1，是像在无限远处时物点的位置。薄透镜的两个焦点分居于透镜两侧，并与透镜光心等距离，通常放在空气中，$n_1=1$，焦距为

$$f=\frac{1}{(n-n_1)\left(\frac{1}{R_1}-\frac{1}{R_2}\right)}$$

2. 光焦度等于焦距的倒数

$$\phi=\frac{1}{f}=(n-1)\left(\frac{1}{R_1}-\frac{1}{R_2}\right)$$

3. 高斯公式

$$\frac{1}{l_2}-\frac{1}{l_1}=\frac{1}{f}$$

4. 横向放大率

$$m=\frac{h_2}{h_1}=\frac{l_2}{l_1}$$

七、光学仪器成像的基本原理

利用几何光学原理制造的各类成像光学仪器，主要有放大镜、显微镜、望远镜、照相机等。各种成像光学仪器都是人眼功能的扩展，因此在这里先介绍人眼的基本知识。

1. 眼睛

人眼的结构非常复杂，为了讨论问题的简便，常把人眼简化为一个单球面折射系统，其

中主要部分是晶状体,它的曲率通过睫状肌来调节。正常视力的眼睛,当睫状肌完全松弛的时候,无穷远处的物体成像在视网膜上。为了观察较近的物体,睫状肌压缩晶状体,使它的曲率增大,焦距缩短,因而眼睛有调焦的能力。眼睛睫状肌完全松弛和最紧张时所能清楚看到的点,分别称为调焦范围的远点和近点。

一般人眼对 $l_0=25\mathrm{cm}$ 处的物体看的是最舒适的,这个距离称为明视距离。

患有近视的人,当睫状肌完全松弛时,无穷远处的物体成像在视网膜之前,它的远点在有限远的位置。矫正的方法是戴凹透镜的眼镜,凹透镜的作用是将无限远处的物体先成一虚像在近视眼的远点处,然后由晶状体成像在视网膜上,如图 7.7(a)所示。

患有远视眼的人,无穷远处的物体成像在视网膜之后,它的近点一般离眼较远。矫正的方法是戴凸透镜的眼镜。凸透镜的作用是近点以内一定范围的物体先成一虚像在近点处,然后由晶状体成像在视网膜上,如图 7.7(b)所示。

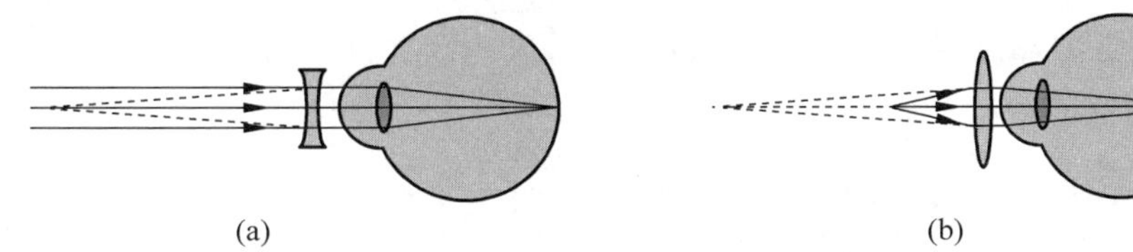

图　7.7

物体在视网膜上成像的大小,正比于它对眼睛所张的角度——视角。所以物体越近,它在视网膜上的像也就越大,越容易分辨它的细节。但是在到达明视距离后,再前移,视角虽然增大,但眼睛看起来可能费力,甚至看不清。

2. 放大镜

最简单的放大镜就是一个焦距很短($f<l_0$)的凸透镜(图 7.8),物体 PQ 放在明视距离处,眼睛直接观察时,视角 θ_0 近似等于

$$\theta_0=\frac{h}{l_0}$$

式中 h 为物体的高度。使用放大镜时,将放大镜置于眼前,物体 PQ 放在凸透镜的物方焦点附近,靠近透镜的一侧。则在明视距离附近成一正立、放大的虚像,如图 7.8 所示。此放大虚像对人眼所张的视角

$$\theta=\frac{h}{f}$$

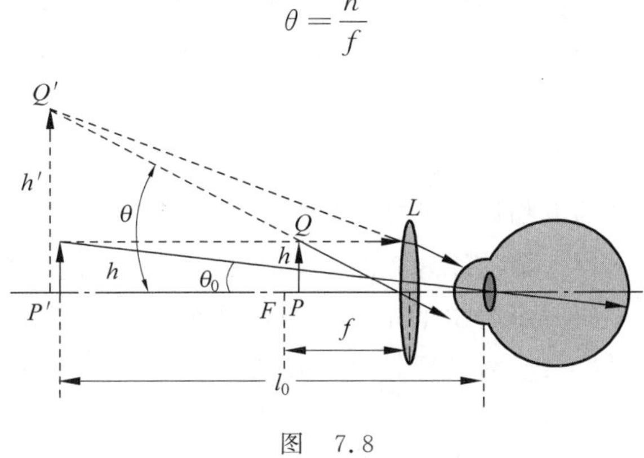

图　7.8

放大镜的作用是放大视角，视角放大率的概念定义为

$$M=\frac{\theta}{\theta_0}=\frac{l_0}{f}$$

从上式可知，f 越小，放大镜的视角放大率 M 越大。实际上，f 太小时，球面的曲率太大，眼睛所能观察到的视场范围很小，观察不方便。并且曲率越大，透镜的像差现象也越显著。所以一般放大镜的放大率只有几倍。如果要获得更高的放大倍数，则需要采用复合透镜。显微镜和望远镜中的目镜，就是复合透镜组合的放大镜。

3. 显微镜

为了进一步提高放大本领，常用显微镜和望远镜来帮助人眼观察微小和远处的物体，它们都是由物镜与目镜构成的。显微镜的原理光路如图 7.9 所示，它是在放大镜（目镜 L_E）前加一个焦距极短的物镜 L_O 组成。物体放在物镜的物方焦点外侧附近，其成的像位于目镜的物方焦点邻近并靠近目镜一侧，通过目镜最后成一倒立放大的虚像。

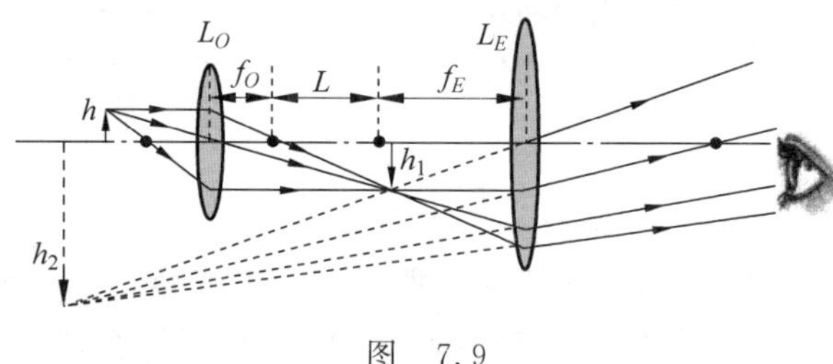

图 7.9

显微镜的视角放大率可分为两部分，对于物镜，其放大率 $M_O=\frac{L}{f_O}$式中，L 为物镜的像方焦点与目镜的物方焦点之间的距离，常称为显微镜的光学筒长；f_O 为物镜的焦距。对于目镜，其放大率为 $M_E=\frac{l_0}{f_E}$，其中 $l_0=25\text{cm}$ 为人眼的明视距离。

显微镜的视角放大率为两者的乘积

$$M=M_OM_E=\frac{Ll_0}{f_Of_E}$$

上式表明，物镜和目镜的焦距越短，光学筒长越长，显微镜的放大倍数就越高。为此，在显微镜的物镜和目镜上分别刻上“5×”“7×”等字样，以便我们由其乘积得知所用显微镜的放大倍数。

4. 望远镜

望远镜用于观察远处的大物体。根据望远镜系统的组成特点，可分为开普勒望远镜和伽利略望远镜两种类型。望远镜的原理光路如图 7.10 所示，物镜的像方焦点和目镜的物方焦点重合。从远处物体上的一点射出的平行光束经物镜后成像于目镜的物方焦平面 Q，Q 点发出的光线经目镜折射后又成为平行光束。眼睛靠近目镜，接收目镜出射的平行光并将其成像于视网膜上。

望远镜的视角放大率定义为像对目镜所张的视角 θ' 与物体本身对目镜所张的视角 θ 之

比，即 $M=\dfrac{\theta'}{\theta}=\dfrac{f_O}{f_E}$。

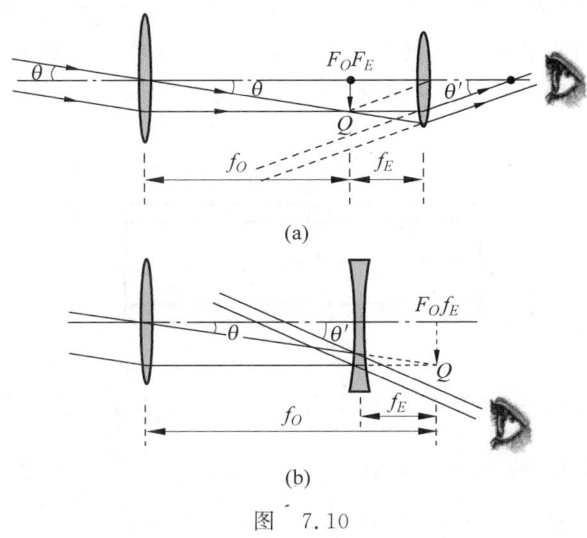

图 7.10

由此可见，望远镜的放大率与物镜的焦距 f_O 成正比，与目镜的焦距 f_E 成反比。一般民用望远镜的物镜直径不大于 25mm，其放大率为 10 倍左右。哈勃望远镜的物镜直径为 5m，其放大率可达 2000 倍以上。

物理沙龙

威理博·斯涅耳（Willebrord Snellius，1580—1626）本名为 Willebrord Snel van Royen，是一位荷兰天文学家、数学家和物理学家。几个世纪以来，在西方，尤其是英文语系国家，光波的折射定律都是以他命名的。

斯涅耳

威理博·斯涅耳生于荷兰莱顿。父亲名为鲁道夫·斯涅耳，在莱顿大学任职为数学教授。斯涅耳的大学生涯在莱顿大学度过，主修法律。后来，他对数学发生兴趣，开始研读数学。由于他天资聪颖，才华横溢，莱顿大学于 1600 年聘请他为数学讲师。1608 年，他得到莱顿大学硕士学位。1613 年，父亲过世，他继承了父亲的职位，成为莱顿大学的数学教授。斯涅耳是一位杰出的数学家。他研究出一种计算圆周率的新方法，比阿基米德割圆术更准确。阿基米德只能计算出 2 个小数位，而斯涅耳可以正确地计算出 7 个小数位。1621 年，他重新发现了折射定律，但是，他并没有主动地将该定律发表出来。1703 年，克里斯蒂安·惠更斯在著作 *Dioptrica* 中谈到这个定律，才正式地将这定律的发现归功于斯涅耳。

拓展介绍：光纤

近代发展的光纤技术就是利用了全反射原理。光纤是一种圆柱形对称的介质光波导体，它可以将光束约束在其内部，并引导光线沿着与轴线近于平行的方向传播。

光纤一般由内外两层折射率不同的玻璃拉制而成，芯层玻璃的折射率 n_1 较高，外敷层玻璃的折射率 n_2 较低。信号光线从玻璃光纤的一端射入，经多次全反射后从另一端射出，如图 7.11 所示。

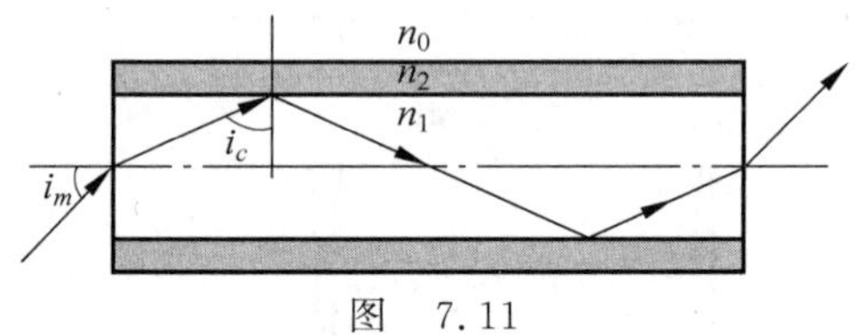

图 7.11

若光线由空气进入光纤，空气的折射率是 n_0，$n_0\sin i_m=n_1\sin(90°-i_c)$，满足全反射时 $\sin i_c=\dfrac{n_2}{n_1}$，光线入射角 i_m 应当不大于 $\sin i_m=\dfrac{n_1}{n_0}\cos i_c=\dfrac{1}{n_0}\sqrt{n_1^2-n_2^2}$。

光纤通信具有抗电磁干扰能力强、频带宽、容量大和保密性好等优点。

第四 疑难点分析与课题研究

一、疑难点分析

（一）全反射现象是发生在从光密介质射入光疏介质过程中，相反则不会出现全反射

光纤是光导纤维的简写，是一种利用光在玻璃或塑料制成的纤维中的全反射原理而制成的光传导工具。香港中文大学前校长高锟和 George A. Hockham 首先提出光纤可以用于通信传输的设想，高锟因此获得 2009 年诺贝尔物理学奖，是继李政道、杨振宁、丁肇中、李远哲、朱棣文、崔琦之后第七位华裔诺贝尔奖得主。

（二）对笛卡儿符号法则的应用

根据笛卡儿符号法则，我们必须注意：

（1）物点若为实际物体时，物距一般取负值。

（2）像距的符号决定于像的位置。像和物若处于折射面或反射面的同侧，像距取负值；像和物若处于折射面或反射面的异侧，像距取正值。但在折射和反射这两种情况下，对应于同样符号的像距，像的性质却不同。具体地说，在折射的情况下，正的像距代表实像，负的像距代表虚像；在反射的情况下，正的像距代表虚像，负的像距代表实像。

（3）曲率半径的符号取决于曲率中心的位置。在凸状球面的情况下，曲率半径取正值；在凹状球面的情况下，曲率半径取负值。

（三）对于近轴光线的单球面折射成像公式的推导

近轴光线的单球面折射成像公式为

$$\frac{n_2}{l_2}-\frac{n_1}{l_1}=\frac{n_2-n_1}{R}$$

其推导过程如下。

在图 7.3“近轴光线的单球面折射成像”中，我们考察物点 P 和像点 P' 位置之间的关系。从入射光束中取一条近轴光线 PA，到达球面的入射角为 i（找到法线 AC），其折射线 AP' 折射角为 γ。由 $\triangle PAC$ 和 $\triangle P'AC$ 有

$$i=\phi+\alpha,\quad \gamma=\phi-\beta$$

根据斯涅耳定律

$$n_1\sin i=n_2\sin\gamma$$

考虑近轴光线，α、β、ϕ、i、γ 都很小，有

$$n_1 i=n_2\gamma$$

将 i，γ 代入上式，得

$$n_1\alpha+n_2\beta=(n_2-n_1)\phi$$

在近轴光线条件下，光线角度的正切值（正弦值）近似等于角度的弧度值

$$\alpha\approx\tan\alpha=\frac{h}{-l_1+\delta}\approx\frac{h}{-l_1},\quad \beta\approx\tan\beta=\frac{h}{l_2-\delta}\approx\frac{h}{l_2},\quad \phi\approx\tan\phi=\frac{h}{R-\delta}\approx\frac{h}{R}$$

于是得

$$\frac{n_2}{l_2}-\frac{n_1}{l_1}=\frac{n_2-n_1}{R}$$

该式对凸状球面和凹状球面都是适用的，但需根据符号法则调整球面曲率半径的符号。

该式也可以用于描述光线在各种球面上的反射，这时除了应调整球面曲率半径的符号外，还需令 $n_2=-n_1$。该式还可以用于描述光线在平面上的折射和反射，因为平面可以认为是曲率半径无限大的球面。所以，近轴光线的单球面折射公式可以作为研究各种情况下折射和反射成像规律的基础。

（四）高斯公式的推导以及两焦距与折射率的关系

入射光平行于主光轴时所得的像点称为像方焦点，由球面顶点到像方焦点的距离 f_2 称为像方焦距，由近轴光线的单球面折射公式

$$\frac{n_2}{l_2}-\frac{n_1}{l_1}=\frac{n_2-n_1}{R}$$

当 $l_1=-\infty$时，

$$f_2=l_2\big|_{l_1=-\infty}=\frac{n_2}{n_2-n_1}R \tag{7.1}$$

当物点位于主光轴上某一点时，发出的光束经球面折射后平行于主光轴，这个物点称为物方焦点，由球面顶点到这一焦点的距离 f_1 称为物方焦距，由近轴光线的单球面折射公式可得，当 $l_2=\infty$时，

$$f_1=l_1\big|_{l_2=\infty}=-\frac{n_1}{n_2-n_1}R \tag{7.2}$$

两焦距之间的关系为

$$\frac{f_2}{f_1}=-\frac{n_2}{n_1} \tag{7.3}$$

这说明，折射面的焦距取决于两种媒质的折射率和界面的曲率半径，同时焦距之比等于物像两方媒质的折射率之比，式(7.3)中的负号表示两个焦点总是位于折射面的异侧。

（五）光连续在几个球面上的折射可以采用逐个球面成像法求像

在采用逐个球面成像法求像的过程中，值得注意的是：对于某个球面应用物像公式时，公式中的物距和像距都必须从这个球面的顶点算起。在图 7.12 中，第一个球面形成的像 P_1，它作为第二个折射球面的物时，相应的物距和像距都应从 O_2 算起。

光束通过前一个球面所成的像对于下一个球面来说，可被看做物，无论这个像是实像还是虚像。若光束在到达下一个球面之前是发散的，直接把像看做是物就可以了，它到下一个球面顶点之间的距离即为物距。特别要注意这样的情况，光从前一个球面出射后是汇聚的，应该是实像，但光束尚未到达汇聚点时，就遇到下一个球面，如图 7.12 中的第二个球面。这种汇聚光对下一个球面来说，就是入射光束，故仍应将这个实像看作是物。不过这只能算作虚物，应以该入射光束原应汇聚点作为虚物的位置计算物距。对于虚物，其物距应取正值。

自主测试 如图 7.13 所示，一玻璃棒($n_2=1.5$)长 50cm，两端面为半球面，半径分别为 5cm 和 10cm。一小物高 0.1cm，垂直位于左端球面顶点之前 20cm 处的轴线上，求：

(1) 小物经玻璃棒成像在何处；

(2) 整个玻璃棒的横向放大率为多少。

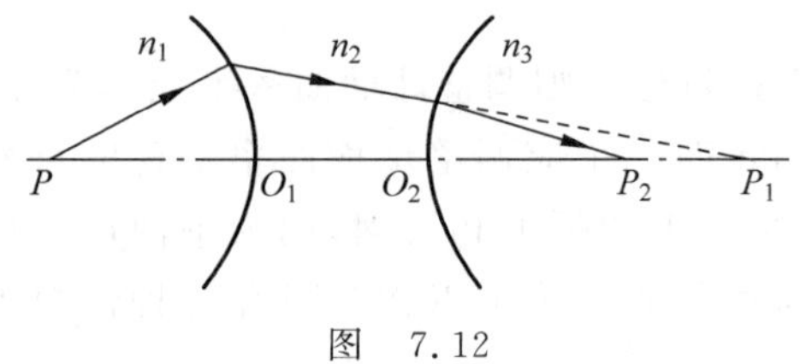

图 7.12

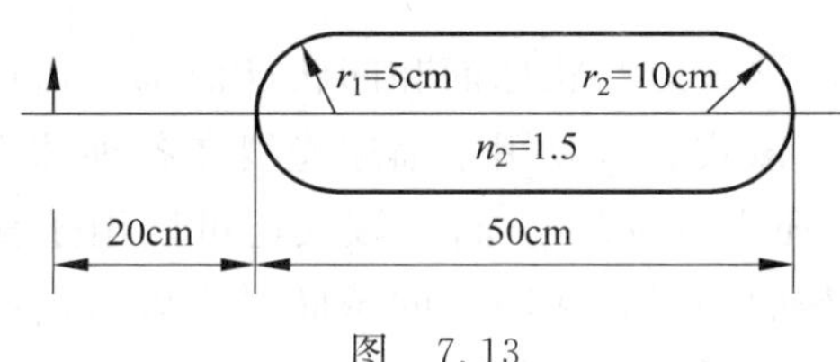

图 7.13

解 (1) 小物经第一个球面折射成像，由球面折射成像公式$\frac{n_2}{l_2}-\frac{n_1}{l_1}=\frac{n_2-n_1}{R}$代入数据，得$\frac{1.5}{l_2}-\frac{1.0}{-20}=\frac{1.5-1.0}{5}$，解得

$$l_2=30\text{cm}$$

横向放大率

$$m_1=\frac{n_1 l_2}{n_2 l_1}=-1$$

再经第二个球面折射成像，由

$$l'_1=l_2-d=(30-50)\text{cm}=-20\text{cm}$$

有

$$\frac{1}{l'_2}-\frac{1.5}{-20}=\frac{1-1.5}{-10}$$

得 $l'_2=-40\text{cm}$，即小物经玻璃棒成像于距第二个球面顶点处水平向左 40cm 处。

横向放大率

$$m_2=\frac{n_2 l'_2}{n_1 l'_1}=\frac{1.5\times(-40)}{1.0\times(-20)}=3$$

(2) 整个玻璃棒的横向放大率 $m=m_1 m_2=-3$。

二、课题研究

（1）全反射的应用有哪些？

（2）除了网速的不同外，ADSL宽带与光纤宽带有什么区别？

（提示：从技术对比、适用人群对比、普及与消费者认知状况、成本与价格对比、速度对比、稳定与抗干扰性、接入方式、业务与功能等方面进行对比。）

（3）全反射的应用还有：内窥镜（胃镜、喉镜、肠镜等）、双筒望远镜，谈谈内窥镜的起源、发展、分类、医用和工业用内窥镜技术及其展望。

第五　例题指导

例1　光从介质1进入介质2时，反射角是40°，折射角是45°，则1、2两介质相比较，（　　）。

（A）介质1是光疏介质　　（B）光在介质1中的速度较大

（C）介质1的折射率较大　　（D）光在介质2中的速度较大

解析　$\frac{n_2}{n_1}=\frac{\sin\theta_1}{\sin\theta_2}=\frac{\sin40°}{\sin45°}=\frac{v_1}{v_2}<1$，所以介质1是光密介质，$v_1<v_2$。

答案　（C）、（D）

例2　下列有关光的陈述中正确的是（　　）。

（A）人能使用双眼估测物体的位置利用的是光的直线传播规律

（B）大孔不成像，说明光通过大孔不是直线传播的

（C）位于月球本影区的人，能看到月全食

（D）光总是直线传播的，光在真空中传播的速度最大

解析　此例所涉及的光现象均与光的直线传播规律相关，分析时应注意相应的条件。

从物体上发出的两条光线分别到达人的两眼，而根据两条光线的反向交点，就可确定物体的位置；大孔之所以不成像是因为大孔可看成由许多小孔组成，每一个小孔所成的像重叠在一起造成的；位于月球本影区的人看到的是日全食；当月球在地球的本影里才发生月全食；光只有在同种均匀介质中才是直线传播的，选项（B）、（C）、（D）都不正确，只选（A）。

答案　（A）

例3　一玻璃球（$n=1.5$）的半径为10cm，一点光源放在40cm处，求近轴光线通过玻璃球后所成的像。

（提示：球面镜焦距$f=\frac{R}{2}$，物像关系式$\frac{1}{p}+\frac{1}{p'}=\frac{1}{f}$；对于凹面镜，$R$取正，则$f$取正，与实焦点相对应；对于凸面镜，$R$取负，则$f$取负，与虚焦点相对应。）

分析与解　利用球面折射成像公式，对第一个折射球面而言，其凸球面迎着入射光，l_1取负值，R_1取正值。

代入数值，得

$$\frac{1.5}{l_2}-\frac{1}{-40}=\frac{1.5-1}{10}$$

得
$$l_2=60\text{cm}$$

因为像距为正值，说明是实像。

对第二个折射球面而言，物距取正值 $l'_1=60-20=40\text{cm}$。

由于第二个折射球面是凹球面对着入射光线，R_2 取负值。

代入数值，得

$$\frac{1}{l'_2}-\frac{1.5}{40}=\frac{1-1.5}{-10}$$

得
$$l'_2=11.4\text{cm}$$

因为像距为正值，说明是实像，即像在玻璃球后 11.4cm 处。

第六　反思与总结

(1) 由近轴光线的单球面折射公式推出反射公式以及平面折射与反射的关系，对它们的关系进行对比讨论。

(2) 从空气中看水中物体和在水中透过水面看空气中的物体，有何不同？

(3) 凸面镜与凸透镜成像有何差异？

(4) 白光进入光纤传输时，会有什么现象产生？

(5) 光学仪器入光口都有一个光阑，光阑的大小对成像的质量有何影响？

(6) 查找文献，认识哈勃望远镜、开普勒望远镜、伽利略望远镜、星特朗天文望远镜、詹姆斯·韦伯太空望远镜、凯克望远镜的组成。

案例八　波动光学

第一　波动光学知识框图

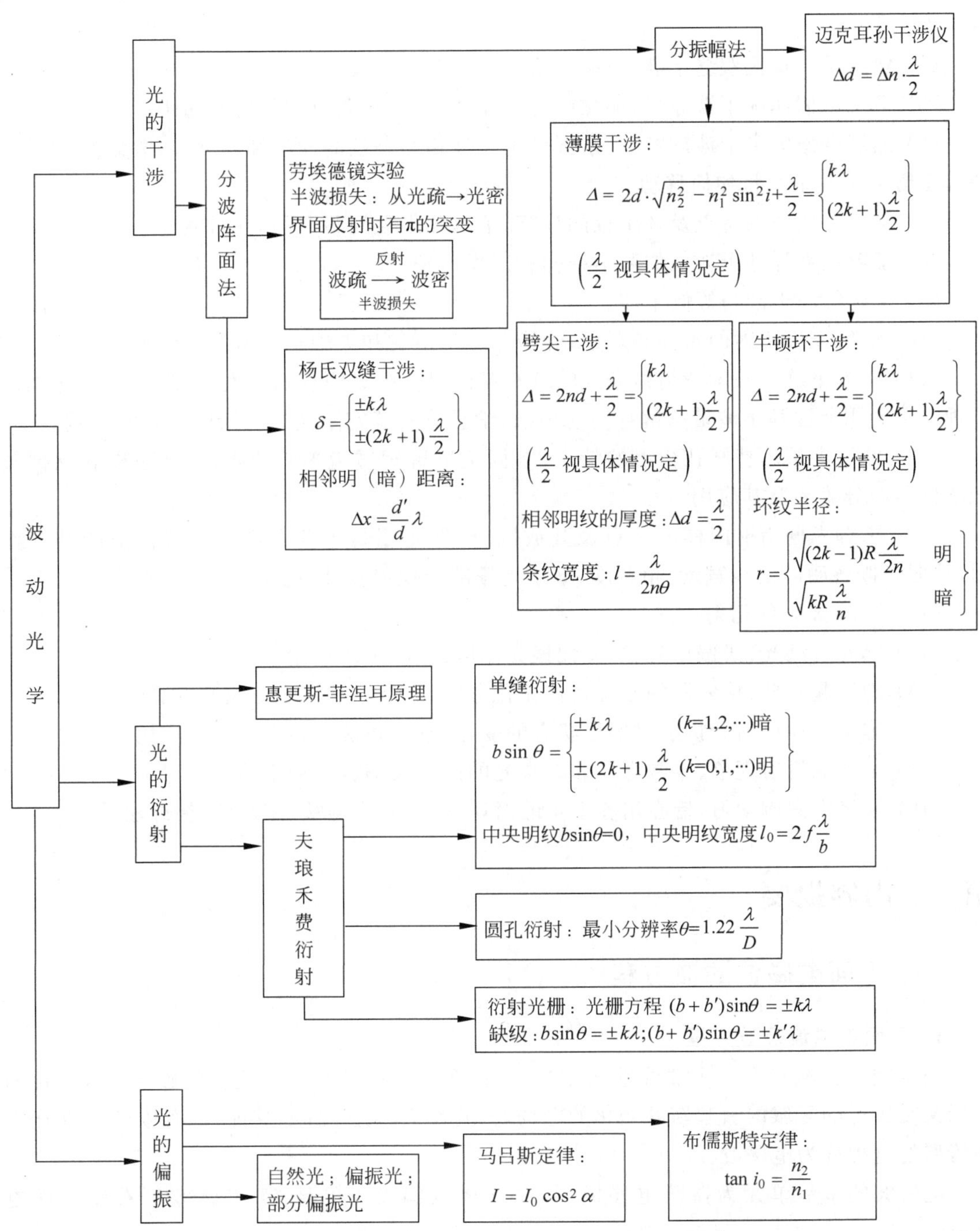

第二　任务分析与学习方法

（1）了解电磁波的辐射，了解平面电磁波是一种横波及其传播规律，了解电磁波谱。

（2）了解光的发光机理，了解获取相干光的方法。

（3）掌握光程和光程差的概念，掌握光程差与相位差的关系，掌握光的干涉加强和减弱的条件。

（4）熟练掌握杨氏双缝干涉，掌握劳埃德镜实验及半波损失。

（5）熟练掌握薄膜干涉原理，能熟练计算光程差、干涉条纹的位置及间距。

（6）熟练掌握劈尖干涉的特点，掌握劈尖干涉相邻条纹的间距和高度差，理解劈尖干涉中改变劈尖角其条纹将如何移动。

（7）掌握牛顿环的特点及环半径的计算，了解环半径间距不均匀的特点。

（8）了解迈克耳孙干涉仪的基本结构和工作原理。

（9）了解等厚干涉与等倾干涉。

（10）了解光波衍射的条件和现象，弄清菲涅耳衍射和夫琅禾费衍射的区别。

（11）掌握单缝夫琅禾费衍射条纹的分布规律以及中央明纹的宽度，熟悉公路雷达测速原理。学会用菲涅耳半波带法解释衍射现象，学会分析缝宽及波长对衍射条纹的影响。

（12）熟悉夫琅禾费圆孔衍射的特点，掌握艾里斑对透镜光心的张角，掌握瑞利判据及光学仪器的分辨率及其应用。

（13）掌握光栅衍射图样的特点及其成因，掌握光栅是多缝干涉与单缝衍射的共同作用，掌握光栅各明纹的线宽度、角宽度，掌握光栅缺级现象及计算。

（14）了解 X 射线衍射。

（15）熟悉自然光、线偏振光、部分偏振光的区别、图示及检验。

（16）理解起偏器、检偏器的原理及偏振化方向，掌握马吕斯定律及其计算。

（17）理解光在反射和折射时偏振状态的变化，掌握布儒斯特定律及其应用。

（18）了解双折射现象、寻常光与非寻常光的区别及偏振光的干涉。

（19）通过本案例学习，旨在培养学生的对比学习法、实验法、图示法、演绎法等。

第三　内容提要

一、平面电磁波的波方程

1. 平面电磁波及波方程

当空间某区域存在一个非线性变化电场时，在邻近区域将引起变化的磁场；这变化的磁场又在较远的区域内引起新的变化的电场，并且交替产生，由近及远，以有限的速度在空间传播的过程称为电磁波。

电磁波的基本单元为振荡电偶极子，在远离电偶极子的地方，电磁波可看作平面电磁波。

平面电磁波的波方程为

$$E = E_0 \cos\omega\left(t - \frac{r}{u}\right)$$

$$H = H_0 \cos\omega\left(t - \frac{r}{u}\right)$$

其中能引起人眼视觉和底片感光的矢量叫做光矢量，即 $\boldsymbol{E}$ 矢量。

2. 电磁波是一种横波

$\boldsymbol{E}$ 矢量与 $\boldsymbol{H}$ 矢量垂直并都与传播方向垂直，$\boldsymbol{E}\times\boldsymbol{H}$ 的方向就是传播方向。

3. 光是一种电磁波

光在真空中的传播速度为

$$c = \frac{1}{\sqrt{\varepsilon_0\mu_0}} \approx 3.0\times10^8\,\mathrm{m/s}$$

可见光的波长范围为 400～760nm，它含有 7 种颜色光：赤、橙、黄、绿、青、蓝、紫，其波长由大逐渐变小。

二、相干光

在案例六中介绍了频率相同、传播方向相同、相位差恒定的两列光在空间相遇才能发生干涉。能产生干涉现象的两束光叫相干光。

三、相干光的获得方法

构成光源的大量原子或分子，各自相互独立地发出一个个波列，彼此间没有联系，不能构成相干光；设法把一个光源上的同一点发出的同一波列光，沿两条不同路径传播，再设法使它们相遇，就会在它们相遇的区域内产生干涉。通常有两种方法：

1. 分振幅法（振幅分割法）

利用反射、折射把波面上某处的振幅分成两部分，再使它们相遇从而产生干涉，例如下面要介绍的薄膜干涉、劈尖干涉、牛顿环、迈克耳孙干涉仪等。

2. 分波振面法（波阵面分割法）

利用分光束把一束光设法分成两束光（频率相同）从而产生干涉，例如杨氏双缝干涉和劳埃德镜等。

干涉加强或减弱的条件如下：

当两束光的相位差

$$\begin{cases}\Delta\varphi = \varphi_2 - \varphi_1 = 2k\pi & (k=0,\pm1,\pm2,\cdots)\quad\text{干涉加强}\\ \Delta\varphi = \varphi_2 - \varphi_1 = (2k+1)\pi & (k=0,\pm1,\pm2,\cdots)\quad\text{干涉减弱}\end{cases}$$

当两束光的波程差

$$\begin{cases}\delta = \pm k\lambda & (k=0,1,2,\cdots)\quad\text{干涉加强}\\ \delta = \pm(k+1/2)\lambda & (k=0,1,2,\cdots)\quad\text{干涉减弱}\end{cases}$$

用语言描述比较好记，即当波程差等于波长的整数倍时干涉加强；当波程差等于半波长的奇数倍时干涉减弱。

四、杨氏双缝干涉(分波振面法)

1. 杨氏双缝基本实验装置

如图 8.1 所示,掌握实验装置中的基本数据及符号有助于记忆基本公式。

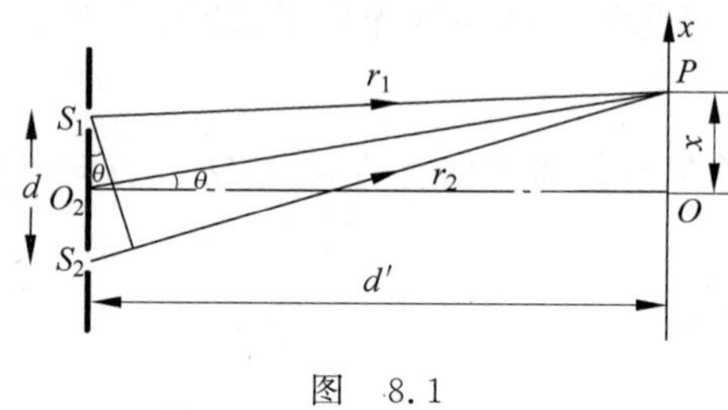

图 8.1

2. 数学条件

$$d' \gg d$$
$$\sin\theta \approx \tan\theta = x/d'$$

3. 波程差

$$\Delta r = r_2 - r_1 \approx d\sin\theta = d\,\frac{x}{d'}$$

4. 干涉条件

当波程差

$$\Delta r = d\,\frac{x}{d'} = \begin{cases} \pm k\lambda & \text{加强} \\ \pm(2k+1)\,\dfrac{\lambda}{2} & \text{减弱} \end{cases}$$

(语言描述:干涉中当波程差等于波长的整数倍时出现明纹,光程差等于半波长的奇数倍时出现暗纹。)

5. 干涉图样

屏幕中央 O 处波程差等于 0,因此中央出现明纹,两侧分别出现暗纹与明纹相间隔的条纹。

6. 干涉条纹的位置与间距

(1) 屏幕上白光产生的干涉除中央明纹是白色外,其他明条纹从中央往外呈现由紫到红的彩色条纹。

(2) 屏幕上各条纹离开中央 O 的距离

$$x = \begin{cases} \pm k\,\dfrac{d'}{d}\lambda & \text{明纹} \\ \pm\dfrac{d'}{d}(2k+1)\,\dfrac{\lambda}{2} & \text{暗纹} \end{cases}$$

(3) 屏幕上相邻两条纹的间距

$$\Delta x = \frac{d'\lambda}{d} \quad (\Delta k = 1)$$

讨论：

(1) 当 d、d' 一定时，若 λ 变化，则 Δx 将怎样变化？

(2) 当 λ、d' 一定时，条纹间距 Δx 与 d 的关系如何？

(3) 缝宽对干涉条纹有怎样的影响？(随缝宽的增大，干涉条纹变模糊，最后消失)

(4) 当用一块云母片覆盖在上方的狭缝上，干涉条纹如何变化？

答：干涉条纹间距不变，只是向上平移。因为云母片加大了上方的狭缝到达屏上的光程，因此干涉对应的位置会发生变化。

物理沙龙一

托马斯·杨(Thomas Young，1773—1829)，英国医生、考古学家、物理学家，光的波动说的奠基人之一。1773 年 6 月 13 日托马斯·杨出生于英国萨默塞特郡米尔弗顿一个富裕的贵格会教徒家庭，曾在伦敦大学、爱丁堡大学和格丁根大学学习，伦敦皇家学会会员，巴黎科学院院士。1829 年 5 月 10 日在伦敦逝世。

托马斯·杨

他不仅在物理学领域领袖群英、名享世界，而且涉猎甚广，光波学、声波学、流体动力学、造船工程、潮汐理论、毛细作用、用摆测量引力、虹的理论……力学、数学、光学、声学、语言学、动物学、埃及学……他对艺术还颇有兴趣，热爱美术，几乎会演奏当时的所有乐器，并且会制造天文器材，还研究了保险经济问题。托马斯·杨擅长骑马，并且会耍杂技走钢丝。他是一个将科学和艺术并列研究、对生活充满热望的天才，我们几乎可以这样说：他生命中的每一天都没有虚度。

托马斯·杨是家中 10 个孩子中的老大，他从小受到良好教育，天才禀赋自幼年起就显露出来，是个不折不扣的神童。杨 2 岁时学会阅读，对书籍表现出强烈的兴趣；4 岁能将英国诗人的佳作和拉丁文诗歌背得滚瓜烂熟；不到 6 岁已经把圣经从头到尾看过两遍，还学会用拉丁文造句；9 岁掌握车工工艺，能自己动手制作一些物理仪器；几年后他学会微积分和制作显微镜与望远镜；14 岁之前，他已经掌握 10 多门语言，包括希腊语、意大利语、法语等，不仅能够熟练阅读，还能用这些语言做读书笔记；之后，他又把学习扩大到了东方语言——希伯来语、波斯语、阿拉伯语。他不仅阅读了大量的古典书籍，在中学时期，就已经读完了牛顿的《自然哲学的数学原理》、拉瓦锡的《化学纲要》以及其他一些科学著作，才智超群。长大后，在职业的选择方面受到了叔父的影响(这位当医生的叔父几年后去世，为杨留下了一笔巨大的遗产，包括房屋、书籍、艺术收藏和 1 万英镑现款，这笔遗产使他后来在经济上完全独立，能够把他所有的才华都发挥在需要的地方)。

19 岁时，杨来到伦敦学习医学，和当时所有的欧洲学子一样，他极力打入上流社会，经常拜访政治家伯克、画家雷诺兹以及贵族社会的一些成员。1794 年，杨 21 岁，由于研究了眼睛的调节机理，他成为皇家学会会员。1795 年，他来到德国的格丁根大学学习医学，一年后便取得了博士学位。他对医学的学习一直继续到 1797 年，当时在剑桥的伊曼纽尔学院，同学们都称他为“奇人杨”,嘲弄之外还是能听出敬畏之音。

值得一提的是,尽管父母送他进过不少名校,但杨还是把自学当作最主要的学习手段。杨热爱物理学,在行医之余,他也花了许多时间研究物理。

牛顿曾在其《光学》的论著中提出光是由微粒组成的,在之后的近百年时间,人们对光学的认识几乎停滞不前,直到托马斯·杨的诞生。杨爱好乐器,几乎能演奏当时的所有乐器,这种才能与他对声振动的深入研究是分不开的。光会不会也和声音一样,是一种波?杨做了著名的杨氏双缝干涉实验,为光的波动说奠定了基础。这个著名的实验如今已经进入中学物理课本,然而,这个理论在当时并没有受到应有的重视,还被权威们讥为“荒唐”和“不合逻辑”,这个自牛顿以来在物理光学上最重要的研究成果,就这样被缺乏科学讨论氛围的守旧的舆论压制了近20年。杨并没有向权威低头,而是为此撰写了一篇论文,不过论文无处发表,只好印成小册子,据说发行后“只卖出了一本”。杨在论文中勇敢地反击:“尽管我仰慕牛顿的大名,但是我并不因此而认为他是万无一失的。我遗憾地看到,他也会弄错,而他的权威有时甚至可能阻碍科学的进步。”

杨在物理光学领域的研究是具有开拓意义的,他第一个测量了7种光的波长,最先建立了三原色原理:指出一切色彩都可以从红、绿、蓝这三种原色中得到。杨对弹性力学也很有研究,后人为了纪念他的贡献,把纵向弹性模量称为杨氏模量。

1814年,41岁的时候,杨对象形文字产生了兴趣。拿破仑远征埃及时,发现了刻有

大英展——罗塞塔石碑

三种文字的著名的罗塞塔碑,这块碑后来被运到了伦敦。罗塞塔碑据说是公元前2世纪埃及为国王祭祀时所竖,上部有14行象形文字,中部有32行世俗体文字,下部有54行古希腊文字。之前已经有人研究过,但并未取得突破性进展。杨解读了中下部的86行字,破译了王室成员13位中的9个人名,根据碑文中鸟和动物的朝向,发现了象形文字符号的读法。

这大约是在1816年前后的事。当时杨对光学研究失去了信心,甚至有人讥讽他为疯子,以致他十分沮丧。他便利用其丰富的语言学知识,转向考古学研究。由于杨的这一成果,诞生了一门研究古埃及文明的新学科。1829年托马斯·杨去世时,人们在他的墓碑上刻上这样的文字——“他最先破译了数千年来无人能解读的古埃及象形文字”。

晚年的杨已经成为举世闻名的学者,为大英百科全书撰写过40多位科学家传记以及无数条目,包罗万象。同时他还为一家重要的保险公司担任过统计检察官,并被任命为《航海天文历》主持人,做了不少工作以改进实用天文学和航海援助。

五、劳埃德镜(分波振面法)

如图8.2所示,劳埃德镜实验的原理本质上与杨氏双缝实验相似,都是分波振面法获得相干光。

杨氏双缝实验是将一束光通过两个靠得很近的双缝从而成为两束频率相同的相干光；劳埃德镜实验与之区别之一在于一束光通过平面反射镜形成反射光(虚光源)，与原光源构成一对相干光；区别之二在于出现半波损失。

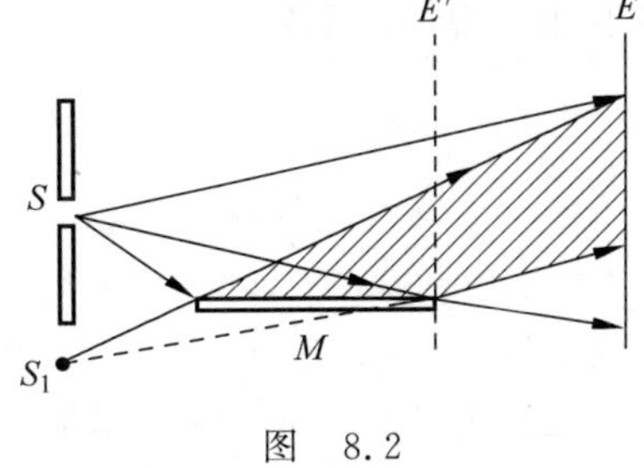

图　8.2

实验结论：屏幕上出现明暗相间的干涉条纹，只是中央出现的是暗纹，为什么？

根据案例六学过的"半波损失"概念，当光传到平面镜时，是从空气进入玻璃镜面然后反射出去，在之后的空间相遇。即从光疏介质到光密介质表面反射相位发生 π 的突变，出现了半波损失，因此，原来杨氏双缝实验中央的明纹，在劳埃德镜实验的屏幕中央成为暗纹。

六、光程　光程差

1. 光程 nr

介质折射率与光的几何路程之积。

光程就是光在介质中通过的几何路程按相位差相等折合到真空中的路程。

2. 光程差 Δ

两光程之差。

3. 相位差与光程差的关系

$$\Delta\varphi = 2\pi \frac{\Delta}{\lambda}$$

4. 透镜不引起附加的光程差，这称为透镜的等光程性

5. 产生明暗条纹的基本条件

$$\begin{cases} \Delta = \pm k\lambda & (k=0,1,2,\cdots) \quad \text{加强} \\ \Delta = \pm(2k+1)\dfrac{\lambda}{2} & (k=0,1,2,\cdots) \quad \text{减弱} \end{cases}$$

$$\begin{cases} \Delta\varphi = \pm 2k\pi & (k=0,1,2,\cdots) \quad \text{加强} \\ \Delta\varphi = \pm(2k+1)\pi & (k=0,1,2,\cdots) \quad \text{减弱} \end{cases}$$

七、薄膜干涉(分振幅法)

提问：同学们戴的眼镜镜片和照相机镜头上都镀有膜层，可否不镀膜层？

1. 下面讨论油膜、肥皂膜等膜层干涉的现象

如图 8.3 所示，薄膜干涉的原理(厚度均匀)：

干涉条件：

(1) 反射光的光程差(即上方薄膜空间光线 1 与 2 的干涉)$\Delta_r = 2d\sqrt{n_2^2 - n_1^2\sin^2 i} + \dfrac{\lambda}{2}$，

加不加$\frac{\lambda}{2}$视情况而定。

$$\Delta_r=\begin{cases}k\lambda & (k=1,2,\cdots) \quad 加强\\(2k+1)\lambda/2 & (k=0,1,2,\cdots) \quad 减弱\end{cases}$$

(语言描述：干涉中当光程差等于波长的整数倍时出现明纹,光程差等于半波长的奇数倍时出现暗纹。)

(2) 透射光的光程差(即下方空间光线3与4的干涉)$\Delta_t=2d\sqrt{n_2^2-n_1^2\sin^2 i}$,加不加$\frac{\lambda}{2}$视情况而定。

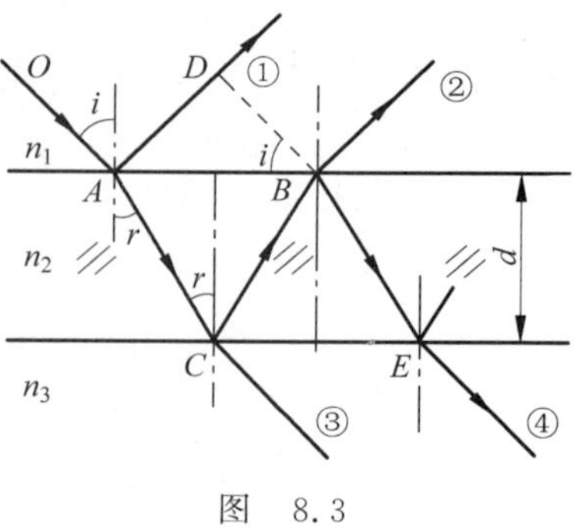

图 8.3

注意 透射光和反射光干涉具有互补性,符合能量守恒定律,表现为:① 如果反射光有半波损失,则透射光无半波损失。

② 如果干涉两条光路有两次半波损失,则无相位突变,无需补偿半波损失。

③ 怎样准确确定有无半波损失?需熟悉光路,掌握由光疏到光密介质表面反射回光疏介质的光线有半波损失,不属于这个情况就没有。例如,从光密到光疏介质表面反射就没有,或者从光疏到光密的介质折射进去,也不会有半波损失。

2. 增透膜和增反膜

增透膜是为了增加光的透射强度减少反射光强度而在光学元件表面镀的一层薄膜,如照相机、眼镜等。如果没有镀膜,戴近视镜看教室黑板上方灯光会有许多反射灯管,影响视力。

通过计算透射光作为出现明纹的条件可得薄膜的最小厚度;或者计算反射光作为暗纹条件来计算,其结果一样。

增反膜是为了增加反射光强度减少光的透射强度,而在光学元件表面镀的一层薄膜。

3. 等倾(角)干涉

薄膜厚度均匀时随着入射光倾角 i 的变化,光程差也发生变化。而倾角相同的光线从360°空间入射,将同时出现干涉加强或同时出现减弱,呈现360°圆环形,就是等倾(角)干涉,如图8.4所示。

随着入射光倾角 i 逐步增大的过程,光程差逐步减小(可从公式中得到),级次 k 值也越低,环半径也越小,即环纹间距随着倾角增大从中心到边缘越来越密。等倾干涉条纹是一组内疏外密的同心圆,如图8.5所示。

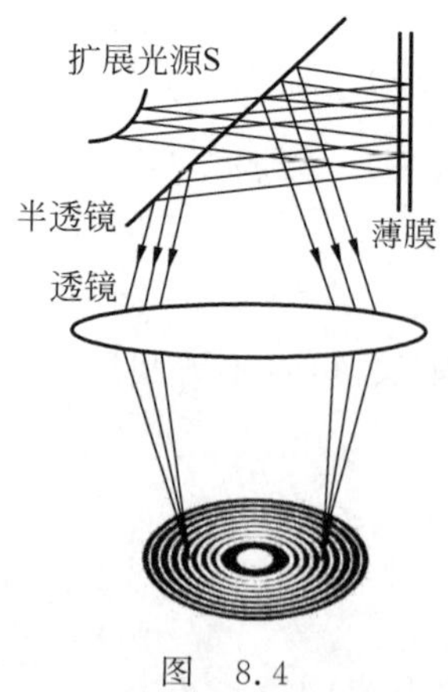

图 8.4

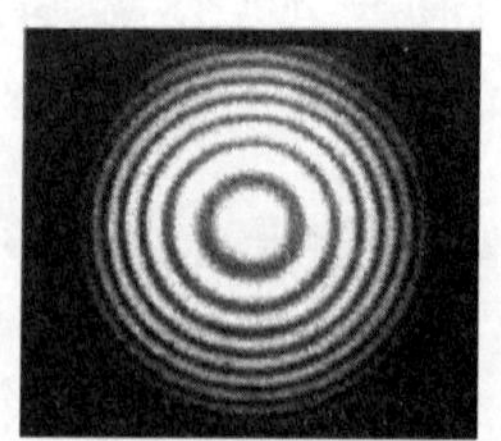
图 8.5

八、劈尖干涉(分振幅法)

劈尖干涉是薄膜干涉的引申(厚度不同,但厚度均匀线性变化)。

1. 劈尖实验

两块平板玻璃叠放,一端用细丝隔开,就在两表面之间形成空气劈尖,如图 8.6 所示。如果将此装置放入其他介质如油中就形成油膜劈尖,它们的区别在于注意分析劈尖介质上下紧相邻的介质折射率的大小关系从而判断有无半波损失。

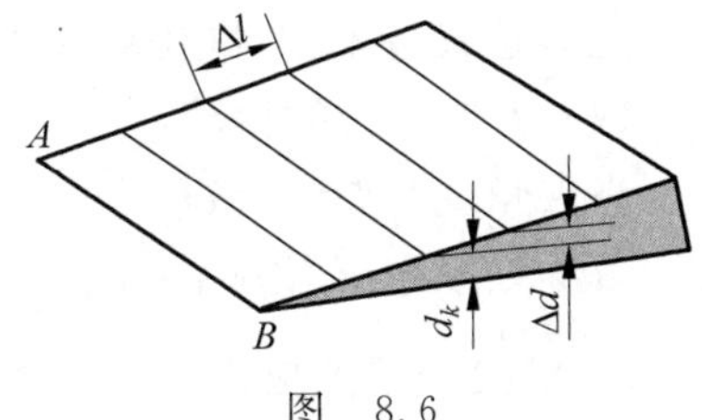

图　8.6

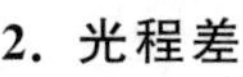

2. 光程差

以空气劈尖为例:

光线垂直入射,反射光的光程差为

$$\Delta = 2nd + \frac{\lambda}{2}$$

透射光的光程差为

$$\Delta = 2nd$$

光线从玻璃射入,一束光线反射(无半波损失),另一束折射进入空气劈尖后再从下玻璃片反射,则该光线有半波损失,再折射进上玻璃片。因此光程差补偿 $\lambda/2$。

其他介质劈尖要看上下介质与劈尖介质折射率的疏密度的对比来判断加不加半波损失。

3. 干涉明纹或暗纹的条件

反射光的光程差

$$\Delta = 2nd + \frac{\lambda}{2} = \begin{cases} k\lambda & (k = 1, 2, \cdots) \quad \text{明纹} \\ (2k+1)\dfrac{\lambda}{2} & (k = 0, 1, \cdots) \quad \text{暗纹} \end{cases}$$

(语言描述:干涉中当光程差等于波长的整数倍时出现明纹,光程差等于半波长的奇数倍时出现暗纹。)

4. 讨论

(1) 劈尖处 $d = 0$,$\Delta = \frac{\lambda}{2}$ 符合光程差等于半波长的奇数倍,干涉减弱,因此劈尖处出现暗纹,与实验相符。

(2) 相邻明纹(暗纹)间的厚度差:

$$d_{i+1} - d_i = \frac{\lambda}{2n} = \frac{\lambda_n}{2}$$

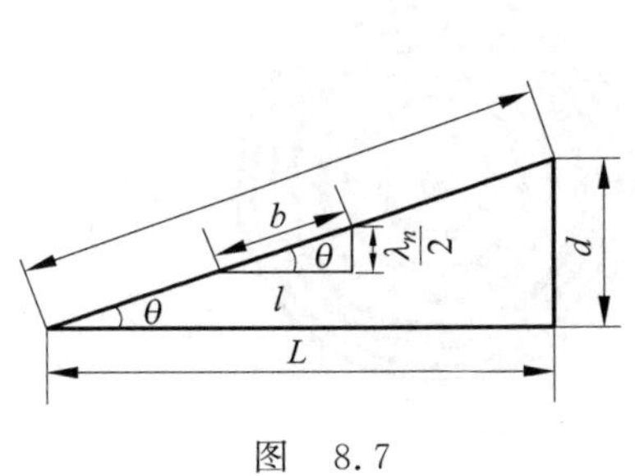

图　8.7

同时,在讨论劈尖的一系列问题时,准确画出两个顶角相等的相似三角形(图 8.7):

大三角形的角度表现为 θ,高度 d,宽度 L;

小三角形的角度表现为 θ,高度为 $\Delta d = \frac{\lambda}{2n}$,宽度为 l,则有

$$\tan\theta \approx \theta = \frac{\Delta d}{l} = \frac{d}{L}$$

记住这两个直角三角形的函数关系，劈尖的所有问题迎刃而解。

(3) 相邻条纹间距 l：

$$l = \frac{\lambda}{2n\theta}$$

此表达式可不记，准确画出两个三角形即可获得。

(4) 干涉条纹的移动：

当夹角变小时，条纹间距变大；当上玻璃片往上平移时，夹角不变，条纹间距不变，但因同一位置处厚度 d 增大，因此条纹级次 k 增大，条纹往劈尖处平移，可看的条纹级次变多。

5. 劈尖干涉的应用

可根据劈尖干涉原理制作干涉热膨胀仪，测量样品的热膨胀系数；可测细丝的直径；可以测薄膜比如二氧化硅薄膜的厚度；可测量待测平面是否平整，精确度可达 10^{-7}m。根据等厚干涉条纹扭曲的方向和扭曲的程度，还可以进一步分析出待测平板表面在该处的瑕疵是凸起或是凹陷，以及凸起的高度或凹陷的深度。

在如图 8.8 所示的等厚干涉条纹中，条纹向左扭曲的位置，对应的是待测平板上相应位置出现了凹陷的瑕疵；如果条纹中向右扭曲，则对应的是待测平板上相应位置出现了凸起的瑕疵。

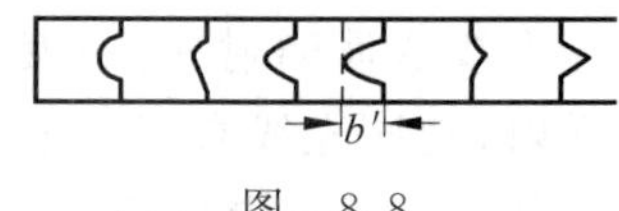

图 8.8

凹陷或凸起的高度为$\frac{b'}{b}\cdot\frac{\lambda}{2n}$。

6. 等厚干涉

劈尖内厚度相同的地方满足相同的干涉条件，因此干涉条纹是一系列平行于劈尖棱边的明暗相间的直条纹，每一条纹都与劈尖的厚度对应，因此称之为等厚干涉。

九、牛顿环(分振幅法)

牛顿环是劈尖干涉的引申。区别在于：劈尖高度线性变化，而牛顿环实验装置(图 8.9)是空间高度非线性变化，并且是 360°范围都可看到等厚干涉轨迹，是以接触点为圆心的一系列圆环(图 8.10)，最早被牛顿发现，故称为牛顿环。

(1) 实验装置如图 8.9 所示，平凸透镜置于平板玻璃上，两者之间形成空气薄层，空气折射率 $n=1$。

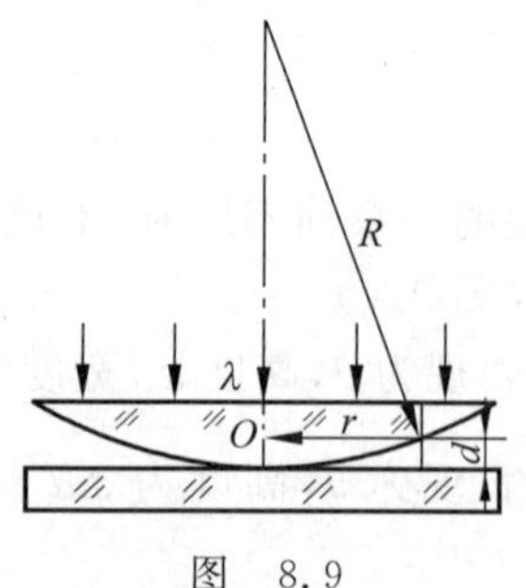

图 8.9

图 8.10

(2) 设光垂直入射，从反射光看，光程差为

$$\Delta = 2d + \frac{\lambda}{2} = \begin{cases} k\lambda & (k=1,2,\cdots) \quad 明纹 \\ (2k+1)\dfrac{\lambda}{2} & (k=0,1,\cdots) \quad 暗纹 \end{cases}$$

(3) 准确找出存在的直角三角形，利用勾股定理

$$r^2 = R^2 - (R-d)^2 = 2dR - d^2$$

由于 $R \gg d$，得 $d^2 \approx 0$，有

$$r = \sqrt{2dR} = \sqrt{\left(\Delta - \frac{\lambda}{2}\right)R}$$

得到牛顿环的明环、暗环半径分别为

$$\begin{cases} r = \sqrt{\left(k - \dfrac{1}{2}\right)R\lambda} & 明环半径 \\ r = \sqrt{kR\lambda} & 暗环半径 \end{cases}$$

(4) 讨论：

① 从上方反射光方向看，中心点是暗点还是亮点？从透射光中观测，中心点是暗点还是亮点？

从上方反射光方向看，中心点 $d=0$，光程差等于半波长的奇数倍，应出现暗环，与实验相符。

从下方透射光中观测，中心点 $d=0$，与反射光互补，光程差等于 0，出现明环，与实验相符。

② 与劈尖干涉同属于等厚干涉，但不同的是条纹间距不等，为什么？

在厚度一样的地方，光程差相等，因此明环或暗环处于相同高度。但由于厚度非线性增大，因此同一级次的明(或暗)环的半径(见上述表达式)相等，但不是均匀增大，随着级次(k)的增大，越往外半径增大幅度($\sqrt{k}$)减小，因此环半径增大的幅度减小，环变密，即环间距减小。

③ 将牛顿环置于 $n>1$ 的液体中，条纹如何变化？

环中心是明环还是暗环视平凸透镜与平板玻璃以及液体折射率的大小关系，看光程差是否有半波损失而决定。

将牛顿环置于 $n>1$ 的液体中，环半径变小。

$$\begin{cases} r = \sqrt{\left(k - \dfrac{1}{2}\right)R\dfrac{\lambda}{n}} & 明环半径 \\ r = \sqrt{kR\dfrac{\lambda}{n}} & 暗环半径 \end{cases}$$

④ 如何精确测量透镜的曲率半径？

以暗环为例，$r=\sqrt{kR\lambda}$。

方法一：如果入射波长确定，测出第 k 条暗环的半径(应使 k 越大越好)，因为环的级次低，环强度分散，环宽，目视镜不易对准环；环级次高，最亮最清楚的环级次达 100，却导致 k 的误差造成实验精确度不理想，怎样解决这个难题？

方法二：我们可以任选较高级次第 k 级环，测出半径 r_k，再由此环往外数 m（例如等于8）个圆环，测出半径 r_{k+m}，根据

$$r_k^2 = kR\lambda, \quad r_{k+m}^2 = (k+m)R\lambda$$

由此得到 $R = \dfrac{r_{k+m}^2 - r_k^2}{m\lambda}$，避免了上述两个方面的误差，要比上述方法一精确得多。

⑤ 如果在平玻璃片上滴一滴油滴，油滴铺开，出现什么现象？

油滴边缘出现暗纹还是明纹？可以看到几条干涉条纹？

十、迈克耳孙干涉仪（分振幅法）

(1) 迈克耳孙（A. A. Michelson）在 1881 年精心设计了干涉装置，叫迈克耳孙干涉仪，如图 8.11 所示，该仪器在物理学发展史上起了很重要的作用。

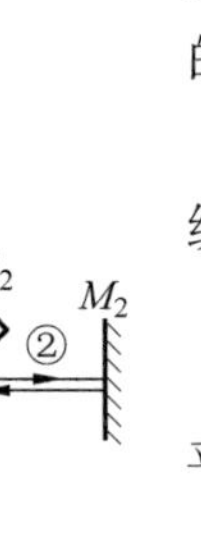

图 8.11

(2) 该干涉仪可以产生等厚条纹也可产生等倾条纹，通常呈圆环形。

(3) 当平面镜 M_2 平移的距离为 $\dfrac{\lambda}{2}$ 时，干涉条纹就平移过一条，所以测出视场中移过的条纹数 Δk，就可算出平面镜平移的距离：$\Delta d = \Delta k\ \dfrac{\lambda}{2}$。

利用上式可以由已知波长测长度，或已知长度测波长，比杨氏双缝实验测出的波长精确得多。

十一、光的衍射

1. 惠更斯-菲涅耳原理

在案例六简谐振动中介绍的惠更斯原理定性解释了波的衍射，但不能定量地给出衍射波在各个方向上的强度。

菲涅耳于 1814 年根据波的叠加和干涉原理，提出了“子波相干叠加”，对惠更斯原理作了物理性的补充，认为：从同一波面上发出的子波是相干波，传播到空间某点，各子波相干叠加决定该点的波振幅，发展了惠更斯原理，叫惠更斯-菲涅耳原理。

如图 8.12 所示，首先，把波阵面 S 分成许多面积元，每个面积元都是子波波源，它们发出的子波传播到 P 点后各自引起一个光振动。其次，求出面积元 dS 发出的子波（衍射光）传播到 P 点时所引起的光振动的振幅。该振幅与 dS 成正比，与距离 r 成反比，还与 r 和 dS 的法线方向之间的夹角 θ（即衍射角）有关（即与倾斜因子 $K(\theta)$ 有关）。菲涅耳把上述思想用数学式子表述为

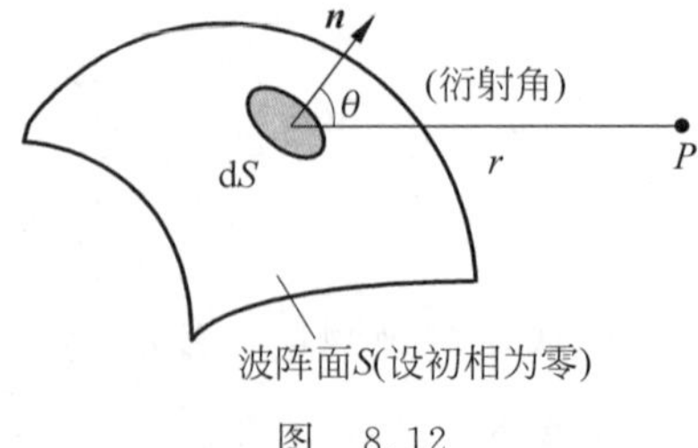

图 8.12

$$dE = C\,\frac{K(\theta)\,dS}{r}\cos\left(\omega t - \frac{2\pi}{\lambda}r\right)$$

式中，dE 为 dS 发出的子波传播到 P 点时所引起的光振动，$K(\theta)$为随着衍射角 θ 的增大而缓慢减小的函数，叫倾斜因子（也叫方向因子）。菲涅耳认为，当 $\theta=0$ 时，$K(\theta)=1$，而当 $\theta\geqslant\pi/2$ 时，$K(\theta)=0$，C 为比例系数，其中包括衍射光在 dS 处的振幅，λ'为光在所经介质中的波长。

物理沙龙二

奥古斯丁·简·菲涅耳（Augustin-Jean Frensnel，1788—1827）出生于法国诺曼底的建筑师家庭。与托马斯·杨的少年时代不同，他智力发展较迟，对语言研究也不擅长。

菲涅耳

菲涅耳 1806 年毕业于巴黎工艺学院，1809 年又毕业于巴黎路桥学院，并取得土木工程师文凭。大学毕业后的一段时期，菲涅耳倾注全力于建筑工程。从 1814 年起，他将注意力转移到光的研究上。

菲涅耳的科学研究是在业余时间和艰苦的条件下进行的，这花费了他有限的收入并损害了他的健康。

1815 年，菲涅耳向科学院提交了关于光的衍射的第一份研究报告，这时他还不知道托马斯·杨关于衍射的论文。菲涅耳以光波干涉的思想补充了惠更斯原理，认为在各子波的包络面上，由于各子波的互相干涉而使合成波具有显著的强度，这给予惠更斯原理以明确的物理意义。但同托马斯·杨所认为的衍射是由直射光束与边缘反射光束的干涉形成的看法相反，菲涅耳认为屏的边缘不会发生反射。阿拉戈热情地报告了这篇论文，并第一个改信了波动说。但是，波动说在解释偏振光的干涉现象上还存在着很大的困难。牛顿在《光学》中曾经问道："光线不是有几个边缘，它们各有一些原来的性质吗?"是双折射现象引起了这一疑问。菲涅尔和阿拉戈总结了偏振光的干涉规律，发现两束偏振光，当它们的反射面互相平行时可以发生干涉；但当反射面互相垂直时，干涉现象就消失。就是说，两束互相垂直的偏振的光线，彼此不发生干涉作用，而原来偏振方向相同的两束光，就好像寻常光线一样可以发生干涉。

1817 年，一直在为波动说的困难寻找解决办法的托马斯·杨觉察出，如果光的振动不是像声波那样沿运动方向作纵向振动，而是像水波或拉紧的琴弦那样垂直于运动方向作横向振动，问题或许可以得到解决。1817 年初，杨写信给阿拉戈说："……虽然波动说可以解释横向振动也在径向方向并以相等速度传播，但粒子的运动是在相对于径向的某个恒定方向上，而这就是偏振。"阿拉戈立即将托马斯·杨的这一新想法告诉了菲涅耳，菲涅耳当时已经独立地领悟到了这个思想，他立即以这一假设解释了偏振光的干涉定律，而且还得出了一系列其他的重要结论，其中包括偏振面转动理论，反射和折射理论，双折射理论。

1818 年，法国科学院提出了征文竞赛题目：一是利用精确的实验测定光线的衍射效应；二是根据实验，用数学归纳法推求出光线通过物体附近时的运动情况。在阿拉戈的鼓励与支持下，菲涅耳向科学院提交了应征论文。他从横波观点出发，圆满地解释了光的偏振,用半波带的方法定量地计算了圆孔、圆板等形状的障碍物产生的衍射花纹,而且与实验符合得很好。但是,菲涅耳的波动理论遭到了光的粒子说者的反对,评奖委员会的成员泊松运用菲涅耳的方程推导出关于圆盘衍射的一个奇怪的结论:如果这些方程是正确的,那么当把一个小圆盘放在光束中时,就会在小圆盘后面一定距离处的屏幕上盘影的中心点出现一个亮斑;泊松认为这当然是十分荒谬的,所以他宣称已经驳倒了波动理论。菲涅耳和阿拉戈接受了这个挑战,立即用实验检验了这个理论预言,非常精彩地证实了这个理论的结论,影子中心的确出现了一个亮斑。在托马斯·杨的双缝干涉和泊松亮斑事实的确证下,光的粒子说开始崩溃了。

菲涅尔的研究成果,标志着光学进入了一个新时期——弹性以太光学时期。这个学说的成功,在牛顿物理学中打开了第一个缺口,为此他被人们称为"物理光学的缔造者"。1818 年被阿拉戈和拉普拉斯引荐参加法国灯塔照明改组委员会。1823 年被吸收为巴黎科学院院士,1827 年获伦敦皇家学院伦福德奖章。他依靠微薄的收入维持自己的科学研究工作。只是到了 1823 年才得到承认被选入法国科学院,用于科学研究上的债务才得以偿清,但他的健康已受到很大损害。1824 年他因大出血而不得不终止了一切科学活动。1827 年 7 月 14 日他因患肺病,在阿夫赖城逝世。在他只有 39 岁的短暂一生中,菲涅耳对经典光学的波动理论做出了卓越的贡献。

2. 光的衍射定义

光在传播过程中若遇到尺寸比光的波长大得不多的障碍物时,光会传到障碍物的阴影区并形成明暗变化的光强分布的现象。

3. 衍射分为菲涅耳衍射和夫琅禾费衍射

菲涅耳衍射指光源、屏与缝相距有限远;

夫琅禾费衍射指光源、屏与缝相距无限远。

4. 夫琅禾费单缝衍射

(1) 实验光路如图 8.13 所示。

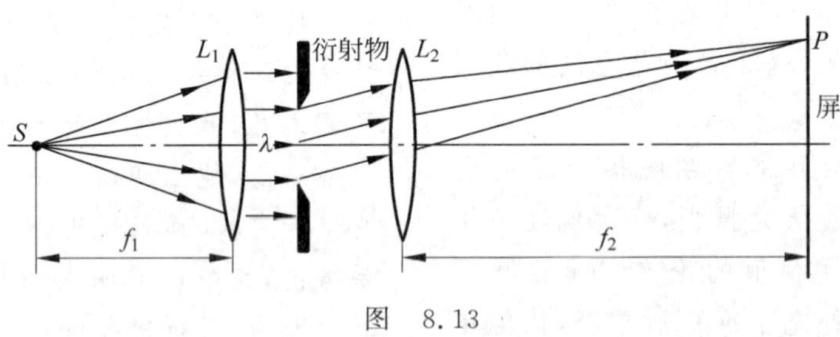

图 8.13

(2) 衍射现象:屏上出现明暗相间的条纹,中央明纹最亮最宽(是其他明纹宽度的 2 倍);随着级次增大,亮度减小。

(3) 单色光垂直照射缝宽为 b 的衍射物时,设 θ 为衍射角,光程差为 $b\sin\theta$,则出现明暗条纹的条件为

$$\begin{cases} b\sin\theta = 0 & \text{中央明纹中心} \\ b\sin\theta = \pm 2k\dfrac{\lambda}{2} = \pm k\lambda & \text{干涉相消(暗纹)　即偶数个半波带} \\ b\sin\theta = \pm(2k+1)\dfrac{\lambda}{2} & \text{干涉加强(明纹)　即奇数个半波带} \\ b\sin\theta \neq k\dfrac{\lambda}{2} & \text{(介于明暗之间)　}(k=1,2,3,\cdots) \end{cases}$$

(语言描述：衍射中当光程差等于波长的整数倍时两两抵消出现暗纹,光程差等于半波长的奇数倍时剩余一个出现亮条纹。)

(4) 原因分析：

菲涅耳半波带法：通过单缝的边缘两束光波的光程差分为若干个半波带,如果光程差分成半波带的偶数倍,则两两抵消出现暗纹；如果光程差分成半波带的奇数倍,则两两抵消剩下一个则出现明纹。其构思之精妙,在于无需数学推导便可知衍射条纹分布的概貌。

(5) 注意：衍射明纹正好与干涉暗纹条件类似。

(6) 第一暗纹距中心的距离

$$x_1 = \theta f = \frac{\lambda}{b} f$$

推导过程：在于准确找出三角形,顶角是 θ,$\tan\theta \approx \theta = \dfrac{x}{f}$。再利用干涉相消公式 $b\sin\theta \approx b\theta = 2k\dfrac{\lambda}{2} = \lambda$,$k=1$ 的暗纹,联立得到第一暗纹距中心的距离。

另得第一暗纹的衍射角

$$\theta_1 = \arcsin\frac{\lambda}{b}$$

中央明纹的宽度

$$l_0 = 2x_1 \approx 2\frac{\lambda}{b} f$$

设问：单缝宽度变化,中央明纹宽度如何变化?

答：单缝宽度变小,中央明纹宽度变宽。

设问：入射波长变化,衍射效应如何变化?

答：入射波长变长,衍射越明显。

设问：除了中央明纹外其他明纹的宽度为多少?

答：$l = \theta_{k+1} f - \theta_k f = \dfrac{\lambda f}{b}$。

设问：单缝上下移动,根据透镜成像原理衍射图如何变化?

答：不变。

设问：入射光非垂直入射时光程差怎样计算?

答：如图 8.14 入射光从左上方入射时,补偿入射光程差,中央明纹向下移动。

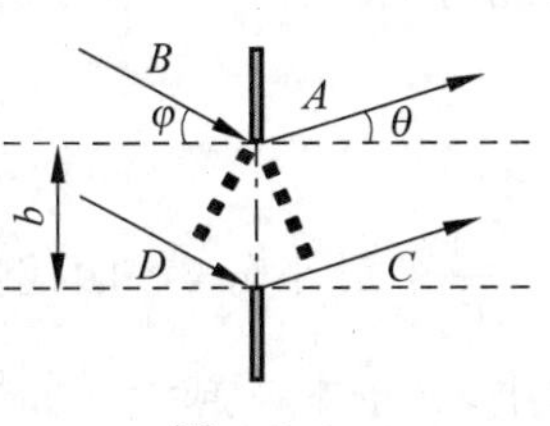

图　8.14

5. 夫琅禾费圆孔衍射——中央出现“艾里斑”

光通过小圆孔也会产生衍射现象。当单色平行光垂直照射小圆孔时在透镜的焦平面处的屏幕上出现明亮的圆斑叫“艾里斑”。周围为明暗相间的圆环。

设圆孔直径为 D，单色光波长为 λ，透镜的焦距为 f，艾里斑的直径为 d，对于 $f \gg d$，艾里斑对透镜光心的张角为 2θ，存在这样一个顶角为 θ 的三角形，它们之间的关系：

$$\theta \approx \tan\theta = \frac{1/2d}{f} = 1.22\frac{\lambda}{D}$$

6. 光学仪器的分辨本领——瑞利判据

对相距很近的两个小圆孔，单色光垂直照射，同样在透镜焦平面处的屏幕上将收到两个艾里斑，小孔的间距越近，两个艾里斑就互相交叠重合甚至无法分辨出是两个物点。光学仪器的分辨能力因光的衍射受到了限制。

光学仪器的分辨能力与哪些因素有关呢？

(1) 设两个点光源相距较远，屏上出现两个艾里斑，如图 8.15(a)所示，两个艾里斑中心的距离大于艾里斑的半径 $1/2d$，这时重叠得少，重叠部分的光强小于艾里斑中心处的光强，两物点的像能够被分辨。

(2) 设两个点光源相距很近，屏上出现两个艾里斑，如图 8.15(c)所示，两个艾里斑中心的距离等于艾里斑的半径 $1/2d$，这时重叠得较多，两物点的像不能够被分辨。

(3) 而设法使两个点光源的距离使屏上两个艾里斑中心的距离恰好等于一个艾里斑的半径，即一个艾里斑的边缘与另一个艾里斑的中心相切，这时重叠部分中心处的光强约为单个艾里斑中心处光强的 80%，如图 8.15(b)所示，两艾里斑也恰好能被分辨。这种准则叫瑞利(Rayleigh)判据。

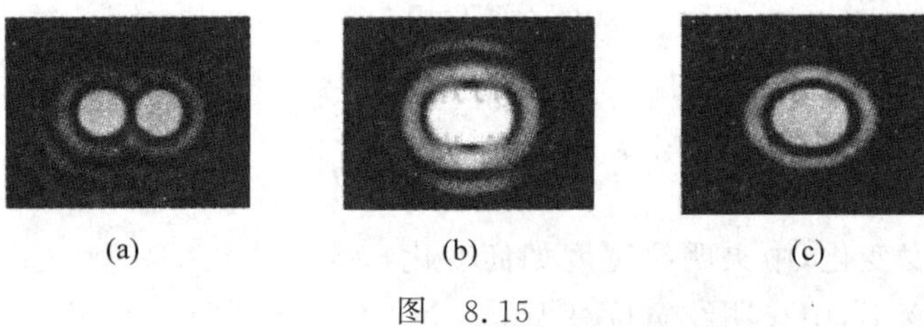

(a)　　(b)　　(c)

图 8.15

存在这样一个三角形，两物点对透镜光心的张角为

$$\frac{1}{2}\theta_0 \approx \tan\frac{1}{2}\theta_0 = \frac{1/4d}{f}$$

因此得到

$$\theta_0 \approx \tan\theta_0 = \frac{1/2d}{f} = 1.22\frac{\lambda}{D}$$

$\frac{1}{\theta_0}$：最小分辨角的倒数叫分辨率，与仪器的透光孔径 D 成正比，与波长成反比。波长越小，分辨本领越大。

德布罗意指出实物粒子有波动性，电子也有波动性，其波长比可见光波长小 3～4 个数量级，所以，电子显微镜比普通光学显微镜的分辨本领大数千倍。

1990 年发射的哈勃太空望远镜的凹面物镜的直径为 2.4m，最小分辨角 $\theta_0=0.1''$，在大气层外 615km 高空绕地运行，可观察 130 亿光年远的太空深处，目前已发现了 500 亿个星系。

物理沙龙三

约瑟夫·冯·夫琅禾费（Joseph von Fraunhofer，1787—1826），德国物理学家。1787 年 3 月 6 日出生于慕尼黑附近的斯特劳斯，是一个玻璃匠的第十一个孩子，父母非常贫穷。夫琅禾费 11 岁成为孤儿，1806 年在慕尼黑的一家玻璃作坊当学徒。

约瑟夫·冯·夫琅禾费

1801 年，这家作坊的房子崩塌了，巴伐利亚选帝侯马克西米利安一世亲自带人将其从废墟中救起。马克西米利安一世十分爱护夫琅禾费，为其提供了书籍和学习的机会。8 个月后，夫琅禾费被送往著名的本讷迪克特伯伊昂修道院的光学学院接受训练。

1818 年，夫琅禾费已经成为光学学院的主要领导。他设计和制造了消色差透镜，首创用牛顿环方法检查光学表面加工精度及透镜形状，对应用光学的发展起了重要的影响。他所制造的大型折射望远镜等光学仪器负有盛名。由于夫琅禾费的努力，巴伐利亚取代英国成为当时光学仪器的制作中心，连迈克尔·法拉第也只能甘拜下风。

1821 年，他发表了平行光通过单缝衍射的研究结果（后人称其为夫琅禾费衍射），做了光谱分辨率的实验，第一个定量地研究了衍射光栅，用其测量了光的波长，以后又给出了光栅方程。夫琅禾费集工艺家和理论家的才干于一身，把理论与丰富的实践经验结合起来，对光学和光谱学做出了重要贡献。

1823 年担任慕尼黑科学院物理陈列馆馆长和慕尼黑大学教授，慕尼黑科学院院士。

1824 年，夫琅禾费被授予蓝马克斯勋章，成为贵族和慕尼黑荣誉市民。由于长期从事玻璃制作而导致的重金属中毒，夫琅禾费年仅 39 岁便与世长辞。

夫琅禾费的科学研究成果主要集中在光谱方面。1814 年，他发明了分光仪，在太阳光的光谱中，他发现了 574 条黑线，这些线被称作夫琅禾费线。现在人们已经发现了一万多条。

十二、衍射光栅

单缝衍射中，调节缝使之变宽，则屏上明纹较亮但条纹间距很窄不易被分辨；调节缝使之很窄，则屏上条纹间距很宽但明纹不够亮也不能精确地测定条纹宽度，不能精确测定波长。这个问题怎么解决呢？

既要使明纹极亮又要使间距大、易于测量，那么利用衍射光栅就可以获得。

1. 在玻璃片上刻画出许多等距离等宽度的狭缝就构成了透射式平面衍射光栅

此外还有在不透明材料(铝片)上刻画许多等间距平行槽纹,经槽纹反射形成衍射条纹,光盘就是反射式平面衍射光栅,光盘在日光下形成的彩色亮纹就是光栅衍射的结果。

2. 衍射光栅实验装置

透射式平面衍射光栅实验装置如图 8.16(a)所示。反射式平面衍射光栅实验装置,如图 8.16(b)所示。

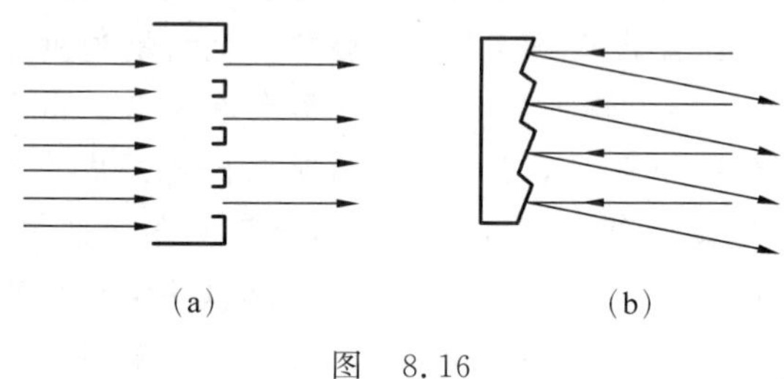

(a)　　(b)

图 8.16

3. 光栅常数

设光栅透光部分宽度为 b,不透光部分宽度为 b',则光栅常数为 $b+b'$。

若在 1cm 内刻有 6000 条刻痕,则光栅常数为 $0.01/6000=1.67\times10^{-6}$ m。

4. 光栅条纹

当单色平行光照射到光栅上时,出现又细又亮的条纹。

每一条透光狭缝都要产生衍射,放在薄透镜焦平面处的屏上就出现了夫琅禾费衍射图样;同时缝与缝之间透过去的光是相干光,又要发生干涉效应,因此,光栅的衍射条纹是衍射和干涉的总效果。

实验表明,缝数增多,明条纹亮度增大,明纹也更细。

5. 衍射光栅的特征方程

衍射光栅的图像是在单缝衍射背底上的多缝干涉。包含两个方程:

(1) 干涉主明纹公式(设衍射角为 θ,则相邻两缝之间的光程差为 $\Delta=(b+b')\sin\theta$)

$$(b+b')\sin\theta=\pm k\lambda \quad (k=0,1,2,\cdots) \quad \text{明纹}$$

(语言描述:干涉中当光程差等于波长的整数倍时出现明纹,光程差等于半波长的奇数倍时出现暗条纹。)

当 $k=0$ 时,对应的条纹叫中央明纹,其余各级明条纹对称分布在中央明纹两侧分别叫正负 1 级、正负 2 级等。

(2) 衍射暗纹公式(相当于单缝衍射,入射光在缝边缘处的光程差为 $b\sin\theta$)

$$b\sin\theta=\pm k\lambda \quad (k=0,1,2,\cdots) \quad \text{暗纹}$$

(语言描述:衍射中当光程差等于波长的整数倍时出现暗纹,光程差等于半波长的奇数倍时出现亮条纹,依据的是菲涅耳半波带法。)

6. 缺级

缺级是指衍射角既满足干涉出现明条纹,又满足单缝衍射的暗条纹,结果就只会出现暗纹,本该出现的明纹被单缝衍射“调制”了而不再出现,这就是光栅缺级现象。

所以在缺级处有

$$\begin{cases}(b+b')\sin\theta=\pm k\lambda & \text{干涉明纹}\\ b\sin\theta=\pm k'\lambda & \text{衍射暗纹}\end{cases}$$

假设当比值$\frac{b+b'}{b}=\frac{k}{k'}=2$，则在相应的$\pm2$，$\pm4$，$\pm6\cdots$处出现光栅缺级。

7. 衍射光谱

当入射光为白光时，各种波长的单色光将产生各自的衍射条纹，除中央明纹由各色光混合仍为白光外，其两侧的各级明纹都由紫到红对称排列。这些彩色光带按波长分开叫做衍射光谱(图 8.17)。

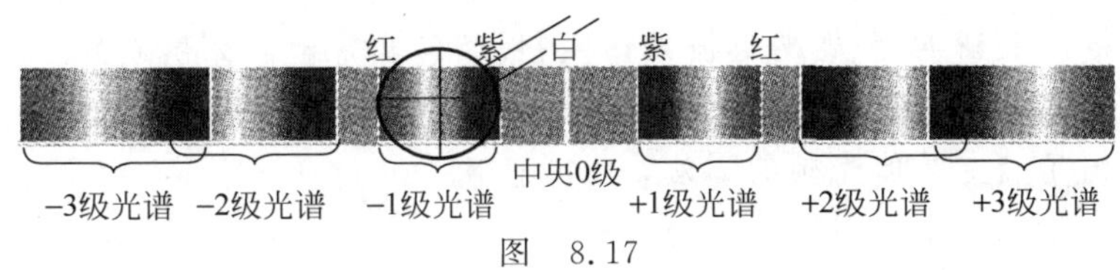

图　8.17

除第一级光谱外，其他各级光谱均有部分重叠。

如何求重叠部分的光谱宽度或从第几级开始重叠、哪一级光谱中的哪个波长的光开始与它的光谱重叠？这些将在下面例题指导中讲解。

8. X 射线衍射简介

1895 年，伦琴发现了 X 射线，公布于世的第一张 X 光照片就是他拍摄夫人的手的照片，伦琴于 1901 年获首届诺贝尔物理学奖。

X 射线穿透能力强，波长短(10^{-10}m)，晶体材料原子间距一般正好为 10^{-10}m，可视为立体光栅。

1913 年，布拉格父子提出：

设原子平面间距为 d，X 射线入射方向与原子层平面之间的夹角叫掠射角，X 射线照射到上面被原子散射了，散射波的光程差为

$$\Delta=2d\sin\theta$$

相邻两个晶面反射的两 X 射线干涉加强的条件为

$$2d\sin\theta=k\lambda\quad(k=0,1,2,\cdots)$$

此式称为布拉格公式，此时的掠射角叫布拉格角。

十三、光的偏振　马吕斯定律

无论是纵波还是横波，都可以产生干涉和衍射现象，因此根据干涉和衍射并不能判定光究竟是横波还是纵波。

相信波动说的一派将光波与声波进行比较，无形中把光视为纵波，惠更斯也如此。

物理沙龙四

1808 年底的一个黄昏，法国的马吕斯(Etienne Louis Malus，1775—1812)透过一块方解石晶体窥视巴黎卢森堡尔格宫窗上反映的夕阳，映象随方解石晶体的转动而时

马吕斯

隐时现，于是发现了反射光的偏振现象。光的偏振现象从实验上证实了光波是横波。1811年，他与J.毕奥各自独立地发现折射时光的偏振，提出了确定晶体光轴的方法，研制成一系列偏振仪器。

相信光为横波的论断是由托马斯·杨于1817年1月12日给阿拉戈的信中提出的：光在晶体中传播产生的双折射推断光是横波。菲涅耳也独立领悟到这一思想并运用横波理论解释了偏振光的干涉。光的偏振现象有力证明了光是横波。

直到1865年，麦克斯韦建立起电磁场理论后，才从理论上证明了光波是横波。光的偏振现象与晶体有着密切的联系，许多偏振元件都是由晶体制成的。反过来，利用光的偏振现象又可以有效地研究晶体的光学性质。

1. 自然光　偏振光

自然光：一般光源发出的光中，包含着各个方向的光矢量在所有可能的方向上的振幅都相等(轴对称)，没有哪个方向比其他方向更具优势，这样的光叫自然光。图 8.18(a)所示为自然光的两种图示法。

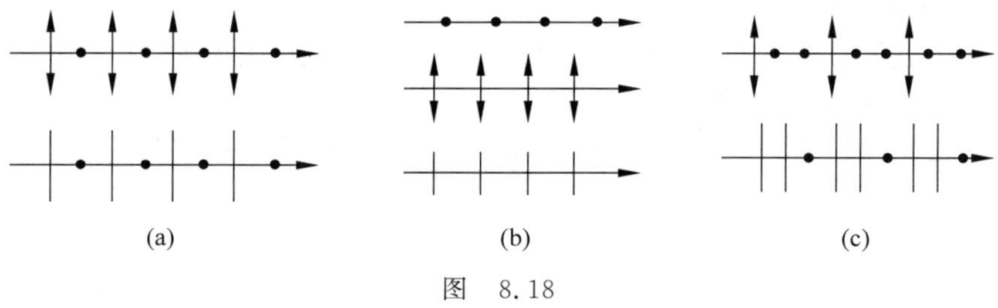

图　8.18

偏振光(线偏振光)：光振动只沿某一固定方向的光叫偏振光或线偏振光或完全偏振光。图 8.18(b)所示为线偏振光的三种图示。

部分偏振光：某一方向的光振动比与之垂直方向上的光振动占优势的光称为部分偏振光。图 8.18(c)所示为部分偏振光的图示。

此外还有圆偏振光和椭圆偏振光。

2. 起偏与检偏

使自然光成为线偏振光的装置叫起偏器，用来检验某种光是否为线偏振光的装置叫检偏器。

偏振化方向：当自然光照射在偏振片上时，它只让某一特定方向的光通过，这个方向叫此偏振片的偏振化方向。

检偏的方法：让光垂直照射检偏器，并让检偏器绕光的传播方向旋转，若屏幕上收到的透射光强不变则为自然光；若透射光强由最亮变为零又从零变到最亮，则为线偏振光；若透射光强由最亮变为较暗但仍有部分光，又从较暗变到最亮，则为部分偏振光。

3. 马吕斯定律

马吕斯于1808年实验发现，强度为 I_0 的偏振光通过检偏器后，出射光的强度为

$$I = I_0 \cos^2 \alpha$$

此规律叫马吕斯定律。

4. 布儒斯特定律

当自然光入射到两种介质分界面上时，反射光与折射光都是部分偏振光，且当入射角为某特定角时，反射光成为了线偏振光，折射光仍是部分偏振光，这个特定角就叫布儒斯特角，有

$$\tan i_0 = \frac{n_2}{n_1}$$

根据折射定律

$$\frac{\sin i_0}{\sin \gamma} = \frac{n_2}{n_1}, \quad \tan i_0 = \frac{n_2}{n_1} = \frac{\sin i_0}{\cos i_0}$$

得到反射线与折射线相互垂直，即

$$i_0 + \gamma = \frac{\pi}{2}$$

物理沙龙五

布儒斯特(David Brewster，1781—1868)，1781年12月11日出生于苏格兰杰德伯勒，1800年毕业于爱丁堡大学，曾任"爱丁堡杂志""苏格兰杂志""爱丁堡百科全书"编辑，后被任命为爱丁堡大学副校长等。1815年被选为皇家学会会员，1819年获冉福德奖章。他积极组织科学爱好者，促进英国科学的发展，并在1831年说服了当时英国最大和最有影响的地方性科学研究团体约克郡团体哲学研究会的理事会，在1831年9月召开了名为"科学之友"的全国性会议，成立了全英国的科学组织"英国科学促进协会"。1812年他发现当入射角的正切等于媒质的相对折射率时，反射光线将为线偏振光(现称为布儒斯特定律)。他研究了光的吸收，发现各向异性介质中的双折射。1816年发明万花筒，1818年发现双轴晶体，1826年制造出马蹄形电磁铁，1835年制造出灯塔用透镜，1849年改进了透视镜。

布儒斯特

当入射角为布儒斯特角时，偏振状态的光能百分之百地射入另一介质，利用光的这种透射性可以制备无损耗的激光窗口，外腔式气体激光器便是利用了这一原理。

5. 双折射的寻常光与非寻常光

当光线进入某些晶体(如方解石等)后，一束入射光线被分解为两束折射光，这种现象叫双折射。

当入射角改变时，其中一束光始终遵循折射定律，叫寻常光(o 光，ordinary rays)；另一束不遵从折射定律，传播速度发生变化，且不在入射面内，叫非寻常光(e 光，extraordinray rays)。

o 光和 e 光都是偏振光，o 光的振动方向垂直于主截面，e 光的振动方向平行于主截面。

6. 克尔效应与光弹效应

(1) 克尔效应：有些各向同性的透明介质，在外加电场的作用下，会显示出各向异性，从而能产生双折射现象，这种现象称为克尔效应。

(2) 光弹效应：有些各向同性的透明材料，如果内部存在应力，它就会呈现出各向异性，当光射入时，也会产生双折射现象，这就是光弹效应。

7. 旋光现象与旋光物质

(1) 旋光现象：偏振光通过某些物质后，其振动面将以光的传播方向为轴线转过一定的角度，这种现象叫旋光现象。

(2) 旋光物质：为能产生旋光现象的物质(如石英晶体、糖溶液、酒石酸溶液等)。

(3) 设 $\Delta\psi$ 为偏振光通过旋光物质后振动面所转过的角度。

① 对于旋光性物质的溶液：

$$\Delta\psi = \alpha l \rho$$

其中波长 λ 一定，ρ 为旋光物质的浓度，l 为旋光物质的透光长度，α 为与旋光物质有关的常量。

② 对于固体旋光物质：

$$\Delta\psi = \alpha l$$

③ 磁致旋光效应：外加磁感强度为 B 的磁场，使某些不具旋光性的物质产生旋光现象。

$$\Delta\psi = VlB \quad (V\text{ 为韦尔代常量})$$

(4) 旋光物质的分类：

① 右旋物质——面对着光源观察，使光振动面的旋转为顺时针的旋光物质。

② 左旋物质——面对着光源观察，使光振动面的旋转为逆时针的旋光物质。

③ 左旋糖和右旋糖——天然植物提炼出的蔗糖及生物体内的葡萄糖都是右旋糖；而人工合成的糖既有左旋结构，又有右旋结构；人只能消化吸收右旋糖。

第四 疑难点分析与课题研究

一、疑难点分析

(一) 关于牛顿环

(1) 判断：若把牛顿环装置(都是用折射率为 1.47 的玻璃制成的)由空气搬入折射率为 1.33 的水中，从上方观察则干涉圆环中心由暗斑变成亮斑(　　)。

分析　这里要注重的是何时计入半波损失(以下简称半波)的问题。

“由空气搬入折射率为 1.33 的水中”很容易使同学做出“干涉圆环中心由暗斑变成亮

斑”的错误解答。

对于劈尖也好牛顿环也好，所关注的研究对象是玻璃片所夹的中间介质的折射率与它相邻的上下玻璃片介质折射率大小的比较，应用半波损失概念，当从光疏到光密介质分界面反射时才有半波损失，两次都有就不再补偿。

单色光从玻璃入射空气反射回玻璃(无半波)；从玻璃入射后折射进空气(不考虑半波)再由下玻璃片的上表面反射回空气(有半波)，再由空气折射进上玻璃片(不考虑半波)。综合以上，最终两光程差要考虑补偿半波，圆环中心为暗环。

单色光从玻璃(折射率为1.47)入射水(折射率为1.33)反射回玻璃(无半波)；从玻璃入射后折射进水(不考虑半波)，再由下玻璃片的上表面反射回水(有半波)，再由水折射进上玻璃片(不考虑半波)。综合以上，最终两光程差同样要考虑补偿半波，圆环中心仍为暗环。

拓展思维1 若把牛顿环装置(都是用折射率为1.47的玻璃制成的)由硅油(折射率为1.49)搬入折射率为1.33的水中，从上方观察则干涉圆环中心由暗斑变成亮斑(　　)。

答案：(×)

拓展思维2 由硅油搬入空气中呢？由水搬入空气中呢？

(2) 上题中若把牛顿环装置(都是用折射率为1.47的玻璃制成的)由空气搬入折射率为1.33的水中，从上方观察则干涉圆环间距(　　)。

(A) 变疏　　(B) 不变　　(C) 变密　　(D) 均匀线性变密

分析 本题考查的是牛顿环半径的数学表示所代表的物理意义。

由空气搬入折射率为1.33的水中后，暗环半径由 $r=\sqrt{kR\lambda}$ 调整为 $r=\sqrt{\frac{kR\lambda}{n}}$，环半径变小，间距变密，但数学表达式上表明是非线性变密。选(C)。

(二) 关于双缝干涉

(1) 用波长 $\lambda=550\text{nm}$ 的单色光垂直照射在杨氏双缝上，用很薄的云母片(厚度为 t，折射率 $n=1.58$)覆盖在杨氏双缝实验中的上方缝上，这时屏幕上的干涉条纹如何变化？

分析 ① 覆盖前，屏幕中央 O 处是明纹，覆盖后，到达屏幕中央的上下光线之光程差变大，具体是明纹还是暗纹或介于明暗之间看覆盖后光程差与波长的关系(当光程差是波长的整数倍时出现明纹，是半波长的奇数倍时出现暗纹)。

② 覆盖前后，下方光线光程未变，上方光线光程变大，因此覆盖后的两光程之差较覆盖前两光程之差大，因此条纹级次 k 变大，原中央 O 级明纹变成较高级次条纹，条纹向上平移，相邻条纹间距 $\Delta x=\frac{d'\lambda}{d}(\Delta k=1)$不变。

③ 覆盖后中央 O 处的上下两光程之差为 $\Delta r=(r-t)+nt-r=nt-t=(n-1)t$。

拓展思维3 请同学自行计算中央 O 处是第几级条纹？

拓展思维4 若把云母片盖在下方的缝上，改变云母片的厚度数据，条纹如何改变？

(2) 一双缝干涉装置，在空气中观察时干涉条纹间距为1.0mm。若整个装置放入水中，干涉条纹的间距将为________mm。(设水的折射率为1.33)

分析 空气中双缝干涉相邻两条纹的间距

$$\Delta x=\frac{d'\lambda}{d}(\Delta k=1)$$

整个装置放入水中，干涉条纹的间距将调整为

$$\Delta x=\frac{d'\lambda_n}{d}=\frac{d'\lambda}{nd}(\Delta k=1)$$

（三）关于劈尖干涉

(1) 两块平玻璃构成空气劈尖，左边为棱边，用单色平行光垂直入射。若上面的平玻璃慢慢地向上平移，则干涉条纹如何变化(　　)。

(A) 向棱边方向平移，条纹间隔变小

(B) 向棱边方向平移，条纹间隔变大

(C) 向棱边方向平移，条纹间隔不变

(D) 向远离棱边的方向平移，条纹间隔不变

分析　① 以明纹为例，

$$\Delta=2nd+\frac{\lambda}{2}=k\lambda\quad(k=1,2,\cdots)$$

上面的平玻璃向上平移，使得第 k 级条纹(对应高度 d)要移向同样高度 d 处(对应条纹级次为 k)，当上平玻璃向上平移过程中，右方 d 高度处的条纹往左平移到 d 处，因此条纹向左平移。

② 劈尖相邻两条纹的高度差 $\Delta d=d_{k+1}-d_k=\frac{\lambda}{2n}$ 不变，而劈尖相邻两条纹的间距也不变，原因为相邻两条纹的间距 $b=\frac{\lambda}{2n\theta}$，与 θ 有关，与劈尖厚度 d 无关。

因此，选(C)。

(2) 如图 8.19(a)所示两个直径有微小差别的彼此平行的滚柱之间的距离为 L，夹在两块平晶的中间，形成空气劈尖，当单色光垂直入射时，产生等厚干涉条纹，如果滚柱之间的距离变小，则在 L 范围内干涉条纹的(　　)。

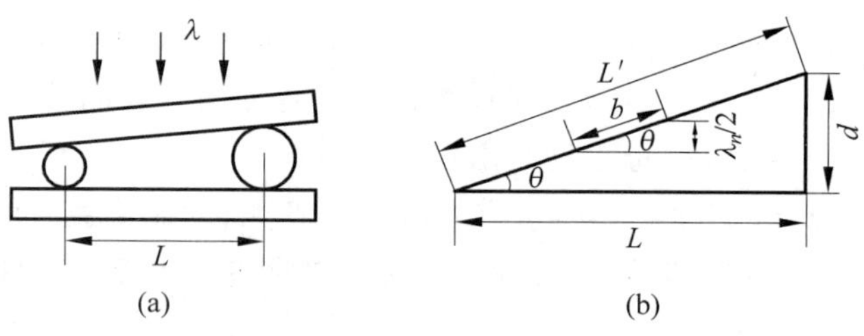

图　8.19

(A) 数目减少，间距变大　　(B) 数目不变，间距变小

(C) 数目增加，间距变小　　(D) 数目减少，间距不变

分析　如图 8.19(b)所示，滚柱之间的距离变小，劈尖角 θ 变大，但高度差 d 不变。相邻两条纹的间距 $b=\frac{\lambda'}{2n\theta}$，$\theta$ 增大，b 减小。

又因为 $\theta\approx\sin\theta=d/L'$，$b=\frac{\lambda}{2n\theta}=\frac{\lambda L'}{2nd}$，所以条纹数目 $N=\frac{L'}{b}=\frac{2nd}{\lambda}$，不变。

故选(B)。

（四）关于单缝衍射

在夫琅禾费衍射装置中，将单缝宽度 b 稍稍变窄，同时使会聚透镜 L 沿 y 轴正方向作微小位移，如图 8.20 所示，则屏幕 C 上的中央衍射条纹将（　　）。

(A) 变宽，同时向上移动

(B) 变宽，同时向下移动

(C) 变宽，不移动

(D) 变窄，不移动

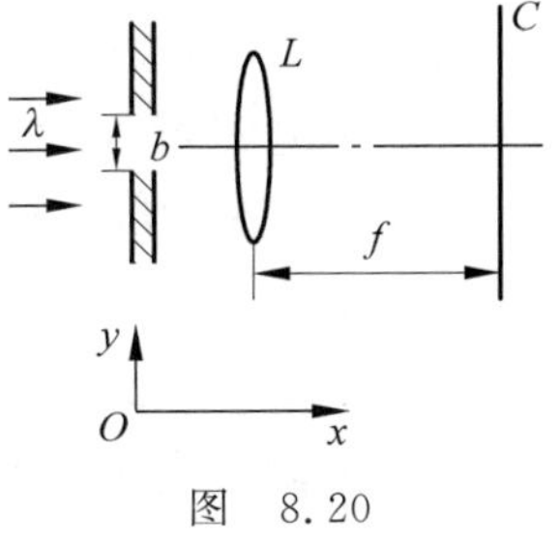

图　8.20

分析　中央明纹的宽度 $l_0=2x_1\approx 2\dfrac{\lambda}{b}f$，随着 b 变窄，l_0 增大，所以中央衍射条纹变宽，位置不变。

故选(C)。

其他条纹间距 $l=\theta_{k+1}f-\theta_k f=\dfrac{\lambda f}{b}$ 也变宽。位置向外缘移动。

（五）关于迈克耳孙干涉仪

若用波长为 λ 的单色光照射迈克耳孙干涉仪，并在迈克耳孙干涉仪的一条光路中放入一厚度为 t，折射率为 n 的透明薄片。放入透明薄片后，干涉仪中两条光路之间光程差的改变量是（　　）。

(A) $(n-1)t$　　(B) nt　　(C) $2nt$　　(D) $2(n-1)t$

错误选择(A)的原因，未考虑光线一去一回，是 2 倍；

错误选择(C)的原因是未考虑两条光路之差。

分析　设臂长为 l，一臂放薄片后光程为 $l-t+nt$，另一臂光程为 l，光程差为 $(n-1)t$，考虑光线一去一回，是 2 倍，选(D)。

二、课题研究

课题研究 1　单缝上下微小移动时，衍射图有否变化？

（根据透镜成像原理衍射图不变）

课题研究 2　单缝位置不变，薄透镜上下微小移动衍射图有否变化？

课题研究 3　单缝衍射装置不变，光线从左上方入射，条纹如何变化？

（上方光程差变小，条纹向下平移）

课题研究 4　单缝衍射装置不变，光线从左下方入射，条纹如何变化？

（上方光程差变大，条纹向上平移）

课题研究 5　公路雷达是如何测速的？

第五　例题指导

例 1　如图 8.21 所示，将一折射率为 1.58 的云母片覆盖于杨氏双缝上的一条缝上，使得屏上原中央极大的所在点 O 改变为第 5 级明纹。假定 $\lambda=550\text{nm}$，求：

(1) 条纹如何移动?

(2) 云母片的厚度 d。

解 (1) 整个条纹发生平移。原来中央明纹将出现在两束光到达屏上光程差 $\Delta=0$ 的位置即条纹向上移动。

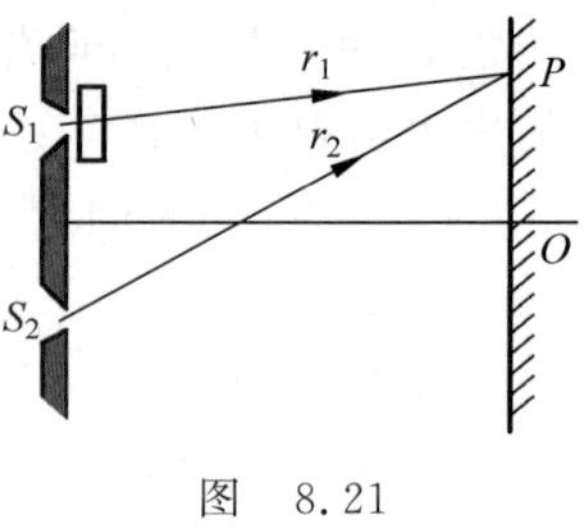

图 8.21

(2) 由上述分析可知,介质片插入前后,对于原中央明纹所在点 O,有

$$\Delta_2-\Delta_1=(n-1)d=5\lambda$$

将有关数据代入可得

$$d=\frac{5\lambda}{n-1}=4.74\times10^{-6}\,\mathrm{m}$$

例 2 以氢放电管发出的光垂直照射在某光栅上,在衍射角 $\varphi=41°$的方向上看到 $\lambda_1=656\mathrm{nm}$ 和 $\lambda_2=410\mathrm{nm}$ 的谱线相重合,求光栅常数最小是多少?($\sin41°\approx0.656$)

解
$$(b+b')\sin\varphi=k\lambda$$

在 $\varphi=41°$处,$k_1\lambda_1=k_2\lambda_2$

$$\frac{k_2}{k_1}=\frac{\lambda_1}{\lambda_2}=\frac{656}{410}=\frac{8}{5}=\frac{16}{10}=\frac{24}{15}=\cdots$$

取 $k_1=5$,$k_2=8$ 即让 λ_1 的第 5 级与 λ_2 的第 8 级相重合,故

$$b+b'=k_1\lambda_1/\sin\varphi=5\times10^{-4}\,\mathrm{cm}$$

例 3 已知入射光 $\lambda=490\mathrm{nm}$ 垂直入射,光栅常数 $b+b'=3.0\times10^{-4}\,\mathrm{cm}$,其中透光缝 $b=1.0\times10^{-4}\,\mathrm{cm}$,试求:

(1) 说明缺级情况;

(2) 解释并说明可见明纹的最高级次,一共能看到几条明纹?

解 (1) 由于$\frac{b+b'}{b}=\frac{3}{1}$,因此$\pm3$、$\pm6$、$\pm9$、…,缺级。

(2) $(b+b')\sin\theta=k\lambda$

当 $\sin\theta=1$ 时,

$$k_{\max}=\frac{b+b'}{\lambda}=6.12$$

说明视场中明纹的最高级次为 6 级,但第 6 级缺级,所以可见明纹的最高级次为 5 级。

一共能看到 9 条明纹:0,±1,±2,±4,±5。

例 4 一块厚 1.2μm 的折射率为 1.50 的透明膜片。设以波长介于 400~700nm 的可见光垂直入射,求反射光中哪些波长的光最强?

解 由薄膜反射干涉相加强公式有

$$2nd+\frac{\lambda}{2}=k\lambda\quad(k=1,2,\cdots)$$

得
$$\lambda=\frac{4nd}{2k-1}=\frac{72\,000}{2k-1}\,\mathrm{\mathring{A}}$$

有两个未知数,怎么办?

这里介绍一种叫"试算法"：分别算出 $k=1,2,3,\cdots$ 时的波长，判断它们是否在可见光范围内。

有以下 4 条：

$$k=6,\quad \lambda=6550\text{Å}$$
$$k=7,\quad \lambda=5540\text{Å}$$
$$k=8,\quad \lambda=4800\text{Å}$$
$$k=9,\quad \lambda=4235\text{Å}$$

例 5　波长 600nm 的单色光垂直入射到光栅上，测得第二主极大的衍射角为 30°，且第 3 级是缺级，试求：

(1) 光栅常数等于多少？

(2) 透光缝可能的最小宽度等于多少？

(3) 在选定了上述光栅常数和透光缝宽后，求在衍射角 $-\frac{1}{2}\pi<\varphi<\frac{1}{2}\pi$ 范围内可能观察到的全部主极大的级次。

解　(1) 由光栅方程：$(b+b')\sin\theta=k\lambda$，得

$$b+b'=\frac{k\lambda}{\sin\varphi}$$

已知 $\lambda=600\text{nm}, k=2, \varphi=30°$，故

$$b+b'=\frac{k\lambda}{\sin\varphi}=2.4\mu\text{m}$$

(2) 根据缺级公式 $\frac{b+b'}{b}=3$，由题意 $k=3$，因此透光缝可能的宽度 b 最小为

$$b=\frac{b+b'}{3}=0.8\mu\text{m}$$

(3) $k_{\max}=\frac{(b+b')\sin 90°}{\lambda}=4$，此时 $\varphi=\pm\frac{1}{2}\pi$ 无法取到；

又由缺级公式得缺级级次为

$$k=\pm3, \pm6, \pm9, \cdots$$

所以在衍射角 $-\frac{1}{2}\pi<\varphi<\frac{1}{2}\pi$ 范围内，可能观察到主极大全部级次为 $0, \pm1, \pm2$。

例 6　在折射率为 1.5 的玻璃板上表面镀一层折射率为 2.5 的透明介质膜可增强反射。设在镀膜过程中用一束波长为 600nm 的单色光从上方垂直照射到介质膜上，并用照度表测量透射光的强度。当介质膜的厚度逐步增大时，透射光的强度发生时强时弱的变化，求当观察到透射光的强度第三次出现最弱时，介质膜镀了多少 nm 厚度的透明介质膜？

分析　根据半波损失概念，透射光无半波损失，且要求出现 $k=3$ 的最弱即暗条纹，

$$\Delta_t=2n_2d=(2k+1)\frac{\lambda}{2}$$

$$k=3,\quad d=420\text{nm}$$

例 7 杨氏双缝装置中设 $d'\gg d$，$\lambda=589.3\text{nm}$（钠黄光）照射，测得两相邻明条纹角距离 $\Delta\theta=0.20°$，问

（1）何种波长的光可使角距离比钠黄光增加 10%？

（2）将装置浸入水中，钠黄光相邻明纹角间距多大？

解 （1）条纹间距

$$\Delta x=\frac{d'}{d}\lambda=d'\Delta\theta$$

$$\Delta\theta_1=\frac{\lambda_1}{d}=0.20°$$

$$\frac{\Delta\theta_1}{\Delta\theta_2}=\frac{\lambda_1}{\lambda_2}$$

$$\lambda_2=\frac{\Delta\theta_2}{\Delta\theta_1}\lambda_1=\frac{0.22°}{0.20°}\times 589.3\text{nm}=648.2\text{nm}$$

（2）将装置浸入水中，钠黄光相邻明纹间距调整为

$$\Delta x=\frac{d'}{d}\cdot\frac{\lambda}{n}=d'\Delta\theta$$

$$\Delta\theta=\frac{\lambda}{nd}=\frac{\Delta\theta_1}{n}=\frac{0.20°}{1.33}=0.15°$$

可知条纹角间距变小了。

例 8 一油轮漏出的油（折射率 1.20）污染了某海域，在海水（折射率 1.30）表面形成一层薄薄的油污。

如果太阳正位于海域上空，一直升机的驾驶员从机上向下观察，他所正对的油层厚度为 460nm，则他将观察到油层呈什么颜色？

分析 本题需要用前面介绍的“试算法”。

解 反射光不需补偿半波损失，

$$\Delta_r=2dn_1=k\lambda$$

$$\lambda=\frac{2n_1d}{k}\quad (k=1,2,\cdots)$$

试算：

$$k=1,\quad \lambda=2n_1d=1104\text{nm}\quad（不在可见光范围内）$$

$$k=2,\quad \lambda=n_1d=552\text{nm}$$

查表得到是绿色光。

$$k=3,\quad \lambda=\frac{2}{3}n_1d=368\text{nm}\quad（不在可见光范围内）$$

第六　反思与总结

（1）上述例 8 中，如果一潜水员潜入该区域水下，又将看到油层呈什么颜色？

（2）请根据图 8.22 电磁波谱填写表 8.1。

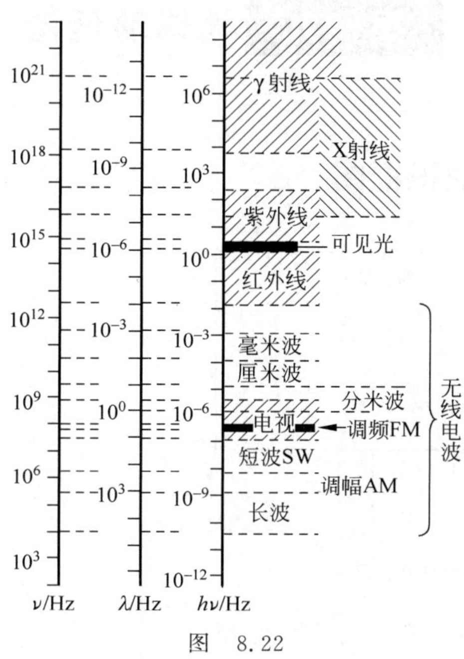

图　8.22

表 8.1　电磁波谱

电磁波	波长由小到大/nm	生活实物	电磁波	波长由小到大/nm	生活实物
γ射线	0.1～0.001		红色光	647～760	
X射线			红外线		
紫外线			微波		
紫色光	400～424		毫米波		
蓝色光	424～491		电视调频		
绿色光	491～575		短波		
黄色光	575～585		长波		
橙色光	585～647		交流电		

(3) 能产生干涉现象的两束光的条件是什么？获得相干光的两种方法是什么？

(4) 在杨氏双缝干涉实验中，缝宽对干涉条纹有怎样的影响？当用一块云母片覆盖在上方的狭缝上，干涉条纹如何变化？

(5) 对薄膜干涉、劈尖干涉、牛顿环产生的干涉条纹进行对比总结。

(6) 单缝夫琅禾费衍射条纹的分布规律是怎样的？

(7) 公路雷达测速原理是怎样的？

(8) 怎样用菲涅耳半波带法解释衍射现象？

(9) 分析缝宽及波长对衍射条纹的影响。

案例九 气体动理论

第一 气体动理论知识框图

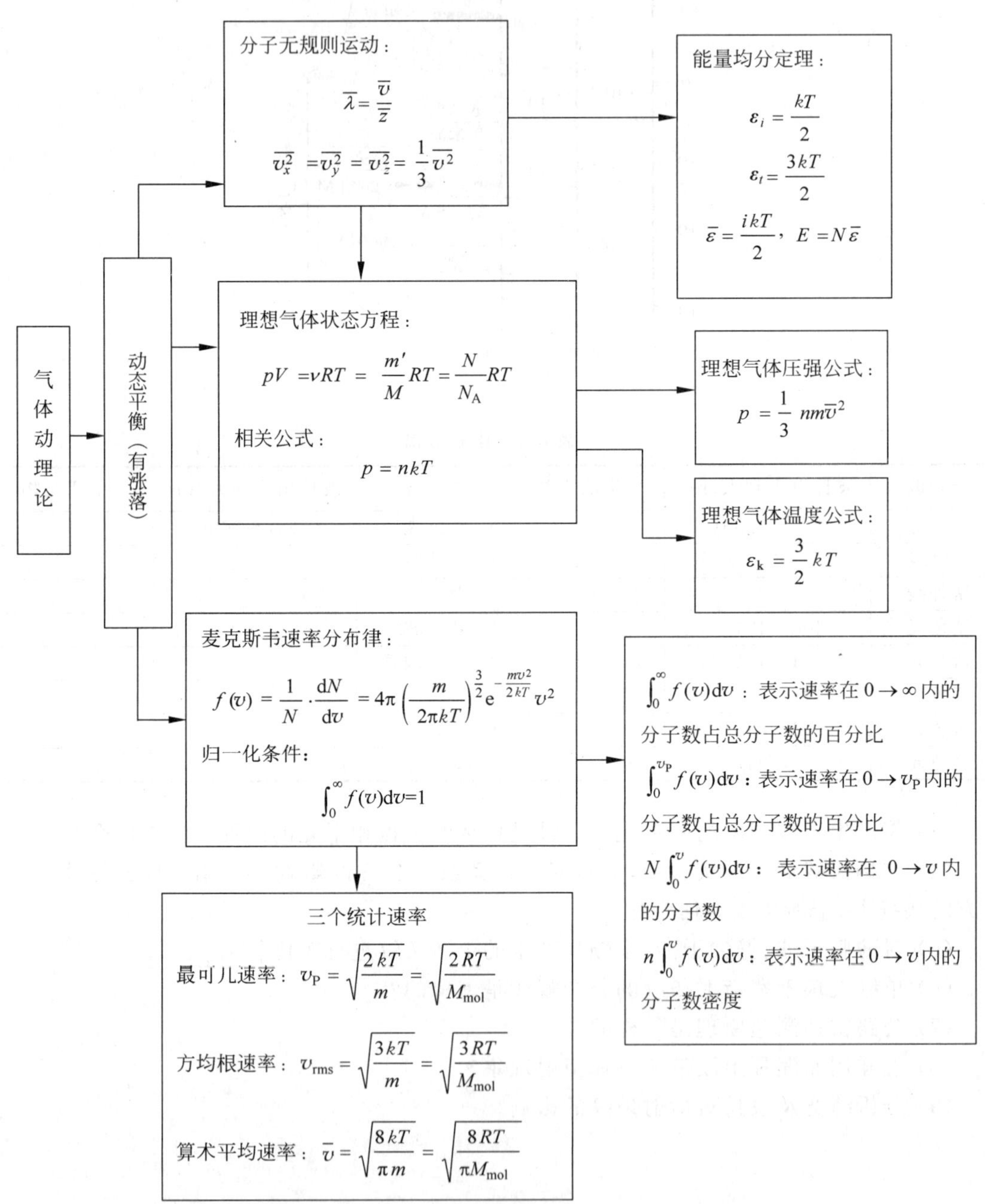

第二 任务分析与学习方法

本章学习特点：小概念多且零碎，因此掌握学习要点和方法是学好本章的关键。

归纳为 3＋12＋5＋4＋3(图 9.1)，学完后进行自我整理。

(1) 了解气体动理论(本案例)与热力学(案例十)的研究方法的对比，了解微观量与宏观量两个概念的联系。

(2) 理解平衡态，了解平衡态概念下统计的两条基本假设。

(3) 掌握理想气体的 3 个基本物态参量以及 12 个气体微观量，掌握理想气体的两个物态方程和压强公式。

(4) 掌握气体分子平均平动动能、内能与温度的关系。

(5) 了解热力学第零定律、自由度、能量均分定理。

(6) 掌握麦克斯韦气体分子速率分布律的物理意义、图示，掌握 3 种速率的意义，掌握玻耳兹曼能量分布律及等温气压公式。

(7) 了解非平衡态下气体的迁移现象。

(8) 掌握速率分布律的特点：分子平均动能、分子平均能量、内能的概念及区别。

(9) 利用麦克斯韦分布函数计算各物理量。

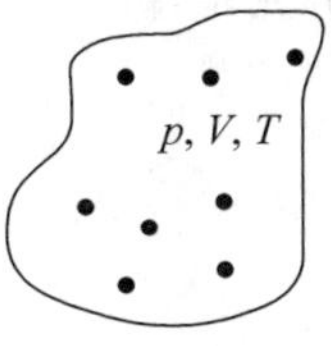

图 9.1

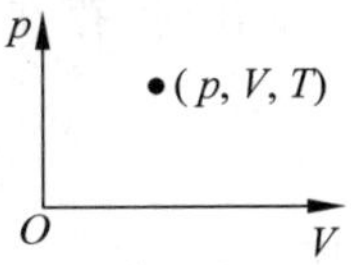

图 9.2

第三 内容提要

一、平衡态

定义：一定量的气体，在不受外界的影响下，经过一定的时间，系统达到一个稳定的宏观性质且不随时间变化的状态称为平衡态。

平衡态可以用 p-V 图上的一个点表示(图 9.2)。

平衡态的特点：

(1) 具有单一性(p、T 处处相等)；

(2) 物态的稳定性——不随时间而改变；

(3) 是自发过程的终点；

(4) 是一种热动平衡(有别于力平衡)。

二、气体的 3 个物态参量(宏观量)及 p-V 等状态参量图

(1) 压强 p：作用于容器壁上单位面积的正压力。单位：$1\text{Pa}=1\text{N}\cdot\text{m}^{-2}$。

(2) 体积 V：气体所能达到的最大空间。单位：$1\text{m}^3=10^3\text{L}=10^3\text{dm}^3$。

(3) 温度 T：气体冷热程度的量度。单位：热力学温标 K(开尔文)，与摄氏温标的关系：$T=273.15+t$。

三、理想气体的物态方程

1. 理想气体的宏观定义

遵守 3 个实验定律的气体。

2. 理想气体的物态方程

理想气体处于平衡态时 3 个宏观参量间的函数关系。对一定质量的同种理想气体存在

$$\begin{cases} p_1V_1=p_2V_2 & T\text{ 不变,玻 - 马定律} \\ \dfrac{p_1}{T_1}=\dfrac{p_2}{T_2} & V\text{ 不变,查理定律} \\ \dfrac{V_1}{T_1}=\dfrac{V_2}{T_2} & p\text{ 不变,盖 - 吕萨克定律} \end{cases}$$

3 个量都发生变化时，存在以下关系

$$\frac{p_1V_1}{T_1}=\frac{p_2V_2}{T_2}=C$$

理想气体物态方程一：

$$pV=\nu RT=\frac{m'}{M}RT \quad \text{(处理宏观问题)}$$

理想气体物态方程二：

$$p=nkT \quad \text{(处理微观问题)}$$

理想气体的压强公式：

$$p=\frac{1}{3}nm\bar{v}^2=\frac{2}{3}n\bar{\varepsilon}_k$$

3. 要求掌握以下 12 个微观量：

(1) $R=8.31\text{J}\cdot\text{mol}^{-1}\cdot\text{K}^{-1}$ 为摩尔气体常量(数值可不记)；

(2) $m'=Nm$ 为气体分子总质量；

(3) N 为气体分子总个数；

(4) m 为一个气体分子的质量，与分子类型有关；

(5) $M=N_Am$ 为 1mol 气体质量，简称摩尔质量；

(6) $N_A=6.02\times10^{23}\text{mol}^{-1}$ 为 1mol 气体分子的个数或阿伏伽德罗常数；

(7) $\nu=\dfrac{m'}{M}=\dfrac{N}{N_A}$ 为摩尔数；

(8) $n=\frac{N}{V}$或$n=\frac{N}{xyz}$为气体分子数密度，即单位体积气体分子的个数；

(9) $k=R/N_A=1.38\times10^{-23}\,\mathrm{J\cdot K^{-1}}$ 称为玻耳兹曼常量(数值可不记)；

(10) $\bar{\varepsilon}_k=\frac{1}{2}m\overline{v^2}=\frac{3}{2}kT$ 为气体分子的平均平动动能；

(11) $E=\nu\frac{i}{2}RT$ 为理想气体的内能，即分子动能和分子内原子间的势能之和；

(12) $\bar{\varepsilon}=\frac{i}{2}kT$ 为气体分子的平均能量。

四、热力学第零定律

如果物体A和B分别与物体C处于热平衡的状态，那么A和B之间也处于热平衡。

五、物质的微观模型与统计规律

(1) 分子的线度是分子间距的十分之一。

(2) 当$r<r_0$时，分子力主要表现为斥力；当$r>r_0$时，分子力主要表现为引力。

(3) 分子都在作永不停止的无规则热运动。

(4) 概率$\omega_i=\lim\limits_{N\to\infty}\frac{N_i}{N}$：粒子在伽尔顿板第$i$格中出现的可能性大小，归一化条件：

$$\sum_i\omega_i=\sum_i\frac{N_i}{N}=1$$

(5) 温度T的物理意义

① 温度是分子平均平动动能的量度；

② 温度是大量分子的集体表现；

③ 在同一温度下各种气体分子平均平动动能均相等。

六、能量均分定理

自由度：分子能量中独立的速度和坐标的二次方项的数目叫做分子能量自由度的数目，简称自由度，用符号i表示。

自由度数目：$i=t+r+s$，即平动t、转动r、振动s。

气体处于平衡态时，分子任何一个自由度的平均能量都相等，均为$\frac{1}{2}kT$，这就是能量自由度均分定理。

物理沙龙一

詹姆斯·克拉克·麦克斯韦(Clerk Maxwell，1831—1879)于1831年6月13日生于苏格兰古都爱丁堡，麦克斯韦的父亲约翰是一名机械设计师，他对麦克斯韦的影响非常大。麦克斯韦的智力发育格外早，他15岁时，就向爱丁堡皇家学院递交了一份科研论文。他就读于爱丁堡大学，毕业于剑桥大学。1856年4月30日，麦克斯韦被任命为阿伯丁的马里沙尔学院自然哲学讲座教授。他成年时期的大部分时光是在大学里当教授，最后是在剑桥大学任教。

麦克斯韦和他的妻子

麦克斯韦的《电磁学通论》发表之时，赫兹只有16岁。在当时的德国，人们依然固守着牛顿的传统物理学观念，法拉第、麦克斯韦的理论对物质世界进行了崭新的描绘，但是违背了传统，因此在德国等欧洲中心地带毫无立足之地，甚而被当成奇谈怪论。当时支持电磁理论研究的，只有玻耳兹曼和亥姆霍兹。赫兹后来成了亥姆霍兹的学生。在老师的影响下，赫兹对电磁学进行了深入的研究，在进行了物理事实的比较后，他确认，麦克斯韦的理论比传统的“超距理论”更令人信服。于是他决定用实验来证实这一点。1886年，赫兹经过反复实验，发明了一种电波环，用这种电波环作了一系列的实验，终于在1888年发现了人们怀疑和期待已久的电磁波。赫兹的实验公布后，轰动了全世界的科学界，由法拉第开创、麦克斯韦总结的电磁理论，至此取得了决定性的胜利，麦克斯韦的伟大遗愿终于实现了。

七、麦克斯韦气体分子速率分布律

1. 理解以下5个物理量的含义

(1) ΔN 表示 $v \to v+\Delta v$ 间的分子数；

(2) $\mathrm{d}N$ 表示 $v \to v+\mathrm{d}v$ 间的分子数；

(3) $\Delta N/N$ 表示 $v \to v+\Delta v$ 间的分子数占分子总数的百分比；

(4) $\frac{\mathrm{d}N}{N}$表示 $v \to v+\mathrm{d}v$ 间的分子数占分子总数的百分比；

(5) $\Delta N/(N\Delta v)$表示单位速率区间的分子数占分子总数的百分比。

麦克斯韦气体分子速率分布函数 $f(v)$，与 v 存在一定关系。

速率分布函数的意义：用统计的说明方法，指出在总数为 N 的分子中，在各种速率区间的分子各有多少，或它们各占分子总数的百分比多大，这种说明方法就给出分子按速率的分布：

$$f(v)=\lim_{\Delta v\to 0}\frac{\Delta N}{N\Delta v}=\frac{1}{N}\lim_{\Delta v\to 0}\frac{\Delta N}{\Delta v}=\frac{1}{N}\frac{\mathrm{d}N}{\mathrm{d}v} \quad \text{（为纵坐标）}$$

得

$$\frac{\mathrm{d}N}{N}=f(v)\mathrm{d}v=\mathrm{d}S \quad \text{（矩形条的面积）}$$

以 $f(v)$为纵坐标，以 $\mathrm{d}v$ 为横坐标，$f(v)\mathrm{d}v$ 表示图形下的面积 $\mathrm{d}S$。

2. 掌握理解以下4个物理量的含义：

(1) 速率在 $v \to v+\mathrm{d}v$ 区间的分子数占总分子数的百分比：$f(v)\mathrm{d}v$

(2) 速率在 $v \to v+\mathrm{d}v$ 内分子总数：$\mathrm{d}N=Nf(v)\mathrm{d}v$

(3) 速率位于 $v_1 \to v_2$ 区间的分子数：$\Delta N=\int_{v_1}^{v_2}Nf(v)\mathrm{d}v$

(4) 速率位于 $v_1 \to v_2$ 区间的分子数占总数的百分比：

$$\frac{\Delta N}{N} = \int_{v_1}^{v_2} f(v)\mathrm{d}v$$

了解归一化条件：

$$\int_0^N \frac{\mathrm{d}N}{N} = \int_0^\infty f(v)\mathrm{d}v = 1$$

3. 了解麦氏分布函数

$$f(v) = 4\pi\left(\frac{m}{2\pi kT}\right)^{3/2} \mathrm{e}^{-\frac{mv^2}{2kT}} v^2$$

4. 掌握以下 3 种统计速率

(1) 最概然速率 v_P

$$v_\mathrm{P} \approx 1.41\sqrt{\frac{RT}{M}}$$

物理意义：气体在一定温度下分布在最概然速率附近单位速率间隔内的相对分子数最多。

(2) 平均速率 $\bar{v}$

$$\bar{v} = \int_0^\infty v f(v)\mathrm{d}v = \sqrt{\frac{8kT}{\pi m}}$$

物理意义：所有分子速率的算术平均值。

(3) 方均根速率 $v_\mathrm{rms} = \sqrt{\overline{v^2}}$

$$\sqrt{\overline{v^2}} = \sqrt{\frac{3kT}{m}} \approx 1.73\sqrt{\frac{RT}{M}}$$

物理意义：分子速率平方的平均值开根号。

3 种速率的比较：

$$\begin{cases} v_\mathrm{rms} = \sqrt{\overline{v^2}} = \sqrt{\frac{3kT}{m}} = \sqrt{\frac{3RT}{M}} \\ \bar{v} \approx 1.60\sqrt{\frac{kT}{m}} = 1.60\sqrt{\frac{RT}{M}} \\ v_\mathrm{P} = \sqrt{\frac{2kT}{m}} = \sqrt{\frac{2RT}{M}} \end{cases}$$

所以 $v_\mathrm{P} < \bar{v} < \sqrt{\overline{v^2}}$

八、用分子射线实验验证麦克斯韦气体分子速率分布函数

1859 年麦克斯韦利用概率论推导出麦克斯韦速率分布律后，各种用于测量分子速率的实验装置和方法被设计出来。1920 年，施特恩(O. Stern)第一个利用原子束实验测定并验证了麦克斯韦速率分布律。此后，许多科学家通过不断改进，更加精确地测定了分子的速率分布，验证了麦克斯韦速率分布律的正确性。

图 9.3 画出了一种用于测量气体分子速率分布的实验装置的示意简图。该装置由一个

能产生金属蒸气分子的气源 A、两平行狭缝 B_1 和 B_2、相距为 l 的两同轴圆盘 C_1 和 C_2 以及接受分子的胶片 D 组成。整个装置放于高真空中，两同轴圆盘上各开一径向的狭缝，它们间错开一角度 θ。

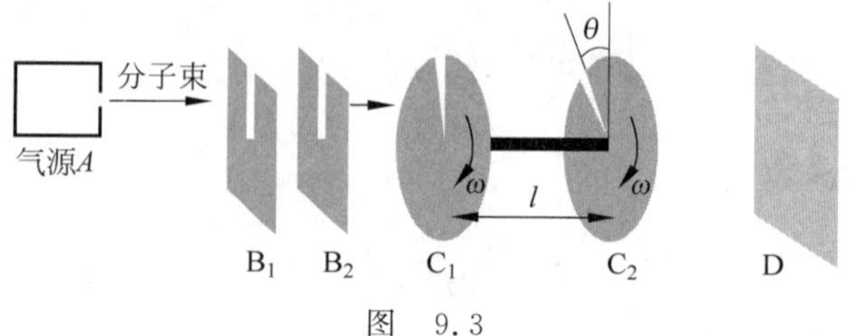

图 9.3

实验时，由气源产生金属蒸气，金属蒸气原子作无规则热运动并具有不同的速度。其中一些金属原子正好向 B_1 狭缝方向运动，经 B_2 狭缝准直后形成一束定向的原子射线。此射线中的金属原子只有具有特定速率的，才能通过以角速度 ω 转动的同轴圆盘 C_1 和 C_2 上错开一定角度的两条狭缝，被记录在胶片 D 上。设金属原子相继通过圆盘 C_1 和 C_2 上的狭缝所用的时间为 t，则只有满足如下关系的那些金属原子才能被胶片记录

$$vt = l, \quad \omega t = \theta$$

得

$$v = \frac{\omega l}{\theta}$$

可见，当圆盘旋转的角速度 ω 一定时，只有满足上式的那些金属原子才能够通过狭缝被记录下来。由于圆盘的狭缝有一定宽度，所以通过的只是那些速率处于 v 处一个小的速率区间内的金属原子。

实验中，通过选择圆盘的不同旋转角速度 ω，并测量胶片上沉积的金属层厚度，就可以计算出处于相应速率区间内的分子数。这样就可以确定在一定条件下金属原子处于给定速率区间内的概率。此实验的结果验证了麦克斯韦速率分布律的正确性。

由此，我们不得不佩服麦克斯韦对速率分布律的精准的探求精神、坚韧的毅力和伟大的创新思想。

九、玻耳兹曼能量分布律及等温气压公式

1. 玻耳兹曼能量分布律

对于麦克斯韦速率分布律

$$f(v) = 4\pi\left(\frac{m}{2\pi kT}\right)^{3/2} e^{-\frac{mv^2}{2kT}} v^2$$

如果气体分子在保守力场中，分子不仅有动能，还有势能，动能是速率的函数 $\varepsilon_k = \varepsilon_k(v)$，而势能是分子的空间位置的函数 $\varepsilon_p = \varepsilon_p(x, y, z)$，玻耳兹曼(L. Boltzmann)把麦克斯韦速率分布律推广到分子在保守力场中运动的情形，这时，用分子的总能量 $\varepsilon = \varepsilon_k + \varepsilon_p$ 代替上式中的 $\varepsilon_k = \frac{1}{2}mv^2$，另外，与空间积分元的变换相似，对速率积分可用微分元 $dv_x dv_y dv_z$ 代替 $4\pi v^2 dv$，于是得到，当系统在力场中处于平衡状态时的分子数为

$$dN = Nf(v)dv = n_0\left(\frac{m}{2\pi kT}\right)^{3/2} e^{-\frac{\varepsilon_k + \varepsilon_p}{kT}} dv_x dv_y dv_z dx dy dz$$

式中，n_0 表示势能 $\varepsilon_p=0$ 处单位体积内具有各种速度的分子总数。此式是在平衡状态下气体分子按能量的分布规律，称为玻耳兹曼能量分布律。

将上式对所有可能的速度积分，考虑到所应满足的归一化条件

$$\int_{-\infty}^{+\infty}\iint\left(\frac{m}{2\pi kT}\right)^{\frac{3}{2}}\mathrm{e}^{-\frac{\varepsilon_k}{kT}}\mathrm{d}v_x\mathrm{d}v_y\mathrm{d}v_z=1$$

可得

$$\mathrm{d}N'=n_0\mathrm{e}^{-\frac{\varepsilon_p}{kT}}\mathrm{d}x\mathrm{d}y\mathrm{d}z$$

这里的 $\mathrm{d}N'$ 表示分布在 $x-(x+\mathrm{d}x),y-(y+\mathrm{d}y),z-(z+\mathrm{d}z)$ 内具有各种速度的分子总数，再以上式除以 $\mathrm{d}x\mathrm{d}y\mathrm{d}z$，得分布在空间坐标 x,y,z 附近的单位体积内的分子总数，即分子数密度按势能的分布

$$n=n_0\mathrm{e}^{-\frac{\varepsilon_p}{kT}}$$

2. 等温气压公式

假定大气为理想气体，并忽略地球表面的大气层上下温度及重力加速度的差异，结合理想气体状态方程 $p=nkT$，得到

$$p=n_0kT\mathrm{e}^{-\frac{\varepsilon_p}{kT}}=n_0kT\mathrm{e}^{-\frac{mgz}{kT}}=p_0\mathrm{e}^{-\frac{M_{mol}gz}{RT}}$$

式中，$p_0=n_0kT$ 表示 $z=0$ 处的大气压强，p 表示 z 处的大气压强，M_{mol} 为空气的摩尔质量。上式叫做等温气压公式。

由上式可得

$$z=\frac{RT}{M_{mol}g}\ln\frac{p_0}{p}$$

在航空、登山等活动中，可应用上式估算高度相差不大的范围内上升的高度。

物理沙龙二

路德维希·玻耳兹曼(Ludwig Edward Boltzmann，1844—1906)，热力学和统计物理学的奠基人之一。

年轻的玻耳兹曼

玻耳兹曼1844年出生于奥地利的维也纳，1866年获得维也纳大学博士学位。玻耳兹曼的贡献主要在热力学和统计物理方面。1869年，他将麦克斯韦速度分布律推广到保守力场作用下的情况，得到了玻耳兹曼分布律。1872年，玻耳兹曼建立了玻耳兹曼方程(又称输运方程)，用来描述气体从非平衡态到平衡态过渡的过程。1877年他又提出了著名的玻耳兹曼熵公式。

玻耳兹曼的一生颇富戏剧性，他独特的个性也一直吸引着人们的关注。有人说他终其一生都是一个“乡巴佬”，他自己要为一生的不断搬迁和无间断的矛盾冲突负责，甚至他以自杀来结束自己辉煌一生的方式也是其价值观冲突的必然结果。也有人说，玻耳兹曼是当时的费曼。他讲课极为风趣、妙

语连篇，课堂上经常出现诸如“非常大的小”之类的话语。幽默是他的天性，但他性格中的另一面——“自视甚高与极端不自信的奇妙结合”，对这位天才的心灵损害极大。

玻耳兹曼墓碑

按理说，玻耳兹曼的学术生涯应该很平坦，可事实上却充满了艰辛。其中有不少是社会的因素，但更多地应该与他个人的性格有关。

玻耳兹曼与奥斯特瓦尔德之间发生的“原子论”和“唯能论”的争论，在科学史上非常著名。按照普朗克的话来说：“这两个死对头都同样机智，应答如流；彼此都很有才气。”当时，双方各有自己的支持者。奥斯特瓦尔德的“后台”是不承认有“原子”存在的恩斯特·马赫。由于马赫在科学界的巨大影响，当时有许多著名的科学家也拒绝承认“原子”的实在性。后来大名鼎鼎的普朗克站在玻耳兹曼一边，但由于普朗克当时名气还小，最多只是扮演了玻耳兹曼助手的角色。玻耳兹曼却不承认这位助手的功劳，甚至有点不屑一顾。尽管都反对“唯能论”，普朗克的观点与玻耳兹曼的观点还是有所区别。尤其让玻耳兹曼恼火的是，普朗克对玻耳兹曼珍爱的原子论并没有多少热情。后来，普朗克的一位学生泽尔梅罗（E. Zermelo）又写了一篇文章指出玻耳兹曼的某条定理中的一个严重的缺陷，这就更让玻耳兹曼恼羞成怒。玻耳兹曼以一种讽刺的口吻答复泽尔梅罗，转过来对普朗克的意见更大。即使在给普朗克的信中，玻耳兹曼常常也难掩自己的“愤恨”之情。只是到了晚年，当普朗克向他报告自己以原子论为基础来推导辐射定律时，他才转怒为喜。

玻耳兹曼沉浸在与这些不同见解的斗争中，一定程度上损害了他的生理和心理健康。尽管玻耳兹曼的“原子论”与奥斯特瓦尔德的“唯能论”之间的论战，最终玻耳兹曼取胜，但这个过程对于一个科学家的生命来说，显得太长了。

玻耳兹曼一直有一种孤军奋战的感觉。他曾两度试图自杀。1900 年的那次没有成功，他陷入了一种两难境界。再加上晚年接替马赫担任哲学教授，后几次哲学课上得不大成功，使他对自己能否讲好课产生了怀疑。玻耳兹曼的痛苦与日俱增，又没有别的办法解脱，他似乎不太可能从外界获得帮助。如果把他的精神世界也能比作一个系统的话，那也是一个隔离系统。按照熵增加原理，孤立系统的熵不可能永远减小，它是在无情地朝着其极大值增长。也就是说，其混乱程度在朝极大值方向发展。玻耳兹曼精神世界的混乱成了一个不可逆的过程，他最后只好选择用自杀的方式来结束其“混乱程度”不断增加的精神生活。1906 年，他让自己那颗久已疲倦的天才心灵安息下来。

这就带来了一个学术界熟知，但绝非是无可争议的“普朗克定律”。其表述如下：“一个新的科学真理照例不能用说服对手，等他们表示意见说‘得益匪浅’这个办法来实行。恰恰相反，只能是等到对手们渐渐死亡，使得新的一代开始熟悉真理时才能贯彻。”对普朗克来说，学术争论没有多少诱惑力，因为他认为它们不能产生什么新东西。

由于上述说法后来又被学界有重大影响的其他学者，如托马斯·库恩等多次引证，它似乎成了一条自明的真理。果真如此吗？如果普朗克所言不虚，那么科学争论在科学思想发展史上的意义就要大打折扣了。

十、非平衡态下气体的迁移现象

非平衡态下气体的迁移现象如表 9.1 所列。

表 9.1　气体的迁移现象

现象	特征物理量	系数
黏滞现象： 气体中各层间有相对运动时，各层气体流动速度不同，气体层间存在黏滞力的相互作用	气体层间的黏滞力 $f=-\eta\dfrac{\Delta v}{\Delta x}\Delta S$	称为牛顿黏滞定律，η 为黏度(黏性系数)
热传导现象： 气体内由于存在温度差而产生热量从温度高的区域向温度低的区域传递的现象	$\dfrac{\Delta Q}{\Delta t}=-\kappa\dfrac{\Delta T}{\Delta x}\Delta S$	称为傅里叶定律，1822 年提出，κ 称为热导率
扩散现象： 容器中不同气体间的互相渗透称为互扩散；同种气体因分子数密度不同、温度不同或各层间存在相对运动所产生的扩散现象称为自扩散	$\dfrac{\Delta N}{\Delta t}=-D\dfrac{\Delta n}{\Delta x}\Delta S$	称为斐克定律，1855 年提出，D 为扩散系数

十一、分子平均自由程与分子平均碰撞次数

分子平均自由程：每两次连续碰撞之间，一个分子自由运动的平均路程为

$$\bar{\lambda}=\frac{kT}{\sqrt{2}\pi d^{2}p}$$

分子平均碰撞次数：单位时间内一个分子和其他分子碰撞的平均次数为

$$\bar{Z}=\sqrt{2}\pi d^{2}\bar{v}n$$

第四　疑难点分析与课题研究

一、疑难点分析

(一) 微观量与宏观量的联系

1. 平衡状态下的两条统计假设

(1) 容器内每个分子的位置处在空间任一点的概率是相等的；

(2) 每个分子向各个方向运动的概率是相等的，$\bar{v}_x=\bar{v}_y=\bar{v}_z=0$，或 $\overline{v_x^2}=\overline{v_y^2}=\overline{v_z^2}=\frac{1}{3}\overline{v^2}$；基于以上假设，建立微观量与宏观量的联系，得到统计规律，揭示宏观现象的微观本质。

2. 研究对象及研究方法的对比

研究对象及研究方法的对比如表 9.2 所列。

表 9.2 气体动理论和热力学与统计物理的研究对比

内容 区别	气体动理论(本案例)	热力学与统计物理(案例十)
研究对象	热现象：研究与温度有关的一些物理性质的变化	热运动：构成宏观物体的大量微观粒子的永不休止的无规则运动
特征	整体(大量分子)：服从统计规律	单个分子：无序、具有偶然性、遵循力学规律
物理量	宏观量：表示大量分子集体特征的物理量(可直接测量)，如功 W，热量 Q 等	微观量：描述个别分子运动状态的物理量(不可直接测量)，如分子的 m，v 等
研究方法	宏观描述	微观描述
特点	(1) 具有可靠性； (2) 但知其然而不知其所以然； (3) 应用宏观参量	(1) 揭示宏观现象的本质； (2) 有局限性，与实际有偏差，不可任意推广

(二) 正确理解掌握理想气体分子的自由度与分子平均平动动能、分子平均动能、分子平均能量、内能的概念，详细见表 9.3

表 9.3 理想气体分子的自由度，分子平均能量，内能的理论值对照表

分子类型 内容	单原子分子	双原子分子		三原子分子	
		刚性	非刚性	刚性	非刚性
平动自由度 t	3	3	3	3	3
转动自由度 r	0	2	2	3	3
振动自由度 s	0	0	2	0	6
自由度总个数 $i=t+r+s$	3	5	7	6	12
分子平均平动动能 $\bar{\varepsilon}_k=\frac{3}{2}kT$	$\frac{3}{2}kT$	$\frac{3}{2}kT$	$\frac{3}{2}kT$	$\frac{3}{2}kT$	$\frac{3}{2}kT$
分子平均能量 $\bar{\varepsilon}=\frac{i}{2}kT$	$\frac{3}{2}kT$	$\frac{5}{2}kT$	$\frac{7}{2}kT$	$3kT$	$6kT$
1mol 气体内能 $E=\frac{i}{2}RT$	$\frac{3}{2}RT$	$\frac{5}{2}RT$	$\frac{7}{2}RT$	$3RT$	$6RT$
νmol 气体内能 $E=\nu\frac{i}{2}RT$	$\nu\frac{3}{2}RT$	$\nu\frac{5}{2}RT$	$\nu\frac{7}{2}RT$	$3\nu RT$	$6\nu RT$

(三) 麦克斯韦速率分布律的物理意义

麦克斯韦认识到并非所有的气体分子都按同一速率运动。有些分子运动慢，有些分子

运动快，有些以极高速率运动。麦克斯韦推导出了求已知气体中的分子按某一速率运动的百分比公式，这个公式叫做“麦克斯韦速率分布式”，是应用最广泛的科学公式之一，在许多物理分支中起着重要的作用。

1. 麦克斯韦速率分布律的数学表达式

$$f(v)=\lim_{\Delta v\to 0}\frac{\Delta N}{N\Delta v}=\frac{1}{N}\lim_{\Delta v\to 0}\frac{\Delta N}{\Delta v}=\frac{1}{N}\frac{\mathrm{d}N}{\mathrm{d}v}=4\pi\left(\frac{m}{2\pi kT}\right)^{3/2}\mathrm{e}^{-\frac{mv^2}{2kT}}v^2$$

以 $f(v)$为纵坐标，以速率 v 为横坐标，如图 9.4 所示。

麦克斯韦速率分布律的物理意义：它表示在速率 v 附近单位速率区间的分子数占总分子数的百分比。

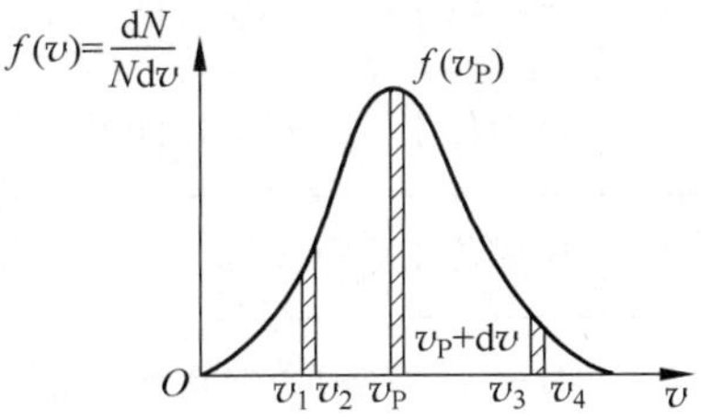

2. 速率分布律的特点

图　9.4

从图 9.4 可知：

(1) 把横坐标无限分割取单位速率宽度 $\mathrm{d}v$，纵坐标 $f(v)$与横坐标 $\mathrm{d}v$ 的乘积就是图形的面积，表示 $\mathrm{d}v$ 速率区间分子数占总分子数的百分比。

(2) 曲线下的总面积恒等于 1，即在各自速率区间内的所有分子占总分子数的百分比之和等于 1，就是归一化条件。

(3) 曲线左端为零，右端趋于零。表明分子具有速率为零和速率趋于无限大的几率很小，大部分分子具有中等速率，曲线存在一极大值。与极大值 $f_{\max}(v)$即曲线峰值相对应的速率称为最概然速率 v_{P}，表示分子在最概然速率附近出现的几率最大。

(4) 麦氏分布函数与温度 T 有关，如图 9.5 曲线反映出温度 T 对速率分布的影响。对质量不变的气体，温度升高，各分子运动速率增大，最概然速率也增大，即曲线峰值对应的横坐标增大，也即右移，而总面积仍保持 1，所以峰值变矮，曲线变平坦；反之，曲线峰值左移，曲线变锐。

(5) 麦氏分布函数与分子质量 m 有关，如图 9.6 曲线反映出分子质量 m 对速率分布的影响。对同一温度下的不同气体分子，分子质量 m 大的，各分子运动速率小，最概然速率 v_{P} 也小，即曲线峰值对应的横坐标减小，也即左移，而总面积仍保持 1，所以峰值变高，曲线变锐；反之，曲线峰值右移，曲线变平坦。

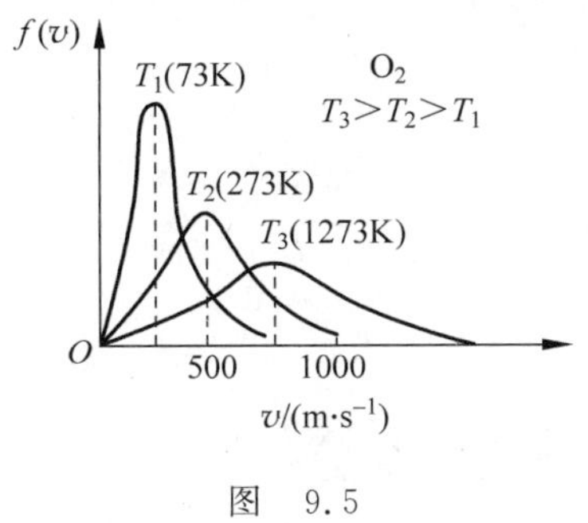

图　9.5

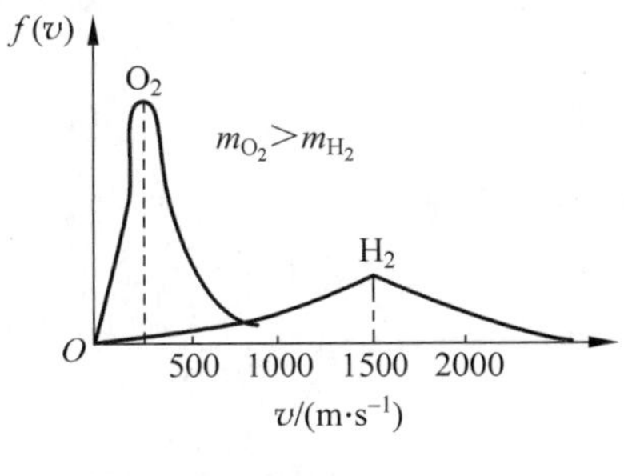

图　9.6

（四）麦氏分布函数的应用

1. 利用麦氏分布函数可以计算表 9.4 中各物理量

表 9.4　麦氏分布函数的应用

1	速率分布在 $0 \to \infty$ 区间内的分子数占总分子数的百分比	$\int_0^\infty f(v)\mathrm{d}v = \int_0^N \frac{\mathrm{d}N}{N} = 1$ 也叫归一化条件
2	速率分布在 $v \to v+\mathrm{d}v$ 内的分子总数	$\mathrm{d}N = Nf(v)\mathrm{d}v$
3	速率位于 $v_1 \to v_2$ 区间的分子数	$\Delta N = \int_{v_1}^{v_2} Nf(v)\mathrm{d}v$
4	速率位于 $v_1 \to v_2$ 区间的分子数占总数的百分比	$\frac{\Delta N}{N} = \int_{v_1}^{v_2} f(v)\mathrm{d}v$
5	速率位于 $0 \to v$ 区间的分子数密度	$\frac{\Delta N}{V} = n\int_0^v f(v)\mathrm{d}v$
6	与分子速率有关的物理量 $g(v)$ 的平均值	$\overline{g}(v) = \int_0^\infty g(v)f(v)\mathrm{d}v$
7	最概然速率	$v_{\mathrm{P}} = \sqrt{\frac{2kT}{m}} = \sqrt{\frac{2RT}{M}}$
8	平均速率	$\bar{v} = \sqrt{\frac{8kT}{\pi m}} = \sqrt{\frac{8RT}{\pi M}}$
9	方均根速率	$\sqrt{\overline{v^2}} = \sqrt{\frac{3kT}{m}} = \sqrt{\frac{3RT}{M}}$

2. 利用麦氏分布函数可以推导 3 种特征速率（$v_{\mathrm{P}}, \bar{v}, \sqrt{\overline{v^2}}$）

（1）最概然速率是分布函数中的峰值，因此求出斜率为零时的速率即最概然速率：

$$\frac{\mathrm{d}f(v)}{\mathrm{d}v}\Big|_{v=v_{\mathrm{P}}} = 0,$$

得
$$v_{\mathrm{P}} = \sqrt{\frac{2kT}{m}} \approx 1.41\sqrt{\frac{kT}{m}}$$

因为
$$M = mN_{\mathrm{A}}, \quad R = N_{\mathrm{A}}k$$

所以
$$v_{\mathrm{P}} \approx 1.41\sqrt{\frac{RT}{M}}$$

（2）平均速率

$$\bar{v} = \frac{\int_0^N v\mathrm{d}N}{N} = \frac{\int_0^\infty vNf(v)\mathrm{d}v}{N}$$

$$\bar{v} = \frac{v_1\mathrm{d}N_1 + v_2\mathrm{d}N_2 + \cdots + v_i\mathrm{d}N_i + \cdots + v_n\mathrm{d}N_n}{N}$$

得
$$\bar{v} = \int_0^\infty vf(v)\mathrm{d}v = \sqrt{\frac{8kT}{\pi m}}$$

(3) 方均根速率

$$\overline{v^2}=\frac{\int_0^N v^2\mathrm{d}N}{N}=\frac{\int_0^\infty v^2 Nf(v)\mathrm{d}v}{N}$$

$$\overline{v^2}=3kT/m$$

得

$$\sqrt{\overline{v^2}}=\sqrt{\frac{3kT}{m}}\approx 1.73\sqrt{\frac{RT}{M}}$$

(五) 正确理解理想气体的内能

对于理想气体,可以忽略分子间相互作用的势能,内能只是所有分子热运动动能的总和(包括平动、转动、振动)。

数学表达式:

$$E=\nu\frac{i}{2}RT$$

微分式:

$$\mathrm{d}E=\nu\frac{i}{2}R\mathrm{d}T$$

内能是温度的单值函数,是状态量,与过程无关;内能与摩尔数、自由度、温度有关。

气体无论经过等压变化还是等体变化还是绝热变化,只要温度变化相同,内能变化就相同。(这一特点在案例十中还要用到,请记住)

二、课题研究

(1) 为什么在荧光灯管中为了使汞原子易于电离而将灯管内抽为真空?

(2) 什么是自由度? 气体处于平衡态时,分子任何一个自由度的平均能量都相等,均为多少?

(3) 利用麦氏分布函数可以计算以下各物理量:

① 速率分布在 0→∞区间内的分子数占总分子数的百分比;

② 速率分布在 $v\to v+\mathrm{d}v$ 内的分子总数;

③ 速率位于 $v_1\to v_2$ 区间的分子数;

④ 速率位于 $v_1\to v_2$ 区间的分子数占总数的百分比;

⑤ 速率位于 $0\to v$ 区间的分子数密度;

⑥ 与分子速率有关的物理量 $g(v)$的平均值;

⑦ 最概然速率;

⑧ 平均速率;

⑨ 方均根速率。

第五　例题指导

例 1　处于平衡状态的一瓶氦气和一瓶氮气的分子数密度相同,分子的平均平动动能也相同,则它们(　　)。

(A) 温度,压强均不相同

(B) 温度相同,但氦气压强大于氮气的压强

(C) 温度,压强都相同

(D) 温度相同,但氦气压强小于氮气的压强

分析与解 理想气体分子的平均平动动能 $\bar{\varepsilon}_k=3kT/2$,仅与温度有关。因此当氦气和氮气的平均平动动能相同时,温度也相同。又由物态方程 $p=nkT$,当两者分子数密度 n 相同时,它们压强也相同。故选(C)。

例 2 3 个容器 A、B、C 中装有同种理想气体,其分子数密度 n 相同,方均根速率之比 $(\bar{v}_A^2)^{1/2}:(\bar{v}_B^2)^{1/2}:(\bar{v}_C^2)^{1/2}=1:2:4$,则其压强之比 $p_A:p_B:p_C$ 为(　　)。

(A) 1:2:4　　(B) 1:4:8　　(C) 1:4:16　　(D) 4:2:1

分析与解 分子的方均根速率为$\sqrt{\bar{v}^2}=\sqrt{3RT/M}$,因此对同种理想气体有$\sqrt{\bar{v}_A^2}:\sqrt{\bar{v}_B^2}:\sqrt{\bar{v}_C^2}=\sqrt{T_1}:\sqrt{T_2}:\sqrt{T_3}$,又由物态方程 $p=nkT$,当 3 个容器中分子数密度 n 相同时,得 $p_1:p_2:p_3=T_1:T_2:T_3=1:4:16$,故选(C)。

例 3 在一个体积不变的容器中,储有一定量的某种理想气体,温度为 T_0 时,气体分子的平均速率为 $\bar{v}_0$,分子平均碰撞次数为 $\bar{Z}_0$,平均自由程为 $\bar{\lambda}_0$,当气体温度升高为 $4T_0$ 时,气体分子的平均速率 $\bar{v}$、平均碰撞频率 $\bar{Z}$ 和平均自由程 $\bar{\lambda}$ 分别为(　　)。

(A) $\bar{v}=4\bar{v}_0,\bar{Z}=4\bar{Z}_0,\bar{\lambda}=4\bar{\lambda}_0$　　(B) $\bar{v}=2\bar{v}_0,\bar{Z}=2\bar{Z}_0,\bar{\lambda}=\bar{\lambda}_0$

(C) $\bar{v}=2\bar{v}_0,\bar{Z}=2\bar{Z}_0,\bar{\lambda}=4\bar{\lambda}_0$　　(D) $\bar{v}=4\bar{v}_0,\bar{Z}=2\bar{Z}_0,\bar{\lambda}=\bar{\lambda}_0$

分析与解 理想气体分子的平均速率 $\bar{v}=\sqrt{8RT/\pi M}$,温度由 T_0 升至 $4T_0$,则平均速率变为 $2\bar{v}_0$;又平均碰撞频率 $\bar{Z}=\sqrt{2}\pi d^2 n\bar{v}$,由于容器体积不变,即分子数密度 n 不变,则平均碰撞频率变为 $2\bar{Z}_0$;而平均自由程 $\bar{\lambda}=\dfrac{1}{\sqrt{2}\pi d^2 n}$,$n$ 不变,则 $\bar{\lambda}$ 也不变。因此正确答案为(B)。

例 4 图 9.7 的两条曲线分别表示在相同温度下氧气和氢气分子的速率分布曲线,如果$(v_P)_{O_2}$ 和$(v_P)_{H_2}$ 分别表示氧气和氢气的最概然速率,则(　　)。

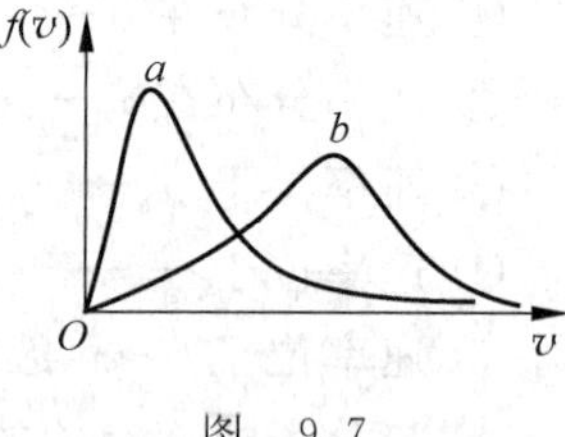

图 9.7

(A) 图中 a 表示氧气分子的速率分布曲线且$\dfrac{(v_P)_{O_2}}{(v_P)_{H_2}}=4$

(B) 图中 a 表示氧气分子的速率分布曲线且$\dfrac{(v_P)_{O_2}}{(v_P)_{H_2}}=\dfrac{1}{4}$

(C) 图中 b 表示氧气分子的速率分布曲线且$\dfrac{(v_P)_{O_2}}{(v_P)_{H_2}}=\dfrac{1}{4}$

(D) 图中 b 表示氧气分子的速率分布曲线且$\dfrac{(v_P)_{O_2}}{(v_P)_{H_2}}=4$

分析与解 由 $v_P=\sqrt{\dfrac{2RT}{M}}$ 可知,在相同温度下,由于不同气体的摩尔质量不同,它们的

最概然速率 v_P 也就不同。因 $M_{H_2}<M_{O_2}$，故氧气比氢气的 v_P 要小，由此可判定图中曲线 a 应是对应于氧气分子的速率分布曲线。又因 $\frac{M_{H_2}}{M_{O_2}}=\frac{1}{16}$，所以 $\frac{(v_P)_{O_2}}{(v_P)_{H_2}}=\sqrt{\frac{M_{H_2}}{M_{O_2}}}=\frac{1}{4}$。故选(B)。

例 5 有一个体积为 $1.0\times10^{-5}\text{m}^3$ 的空气泡由水面下 50.0m 深的湖底处(温度为 4.0℃)升到湖面上来。若湖面的温度为 17.0℃，求气泡到达湖面的体积。(取大气压强为 $p_0=1.013\times10^5\text{Pa}$)

分析 将气泡看成是一定量的理想气体，它位于湖底和上升至湖面代表两个不同的平衡状态。利用理想气体物态方程即可求解本题。位于湖底时，气泡内的压强可用公式 $p=p_0+\rho gh$ 求出，其中 ρ 为水的密度(取 $\rho=1.0\times10^3\text{kg}\cdot\text{m}^{-3}$)。

解 设气泡在湖底和湖面的状态参量分别为(p_1,V_1,T_1)和(p_2,V_2,T_2)，由分析知湖底处压强为 $p_1=p_2+\rho gh=p_0+\rho gh$，利用理想气体的物态方程

$$\frac{p_1V_1}{T_1}=\frac{p_2V_2}{T_2}$$

可得空气泡到达湖面的体积为

$$V_2=\frac{p_1T_2V_1}{p_2T_1}=\frac{(p_0+\rho gh)T_2V_1}{p_0T_1}=6.11\times10^{-5}\text{m}^3$$

例 6 一容器内储有氧气，其压强为 $1.01\times10^5\text{Pa}$，温度为 27℃，求：

(1) 气体分子的数密度；

(2) 氧气的密度；

(3) 分子的平均平动动能；

(4) 分子间的平均距离(设分子间均匀等距排列)。

分析 在题中压强和温度的条件下，氧气可视为理想气体。因此，可由理想气体的物态方程、密度的定义以及分子的平均平动动能与温度的关系等求解。又因可将分子看成是均匀等距排列的，故每个分子占有的体积为 $V_0=\bar{d}^3$，由数密度的含意可知 $V_0=1/n$，$\bar{d}$ 即可求出。

解 (1) 单位体积分子数：

$$n=\frac{p}{kT}=2.44\times10^{25}\text{m}^3$$

(2) 氧气的密度：

$$\rho=\frac{m'}{V}=\frac{pM}{RT}=1.30\times10^3\text{kg}\cdot\text{m}^{-3}$$

(3) 氧气分子的平均平动动能：

$$\bar{\varepsilon}_k=3kT/2=6.21\times10^{-21}\text{J}$$

(4) 氧气分子的平均距离：

$$\bar{d}=\sqrt[3]{1/n}=3.45\times10^{-9}\text{m}$$

通过对本题的求解，我们可以对通常状态下理想气体的分子数密度、平均平动动能、分

子间平均距离等物理量的数量级有所了解。

例 7 有 N 个质量均为 m 的同种气体分子，它们的速率分布如图 9.8 所示。

(1) 说明曲线与横坐标所包围的面积的含义；

(2) 由 N 和 v_0 求 a 值；

(3) 求在速率 $v_0/2 \sim 3v_0/2$ 间隔内的分子数；

(4) 求分子的平均平动动能。

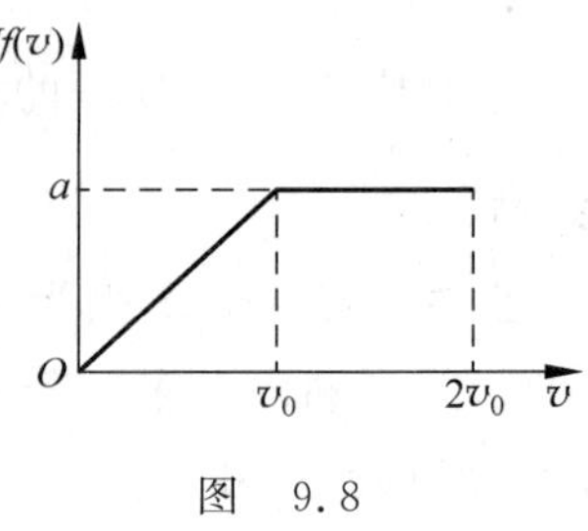

图 9.8

分析 处理与气体分子速率分布曲线有关的问题时，关键要理解分布函数 $f(v)$ 的物理意义，$f(v)=\dfrac{\mathrm{d}N}{N\mathrm{d}v}$，题中纵坐标 $Nf(v)=\dfrac{\mathrm{d}N}{\mathrm{d}v}$，即处于速率 v 附近单位速率区间内的分子数。同时要掌握 $f(v)$ 的归一化条件，即 $\int_0^\infty f(v)\mathrm{d}v=1$。在此基础上，根据分布函数并运用数学方法（如函数求平均值或极值等），即可求解本题。

解 (1) 由于分子所允许的速率在 $0\sim 2v_0$ 的范围内，由归一化条件可知图 9.8 中曲线下的面积

$$S=\int_0^{2v_0} Nf(v)\,\mathrm{d}v=N$$

即曲线下面积表示系统分子总数 N。

(2) 从图 9.8 中可知，在 $0\sim v_0$ 区间内，$Nf(v)=av/v_0$；而在 $v_0\sim 2v_0$ 区间，$Nf(v)=a$，则利用归一化条件有

$$N=\int_0^{v_0}\frac{av}{v_0}\mathrm{d}v+\int_{v_0}^{2v_0}a\,\mathrm{d}v$$

得

$$a=\frac{2N}{3v_0}$$

(3) 速率在 $v_0/2\sim 3v_0/2$ 间隔内的分子数为

$$\Delta N=\int_{v_0/2}^{v_0}\frac{av}{v_0}\mathrm{d}v+\int_{v_0}^{3v_0/2}a\,\mathrm{d}v=7N/12$$

(4) 分子速率平方的平均值按定义为

$$\overline{v}^2=\int_0^\infty v^2\mathrm{d}N/N=\int_0^\infty v^2 f(v)\,\mathrm{d}v$$

故分子的平均平动动能为

$$\bar{\varepsilon}_{\mathrm{k}}=\frac{1}{2}m\overline{v}^2=\frac{1}{2}m\left(\int_0^{v_0}\frac{a}{Nv_0}v^3\mathrm{d}v+\int_{v_0}^{2v_0}\frac{a}{N}v^2\mathrm{d}v\right)=\frac{31}{36}mv_0^2$$

例 8 一飞机在地面时，机舱中的压力计指示为 $1.01\times10^5\,\mathrm{Pa}$，到高空后压强降为 $8.11\times10^4\,\mathrm{Pa}$。设大气的温度均为 27.0℃。问此时飞机距地面的高度为多少？（设空气的摩尔质量为 $2.89\times10^{-2}\,\mathrm{kg\cdot mol^{-1}}$）

分析 当温度不变时，大气压强随高度的变化主要是因为分子数密度的改变而造成的，气体分子在重力场中的分布满足玻耳兹曼分布。利用地球表面附近气压公式 $p=p_0\exp(-mgh/kT)$，即可求得飞机的高度 h，式中 p_0 是地面的大气压强。

解　飞机高度为

$$h=\frac{kT}{mg}\ln(p_0/p)=\frac{RT}{Mg}\ln(p_0/p)=1.93\times10^3\,\mathrm{m}$$

第六　反思与总结

1. 关于内能的计算

理想气体的内能是温度的单值函数，是状态量，与过程无关，而功和热量是过程量，在两个确定的初、末状态之间经历不同的过程，功和热量一般是不一样的，但内能的变化是相同的，且均等于 $\Delta E=\frac{m'}{M}C_{V,\mathrm{m}}(T_2-T_1)$。因此，对理想气体来说，不论其经历什么过程都可用上述公式计算内能的增量。同样，我们在计算某一系统熵变的时候，由于熵是状态量，无论在始、末状态之间系统经历了什么过程，始、末两个状态间的熵变是相同的。所以，要计算始末两状态之间经历的不可逆过程的熵变，就可通过计算两状态之间可逆过程熵变来求得，就是这个道理。

2. 麦克斯韦速率分布律的应用和分子碰撞的有关研究

深刻理解麦克斯韦速率分布律的物理意义，掌握速率分布函数 $f(v)$和 3 种统计速率公式及物理意义是求解这部分习题的关键。3 种速率为 $v_\mathrm{P}=\sqrt{2RT/M}$，$\bar{v}=\sqrt{8RT/\pi M}$，$\sqrt{\overline{v^2}}=\sqrt{3RT/M}$。注意它们的共同点都正比于$\sqrt{T/M}$，而在物理意义上和用途上又有区别。$v_\mathrm{P}$ 用于讨论分子速率分布图。$\bar{v}$ 用于讨论分子的碰撞；$\sqrt{\overline{v^2}}$ 用于讨论分子的平均平动动能。解题中只要抓住这些特点就比较方便。

根据教学基本要求，有关分子碰撞内容的习题求解比较简单，往往只要记住平均碰撞频率公式 $\bar{Z}=\sqrt{2}\,d^2n\bar{v}$ 和平均自由程 $\bar{\lambda}=\frac{\bar{v}}{\bar{Z}}=\frac{1}{\sqrt{2}\,\pi d^2 n}$，甚至只要知道 $\bar{Z}\propto\bar{v}n$，$\bar{\lambda}\propto 1/n$ 及 $\bar{v}\propto\sqrt{T/M}$这种比值关系就可求解许多有关习题。

案例十 热力学基础

第一 热力学基础知识框图

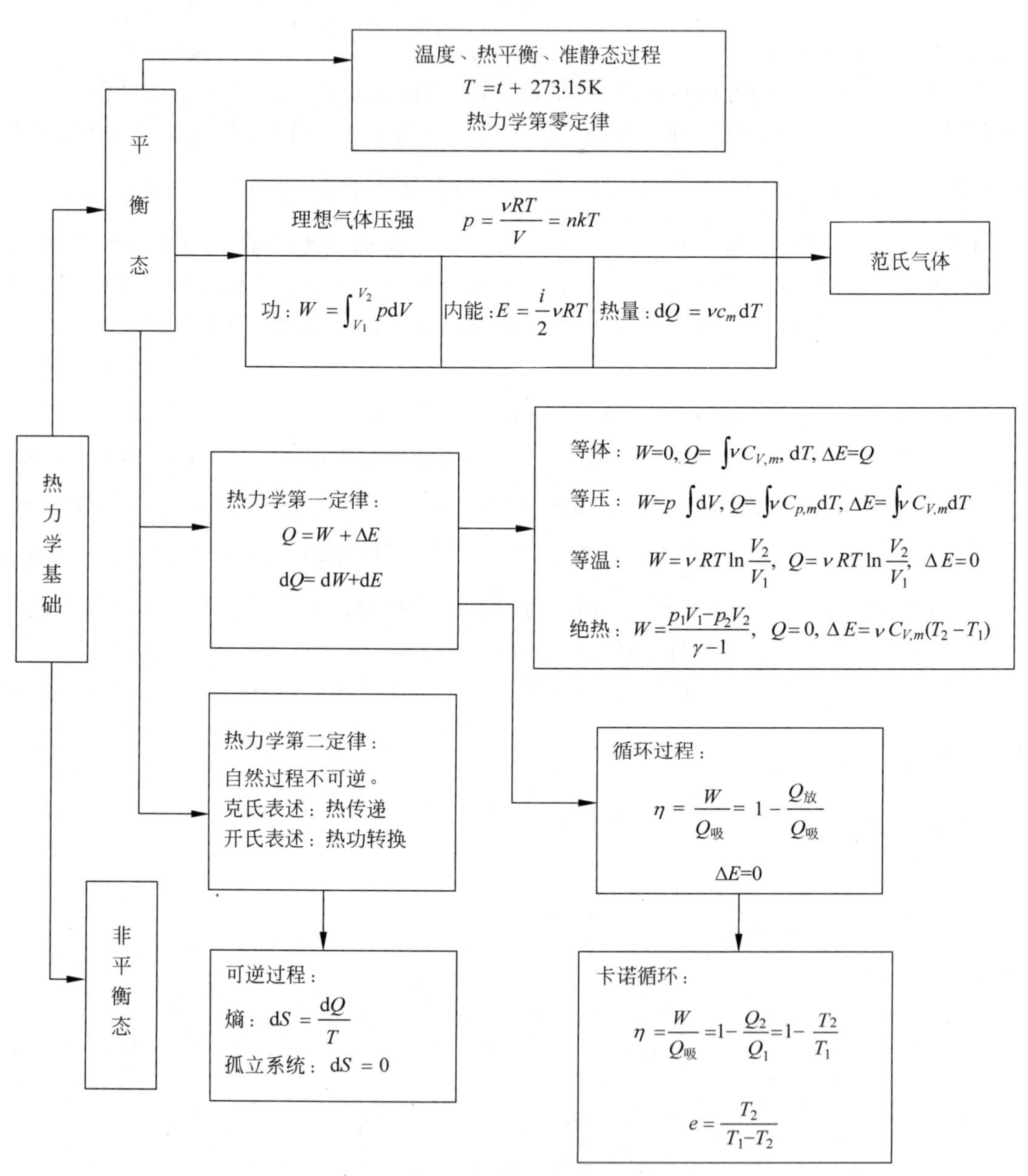

第二　任务分析与学习方法

(1) 理解准静态过程及3个状态参量。

(2) 掌握功(过程量)、准静态过程功的计算,掌握热量(过程量)、内能(状态量)的概念与计算,学会区分三者的异同。

(3) 掌握热力学第一定律以及第一定律的符号规定和零值意义。

(4) 理解等体过程,掌握摩尔定容热容;理解等压过程,掌握摩尔定压热容及摩尔热容比。

(5) 掌握理想气体在4种变化过程中3个基本量的计算。

(6) 会判断绝热线和等温线。

(7) 掌握简单循环过程的效率的计算。

(8) 掌握卡诺循环的热机效率和致冷机的致冷系数。

(9) 了解可逆过程和不可逆过程。

(10) 了解热力学第二定律及其统计意义,掌握热力学第二定律的两种表述。

(11) 掌握卡诺定理。

(12) 了解熵及其物理意义,了解熵增原理,了解孤立系统中不可逆过程熵是增加的以及开放系统的熵变。

第三　内容提要

本章学习特点:概念多、变化过程多,但相互联系很多,因此掌握学习要点和方法是学好本章的关键。

归纳为图10.1,同学们学完后进行自我整理。

一、平衡态　准静态过程(理想化的过程)

(1) 平衡态:案例九中已学习平衡态,质量不变的气体,系统达到一个稳定的宏观性质不随时间变化的状态称为平衡态。在 p-V 图上是一个点。

(2) 准静态过程(理想化的过程):从一个平衡态到另一平衡态所经过的每一中间状态均可近似当作平衡态的过程,在 p-V 图上是一段曲线,如图10.2所示。

图　10.1　　　　图　10.2

一切实际过程都是非静态过程。研究理想的准静态过程,获得特殊的规律,结合演绎推理,有助于对实际过程的探讨。以下讨论的均是准静态过程的物理量的计算。

二、功(过程量)

(1) 定义:系统由于其体积的变化所做的功。功是能量传递和转换的量度,它引起系统热运动状态的变化。

(2) 数学表达式:

$$\mathrm{d}W = p\,\mathrm{d}V$$

$$W = \int_{V_1}^{V_2} p\,\mathrm{d}V$$

(3) 特点:体积不变,做功为零;做功与过程有关。

三、热量(过程量)

(1) 定义:系统和外界之间因存在温差而发生的能量传递,是通过传热方式传递能量的一种量度。

(2) 数学表达式:在初中已学过 $Q=c_{\mathrm{m}}\Delta T$,其中 c_{m} 为比热。

这里用 $\mathrm{d}Q=\dfrac{m'}{M_{\mathrm{mol}}}C_{\mathrm{m}}\mathrm{d}T$,其中 C_{m} 为摩尔热容,分为

$$\begin{cases} \text{定容摩尔热容:} & C_{V,\mathrm{m}} = \dfrac{i}{2}R \\ \text{定压摩尔热容:} & C_{p,\mathrm{m}} = C_{V,\mathrm{m}} + R = \dfrac{i+2}{2}R \\ \text{比热容:} & \gamma = \dfrac{C_{p,\mathrm{m}}}{C_{V,\mathrm{m}}} = \dfrac{i+2}{i} > 1 \end{cases}$$

(3) 系统与外界有能量传递,无论温度是否变化,都是热量的传递过程。

(4) 功与热量的异同:

① 都是过程量:与过程有关;

② 等效性:改变系统热运动状态的作用相同;

单位换算:1cal(卡)的热量=4.18J(焦耳)的功,1J=0.24cal;

③ 功与热量的物理本质不同。

四、理想气体的内能(状态量)

(1) 定义:表征系统状态的物理量叫做内能,对给定的理想气体,内能仅仅是温度的单值函数,是状态量。

(2) 数学表达式:

$$E = \nu\,\frac{i}{2}RT$$

也可写作

$$\mathrm{d}E = \nu\,\frac{i}{2}R\,\mathrm{d}T$$

实验证明系统从状态 A 变化到状态 B,可以采用做功和传热的方法,但不管经过什么过程,只要始末状态确定,做功和传热之和保持不变。

五、热力学第一定律——描述系统的功、热量、内能三者之间的关系

(1) 内容：系统从外界吸收的热量，一部分使系统的内能增加，另一部分使系统对外界做功。

(2) 数学表达式：

$$Q=\Delta E+W$$

即 $Q=E_2-E_1+W$，　或写成 $\mathrm{d}Q=\mathrm{d}E+\mathrm{d}W$

(3) 第一定律中 3 个物理量的零值意义与符号规定见表 10.1。

表 10.1　Q、ΔE、W

数值 \ 物理量	Q	$\Delta E=E_2-E_1$	W
微分公式	$\mathrm{d}Q=\frac{m'}{M_{\mathrm{mol}}}C_{\mathrm{m}}\mathrm{d}T$	$\mathrm{d}E=\nu\frac{i}{2}R\mathrm{d}T$	$\mathrm{d}W=p\mathrm{d}V$
0	表示无热量传递	表示温度不变或 1 个循环	表示体积不变
+	系统吸热	内能增加	系统对外界做功
−	系统放热	内能减少	外界对系统做功

(4) 热力学第一定律适用于任何热力学系统所进行的任意过程。

(5) 历史上曾有人企图制造一种机器，不消耗内能也不吸收热量却能源源不断地对外界做功。这就是违反热力学第一定律的第一类永动机。第一类永动机的失败引起人们的反思，有力促进了 19 世纪中叶能量转化和守恒定律的确立。

六、热力学第一定律($\mathrm{d}Q=\mathrm{d}E+\mathrm{d}W$)应用于各量的计算

由同学们填充空白，见表 10.2。

表 10.2　5 个过程各量的计算

5 个过程	等体(等容)	等压	等温	绝热	自由膨胀
过程特点	$\mathrm{d}V=0$	$\mathrm{d}p=0$	$\mathrm{d}T=0$	$\mathrm{d}Q=0$	
过程方程	$\frac{p}{T}=C$	$\frac{V}{T}=C$	$pV=C$	$pV^{\gamma}=C$ $V^{\gamma-1}T=C$ $p^{\gamma-1}V^{-\gamma}=C$	
功	0		$W=\nu RT\ln\frac{V_2}{V_1}$		
热量				0	
内能			0		
第一定律	$\mathrm{d}Q_V=\mathrm{d}E$	$\mathrm{d}Q=\mathrm{d}E+p\mathrm{d}V$	$\mathrm{d}Q=\mathrm{d}W$	$0=\mathrm{d}E+\mathrm{d}W$	
摩尔热容					

七、循环过程的计算

(1) 循环过程的定义：系统经过一系列状态变化过程后，又回到原来状态的过程。

(2) 特征：由于又回到原来的状态，其温度没变，因此内能不变。

(以下空白请自行完成)

(3) 热机效率：________

(4) 制冷系数：________

(5) 卡诺循环：由两个可逆等温过程和两个可逆绝热过程组成的循环。

卡诺循环效率：________

卡诺逆循环——致冷系数：________

八、热力学第二定律

(1) 可逆过程。

(2) 不可逆过程。

(3) 热力学第二定律的两种表述

开尔文表述——

克劳修斯表述——

九、卡诺定理

工作在高温热源和低温热源之间的一切可逆热机效率都等于 $\eta=1-\dfrac{T_2}{T_1}$；

工作在高温热源和低温热源之间的一切不可逆热机效率都不可能大于可逆机的效率。

十、熵和熵增

1. 熵变

(1) 定义

系统熵的增量等于初态和末态之间任意一可逆过程热温比的积分。

(2) 数学表达式

$$S_2 - S_1 = \int_1^2 \frac{\mathrm{d}Q}{T}$$

(3) 单位：焦耳每开尔文(J/K)

(4) 是状态量，与过程无关。

2. 熵增加原理

孤立系统中可逆过程的熵不变；孤立系统中不可逆过程的熵要增加。

3. 熵增加原理与热力学第二定律的比较

孤立系统中熵增加原理与热力学第二定律在描述热现象的方向和限度的叙述是等效的。

4. 玻耳兹曼关系式

设系统的无序度用系统的微观状态数 W 或热力学概率来表述，则熵等于

$$S = k\ln W$$

称为玻耳兹曼关系式，k 为玻耳兹曼常数。

5. 热力学第二定律的统计意义

孤立系统熵增加的过程，是系统从非平衡态趋于平衡态的过程，是无序度加大的过程，即由概率小的状态向概率大的状态，或者说由微观状态数少向微观状态数多的方向进行的过程。

自我测试1　绝热自由膨胀过程是否为可逆过程？

分析　绝热自由膨胀过程：$Q=0,W=0$。因此，由热力学第一定律可知 $\Delta E=0$，从而 $\Delta T=0$，即达到平衡后气体的温度不变。

绝热自由膨胀是孤立系统（与外界既无物质交换，又无能量交换）中自发进行的热力学过程，它属于孤立系统中的不可逆过程，根据熵增加原理，$\Delta S>0$，即达到平衡后气体的熵增加。

自我测试2　一瀑布落差约为65m，流量约为$25\text{m}^3/\text{s}$，设气温为20℃，求此瀑布每秒产生多少熵？

物理沙龙一

1796年6月1日，萨迪·卡诺（Sadi Carnot，1796—1832）在巴黎小卢森堡宫降生，时值法国资产阶级大革命之后和拿破仑夺取法国政权之前的动乱年月。卡诺的父亲拉扎尔·卡诺（Lazare Carnot）在法国大革命和拿破仑第一帝国时代担任要职。

卡诺

1812年，卡诺考入巴黎理工学院，在那里受教于泊松、盖-吕萨克、安培和阿拉戈（D. F. Arago）这样一批卓有成就的老师。他主要攻读了分析数学、分析力学、画法几何和化学。

当卡诺的父亲在1823年8月病故后，他的弟弟回到巴黎，协助他完成了《关于火的动力》一书的写作，在1824年6月12日发表出来。卡诺在这部著作中提出了“卡诺热机”和“卡诺循环”的概念及“卡诺原理”（现在称为“卡诺定理”）。

卡诺是法国青年工程师、热力学的创始人之一。兼有理论科学才能与实验科学才能，是第一个把热和动力联系起来的人，是热力学的真正的理论基础建立者。他出色地、创造性地用“理想实验”的思维方法，提出了最简单，但有重要理论意义的热机循环——卡诺循环，并假定该循环在准静态条件下是可逆的，与工质无关，创造了一部理想的热机（卡诺热机）。

卡诺性格孤僻而清高，他一生只有可数的几位好友。在学派林立的巴黎学界，卡诺的厌世情绪越来越严重。1832年6月，他患了猩红热，不久后转为脑炎，后来又染上了流行性霍乱，于同年8月24日病逝。

卡诺去世时年仅36岁，按照当地的防疫条例，霍乱病者的遗物应一律付之一炬。卡诺生前所写的大量手稿被烧毁，幸得他的弟弟将他的小部分手稿保留了下来。这部分手稿中有一篇是有21页纸的论文——《关于适合于表示水蒸气动力公式的研究》；其余内容是卡诺在1824—1826年写下的23篇论文，论题主要集中在这样3个方面：

①关于绝热过程的研究；②关于用摩擦产生热源；③关于抛弃“热质”学说。卡诺这些遗作直到1878年才由他的弟弟整理发表出来。

卡诺还计算出热功当量为3.7焦耳/卡，比焦耳的工作超前将近20年。

卡诺去世后，也没有一位法国学术权威对他的工作作过任何评价。卡诺理论的蒙难历史告诉我们，为了科学技术的迅速发展，我们不仅要加倍注意人才的开发，而且要给予那些还没有确定社会地位的但有所作为的人才以热情的支持和鼓励。

物理沙龙二

开尔文(Lord Kelvin，1824—1907)，原名W.汤姆孙，英国物理学家、发明家。他从小聪慧好学，10岁时就进格拉斯哥大学预科学习。17岁时，曾立志：“科学领路到哪里，就在哪里攀登不息。”1845年他毕业于剑桥大学，在大学学习期间曾获兰格勒奖金第二名，史密斯奖金第一名。毕业后他赴巴黎跟随物理学家和化学家V.勒尼奥从事实验工作一年，1846年受聘为格拉斯哥大学自然哲学(物理学当时的别名)教授，任职达53年之久。他善于把教学、科研、工业应用结合在一起，在教学上注意培养学生的实际工作能力。在格拉斯哥大学他组建了英国第一个为学生用的课外实验室。

开尔文

1846年他成功地完成了电力、磁力和电流的“力的活动影像法”，这已经是电磁场理论的雏形了(如果再前进一步，就会深入到电磁波问题)。他曾在日记中写道：“假使我能把物体对于电磁和电流有关的状态重新做一番更特殊的考察，我肯定会超出我现在所知道的范围，不过那当然是以后的事了。”他的伟大之处，在于把自己的全部研究成果，毫无保留地介绍给了麦克斯韦，并鼓励麦克斯韦建立电磁现象的统一理论，为麦克斯韦最后完成电磁场理论奠定了基础。

开尔文是热力学的主要奠基人之一，在热力学的发展中做出了一系列的重大贡献。他根据盖-吕萨克、卡诺和克拉珀龙的理论，于1848年创立了热力学温标。他指出：“这个温标的特点是完全不依赖于任何特殊物质的物理性质。”这是现代科学上的标准温标。

他是热力学第二定律的两个主要奠基人之一(另一个是克劳修斯)，1851年他提出热力学第二定律：“不可能从单一热源吸热使之完全变为有用功而不产生其他影响。”这是公认的热力学第二定律的标准说法。并且指出，如果此定律不成立，就必须承认可以有一种永动机，它借助于使海水或土壤冷却而无限制地得到机械功，即所谓的第二种永动机。他从热力学第二定律断言，能量耗散是普遍的趋势。1852年他与焦耳合作进一步研究气体的内能，对焦耳气体自由膨胀实验作了改进，进行气体膨胀的多孔塞实验，发现了焦耳-汤姆孙(开尔文原名)效应，即气体经多孔塞绝热膨胀后所引起的温度的变化现象。这一发现成为获得低温的主要方法之一，广泛地应用到低温技术中。1856年他从理论研究上预言了一种新的温差电效应，即当电流在温度不均匀的导体中流过时，导体除产生不可逆的焦耳热之外，还要吸收或放出一定的热量(称为汤姆孙热)。这一现象后叫汤姆孙效应。根据他的建议,1861 年英国科学协会设立了一个电学标准委员会,为近代电学量的单位标准奠定了基础。

他十分重视理论联系实际。在工程技术中,1855 年他研究了电缆中信号的传播情况,解决了长距离海底电缆通信的一系列理论和技术问题。经过 3 次失败,历经两年的多方研究与试验,终于在 1858 年协助装设了第一条大西洋海底电缆,这是开尔文相当出名的一项工作。由于装设第一条大西洋海底电缆有功,英政府于 1866 年封他为爵士,并于 1892 年晋升为开尔文勋爵,开尔文这个名字就是从此开始的。

1875 年开尔文预言了城市将采用电力照明,1879 年又提出了远距离输电的可能性。他的这些设想以后都得以实现。1881 年他对电动机进行了改造,大大提高了电动机的实用价值。在电工仪器方面,他的主要贡献是建立电磁量的精确单位标准和设计各种精密的测量仪器。他发明了镜式电流计(大大提高了测量灵敏度)、双臂电桥、虹吸记录器(可自动记录电报信号)等,大大促进了电测量仪器的发展。1890—1895 年任伦敦皇家学会会长。1877 年被选为法国科学院院士。1904 年任格拉斯哥大学校长直到去世。

开尔文研究范围广泛,在热学、电磁学、流体力学、光学、地球物理、数学、工程应用等方面都做出了贡献。他一生发表论文多达 600 余篇,取得 70 种发明专利,他在当时科学界享有极高的名望,受到英国本国和欧美各国科学家、科学团体的推崇。

为了纪念他在科学上的功绩,1927 年,第七届国际计量大会将热力学温标作为最基本的温标(即绝对温标)称为开尔文(开氏)温标,热力学温度以开尔文为单位,是现在国际单位制中 7 个基本单位之一。

物理沙龙三

鲁道夫・克劳修斯(1822—1888),1822 年 1 月 2 日生于普鲁士的克斯林(今波兰科沙林)的一个知识分子家庭。曾就学于柏林大学。1847 年在哈雷大学主修数学和物理学的哲学博士学位。从 1850 年起,曾先后任柏林炮兵工程学院、苏黎世工业大学、维尔茨堡大学、波恩大学物理学教授。他曾被法国科学院、英国皇家学会和彼得堡科学院选为院士或会员。因发表论文《论热的动力以及由此导出的关于热本身的诸定律》而闻名。1855 年任苏黎世工业大学教授,1867 年任德意志帝国维尔茨堡大学教授,1869 年起任波恩大学教授。

1870 年克劳修斯在普法战争中组织了一支救伤队,但不幸在战争中受了伤,持久伤残,因此被授予铁十字勋章。

克劳修斯

他是德国物理学家和数学家,热力学的主要奠基人之一。他重新陈述了萨迪・卡诺的定律(又被称为卡诺循环)。他对热力学理论有杰出贡献,曾提出热力学第二定律的克劳修斯表述。为了说明不可逆过程,他提出了熵的概念,并得出孤立系统的熵增加原理。他还是气体动理论的创始人之一。1888 年 8 月 24 日克劳修斯于波恩去世。

物理沙龙四

詹姆斯·普雷斯科特·焦耳(JamesPrescottJoule,1818—1889),英国物理学家,出生于曼彻斯特近郊的沙弗特(Salford)。

焦耳

青年时期,在别人的介绍下,焦耳认识了著名的化学家道尔顿。道尔顿给予了焦耳热情的教导,教给了他数学、哲学和化学方面的知识,这些知识为焦耳后来的研究奠定了理论基础。而且道尔顿教会了焦耳理论与实验相结合的科研方法,激发了焦耳对化学和物理的兴趣,并在他的鼓励下决心从事科学研究工作。

他在1841年定量地总结热效应是因为导体本身的发热,而不是从装置其他部分传来的热量。这个结论直到1883年他才发表了一些实验结果,对当时的热质说是一个直接的挑战。

热质说认为,热量既不能被创造,也不能被销毁。自从被拉瓦锡在1783年提出后,热质说一直是热学领域的主导性的理论。拉瓦锡的影响力再加上尼古拉·卡诺自1824年所提出的关于热机的热质理论在实践中的成功,使得既不在学术界又不在工程界的年轻的焦耳看起来前途坎坷。

1847年,焦耳做了迄今认为是设计思想最巧妙的实验:他在量热器里装了水,中间安上带有叶片的转轴,然后让下降重物带动叶片旋转,由于叶片和水的摩擦,水和量热器都变热了。根据重物下落的高度,可以算出转化的机械功;根据量热器内水升高的温度,就可以计算水的内能的升高值。把两数进行比较就可以求出热功当量的准确值来。焦耳还用鲸鱼油和水银代替水来做实验,测得了热功当量的平均值为423.9kg·m/kcal。

当焦耳在1847年英国科学学会的会议上再次公布自己的研究成果时,他还是没有得到支持,很多科学家都怀疑他的结论,认为各种形式的能之间的转化是不可能的。直到1850年,其他一些科学家用不同的方法获得了能量守恒定律和能量转化定律,他们的结论和焦耳相同,这时焦耳的工作才得到承认。1875年,英国科学协会委托他更精确地测量热功当量。他得到的结果是4.15,非常接近1卡=4.184焦耳。

焦耳55岁时,他的健康状况恶化,研究工作减慢了。1875年,焦耳的经济状况大不如前。这位曾经富有过但却没有一定职位的人发现自己在经济上处于困境,幸而他的朋友帮他弄到一笔每年200英镑的养老金,使他得以维持中等但舒适的生活,直到1878年,这时距他开始进行这一工作将近40年了,他已前后用各种方法进行了400多次实验。

1889年10月11日,焦耳在索福特逝世。由于他在热学、热力学和电方面的贡献,皇家学会授予他最高荣誉的科普利奖章(CopleyMedal)。后人为了纪念他,把能量或功的单位命名为“焦耳”,简称“焦”;并用焦耳姓氏的第一个字母“J”来标记热量。

第四　疑难点分析与课题研究

一、疑难点分析

（一）3个基本量及其关系

对于理想气体中系统的3个状态量 p、V、T 发生变化时，有关3个基本量的计算需要进行区别，见表10.3。

表10.3　功、热量、内能

	功	热　量	内　能
数学式			
实现的条件	仅仅当体积发生变化	非绝热过程	仅仅当温度发生变化
零值的意义	体积不变	绝热	温度不变或一个循环
表征	过程量	过程量	状态量
发生过程	可以发生于等压、等温、绝热	可以发生于等温、等容、等压	可以发生于等容、等压、绝热等
p-V 图	曲线下的面积	—	—
三者关系的转化	只能通过体积的改变	可以通过做功或改变内能或二者都改变实现	可以通过传递热量，也可以通过做功实现

（二）热力学第一定律与3个基本量的应用

可以按表10.2建立知识链接关系；

也可以按以下线索进行分析，希望同学们两种方法都要尝试。

1. 关于功

$$W=\int_{V_1}^{V_2} p\,\mathrm{d}V$$

（1）对于等容

$$W=0$$

（2）对于等压

$$W=p(V_2-V_1)$$

（3）对于等温

$$W=\int p\,\mathrm{d}V=\int \frac{\nu RT}{V}\mathrm{d}V=\nu RT\ln\frac{V_2}{V_1}\quad（结合“万能公式”）$$

（4）对于绝热

$$W=-\Delta E=\nu\frac{i}{2}R(T_1-T_2)\quad（结合第一定律）$$

2. 关于热量

$$Q=\int \nu C_{\mathrm{m}}\mathrm{d}T$$

(1) 对于等容

$$Q_V = \int \nu C_{V,\mathrm{m}} \mathrm{d}T$$

(2) 对于等压

$$Q_p = \int \nu C_{p,\mathrm{m}} \mathrm{d}T$$

(3) 对于等温

Q 不一定为零，$Q = W + \Delta E = \int p \mathrm{d}V = \int \frac{\nu RT}{V} \mathrm{d}V = \nu RT \ln \frac{V_2}{V_1}$ （结合第一定律）

(4) 对于绝热

$$Q = 0$$

3. 关于内能

$$E = \nu \frac{i}{2} RT$$

(1) 对于等容

同上

(2) 对于等压

同上

(3) 对于等温

$$\Delta E = 0$$

(4) 对于绝热

$$\Delta E = -W = -\int p \mathrm{d}V$$

（三）循环过程的效率

循环过程的特征是内能不变。其效率的计算：

$$\eta = \frac{W_{净}}{Q_{吸}} = 1 - \frac{Q_{放}}{Q_{吸}}$$

$W_{净}$ 是指循环一次过程所做的净功，表现为循环过程曲线所围的面积。

（四）求解热力学问题的主要过程如下

1. 配合 p-V 图或 V-T 图及 p-T 图分出每一个子过程，判定是吸热还是放热：
如果是等容，压力增大，则为吸热；
如果是等容，温度升高，则为吸热；
如果是等压，体积增大，则为吸热；
如果是等温，体积增大，则为吸热。
2. 掌握不同过程中热量的计算
(1) 绝热：

$$Q = 0$$

（2）等容：

$$Q_V=\int \frac{m'}{M_{\mathrm{mol}}} C_{V,\mathrm{m}} \mathrm{d}T$$

（3）等压：

$$Q_p=\int \frac{m'}{M_{\mathrm{mol}}} C_{p,\mathrm{m}} \mathrm{d}T$$

（4）等温：

$$Q_T=\frac{m'}{M_{\mathrm{mol}}} RT \ln \frac{V_2}{V_1}$$

3．无论系统发生怎样的变化，熟悉掌握以下3种方程，即可计算任何复杂过程

（1）理想气体状态方程：

$$pV=\nu RT$$

我们称之为"万能公式"，即适用于任何过程；

（2）热力学第一定律给出的3个量的关系；

（3）各变化过程的特征方程。

（五）绝热过程的多方方程的推导

方法1　绝热过程中系统的3个状态量都可以变化，因此对于"万能公式"$pV=\nu RT$，对于p、V、T分别求导，得

$$p\,\mathrm{d}V+V\mathrm{d}p=\nu R\,\mathrm{d}T$$

对此式两边同乘以$C_{V,\mathrm{m}}$，得到

$$C_{V,\mathrm{m}}p\,\mathrm{d}V+C_{V,\mathrm{m}}V\mathrm{d}p=C_{V,\mathrm{m}}\nu R\,\mathrm{d}T$$

同时，绝热过程，应用热力学第一定律：$0-W=\Delta E$，即$-p\,\mathrm{d}V=\nu\frac{i}{2}R\,\mathrm{d}T=\nu C_{V,\mathrm{m}}\mathrm{d}T$，代入上式，得

$$C_{V,\mathrm{m}}p\,\mathrm{d}V+C_{V,\mathrm{m}}V\mathrm{d}p=-pR\,\mathrm{d}V$$

$$(C_{V,\mathrm{m}}p\,\mathrm{d}V+Rp\,\mathrm{d}V)+C_{V,\mathrm{m}}V\mathrm{d}p=0$$

由于$C_{V,\mathrm{m}}+R=C_{p,\mathrm{m}}$，有$\frac{C_{p,\mathrm{m}}}{C_{V,\mathrm{m}}}=\gamma$，则

$$C_{p,\mathrm{m}}p\,\mathrm{d}V=-C_{V,\mathrm{m}}V\mathrm{d}p$$

$$\frac{\mathrm{d}p}{p}=-\gamma\frac{\mathrm{d}V}{V},\quad \ln p=\gamma\ln\frac{1}{V}$$

得到p与V的关系式，即

$$pV^{\gamma}=C$$

另外2个方程可以通过"万能公式"转换得到：

$$pV^{\gamma}=C$$

$$V^{\gamma-1}T=C$$

$$p^{\gamma-1}V^{-\gamma}=C$$

方法2　绝热过程，应用热力学第一定律：$0-W=\Delta E$，即$-p\,\mathrm{d}V=\nu\frac{i}{2}R\,\mathrm{d}T=$

$\nu C_{V,\mathrm{m}}\mathrm{d}T$，且 $p=\frac{1}{V}\nu RT$ 代入上式，得

$$-\frac{\mathrm{d}V}{V}=\frac{1}{\gamma-1}\frac{\mathrm{d}T}{T}$$

得到 V 与 T 的关系式

$$V^{\gamma-1}T=C$$

另外 2 个方程可以通过"万能公式"转换得到。

（六）绝热线与等温线的对比

有时我们在 p-V 图上，并不能独立鉴别绝热线与等温线，但把它们放在一张图上，如图 10.3 所示，比较它们的斜率即可。如何进行斜率对比呢？

等温线特征方程：

$$pV=C$$

绝热线特征方程：

$$pV^{\gamma}=C$$

对它们分别求导，得到等温线斜率

$$\frac{\mathrm{d}p}{\mathrm{d}V}=-\frac{p}{V}$$

得到绝热线斜率

$$\frac{\mathrm{d}p}{\mathrm{d}V}=-\gamma\frac{p}{V}$$

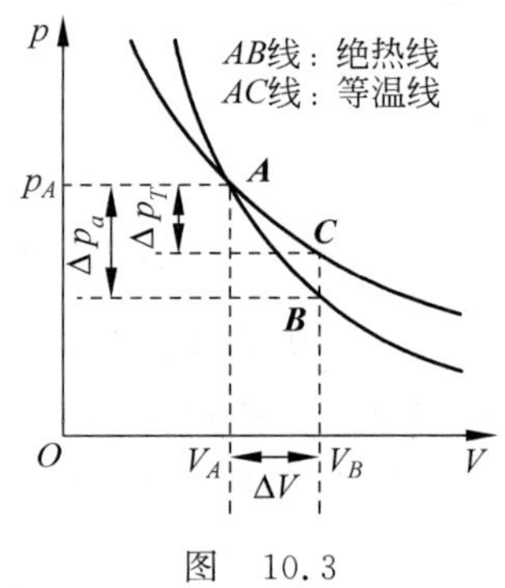

图 10.3

负号表示斜率向二、四象限倾斜，而绝热线斜率中的 $\gamma>1$。所以绝热线比等温线要陡一些，如图 10.3 所示，AB 线为绝热线。

（七）卡诺循环及其效率

卡诺循环的热机效率：

$$\eta=\frac{W_{净}}{Q_{吸}}=1-\frac{Q_{放}}{Q_{吸}}=1-\frac{T_{放}}{T_{吸}}$$

计算时，准确判断是正循环（热机），系统做正功；还是逆循环（制冷机），系统做负功。

同时要注意给出的是 p-V 图、V-T 图还是 p-T 图，一般都转换到 p-V 图上对功（p-V 图曲线下的面积）的计算比较方便。

（八）热力学第二定律

热力学第二定律反映的是物理过程进行的方向性。

看图 10.4(a)，注意 3 个箭头。思考为何其中一个断了，这样的循环机就不能实现循环。

图 10.4(a)对应于开尔文说法：

不可能存在这样的循环热机，只从单一热源吸收热量全部转化为对外做功而不放出热量给其他物体。

历史上曾有人企图制造第二类永动机，或许用它来吸收海水的热量使之降温 0.01K，就能使地球上的许多机器开动许多年，然而它是不存在的。

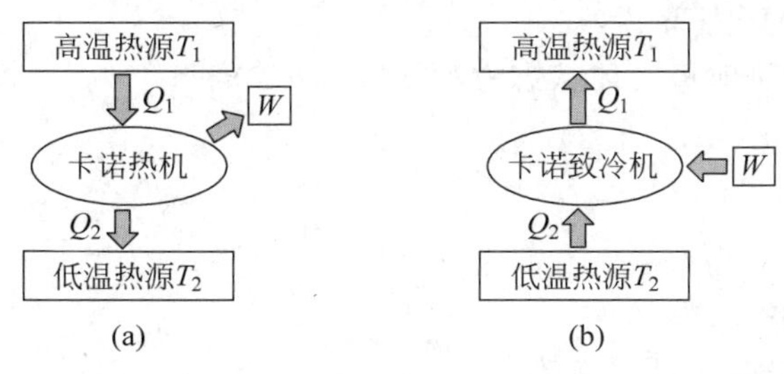

图　10.4

看图10.4(b)，注意3个箭头。思考为何其中一个断了，这样的循环机就不能实现循环。

图10.4(b)对应于克劳修斯说法：

不可能存在这样的循环致冷机，热量自动地从低温热源传给高温热源而不引起外界的变化。

热量可以从低温热源传给高温热源，但需要外界对它做功。

热力学发展初期，热和机械能的相互转化是人们研究的主题。在工业革命的推动下，工业上和运输上都相当广泛地使用蒸汽机。人们研究怎样消耗最少的燃料而获得尽可能多的机械能。甚至幻想制造一种机器，不需要外界提供能量，却能不断地对外做功，这就是所谓的第一类永动机。

早期最著名的一个永动机设计方案是13世纪时一个叫亨内考的法国人提出来的。如图10.5所示，轮子中央有一个转动轴，轮子边缘安装着12个可活动的短杆，每个短杆的一端装有一个铁球。方案的设计者认为，右边的球比左边的球离轴远些，因此，右边的球产生的转动力矩要比左边的球产生的转动力矩大。这样轮子就会永无休止地沿着箭头所指的方向转动下去，并且带动机器转动。这个设计被不少人以不同的形式复制出来，但从未实现不停息的转动。仔细分析一下就会发现，虽然右边每个球产生的力矩大，但是球的个数少，左边每个球产生的力矩虽小，但是球的个数多。于是，轮子不会持续转动下去而对外做功，只会摆动几下，便停在图中所画的位置上。

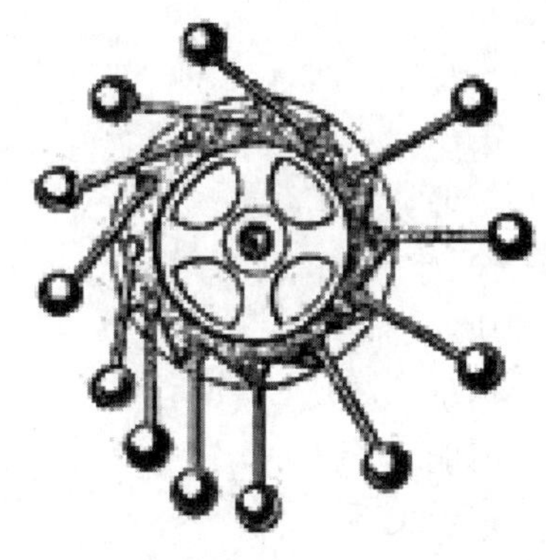

图　10.5

追寻永动机的失败经历，可以给我们两点启示：首先，失败的经历也有积极的科学研究价值，永动机的种种设计方案的失败，引起了人们的反思，成为能量转化和守恒原理建立的思考线索之一；其次，要依据科学规律办事。历史上追求永动机的人们，并不是因为他们没有一种良好的愿望，也不是他们缺乏刻苦钻研的精神。人类利用自然，必须遵守自然规律，而不是去研制永远不能实现的永动机。

二、课题研究

(1) 很多同学反映热学的这两章难学，案例九中有关于整章知识的线索(3＋12＋5＋4＋3)；对于本案例，也可以整理线索总结归纳(1＋1＋3＋3＋3＋4＋2＋1＋1＋1＋1＋1)，当然,同学们也可以补充完善。

1 个“万能公式”(即理想气体状态方程 $pV=\nu RT$)

1 个内能公式(即 $E=\nu iRT/2$)

3 个状态量(p、V、T)

3 个基本量(W、ΔQ、E)

3 条定律(第零、第一、第二)

4 个过程(等容、等温、等压、绝热)

2 个循环(卡诺、奥托)

1 个可逆过程、1 个不可逆过程、1 条卡诺定理

1 条熵增原理、1 条玻耳兹曼关系式。

(2) 除了用以上 2 种线索进行知识链接外,还可以以过程为线索进行知识链接,请自行填空完成,这样的研究对于知识的建构有很大的帮助。

① 对于等容过程

功

热量

内能

三者关系

② 对于等压过程

功

热量

内能

三者关系

③ 对于等温过程

功

热量

内能

三者关系

④ 对于绝热过程

功

热量

内能

三者关系

(3) 在以上探究过程中,关于内能的改变:

既可以表示为

$$\Delta E=\nu\frac{i}{2}R\Delta T \tag{1}$$

也可以用等容过程中的热量表示为

$$\Delta E=Q=\nu C_{V,\mathrm{m}}\Delta T \quad \text{(第一定律)} \tag{2}$$

对比上两式可得

$$C_{V,\mathrm{m}}=\frac{i}{2}R$$

内能同时又可以用下式表示为

$$\Delta E=Q-p\Delta V=\nu C_{p,\mathrm{m}}\Delta T-\nu R\Delta T=\nu(C_{p,\mathrm{m}}-R)\Delta T \quad \text{(第一定律与万能公式)} \tag{3}$$

对比式(1)、式(2)、式(3)，你发现了什么？($C_{p,\mathrm{m}}=?$)

关于内能，式(1)、式(2)、式(3)都可以使用，为什么，你作何解释？

第五　例题指导

例 1　如图 10.6 所示，1mol 氧气，由状态 $A(p_1,V_1)$沿直线变到状态 $B(p_2,V_2)$，求这过程中系统对外做的功、热量的改变、内能的变化。

要点分析　有同学提出疑问这是什么过程？这既不是等压也不是等温更不是等容过程，怎么计算功呢？准确理解功是 p-V 曲线下图形的面积(本题是梯形)是关键。

解
$$W=S_{\text{梯}}=\frac{1}{2}(p_1+p_2)(V_2-V_1)$$

根据"万能公式"$pV=\nu RT$ 可表示出 A、B 两点的温度。

从而得到内能的改变：

$$\Delta E=\nu\frac{i}{2}RT=\frac{5}{2}RT=\frac{5}{2}(p_2V_2-p_1V_1)$$

再根据热力学第一定律可得

$$Q=W+\Delta E=3(p_2V_2-p_1V_1)+\frac{1}{2}(p_1V_2-p_2V_1)$$

拓展介绍　如图 10.7 所示，奥托循环又称四冲程循环，是内燃机热力循环的一种，为定容加热的理想热力循环。1862 年法国一位工程师首先提出四冲程循环原理，1876 年德国工程师尼古拉斯·奥托利用这个原理发明了发动机，因这种发动机具有转动平稳、噪声小等优良性能，对工业影响很大，故把这种循环命名为奥托循环。

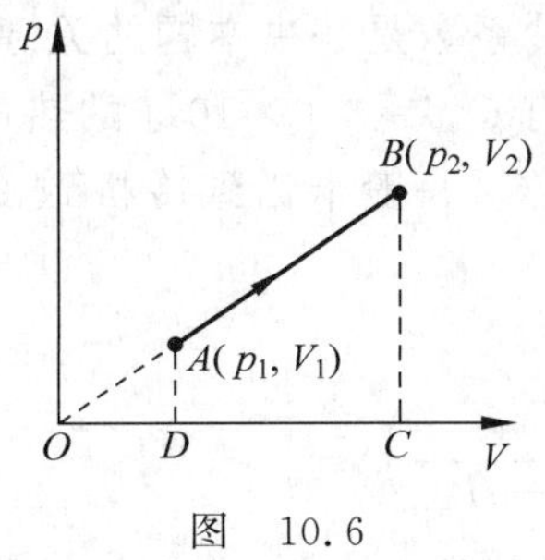

图　10.6

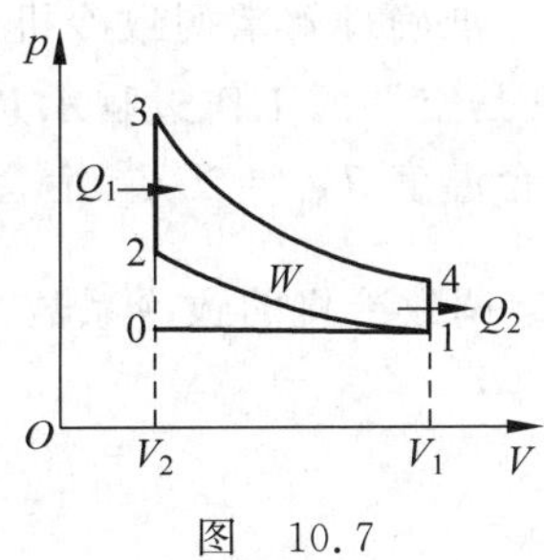

图　10.7

奥托循环由 2 个绝热 2 个等容过程组成，它的一个周期是由吸气过程、压缩过程、膨胀做功过程和排气过程 4 个冲程构成。首先活塞向下运动使燃料与空气的混合体通过一个或者多个气门进入汽缸，关闭进气门，活塞向上运动压缩混合气体，然后在接近压缩冲程顶点时由火花塞点燃混合气体，燃烧空气爆炸所产生的推力迫使活塞向下运动，完成做功冲程，最后将燃烧过的气体通过排气门排出汽缸。

例 2 一定量的某种理想气体进行如图 10.8 所示的循环过程。求：

(1) 各过程中气体对外所做的功；

(2) 经过整个循环过程，气体从外界吸收的总热量(各过程吸热的代数和)。

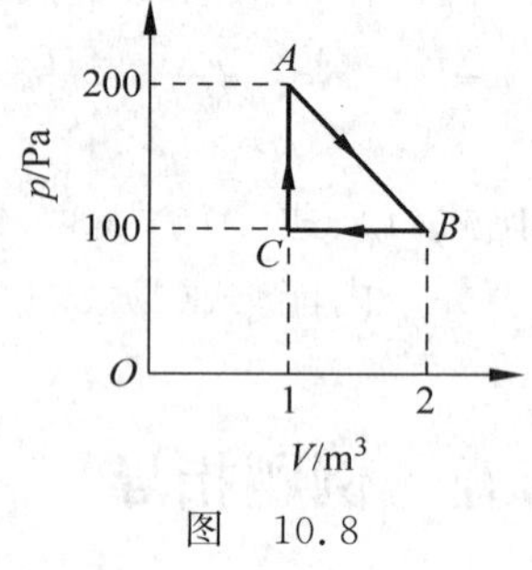

图 10.8

要点分析 (1) 各过程中气体对外做的功，等于 p-V 图上各过程曲线下的面积，体积增大为正功；循环过程的总功等于封闭曲线的面积，顺时针(即正循环)为正功；

(2) 循环过程气体吸收的热量等于整个过程气体对外做的

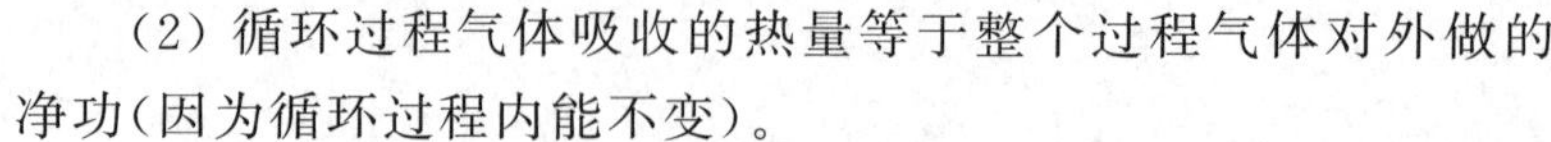

净功(因为循环过程内能不变)。

解 (1) $A \to B$：与例 1 相仿，虽然不是等温、等压、等体、绝热，但只需求出曲线下的面积即可。

$$W = S_{梯} = \frac{1}{2}(100 + 200) \times (2 - 1) = 150\text{J}$$

同理，

$$B \to C: \quad W = -100\text{J}$$

$$C \to A: \quad W = 0\text{J}$$

(2) 整个循环过程由数轴数据求热量显得已知条件不足，但根据热力学第一定律，转换角度计算热量。

而循环过程始末的温度不变，因此内能的改变为零，有

$$Q - W = 0,$$

$$Q = 150 - 100 + 0 = 50\text{J} \quad 吸热$$

拓展思考 1 状态 A 和状态 B 有何共同点？内能的改变量是多少？

拓展思考 2 $A \to B$ 是吸热还是放热？

例 3 在夏季，假定宿舍外温度恒定为 42℃，启动空调使宿舍内温度始终保持在 20℃。如果每天有 3.0×10^8J 热量通过热传导等方式自宿舍外流入宿舍内，且该空调致冷机的致冷系数为同条件下的卡诺制冷机致冷系数的 70%，则空调一天耗电多少？

要点分析 准确理解掌握致冷机的工作原理和致冷系数是解决本题的关键。

如图 10.9 是空调的工作过程示意图，宿舍外不断有 $Q_{传}=3.0\times10^8$J 的热量传进宿舍，同时要保持宿舍温度 $T_{低}=20$℃，宿舍外温度 $T_{高}=42$℃，一般卡诺致冷机致冷系数 $e_{卡}=\dfrac{T_{低}}{T_{高}-T_{低}}$，而空调致冷机的致冷系数为

$$e_{空} = 70\% e_{卡} = 70\%\left(\frac{T_{低}}{T_{高} - T_{低}}\right)$$

再依据 $W=Q_{放}-Q_{低}$，即可求得。(1 度电为 1kW·h，1kW·h$=3.6\times10^6$J)

解

$$e_{空} = 70\% e_{卡} = 70\%\left(\frac{T_{低}}{T_{高} - T_{低}}\right) = 9.32$$

$$e_{空} = \frac{Q_{吸}}{Q_{放} - Q_{低}} = \frac{Q_{传}}{W}$$

所以

$$W=3.22\times10^{7}\mathrm{J}=8.9\mathrm{kW\cdot h}$$

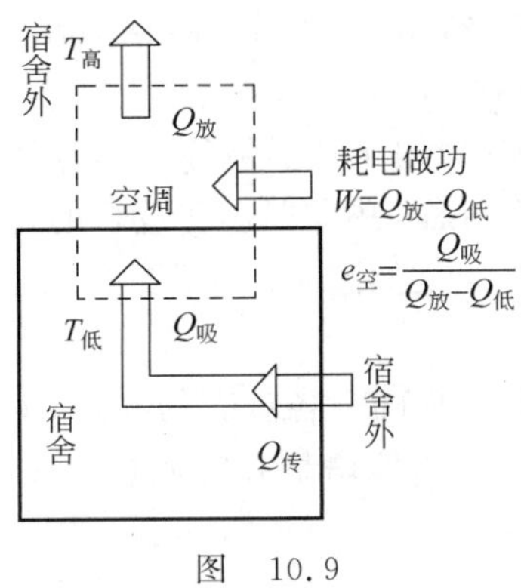

图 10.9

第六 反思与总结

气体动理论概念问题和热力学概念问题有怎样不同的特点，进行比较。

1. 气体动理论从物质的微观结构出发，主要研究对象是理想气体，主要研究方法是运用统计方法研究气体的热现象，通过寻求宏观量 p,V,T 与微观量 ν,N 等之间的关系，阐明气体的一些宏观性质和规律。

而热力学基础是从宏观角度通过实验现象研究热运动规律，在学习时要注意它们处理问题方法的差异。

气体动理论，学习时主要围绕以下 3 个方面：

(1) 理想气体物态方程(简称万能公式)$pV=\nu RT$ 和能量均分定理，气体分子在一个自由度上的平均能量为$\frac{1}{2}kT$ 的应用；

(2) 麦克斯韦速率分布率的应用；

(3) 有关分子碰撞平均自由程和平均碰撞频率。

2. 热力学基础方面的学习则是围绕第一定律对理想气体的 4 个特殊过程(3 个等值过程和 1 个绝热过程)和循环过程的应用，以及热力学过程的熵变，并用熵增定理判别过程的方向。

(1) 近似计算的应用。

一般气体在温度不太低、压强不太大时，可近似当作理想气体，故理想气体也是一个理想模型。

例如理想气体的内能公式以及由此得出的理想气体的摩尔定容热容 $C_{V,\mathrm{m}}=iR/2$ 和摩尔定压热容 $C_{p,\mathrm{m}}=(i+2)R/2$ 都是近似公式，它们与在通常温度下的实验值相差不大，因此，除了在低温情况下以外，它们还都是可以使用的。在实际工作时，如果要求精度较高，摩尔定容热容和摩尔定压热容应采用实验值。

(2) 热力学第一定律及注意事项。

热力学第一定律 $Q=W+\Delta E$，其中功 $W=\int_{V_1}^{V_2} p\,\mathrm{d}V$，内能增量 $\Delta E=\nu\,\frac{i}{2}R\cdot\Delta T$。本案例主要是第一定律对理想气体的4个特殊过程(等体、等压、等温、绝热)以及由它们组成的循环过程的应用。解题的主要过程：

① 明确研究对象是什么气体(单原子还是双原子)，气体的质量或物质的量是多少？

② 弄清系统经历的是些什么过程，并掌握这些过程的特征。

③ 画出各过程相应的 p-V 图，由给定的热力学过程的 p-V 图，可以给出一个比较清晰的物理图像。

④ 根据各过程的方程和状态方程确定各状态的参量，由各过程的特点和热力学第一定律计算出理想气体在各过程中的功、内能增量和吸放热。在计算中要注意 Q 和 W 的正、负取法。

案例十一 静电场及静电场中的导体和电介质

第一 静电场及静电场中的导体和电介质知识框图

1. 静电场知识框图

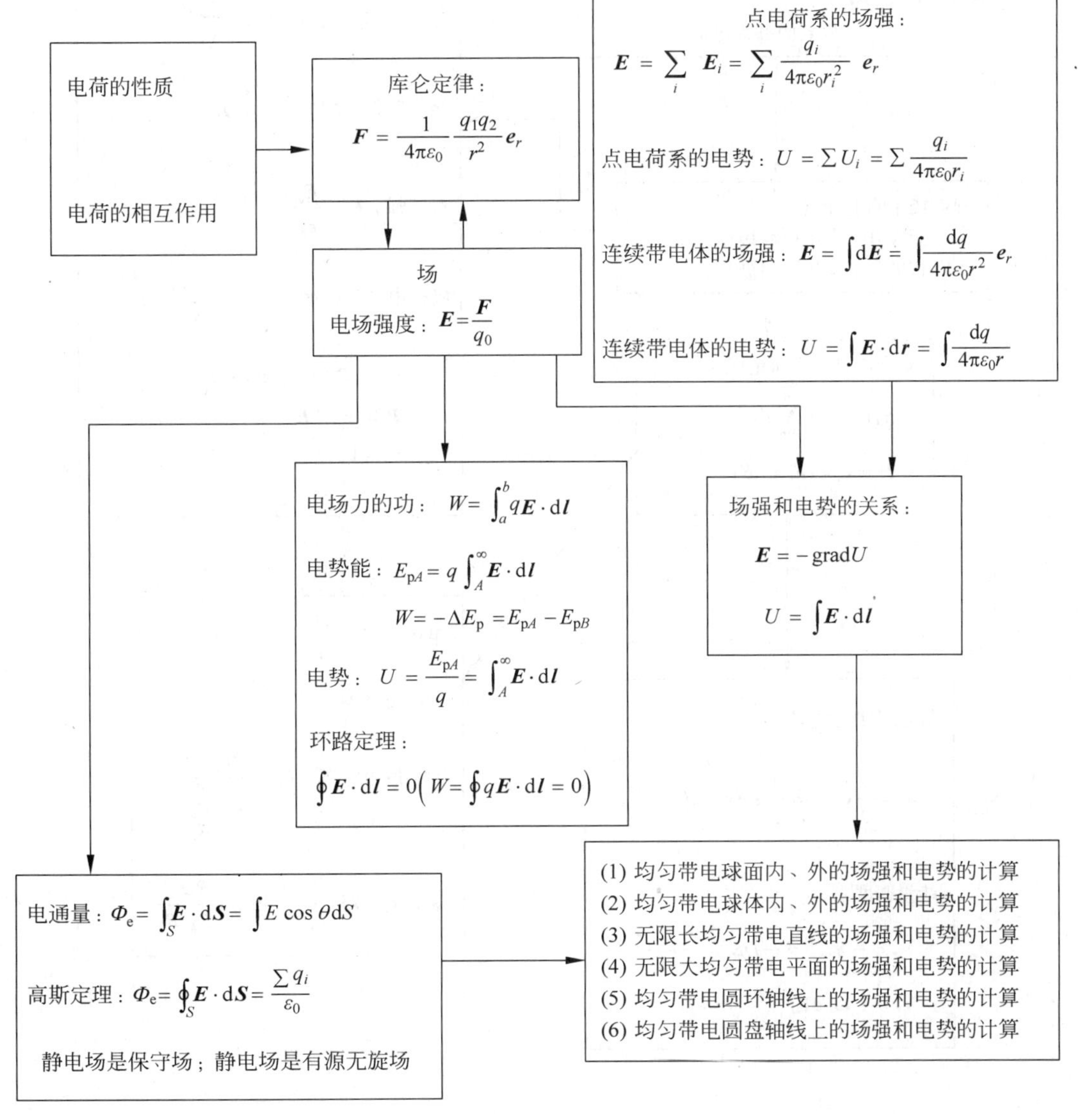

2. 静电场中的导体和电介质知识框图

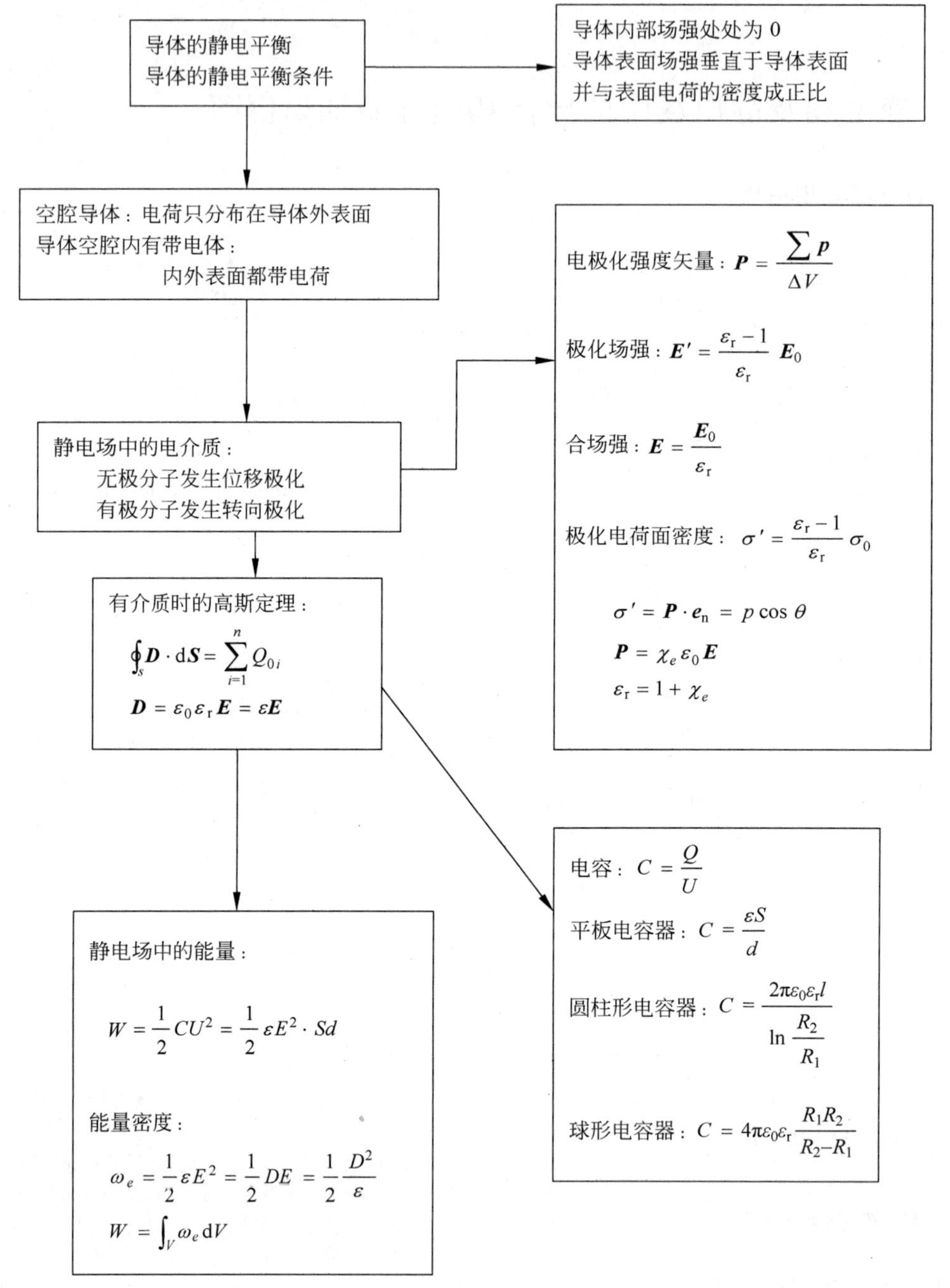

第二　任务分析与学习方法

(1) 理解电场、电场强度、电通量和电势的概念。

(2) 掌握用微积分法求解有限长带电直棒、均匀带电圆环轴线、均匀带电圆盘轴线上一点的场强。

(3) 熟练掌握用高斯定理计算具有对称性分布的场强。

(4) 熟练掌握电势的计算方法。

(5) 掌握电场力做功的计算。

(6) 理解静电场的环路定理。

(7) 理解场强与电势的关系并能求解场强或电势。

(8) 了解导体放在静电场中静电感应现象，掌握静电平衡条件与特点，了解孤立导体电荷分布与导体表面曲率关系。

(9) 了解静电屏蔽的原理与应用，了解尖端放电与应用。

(10) 理解电容的概念，掌握电容的计算方法，掌握电容的串并联与电阻串并联的特点的对比。

(11) 了解击穿场强，能计算等效电容。

(12) 掌握电流密度和电动势，了解欧姆定律及其微分形式。

(13) 了解介质放在静电场中的极化现象及其微观解释。

(14) 了解各向同性介质中电位移矢量 $\boldsymbol{D}$ 和 $\boldsymbol{E}$ 之间的关系，以及 D 线和 E 线的区别。

(15) 理解介质中的高斯定理与环路定理，并学会与真空的高斯定理和环路定理进行对称性比较。

(16) 理解电场能量的概念。

(17) 学会使用微元法、对称性分析以及补偿法等多种方法。

第三　内容提要

一、电荷的量子化　电荷守恒定律

(1) 种类：正电荷，负电荷。

(2) 性质：同种相斥，异种相吸。

(3) 量度：库仑(C)。

(4) 电荷的量子化：$q=\pm ne$($n=1,2,3,\cdots$为量子数)，$e=1.602\times10^{-19}$C。

(5) 电荷守恒定律—— 不管系统中的电荷如何迁移，系统的电荷的代数和保持不变。

二、库仑定律

(1) 点电荷：理想模型。

(2) 库仑定律是1785年法国科学家库仑用扭秤做实验确定的基本定律，描述的是两个点电荷在真空中的相互作用力，与万有引力定律有类似的数学形式。

内容：真空中的两个静止点电荷之间的相互作用力（静电力），与它们电量的乘积成正比，与它们之间距离的平方成反比，方向在它们的连线上。

数学表达式：$\boldsymbol{F}=\frac{1}{4\pi\varepsilon_0}\frac{q_1q_2}{r^2}\boldsymbol{e}_r=k\,\frac{q_1q_2}{r^2}\boldsymbol{e}_r$。

$\varepsilon_0=8.85\times10^{-12}\mathrm{C}^2\cdot\mathrm{N}^{-1}\cdot\mathrm{m}^{-2}$ 为真空电容率，$k=\frac{1}{4\pi\varepsilon_0}=9.0\times10^9\mathrm{N}\cdot\mathrm{m}^2/\mathrm{C}^2$。

三、静电场　电场强度

1. 静电场

静止电荷周围存在电场。电荷之间的相互作用是通过电场来实现的，静电场是一种客观存在的物质，静电场的性质如下：对引入静电场中的电荷有力的作用；电荷在静电场中移动时静电场力做功；静电场力做功只跟始末位置有关，与路径无关；静电场力是一种保守力。

2. 电场强度

定义：单位正试验电荷所受的电场力。

数学表达式：$\boldsymbol{E}=\frac{\boldsymbol{F}}{q_0}$。

性质：是矢量，和试验电荷存在与否无关；可以用电力线的疏密度表示它的强弱；方向沿该点的电力线的切线方向，与正试验电荷受到的力的方向相同。

单位：$\mathrm{N}\cdot\mathrm{C}^{-1}$，$\mathrm{V}\cdot\mathrm{m}^{-1}$。

四、电场强度的计算

1. 点电荷的电场强度

$$\boldsymbol{E}=\frac{\boldsymbol{F}}{q_0}=\frac{1}{4\pi\varepsilon_0}\frac{q}{r^2}\boldsymbol{e}_r$$

2. 点电荷系的电场强度

$$\boldsymbol{E}=\sum_i\boldsymbol{E}_i=\frac{1}{4\pi\varepsilon_0}\sum_i\frac{q_i}{r_i^2}\boldsymbol{e}_r$$

3. 电荷连续分布的带电体的电场强度

方法是：先把带电体分割出无数个电荷元 $\mathrm{d}q$，求出每一个电荷元产生的元电场强度 $\mathrm{d}\boldsymbol{E}=\frac{1}{4\pi\varepsilon_0}\frac{\mathrm{d}q}{r^2}\boldsymbol{e}_r$，再进行矢量叠加 $\boldsymbol{E}=\int\mathrm{d}\boldsymbol{E}=\int\frac{1}{4\pi\varepsilon_0}\frac{\boldsymbol{e}_r}{r^2}\mathrm{d}q$。

(1) 对于电荷体分布，设电荷体密度 ρ，$\mathrm{d}q=\rho\mathrm{d}V$

$$\boldsymbol{E}=\int_V\frac{1}{4\pi\varepsilon_0}\frac{\rho\boldsymbol{e}_r}{r^2}\mathrm{d}V$$

(2) 对于电荷面分布,设电荷面密度 σ,$\mathrm{d}q=\sigma\mathrm{d}S$

$$\boldsymbol{E}=\int_S \frac{1}{4\pi\varepsilon_0}\frac{\sigma\boldsymbol{e}_r}{r^2}\mathrm{d}S$$

(3) 对于电荷线分布,设电荷线密度 λ,$\mathrm{d}q=\lambda\mathrm{d}l$

$$\boldsymbol{E}=\int_l \frac{1}{4\pi\varepsilon_0}\frac{\lambda\boldsymbol{e}_r}{r^2}\mathrm{d}l$$

五、电场强度通量 静电场的高斯定理

1. 电场强度通量

形象化的定义为通过电场中某个面的电场线的条数。

先把某一面分割出面元 $\mathrm{d}S$,求出 $\mathrm{d}\Phi_e=E\cos\theta\mathrm{d}S=\boldsymbol{E}\cdot\mathrm{d}\boldsymbol{S}$,再求和 $\Phi_e=\int\mathrm{d}\Phi_e=\int_S\boldsymbol{E}\cdot\mathrm{d}\boldsymbol{S}$,它是标量,但有正负,规定穿进曲面为负,穿出曲面为正。

2. 静电场的高斯定理

高斯定理——在真空中存在静电场,穿过这个静电场的任一闭合曲面的电场强度通量,等于该曲面所包围的自由电荷的代数和除以 ε_0,与闭合曲面外的电荷无关。

数学表达式:$\Phi_e=\oint_S\boldsymbol{E}\cdot\mathrm{d}\boldsymbol{S}=\frac{1}{\varepsilon_0}\sum_{i=1}^{n}q_i^{\mathrm{in}}$。

六、静电场的环路定理

1. 静电场的保守性

从功能角度出发,以库仑定律为基础,可以证明静止电场对放入其中的试验电荷所做的功,只跟试验电荷的始末位置有关,与路径无关。

2. 静电场力所做的功

$$\mathrm{d}W=\frac{qq_0}{4\pi\varepsilon_0 r^2}\mathrm{d}r,\quad W=\frac{qq_0}{4\pi\varepsilon_0}\int_{r_A}^{r_B}\frac{\mathrm{d}r}{r^2}=\frac{qq_0}{4\pi\varepsilon_0}\left(\frac{1}{r_A}-\frac{1}{r_B}\right)$$

结论:W 仅与试验电荷的始末位置有关,与路径无关,静电场力是保守力,与重力、万有引力、弹性力相似;静电场是保守场。并且静止电场绕闭合路径所做的功等于零。

数学表达式:$\oint q_0\boldsymbol{E}\cdot\mathrm{d}\boldsymbol{l}=0$。

3. 静电场的环路定理

对上式两边同除以 q_0,得到静电场的环路定理:

$$\oint\boldsymbol{E}\cdot\mathrm{d}\boldsymbol{l}=0$$

4. 电势能

与案例二中学习的保守力(包括重力、万有引力、弹性力)相似,静电场也具有这样的特性:静电场力(保守力)做的功等于电势能(保守力场中势能)增量的负值:

$$\int_A^B q_0 \boldsymbol{E} \cdot \mathrm{d}\boldsymbol{l} = -\Delta E_p$$

设 B 点或∞远处,电势能为零,则有 A 点的电势能为

$$E_{pA} = \int_A^{B(\infty)} q_0 \boldsymbol{E} \cdot \mathrm{d}\boldsymbol{l}$$

5. 电势

上式两边同除以 q_0,得到 A 点的电势为

$$V_A = \frac{E_{pA}}{q_0} = \int_A^{B(\infty)} \boldsymbol{E} \cdot \mathrm{d}\boldsymbol{l}$$

6. 任意两点的电势差

$$U = V_A - V_B = \frac{E_{pA}}{q_0} - \frac{E_{pB}}{q_0} = \int_A^B \boldsymbol{E} \cdot \mathrm{d}\boldsymbol{l}$$

七、电势的具体计算

1. 点电荷的电势(一般设无穷远处电势为零)

$$V_A = k\,\frac{Q}{r} \quad \left(k = \frac{1}{4\pi\varepsilon_0}\right)$$

2. 点电荷系的电势

$$V = \sum_{i=1}^{n} k\,\frac{Q}{r}$$

3. 连续带电体的电势

$$V = \int k\,\frac{Q}{r}$$

八、电场强度与电势梯度

1. 等势面——静电场中电势相等的点构成的曲面叫等势面

特点:等势面与电场线处处正交;在等势面上移动电荷不做功;沿着电场强度方向,电势降低。

2. 电场强度与电势梯度

$$E_l = -\frac{\mathrm{d}U}{\mathrm{d}l} \quad \text{或写成} \quad E = -\mathrm{grad}U$$

表明:电场中某点的电场强度等于该点电势梯度的负值,负号表明场强方向与电势梯度方向相反。

九、导体放在静电场中

导体放在静电场中,导体电荷会重新分布,其结果是使导体处于平衡状态。

1. 条件

导体内部场强处处为零；

导体表面场强与导体表面垂直。

2. 特点

在导体内部移动电荷不做功；

导体内部任意两点的电势差为零；

导体是个等势体；

表面是个等势面；

导体表面曲率大，电荷面密度也大；

导体表面的场强与电荷面密度的关系：$E=\frac{\sigma}{\varepsilon_0}$；

带电的导体其电荷分布在表面上，内部没有电荷；

带电的空腔导体其电荷也分布在外表面上，内表面没有电荷；

空腔导体可以屏蔽外电场，使空腔内部不受外部影响；

接地的空腔导体可以屏蔽内部电场，使外部空间不受内部电场的影响。

十、电介质放在静电场中

1. 电介质放在静电场 $\boldsymbol{E}_0$ 中，会被极化

无极分子（氢、甲烷、石蜡等）发生位移极化；有极分子（水、有机玻璃等）发生转向极化。

2. 电极化强度

$$\boldsymbol{P}=\frac{\sum \boldsymbol{p}}{\Delta V}$$

$\boldsymbol{p}$ 为分子的电偶极矩，$\boldsymbol{P}$ 为电极化强度，σ'为极化电荷面密度。

$$P=\frac{\sum p}{\Delta V}=\frac{\sigma'\Delta Sl}{\Delta Sl}=\sigma'$$

极化电荷与自由电荷的关系

$$E=E_0-E'=\frac{E_0}{\varepsilon_r},\quad E'=\frac{\varepsilon_r-1}{\varepsilon_r}E_0,\quad \sigma'=\frac{\varepsilon_r-1}{\varepsilon_r}\sigma_0,$$

$$Q'=\frac{\varepsilon_r-1}{\varepsilon_r}Q_0,\quad \boldsymbol{P}=(\varepsilon_r-1)\varepsilon_0\boldsymbol{E}。$$

设 $\chi=\varepsilon_r-1$，则电极化率

$$\boldsymbol{P}=\chi\varepsilon_0\boldsymbol{E},$$

$$E_0=\sigma_0/\varepsilon_0,\quad E=E_0/\varepsilon_r,\quad P=\sigma'$$

设电位移矢量

$$\boldsymbol{D}=\varepsilon_0\varepsilon_r\boldsymbol{E}=\varepsilon\boldsymbol{E}$$

电位移通量

$$\int_S \boldsymbol{D}\cdot \mathrm{d}\boldsymbol{S}$$

3. 有介质时的高斯定理

$$\oint_S \boldsymbol{D} \cdot \mathrm{d}\boldsymbol{S} = \sum_{i=1}^{n} Q_{0i}, \quad \oint_S \boldsymbol{E} \cdot \mathrm{d}\boldsymbol{S} = \frac{1}{\varepsilon_0}(Q_0 - Q') = \frac{Q_0}{\varepsilon_0 \varepsilon_r}$$

4. 电介质被极化后,产生极化电场 $\boldsymbol{E}'$

设电介质的相对介电常数为 ε_r,极化电场 $\boldsymbol{E}'=\frac{\varepsilon_r-1}{\varepsilon_r}\boldsymbol{E}_0$,方向与静电场方向相反。

合成后的总场强为 $\boldsymbol{E}=\boldsymbol{E}_0+\boldsymbol{E}'=\frac{\boldsymbol{E}_0}{\varepsilon_r}$;

极化强度为 $P=\sigma'=(\varepsilon_r-1)\varepsilon_0 E$。

5. 电介质放在静电场中,设电位移矢量为

$$\boldsymbol{D}=\varepsilon_0\varepsilon_r\boldsymbol{E}=\varepsilon\boldsymbol{E}$$

6. 电介质放在静电场中时的高斯定理

电介质放在静电场中,通过任意闭合曲面的电位移通量等于该闭合曲面内自由电荷的代数和。

数学表达式为

$$\oint_S \boldsymbol{D} \cdot \mathrm{d}\boldsymbol{S} = \sum q_0$$

十一、电容器、电容

1. 电容器

用来储电的容器叫电容器。按形状分为孤立导体的电容器、平行板电容器、球形电容器、圆柱形电容器;按型式分为可变电容器、不可变电容器、半可变电容器;按介质分为空气电容器、云母电容器、陶瓷电容器等。

2. 电容

电容器储电的本领叫电容,用符号 C 表示。数学表达式:$C=\frac{Q}{U}$。但并不是指与电容器所带电量成正比,与电容器两端的电压成反比,而是由电容器本身的性质决定(与形状、相对位置、正对面积、是否充电介质有关,而与是否储电无关)。单位:法拉(F)、微法(μF)、皮法(pF),$1\text{F}=10^6\mu\text{F}=10^{12}\text{pF}$。

3. 击穿场强

当电容器两极板加上电压后,电压越大,场强也越大,达到某一最大值 E_b 时,电介质中分子发生电离,失去绝缘性,我们就说电介质被击穿了,电介质能承受的最大电场强度 E_b 叫击穿场强。如室温下空气的击穿场强为 $3\times10^3\text{kV/mm}$,云母的击穿场强为 $160\times10^3\text{kV/mm}$。

4. 求解电容的 4 步骤

(1) 假设储电 $\pm Q$;

（2）求出两极板之间的电场强度 $\boldsymbol{E}$；

（3）求两极板的电势差 U；

（4）由 $C=\dfrac{Q}{U}$ 求出两极板的电容 C。

5. 各类电容器的电容

（1）球形孤立导体的电容：设球形孤立导体带电 Q，电势（以无穷远处电势为零）：$U=\int_R^{\infty}\boldsymbol{E}\cdot\mathrm{d}\boldsymbol{l}=\dfrac{Q}{4\pi\varepsilon_0 R}$，因此得到球形孤立导体的电容 $C=4\pi\varepsilon_0 R$。

例如：地球的 $R_E=6.4\times10^6\,\mathrm{m}$，$C=7\times10^{-4}\,\mathrm{F}$。

（2）平行板电容器的电容（正对面积为 S，相距 d，充介质相对介电常数为 ε_r）：设带电 $\pm Q$，电荷面密度 $\sigma=\dfrac{Q}{S}$，两极板之间的电场强度 $E=\dfrac{\sigma}{\varepsilon}=\dfrac{\sigma}{\varepsilon_0\varepsilon_r}$，两极板的电势差 $U=\int\boldsymbol{E}\cdot\mathrm{d}\boldsymbol{l}=Ed=\dfrac{\sigma d}{\varepsilon_0\varepsilon_r}$，两极板的电容 $C=\dfrac{Q}{U}=\dfrac{\sigma S\varepsilon_0\varepsilon_r}{\sigma d}=\dfrac{\varepsilon_0\varepsilon_r S}{d}$。

（3）球形电容器的电容（内外半径为 R_1、R_2）：

$$C=4\pi\varepsilon\frac{R_1R_2}{R_2-R_1}$$

当外球半径为无穷大时，$C=4\pi\varepsilon R_1$，就是球形孤立导体的电容。

（4）圆柱形电容器的电容（长度为 l，内外半径为 R_1、R_2）：

$$C=2\pi\varepsilon\frac{l}{\ln\dfrac{R_2}{R_1}}$$

6. 电容器的串联与并联（电容器串并联的电容与电阻串并联的电阻交叉对应）

（1）电容器的串联（图 11.1）　　电阻的并联

$\dfrac{1}{C}=\dfrac{1}{C_1}+\dfrac{1}{C_2}$　　$\dfrac{1}{R}=\dfrac{1}{R_1}+\dfrac{1}{R_2}$

$Q=Q_1=Q_2$

$U=U_1+U_2$

（2）电容器的并联（图 11.2）　　电阻的串联

$C=C_1+C_2$　　$R=R_1+R_2$

$Q=Q_1+Q_2$

$U=U_1=U_2$

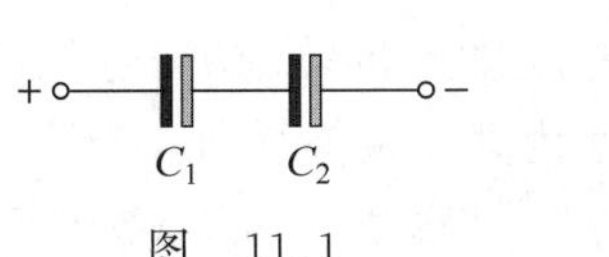

图　11.1

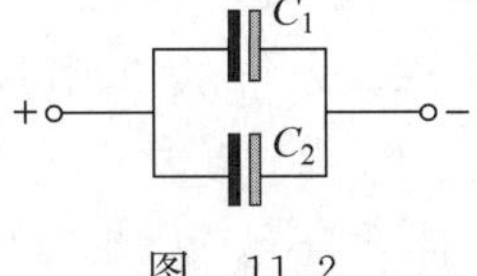

图　11.2

十二、静电场的能量和能量密度

1. 电容器的电能

$\mathrm{d}W=U\mathrm{d}q$ 及 $U=\frac{q}{C}$，得到 $W=\int\frac{1}{C}q\,\mathrm{d}q=\frac{1}{2}\frac{Q^2}{C}=\frac{1}{2}QU=\frac{1}{2}CU^2$。

2. 静电场的能量

对于平板电容器，体积为 V，$W=\frac{1}{2}CU^2=\frac{1}{2}\frac{\varepsilon S}{d}(Ed)^2=\frac{1}{2}\varepsilon E^2Sd=\frac{1}{2}\varepsilon E^2V$。

静电场的能量密度：$w_\mathrm{e}=\frac{1}{2}\varepsilon E^2=\frac{1}{2}ED$。

电场空间具有的能量：$W_\mathrm{e}=\int_V w_\mathrm{e}\mathrm{d}V=\int_V\frac{1}{2}\varepsilon E^2\mathrm{d}V$。

物理沙龙一

库仑（Charlse-Augustin de Coulomb，1736—1806）。法国工程师、物理学家，1736年6月14日生于法国昂古莱姆，1806年8月23日在巴黎病逝。

库仑

库仑早年就读于美西也尔工程学校。离开学校后，进入皇家军事工程队当工程师。工作了8年以后，他又在埃克斯岛瑟堡等地服役。他在军队里从事了多年的军事建筑工作，为他1773年发表的有关材料强度的论文积累了材料。在这篇论文里，库仑所提出的计算物体上应力和应变分布情况的方法沿用到现在，是结构工程的理论基础。

1777年法国科学院悬赏，征求改良航海指南针中磁针的方法。库仑认为磁针支架在轴上，必然会带来摩擦，要改良磁针，必须从这根本问题着手。他提出用细头发丝或丝线悬挂磁针。同时他对磁力进行深入细致的研究，特别注意了温度对磁体性质的影响。他又发现线扭转时的扭力和针转过的角度成比例关系，从而可利用这种装置算出静电力或磁力的大小。这导致他发明了扭秤，扭秤能以极高的精度测出非常小的力。由于成功地设计了新的指南针结构以及在研究普通机械理论方面做出的贡献，1782年，他当选为法国科学院院士。为了保持较好的科学实验条件，他仍在军队中服务，但他的名字在科学界已为人所共知。

1785—1789年，他用扭秤测量静电力和磁力，导出著名的库仑定律。

库仑的扭秤是由一根悬挂在细长线上的轻棒和在轻棒两端附着的两只平衡球构成的。当球上没有力作用时，棒取一定的平衡位置。如果两球中有一个带电，同时把另一个带同种电荷的小球放在它附近，则会有电力作用在这个球上，球可以移动，使棒绕着悬挂点转动，直到悬线的扭力与电的作用力达到平衡时为止。因为悬线很细，很小的力作用在球上就能使棒显著地偏离其原来位置，转动的角度与力的大小成正比。库仑让这个可移动球和固定的球带上不同量的电荷，并改变它们之间的距离：

第1次，两球相距36个刻度，测得银线的旋转角度为36°。

第2次，两球相距18个刻度，测得银线的旋转角度为144°。

第3次，两球相距8.5个刻度，测得银线的旋转角度为575.5°。

上述实验表明，两个电荷之间的距离为4∶2∶1时，扭转角为1∶4∶16。由于扭转角的大小与扭力成反比，所以得到两电荷间的斥力的大小与距离的平方成反比。库仑认为第三次的偏差是由漏电所致。

经过如此巧妙的安排，仔细实验，反复测量，并对实验结果进行分析，找出误差产生的原因，进行修正，库仑终于测定了带等量同种电荷的小球之间的斥力。

但是对于异种电荷之间的引力，用扭秤来测量就遇到了麻烦。因为金属丝扭转的回复力矩仅与角度的一次方成比例，这就不能保证扭秤的稳定。经过反复的思考，库仑发明了电摆。他利用与单摆相类似的方法测定了异种电荷之间的引力也与它们的距离的平方成反比。

最后库仑终于找出了在真空中两个点电荷之间的相互作用力与两点电荷所带电量及它们之间距离的定量关系，这就是静电学中的库仑定律。

库仑定律是电学发展史上的第一个定量规律，它使电学的研究从定性进入定量阶段，是电学史中的一块重要的里程碑。电荷的单位库仑就是以他的姓氏命名的。

磁学中的库仑定律也是利用类似的方法得到的。1789年法国大革命爆发，库仑隐居在自己的领地里，每天全身心地投入到科学研究的工作中去。同年，他的一部重要著作问世，在这部书里，他对有两种形式的电的认识发展到磁学理论方面，并归纳出类似于两个点电荷相互作用的两个磁极相互作用定律。库仑以自己一系列的著作丰富了电学与磁学研究的计量方法，将牛顿的力学原理扩展到电学与磁学中。作为一名工程师，他在工程方面也做出过重要的贡献。他曾设计了一种水下作业法。这种作业法类似于现代的沉箱，它是应用在桥梁等水下建筑施工中的一种很重要的方法。

物理沙龙二

高斯(C. F. Gauss，1777—1855)，有“数学王子”“数学家之王”的美称，被认为是人类有史以来“最伟大的四位数学家之一”(四位分别为阿基米德、牛顿、高斯、欧拉)。早年就推翻了18世纪数学的理论和方法，而以他自己革新的数论开辟了通往19世纪中叶分析严密化的道路。他不仅对纯粹数学做出了意义深远的贡献，而且对20世纪的天文学、大地测量学和电磁学的实际应用也做出了重要的贡献。他的名言“数学，科学的皇后；算术，数学的皇后”贴切地表达了他对数学在科学中起关键作用的感性认识。人们还称赞高斯是“人类的骄傲”。天才、早熟、高产、创造力不衰、……，人类智力领域的几乎所有褒奖之词，对于高斯都不过分。

10马克上的高斯头像(1989年至2001年流通)

高斯开辟了许多新的数学领域，从最抽象的代数数论到内蕴几何学，都留下了他的足迹。从研究风格、方法乃至所取得的具体成就方面，他都是18—19世纪之交的中坚人物。

高斯出身普通，母亲是一个贫穷石匠的

邮票上的高斯

女儿，虽然十分聪明，但没有接受过教育，近似于文盲，在她成为高斯父亲的第二个妻子之前，从事女佣工作。他的父亲曾做过园丁、工头、商人的助手和一个小保险公司的评估师。高斯3岁时便能够纠正父亲的借债账目的事情，成为一个轶事流传至今。

邮票上的高斯

1787年高斯10岁时的一天，布特纳老师布置了一道题，就是那个著名的自然数从1～100的求和。当然，这也是一个等差数列的求和问题。当老师刚一写完时，高斯也算完并把写有答案的小石板交了上去。

1801年，高斯有机会戏剧性地施展他的计算技巧，并以此来表示对卡尔·威廉·斐迪南公爵资助他受教育的感谢。当时的天文界正在为火星和木星间庞大的间隙烦恼不已，认为火星和木星间应该还有行星未被发现。意大利的天文学家Piazzi发现在火星和木星间有一颗新星，它被命名为“谷神星”。我们知道它是火星和木星的小行星带中的一颗小行星，但当时天文学界争论不休，有人说这是行星，有人说这是彗星。必

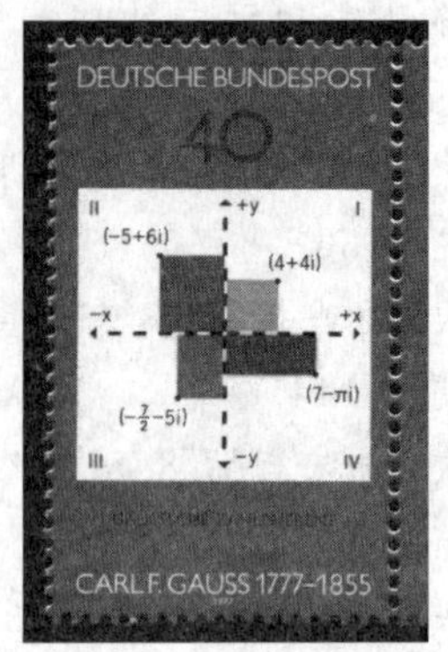

表彰高斯的邮票

须继续观察才能判决，但是Piazzi只能观察到它9°的轨道，之后它便隐身到太阳后面去了。无法知道它的确切轨道，也无法判定它是行星还是彗星。高斯这时对这个问题产生兴趣，自己独创了只要3次观察就可以来计算星球轨道的方法。他可以极准确地预测行星的位置。果然，谷神星准确无误地在高斯预测的地方出现。这个方法——虽然他当时没有公布——就是“最小平方法”。在天文学中这一成就立即得到公认。

哥廷根市内的韦伯(左)和高斯像

1827年，他发表了《曲面的一般研究》，涵盖一部分大学念的“微分几何”。高斯和韦伯(Withelm Weber)一起从事磁的研究，他们的合作是很理想的：韦伯做实验，高斯研究理论，韦伯引起高斯对物理问题的兴趣，而高斯用数学工具处理物理问题，影响韦伯的思考工作方法。1833年，高斯从他的天文台拉了一条八千尺长的电线，跨过许

多人家的屋顶，一直到韦伯的实验室，以伏特电池为电源，构造了世界第一个电报机。他又设立磁观测站，写了《地磁的一般理论》，和韦伯画出了世界第一张地球磁场图。

德国发行了3种用以表彰高斯的邮票。第一种邮票(第725号)发行于1955年——他逝世100周年；另外两种邮票(第1246号、第1811号)发行于1977年，他诞辰200周年。

在高斯的荣耀中，以他命名的事物包括：

(1) 用在磁场的CGS制计量单位以高斯来命名。

(2) 月球上的坑洞以他来命名。

(3) 小行星1001又称为"高斯星"。

(4) 一艘名为"高斯"的船，是高斯远征南极时所使用的船。

第四 疑难点分析与课题研究

一、疑难点分析

(一) 高斯定理的讨论

(1) 高斯面：是闭合曲面，可以设成球面，圆柱面，长方形等。

(2) 电场强度：闭合曲面内外所有电荷的总电场强度。

(3) 电通量：穿过闭合曲面的电通量，穿进为负，穿出为正。

(4) 仅闭合曲面内的电荷对电通量有贡献。

(5) 静电场：有源场。

用高斯定理求电场强度的一般步骤为

(1) 对称性分析。

(2) 根据对称性选择合适的高斯面。

(3) 应用高斯定理计算。

(二) 电势的计算

A 点的电势定义为单位试验点电荷在该点具有的电势能 $V_A=E_{pA}/q_0$。

电势零点的选取——有限带电体以无穷远为电势零点，实际问题中常选择地球电势为零。

数学表达式：$V_A=\int_A^{\infty(0)}\boldsymbol{E}\cdot \mathrm{d}\boldsymbol{l}$ 表示从点 A 移到无限远处(或零电势处)$\boldsymbol{E}$ 与 $\mathrm{d}\boldsymbol{l}$ 的积分。

自我测试1 在点电荷为 q 的电场中，取以 q 为中心，R 为半径的球面处为电势零点，如图11.3所示，问与点电荷距离为 r 处的 M 点的电势为多少？

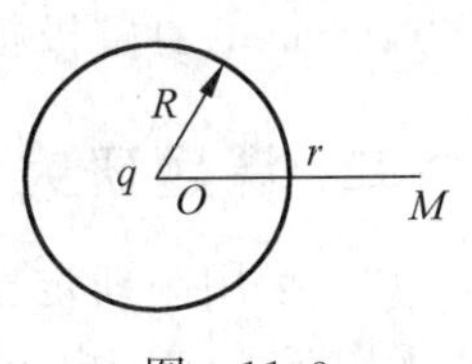

图 11.3

可能的错解有：$V_M=\dfrac{q}{4\pi\varepsilon_0 r}$，或者 $V_M=\dfrac{q}{4\pi\varepsilon_0(r-R)}$。

要点分析 本题测试的是某点电势的计算，关键要领会是从该点到零电势处的 $\boldsymbol{E}$ 与 $\mathrm{d}\boldsymbol{l}$ 的积分，本题的零电势处是半径为 R 的球面处，因此积分上下限要明确。

解 $V_M=\int_M^{\infty(0)}\boldsymbol{E}\cdot\mathrm{d}\boldsymbol{l}=\int_r^R E\mathrm{d}l\cos0^0=\int_r^R\dfrac{q}{4\pi\varepsilon_0 r^2}\mathrm{d}r=\dfrac{1}{4\pi\varepsilon_0}\left(\dfrac{1}{r}-\dfrac{1}{R}\right)$

自我测试 2 两个均匀带电同心球面，半径分别为 R_1 和 R_2，所带电量分别为 Q_1 和 Q_2，设无穷远处为电势零点，则距球心为 r 的 A 点($R_1<r<R_2$)电势为多少？

可能的错解有：$V_A=\dfrac{Q_1}{4\pi\varepsilon_0 r}$，或者 $V_A=\dfrac{Q_1+Q_2}{4\pi\varepsilon_0 r}$，或者 $V_A=\dfrac{Q_1}{4\pi\varepsilon_0 R_1}+\dfrac{Q_2}{4\pi\varepsilon_0 R_2}$。

要点分析 以无穷远处为电势零点，距球心为 r 的 A 点($R_1<r<R_2$)电势为从该点 r 处到无穷远处，而中间从 $r\sim R$ 与从 R 到无穷远处的场强不同，所以应当分区进行求解。

解 $\begin{cases}R_1<r<R_2, & \text{场强 } E=\dfrac{Q_1}{4\pi\varepsilon_0 r^2}\\ r>R_2, & \text{场强 } E=\dfrac{Q_1+Q_2}{4\pi\varepsilon_0 r^2}\end{cases}$

$$V_A=\int_A^{\infty}\boldsymbol{E}\cdot\mathrm{d}\boldsymbol{l}=\int_r^{R_2}\frac{Q_1}{4\pi\varepsilon_0 r^2}\mathrm{d}r+\int_{R_2}^{\infty}\frac{Q_1+Q_2}{4\pi\varepsilon_0 r^2}\mathrm{d}r=\frac{Q_2}{4\pi\varepsilon_0 R_2}+\frac{Q_1}{4\pi\varepsilon_0 r}$$

（三）电容的计算

(1) 若平板电容器厚度为 d，接在电源两端保持开关闭合不变，然后平行插入面积相同、厚度 a 小于 d 的金属板，此时极板间的场强 E，电容 C，电荷 Q 如何变化？

分析 接在电源两端保持开关闭合，说明电压 U 不变；金属板内场强为零，极板的电容 C 改变(相当于极板间距减小为 $d-a$)，电荷 Q 也改变。

(2) 若平板电容器厚度为 d，接在电源两端保持开关闭合不变，然后平行插入面积相同、厚度 a 小于 d 的介质板，此时极板间的场强 E，电容 C，电荷 Q 如何变化？

分析 接在电源两端保持开关闭合，说明电压 U 不变；极板的电容 C 改变(相当于极板间距为 $d-a$ 的真空极板与间距为 a 的介质板串联)，电荷 Q 也改变。

(3) 若平板电容器厚度为 d，接在电源两端，然后断开开关，再平行插入面积相同、厚度小于 d 的金属板，此时极板间的场强 E，电容 C，电荷 Q 如何变化？

分析 接在电源两端，开关断开，说明电量 Q 不变；金属板内场强为零，极板的电容 C 改变，电压 U 也改变。

(4) 若平板电容器厚度为 d，接在电源两端，然后断开开关，再平行插入面积相同、厚度小于 d 的介质板，此时极板间的场强 E，电容 C，电荷 Q 如何变化？

分析 接在电源两端，开关断开，说明电量 Q 不变；极板的电容 C 改变(相当于极板间距为 $d-a$ 的真空极板与间距为 a 的介质板串联)，电压 U 也改变。

二、课题研究

(1) 运用高斯定理求解具有对称性的电场强度时很方便，如均匀带电球面、均匀带电球体、无限长均匀带电直棒，无限长均匀带电圆柱面(或圆柱体)，无限大均匀带电平面。

而不具有对称性的电场不能用高斯定理求解，可用场强定义式求解。基本步骤是把带电体无限分割取电荷元 $\mathrm{d}q$，求出 $\mathrm{d}q$ 在某点的场强 $\mathrm{d}\boldsymbol{E}$，再进行矢量积分 $\boldsymbol{E}=\int\mathrm{d}\boldsymbol{E}$。

① 分析当均匀带电球面外一点离开球心的距离 $r \gg R$(球面半径)时,得出球面外一点的场强结论是什么?将之与点电荷场强对比。

② 分析当均匀带电球体外一点离开球心的距离 $r \gg R$(球面半径)时,得出球体外一点的场强结论是什么?将之与点电荷场强对比。

③ 分析当无限长均匀带电圆柱面(或圆柱体)外一点的距离 $r \gg R$(圆柱面或圆柱体的半径)时,得出无限长均匀带电圆柱面(或圆柱体)外一点的场强结论是什么?将之与无限长均匀带电直棒对比。

(2) 均匀带电圆环轴线上一点的场强 $E=\frac{1}{4\pi\varepsilon_0}\frac{qx}{(x^2+R^2)^{3/2}}$,分析当 $x \gg R$ 时得出什么结论?又怎样求出场强的最大值?

均匀带电圆盘轴线上一点的场强 $E=\frac{\sigma}{2\varepsilon_0}\left[1-\left(1+\frac{R^2}{x^2}\right)^{-\frac{1}{2}}\right]$,分析当 $x \ll R$ 和 $x \gg R$ 时得出什么结论?

可能用到的数学公式:

$$\frac{\mathrm{d}}{\mathrm{d}x}[x(x^2+a^2)^n]=(x^2+a^2)^n+xn(x^2+a^2)^{n-1}\cdot 2x$$

$$(1+x)^n=1+nx+\frac{n(n-1)}{2!}x^2+\cdots+(|x|<1)$$

(3) 若一点电荷 q 位于立方体中心,立方体边长为 a,则通过立方体 6 个面的电通量是 q/ε_0,思考通过立方体一个面的电通量是多少?若把这个点电荷放在立方体的一个角上,此时通过立方体每一个面的电通量各是多少?

(4) 将均匀带电球面、均匀带电球体内外场强与电势的计算进行归纳,运用场强与电势的关系

$$电势等于\ V=\int_P^{\infty(或零电势)}\boldsymbol{E}\cdot\mathrm{d}\boldsymbol{l};\qquad 场强等于\ \boldsymbol{E}=-\frac{\mathrm{d}V}{\mathrm{d}l_n}\boldsymbol{e}_n$$

分别由已知场强求电势;或者已知电势求场强。

(5) 上网查找资料画出静电除尘的简要装置图,谈谈原理。

(6) 选择一款静电分离设备,可以使废旧物品进行再生资源循环,如使铝塑分离,使废旧电路板中铜塑分离,塑料与沙子分离等,若电场强度为 E,铝塑的荷质比为 q/m,若使它们分装在相隔 d 的两只桶内,估算它们需要在多高的电场中下落?

(7) 真空(介电常数为 ε_0)中的高斯定理:

$$\Phi_{\mathrm{e}}=\oint_S\boldsymbol{E}\cdot\mathrm{d}\boldsymbol{S}=\frac{1}{\varepsilon_0}\sum_{i=1}^{n}q_i^{\mathrm{in}}$$

有介质(介电常数为 ε)时的高斯定理:

$$\oint_S\boldsymbol{D}\cdot\mathrm{d}\boldsymbol{S}=\sum_{i=1}^{n}Q_{0i}$$

其中,电位移矢量 $\boldsymbol{D}$,电场强度矢量 $\boldsymbol{E}$。

图 11.4(a)、(b)分别表示两均匀同心球面在真空中的电场线与电位移线,图 11.4(c)、

(d)表示在上述同心球面之间放入同心的均匀电介质球壳后的电场线与电位移线,以这4张图,进行横向对比与纵向对比,谈谈真空(介电常数为ε_0)中的高斯定理和有介质(介电常数为ε)时的高斯定理的区别与联系,说明用E线和D线描述电场,哪个更方便?

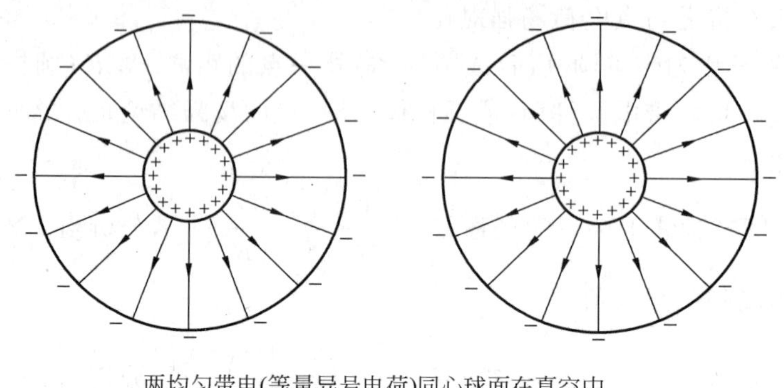

两均匀带电(等量异号电荷)同心球面在真空中

(a) E线　　(b) D线

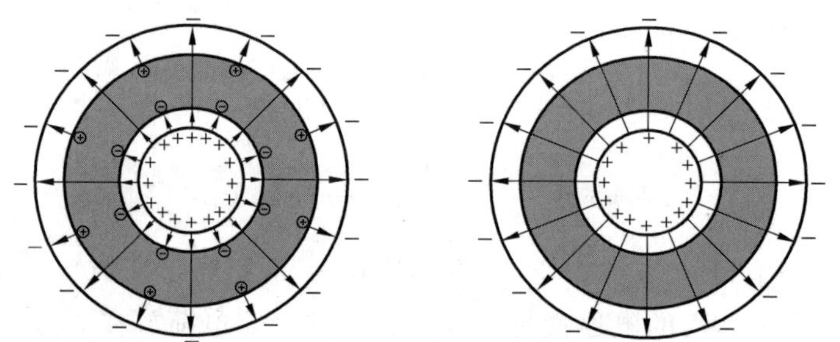

上述两球面之间放入同心的均匀电介质球壳后(图中以⊕、⊖表示极化电荷)

(c) E线　　(d) D线

图 11.4

提示:$\boldsymbol{D}=\varepsilon\boldsymbol{E}$;图(a)与图(c)对比,$E$线在介质中被削弱;图(b)与图(d)对比,$D$线不变。

(8) 利用知识的迁移理论进行学习对比。

学习者对知识的认识应呈现一种螺旋式上升的趋势,任何新知识的学习都是在牢固掌握旧知识的基础上进行的。学习者如能在学习材料的基础上,找准新旧知识的"结合点",将新旧知识建立实质性的联系,使学习富有整体性、有序性、概括性,就能促进知识的正迁移,加速对知识的认识和理解。

$\Phi_e=\oint_S \boldsymbol{E}\cdot d\boldsymbol{S}=\frac{1}{\varepsilon_0}\sum q^{in}$;(静电场的高斯定理)→迁移→$\Phi_b=\oint_s \boldsymbol{B}\cdot d\boldsymbol{S}=0$(磁场的高斯定理,在案例十二中学习)

$\oint_l \boldsymbol{E}\cdot d\boldsymbol{l}=0$(静电场的环路定律)→迁移→$\oint_l \boldsymbol{B}\cdot d\boldsymbol{l}=\mu_0\sum I$(磁场的环路定律,在案例十二中学习)

第五　例题指导

例 1　如图 11.5 所示，有一外半径 R_1，内半径 R_2 的金属球壳，在球壳中放一半径 R_3 的同心金属球，若使球壳和球均带有 q 的正电荷，问(1)两球体上的电荷如何分布？(2)$R_2<r<R_1$ 点处的 P 点电势为多少？

要点分析　与自我测试 2 不同的是，本题是带电的金属球壳与金属球体，电荷会重新分布，达到静电平衡，内球电荷 q 只分布在内球的外表面上。

而球壳内半径感应分布 $-q$；球壳外表面上除原先的 q 以外感应了 q，因此球壳外表面总计分布 $2q$。

同时各区间的电场强度也不同。

解　(1) 电荷分布如下：

q 只分布在内球的外表面上；球壳内半径感应分布 $-q$；球壳外表面总计分布 $2q$。

(2) 如图 11.6 所示，在 $r<R_3$ 内作球形高斯面，$E_1=0$

在 $R_3<r<R_2$ 作球形高斯面，$\oint_{S_2}\boldsymbol{E}_2\cdot\mathrm{d}\boldsymbol{S}=\dfrac{q}{\varepsilon_0}$ 得 $E_2=\dfrac{q}{4\pi\varepsilon_0 r^2}$

在 $R_2<r<R_1$ 作球形高斯面，$\oint_{S_3}\boldsymbol{E}_3\cdot\mathrm{d}\boldsymbol{S}=0$ 得 $E_3=0$

在 $r>R_1$ 作球形高斯面，$\oint_{S_4}\boldsymbol{E}_4\cdot\mathrm{d}\boldsymbol{S}=\dfrac{2q}{\varepsilon_0}$ 得 $E_4=\dfrac{2q}{4\pi\varepsilon_0 r^2}$

$$\begin{cases}E_1=0 & (r<R_3)\\ E_2=\dfrac{q}{4\pi\varepsilon_0 r^2} & (R_3<r<R_2)\\ E_3=0 & (R_2<r<R_1)\\ E_4=\dfrac{2q}{4\pi\varepsilon_0 r^2} & (r>R_1)\end{cases}$$

在 $R_2<r<R_1$ 处的 P 点，$V_P=\int_P^{\infty}\boldsymbol{E}\cdot\mathrm{d}\boldsymbol{l}=\int_P^{R_1}E_3\cdot\mathrm{d}l+\int_{R_1}^{\infty}E_4\cdot\mathrm{d}l=0+\dfrac{2q}{4\pi\varepsilon_0 R_1}=\dfrac{q}{2\pi\varepsilon_0 R_1}$。

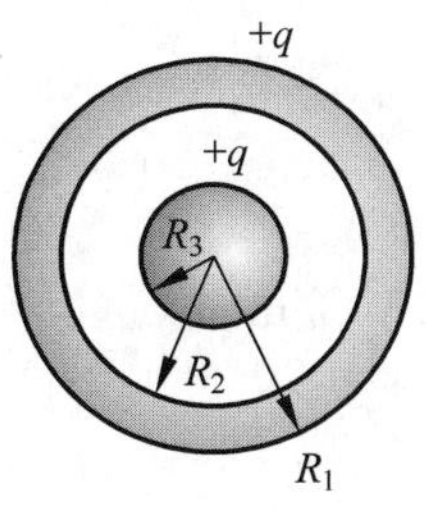

图　11.5

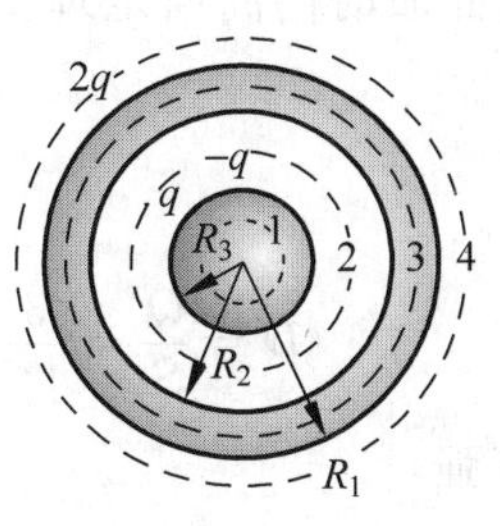

图　11.6

例 2 一半径为 R 的无限长带电圆柱棒,其内部的电荷均匀分布,电荷的体密度为 ρ,如图 11.7 所示。现取棒表面为零电势,求圆柱棒内外空间的电势分布。

要点分析 本题注意零电势处是选在圆柱棒表面,因棒是无限长,不能选在无穷远处。

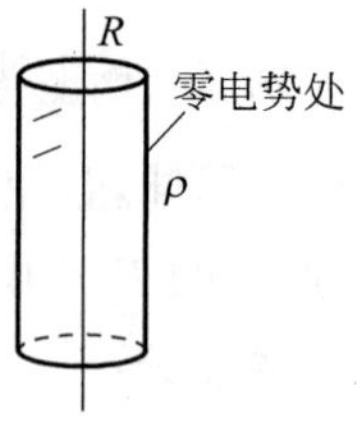

解 取高度为 l、半径为 r 且与带电圆柱棒同轴的圆柱面为高斯面,由高斯定理

图 11.7

当 $r\leqslant R$ 时

$$E\cdot 2\pi rl=\pi r^2 l\rho/\varepsilon_0$$

得

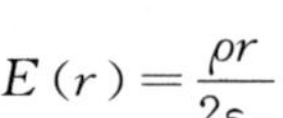

$$E(r)=\frac{\rho r}{2\varepsilon_0}$$

当 $r\geqslant R$ 时

$$E\cdot 2\pi rl=\pi R^2 l\rho/\varepsilon_0$$

得

$$E(r)=\frac{\rho R^2}{2\varepsilon_0 r}$$

取棒表面为零电势,空间电势的分布有

当 $r\leqslant R$ 时

$$V(r)=\int_r^R \frac{\rho r}{2\varepsilon_0}\mathrm{d}r=\frac{\rho}{4\varepsilon_0}(R^2-r^2)$$

当 $r\geqslant R$ 时

$$V(r)=\int_r^R \frac{\rho R^2}{2\varepsilon_0 r}\mathrm{d}r=\frac{\rho R^2}{2\varepsilon_0}\ln\frac{R}{r}$$

例 3 一平板电容器的电容为 90pF,极板面积为 $100\mathrm{cm}^2$,极板间充满相对电容率为 5.4 的云母电介质,极板间电势差为 40V,求

(1) 极板上的自由电荷。

(2) 云母中的场强,是否会被击穿?(云母的击穿场强为 $1.6\times10^6\mathrm{V/m}$)

(3) 云母介质面上的极化电荷面密度与极化电荷。

解 (1) 极板上的自由电荷为

$$Q=CU=90\times10^{-12}\times40\mathrm{C}=3.6\times10^{-9}\mathrm{C}$$

(2) 根据有介质时的高斯定理:

$$\oint_S \boldsymbol{D}\cdot\mathrm{d}\boldsymbol{S}=Q$$

得

$$D=\frac{Q}{S}=\frac{3.6\times10^{-9}\mathrm{C}}{100\times10^{-4}\mathrm{m}^2}=3.6\times10^{-7}\mathrm{C/m^2}$$

云母中的场强

$$E=\frac{D}{\varepsilon_0\varepsilon_r}=7.53\times10^3\mathrm{V/m}$$

小于云母的击穿场强，不会被击穿。

(3) 云母介质面上的极化电荷面密度：

$$\sigma' = P = (\varepsilon_r - 1)\varepsilon_0 E = 2.93 \times 10^{-7}\,\mathrm{C/m^2}$$

云母介质面上的极化电荷：

$$Q' = \sigma' S = 2.93 \times 10^{-9}\,\mathrm{C}$$

第六　反思与总结

本案例涉及真空中和介质中静电场的基本概念等内容，涵盖了大学物理课程静电场的核心内容。通过求解电学方面的习题，不仅可以使我们增强对有关电学基本概念的理解，还可在处理电学问题的方法上得到训练，从而感悟到静电场理论所体现出来的和谐与美。求解电学习题既包括求解一般物理习题的常用方法，也包含一些求解电学习题的特殊方法。下面就求解电学方面的方法总结如下。

1. 微元法

在求解电场强度、电势等物理量时，微元法是常用的方法之一。使用微元法的基础是电场的叠加原理。依照叠加原理，任意带电体激发的电场可以视作电荷元 dq 单独存在时激发电场的叠加，根据电荷的不同分布方式，电荷元可分别为体电荷元 ρdV、面电荷元 σdS 和线电荷元 λdl。

例如求均匀带电直线中垂线上的电场强度分布。我们可取带电线元 λdl 为电荷元，每个电荷元可视作为点电荷，建立坐标，利用点电荷电场强度公式将电荷元激发的电场强度矢量沿坐标轴分解后叠加

$$E = \int_{-l/2}^{l/2} \frac{1}{4\pi\varepsilon_0} \frac{\lambda dl}{r^2} \cos\alpha$$

统一积分变量后积分，就可以求得空间的电场分布。类似的方法同样可用于求电势的分布。

此外值得注意的是物理中的微元并非为数学意义上真正的无穷小，而是测量意义上的高阶小量。从形式上微元也不仅仅局限于体元、面元、线元，在物理问题中常常根据对称性适当地选取微元。例如，求一个均匀带电圆盘轴线上的电场强度分布，我们可以取宽度为 dr 的同心带电圆环为电荷元，再利用带电圆环轴线上的电场强度分布公式，用叠加的方法求得均匀带电圆盘轴线上的电场强度分布。

2. 对称性分析

对称性分析在求解电场问题时是十分重要的。通过分析场的对称性，可以帮助我们了解电场的分布，从而对求解电学问题带来极大方便。而电场的对称性有轴对称、面对称、球对称等。

在利用高斯定理求电场强度的分布时，需要根据电荷分布的对称性选择适当的高斯面，使得电场强度在高斯面上为常量或者电场强度通量为零，就能够借助高斯定理求得电场强度的分布。

3. 补偿法

补偿法是利用等量异号的电荷激发的电场强度，具有大小相等方向相反的特性；或强

度相同方向相反的电流元激发的磁感强度，具有大小相等方向相反这一特性，将原来对称程度较低的场源分解为若干个对称程度较高的场源，再利用场的叠加求得电场的分布。

例如在一个均匀带电球体内部挖去一个球形空腔，显然它的电场分布不再呈现球对称。为了求这一均匀带电体的电场分布，我们可将空腔带电体激发的电场视为一个外半径相同的球形带电体与一个电荷密度相同且异号、半径等于空腔半径的小球体所激发电场的矢量和。利用均匀带电球体内外的电场分布，即可求出电场分布。

案例十二　稳恒磁场

第一　稳恒磁场知识框图

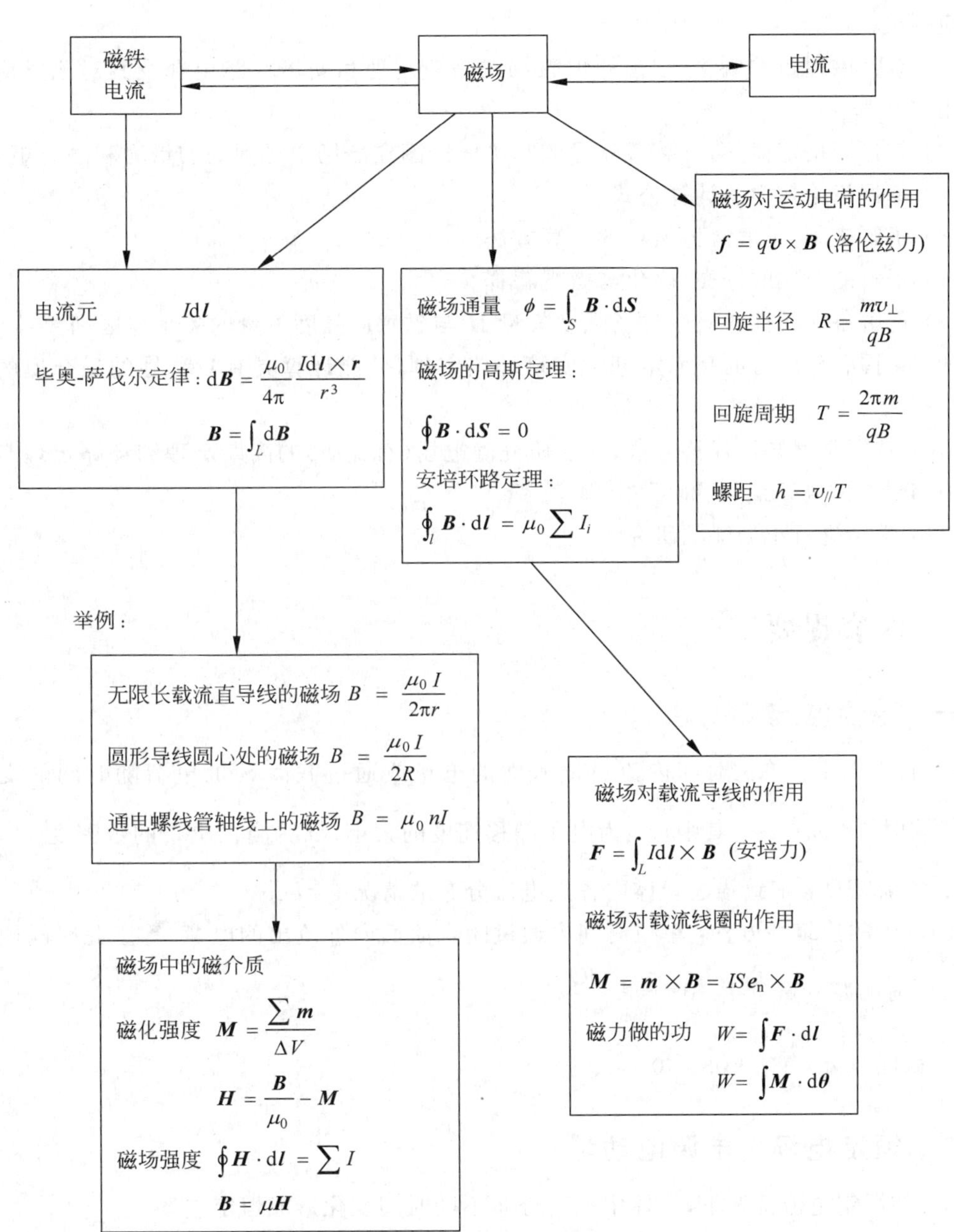

第二 任务分析与学习方法

（1）了解安培分子电流假说解释磁铁周围产生磁场。

（2）理解磁感应强度的概念，掌握毕奥-萨伐尔-拉普拉斯定律，会计算简单载流导体的磁感应强度。

（3）掌握磁通量的概念，掌握稳恒磁场的高斯定理和安培环路定理及其对磁感应强度的应用与计算。

（4）掌握安培定律，会计算载流导体和平面线圈在磁场中受到的安培力和磁力矩。

（5）掌握洛伦兹力的计算公式。

（6）了解磁矩，了解磁力做功的计算方法。

（7）了解磁介质的分类、磁化与微观解释。

（8）理解各向同性介质中磁场强度矢量 $\boldsymbol{H}$ 与磁感应强度矢量的关系与区别。

（9）掌握有介质时的高斯定理和安培环路定理，并能计算具有对称性的磁介质的磁场分布。

（10）掌握学习知识迁移方法，对比研究静电场(有介质)的高斯定理和环路定理与稳恒磁场(有介质)的高斯定理和环路定理。

（11）学会进行小型课题研究。

第三 内容提要

一、稳恒电流

1. 电流强度：单位时间内流过横截面的电量或通过截面 S 的电荷随时间的变化率 $I=\dfrac{\mathrm{d}q}{\mathrm{d}t}$，同时 $I=env_{\mathrm{d}}S$。其中，v_{d} 为电子漂移速度的大小；n 为自由电子的数密度。

2. 电流密度：细致描述导体内各点电流分布的情况 $j=env_{\mathrm{d}}$。

3. 电流的连续性方程：单位时间内通过闭合曲面向外流出的电荷，等于此时间内闭合曲面内电荷的减少量 $\oint_S \boldsymbol{j}\cdot\mathrm{d}\boldsymbol{S}=-\dfrac{\mathrm{d}Q}{\mathrm{d}t}$。

4. 稳恒电流：$\oint_S \boldsymbol{j}\cdot\mathrm{d}\boldsymbol{S}=0$。

二、恒定电场 电源电动势

（1）在恒定电流情况下，导体中电荷分布不随时间变化形成恒定电场；

（2）恒定电场与静电场具有相似性质(高斯定理和环路定理)，恒定电场可引入电势的概念；

（3）恒定电场的存在伴随能量的转换。

电源：提供非静电力的装置。

电源电动势的定义：单位正电荷绕闭合回路运动一周，非静电力所做的功。

$$E=\frac{W}{q}=\frac{\oint_l q\boldsymbol{E}_{\mathrm{k}}\cdot \mathrm{d}\boldsymbol{l}}{q}=\oint_l \boldsymbol{E}_{\mathrm{k}}\cdot \mathrm{d}\boldsymbol{l}$$

电源电动势大小等于将单位正电荷从负极经电源内部移至正极时非静电力所做的功。

三、磁场

1. 磁铁周围存在磁场，且N、S极同时存在；同名磁极相斥，异名磁极相吸。

2. 电流周围存在磁场。

3. 磁感强度 $\boldsymbol{B}$ 的定义

当正电荷垂直于特定直线运动时，受力 $\boldsymbol{F}_{\max}$，将 $\boldsymbol{F}_{\max}\times\boldsymbol{v}$ 在磁场中的方向定义为该点的 $\boldsymbol{B}$ 的方向，大小为 $B=\frac{F_{\max}}{qv}$。

四、毕奥-萨伐尔-拉普拉斯定律(电流元在空间产生的磁场)

$$\mathrm{d}\boldsymbol{B}=\frac{\mu_0}{4\pi}\frac{I\mathrm{d}\boldsymbol{l}\times\boldsymbol{r}}{r^3}$$

其中，$\mu_0=4\pi\times10^{-7}\mathrm{N}\cdot\mathrm{A}^{-2}$，为真空的磁导率。

任意载流导线在点 P 处的磁感强度

$$\boldsymbol{B}=\int\mathrm{d}\boldsymbol{B}=\int\frac{\mu_0 I}{4\pi}\frac{\mathrm{d}\boldsymbol{l}\times\boldsymbol{r}}{r^3}$$

毕奥-萨伐尔-拉普拉斯定律的应用：

(1) 无限长载流长直导线的磁场：

$$B=\frac{\mu_0 I}{2\pi r_0}$$

(2) 圆形载流导线圆心处的磁场：

$$B=\frac{\mu_0 I}{2R}$$

(3) 载流长直螺线管内部的磁场：

$$B=\mu_0 nI$$

(4) 运动电荷的磁场：

$$\boldsymbol{B}=\frac{\mu_0}{4\pi}\frac{q\boldsymbol{v}\times\boldsymbol{r}}{r^3}$$

五、磁通量　磁场的高斯定理　安培环路定理

利用知识的迁移理论进行学习。

磁通量与电通量对比学习；磁场的高斯定理与电场的高斯定理对比学习；电场的安培环路定理与磁场的安培环路定理对比学习。

1. 磁通量：通过某曲面的磁感线数

$$\Phi=\int_S \boldsymbol{B}\cdot \mathrm{d}\boldsymbol{S}$$

2. 磁场的高斯定理

通过任意闭合曲面的磁通量必等于零(故磁场是无源的)。

数学表达式：

$$\oint_S \boldsymbol{B}\cdot \mathrm{d}\boldsymbol{S}=0$$

3. 安培环路定理

在真空的恒定磁场中，磁感强度 $\boldsymbol{B}$ 沿任一闭合路径的线积分，等于 μ_0 乘以该闭合路径所穿过的各电流的代数和。

数学表达式：

$$\oint \boldsymbol{B}\cdot \mathrm{d}\boldsymbol{l}=\mu_0\sum_{i=1}^{n} I_i$$

电流正负的规定：电流与回路成右螺旋时，电流为正，反之为负。

拓展思考：

(1) $\boldsymbol{B}$ 是否与回路外电流有关?

(2) 若 $\oint_l \boldsymbol{B}\cdot \mathrm{d}\boldsymbol{l}=0$，是否回路上各处 $\boldsymbol{B}=0$? 是否回路内无电流穿过?

六、磁场对载流导线的作用

安培定律：

有限长载流导线所受的安培力

$$\mathrm{d}\boldsymbol{F}=I\mathrm{d}\boldsymbol{l}\times\boldsymbol{B}$$

$$\boldsymbol{F}=\int_l \mathrm{d}\boldsymbol{F}=\int_l I\mathrm{d}\boldsymbol{l}\times\boldsymbol{B}$$

结论：任意平面载流导线在均匀磁场中所受的力，与其始点和终点相同的载流直导线所受的磁场力相同。

七、磁场作用于载流线圈的磁力矩

$$\boldsymbol{M}=IS\boldsymbol{e}_{\mathrm{n}}\times\boldsymbol{B}=\boldsymbol{m}\times\boldsymbol{B}$$

其中，$\boldsymbol{e}_{\mathrm{n}}$ 为线圈平面的法线方向；$\boldsymbol{m}=IS\boldsymbol{e}_{\mathrm{n}}$，为磁矩。

(1) $\boldsymbol{e}_{\mathrm{n}}$ 与 $\boldsymbol{B}$ 同向，线圈处于稳定平衡 $\theta=0°$，$M=0$；

(2) $\boldsymbol{e}_{\mathrm{n}}$ 与 $\boldsymbol{B}$ 方向相反，线圈处于不稳定平衡，$\theta=\pi$，$M=0$；

(3) $\boldsymbol{e}_{\mathrm{n}}$ 与 $\boldsymbol{B}$ 方向垂直，线圈受到的力矩最大，$\theta=\dfrac{\pi}{2}$，$M=M_{\max}$。

结论：均匀磁场中，任意形状刚性闭合平面通电线圈所受的力和力矩为 $\boldsymbol{F}=0$，$\boldsymbol{M}=\boldsymbol{m}\times\boldsymbol{B}$。

八、带电粒子在磁场中的运动

1. 回旋半径

$$R=\frac{mv_0}{qB}$$

2. 回旋周期

$$T=\frac{2\pi R}{v_0}=\frac{2\pi m}{qB}$$

3. 洛伦兹力

$$\boldsymbol{F}_{\mathrm{m}}=q\boldsymbol{v}\times\boldsymbol{B}\quad（洛伦兹力不做功）$$

4. 霍耳效应

导电板放在磁场中，通以纵向电流，在板的横向两侧面呈现一定的电势差的现象叫霍耳效应。

霍耳电势差

$$U_{\mathrm{H}}=\frac{IB}{nqd}$$

霍耳效应有很多种应用。由测出的霍耳电压的正负可以判断半导体载流子种类是电子或是空穴等。到了1980年，德国物理学家克劳斯·冯·克利青（德语：Klaus von Klitzing，1943—　）在极低温和强磁场条件下实验发现霍耳电阻不按线性变化，而是随着磁场的增大作量子化的变化，$R'_{\mathrm{H}}=\frac{h}{ne^2}$，当 $n=1$ 时的霍耳电阻为25 812.806Ω，在1991年作为标准电阻。克劳斯·冯·克利青因发现量子霍耳效应获1985年诺贝尔物理学奖。

九、介质放在磁场中

1. 磁介质的磁场

介质放在磁场中会被磁化，被磁化了的物质称为磁介质，磁介质也会激发附加磁场。

磁介质中的总磁感强度

$$\boldsymbol{B}=\boldsymbol{B}_0+\boldsymbol{B}'$$

其中，$\boldsymbol{B}_0$ 为真空中的磁感强度；$\boldsymbol{B}'$ 为介质磁化后的附加磁感强度。

如果是顺磁质，内磁场

$$B=B_0+B'$$

如果是抗磁质，内磁场

$$B=B_0-B'$$

2. 安培分子电流假说

磁铁和电流都能产生磁场，磁铁的磁场和电流的磁场是否有相同的起源呢？

电流是电荷的运动产生的，所以电流的磁场是由于电荷的运动产生的。那么，磁铁的磁场是否也是由电荷的运动产生的呢？安培提出，在无外磁场时，分子中的任何一个电子不仅绕核作圆周运动，同时也在自旋运动，二者产生的磁效应可等效成一个微小的圆电流产生的磁效应,这个等效圆电流称为分子电流。分子电流使每个物质微粒都成为微小的磁体,它的两侧相当于两个磁极,安培的分子电流假说能够解释一些磁现象。

一根铁棒,在未被磁化的时候,内部各分子电流的取向是杂乱无章的,它们的磁场互相抵消,对外界不显磁性。当铁棒受到外界磁场的作用时,各分子电流的取向变得大致相同,铁棒被磁化,两端对外界显示出较强的磁作用,形成磁极。磁体受到高温或猛烈的敲击会失去磁性,这是因为在激烈的热运动或机械振动的影响下,分子电流的取向又变得杂乱了。

3. 磁化强度

物理意义:磁介质中单位体积内分子的合磁矩。

数学表达式:

$$\boldsymbol{M}=\frac{\sum \boldsymbol{m}}{\Delta V}$$

其中,$\boldsymbol{m}=BS\boldsymbol{e}_{\mathrm{n}}$,称为磁矩。

4. 磁场强度 *H*

$$H=\frac{B}{\mu}=\frac{B}{\mu_0\mu_{\mathrm{r}}}$$

其中,μ_0 为真空的磁介质;μ_{r} 为磁介质的相对磁导率。

5. 有磁介质时的安培环路定理

$$\oint_l \boldsymbol{H}\cdot \mathrm{d}\boldsymbol{l}=\sum I$$

磁场强度也可用 $\boldsymbol{H}=\frac{\boldsymbol{B}}{\mu_0}-\boldsymbol{M}$ 表示。

物理沙龙一

安德烈·玛丽·安培(André-Marie Ampère,1775—1836),法国化学家,在电磁作用方面的研究成就卓著,对数学和物理也有贡献。电流的国际单位安培即以其姓氏命名。

安培

1799 年安培在其出生地里昂的一所中学教数学。1802 年 2 月安培离开里昂去布尔格学院讲授物理学和化学,4 月他发表一篇论述赌博的数学理论,显露出极好的数学功底,引起了社会上的注意。后来应聘在拿破仑创建的法国公学任职。1808 年安培任法国帝国大学总学监,1809 年任巴黎工业大学数学教授。1814 年当选为法国科学院院士。1824 年任法兰西学院实验物理学教授。1827 年当选为英国伦敦皇家学会会员。主要成就:发现了安培定则(又称右手螺旋定则);发现电流的相互作用规律;发明了电流计;提出分子电流假说;总结了电流元之间的作用规律——安培定律等。他曾研究过概率论和积分偏微分方程,显示出他在数学方面奇特的才能。他还做过化学研究,几乎与 H. 戴维同时认识到元素氯和碘；比A.阿伏伽德罗晚3年导出阿伏伽德罗定律。

安培的趣闻轶事很多，下面介绍两个最为人知的。

安培思考科学问题专心致志，据说有一次，安培正慢慢地向他任教的学校走去，边走边思索着一个电学问题。经过塞纳河的时候，他随手捡起一块鹅卵石装进口袋。过一会儿，又从口袋里掏出来扔到河里。到学校后，他走进教室，习惯地掏怀表看时间，拿出来的却是一块鹅卵石。原来，怀表已被他扔进了塞纳河。

还有一次，安培在街上散步，走着走着，想出了一个电学问题的算式。正为没有地方运算而发愁，突然，他见到面前有一块"黑板"，就拿出随身携带的粉笔，在上面运算起来。那"黑板"原来是一辆马车的车厢背面。马车走动了，他也跟着走，边走边写；马车越来越快，他就跑了起来，一心一意要完成他的推导，直到他实在追不上马车了才停下脚步。安培这个失常的行动，使街上的人笑得前仰后合。

安培将他的研究综合在《电动力学现象的数学理论》一书中，成为电磁学史上一部重要的经典论著。麦克斯韦称赞安培的工作是"科学上最光辉的成就之一"，还把安培誉为"电学中的牛顿"。安培在他的一生中，只有很短的时期从事物理工作，可是他却能以独特的、透彻的分析，论述带电导线的磁效应。

安培"分子电流"思想的形成经历了三次认识飞跃，尽管每次相距时间都不长，但可谓一步一个台阶，或曰"三部曲"。

1820年9月初，法国物理学家阿拉戈(Framcois Arago，1786—1853)从瑞士带回了丹麦物理学家奥斯特(Hans Christian Oersted，1777—1851)发现电流磁效应的消息，立即在法国科学界引起了巨大的反响。安培第二天就重复了奥斯特电流对磁针作用的实验。在一周以后即9月18日他向法国科学院提交了第一篇论文，报告了他重复奥斯特实验的结果，迈出了他形成分子电流思想的第一步，提出：圆形电流有起到磁铁作用的可能性。

9月25日他向法国科学院提交了第二篇论文，阐述了他用实验证明了两个平行直导线，当电流方向相同时相互吸引，当电流方向相反时相互排斥的报告。以后他又用各种曲线形状的载流导线，研究它们之间的相互作用，并于10月9日提交了第三篇论文，迈出了形成分子电流思想的第二步，提出：磁体中存在一种绕磁轴旋转的宏观电流。安培对他的磁体中存在宏观电流的假设是根据伏打(Alessandro Volta，1745—1827)电堆的原理简单地解释的。他认为伏打电池之所以能产生电流，是因为不同金属接触的结果。类似地，磁体中的铁分子的接触也会产生电流。即把磁体看作是一连串的伏打电堆，它们的电流都环绕磁体的轴作同心圆运动。

菲涅耳(Angustin Jean Fresnel，1788—1827)是安培的好朋友，他了解了安培的论文以后，指出安培的这个假设不能成立，即磁体不可能存在安培所设想的宏观电流，否则，由于宏观电流的存在将使磁体生热，但实际上磁体不可能自行地比周围的环境更热一些。菲涅耳在给安培的一封信中建议，为什么不把假定的宏观电流改为环绕着每一个分子的呢？这样，如果这些分子可以排成行，这些微观的电流将会合成所需要的同心电流。

收到了菲涅耳的信后，安培立即放弃了原来的假定而采取了菲涅耳的建议，于1821年1月，迈出了分子电流思想的第三步：提出了著名的"分子电流假说"，从而在经典物理的范畴内深刻地反映了物体磁性的本质。

由此可见，"分子电流"思想的形成经历

了"可能性""宏观电流""分子电流"三个阶段,这符合人们由浅入深、由表及里、由现象到本质的认知过程。"分子电流假说"由安培提出,也是和他所特有的科学素质分不开的。回顾安培所生活的年代,特别是在奥斯特发现电流的磁效应以后,许多科学家都在从事电与磁的联系方面的研究,如:英国的法拉第(Michael Faraday,1791—1867)、法国的毕奥(Jean Baptiste Biot,1774—1862)和德国的塞贝克(Thomas Johann Seebeck,1770—1831)等,他们都绝非等闲之辈,倘若安培不是及时地重复和发展奥斯特的实验,倘若安培不是立即接受菲涅耳的建议,即倘若安培不具备在科学上极其敏感、最能接受他人成果的独特素质,也许"分子电流假说"的提出者就要易人了。

物理沙龙二

让·巴蒂斯特·毕奥(Biot,1774—1862),毕业于法国著名的工程学校巴黎综合理工学院,法国物理学家、天文学家和数学家。在1804年,他和伙伴约瑟夫·路易·盖-吕萨克(Gay Lusac)一起,采用热气球来作科学实验,热气球上升到了五千米的高度,目的是为了研究地球的大气层。

1820年,他和萨伐尔共同研究,发现了毕奥-萨伐尔定律。他对光的偏振现象尤为感兴趣,由于他的卓越成就,1840年,他获得皇室社会颁布的拉姆福德奖章。1862年2月3日,他在巴黎逝世。

月球上有一个陨石坑是以毕奥命名的。

毕奥第一个发现云母独特的光学性质,因此以云母为基础的矿物黑云母就是以他名字命名的。

毕奥

物理沙龙三

菲利克斯·萨伐尔(Félix Savart,1791—1841),一译"菲利克斯·沙伐",法国物理学家和医生。他与让-巴蒂斯特·毕奥共同创建了毕奥-萨伐尔定律。这是静磁学的一个基本定律,精确地描述载流导线的电流所产生的磁场。萨伐尔对于声学也很有研究。他开发出一种声学仪器,沙伐音轮(Savart wheel),可以用来研究听觉的最低频率限度。现在不再常用的音程度量单位,沙伐(savart),也是因他而命名。

在他17岁那年,萨伐尔不顾父亲的反对,下定决心毅然从事医学,希冀将来能悬壶济世。1808年,萨伐尔在摩泽尔省梅斯市的一所医院学习医术。两年后,结束训练,他成为拿破仑军队里的军医。退役后,萨伐尔进入斯特拉斯堡的一所大学继续学医,于1816年得到医学文凭。隔年,他回到梅斯市,自己开了一所私人诊所。不知什么原因,他开始对物理发生兴趣,渐渐地,沉迷于研究声学。萨伐尔与毕奥决定在此领域合作。1820年,奥斯特发现,载流导线的电流会产生作用力于小磁针,使磁针改变方向。立刻,整个欧洲的物理学家都聚焦于这惊人的发现,毕奥和萨伐尔也不例外。他们很快地找到了新的结果。同年,他们共同发表了毕奥-萨伐尔定律。

物理沙龙四

拉普拉斯(Pierre-Simon Laplace,1749—1827),1749年3月23日生于法国诺曼底的博蒙,父亲是一个农场主,他从青年时期就显示出卓越的数学才能,18岁时离家赴巴黎,决定从事数学工作。他带着一封推荐信去找当时法国著名学者达朗贝尔,但被后者拒绝接见。拉普拉斯就寄去一篇力学方面的论文给达朗贝尔。这篇论文出色至极,以至达朗贝尔忽然高兴要当他的教父,并推荐拉普拉斯到军事学校教书。拉普拉斯曾任拿破仑的老师,所以和拿破仑结下不解之缘。

拉普拉斯

拉普拉斯把注意力主要集中在天体力学的研究上面。他把牛顿的万有引力定律应用到整个太阳系,1773年解决了一个当时著名的难题:解释木星轨道为什么在不断地收缩,而同时土星的轨道又在不断地膨胀。拉普拉斯用数学方法证明行星平均运动的不变性,即行星的轨道大小成周期性变化,并证明为偏心率和倾角的3次幂。这就是著名的拉普拉斯定理。此后他开始了太阳系稳定性问题的研究。同年,他成为法国科学院副院士。1784—1785年,他求得天体对其外任一质点的引力分量可以用一个势函数来表示,这个势函数满足一个偏微分方程,即著名的拉普拉斯方程。1785年他被选为科学院院士。

物理沙龙五

亨德里克·安东·洛伦兹(Hendrik Antoon Lorentz,1853—1928),近代卓越的理论物理学家、数学家,经典电子论的创立者,1853年7月18日生于荷兰的阿纳姆,并在该地上小学和中学,成绩优异,少年时就对物理学感兴趣,同时还广泛地阅读历史和小说,并且熟练地掌握多门外语。他虽然生长在基督教的环境里,但却是一个自由思想家。

1870年洛伦兹考入莱顿大学,学习数学、物理和天文。1875年获博士学位。1877年,莱顿大学聘请他为理论物理学教授,这个职位最早是为J. D. 范德瓦耳斯设的,其学术地位很高,而这时洛伦兹年仅23岁。在莱顿大学任教35年,他对物理学的贡献都是在这期间作出的。

洛伦兹

1912年洛伦兹辞去莱顿大学教授职务,到哈勒姆担任一个博物馆的顾问,同时兼任莱顿大学的名誉教授,每星期一早晨到莱顿大学就物理学当前的一些问题作演讲。后来他还在荷兰政府中任职,1919—1926年在教育部门工作,其间在1921年担任高等教育部部长。

1911—1927年担任索尔维物理学会议的固定主席。在国际物理学界的各种集会上，他经常是一位很受欢迎的主持人。1923年任国际科学协作联盟委员会主席。他还是世界上许多科学院的外国院士和科学学会的外国会员。

洛伦兹认为一切物质分子都含有电子，阴极射线的粒子就是电子。把以太与物质的相互作用归结为以太与电子的相互作用。1896年10月洛伦兹的学生塞曼发现，在强磁场中钠光谱的D线有明显的增宽，即产生塞曼效应，证实了洛伦兹的预言，这一理论成功地解释了塞曼效应，为此，洛伦兹与他的学生塞曼一起获得1902年诺贝尔物理学奖。

洛伦兹于1928年2月4日在荷兰的哈勃姆去世，终年75岁。为了悼念这位荷兰近代文化的巨人，举行葬礼的那天，荷兰全国的电信、电话中止三分钟。世界各地科学界的著名人物参加了葬礼。爱因斯坦在洛伦兹墓前致辞说：洛伦兹的成就“对我产生了最伟大的影响”，他是“我们时代最伟大、最高尚的人”。

第四　疑难点分析与课题研究

一、疑难点分析

（一）关于毕奥-萨伐尔-拉普拉斯定律的应用

电流元在空间产生的磁场

$$\mathrm{d}\boldsymbol{B}=\frac{\mu_0}{4\pi}\frac{I\mathrm{d}\boldsymbol{l}\times\boldsymbol{r}}{r^3}$$

在应用时，如图12.1所示，注意：

（1）$I\mathrm{d}\boldsymbol{l}$：首先确定电流与电流元$I\mathrm{d}\boldsymbol{l}$的方向；

（2）$\boldsymbol{r}$：从电流元$I\mathrm{d}\boldsymbol{l}$指向某$P$点的有向线段$\boldsymbol{r}$；

（3）θ：从$I\mathrm{d}\boldsymbol{l}$绕向$\boldsymbol{r}$的小于180°的$\theta$角；

（4）找出积分上下限：电流起点处的θ角为下限，电流终点处的θ角为上限；

（5）把上述各量代入毕奥-萨伐尔定律

$$\boldsymbol{B}=\int\mathrm{d}\boldsymbol{B}=\int\frac{\mu_0 I}{4\pi}\frac{\mathrm{d}\boldsymbol{l}\times\boldsymbol{r}}{r^3},$$

统一变量，积分求出$\boldsymbol{B}$的大小，方向用右手螺旋定则判断。

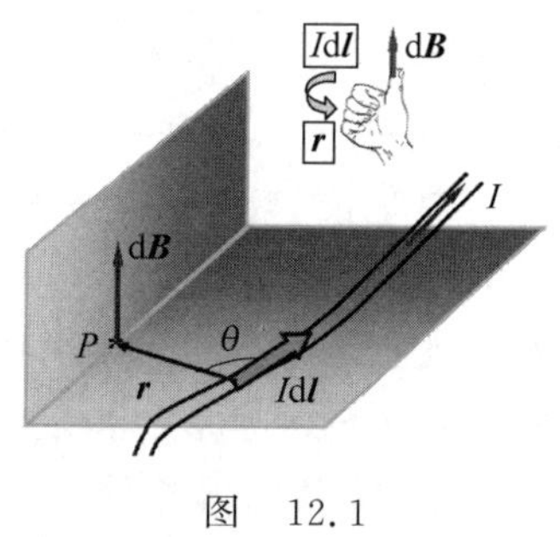

图　12.1

（二）安培环路定理

$$\oint\boldsymbol{B}\cdot\mathrm{d}\boldsymbol{l}=\mu_0\sum_{i=1}^{n}I_i$$

上式是指在真空的恒定磁场中，磁感强度$\boldsymbol{B}$沿任一闭合路径的线积分$\oint\boldsymbol{B}\cdot\mathrm{d}\boldsymbol{l}$，与闭合路径外的电流强度无关。但是，磁感强度$\boldsymbol{B}$却是闭合路径内外的电流强度共同作用的结果。

自我测试：

下列说法正确的是(　　)。

(A) 回路内穿过电流的代数和为零时，闭合回路上各点磁感强度都为零

(B) 磁感强度沿闭合回路的积分为零时，回路上各点的磁感强度必定为零

(C) 闭合路径上各点磁感强度都为零时，回路内穿过电流的代数和必定为零

(D) 磁感强度沿闭合路径的积分不为零时，回路上任意一点的磁感强度都不可能为零

(E) 闭合路径上各点磁感强度都为零时，回路内一定没有电流穿过

要点分析　由磁场中的安培环路定理可知，磁感强度沿闭合回路的积分为零时，回路上各点的磁感强度不一定为零；闭合回路上各点磁感强度为零时，穿过回路的电流代数和必定为零。

因而正确答案为(C)。

(三) 关于磁通量的计算

$$\Phi=\int_S \boldsymbol{B}\cdot \mathrm{d}\boldsymbol{S}$$

当穿过某一曲面的磁感应强度不均匀时，注意面积元的选取。

例 1　如图 12.2(a)所示，载流长直导线的电流为 I，求通过矩形面积的磁通量。

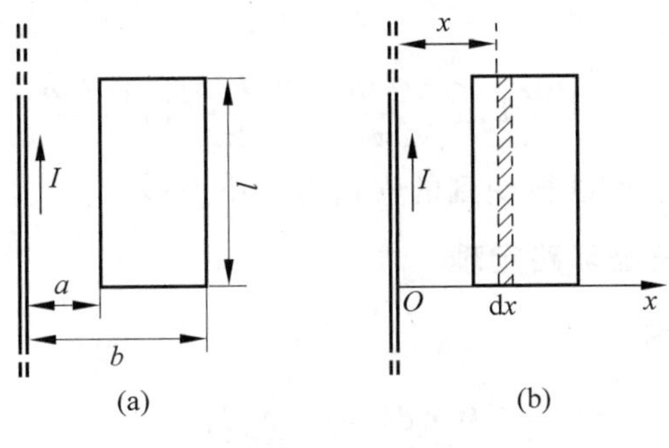

图　12.2

可能的错误解答：

$$\Phi=BS=\frac{\mu_0 I}{2\pi a}l(b-a)$$

要点分析　由于矩形平面上各点的磁感强度不同，故磁通量 $\Phi\neq BS$。为此，可在矩形平面上竖直分割取一宽度为 $\mathrm{d}x$ 的矩形面元 $\mathrm{d}S=l\,\mathrm{d}x$，如图 12.2(b)所示，载流长直导线的磁场穿过该面元的磁通量为

$$\mathrm{d}\Phi=\boldsymbol{B}\cdot \mathrm{d}\boldsymbol{S}=\frac{\mu_0 I}{2\pi x}l\,\mathrm{d}x$$

矩形平面的总磁通量

$$\Phi=\int \mathrm{d}\Phi$$

解 由上述分析可得矩形平面的总磁通量

$$\Phi=\int_a^b \frac{\mu_0 I}{2\pi x} l\,\mathrm{d}x=\frac{\mu_0 I l}{2\pi}\ln\frac{b}{a}$$

（四）关于安培力的计算

例2 如图 12.3 所示，一根长直导线载有电流 I_1，矩形回路载有电流 I_2，试计算作用在回路的上下边长安培力的大小。

可能的错误解答：作用在上下边长的力

$$\mathrm{d}\boldsymbol{F}=I\,\mathrm{d}\boldsymbol{l}\times\boldsymbol{B},\quad F=I_2 b\frac{\mu_0 I_1}{2\pi a}$$

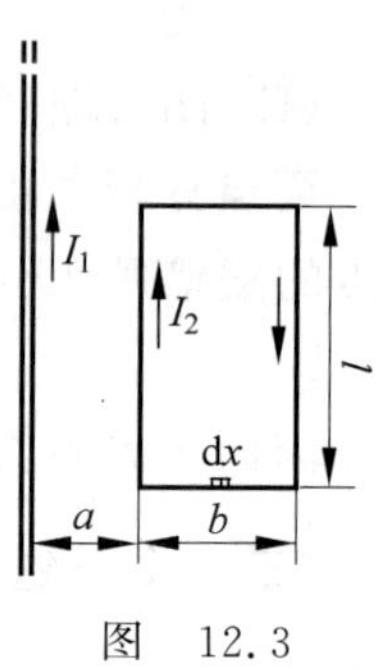

图 12.3

要点分析 由于载流导线所在处磁感强度不均匀，所受安培力大小不均匀，因此线框的上边长所受力的计算要对上下边长进行分割，取宽度为 $\mathrm{d}x$ 的线元，列出该线元处的磁感强度。

解 线元 $\mathrm{d}x$ 处的磁感强度为

$$\mathrm{d}B=\frac{\mu_0 I_1}{2\pi x}$$

线元 $\mathrm{d}x$ 处的安培力为

$$\mathrm{d}\boldsymbol{F}=I\,\mathrm{d}\boldsymbol{l}\times\boldsymbol{B},\quad \mathrm{d}F=I_2\,\mathrm{d}x\frac{\mu_0 I_1}{2\pi x}$$

下边长受到的安培力为

$$F=\int_a^{a+b} I_2\,\mathrm{d}x\frac{\mu_0 I_1}{2\pi x}=\frac{\mu_0 I_1 I_2}{2\pi}\ln\frac{a+b}{a}$$

拓展思考 线框上左右两线段受到的安培力大小为多少？

（五）有磁介质时的安培环路定理

对比磁感应强度的环流

$$\oint \boldsymbol{B}\cdot\mathrm{d}\boldsymbol{l}=\mu_0\sum_{i=1}^{n} I_i$$

磁场强度的环流

$$\oint_l \boldsymbol{H}\cdot\mathrm{d}\boldsymbol{l}=\sum I$$

是否可以说磁场强度 H 只跟闭合路径的传导电流有关，与分子电流无关？

二、课题研究

1. 对比案例十一已学习的电场与本案例的磁场进行课题研究。

电场强度 E，电位移矢量 D，$D=\varepsilon E$，电场的高斯定理、环路定理、有电介质时的高斯定理与环路定理；

2. 磁感应强度 B，磁化强度 H，$H=\dfrac{B}{\mu}$，磁场的高斯定理、环路定理、有磁介质时的高斯定理与环路定理，分析引进电位移矢量 D 和磁化强度 H 的好处，分析各概念与对应定理的地位相当性和对称与交叉对称性。

第五 例题指导

例 3 如图 12.4 所示，半径为 R 的薄圆盘的电荷面密度为 σ，并以角速度 ω 绕通过盘心垂直于盘面的轴转动，求圆盘中心的磁感强度。

解法一 圆电流的磁场

$$\mathrm{d}I=\frac{\mathrm{d}Q}{\mathrm{d}t}=\frac{\omega}{2\pi}\sigma 2\pi r\,\mathrm{d}r=\sigma\omega r\,\mathrm{d}r,\quad \mathrm{d}B=\frac{\mu_0\mathrm{d}I}{2r}=\frac{\mu_0\sigma\omega}{2}\mathrm{d}r,\quad B=\frac{\mu_0\sigma\omega}{2}\int_0^R\mathrm{d}r=\frac{\mu_0\sigma\omega R}{2}$$

解法二 运动电荷的磁场

$$\mathrm{d}B_0=\frac{\mu_0}{4\pi}\frac{\mathrm{d}qv}{r^2},\quad \mathrm{d}q=\sigma 2\pi r\,\mathrm{d}r,\quad 得\quad \mathrm{d}B=\frac{\mu_0\sigma\omega}{2}\mathrm{d}r$$

$$B=\frac{\mu_0\sigma\omega}{2}\int_0^R\mathrm{d}r=\frac{\mu_0\sigma\omega R}{2}$$

例 4 求无限长均匀载流圆柱体内外磁场分布。设电流为 I，圆柱体截面半径为 R。

要点分析 无限长均匀载流圆柱体，电流沿轴向均匀流过导体，故其磁场必然呈轴对称分布，即在与导线同轴的圆柱面上的各点，B 大小相等、方向与电流成右手螺旋关系。为此，可利用安培环路定理，求出圆柱体内外的磁感强度。

解 围绕轴线取同心圆为环路 L，取其绕向与电流成右手螺旋关系，根据安培环路定理，有

$$\oint \boldsymbol{B}\cdot\mathrm{d}\boldsymbol{l}=B\cdot 2\pi r=\mu_0\sum I$$

在导线内 $r<R$，$\sum I=\frac{I}{\pi R^2}\pi r^2=\frac{Ir^2}{R^2}$，因而

$$B=\frac{\mu_0 Ir}{2\pi R^2}$$

在导线外 $r>R$，$\sum I=I$，因而

$$B=\frac{\mu_0 I}{2\pi r}$$

磁场分布 B-r 图如图 12.5 所示。

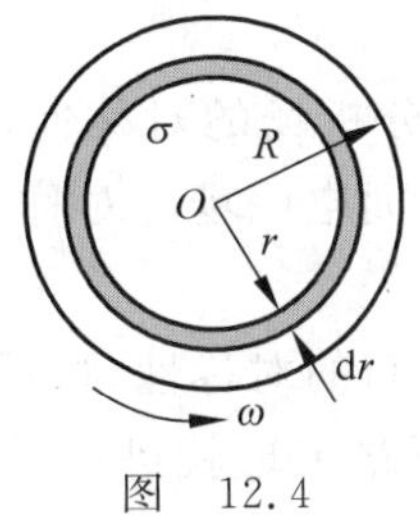

图 12.4

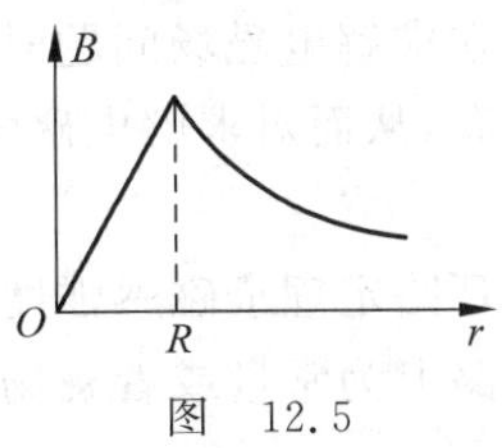

图 12.5

拓展思考 利用上述方法求解无限长载流空心圆柱导体(内外半径为 R_1 和 R_2)的磁场分布。

利用上述方法求解无限长载流同轴电缆(内圆柱体半径为 R_1,外套一个内外半径为 R_2 和 R_3 的圆柱壳)的磁场分布。

拓展介绍:电磁炮的特点

电磁炮是利用电磁力(洛伦兹力)沿导轨发射炮弹的武器。它主要由能源、加速器、开关三部分组成。

利用磁场对电流的作用力,可以使通电导体运动,把电能变成机械能。电磁炮不会产生强大的冲击波和弥漫的烟雾,因而具有良好的隐蔽性。利用这一原理,科学家提出用磁场对电流的作用力发射炮弹以替代借助火药发射炮弹的传统火炮。传统火炮提高炮弹初速只能通过增加发射药量来实现,但火炮药室尺寸的增大及炮管长度的加长均受限制,所以传统火炮最大初速难以超越物理限度,而电磁炮则完全摆脱了这一瓶颈。

最早的电磁炮是由法国人维勒鲁斯(F. Villeple)在 1920 年发明的,但限于技术条件,进展缓慢。1978 年,澳大利亚物理学家理查德·马歇尔(R. Marshall)等人使用 5m 长的轨道炮,将质量 3.3g 的塑料射弹以 5.9km/s 的高速发射成功,证明了用电磁力把物体推进到超高速是可行的,实现了技术上的突破。这一成功进展给各国电磁炮研制者以鼓舞,先后研制出反战术导弹电磁炮,并不断提高电磁炮的发射推力,以提高射弹发射速度。目前试验获得的最高速度是将 3.1g 的射弹加速到 10.1km/s。随着超导新材料的不断涌现和应用,电磁炮有望成为一种新型大推力的发射装置,不仅可以发射炮弹,也可以向宇宙空间发射卫星和飞船。

第六　反思与总结

本案例涉及恒定磁场、电磁感应和麦克斯韦电磁场的基本概念等内容,涵盖了大学物理课程电磁学的核心内容。通过求解电磁学方面的习题,不仅可以使我们增强对有关电磁学基本概念的理解,还可在处理电磁学问题的方法上得到训练,从而感悟到麦克斯韦电磁场理论所体现出来的和谐与美。求解电磁学习题既包括求解一般物理习题的常用方法,也包含一些求解电磁学习题的特殊方法。下面就求解电磁学方面的方法总结如下。

1. 对称性分析

对称性分析在求解电磁场问题时是十分重要的。通过分析场的对称性,可以帮助我们了解电磁场的分布,从而对求解电磁学问题带来极大方便。而电磁场的对称性有轴对称、面对称、球对称等。

在利用安培环路定理求磁感强度的分布时,依照电流分布的对称性,选择适当的环路使得磁感强度在环路上为常量或者磁场环流为零,借助安培环路定理就可以求出磁感强度的分布。

2. 补偿法

补偿法是利用强度相同方向相反的电流元激发的磁感强度,具有大小相等方向相反这一特性,将原来对称程度较低的场源分解为若干个对称程度较高的场源,再利用场的叠加求得磁场的分布。

3. 类比法

在电磁学中,许多物理量遵循着相类似的规律,例如电场强度与磁场强度、电位移矢量与磁感强度矢量、电偶极子与磁偶极子、电场能量密度与磁场能量密度等。它们尽管物理实质不同,但是所遵循的规律形式相类似。在分析这类物理问题时借助类比的方法,可以通过一个已知物理量的规律去推测对应的另外一个物理量的规律。例如在研究 LC 振荡电路时,得到回路电流满足的方程

$$\frac{\mathrm{d}^2 i}{\mathrm{d}t^2}+\frac{1}{LC}i=0$$

显然这个方程是典型的简谐振动的动力学方程,只不过它所表述的是含有电容和自感的电路中,电流以简谐振动的方式变化罢了。

4. 物理近似与物理模型

几乎所有的物理模型都是理想化模型,这就意味着可以忽略影响研究对象运动的次要因素,抓住影响研究对象运动的主要因素,将其抽象成理想化的数学模型。既然如此,我们在应用这些物理模型时不能脱离建立理想化模型的条件与背景。在讨论物理问题时一定要注意物理模型的适用条件。同时在适用近似条件的情况下,灵活应用理想化模型可大大简化求解问题的难度。

电磁学的解题方法还有很多,希望同学们通过练习自己去分析、归纳、创新和总结。我们反对在学习过程中不深入理解题意、不分析物理过程、简单教条地将物理问题分类而"套"公式的解题方法。我们企盼同学们把灵活运用物理基本理论求解物理问题当成一项研究课题,通过求解问题在学习过程中自己去领悟、体会,通过解题来感悟到用所学的物理知识解决问题后的愉悦和快乐,进一步加深理解物理学基本定律,增强学习新知识和新方法的积极性。

案例十三 电磁感应

第一 电磁感应知识框图

法拉第电磁感应定律 $\varepsilon_i=-\dfrac{\mathrm{d}\phi}{\mathrm{d}t}$ ——→ 大小

楞次定律： ——→ 方向

动生电动势
- $\varepsilon_i=\int_L(\boldsymbol{v}\times\boldsymbol{B})\cdot\mathrm{d}\boldsymbol{l}$
- $\varepsilon_i=NBS\omega\sin\omega t$

感生电动势 $\varepsilon_i=\oint\boldsymbol{E}_{感}\cdot\mathrm{d}\boldsymbol{l}=-\int\dfrac{\partial\boldsymbol{B}}{\partial t}\cdot\mathrm{d}\boldsymbol{S}$

- 感生电场是涡旋场，不是保守场
- 感生电场对电荷有力的作用，是非静电力

自感电动势

自感电动势：$\varepsilon=-L\dfrac{\mathrm{d}I}{\mathrm{d}t}$

自感系数：$L=\dfrac{\psi_{\mathrm{m}}}{I}$

互感电动势

$$\varepsilon_1=-M_{21}\frac{\mathrm{d}I_1}{\mathrm{d}t}$$

$$M=\frac{\psi_{21}}{I_1}=\frac{\psi_{12}}{I_2}$$

$$M=k\sqrt{L_1L_2}$$

k为耦合系数

磁场的能量

$$W_{\mathrm{m}}=\frac{1}{2}LI^2$$

$$w_{\mathrm{m}}=\frac{1}{2}\frac{B^2}{\mu}=\frac{1}{2}\mu H^2=\frac{1}{2}BH$$

$$W=\int_V w_{\mathrm{m}}\mathrm{d}v$$

- 位移电流： $I_{\mathrm{d}}=\int\boldsymbol{j}_{\mathrm{d}}\cdot\mathrm{d}\boldsymbol{S}=\int\dfrac{\partial\boldsymbol{D}}{\partial t}\cdot\mathrm{d}\boldsymbol{S}$ 没有焦耳热
- 全电流定律： $I_{\mathrm{q}}=I_{\mathrm{c}}+I_{\mathrm{d}}$

麦克斯韦方程组

$$\oint_S\boldsymbol{D}\cdot\mathrm{d}\boldsymbol{S}=q_0$$

$$\oint\boldsymbol{E}\cdot\mathrm{d}\boldsymbol{l}=-\int\frac{\partial\boldsymbol{B}}{\partial t}\cdot\mathrm{d}\boldsymbol{S}$$

$$\oint\boldsymbol{B}\cdot\mathrm{d}\boldsymbol{S}=0$$

$$\oint\boldsymbol{H}\cdot\mathrm{d}\boldsymbol{l}=I+\int\frac{\partial\boldsymbol{D}}{\partial t}\cdot\mathrm{d}\boldsymbol{S}$$

第二　任务分析与学习方法

（1）掌握电磁感应的基本定律（法拉第电磁感应定律和楞次定律）。

（2）熟练掌握动生电动势和感生电动势的计算方法。

（3）了解自感、互感，掌握磁场能量的计算。

（4）理解有旋电场和静电场的区别与联系。

（5）理解位移电流的物理意义。

（6）理解麦克斯韦方程组的积分形式中各方程的物理意义，并与案例十一、案例十二的高斯定理和环路定理进行比对。

（7）了解电磁波的传播和辐射规律。

（8）了解 LC 振荡回路和赫兹实验。

（9）了解电磁波谱。

第三　内容提要

一、电磁感应定律

1. 法拉第电磁感应定律

当穿过闭合回路所围面积的磁通量发生变化时，回路中会产生感应电动势，且感应电动势正比于磁通量对时间变化率的负值。

$$E=-\frac{\mathrm{d}\Phi}{\mathrm{d}t}$$

对于 N 匝线圈，

$$E=-N\frac{\mathrm{d}\Phi}{\mathrm{d}t}$$

2. 楞次定律

闭合的导线回路中所出现的感应电流，总是使它自己所激发的磁场反抗任何引发电磁感应的原因（反抗相对运动、磁场变化或线圈变形等）。

3. 引起磁通量变化的原因分为两类

（1）稳恒磁场中的导体运动，或者回路面积发生变化、取向变化等⟶动生电动势

$$E=\int_{OP}(\boldsymbol{v}\times\boldsymbol{B})\cdot\mathrm{d}\boldsymbol{l}$$

（2）导体不动，磁场变化⟶感生电动势

$$E=\oint_L\boldsymbol{E}_{\mathrm{k}}\cdot\mathrm{d}\boldsymbol{l}=-\frac{\mathrm{d}\Phi}{\mathrm{d}t}=-\iint_S\frac{\partial\boldsymbol{B}}{\partial t}\cdot\mathrm{d}\boldsymbol{S}$$

二、自感与互感

1. 自感

闭合回路自身电流变化引起回路磁通量变化而产生的感应电动势。

数学表达式：

$$E_L=-L\frac{\mathrm{d}I}{\mathrm{d}t}$$

其中，L 叫自感系数，与线圈形状、磁介质及匝数 N 有关。

2．互感

电流变化引起相邻闭合回路中磁通量的变化而在相邻闭合回路中产生的感应电动势。

数学表达式：

$$E_{12}=-M\frac{\mathrm{d}I_2}{\mathrm{d}t},\quad E_{21}=-M\frac{\mathrm{d}I_1}{\mathrm{d}t}$$

其中，M 叫互感系数，与两个线圈的形状、大小、匝数、相对位置以及周围的磁介质有关。

三、磁场能量

自感的磁场能量：

$$W_{\mathrm{m}}=\frac{1}{2}LI^2$$

磁场能量密度：

$$\boldsymbol{w}_{\mathrm{m}}=\frac{B^2}{2\mu}=\frac{1}{2}\mu H^2=\frac{1}{2}BH$$

磁场能量：

$$W_{\mathrm{m}}=\int_V w_{\mathrm{m}}\mathrm{d}V=\int_V\frac{B^2}{2\mu}\mathrm{d}V$$

四、位移电流

麦克斯韦引进位移电流，定义：通过电场中某一截面的位移电流 I_{d} 等于通过该截面电场强度通量 Φ_{e} 对时间的变化率乘以 ε_0；真空电场中某一点的位移电流密度 j_{d} 等于该点电场强度矢量对时间的变化率乘以 ε_0。

$$I_{\mathrm{d}}=\varepsilon_0\frac{\mathrm{d}\Phi_{\mathrm{e}}}{\mathrm{d}t}=\int_S\boldsymbol{j}_{\mathrm{d}}\cdot\mathrm{d}\boldsymbol{S}=\int_S\frac{\partial\boldsymbol{D}}{\partial t}\cdot\mathrm{d}\boldsymbol{S}$$

$$\boldsymbol{j}_{\mathrm{d}}=\frac{\mathrm{d}\boldsymbol{D}}{\mathrm{d}t}=\varepsilon_0\frac{\mathrm{d}\boldsymbol{E}}{\mathrm{d}t}$$

麦克斯韦推广了电流概念，认为电路中可同时存在传导电流 I_{c} 和位移电流 I_{d}，它们之和叫全电流 I_{s}，全电流是连续的。

$$I_{\mathrm{s}}=I_{\mathrm{c}}+I_{\mathrm{d}}$$

五、真空的全电流安培环路定理

由以上可知，真空的安培环路定理可修正为

$$\oint_L B\cdot\mathrm{d}l=\mu_0 I_{\mathrm{s}}=\mu_0(I_{\mathrm{c}}+I_{\mathrm{d}})=\mu_0 I_{\mathrm{c}}+\mu_0\varepsilon_0\frac{\mathrm{d}\Phi_{\mathrm{e}}}{\mathrm{d}t}$$

或

$$\oint_L B \cdot \mathrm{d}l = \mu_0 I_c + \mu_0 \varepsilon_0 \frac{\mathrm{d}\Phi_e}{\mathrm{d}t} = \int_S \left(\mu_0 j + \mu_0 \varepsilon_0 \frac{\mathrm{d}E}{\mathrm{d}t}\right) \cdot \mathrm{d}S$$

六、电磁场　麦克斯韦电磁场方程的积分形式

以下请同学自行完成：

(1) 麦克斯韦关于电磁场的基本理论。

(2) 变化的磁场在空间产生有旋电场；变化的电场(位移电流)在空间产生有旋磁场，它们构成一个统一的电磁场整体。麦克斯韦电磁场方程的积分形式。

七、电磁振荡　电磁波

1. 电磁振荡

在电感 L 与电容 C 组成的 LC 振荡电路中，随着电容器的充电与放电，电场能量与磁场能量作周期性的变化，而且不断地相互转换，叫电磁振荡。

无阻尼自由电磁振荡周期为

$$T = 2\pi\sqrt{LC}$$

2. 电磁波

LC 振荡电路中，为了提高振荡频率，可以拉大电容器的距离、减小正对面积从而减小 C，减少线圈匝数使 L 减小，最后简化成一根直导线，成为开放的 LC 振荡电路，叫做振荡电偶极子，使电场和磁场分散到周围的空间。

真空中的平面电磁波的波函数与平面简谐波的波函数形式相同，为

$$E = E_0 \cos\omega\left(t - \frac{x}{u}\right)$$

$$B = B_0 \cos\omega\left(t - \frac{x}{u}\right)$$

理论和实验证明电磁波具有如下特性：

(1) 电磁波是横波；

(2) E 和 B 相互垂直，并与波速 u 构成右手螺旋关系；

(3) E 和 B 同相位、同步变化，振幅成比例

$$\frac{E}{B} = \sqrt{\frac{\mu_0}{\varepsilon_0}}$$

(4) 真空中电磁波的传播速率

$$u = \frac{1}{\sqrt{\varepsilon_0 \mu_0}} = 2.998 \times 10^8 \mathrm{m/s}$$

3. 电磁波的能量

能量密度

$$w = \frac{1}{2}(\varepsilon_0 E^2 + \mu_0 B^2)$$

坡印廷矢量

$$\boldsymbol{S}=E\times B$$

4. 电磁波谱

电磁波谱列表及其应用(从左往右波长由大到小变化)如图 13.1 所示。

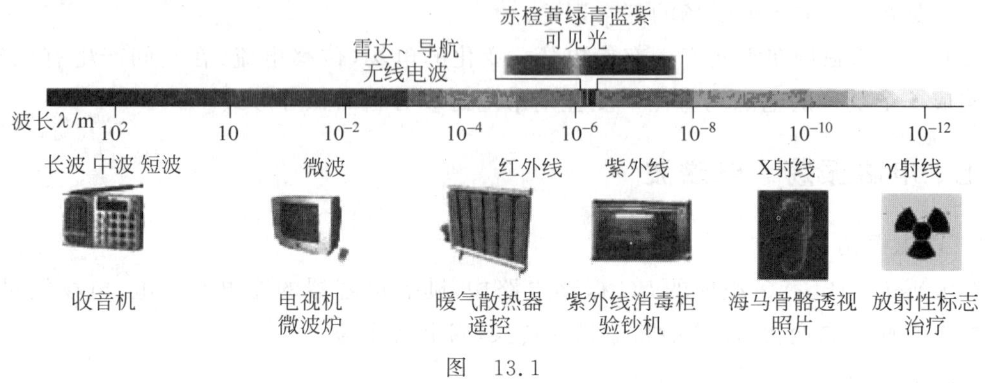

图 13.1

物理沙龙一

海因里希·鲁道夫·赫兹(Heinrich Rudolf Hertz,1857—1894),德国物理学家,于 1888 年首先证实了电磁波的存在。并对电磁学有很大的贡献,故频率的国际单位制单位赫兹是以他的名字命名的。

赫兹

他曾经在德国德累斯顿、慕尼黑和柏林等地学习科学和工程学,是古斯塔夫·基尔霍夫和赫尔曼·范·亥姆霍兹的学生。1880 年赫兹获得博士学位,继续跟随亥姆霍兹学习,直到 1883 年他收到来自基尔大学出任理论物理学讲师的邀请。

赫兹在 1886—1888 年首先通过试验验证了麦克斯韦的电磁场理论。他证明了无线电辐射具有波的所有特性,并发现电磁场方程可以用偏微分方程表达,通常称为波动方程。1887 年 11 月 5 日,赫兹在寄给亥姆霍兹一篇题为《论在绝缘体中电过程引起的感应现象》的论文中,总结了这个重要发现。接着,赫兹还通过实验确认了电磁波是横波,具有与光类似的特性,如反射、折射、衍射等,并且对两列电磁波的干涉进行了实验,同时证实了在直线传播时,电磁波的传播速度与光速相同,从而全面验证了麦克斯韦的电磁理论的正确性。并且进一步完善了麦克斯韦方程组,使它更加优美、对称,得出了麦克斯韦方程组的现代形式。

赫兹(右二)一家

1894年37岁的赫兹因为肉芽肿性血管炎在波恩英年早逝。他的侄子古斯塔夫·路德维格·赫兹是诺贝尔奖获得者，古斯塔夫的儿子卡尔·海尔莫斯·赫兹创立了超声影像医学。

物理沙龙二

楞次(Lenz，Heinrich Friedrich Emil，1804—1865)，1804年2月24日诞生于爱沙尼亚。16岁以优异成绩考入家乡的道帕特大学。1828年被挑选为俄国圣彼得堡科学院的初级科学助理，1830年被选为圣彼得堡科学院通讯院士。

楞次

楞次在物理学上的主要成就是发现了电磁感应的楞次定律和电热效应的焦耳-楞次定律。1833年，楞次在圣彼得堡科学院宣读了他的题为《关于用电动力学方法决定感生电流方向》的论文，提出了楞次定律。亥姆霍兹证明楞次定律是电磁现象的能量守恒定律。1834年楞次当选为院士，曾长期担任圣彼得堡大学物理数学系主任，后来由教授会选为第一任校长。1842年，楞次在不知道焦耳发现电流热作用定律(1841年)的情况下，独立于英国物理学家焦耳确定了电流与其所产生的热量的关系，也就是焦耳定律，因此焦耳定律也被称为焦耳-楞次定律。他改善实验方法和改用酒精作传热介质，提高了实验的精度。楞次还研究了不同金属的电阻率，以及电阻率与温度的关系。

1844年，楞次在研究任意个电阻的并联时，得出了分路电流的定律，比基尔霍夫发表更普遍的电路定律早了4年。

除此之外，在楞次的倡导与协助下，1845年成立了俄国地理学会。

1865年2月10日楞次在意大利罗马中风去世。

物理沙龙三

迈克尔·法拉第(Michael Faraday，1791—1867)，世界著名的自学成才的科学家，英国物理学家、化学家、发明家。1791年9月22日出生于萨里郡纽因顿一个贫苦铁匠家庭，由于贫困，法拉第家里无法供他上学，因而法拉第幼年时没有受过正规教育，只读了两年小学。1803年，为生计所迫，他上街头当了报童。第二年又到一个书商兼订书匠的家里当学徒。

法拉第

法拉第的好学精神感动了一位书店的老主顾，在他的帮助下，法拉第有幸聆听了著名化学家汉弗莱·戴维(即氢原子光谱的汉弗莱系发现者)的演讲。他把演讲内容全部记录下来并整理清楚，送给戴维，并且附信，表明自己愿意献身科学事业。结果他如愿以偿，22岁做上了戴维的实验助手。从此，法拉第开始了他的科学生涯。戴维虽然在科学上有许多了不起的贡献，但他说，我对科学最大的贡献是发现了法拉第。

第四 疑难点分析与课题研究

一、疑难点分析

（一）有旋电场与静电场的区别与联系，见表13.1

表13.1 有旋电场和静电场的对比

有旋电场（即涡旋电场或感生电场）	静电场
非保守场	保守场
$\oint_L \boldsymbol{E}_k \cdot d\boldsymbol{l} = -\frac{d\Phi}{dt} \neq 0$	$\oint_L \boldsymbol{E}_{静} \cdot d\boldsymbol{l} = 0$
由变化的磁场产生	由静止电荷产生
电场线是无始无终的闭合曲线	电场线从正电荷出发止于负电荷

（二）位移电流、传导电流与分子电流假说

传导电流 I_c 是由于电荷的定向移动产生的；在通过导体时会产生焦耳热；只能产生于导体中。

位移电流 I_d 由麦克斯韦引进，是由于变化的电场产生的；不产生焦耳热；可以存在于真空、导体、电介质中。分子电流假说由安培提出，用以解释磁铁周围产生的磁场效应。是指分子原子中的电子不仅绕核旋转而且还高速自旋，二者产生的磁效应可等效成一个微小的圆电流产生的磁效应，这个等效圆电流称为分子电流。两者的共同点是都可以在空间激发磁场。

麦克斯韦指出传导电流、位移电流（即变化的电场）激发的磁场都是有旋磁场。

二、课题研究

1. 洛伦兹力永远和运动电荷的运动方向垂直，对电荷不做功；
而洛伦兹力做功引起动生电动势，二者是否矛盾？

2. 对本案例中麦克斯韦电磁场理论的4个基本方程的积分形式与前两个案例的静电场高斯定理、环路定理与磁场的高斯定理、环路定理进行对比分析。

3. 图13.2是静电场的树型框图，请按指引阅读并在一张A3纸上模仿之，将概念的具体内容与公式添补在旁边画出（D1图），如还有补充的请补列进去。

同时在A3纸上将“电流的磁场与放入磁场中的介质”这一章按这种树型结构列出来，画出树型框图（D2图）。

在同一张A3纸上将“电磁场、电磁感应”画出（D3图）使之与D1图、D2图联系起来，找到它们之间的连接关系。

4. 探讨微波炉加热的原理，有哪些禁忌？怎样维护？有多大的危害？

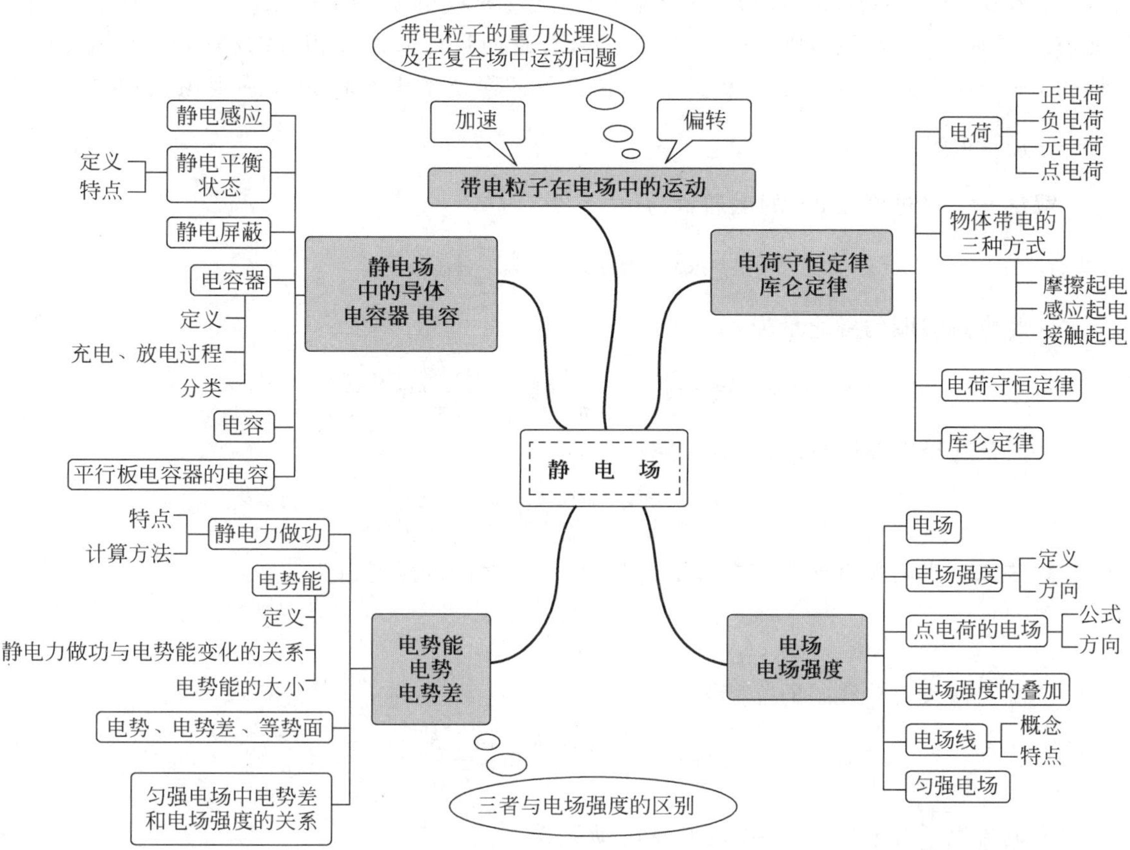

- 静电场
  - 带电粒子在电场中的运动
    - 加速
    - 偏转
    - 带电粒子的重力处理以及在复合场中运动问题
  - 电荷守恒定律 库仑定律
    - 电荷
      - 正电荷
      - 负电荷
      - 元电荷
      - 点电荷
    - 物体带电的三种方式
      - 摩擦起电
      - 感应起电
      - 接触起电
    - 电荷守恒定律
    - 库仑定律
  - 静电场中的导体 电容器 电容
    - 静电感应
    - 静电平衡状态
      - 定义
      - 特点
    - 静电屏蔽
    - 电容器
      - 定义
      - 充电、放电过程
      - 分类
    - 电容
    - 平行板电容器的电容
  - 电势能 电势 电势差
    - 静电力做功
      - 特点
      - 计算方法
    - 电势能
      - 定义
      - 静电力做功与电势能变化的关系
      - 电势能的大小
    - 电势、电势差、等势面
    - 匀强电场中电势差和电场强度的关系
    - 三者与电场强度的区别
  - 电场 电场强度
    - 电场
    - 电场强度
      - 定义
      - 方向
    - 点电荷的电场
      - 公式
      - 方向
    - 电场强度的叠加
    - 电场线
      - 概念
      - 特点
    - 匀强电场

图 13.2

微波加热的原理简单说来是：当微波辐射到食品上时，食品中总是含有一定量的水分，而水是由有极分子(分子的正负电荷中心，即使在外电场不存在时也是不重合的)组成的，这种有极分子的取向将随微波场而变动。由于食品中水分子的这种运动以及相邻分子间的相互作用，产生了类似摩擦的现象，使水温升高，因此，食品的温度也就上升了。

第五 例题指导

例 1 载流长直导线中的电流以$\frac{\mathrm{d}I}{\mathrm{d}t}$的变化率减小，若有一长为 d、宽为 b 的长方形线圈与导线处于同一平面内，如图 13.3 所示，求线圈中的感应电动势。

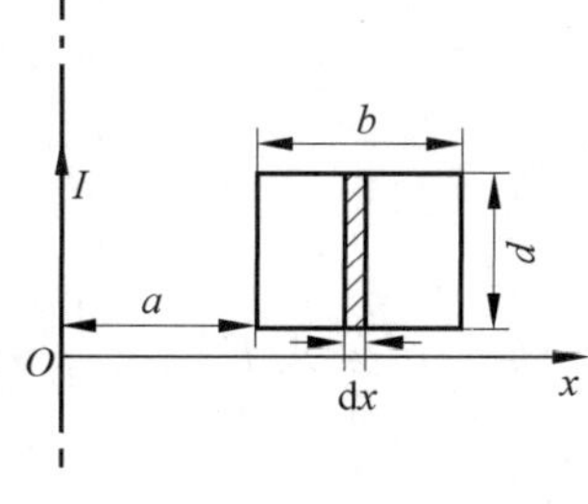

图 13.3

要点分析 本题测试的是法拉第电磁感应定律 $\varepsilon=-\frac{\mathrm{d}\Phi}{\mathrm{d}t}$。但由于回路处在非均匀磁场中，磁通量就需用 $\Phi=\int_S \boldsymbol{B}\cdot\mathrm{d}\boldsymbol{S}$ 来计算。

为了积分的需要，建立如图 13.3 所示的坐标系。由于 B

仅与 x 有关，即 $B=B(x)$，故取一个平行于长直导线的宽为 $\mathrm{d}x$、长为 d 的面元 $\mathrm{d}S$，如图 13.3 中阴影部分所示，则 $\mathrm{d}S=d\,\mathrm{d}x$，所以，总磁通量可通过线积分求得(若取面元 $\mathrm{d}S=\mathrm{d}x\,\mathrm{d}y$，则上述积分实际上为二重积分)，本题在工程技术中又称为互感现象，也可用公式 $\varepsilon=-M\dfrac{\mathrm{d}I}{\mathrm{d}t}$ 求解。

解法一 穿过面元 $\mathrm{d}S$ 的磁通量为

$$\mathrm{d}\Phi=B\cdot\mathrm{d}S=\frac{\mu_0 I}{2\pi x}d\,\mathrm{d}x$$

因此穿过线圈的磁通量为

$$\Phi=\int\mathrm{d}\Phi=\int_a^{a+b}\frac{\mu_0 Id}{2\pi x}\mathrm{d}x=\frac{\mu_0 Id}{2\pi}\ln\frac{a+b}{a}$$

再由法拉第电磁感应定律，有

$$\varepsilon=-\frac{\mathrm{d}\Phi}{\mathrm{d}t}=\left(\frac{\mu_0 d}{2\pi}\ln\frac{a+b}{a}\right)\frac{\mathrm{d}I}{\mathrm{d}t}$$

解法二 当两长直导线有电流 I 通过时，穿过线圈的磁通量为

$$\Phi=\frac{\mu_0 dI}{2\pi}\ln\frac{a+b}{a}$$

线圈与两长直导线间的互感为

$$M=\frac{\Phi}{I}=\frac{\mu_0 d}{2\pi}\ln\frac{a+b}{a}$$

当电流以 $\dfrac{\mathrm{d}I}{\mathrm{d}t}$ 变化时，线圈中的互感电动势为

$$\varepsilon=-M\frac{\mathrm{d}I}{\mathrm{d}t}=\left(\frac{\mu_0 d}{2\pi}\ln\frac{a+b}{a}\right)\frac{\mathrm{d}I}{\mathrm{d}t}$$

例 2 如图 13.4(a)所示，在“无限长”直载流导线的近旁，放置一个矩形导体线框，该线框在垂直于导线方向上以匀速率 v 向右移动，求在图示位置处，线框中感应电动势的大小和方向。

要点分析 与上题不同，本题测试的是动生电动势的计算 $E=\int(\boldsymbol{v}\times B)\cdot\mathrm{d}\boldsymbol{l}$。

(1) 当闭合导体线框在磁场中运动时，线框中的总电动势就等于框上各段导体中的动生电动势的代数和。如图 13.4(a)所示，导体 AB 段和 CD 段上的电动势为零[此两段导体上处处满足$(\boldsymbol{v}\times\boldsymbol{B})\cdot\mathrm{d}\boldsymbol{l}=\mathbf{0}$]，因而线框中的总电动势为

$$\begin{aligned}E&=\int_{AD}(\boldsymbol{v}\times\boldsymbol{B})\cdot\mathrm{d}\boldsymbol{l}+\int_{CB}(\boldsymbol{v}\times\boldsymbol{B})\cdot\mathrm{d}\boldsymbol{l}\\&=\int_{AD}(\boldsymbol{v}\times\boldsymbol{B})\cdot\mathrm{d}\boldsymbol{l}-\int_{BC}(\boldsymbol{v}\times\boldsymbol{B})\cdot\mathrm{d}\boldsymbol{l}\\&=E_{AD}-E_{BC}\end{aligned}$$

(2) 用公式 $E=-\dfrac{\mathrm{d}\Phi}{\mathrm{d}t}$ 也可求解，式中 Φ 是线框运动至任意位置处时，穿过线框的磁通量。

为此设时刻 t 时，线框左边距导线的距离为 h，如图 13.4(b)所示，显然 h 是时间 t 的函

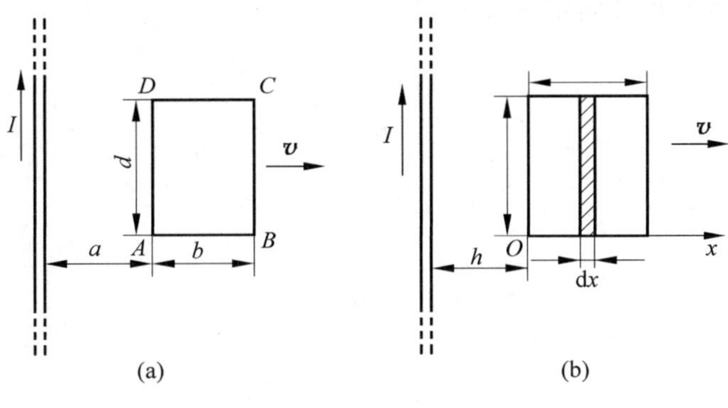

图　13.4

数，且有$\frac{dh}{dt}=v$。在求得线框在任意位置处的电动势$E(h)$后，再令$h=a$，即可得线框在题目所给位置处的电动势。

解法一　根据分析，线框中的电动势为

$$\begin{aligned}E&=E_{AD}-E_{BC}\\&=\int_{AD}(\boldsymbol{v}\times\boldsymbol{B})\cdot \mathrm{d}\boldsymbol{l}-\int_{BC}(\boldsymbol{v}\times\boldsymbol{B})\cdot \mathrm{d}\boldsymbol{l}\\&=\frac{\mu_0 Iv}{2\pi a}\int_0^d \mathrm{d}l-\frac{\mu_0 Iv}{2\pi(a+b)}\int_0^d \mathrm{d}l\\&=\frac{\mu_0 Ivbd}{2\pi a(a+b)}\end{aligned}$$

由$E_{AD}>E_{BC}$可知，线框中的电动势方向为$ADCB$。

解法二　设顺时针方向为线框回路的正向。根据分析，h为变量，在任意位置处，穿过线框的磁通量为

$$\Phi=\int_0^d \frac{\mu_0 Id}{2\pi(x+h)}\mathrm{d}x=\frac{\mu_0 Id}{2\pi}\ln\frac{h+b}{h}$$

相应电动势为

$$E(h)=-\frac{\mathrm{d}\Phi}{\mathrm{d}t}=\frac{\mu_0 Iv\mathrm{b}d}{2\pi h(h+b)}$$

令$h=a$，得线框在图示位置处的电动势为

$$E=\frac{\mu_0 Ivbd}{2\pi a(a+b)}$$

由$E>0$可知，线框中电动势方向为顺时针方向。

例3　如图13.5所示，同轴电缆，中间充以磁介质，芯线与圆筒上的电流大小相等、方向相反。已知R_1,R_2,I,μ，求单位长度同轴电缆的磁能和自感。设金属芯线内的磁场可略。

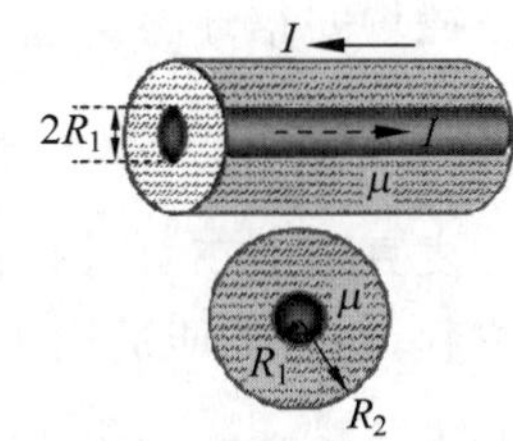

图　13.5

要点分析　本题测试的是磁介质的安培环路定理，$\oint_L \boldsymbol{H}\cdot \mathrm{d}\boldsymbol{l}=\sum I$以及磁能与自感的计算。

解 由磁介质的安培环路定理可求 H

$$\begin{cases} r < R_1, & H = 0 \\ R_1 < r < R_2, & H = \dfrac{I}{2\pi r} \\ r > R_2, & H = 0 \end{cases}$$

则

$$R_1 < r < R_2$$

$$w_m = \frac{1}{2}\mu H^2 = \frac{\mu I^2}{8\pi^2 r^2}$$

选取单位长度的体积元

$$dV = 2\pi r dr \cdot 1$$

$$W = \int_V w_m dV$$

$$W = \frac{1}{2}LI^2$$

得到

$$L = \frac{\mu}{2\pi}\ln\frac{R_2}{R_1}$$

第六 反思与总结

1. 麦克斯韦关于电磁场的基本理论。

2. 变化的磁场在空间产生有旋电场；变化的电场(位移电流)在空间产生有旋磁场，它们构成一个统一的电磁场整体。请完成麦克斯韦电磁场方程的积分形式。

3. 真空静电场的高斯定理

$$\oint_S \boldsymbol{E} \cdot d\boldsymbol{S} = \frac{1}{\varepsilon_0}\int_V \rho dV = \frac{1}{\varepsilon_0}\sum q$$

静电场环流定理

$$\oint_L \boldsymbol{E} \cdot d\boldsymbol{l} = 0$$

磁场高斯定理

$$\oint_S \boldsymbol{B} \cdot d\boldsymbol{S} = 0$$

磁场安培环路定理

$$\oint_L \boldsymbol{B} \cdot d\boldsymbol{l} = \mu_0 \sum I_c = \mu_0 \int_S \boldsymbol{j} \cdot d\boldsymbol{S}$$

麦克斯韦在引入有旋电场和位移电流两个重要概念后，将上述定理修改为以下 4 个基本方程，使它们能适用于一般的电磁场：

电场的高斯定理 $\oint_S \boldsymbol{D} \cdot d\boldsymbol{S} = \int_V \rho dV = \sum q$ 说明电场是有源场

电场环流定理　　$\oint_L \boldsymbol{E} \cdot \mathrm{d}\boldsymbol{l} = -\int_S \frac{\partial \boldsymbol{B}}{\partial t} \cdot \mathrm{d}\boldsymbol{S}$　　说明变化的磁场可以产生电场

磁场高斯定理　　$\oint_S \boldsymbol{B} \cdot \mathrm{d}\boldsymbol{S} = 0$　　说明磁场是无源的

磁场安培环路定理　　$\oint_L \boldsymbol{H} \cdot \mathrm{d}\boldsymbol{l} = \int_S \left(\boldsymbol{j}_c + \frac{\partial \boldsymbol{D}}{\partial t}\right) \cdot \mathrm{d}\boldsymbol{S}$　说明变化的电场也能产生磁场

1865年麦克斯韦在总结前人工作的基础上，提出完整的电磁场理论，他的主要贡献是提出了“有旋电场”和“位移电流”两个假设，从而预言了电磁波的存在，并计算出电磁波的速度(即光速)，$c = \frac{1}{\sqrt{\varepsilon_0 \mu_0}}$。

麦克斯韦电磁场方程的积分形式既简洁又优美，全面反映了电场和磁场的基本性质，并把电磁场作为一个整体，用统一的观点阐明了电场和磁场之间的联系。

案例十四 量子物理

第一 量子物理知识框图

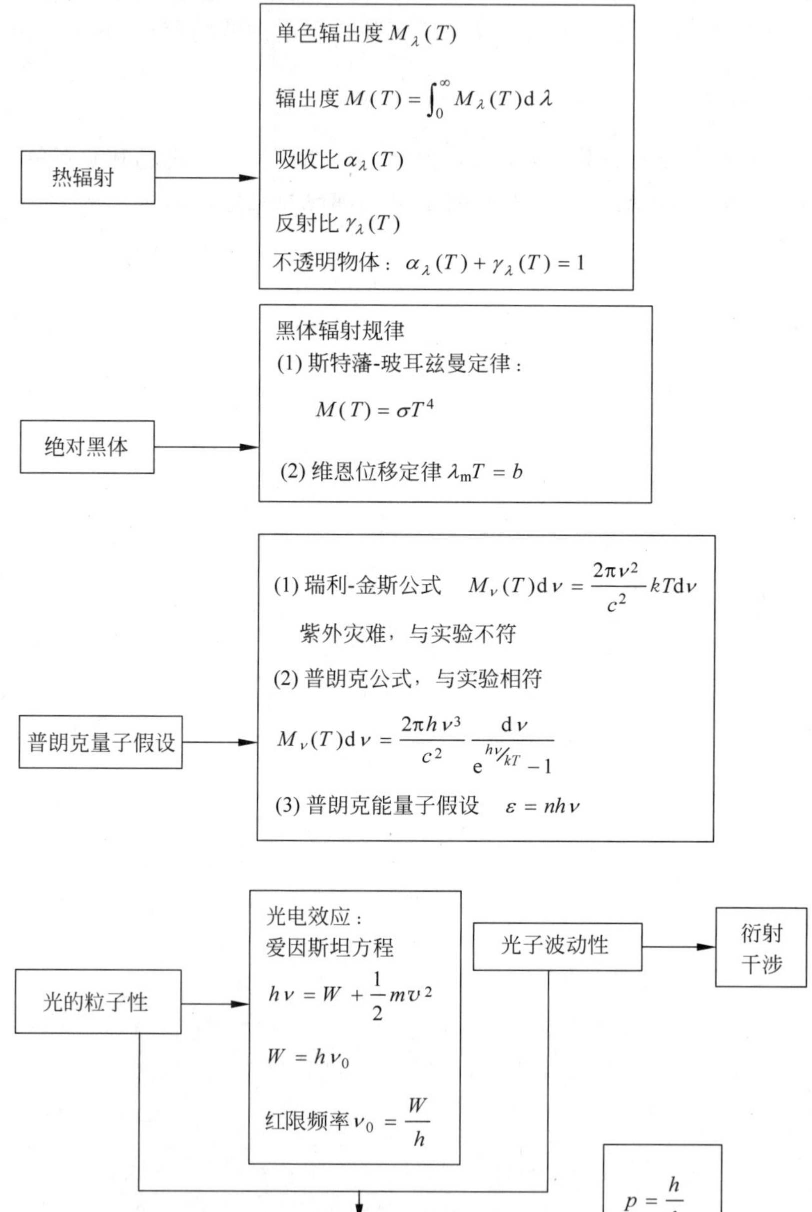

第二　任务分析与学习方法

(1) 了解黑体辐射规律,掌握斯特藩-玻耳兹曼定律和维恩位移定律。

(2) 了解黑体辐射的瑞利金斯公式即所谓的紫外灾难。

(3) 了解普朗克能量子假设与普朗克黑体辐射公式。

(4) 理解光电效应与爱因斯坦“光量子”假设,会用光电效应方程计算有关物理量。

(5) 理解康普顿效应的实验规律,会用光量子理论解释实验规律,会用康普顿散射方程计算有关物理量。

(6) 了解巴耳末公式和里德伯公式,了解氢原子光谱的不连续性规律。

(7) 了解电子与原子核的发现历程。

(8) 掌握玻尔氢原子的三条假设,会计算氢原子的轨道能量和半径及跃迁频率。

第三　内容提要

一、黑体辐射

任何物体在任何温度都要产生热辐射,不同温度辐射能量的波长范围不同。当烙铁的温度升高时,人们从感觉它的发热到看见它的颜色呈现暗红色甚至鲜红,说明热辐射从波长大的红外线进入波长小的可见光波段。如何描述某温度下辐射的能量随波长的分布呢?

1. 单色辐射出射度

温度为 T 的物体在单位面积、单位时间、在某波长附近单位波长范围内(某频率附近单位频率范围内)辐射的电磁波的能量称为单色辐射出射度,用 $M_\lambda(T)$或 $M_\nu(T)$表示。

2. 辐射出射度(辐出度)

温度为 T 的物体在单位面积、单位时间在各种波长(各种频率)辐射的电磁波的总能量称为辐射出射度

$$M(T)=\int_0^\infty M_\lambda(T)\mathrm{d}\lambda$$

或

$$M(T)=\int_0^\infty M_\nu(T)\mathrm{d}\nu$$

有一种物体,它能吸收一切外来的电磁辐射,称之为黑体(或绝对黑体),黑体是一种理想模型,如果在一个任意材料做成的空腔壁上开一个小孔,从小孔发射出来的电磁辐射就可作为黑体的辐射。

二、斯特藩-玻耳兹曼定律　维恩位移定律

1. 斯特藩-玻耳兹曼定律

斯特藩(J. Stefan,1835—1893,奥地利物理学家)于 1879 年从实验数据中发现(1884

年,玻耳兹曼从热力学理论出发也得到同样结果):黑体的辐出度(即图 14.1 所示曲线下的面积)与它的绝对温度的四次方成正比,即

$$M(T)=\int_0^{\infty} M_\lambda(T)\mathrm{d}\lambda=\sigma T^4$$

式中,$\sigma=5.670\times10^{-8}\,\mathrm{W/(m^2\cdot K^4)}$,称为斯特潘-玻耳兹曼常数。

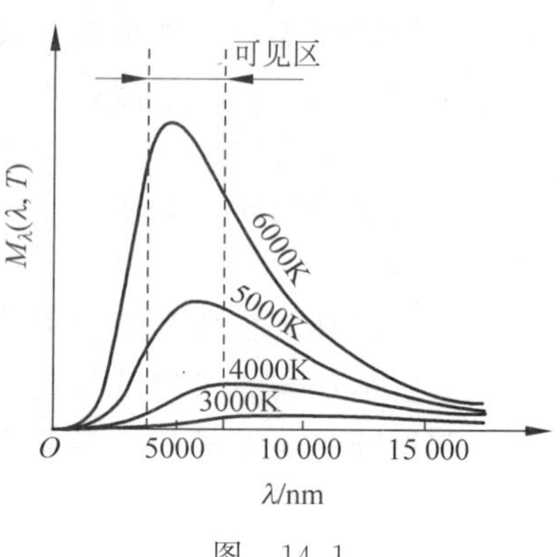

图 14.1

2. 维恩位移定律

从图 14.1 中看出,随着温度的升高,曲线的峰值波长 λ_m 左移,与绝对温度 T 成比例地减小,维恩于 1893 年用热力学理论找到 T 与 λ_m 成反比:

$$\lambda_m T=b$$

式中,$b=2.898\times10^{-3}\,\mathrm{m\cdot K}$。

从图 14.1 中看出,峰值波长 λ_m 随绝对温度的升高而向短波方向平移,峰值频率 ν_m 随绝对温度的升高而向高频方向平移。

物理沙龙一

维恩(Wilhelm Carl Werner Otto Fritz Franz Wien,1864—1928)德国物理学家,研究领域为热辐射与电磁学等。中学毕业后,1882 年维恩在格丁根大学学习数学,同年转去柏林大学。1883—1885 年在赫尔曼·冯·亥姆霍兹实验室工作,1886 年获得博士学位。此后,由于父亲生病,维恩不得不回去帮助管理他父亲的土地。期间他有一个学期跟随亥姆霍兹,1887 年完成了金属对光和热辐射的导磁性实验。一直到 1890 年,父亲的土地变卖后,维恩回到亥姆霍兹身边,作为他的助手在国家物理工程研究所工作,1892 年在柏林大学获得大学任教资格。1893 年,维恩发现了维恩位移定律,并应用于黑体等学术理论,揭开量子力学新领域。1896 年前往亚琛工业大学任物理学教授,以接替菲利普·莱纳德,1899 年在吉森大学任物理学教授,1900 年赴维尔茨堡大学接替伦琴,同年出版了教科书《流体力学》。1902 年,他曾被邀请接替玻耳兹曼出任莱比锡大学的物理学教授,1906 年又被邀请接替保罗·德鲁德出任柏林大学的物理学教授,但他拒绝了这两个邀请。1911 年,他因对于热辐射等物理法则的贡献而获得诺贝尔物理学奖。1920 年底前往慕尼黑,再次接替伦琴,直到 1928 年逝世。

维恩

三、黑体辐射的瑞利-金斯公式　紫外灾难

$$M_\nu(T)=\frac{2\pi\nu^2}{c^2}kT$$

式中，k 为玻耳兹曼常数；c 为光速。

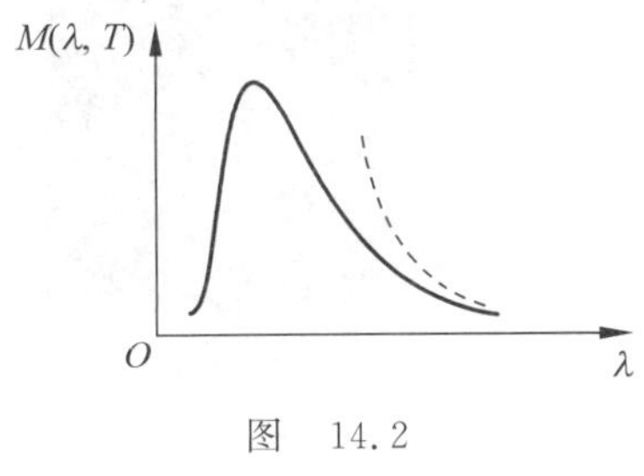

图　14.2

由瑞利-金斯公式给出的单色辐出度随频率的增高(即短波)而趋于无限大，辐射能量密度按波长分布实验曲线(实线)和按瑞利-金斯公式算出的曲线(虚线)对比如图 14.2 所示，被称为“紫外灾难”(正如 1900 年开尔文指出的物理学大厦飞来的两朵乌云之一)，使许多物理学家感到困惑，它动摇了经典物理学的理论基础。

物理沙龙二

瑞利原名约翰·威廉·斯特拉特(John William Strutt，1842—1919)，被尊称为瑞利男爵三世(Third Baron Rayleigh)，1842 年 11 月 12 日出生于英国埃塞克斯郡莫尔登(Malden)的朗弗德林园。瑞利以严谨、广博、精深著称，并善于用简单的设备做实验而能获得十分精确的数据。他是在 19 世纪末达到经典物理学巅峰的少数学者之一，在众多学科中都有成果，其中尤以光学中的瑞利散射和瑞利判据、物性学中的气体密度测量几方面影响最为深远。

瑞利

1879 年，剑桥大学著名物理教授麦克斯韦去世，空缺的剑桥大学卡文迪许实验室主任职位由瑞利继任。瑞利对科研事业热情极高，投入了全部身心。他担任著名科研机构——卡文迪许实验室主任期间，自己带头捐出 500 英镑，同时还向友人募集了 1500 英镑，为实验室添置了大批的新仪器，从而使实验室的科学研究设备得到充实。瑞利在卡文迪许实验室精确地进行了银的电化当量研究，从而为电化学的发展做出了贡献。同时，他还对气体的化合体积及压缩性做了精密的定量研究。此外，他对光化学的研究也很有成就。瑞利是注重严格定量研究的化学家之一，他的作风极为严谨，这一点，成了他在科学上做出杰出贡献的重要基础。气体密度测量本来是实验室中的一件常规工作，但是瑞利不放过常人不当回事的实验差异，终于做出了惊人的重大发现。1892 年瑞利从密度的测量中发现了第一个惰性气体——氩。

物理沙龙三

金斯(James Hopwood Jeans，1877—1946)，英国天文学家、数学家、物理学家。1877 年 9 月 11 日生于伦敦，1946 年 9 月 16 日卒于多金。1903 年获剑桥大学三一学院硕士学位。曾任剑桥大学和英国普林斯顿大学应用数学教授。1907 年任皇家学会

会员，历任该会秘书、副会长。1925—1927年任英国皇家天文学会会长。1935年起主持皇家学院天文学讲座。

J. H. 金斯

金斯早年从事数学和物理学研究，在气体动力学和辐射理论方面有重要贡献。他修订了英国物理学家瑞利提出的黑体辐射能量随波长分布的公式，后人称之为瑞利-金斯公式。

金斯在气体动力学、辐射理论、量子理论、星系动力学和天体演化学等领域都有重要贡献。

物理沙龙四

马克斯·普朗克（Max Planck，1858—1947），德国物理学家，量子论的奠基者，20世纪最重要的物理学家之一。

普朗克生于基尔，其父是基尔大学法律学教授。1874年普朗克入慕尼黑大学攻读数学，后改读物理学。1877年转入柏林大学，曾聆听亥姆霍兹和基尔霍夫教授的讲课，1879年获得博士学位。

普朗克

普朗克主要从鲁道夫·克劳修斯的讲义中自学，并受到这位热力学奠基人的重要影响，热学理论成为了普朗克的工作领域。19世纪末，人们用经典物理学解释黑体辐射实验的时候，出现了著名的所谓"紫外灾难"。虽然瑞利、金斯和维恩分别提出了两个公式，企图弄清黑体辐射的规律，但是和实验相比，瑞利-金斯公式只在低频范围符合，而维恩公式只在高频范围符合。普朗克从1896年开始对热辐射进行了系统研究。他经过几年艰苦努力，终于导出了一个和实验相符的公式。他于1900年10月下旬在《德国物理学会通报》上发表一篇只有三页纸的论文，题目是《论维恩光谱方程的完善》，第一次提出了黑体辐射公式。1900年12月14日，在德国物理学会的例会上，普朗克作了"论正常光谱中的能量分布"的报告。在这个报告中，他激动地阐述了自己最惊人的发现。他说，为了从理论上得出正确的辐射公式，必须假定物质辐射（或吸收）的能量不是连续地，而是一份一份地进行的，只能取某个最小数值的整数倍。这个最小数值就叫能量子，辐射频率是 ν 的能量的最小数值 $\varepsilon=h\nu$。其中 h，普朗克当时把它叫做基本作用量子，现在叫做普朗克常数。劳厄称这一天是"量子论的诞生日"。量子论和相对论构成了近代物理学的研究基础。1906年普朗克在《热辐射讲义》一书中，系统地总结了他的工作，为开辟探索微观物质运动规律新途径提供了重要的基础。1918年，普朗克获得了诺贝尔物理学奖。

四、普朗克能量子假设与普朗克黑体辐射公式

1. 普朗克能量子假设

1900年，普朗克提出了能量量子化的假设，金属空腔壁中电子的振动视为一维谐振子，具有的能量不是连续吸收或发射能量，而是以与频率成正比的能量子 $\varepsilon=h\nu$ 为基本单元，即吸收或发射能量是一份一份进行的：

$$\varepsilon=nh\nu \quad (n=1,2,3,\cdots)$$

$h=6.63\times10^{-34}\,\mathrm{J\cdot s}$， 叫普朗克常数。

2. 普朗克黑体辐射公式

$$M_{\nu}(T)=\frac{2\pi h}{c^{2}}\frac{\nu^{3}}{\mathrm{e}^{h\nu/kT}-1}$$

与实验结果十分吻合。图14.3给出黑体单色辐出度实验曲线与瑞利-金斯公式、维恩公式、普朗克公式的对比。

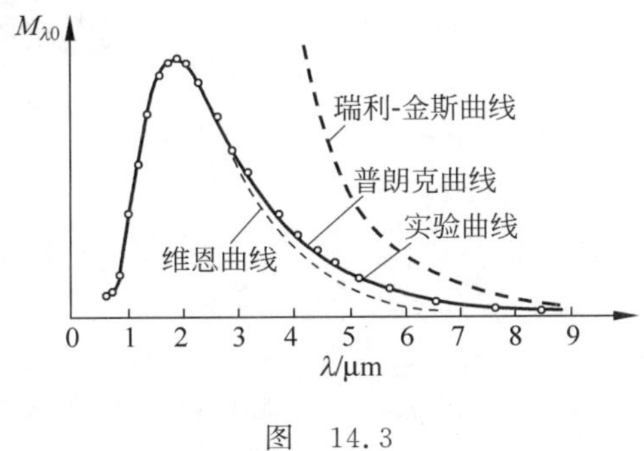

图 14.3

五、光电效应与爱因斯坦“光量子”假设

1. 光电效应

1887年赫兹发现了光电效应(后由爱因斯坦给予解释)，当光照射到金属上时，有电子从金属表面飞逸出来的现象称为光电效应，飞出来的电子叫光电子。

光电效应的规律是：

(1) 光电子的最大初速依赖入射光的频率，与入射光强无关；

(2) 光电流强度与入射光强度成正比；

(3) 金属存在极限频率(又叫红限频率)；

(4) 遏止电势差：外加反向的遏止电势差恰能阻碍光电子到达阳极，即 $eU_{0}=\frac{1}{2}mv^{2}$；

(5) 瞬时性：若 $\nu\geqslant\nu_{0}$，电子立即逸出(10^{-9}s)，无需时间积累。

2. 爱因斯坦与“光量子”假设

1905年，爱因斯坦发展了普朗克能量子假设，提出了光量子概念：光可看成是由光子组成的粒子流，单个光子的能量为 $\varepsilon=h\nu$。

3. 爱因斯坦光电效应方程

$$h\nu = \frac{1}{2}mv^2 + W$$

式中，W 为逸出功，与金属材料有关，

$$W = h\nu_0$$

$$eU_0 = \frac{1}{2}mv^2$$

物理沙龙五

1879 年 3 月 14 日上午 11 时 30 分，阿尔伯特·爱因斯坦（Albert Einstein，1879—1955）出生在德国乌尔姆市（Ulm）班霍夫街 135 号，父母都是犹太人。爱因斯坦是世界十大杰出物理学家之一，著名物理学家、思想家和哲学家。爱因斯坦 1900 年毕业于苏黎世联邦理工学院，入瑞士国籍（原籍德国）。1905 年获苏黎世大学哲学博士学位。曾在伯尔尼专利局任职，在苏黎世工业大学担任大学教授。1913 年返回德国，任柏林威廉皇帝物理研究所所长和柏林洪堡大学教授，并当选为普鲁士皇家科学院院士。1933 年爱因斯坦在英国期间，被格拉斯哥大学授予荣誉法学博士学位。因为受到纳粹政权以及希特勒的迫害，逃亡到美国，担任普林斯顿高等研究所（Institute for Advanced Study）教授，从事理论物理研究工作，1940 年加入美国国籍。

5 岁的爱因斯坦和 3 岁的妹妹

生活中的爱因斯坦

1920 年，蔡元培与爱因斯坦接触，希望他可以到北京大学讲学。在梁启超的资助下，蔡元培接受了爱因斯坦所需要的报酬，并约定，爱因斯坦于 1922 年 12 月中旬来华，然而直到 12 月 30 日，爱因斯坦才从日本到达上海，在上海逗留两天后直接乘船去了新加坡，没有前往北京。蔡元培一直等不到爱因斯坦的消息，就写了一封诚挚的信去催问，并重申了以前谈妥的条件。爱因斯坦回信说：上海有一个叫斐司德博士的人，受了蔡元培的全权委托，向爱因斯坦提出了违背以前约定的要求，因此他不准备来了。如今接到蔡元培的亲笔信，才知道是误会，但他已经不能更改旅程计划，希望原谅。多年后人们重提这件令人遗憾的旧事，觉得这个莫名其妙的"斐司德博士"，疑似日本有人作梗；也有人分析说问题的根本在于爱因斯坦在日本看到中国的状况，产生了退却，当时中国军阀混战，财政困难，感到北京大学

能否兑现约定是个未知数。

爱因斯坦于1905年、1915年先后创立狭义和广义相对论，并在量子理论方面有重要贡献。1905年提出了光量子假设，为此于1921年获得诺贝尔物理学奖。

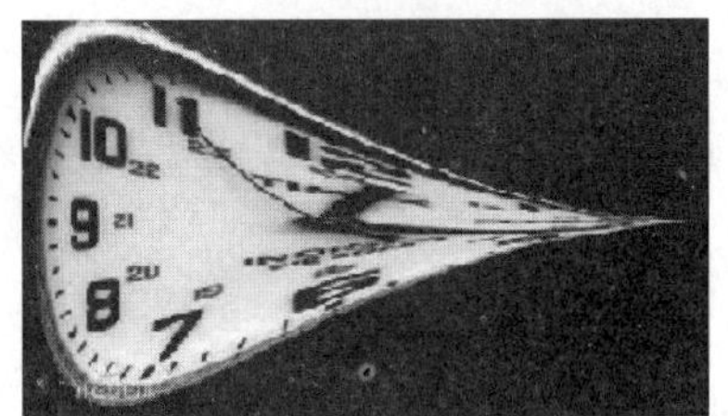
爱因斯坦相对论钟

爱因斯坦在讲学

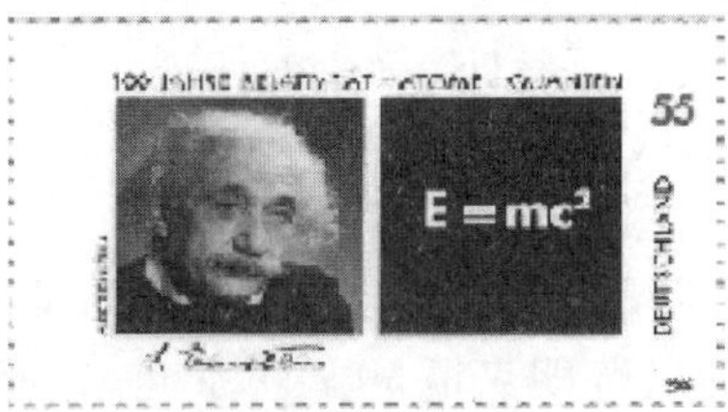

爱因斯坦纪念邮票

爱因斯坦“不信上帝”亲笔信拍出300万美元

最近，爱因斯坦的一封亲笔信在网上拍出了300万零100美元的高价。这封信正是大名鼎鼎的“上帝之信”，写于1954年逝世前。在信中，爱因斯坦称自己并不信仰圣经或基督教教义中的上帝。

尽管成交价格很高，但起拍价就高达300万美元，也就是说，这位匿名竞拍者仅加价100美元。

这封用德语写成的信是重要的历史档案，至少表明了爱因斯坦晚年对上帝的真实看法。由于爱因斯坦说过名言“上帝是不掷骰子的”，因此有人怀疑他后来像牛顿那样笃信上帝。而这封信表明，这样的怀疑并无根据，爱因斯坦的“掷骰子”比喻，真的仅是比喻而已。此外，爱因斯坦还在信中谈到了部落制度等话题。

这封私人信件是写给犹太哲学家葛金（Eric Gutkind）的，言语直接犀利。爱因斯坦写道：“对我来说，‘上帝’一词不过是人类自身脆弱性的表现和产物，圣经不过是一本可敬但仍然幼稚的原始传说集。没有任何一种解读，不管它多么奥妙，能改变这一点……”

关于不信神的信件的拍卖照片

4. 光的波粒二象性

根据光子假设，光子能量 $\varepsilon=h\nu$，考虑到狭义相对论的质能关系 $\varepsilon=h\nu=mc^2$，可得光子的质量为

$$m=\frac{h\nu}{c^2}=\frac{h}{\lambda c}$$

光子的动量为

$$p=mc=\frac{h}{\lambda}$$

根据相对论质速关系 $m=\dfrac{m_0}{\sqrt{1-\beta^2}}$ 可知，当光子速度为 c，必有 $m_0=0$，即光子的静止质量为零。

综合以上，$\begin{cases}E=h\nu \\ p=\dfrac{h}{\lambda}\end{cases}$

可以看到，描述光子粒子性的量（能量 E，动量 p）与描述光的波动性的量（频率 ν 和波长 λ）通过普朗克恒量 h 联系起来，所以说，光既具有波动性，又具有粒子性，即光具有波粒二象性。

六、康普顿效应

光子的静止质量为零，但它具有动量，怎样从实验上证明光子具有动量呢？

1920 年，美国物理学家康普顿在观察 X 射线被物质 C（如石墨）散射时，散射光中除有和入射光波长相同的射线外，还有比入射光波长更长的射线，这种现象叫康普顿效应。

X 射线被物质散射后，经衍射仪分解，散射强度与衍射角度（相当于波长）的关系绘成曲线（图 14.4），一般会形成两个峰，一个峰的位置与初始射线一样，康普顿称之为不变线，另一个峰会随散射角变化，称之为变线。变线对不变线的偏离随散射角变化，散射角越大，偏离也越大。

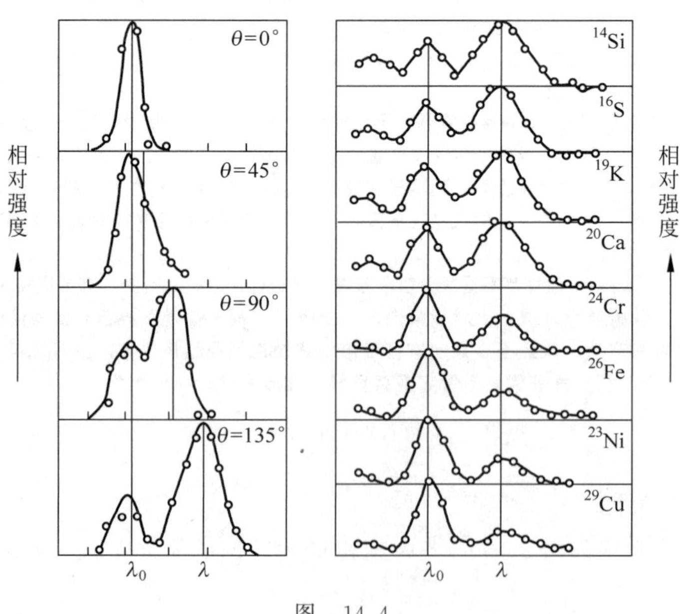

图 14.4

1922 年，康普顿按照光子学说，X 射线可看成是由能量为 $\varepsilon=h\nu$ 的光子组成，假设与电子发生完全弹性碰撞，遵循能量守恒和动量守恒。

光子的入射能量为 $h\nu_0$，电子的初始静止能量为 m_0c^2。

光子的入射动量为 $\frac{h\nu_0}{c}\boldsymbol{e}_0$，电子的初始动量为 0。

碰撞后光子的动量为 $\frac{h\nu}{c}\boldsymbol{e}$，电子的动量为 $m\boldsymbol{v}$，则有：

$$\begin{cases} h\nu_0+m_0c^2=h\nu+mc^2 \\ \frac{h\nu_0}{c}\boldsymbol{e}_0=\frac{h\nu}{c}\boldsymbol{e}+m\boldsymbol{v} \end{cases}$$

$\Delta\lambda=\lambda-\lambda_0=\frac{h}{m_0c}(1-\cos\theta)=\lambda_C(1-\cos\theta)$，称为康普顿散射公式。其中，$\lambda_C=\frac{h}{m_0c}=2.43\times10^{-12}\,\text{m}$，叫康普顿波长。

值得注意的是，波长改变量与散射物质及入射光波长无关，仅由散射角决定，随散射角增大而增大。

理论计算与实验结果相符，验证了光子理论的正确性，说明能量守恒和动量守恒在微观粒子方面也成立。

上面解释了波长变长的射线，如何解释与入射波长相同的射线呢？对于内层电子，被原子核束缚得紧，不能当作自由电子，应考虑光子与整个原子碰撞，而原子质量比光子质量大很多，因此光子不会显著失去能量，因而散射光波长也不会显著改变。

物理沙龙六

康普顿(Arthur Holly Compton，1892—1962)教授是美国著名的物理学家、“康普顿效应”的发现者。1892 年 9 月 10 日康普顿出生于俄亥俄州的伍斯特，1962 年 3 月 15 日于加利福尼亚州的伯克利逝世，终年 70 岁。

康普顿

1923 年，康普顿在观察 X 射线通过实物物质发生散射的实验时，发现了一个新的现象，即散射光中除了有原波长 λ_0 的 X 光外，还产生了波长 $\lambda>\lambda_0$ 的 X 光，其波长的增量随散射角的不同而变化。这种现象称为康普顿效应。用经典电磁理论来解释康普顿效应遇到了困难。康普顿借助爱因斯坦的光子理论，从光子与电子碰撞的角度对此实验现象进行了圆满的解释。我国物理学家吴有训也曾对康普顿散射实验做出了杰出的贡献。康普顿则在 1927 年因为这项工作而获得诺贝尔物理学奖。

物理沙龙七

吴有训(1897—1977),他于1916年入南京高等师范学校学习,1920年6月毕业于数理化部。1921年赴美国留学,1922年1月进入芝加哥大学,正好在这两年,康普顿以访问学者身份在芝加哥大学从事研究和教学,几乎从一开始,吴有训就和康普顿一起进行X射线的散射实验。康普顿最初发表的论文只涉及一种散射物质(石墨),尽管已经获得了明确的资料,但终究还只限于某一特殊条件,难以令人信服。为了证明这一效应的普遍性,吴有训在康普顿的指导下,做了15种物质的X射线散射曲线,1926年,吴有训以"康普顿效应"为题通过了博士论文答辩,同年回国。

吴有训纪念邮票

物理沙龙八

约翰·雅各布·巴耳末(Johann Jakob Balmer,1825—1898),1825年5月1日生于瑞士洛桑。大学时期曾留学德国的卡尔斯鲁厄大学和柏林大学,攻读数学,1846年回到瑞士,担任母校巴塞尔中学教师。1849年巴耳末关于摆线的论文在瑞士巴塞尔大学获得博士学位。1859年起在瑞士巴塞尔女子中学担任数学教师,1865—1890年兼任瑞士巴塞尔大学讲师。巴耳末在巴塞尔大学兼任讲师期间,受到该校一位研究光谱的物理学教授哈根拜希(E. Hagenbach)的鼓励,开始试图寻找氢原子光谱的规律。

巴耳末

巴耳末原为一名默默无闻的数学教师,直到年届60岁才取得重要成就,被视为"大器晚成"的代表。他的事迹也因此为人们所称道。1887年巴耳末出版了一本专著《投影几何学教程》。1898年巴耳末在巴塞尔逝世。

巴耳末对于原子光谱的工作,特别是巴耳末公式的建立,对近代原子物理学的发展产生了重大影响,它对原子光谱理论和量子物理的发展有很大的影响,为所有后来把光谱分成线系,找出红外和紫外区域的氢光谱线系(如莱曼系、帕邢系、布喇开系等)做出了楷模,对玻尔建立氢原子理论也起了重要的作用。

为纪念巴耳末,人们把氢光谱中符合巴耳末公式的谱线系命名为巴耳末系。月球表面的一个环形山也以他的名字命名。

七、氢原子光谱

（请看下列一组数据：9/5，16/12，25/21，36/32，…，有什么规律吗？）

1885年，巴耳末发现氢原子在可见光部分的四条线状光谱，分别是

H_α 656.28nm（红光）

H_β 486.13nm（蓝光）

H_γ 434.05nm（紫光）

H_δ 410.17nm（紫光）

归纳成如下公式，即巴耳末公式

$$\lambda = 364.56 \frac{n^2}{n^2 - 2^2} \text{nm}, \quad n = 3,4,5,\cdots$$

这个谱线系叫巴耳末系，式中364.56nm为巴耳末系数，$n=3,4,5,6$分别对应四条谱线。

物理沙龙九

里德伯（Johannes Rober Rydberg，1854—1919），瑞典物理学家、数学家，光谱学的奠基人之一。

里德伯的工作在巴耳末之后，但他当时并不知道巴耳末公式，到1890年，当获知巴耳末公式以后，里德伯用波长的倒数（叫波数）替代巴耳末公式中的波长，才发现得出的结果正好是自己所得公式的一个特例，这就更增加了他对自己工作的信心。显然这也说明里德伯公式具有更深刻的物理意义，是更普遍的光谱学公式。

里德伯

里德伯公式为

$$\sigma = \frac{1}{\lambda} = R\left(\frac{1}{n_f^2} - \frac{1}{n_i^2}\right)$$

式中，$R = 1.097\times10^7\,\text{m}^{-1}$，称为里德伯常数。

里德伯公式和巴耳末公式一样纯属经验公式，他们都未能探究这一公式的原因，但是这个公式在玻尔建立原子结构理论中，却起到了重要的作用，随即该公式也得到了合理的解释。

随后，陆续发现了氢原子光谱中其他线系，如紫外线、红外线等，综合列表如下：

莱曼系（紫外，美国1914年发现）　$\sigma = \frac{1}{\lambda} = R\left(\frac{1}{1^2} - \frac{1}{n^2}\right), \quad n = 2,3,\cdots$

巴耳末系(可见光,瑞士 1885 年发现) $\sigma=\frac{1}{\lambda}=R\left(\frac{1}{2^2}-\frac{1}{n^2}\right),\quad n=3,4,\cdots$

帕邢系(红外,德国 1908 年发现) $\sigma=\frac{1}{\lambda}=R\left(\frac{1}{3^2}-\frac{1}{n^2}\right),\quad n=4,5,\cdots$

布喇开系(红外,美国 1922 年发现) $\sigma=\frac{1}{\lambda}=R\left(\frac{1}{4^2}-\frac{1}{n^2}\right),\quad n=5,6,\cdots$

普丰德系(红外,美国 1924 年发现) $\sigma=\frac{1}{\lambda}=R\left(\frac{1}{5^2}-\frac{1}{n^2}\right),\quad n=6,7,\cdots$

汉弗莱系(红外,英国 1953 年发现) $\sigma=\frac{1}{\lambda}=R\left(\frac{1}{6^2}-\frac{1}{n^2}\right),\quad n=7,8,\cdots$

物理沙龙十

J. J. 汤姆孙(Joseph John Thomson,1857—1940),英国物理学家,电子的发现者。因通过气体电传导性的研究,测出了电子的电荷与质量的比值,并进一步测出了它们的质量约为氢原子质量的 1/1837。由此推断,阴极射线粒子比原子要小得多,可见这种粒子是组成一切原子的基本材料。J. J. 汤姆孙于 1897 年 4 月 30 日宣布了他的发现。后来人们命名这种粒子为电子。电子是人类所认识的第一种基本粒子。此后,他又提出了“电子浸浮于均匀正电球”的原子结构模型(汤姆孙模型)。该模型虽然在后来被卢瑟福的核原子模型所替代,但它是建立原子结构模型的开端,J. J. 汤姆孙于 1906 年获诺贝尔物理学奖。

J. J. 汤姆孙

物理沙龙十一

G. P. 汤姆孙(George Paget Thomson,1892—1975),英国物理学家 J. J. 汤姆孙的儿子,G. P. 汤姆孙的主要贡献是从电子束射过薄金箔所产生的衍射图的实验中求得的衍射波长,正好与 L. V. 德布罗意所预言的电子波的波长相符,因而证实了电子的波动性。几乎同时,C. J. 戴维森也由电子束经晶体表面的漫反射的衍射实验而得到同样的结论,为此两人共获 1937 年诺贝尔物理学奖。这是诺贝尔奖历史上 6 次“子承父业”奇迹之一。

G. P. 汤姆孙

物理沙龙十二

欧内斯特·卢瑟福(Ernest Rutherford,1871—1937),1871年8月30日生于新西兰纳尔逊的一个手工业工人家庭,并在新西兰长大。他进入新西兰的坎特伯雷学院学习,23岁时获得了三个学位(文学学士、文学硕士、理学学士)。新西兰大学毕业后,获得英国剑桥大学的奖学金进入卡文迪许实验室(卡文迪许实验室从1874年至1989年一共产生了28位诺贝尔奖得主),成为J.J.汤姆孙的研究生。1898年,在J.J.汤姆孙的推荐下,担任加拿大麦吉尔大学的物理教授。他在那儿工作了9年。于1907年返回英国出任曼彻斯特大学的物理系主任。1908年,卢瑟福获得该年度的诺贝尔化学奖,他对自己不是获得物理学奖感到有些意外,他风趣地说:“我竟摇身一变,成为一位化学家了。”“这是我一生中绝妙的一次玩笑!”

当1897年卡文迪许实验室主任J.J.汤姆逊发现了电子,卢瑟福曾相信他老师在1903年提出的这个“葡萄干蛋糕模型”。原子中电子和正电荷如何分布,成了19世纪末、20世纪初物理学的重要研究课题。为检验这个模型,1909年,卢瑟福建议盖革和马斯顿进行了α粒子散射实验,发现每8000个粒子中约有一个大角度散射,甚至有散射角接近180°的情况,这是为什么呢?这是卢瑟福不曾预料的。

卢瑟福

经过反复思考,卢瑟福认为只有原子的质量较大且带正电荷,并处于中心处,才能使少量α粒子发生大角度散射,于是,卢瑟福在1911年提出了原子的有核模型(原子的行星模型):原子的中心有一带正电的原子核,它几乎集中了原子的全部质量,电子围绕这个核旋转,核的尺寸与整个原子相比是很小的。

1919年卢瑟福接替退休的J.J.汤姆孙,担任卡文迪许实验室主任。1925年当选为英国皇家学会会长。1931年受封为纳尔逊男爵,1937年10月19日因病在剑桥逝世,与牛顿和法拉第并排安葬,享年66岁。

八、卢瑟福的原子结构的有核模型

请思考:

(1) 原子核内的正电荷为什么不互相排斥开呢?

(2) 核外电子为什么不因绕核旋转而辐射能量、损失动能从而“坠落”到原子核上呢?

(3) 原子不断向外辐射能量,能量逐渐减小,电子旋转的频率也逐渐改变,发射光谱应该是连续光谱吗?

如何解释原子的稳定性和氢原子的不连续光谱呢?许多物理学者包括巴耳末、里德伯、卢瑟福都曾积极探索,但都未给以解释。

九、玻尔理论的三条基本假设

1. 三条假设

(1) 定态假设:电子在原子中可以在一些特定的圆轨道上运动而不辐射电磁波,这时,原子处于稳定状态，简称定态。

(2) 频率条件

$$h\nu = E_{\mathrm{i}} - E_{\mathrm{f}}$$

(3) 量子化条件

$$L = mvr = n\frac{h}{2\pi}$$

2. 计算结果

电子绕核运动的向心力由静电力提供，

$$f_{向} = m\frac{v_n^2}{r_n} = \frac{1}{4\pi\varepsilon_0}\frac{e^2}{r_n^2}$$

再由上述假设(3)，可以得到氢原子的轨道半径、能量与速率。

轨道半径

$$r_n = r_1 n^2 \quad (n = 1,2,3,\cdots)$$

$n=1$ 时的半径叫玻尔半径

$$r_1 = \frac{\varepsilon_0 h^2}{\pi m e^2} = 5.29\times 10^{-11}\,\mathrm{m}$$

$n=1$ 时的能量叫电离能

$$E_1 = -\frac{me^4}{8\varepsilon_0^2 h^2} = -13.6\,\mathrm{eV}$$

激发态能量

$$E_n = \frac{E_1}{n^2}$$

速率

$$v_n = \frac{v_1}{n}$$

$n=1$ 时的速率

$$v_1 = \frac{e^2}{2\varepsilon_0 h} = 2.18\times 10^6\,\mathrm{m/s}$$

约为光速的 1%，因此相对论效应不明显。

3. 玻尔理论的意义和局限性

玻尔理论的意义：

(1) 正确地指出原子能级的存在(原子能量量子化)；

(2) 正确地指出定态和角动量量子化的概念；

(3) 正确地解释了氢原子及类氢离子光谱规律。

玻尔理论的缺陷：

(1) 无法解释比氢原子更复杂的原子；

(2) 微观粒子的运动视为有确定的轨道；

(3) 对谱线的强度、宽度、偏振等一系列问题无法处理；

(4) 经典理论与量子理论的混合物。

一方面,他承认经典理论的规律,把微观粒子看成是遵守经典力学的质点,遵守牛顿运动规律; 另一方面,又假定电子处于定态时,可以不辐射也不吸收能量,不受经典电磁理论的约束,这显然是自相矛盾的。

尽管如此,玻尔理论在原子物理学中乃至近代物理学中发挥着承前启后的作用,玻尔理论好像一座桥梁,它的一端架在经典概念的基础上,另一端却把人们引向量子世界。

19 世纪末,伽利略、牛顿等人的工作使得经典力学臻于完善,通过克劳修斯、开尔文、玻耳兹曼等人对热现象的研究,建立了热力学和统计物理; 通过牛顿、惠更斯、杨、菲涅耳对光的研究建立了光学; 而安培、法拉第、麦克斯韦等人对电磁现象的研究为电动力学奠定了基础。似乎一座华丽而雄伟的物理学大厦已经构筑完毕。

但是,在 19 世纪的最后几年里,一连串意想不到的事情发生了。迈克耳孙-莫雷实验否定了绝对参照系的存在; 1900 年瑞利和金斯用经典的能量均分定理来解释热辐射现象时出现了所谓的“紫外灾难”; 1897 年 J. J. 汤姆孙发现电子,说明原子不是物质的最小单元。经典物理理论无法作出正确解释。开尔文指出在物理学大厦的上空飘浮着两朵乌云。

人们绝对无法想象,正是这两朵乌云即将给物理学大厦带来前所未有的一场革命。第一朵乌云,最终导致了爱因斯坦相对论的诞生; 第二朵乌云,最终导致了普朗克量子理论的建立。

物理沙龙十三

尼尔斯·玻尔(Niels Bohr,1885—1962),丹麦理论物理学家,1885 年生于哥本哈根,1903 年玻尔进入哥本哈根大学学习物理,很快就成了哥本哈根大学足球俱乐部的明星守门员,他习惯在足球场上一边心不在焉地守着球门,一边用粉笔在门框上排演着公式。玻尔后来进入科研机构,专心于原子物理研究,但他仍不忘心爱的足球,业余时间常把踢足球当作休息,成为一名不折不扣的“科学家球星”。他于 1909 年和 1911 年分别以关于金属电子论的论文获得哥本哈根大学的科学硕士和哲学博士学位。随后去英国学习,先在剑桥大学 J. J. 汤姆孙主持的卡文迪许实验室,几个月后转赴曼彻斯特,参加了以 E. 卢瑟福为首的科学集体,从此和卢瑟福建立了长期的密切关系。

1912 年,玻尔考察了金属中的电子运动,并明确意识到经典理论在阐明微观现象方面的严重缺陷,赞赏普朗克 1900 年和爱因斯坦 1905 年在电磁理论方面引入的量子学说,创造性地把普朗克的量子说和卢瑟福 1911 年的原子核概念结合了起来。他通过引入量子化条件,提出了玻尔模型来解释氢原子光谱,提出互补原理和哥本哈根诠释来解释量子力学,对 20 世纪物理学的发展有着深远的影响。1913 年玻尔提出了关于原子稳定性和量子跃迁理论的三条假设,从而完满地解释了氢原子光谱的规律。他把经典力学和量子理论结合起来,从而引起原子理论的革命,对量子力学的建立起了重要作用,因而于 1922 年获诺贝尔物理学奖。他还获第一次原子能和平利用奖金,丹麦科学院金质奖章等。他的主要著作包括 1922 年出版的《光谱与原子结构理论》、1934 年出版的《原子理论与自然界描述》、1955 年出版的《知识统一性》等。

鲜为人知的是,1922 年玻尔获得诺贝尔奖时,丹麦报纸普遍采用的标题是“授予著名足球运动员尼尔斯·玻尔诺贝尔奖”。

其子奥格·尼尔斯·玻尔也是物理学家,于 1975 年获得诺贝尔物理学奖。

玻尔与爱因斯坦

1955 年，在丹麦物理学家尼尔斯·玻尔 70 寿辰之时，由丹麦工程学会设立“玻尔国际金质奖章”，并以他的姓氏命名，是为了纪念他对原子物理学领域的杰出贡献。这一奖章每 3 年颁发一次，用于奖励在和平利用原子能方面做出突出贡献的工程师和物理学家。从广义上讲，和平利用原子能是现代原子物理学所取得成就的一种标志。

第四　疑难点分析与课题研究

一、疑难点分析

（一）怎样理解光电效应的规律？

（1）光电子的最大初速依赖入射光的频率，与入射光强无关；

（2）光电流强度与入射光强度成正比；

（3）金属存在极限频率(又叫红限频率)；

（4）遏止电势差：外加反向的遏止电势差恰能阻碍光电子到达阳极，即 $eU_0=\frac{1}{2}mv^2$；

（5）瞬时性，若 $\nu\geqslant\nu_0$，电子立即逸出(10^{-9} s)，无需时间积累。

（二）爱因斯坦光电效应方程：

$$h\nu=\frac{1}{2}mv^2+W$$

W 为逸出功，与金属材料有关，

$$W=h\nu_0$$

$$eU_0=\frac{1}{2}mv^2$$

（三）$\Delta\lambda=\lambda-\lambda_0=\frac{h}{m_0c}(1-\cos\theta)=\lambda_C(1-\cos\theta)$，称为康普顿散射公式。

其中，$\lambda_C=\frac{h}{m_0c}=2.43\times10^{-12}$ m，叫康普顿波长。

值得注意的是，波长改变量与散射物质及入射光波长无关，仅由散射角决定，随散射角增大而增大。

理论计算与实验结果相符，验证了光子理论的正确性，说明能量守恒和动量守恒在微观粒子领域也成立。

上面解释了波长变长的射线，如何解释与入射波长相同的射线呢？对于内层电子，被原子核束缚得紧，不能当作自由电子，应考虑光子与整个原子碰撞，而原子质量比光子质量大很多，因此光子不会显著失去能量，因而散射光波长也不会显著改变。

1927 年索尔维会议合影

A. PICARD　E. HENRIOT　P. EHRENFEST　Ed. HERSEN　Th. DE DONDER　E. SCHRÖDINGER　E. VERSCHAFFELT　W. PAULI　W. HEISENBERG　R.H FOWLER　L. BRILLOUIN

P. DEBYE　M. KNUDSEN　W.L. BRAGG　H.A. KRAMERS　P.A.M. DIRAC　A.H. COMPTON　L. de BROGLIE　M. BORN　N. BOHR

I. LANGMUIR　M. PLANCK　Mme CURIE　H.A. LORENTZ　A. EINSTEIN　P. LANGEVIN　Ch.E. GUYE　C.T.R. WILSON　O.W. RICHARDSON

Absents : Sir W.H. BRAGG, H. DESLANDRES et E. VAN AUBEL

请同学们仔细辨认，你能认出其中的哪些物理学家？普朗克在第一排第几座？你看见爱因斯坦、洛伦兹了吗？唯一的一位女性科学家是谁？

二、课题研究

普朗克在研究黑体辐射规律时成功运用了“内插法”，从而建构出了新的辐射公式，请同学们根据已有知识和上网查找资料进行以下探究：什么叫内插法？

第五 例题指导

例 1 下列物体哪个是绝对黑体（ ）。

（A）不辐射可见光的物体 （B）不辐射任何光线的物体

（C）不能反射可见光的物体 （D）不能反射任何光线的物体

分析与解 一般来说，任何物体对外来辐射同时会有三种反应：反射、透射和吸收，各部分的比例与材料、温度、波长有关。同时任何物体在任何温度下会同时对外辐射和吸收，实验与理论证明：一个物体辐射能力正比于其吸收能力。作为一种极端情况，绝对黑体（一种理想模型）能将外来辐射（可见光或不可见光）全部吸收，自然也就不会反射任何光线，同时其对外辐射能力最强。综上所述应选（D）。

例 2 光电效应和康普顿效应都是光子和物质原子中的电子相互作用过程，其区别何在？在下面几种理解中，正确的是（ ）。

（A）两种效应中电子与光子组成的系统都服从能量守恒定律和动量守恒定律

（B）光电效应是由于电子吸收光子能量而产生的，而康普顿效应则是由于电子与光子的弹性碰撞过程

（C）两种效应都相当于电子与光子的弹性碰撞过程

（D）两种效应都属于电子吸收光子的过程

分析与解 两种效应都属于电子与光子的作用过程，不同之处在于：光电效应是由于电子吸收光子而产生的，光子的能量和动量会在电子以及束缚电子的原子、分子或固体之间按照适当的比例分配，但仅就电子和光子而言，两者之间并不是一个弹性碰撞过程，也不满足能量和动量守恒。而康普顿效应中的电子属于“自由”电子，其作用相当于一个弹性碰撞过程，作用后的光子并未消失，两者之间满足能量和动量守恒。综上所述，应选（B）。

例 3 关于光子的性质，有以下说法：

（1）不论真空中或介质中的速度都是 c； （2）它的静止质量为零；

（3）它的动量为$\frac{h\nu}{c}$； （4）它的总能量就是它的动能；

（5）它有动量和能量，但没有质量。

其中正确的是（ ）。

（A）（1）（2）（3） （B）（2）（3）（4）

（C）（3）（4）（5） （D）（3）（5）

分析与解 光不但具有波动性还具有粒子性，一个光子在真空中速度为 c（与惯性系选择无关），在介质中速度为$\frac{c}{n}$，它有质量、能量和动量，一个光子的静止质量 $m_0=0$，运动质量 $m=\frac{h\nu}{c^2}$，能量 $E=h\nu$，动量 $p=\frac{h}{\lambda}=\frac{h\nu}{c}$，由于光子的静止质量为零，故它的静能 E_0 为零，

所以其总能量表现为动能。综上所述，说法(2)(3)(4)都是正确的，故选(B)。

例 4　钨的逸出功是 4.52eV，钡的逸出功是 2.50eV，分别计算钨和钡的截止频率。哪一种金属可以用作可见光范围内的光电管阴极材料？

分析　由光电效应方程 $h\nu=\frac{1}{2}mv^2+W$ 可知，当入射光频率 $\nu=\nu_0$(式中 $\nu_0=W/h$)时，电子刚能逸出金属表面，其初动能 $\frac{1}{2}mv^2=0$。因此 ν_0 是能产生光电效应的入射光的最低频率(即截止频率)，它与材料的种类有关。由于可见光频率处在 $0.395\times10^{15}\sim0.75\times10^{15}$ Hz 的狭小范围内，因此不是所有的材料都能作为可见光范围内的光电管材料的(指光电管中发射电子用的阴极材料)。

解　钨的截止频率

$$\nu_{01}=\frac{W_1}{h}=1.09\times10^{15}\,\text{Hz}$$

钡的截止频率

$$\nu_{02}=\frac{W_2}{h}=0.603\times10^{15}\,\text{Hz}$$

对照可见光的频率范围可知，钡的截止频率 ν_{02} 正好处于该范围内，而钨的截止频率 ν_{01} 大于可见光的最大频率，因而钡可以用于可见光范围内的光电管材料。

例 5　在康普顿效应中，入射光子的波长为 3.0×10^{-3} nm，反冲电子的速度为光速的60%，求散射光子的波长及散射角。

分析　首先由康普顿效应中的能量守恒关系式 $h\frac{c}{\lambda_0}+m_0c^2=h\frac{c}{\lambda}+mc^2$，可求出散射光子的波长 λ，式中，m 为反冲电子的运动质量，即 $m=m_0(1-v^2/c^2)^{-1/2}$。再根据康普顿散射公式 $\Delta\lambda=\lambda-\lambda_0=\lambda_C(1-\cos\theta)$，求出散射角 θ，式中，λ_C 为康普顿波长($\lambda_C=2.43\times10^{-12}$ m)。

解　根据分析有

$$h\frac{c}{\lambda_0}+m_0c^2=h\frac{c}{\lambda}+mc^2\tag{1}$$

$$m=m_0(1-(v^2/c^2))^{-1/2}\tag{2}$$

$$\lambda-\lambda_0=\lambda_C(1-\cos\theta)\tag{3}$$

由式(1)和式(2)可得散射光子的波长

$$\lambda=\frac{4h\lambda_0}{4h-\lambda_0m_0c}=4.35\times10^{-3}\,\text{nm}$$

将 λ 值代入式(3)，得散射角

$$\theta=\arccos\theta\left(1-\frac{\lambda-\lambda_0}{\lambda_C}\right)=\arccos 0.444=63°36'$$

例 6　一具有 1.0×10^4 eV 能量的光子，与一静止的自由电子相碰撞，碰撞后，光子的散射角为 60°。试问：(1)光子的波长、频率和能量各改变多少？(2)碰撞后，电子的动能、动量和运动方向又如何？

分析　(1) 可由光子能量 $E=h\nu$ 及康普顿散射公式直接求得光子波长、频率和能量的

改变量。

(2) 应全面考虑康普顿效应所服从的基本规律，包括碰撞过程中遵循能量和动量守恒定律，以及相对论效应。求解时应注意以下几点：

① 由能量守恒可知，反冲电子获得的动能 E_{ke} 就是散射光子失去的能量，即 $E_{ke}=h\nu_0-h\nu$。

② 由相对论中粒子的能量动量关系式，即 $E_e^2=E_{0e}^2+p_e^2c^2$ 和 $E_e=E_{0e}+E_{ke}$，可求得电子的动量 p_e，注意式中 E_{0e} 为电子静能，其值为 0.512MeV。

③ 如图 14.5 所示，反冲电子的运动方向可由动量守恒定律在 Oy 轴上的分量式求得，即 $\frac{h\nu}{c}\sin\theta-p_e\sin\varphi=0$。

解 (1) 入射光子的频率和波长分别为

$$\nu_0=\frac{E}{h}=2.41\times10^{18}\text{Hz},\quad \lambda_0=\frac{c}{\nu_0}=0.124\text{nm}$$

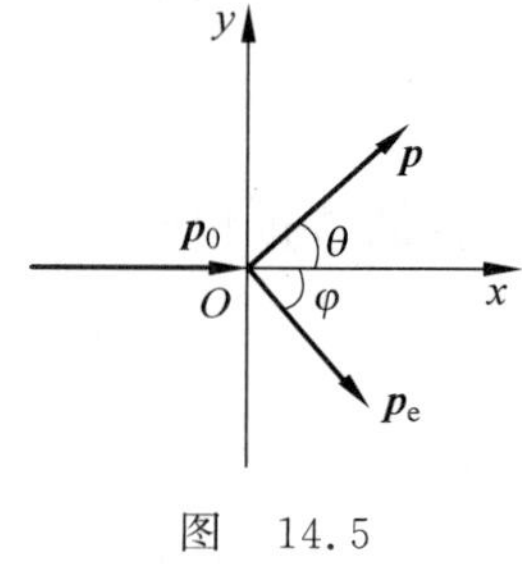

图 14.5

散射前后光子波长、频率和能量的改变量分别为

$$\Delta\lambda=\lambda_C(1-\cos\theta)=1.22\times10^{-3}\text{nm}$$

$$\Delta\nu=\frac{c}{\lambda}-\frac{c}{\lambda_0}=c\left[\frac{1}{\lambda_0+\Delta\lambda}-\frac{1}{\lambda_0}\right]=-2.30\times10^{16}\text{Hz}$$

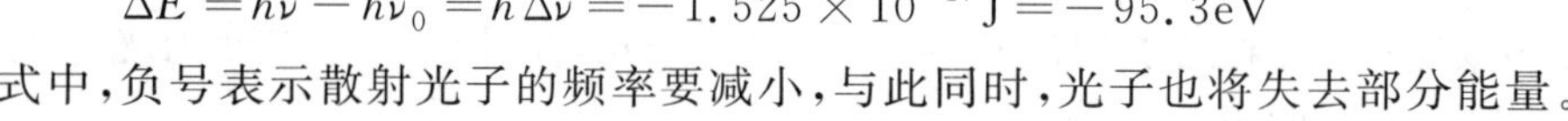

$$\Delta E=h\nu-h\nu_0=h\Delta\nu=-1.525\times10^{-17}\text{J}=-95.3\text{eV}$$

式中，负号表示散射光子的频率要减小，与此同时，光子也将失去部分能量。

(2) 根据分析，可得

电子动能

$$E_{ke}=h\nu-h\nu_0=|\Delta E|=95.3\text{eV}$$

电子动量

$$p_e=\frac{\sqrt{E_{ke}^2+2E_{0e}E_{ke}}}{c}=5.27\times10^{-24}\text{kg}\cdot\text{m}\cdot\text{s}^{-1}$$

电子运动方向

$$\varphi=\arcsin\left(\frac{h\nu}{p_ec}\sin\theta\right)=\arcsin\left[\frac{h(\nu_0+\Delta\nu)}{p_ec}\sin\theta\right]=59°32'$$

第六　反思与总结

1. 为什么康普顿采用 X 射线而不用可见光呢？

2. 入射光波长较大，则波长改变量与原波长的比值为多少？可见光观察得到吗？

3. 康普顿效应证明了什么？

4. 氢原子光谱的谱线波数都可以用简单的里德伯公式表示，这是否意味着氢原子的内部结构也有简单的规律呢？

案例十五　量子光学

第一　量子光学知识框图

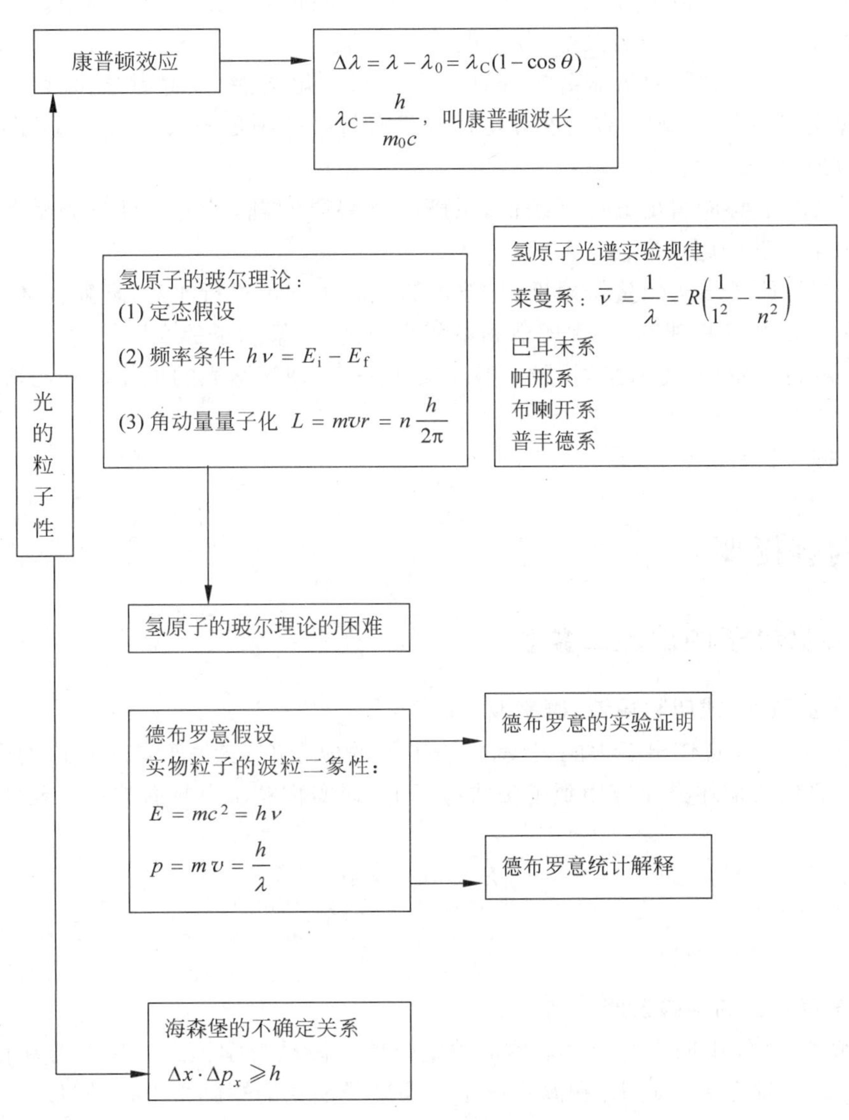

第二　任务分析与学习方法

(1) 理解德布罗意波是一种物质波,明确德布罗意获得实物粒子也具有波粒二象性,采用的是类比方法,明确德布罗意波的基本公式,明确德布罗意波的实验证明。

(2) 理解德布罗意波为什么是一种概率波,明确德布罗意波的统计解释。

(3) 理解海森堡的不确定关系,并会做简单计算。

(4) 了解玻恩与博特对波函数的统计解释及归一化条件,了解一维含时薛定谔方程和一维定态薛定谔方程,了解一维定态薛定谔方程有解必须满足的条件,了解量子物理中力学量的拉普拉斯算符表示。

(5) 了解粒子势能满足的边界条件,了解一维势阱问题,了解一维方势垒及隧道效应,了解量子力学处理问题的方法。

(6) 理解氢原子结构的量子理论,与玻尔的氢原子理论进行比对,理解描述电子运动转态的 4 个量子数及其物理意义,理解泡利不相容原理,了解原子的壳层结构。

(7) 了解自发辐射、受激辐射、粒子数反转等概念,理解激光的工作原理与应用,掌握激光的特性。

(8) 掌握类比等方法。

第三　内容提要

一、实物粒子的波粒二象性

1. 德布罗意波(或叫物质波、概率波)

1924 年,德布罗意作出了大胆假设,发表了他的博士论文《关于量子理论的研究》,把对光的波粒二象性的描述类比应用到了实物粒子上,即实物粒子也具有波粒二象性,用德布罗意公式表示:

$$\begin{cases} E = mc^2 = h\nu \\ p = mv = \dfrac{h}{\lambda} \end{cases}$$

2. 德布罗意波的实验证明

20 世纪 20 年代中期是物理学发展的关键时期。波动力学已经由薛定谔在德布罗意的物质波假说的基础上建立起来,和海森堡从不同途径创立的矩阵力学,共同形成微观体系的基本理论。这一巨大变革的实验基础自然成了人们关切的课题,这就激励了许多物理学家致力于证实粒子的波动性。

1925 年,美国纽约州纽约贝尔电话实验室的戴维森与比他小 15 岁的助手 L. H. 革末在贝尔实验室,将电子枪灯丝发出的电子加速后射于一块多晶镍靶上,发现散射电子束发生了衍射现象,证实了电子具有波动性。

1927 年,英国物理学家 G. P. 汤姆孙独立观察到电子透过多晶薄片(如铝箔)射到照相底片上获得了环状电子衍射图样,同样证实了电子具有波动性。

因此，1937 年诺贝尔物理学奖授予美国纽约州的贝尔电话实验室的戴维森和英国伦敦大学的 G. P. 汤姆孙，以表彰他们用晶体对电子衍射所做的实验发现。

3. 玻恩对德布罗意波的统计解释

1926 年玻恩提出德布罗意波是概率波。在某处德布罗意波的强度是与粒子在该处邻近出现的概率成正比的。这就是德布罗意波的统计解释。

二、海森堡不确定关系

维尔纳·卡尔·海森堡和玻恩等一起创立了量子力学的一种表达方式——矩阵力学；1927 年，26 岁的海森堡提出不确定关系(也叫不确定原理)和物质波的概率解释，1932 年海森堡获得诺贝尔物理学奖，并于 1933 年获得普朗克奖章。

海森堡不确定关系式：

$$\begin{cases}\Delta x \Delta p_x \geqslant h \\ \Delta y \Delta p_y \geqslant h \\ \Delta z \Delta p_z \geqslant h \\ \Delta E \Delta t \geqslant h\end{cases}$$

三、波函数　薛定谔方程

1. 玻恩对波函数的解释

在空间某处波函数的平方与粒子在该处出现的概率成正比，这就是波函数的统计意义。这是玻恩在 1926 年提出的，为此，玻恩与博特因对薛定谔的波函数作出统计解释在 1954 年共同获得诺贝尔物理学奖。

2. 薛定谔方程——相当于力学中的牛顿第二定律

薛定谔于 1926 年建立了以薛定谔方程为基础的波动力学，并建立了量子力学的近似方法。1933 年薛定谔与狄拉克一道分享了诺贝尔物理学奖。

描述高速运动的粒子的波动方程即自由粒子平面波函数：

$$\Psi(x,t)=\psi_0 \mathrm{e}^{-\mathrm{i}\frac{2\pi}{h}(Et-px)}$$

将上式取 x 的二阶偏导数和 t 的一阶偏导数得

$$\frac{\partial^2 \Psi}{\partial x^2}=-\frac{4\pi^2 p^2}{h^2}\Psi \tag{1}$$

$$\frac{\partial \Psi}{\partial t}=-\frac{\mathrm{i}2\pi}{h}E\Psi \tag{2}$$

对于自由粒子($v \ll c$)来讲，自由粒子的动能就是它的总能量。

$$E=E_{\mathrm{k}},\quad p^2=2mE_{\mathrm{k}}$$

代入式(1)得到

$$-\frac{h^2}{8\pi^2 m}\frac{\partial^2 \Psi}{\partial x^2}=\mathrm{i}\frac{h}{2\pi}\frac{\partial \Psi}{\partial t}$$

或写成

$$\frac{\partial^2 \Psi}{\partial x^2}+\mathrm{i}\,\frac{4\pi m}{h}\,\frac{\partial \Psi}{\partial t}=0$$

这就是一维运动自由粒子的含时薛定谔方程，自由粒子的波函数就是它的解。若粒子在势能为 E_p 的势场中运动，则

$$E=E_k+E_p \tag{3}$$

将式(3)代入式(2)，并利用式(1)得到

$$-\frac{h^2}{8\pi^2 m}\,\frac{\partial^2 \Psi}{\partial x^2}+E_p(x,t)\Psi=\mathrm{i}\,\frac{h}{2\pi}\,\frac{\partial \Psi}{\partial t}$$

或写成

$$\frac{\partial^2 \Psi}{\partial x^2}-\frac{8\pi^2 m}{h^2}E_p(x,t)\Psi+\mathrm{i}\,\frac{4\pi m}{h}\,\frac{\partial \Psi}{\partial t}=0 \tag{4}$$

这就是在势场中作一维运动的粒子的含时薛定谔方程。

把波函数 $\Psi(x,t)$拆分成坐标函数与时间函数的乘积，即

$$\Psi(x,t)=\psi(x)\phi(t)=\psi_0(x)\mathrm{e}^{-\mathrm{i}2\pi Et/h}$$

代入式(4)，得

$$\frac{\mathrm{d}^2\psi}{\mathrm{d}x^2}+\frac{8\pi^2 m}{h^2}(E-E_p)\psi(x)=0 \tag{5}$$

式(5)只是 x 的函数，与时间无关，称为一维运动粒子的定态薛定谔方程。

把它推广到三维势场，得到

$$\frac{\partial^2\psi}{\partial x^2}+\frac{\partial^2\psi}{\partial y^2}+\frac{\partial^2\psi}{\partial z^2}+\frac{8\pi^2 m}{h^2}(E-E_p)\psi=0$$

$$\frac{\partial^2\psi(x)}{\mathrm{d}x^2}+\frac{2m}{\hbar^2}\left(E-\frac{1}{2}m\omega^2x^2\right)\psi(x)=0$$

引入拉普拉斯算符

$$\nabla^2=\frac{\partial^2}{\partial x^2}+\frac{\partial^2}{\partial y^2}+\frac{\partial^2}{\partial z^2}$$

得到

$$\nabla^2\psi+\frac{8\pi^2 m}{h^2}(E-E_p)\psi=0 \tag{6}$$

这就是一般的定态薛定谔方程。

为使式(6)解得的波函数 ψ 是合理的，需对式(6)明确一些条件：

(1) $\int_{-\infty<x,y,z<\infty}|\psi|^2\mathrm{d}x\,\mathrm{d}y\,\mathrm{d}z=1$，可归一化；

(2) ψ 和$\frac{\partial\psi}{\partial x},\frac{\partial\psi}{\partial y},\frac{\partial\psi}{\partial z}$连续；

(3) $\frac{\partial\psi}{\partial x},\frac{\partial\psi}{\partial y},\frac{\partial\psi}{\partial z}$为有限的、单值函数。

3. 一维势阱问题

粒子势能 E_p 满足边界条件

$$E_p = \begin{cases} 0, & 0 < x < a \\ E_p \to \infty, & x \leqslant 0, x \geqslant a \end{cases}$$

因为

$$E_p \to \infty, \quad x \leqslant 0, \quad x \geqslant a$$

得

$$\psi = 0, \quad x \leqslant 0, \quad x \geqslant a$$
$$E_p = 0, \quad 0 < x < a$$
$$\frac{d^2\psi}{dx^2} + \frac{8\pi^2 mE}{h^2}\psi = 0$$

设

$$k = \sqrt{\frac{8\pi^2 mE}{h^2}} \tag{7}$$

则有

$$\frac{d^2\psi}{dx^2} + k^2\psi = 0$$
$$\psi(x) = A\sin kx + B\cos kx$$

因为

$$x = 0, \psi = 0, \text{所以必有 } B = 0$$

此时

$$\psi(x) = A\sin kx$$

而 $x = a$ 时，$\psi = 0$，所以

$$\psi(a) = A\sin ka = 0$$

所以

$$k = \frac{n\pi}{a}, \quad n = 1, 2, 3, \cdots$$

与式(7)比较，得 $E = n^2 \dfrac{h^2}{8ma^2}$。这说明一维无限深方势阱中粒子的能量是量子化的。

4. 一维方势垒　隧道效应(又叫势垒贯穿)

所谓势垒，就是如图 15.1 所示，势能分布为势垒高度为 E_{po} 和势垒宽度为 a 的一维方势垒，

$$E_p = \begin{cases} 0, & x < 0, x > a \\ E_p \to E_{po}, & 0 \leqslant x \leqslant a \end{cases}$$

粒子处在 $x < 0$ 的区域里的能量 $E < E_{po}$。

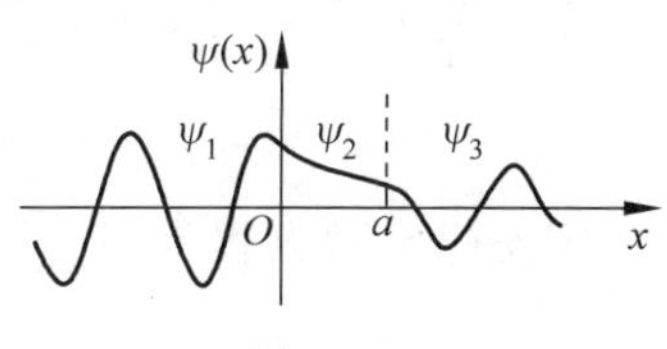

图　15.1

当粒子能量 $E < E_{po}$ 时，从经典理论来看，粒子不可能穿过进入 $x > a$ 的区域。但用量子力学分析，粒子有一定概率处于势垒内，还有一定的概率能穿透势垒，事实表明，量子力学是正确的。粒子的能量虽不足以超越势垒，但在势垒中

似乎有一个隧道，能使少量粒子穿过而进入 $x>a$ 的区域，此现象人们形象地称为隧道效应。

隧道效应的本质：来源于微观粒子的波粒二象性，已被大量实验证实。1981 年宾尼和罗雷尔利用电子的隧道效应制成了扫描隧穿显微镜(STM)，可观测固体表面原子排列的状况。

5. 本征方程和本征值

由于波函数标准化条件的限制，定态薛定谔方程往往只在 E 为特定值时才有解，这些 E 值称为能量本征值，方程的解即与 E 值对应的波函数称为本征函数，定态薛定谔方程称为能量本征方程。

四、力学量的算符表示

量子物理的力学量是用算符表示的，算符是运算符号，量子力学中，描述系统的每一个力学量都对应一个算符，力学量的算符符号字母的顶上加“^”表示。

算符代表对波函数的一种运算，算符对波函数的作用是把一个波函数或量子态变成另一个波函数或量子态。

如果将某个力学量的算符 $\hat{C}$ 作用于波函数，正好等于一个常量乘以波函数，即 $\hat{C}\Psi=C\Psi$，此方程称为力学量 $\hat{C}$ 的本征方程。

满足本征方程的常量 C 称为力学量的本征值。

满足本征方程的波函数称为力学量 $\hat{C}$ 的与本征值 C 对应的本征函数或本征态。

量子力学中，定态薛定谔方程可表示为 $\hat{H}\Psi=E\Psi$，是一个本征方程。

在一定的边界条件下，定态薛定谔方程只对一些特定的 E 值有解，这些特定的 E 值就是哈密顿算符的本征值；对应的粒子能量的状态是本征态，满足量子系统能量的整套本征值就是该系统的能谱。

这样，粒子所处的状态 Ψ 是某力学量的本征态，则这个力学量具有确定值。

如果粒子所处的状态 Ψ 不是某力学量的本征态，则这个力学量不具有确定值，而只具有一系列可能的值，每一可能值以一定的概率出现，即微观粒子的运动具有统计规律性。

知道某力学量所具有的各可能值的概率分布，就可以计算力学量的平均值：

$$\bar{C}=\int\Psi^{*}\hat{C}\Psi\mathrm{d}V$$

五、氢原子结构

1. 氢原子的定态薛定谔方程

氢原子中电子的势能函数

$$E_{\mathrm{p}}=-\frac{e^{2}}{4\pi\varepsilon_{0}r}$$

定态薛定谔方程为

$$\nabla^{2}\psi+\frac{8\pi^{2}m}{h^{2}}\left(E+\frac{e^{2}}{4\pi\varepsilon_{0}r}\right)\psi=0$$

转化为球坐标

$$\frac{1}{r^2}\frac{\partial}{\partial r}\left(r^2\frac{\partial \psi}{\partial r}\right)+\frac{1}{r^2\sin\theta}\frac{\partial}{\partial \theta}\left(\sin\frac{\partial \psi}{\partial \theta}\right)+\frac{1}{r^2\sin^2\theta}\frac{\partial^2\psi}{\partial \varphi^2}+$$

$$\frac{8\pi^2 m}{h^2}\left(E+\frac{e^2}{4\pi\varepsilon_0 r}\right)\psi=0$$

分离变量法求解，设

$$\psi(r,\theta,\varphi)=R(r)\Theta(\theta)\Phi(\varphi)$$

$$\frac{\mathrm{d}^2\Phi}{\mathrm{d}\varphi^2}+m_l^2\Phi=0$$

$$\frac{m_l^2}{\sin^2\theta}-\frac{1}{\Theta\sin\theta}\frac{d}{\mathrm{d}\theta}\left(\sin\theta\frac{\mathrm{d}\Theta}{\mathrm{d}\theta}\right)=l(l+1)$$

$$\frac{1}{R}\frac{\mathrm{d}}{\mathrm{d}r}\left(r^2\frac{\mathrm{d}R}{\mathrm{d}r}\right)+\frac{8\pi^2 mr^2}{h^2}\left(E+\frac{e^2}{4\pi\varepsilon_0 r}\right)=l(l+1)$$

2. 量子化条件和量子数

求解上述方程时可得以下一些量子数及量子化特性。

(1) 能量量子化和主量子数 n

$$E_n=\frac{1}{n^2}E_1$$

$n=1,2,3,\cdots$为主量子数。

$$E_1=-\frac{me^4}{8\varepsilon_0^2 h^2}=-13.6\mathrm{eV}$$

(2) 角动量量子化和角量子数 l

电子绕核运动时的角动量为

$$L=\sqrt{l(l+1)}\,\frac{h}{2\pi}$$

$l=0,1,2,3,\cdots,(n-1)$为副量子数。

(3) 角动量空间量子化和磁量子数 m_l

当氢原子置于外磁场中，角动量 L 在空间取向只能取一些特定的方向，L 在外磁场方向的投影必须满足量子化条件

$$L_z=m_l\frac{h}{2\pi}=m_l\hbar$$

$m_l=0,\pm1,\pm2,\cdots,\pm l$ 为磁量子数。

$\hbar=h/2\pi$，为约化普朗克常数。

(4) 电子的自旋角动量和自旋磁量子数 m_s

自旋角动量

$$S=m_s\frac{h}{2\pi}$$

自旋角动量在外磁场方向上只有两个分量：

$$m_s=\pm\frac{1}{2}$$

m_s 称为自旋磁量子数。

以上各量列表如表 15.1。

表 15.1

能量量子化	$E_n=\frac{1}{n^2}E_1$	主量子数 n	n
角动量量子化	$L=\sqrt{l(l+1)}\frac{h}{2\pi}$	角量子数 l 共 n 个	$l=0,1,2,3,\cdots,(n-1)$
角动量空间量子化	$L_z=m_l\frac{h}{2\pi}=m_l\hbar$	磁量子数 m_l 共 $2l+1$ 个	$m_l=0,\pm1,\pm2,\cdots,\pm l$
自旋角动量量子化	$S=m_s\frac{h}{2\pi}$	自旋磁量子数 m_s 共 2 个	$m_s=\pm\frac{1}{2}$
量子态总个数 Z_n		$2n^2$	

六、泡利不相容原理　原子的壳层结构

1. 泡利不相容原理的内容

在一个原子中，不可能有两个或两个以上的电子具有完全相同的量子态。或者说两个电子不可能有完全相同的一组量子数(n,l,m_l,m_s)。

意思是：一个原子中不可能有电子层、电子亚层、电子云伸展方向和自旋方向完全相同的两个电子。如氦原子的两个电子，都在第一层(K 层)，电子云形状是球形对称，只有一种完全相同伸展的方向，则自旋方向必然相反。

具有同一能级的量子态数也叫简并度。

若 n 确定，

l 可取：$0,1,2,\cdots,(n-1)$，共 n 个；

m_l 可取：$-l,-l+1,\cdots,0,\cdots,l-1,l$，共 $2l+1$ 个；

m_s 可取：$1/2,-1/2$，共 2 个。

所以，电子处在 n 级，量子态数为

$$Z_n=\sum_{0}^{n-1}2(2l+1)=2n^2$$

2. 原子的壳层结构

原子内电子按一定壳层排列，主量子数相同的电子组成一个主壳层，$n=1,2,3,4,\cdots$依次称为 $K,L,M,N,\cdots$壳层，每一壳层上对应 $l=0,1,2,3,\cdots$，可分成 $s,p,d,f,\cdots$分壳层。

3. 能量最小原理

在原子内，每个电子趋向于占有最低能级，这时，整个原子的能量最低，原子处于最稳定的状态，即基态，这就是能量最小原理。

七、激光原理与特性

激光是 20 世纪 60 年代初发展起来的一门技术。

1. 受激吸收　自发辐射　受激辐射

（1）受激吸收

原子吸收外来光子能量 $h\nu$，并从低能级 E_1 跃迁到高能级 E_2，且 $E_2-E_1=h\nu$，这个过程称为光吸收或受激吸收。

（2）自发辐射

原子在没有外界干预的情况下，电子会由处于激发态的高能级 E_2 自动跃迁到低能级 E_1，这种跃迁称为自发跃迁。由自发跃迁而引起的光辐射称为自发辐射，辐射光子的初相位、偏振、传播方向没有确定关系，因而自发辐射的光波是非相干的。频率为

$$\nu=\frac{E_2-E_1}{h}$$

（3）受激辐射

原子中处于高能级 E_2 的电子，会在外来光子（其频率恰好满足 $E_2-E_1=h\nu$）的诱发下向低能级 E_1 跃迁，并发出与外来光子一样特征的光子，具有相同的频率、相同的相位、相同的发射方向和偏振方向，这叫受激辐射。

由受激辐射得到的放大了的光是相干光，称为激光。

2. 激光特性

在技术上实现粒子数反转是产生激光的必要条件。

美国物理学家梅曼于1960年9月制成第一台红宝石固体激光器。

激光器的特性：

（1）方向性好，利用激光准直仪可使长为2.5km的隧道掘进偏差不超过16nm。

（2）单色性好，激光的单色性比普通光高 10^{10} 倍。

（3）能量集中。

（4）相干性好。

物理沙龙一

路易·维克多·德布罗意（Louis Victor de Broglie，1892—1987），法国著名理论物理学家，1929年诺贝尔物理学奖获得者，波动力学的创始人，物质波理论的创立者，量子力学的奠基人之一。

德布罗意

德布罗意1892年8月15日出生于法国塞纳河畔的迪耶普，中学时代显示出文学才华，从18岁开始在巴黎索邦大学学习历史，并且于1910年获巴黎索邦大学文学学士学位。1911年，他听到莫里斯谈到关于光、辐射、量子性质等问题后，激起了强烈兴趣，特别是他读了彭加勒的《科学的价值》等书，转向研究理论物理学，1913年又获理学学士学位。

1924年德布罗意获巴黎大学博士学位，在博士论文中首次提出了“物质波”概念，当时爱因斯坦正在撰写有关量子统计的

论文，在其中加了一段：“一个物质粒子或物质粒子系可以怎样用一个波场相对应，德布罗意先生已在一篇很值得注意的论文中指出了。”这样一来，德布罗意的工作立即获得大家的注意。

当1926年薛定谔发表他的波动力学论文时，曾明确表示：“这些考虑的灵感，主要归因于路易·维克多·德布罗意先生的独创性的论文。”1927年，美国的戴维森和革末及英国的G. P. 汤姆孙通过电子衍射实验各自证实了电子确实具有波动性。

1932年德布罗意任巴黎大学理论物理学教授，1933年被选为法国科学院院士。德布罗意一辈子单身，有两位忠心耿耿的随从。他喜欢过简朴的生活，卖掉了贵族世袭的豪宅，选择住在平民小屋。他深居简出，从来不放假，是个标准的工作狂。

1987年3月19日德布罗意逝世，高龄95岁。

物理沙龙二

维尔纳·卡尔·海森堡(Werner Karl Heisenberg，1901—1976)，1901年12月5日出生于德国维尔茨堡，量子力学的主要创始人，“哥本哈根学派”的代表人物，由于在取得整个科学史上的最重要的成就之一——量子力学的创立中所起的作用，1932年获得诺贝尔物理学奖。他的《量子论的物理学基础》是量子力学领域的一部经典著作。

海森堡

与爱因斯坦受普朗克的量子理论的启发而提出了光量子假设一样，海森堡也是得益于爱因斯坦的相对论的思路而于1925年创立了矩阵力学，并提出不确定性原理及矩阵理论。

海森堡的矩阵力学所采用的是一种代数方法，强调不连续性。1926年年初，奥地利物理学家薛定谔采用解微分方程的方法，强调连续性，从而创立了量子力学的第二种理论——波动力学。但他们都对对方的理论提出了批评。后来，薛定谔在认真研究了海森堡的矩阵力学之后，与诺依曼一起证明了波动力学和矩阵力学在数学上的等价性。这两种理论的成功结合，大大丰富和拓展了量子理论体系。

第二次世界大战开始后，迫于纳粹德国的威胁，丹麦的大物理学家玻尔离开了心爱的哥本哈根理论物理研究所，远赴美国。海森堡却被纳粹德国委以重任，负责领导研制原子弹的技术工作。远在异乡的玻尔愤怒了，他与这位过去的同事产生了尖锐的矛盾。有趣的是，这位一直未能被玻尔谅解的科学家却在1970年获得了“玻尔国际奖章”，而这一奖章是用以表彰“在原子能和平利用方面做出了巨大贡献的科学家或工程师”的。历史在此开了个巨大的玩笑，这玩笑的主人公就像他发现的“不确定性原理”一样，一直让人感到困惑和不解。

1976年2月1日海森堡逝世，享年75岁。

物理沙龙三

戴维森(Clinton Joseph Davission，1881—1958)1881年10月22日出生在美国伊利诺伊州的布鲁明顿(Bloomington)，早年在布鲁明顿公立学校读书。1902年中学毕业后，由于他的数学和物理成绩优异而获得芝加哥大学奖学金，于当年9月进入芝加哥大学，在那里受教于密立根，曾一度当过密立根的助手，深受密立根喜爱，后来戴维森到普林斯顿(Princeton)大学工作，从事电子物理学的研究实习。戴维森有点口吃，教学效果不好，后来就放弃在大学任教，于1917年转入西部电气公司的工程部(现在叫贝尔电话实验室)从事研究工作，成绩卓著。他的研究集中在两个领域：热电子发射和二次电子发射。1921年，他和助手康斯曼(C. H. Kunsman)在用电子束轰击镍靶的实验中偶然发现，镍靶上发射的“二次电子”竟有少数具有与轰击镍靶的一次电子相同的能量，显然是在金属反射时发生了弹性碰撞，他们特别注意到“二次电子”的角度分布有两个极大值，不是平滑的曲线。他们仿照卢瑟福α散射实验试图用原子核对电子的静电作用力解释这一曲线。显然，他们没有领悟到这是一种衍射现象。

戴维森

1925年，戴维森和他的助手革末(L. H. Germer，比戴维森小15岁)又开始了电子束的轰击实验。他们为熟悉晶体结构做了很多X衍射实验，拍摄了很多X衍射照片，可就是没有将X衍射和他们正从事的电子衍射联系起来。

1926年夏，戴维森陪伴他的夫人(里查森之妹)回英国探亲，这时正值英国科学促进会在牛津开会。戴维森随里查森参加了会议。在1926年8月10日的会议上，他听到了著名的德国物理学家玻恩讲到，戴维森和康斯曼从金属表面反射的实验有可能是德布罗意波动理论所预言的电子衍射的证据。

后来，戴维森和G. P. 汤姆孙的电子衍射实验分别发展成为低能电子衍射技术(LEED)和反射式高能电子衍射技术(RHEED)，在表面物理学中有广泛应用。

物理沙龙四

马克斯·玻恩(Max Born，1882—1970)。1882年，M. 玻恩出生于波兰布雷斯劳(今弗罗茨瓦夫)。1901年起在布雷斯劳、海德堡、苏黎世和哥廷根等各所大学学习，先是法律和伦理学，后是数学、物理和天文学。1907年在哥廷根大学取得哲学博士学位后，他就留在哥廷根大学任无薪教师，直至1915年。1915年玻恩去柏林大学任理论物理学教授，并在那里与普朗克、爱因斯坦和能斯特并肩工作，玻恩与爱因斯坦结下了深厚的友谊，即使是在爱因斯坦对玻恩的量子理论持怀疑态度的时候，他们之间的书信见证了量子力学开创的历史，后来被整理成书出版。1926年又发表了他自己的研究成果——玻恩概率诠释(波函数的概率诠释)，后来成为著名的“哥本哈根解释”。玻恩在物理学中的主要成就是创立矩阵力学

玻恩

和对薛定谔的波函数作出统计解释。因量子力学方面的基本研究,特别是因波函数的统计解释,和博特(Bothe)分享了1954年度的诺贝尔物理学奖。

1954年玻恩和我国著名物理学家黄昆合著的《晶格动力学》一书,被国际学术界誉为有关理论的经典著作。

为了纪念马克斯·玻恩的贡献,德国物理学会与英国物理学会1973年起每年颁发"马克斯·玻恩奖",给在物理学领域做出特别有价值的科学贡献者,轮流颁发给英国和德国的科学家。

物理沙龙五

瓦尔特·博特(Walther Bothe,1891—1957),1891年1月8日生于德国奥伦宁堡,1957年2月8日卒于海德尔堡。曾在柏林攻读数学、物理和化学。1914年,师从M.普朗克获博士学位。后在帝国物理技术学院研究放射性,与H.盖革一起研制出测定粒子到达时刻的计数管。此后,博特利用两个计数管测定粒子同时到达时刻的"符合方法"来研究核物理。这种方法使他发现了中子的行踪。与玻恩分享了1954年度的诺贝尔物理学奖。

博特

第一次世界大战后博特在柏林的国家物理工程研究所与汉斯·盖格尔(Hans Geiger)合作。他在1924年发明了"符合方法",并设计了符合电路,每个盖格尔计数器发出脉冲,而符合电路可以指示出同时到达的脉冲,这种电子设备有一个输出和两个或多个输入,只有当两个或多个输入同时接收到信号时,输出才被激活,它是最早的逻辑门电路之一。1920年,博特用符合方法发现了来自上层大气层的穿透射线,这种射线现在被称为宇宙射线。

他用符合方法研究康普顿散射,和盖格尔一起提出轻金属射线的小角度散射概念,并在1926年和1933年发表文章总结了他们的研究工作,建立了分析散射过程的新方法。

1927年,博特开始用α粒子轰击轻金属元素。1929年他又提出一种新的研究方法,让宇宙射线和紫外线通过盖格尔计数器,证明了射线中存在强穿透力的带电粒子,由此奠定了原子核光谱学的基础。

1930年,他发现用α粒子轰击铍所产生的射线,是一种全新的、比γ射线具有很强穿透力的高能射线,这直接导致了1932年詹姆斯·查德威克发现中子。

1941年,博特和Peter Jensen发表了对石墨的中子吸收实验结果,1943年,博特完成了德国的第一台粒子回旋加速器,1953年被授予马克斯·普朗克奖章。

物理沙龙六

埃尔温·薛定谔(Erwin Schrödinger,1887—1961),奥地利物理学家,量子力学奠基人之一,维也纳大学哲学博士,发展了分子生物学。因发展了原子理论,和狄拉克(Paul Dirac)共获1933年诺贝尔物理学奖,又于1937年荣获马克斯·普朗克奖章。

薛定谔

由他所建立的薛定谔方程是量子力学中描述微观粒子运动状态的基本定律，它在量子力学中的地位大致相似于牛顿运动定律在经典力学中的地位。他还对生命科学做出重大贡献，他的指导思想"科学一定是统一的、相通的"建立于1923—1927年间，认识到矩阵力学（海森堡与玻恩创立）和波动力学是两个等价的理论。提出薛定谔猫思想实验，试图证明量子力学在宏观条件下的不完备性。

1913年薛定谔与R. W. F. 科尔劳施获得了奥地利帝国科学院的海廷格奖金。1920年移居耶拿，担任M. 维恩的物理实验室助手。

1925年底至1926年初，薛定谔在A. 爱因斯坦关于单原子理想气体的量子理论和L. V. 德布罗意的物质波假说的启发下，从经典力学和几何光学间的类比出发，提出了对应于波动光学的波动力学方程，奠定了波动力学的基础。1926年1—6月，他一连发表了四篇论文，题目都是《量子化就是本征值问题》，系统地阐明了波动力学理论。

在此以前，德国物理学家W. K. 海森堡、M. 玻恩和E. P. 约旦于1925年7—9月通过另一途径建立了矩阵力学。1926年3月，薛定谔发现波动力学和矩阵力学在数学上是等价的，是量子力学的两种形式。1926年薛定谔提出用波动方程描述微观粒子运动状态的理论，后称薛定谔方程。1927—1933年薛定谔接替M. 普朗克，任柏林大学物理系主任。因纳粹迫害犹太人，1933年离开德国到澳大利亚、英国、意大利等地。1939年转到爱尔兰。1956年回维也纳，任维也纳大学荣誉教授。1956年，薛定谔返回维也纳大学物理研究所，获得奥地利政府颁发的第一届薛定谔奖，在维也纳大学理论物理研究所教学直到去世。当他参加完在阿尔卑包赫村（Alpbach）举行的高校活动后，由于当地风景优美而决定死后葬在此地。他因患肺结核在1961年1月4日病逝于维也纳，死后如愿被埋在了阿尔卑包赫村，他的墓碑上刻着以他命名的薛定谔方程。

拓展介绍

"薛定谔的猫"被爱因斯坦认为是最好地揭示了量子力学的通用解释的悖谬性。什么是"薛定谔的猫"？

处于所谓"叠加态"的微观粒子之状态是不确定的，例如：电子可以几乎同时位于几个不同的地点，直到被观察测量时，才在某处出现。这种事如果发生在宏观世界的日常生活中，就好比：我在家中何处是不确定的，你看我一眼，我就突然现身于某处——客厅、餐厅、厨房、书房或卧室都有可能，而在你看我之前，我像云雾般隐身在家中，穿墙透壁到处游荡。这种"魔术"别说常人认为荒谬，物理学家如薛定谔也想不通。于是薛定谔就在1935年编出了这个佯谬，以引起注意。薛定谔想要借此阐述的物理问题是：宏观世界是否也遵从适用于微观尺度的量子叠加原理。"薛定谔的猫"佯谬巧妙地把微观放射源和宏观的猫联系起来，旨在否定宏观世界存在量子叠加态，是薛定谔试图证明量子力学在宏观条件下的不完备性而提出的一个思想实验。

其大意是：在一个封闭的盒子里装有一只猫和一个与放射性物质相连的释放装置。在一段时间之后，放射性物质有可能发生原子衰变，通过继电器触发释放装置，放出毒气，也有可能不发生衰变，因此依据常识，这只猫或是死的，或是活的。事情很明显：如果原子衰变了，那么毒气瓶就被打破，猫就被毒死。要是原子没有衰变，那么猫就好好地活着。这个理想实验的巧妙之处，在于通过“检测器-原子-毒药瓶”这条因果链，似乎将铀原子的“衰变-未衰变叠加态”与猫的“死-活叠加态”联系在一起，使量子力学的微观不确定性变为宏观不确定性；微观的混沌变为宏观的荒谬——猫要么死了，要么活着，两者必居其一，不可能同时既死又活！难怪英国著名科学家霍金听到薛定谔猫佯谬时说：“我去拿枪来把猫打死！”

而依据量子力学中通用的解释，波包塌缩依赖于观察，在观察之前，这只猫应处于不死不活的叠加态，这显然有悖于人们的常识，从而凸显出这种解释的困境。为摆脱这种困境，人们设想出了种种方案，但似乎并不能填平这种常识与微观特异性之间的鸿沟。例如格利宾本人所赞成的多世界解释，认为猫死与猫活这两种结果分属两个独立平行且真实存在的世界，是我们的观察行为选择了其中之一为我们的世界。这似乎不仅没有消除，反倒是增加了人们的困惑。

薛定谔说：按照量子力学的解释，箱中之猫处于“死-活叠加态”——既死了又活着！要等到打开箱子看猫一眼才决定其生死。（请注意！不是发现而是决定，仅仅看一眼就足以致命！）正像哈姆雷特王子所说：“To be or not to be，that was a question.”只有当你打开盒子的时候，叠加态突然结束（在数学术语就是“坍缩（recollapse）”），我们知道了猫的确定态：死，或者活。

这是一只让量子物理学家们坐卧不宁的猫。

许多科学家或困惑，或愤怒，或憎恨，以至于“希望薛定谔的猫死去”，“像恐怖电影那样从视线中消失”，甚至连全身只有大脑和一个手指可以活动的霍金，听到薛定谔猫时，“忍不住要去拿他的枪了”。

1996年5月，美国科罗拉多州博尔德的国家标准与技术研究所（NIST）的Monroe等人用单个铍离子作成了“薛定谔的猫”并拍下了快照，发现铍离子在第一个空间位置上处于自旋为正的状态，而同时又在第二个空间位置上处于自旋为负的状态，而这两个状态相距80nm之遥！——这在原子尺度上是一个巨大的距离。想象这个铍离子是个通灵大师，他在纽约与喜马拉雅同时现身，一个他正从摩天楼顶往下跳伞，而另一个他则正爬上雪山之巅！——量子的这种“化身博士”特点，物理学上称“量子相干性”。在早期的杨氏双缝实验中，单个光粒子即以优美的波粒二象性，轻巧地同时穿过两条狭缝，在观察屏上制造出一幅美丽的明暗相干条纹。

（由于人对自我思维能力的盲目自信，掩盖了仅仅思维不等于真实观察这个基本事实，所以才会在自己的思维里打转，所以才会有所谓的“佯谬”，对于现实世界正在发生的事物，是不存在“佯谬”的。你对薛定谔的猫有什么想法？）

物理沙龙七

美籍奥地利科学家沃尔夫冈·泡利（Wolfgang E. Pauli，1900—1958），1918年中学毕业后，泡利带着父亲的介绍信，到慕尼黑大学访问著名物理学家索末菲（A. Sommerfeld），要求不上大学而直接做索末菲的研究生，索末菲当时没有拒绝，却难免不放心,但不久就发现泡利的才华,于是泡利就成为慕尼黑大学最年轻的研究生。

泡利

1925 年,泡利不相容原理诞生了。1940 年他以科学的预见预言了中微子的存在,获得普朗克奖章。泡利提出不相容理论 20 年后的 1945 年,瑞典皇家科学院授予泡利诺贝尔物理学奖,以表彰他之前发现的不相容原理,泡利不相容原理的正确性和它产生的广泛深远的影响才得以确认。

不相容原理被称为量子力学的主要支柱之一,是自然界的基本定律,它使得当时所知的许多有关原子结构的知识变得条理化。人们可以利用泡利引入的第四个表示电子自旋的量子数,把各种元素的电子按壳层和支壳层排列起来,并根据元素性质主要取决于最外层的电子数(价电子数)这一理论,对门捷列夫元素周期律给予科学的解释。

第四　疑难点分析与课题研究

一、疑难点分析

(一)对德布罗意波的理解

(1) 当

$$\begin{cases} v \ll c, & m = m_0\text{(即出现对应原理)} \\ v \to c, & m = \gamma m_0 \end{cases}$$

其中,

$$m = \frac{m_0}{\sqrt{1 - \dfrac{v^2}{c^2}}} = \gamma m_0$$

(2) 宏观物体的德布罗意波长小到实验难以测量的程度,因此宏观物体仅表现出粒子性;实物粒子的波动性具有统计意义,波动性体现在实物粒子在空间出现的概率按波动规律分布,德布罗意波是一种概率波。

(二)对于德布罗意波的实验证明的具体实例

1925 年的戴维森-革末实验,证实了电子具有波动性。

$$\begin{cases} p = mv = \dfrac{h}{\lambda} \\ \dfrac{1}{2} m v^2 = eU \end{cases}$$

用 150V 电压加速,可得电子的波长为 10nm;用 1500V 电压加速,可得电子的波长为 1nm,可见,电子的德布罗意波长与 X 射线同数量级。

反射电子满足布拉格方程

$$d\sin\varphi = k\lambda$$

在电压为 54eV 时，50°方向上散射电子束强度最大，镍晶原子间距等于 2.15×10^{-10}m，取 $k=1$，代入布拉格方程可得电子波长等于 0.165nm；而根据德布罗意波长公式可得电子的德布罗意波长为 0.167nm，在实验中，衍射条纹得出的波长与德布罗意波长符合得很好，这证明电子像 X 射线一样具有波动性，也同时证明了德布罗意公式的正确性。

1927 年的 G. P. 汤姆孙电子衍射实验，证实了电子具有波动性。

1961 年德国学者约恩孙发表了一篇论文，介绍了他用电子束做的一系列衍射和干涉实验。其中他做的双缝干涉实验，与托马斯・杨用可见光做的双缝干涉实验所得到的图样基本相同，这是对德布罗意物质波理论的又一次实验验证。约恩孙实验时用 50kV 电压加速电子束，然后垂直射到间距为毫米级的双缝上，在与双缝距离约为 35cm 的衍射屏上得到了干涉条纹，但条纹间距很小。该实验在 2002 年被物理学家评为十大经典物理实验之一。

不仅是电子，其他实物粒子，如质子、中子、氦原子等都已证实具有波动性，波动性是所有微观粒子的固有属性。

（三）由此带来的发明及思考

1932 年德国人鲁斯卡研制出电子显微镜，比普通光学显微镜分辨率高很多倍。

1981 年德国人宾宁和瑞士人罗雷尔利用扫描隧穿效应研制出扫描隧穿显微镜（STM），其分辨本领可达 1000 万倍。

如图 15.2 所示为电子显微镜下的直径 30×10^{-6} m 纤维，由于隧道效应，电子可以穿透样品表面势垒，在表面附近形成电子云。在探针和样品表面之间加一微小电压时，就会有隧道电流在探针和样品之间流过。隧道电流对针尖和样品之间的距离非常敏感，通过隧道电流的 STM 不但可以探测材料表面的微观结构，而且可以用来操纵原子，可以用它的探针尖吸住一个孤立原子，然后将其放到另一个位置。图 15.3 为 IBM 公司的科学家移动 48 个铁原子组成的“量子围栏”照片，围栏内的电子形成驻波。

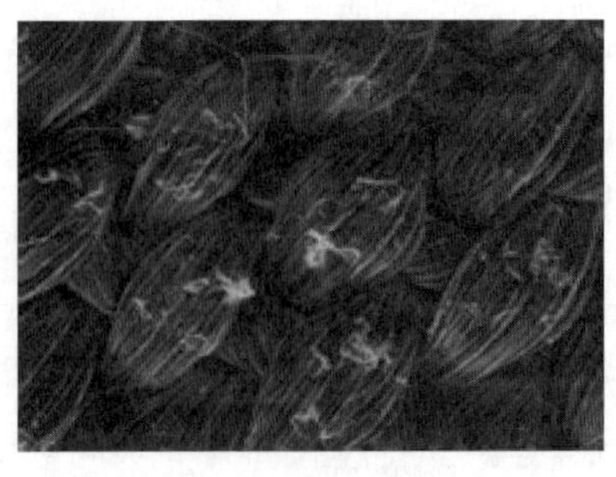

图 15.2

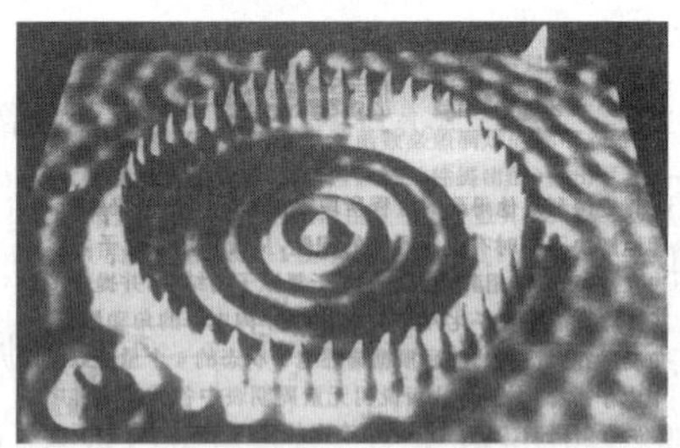

图 15.3

1986 年宾宁、罗雷尔与鲁斯卡三位共获诺贝尔物理学奖。1986 年宾宁又研制成原子力显微镜。

拓展思考

从电子显微镜到原子力显微镜，无一不是量子理论启发下的产物。对此，同学们有何想法？

1991 年 2 月，IBM 公司刻字科研小组又用 28 个 CO 分子组成 CO 小人，它从头到脚仅为 5nm，各分子间距为 0.5nm，是世界上最小的人形图像(图 15.4)。1991 年 6 月日本日立公司研究室实现了室温下单原子的操纵，他们在二硫化钼晶体表面把硫原子有规律地移走而留下了空位，以原子空位的形式排成了“Peace 91”字样，每个字母的高度仅为 15nm。这些实验的成功意义在于为制造新型计算机芯片打开了希望之门。人们有可能制成高密度的微型处理器，届时一张邮票大小的芯片可存储 400 万张报纸的容量，其存储密度比目前的磁盘高 1 亿倍，必将引起信息技术的革命。

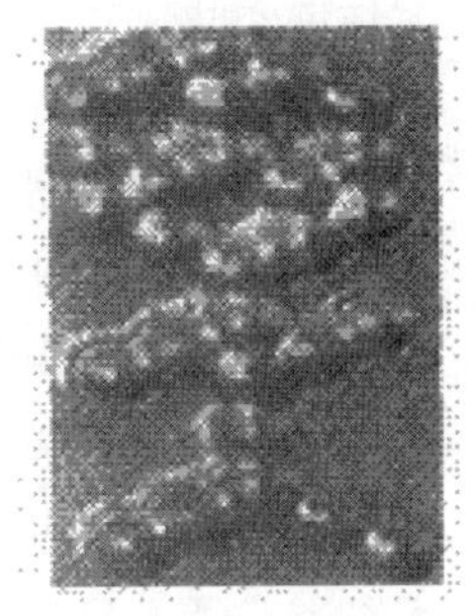

图　15.4

(四) 玻恩对物质波的统计解释

在量子力学建立的初期，人们对德布罗意波的意义曾提出过各种各样的猜测，例如电子波是一个代表电子实体的波包，电子本身是弥散于空间的物质波动，电子的波动性是大量电子之间的相互作用等。但是，这些猜测最终都因不能圆满地解释实验现象而不得不放弃。

拓展思考

根据经典理论，实物粒子是不被分割的整体，有确定位置和运动轨道，是实物的集中状态；波是某种实际的物理量的空间分布作周期性的变化，波具有相干叠加性，是实物的散开状态，二者难以统一到一个实物客体上。然而，近代实验证实，微观粒子同时具有波动性和粒子性，即具有波粒二象性。那么，同学们应该如何理解微观粒子的波粒二象性呢?

为了帮助同学们理解微观粒子的波粒二象性，请看电子双缝干涉这一理想实验。当入射电子密度极其微小时，电子几乎是一个一个入射，在屏上只能观察到几个亮点，它们落在屏上的位置是随机分布的，如图 15.5(a)所示。由于每次电子打在屏上时总是出现一个亮点，所以观察到的电子总是“整个”地到达接收屏，这显示了电子的粒子性。但随着时间的推移，打到屏上的电子越来越多，渐渐显现了与光的双缝实验相同的干涉图样，如图 15.5(b)、(c)、(d)所示，而干涉现象是波动的主要特征，因此我们说，电子又是一种波动。在实验中，电子显示出波粒二象性，它是一切微观粒子的共同特征。那么，粒子性和波动性这两个完全不同的性质是如何统一到微观粒子上的呢? 1926 年，玻恩(M. Born)对波粒二象性给出了一种统计诠释，他认为德布罗意波是概率波。玻恩的概率波思想，将微观粒子的粒子性和波动性统一起来，使人们对波粒二象性有了更加深入的认识。根据玻恩概率波的观点，干涉图样中强度大的明纹地方，就是到达那里的电子多，或者说，电子到达那里的概率较大。相反地，暗纹处就是到达那里的电子少，或者说，电子到达暗纹处的概率小。实验中大量电子同时入射与单个电子多次入射得到的双缝干涉图样是完全相同的，入射强电子流，底片上会很快出现干涉图样，这是许多电子在同一个实验中的统计结果。

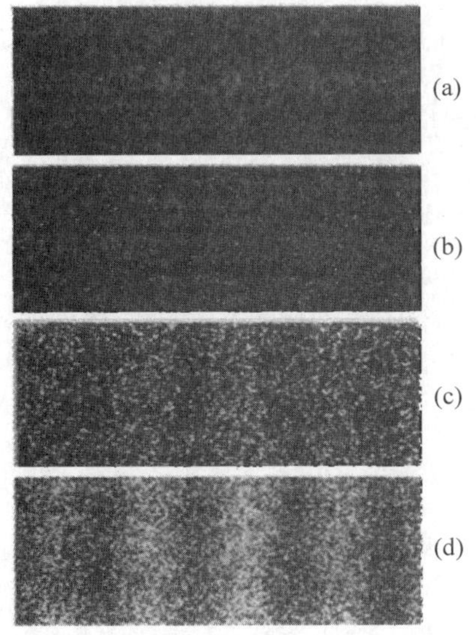

图　15.5

拓展思考

1. 下面所说的4组方法中,哪些方法一定能使条纹间距变大?(　　)

(A) 降低加速电子的电压,同时加大双缝间的距离

(B) 降低加速电子的电压,同时减小双缝间的距离

(C) 加大双缝间的距离,同时使衍射屏靠近双缝

(D) 减小双缝间的距离,同时使衍射屏远离双缝

要点分析　解决本题的关键是掌握双缝干涉条纹的间距公式以及德布罗意波长公式。

答案:(B)(D)

2. 电子显微镜与光学显微镜进行比较,为什么电子显微镜的分辨率高?

要点分析　电子波长比可见光波长小很多,分辨率与波长成反比:

$$\frac{1}{\theta_0}=\frac{D}{1.22\lambda}$$

3. 根据你的理解和网上资料进行以下探究,约恩孙为了完成电子双缝实验,克服了哪些困难?"美在何处"?

(五) 对海森堡不确定关系的理解

$$\left(\Delta x=a,a\sin\varphi=\lambda,\Delta p_x=p\sin\varphi,p=\frac{h}{\lambda}\right)$$

海森堡不确定关系指出:

(1) 微观粒子同一方向上的坐标与动量不可同时准确测量,能量和时间不可同时准确测量,它们的精度存在一个终极的、不可逾越的限制。

(2) 不确定的根源是"波粒二象性",这是自然界实物粒子的根本属性。

(3) 对宏观粒子,因 h 很小,所以 $\Delta x\Delta p_x\to 0$,可视为位置和动量能同时准确测量。

(4) Δx 中的 Δ 不是通常意义上的增量,而是代表不确定范围。

(六) 玻恩对波函数的统计解释的理解

微观粒子的波动性与机械波的波动性有着本质的不同,机械波的波函数为

$$y(x,t)=A\cos2\pi\left(\nu t-\frac{x}{\lambda}\right)\tag{8}$$

将它写成复数形式有

$$y(x,t)=\mathrm{Re}[A\mathrm{e}^{-\mathrm{i}2\pi\left(\nu t-\frac{x}{\lambda}\right)}]=A\left[\cos2\pi\left(\nu t-\frac{x}{\lambda}\right)-\mathrm{i}\sin2\pi\left(\nu t-\frac{x}{\lambda}\right)\right]\tag{9}$$

式(8)是式(9)的实数部分。

注:

$$\begin{cases}\mathrm{e}^{-\mathrm{i}kx}=\cos kx-\mathrm{i}\sin kx\\ \mathrm{e}^{\mathrm{i}kx}=\cos kx+\mathrm{i}\sin kx\\ \mathrm{i}=\sqrt{-1}\end{cases}$$

用 $\Psi(x,t)$ 来表示波函数,将德布罗意波长和频率 $\nu=\frac{E}{h},\lambda=\frac{h}{p}$ 代入式(9),可得一维自由粒子的波函数为

$$\Psi(x,t)=\psi_0 \mathrm{e}^{-\mathrm{i}\frac{2\pi}{h}(Et-px)}$$

对微观粒子来说，粒子分布多的地方，粒子的德布罗意波的强度大，而粒子在空间分布数目的多少和粒子在该处出现的概率成正比。

物质波的波函数 $\Psi(x,t)$为复数，与$|\Psi|^2\mathrm{d}V$ 成正比，

$$|\Psi|^2\mathrm{d}V=\Psi\Psi^*\mathrm{d}V,\quad |\Psi|^2=\psi\psi^*$$

ψ 与 ψ^* 是一对共轭复数，它与共轭复数的积或它的模的平方$|\Psi|^2$ 表示粒子某一时刻在某点附近单位体积元中的概率，称为概率密度。

对于某个粒子，要么出现在此区域，要么出现在彼区域，而在某区域出现的概率总和必定等于 1，即

$$\int|\Psi|^2\mathrm{d}V=1$$

称为波函数的归一化条件，波函数必须是单值、连续、有限和归一化的。

自我测试

物质波与经典波的本质区别在哪里？

要点分析

(1) 物质波是复数，本身无具体的物理意义，一般不可测量；但其模的平方$|\Psi|^2=\psi\psi^*$可测量，具有物理意义即概率密度。经典波的波函数是实数，具有物理意义，可测量。

(2) 物质波是概率波，Ψ 等价于 $C\Psi$；而对于经典波，$A\to CA$，$E\to C^2E$。

（七）对薛定谔方程的理解

薛定谔方程是由奥地利物理学家薛定谔提出的量子力学中的一个基本方程，也是量子力学的一个基本假定，其正确性只能靠实验来检验。它是将物质波的概念和波动方程相结合建立的二阶偏微分方程，可描述微观粒子的运动，每个微观系统都有一个相应的薛定谔方程式，通过解方程可得到波函数的具体形式以及对应的能量，从而了解微观系统的性质。

$$\frac{\partial^2\psi}{\partial x^2}+\frac{\partial^2\psi}{\partial y^2}+\frac{\partial^2\psi}{\partial z^2}+\frac{8\pi^2 m}{h^2}(E-E_{\mathrm{p}})\psi=0$$

这是描述一个粒子在三维势场中的定态薛定谔方程。

所谓势场，就是粒子在其中会有势能的场，比如电场就是一个带电粒子的势场；所谓定态，就是假设波函数不随时间变化。其中，E 是粒子本身的能量；$E_{\mathrm{p}}(x,y,z)$是描述势场的函数，假设不随时间变化。薛定谔方程有一个很好的性质，就是时间和空间部分是相互分立的，求出定态波函数的空间部分后再乘以时间部分 $\mathrm{e}^{-\mathrm{i}2\pi Et/h}$ 以后就成了完整的波函数了。

（八）对隧道效应的理解

由于 E_{p} 与时间无关，由定态薛定谔方程

$$\frac{\mathrm{d}^2\psi}{\mathrm{d}x^2}+\frac{8\pi^2 m}{h^2}(E-E_{\mathrm{p}})\psi(x)=0$$

在 $x<0$ 区域，有$\dfrac{\mathrm{d}^2\psi_1}{\mathrm{d}x^2}=-\dfrac{8\pi^2 m}{h^2}E\psi_1=-k_1^2\psi_1$，$k_1=\dfrac{2\pi\sqrt{2mE}}{h}$

其通解为平面波形式

$$\psi_1 = A_1 e^{ik_1 x} + B_1 e^{-ik_1 x}$$

式中，右边第一项代表从左向右的入射波；第二项代表从右向左的反射波。

在 $0 \leqslant x \leqslant a$ 区域，有

$$\frac{d^2\psi_2}{dx^2} = -\frac{8\pi^2 m}{h^2}(E - E_p)\psi_2 = k_2^2\psi_2, \quad k_2 = \frac{2\pi\sqrt{2m(E_p - E)}}{h}$$

其通解为

$$\psi_2 = A_2 e^{ik_2 x} + B_2 e^{-ik_2 x}$$

在 $x > a$ 区域的方程与 $x < 0$ 区域的相同，但无反射波，其解为

$$\psi_3 = A_3 e^{ik_1 x}$$

为求三个解的待定系数 A_1、A_2、A_3，需要用边界条件，波函数在 $x=0$，$x=a$ 处应平滑连接，其一阶导数在这些点连续，在势垒有限高的情况下，在势垒后面即 $x>a$ 区域，粒子出现的概率并不为零，处在势垒前即 $x<0$ 的粒子有一定的概率穿透势垒而逸出，这就是势垒贯穿，即隧道效应。

（九）对粒子穿透势垒概率的理解

粒子穿透势垒的概率，等于透射波的概率密度除以入射波的概率密度，又称为穿透系数。由量子力学可求出穿透系数的计算公式，对于 $E \leqslant E_p$ 或势垒宽度 a 较大的情况，穿透系数为

$$T = T_0 e^{-\frac{2a}{\hbar}\sqrt{2m(E_p - E)}}$$

式中，T_0 是一个常数因子。由上式可以看出，只要势垒不是无限高或无限宽，穿透系数就不会等于零，就会发生隧道效应。从上式还可以看出，当势垒宽度 a 增加时，穿透系数 T 将按指数规律迅速减小，因此在宏观领域几乎观察不到隧道效应。

无限深方势阱与隧道效应虽然都是求解定态薛定谔方程的例子，但两者有一点不同。前者在 $\pm\infty$ 处 $\psi=0$，这类问题是求解本征值问题，或称为束缚态问题，此时粒子被束缚于有限的空间范围内，能量是量子化的。而后者在 $\pm\infty$ 处 $\psi \neq 0$，即粒子可从无限远处射来，一直运动到无限远处，这类问题称为散射问题。与此对应的是，总能量可事先给定，且可连续取值。定态薛定谔方程的求解包括这两类问题。

二、课题研究

1. 什么是德布罗意波？有哪些实验证明德布罗意波？
2. 是什么科学思维方法导致了物质波理论的产生？
3. 怎样理解实物粒子在空间出现的概率按波动规律分布？由此带来的电子显微镜与扫描隧穿显微镜的发明有什么更广泛的应用？
4. 德布罗意波的统计解释是由谁提出的？其内容是什么？

第五 例题指导

例 1 计算质量 $m=0.01\text{kg}$，速率为 300m/s 的子弹的德布罗意波长。

要点分析 根据实物粒子具有波粒二象性。

解 由于 $v \ll c$，不需考虑相对论效应。由德布罗意关系式可得

$$\lambda = \frac{h}{m_0 v} = 2.21 \times 10^{-34}\,\mathrm{m}$$

可以看出，由于普朗克常数 h 是一个非常小的量，所以宏观物体的德布罗意波长小到实验无法测量的程度。因而，在通常情况下，宏观物体仅表现出粒子性。

例 2 一颗质量为 10g 的子弹，具有 $200\mathrm{m \cdot s^{-1}}$ 的速率。若其动量的不确定范围为动量的 0.01%（这在宏观范围是十分精确的），则该子弹位置的不确定量范围为多大？

解 子弹的动量

$$p = mv = 2\mathrm{kg \cdot m \cdot s^{-1}}$$

动量的不确定范围

$$\Delta p = 0.01\% \times p = 2 \times 10^{-4}\,\mathrm{kg \cdot m \cdot s^{-1}}$$

位置的不确定量范围

$$\Delta x \geqslant \frac{h}{\Delta p} = \frac{6.63 \times 10^{-34}}{2 \times 10^{-4}}\,\mathrm{m} = 3.3 \times 10^{-30}\,\mathrm{m}$$

常数 h 是一个极小的量，其数量级大约是 10^{-34}。因此不确定关系对于像子弹这样的宏观物体的射击瞄准没有任何实际的影响。子弹的运动几乎不显现波粒二象性。所以对于宏观物体，轨道的概念是有意义的。

例 3 一电子具有 $200\mathrm{m \cdot s^{-1}}$ 的速率，动量的不确定范围为动量的 0.01%（这也是足够精确的了），则该电子的位置不确定范围有多大？

解 电子的动量

$$p = mv = 9.1 \times 10^{-31} \times 200\,\mathrm{kg \cdot m \cdot s^{-1}}$$

$$p = 1.8 \times 10^{-28}\,\mathrm{kg \cdot m \cdot s^{-1}}$$

动量的不确定范围

$$\Delta p = 0.01\% \times p = 1.8 \times 10^{-32}\,\mathrm{kg \cdot m \cdot s^{-1}}$$

位置的不确定量范围

$$\Delta x \geqslant \frac{h}{\Delta p} = \frac{6.63 \times 10^{-34}}{1.8 \times 10^{-32}}\,\mathrm{m} = 3.7 \times 10^{-2}\,\mathrm{m}$$

电子下一时刻的位置也就完全不能确定。对于原子内的电子运动，轨道的概念已失去意义。此例说明，如果一个物理系统的作用量的数值可以与普朗克常数相比拟时，不确定关系起着不可忽视的作用，该系统的行为必须在量子力学的框架内加以描述。

拓展思考

除位置与动量的不确定关系外，时间与能量也存在类似的不确定关系 $\Delta E \cdot \Delta t \geqslant \frac{h}{4\pi}$，你能证明吗？

例 4 如果粒子在一维无限深方势阱中运动的波函数为 $\psi(x) = A\sin\frac{n\pi}{a}x$，$(0 \leqslant x \leqslant a)$，求：

(1) 归一化常数 A 和归一化波函数；

(2) 概率密度和粒子的能量；

(3) 当量子数 $n=1$ 时，粒子在势阱中部和两端出现的概率密度为多大？当 $n=2$ 时粒子在中部和$\frac{a}{4}$或$\frac{3a}{4}$处出现的概率密度为多少？

(4) 当 $n=1$ 时粒子在何处出现的概率最大？

(5) 在 $0\sim\frac{a}{2}$发现粒子的概率是多少？

(6) 粒子在势阱内的波函数和概率密度分布曲线的峰值与 n 有怎样的关系？

(7) 若势阱宽 $a=0.1\text{nm}$，欲使电子从基态跃迁到第一激发态需给它多少能量？

(8) 在基态时，电子在 $x=0$ 到 $x=\frac{a}{3}$之间被找到的概率为多少？

要点分析 本题考查的是波函数概念问题。

解

(1) 利用

$$\int_{-\infty}^{\infty}|\psi|^2\,\mathrm{d}x=\int_0^a\psi\psi^*\,\mathrm{d}x=1$$

可得到

$$A^2\int_0^a\sin^2\frac{n\pi}{a}x\,\mathrm{d}x=1$$

由于

$$\int_0^a\sin^2\frac{n\pi}{a}x\,\mathrm{d}x=\frac{a}{n\pi}\,\frac{1}{2}\,\frac{n\pi}{a}\cdot a=\frac{1}{2}a$$

则得到

$$A=\sqrt{\frac{2}{a}}\quad\left(积分公式\int\sin^2x\,\mathrm{d}x=\frac{1}{2}x-\frac{1}{4}\sin2x+C\right)$$

波函数为

$$\psi(x)=\begin{cases}0, & x<0,x>a\ 阱外\\ \sqrt{\frac{2}{a}}\sin\frac{n\pi}{a}x, & 0\leqslant x\leqslant a\ 阱内\end{cases}$$

(2) 概率密度为

$$|\psi(x)|^2=\frac{2}{a}\sin^2\frac{n\pi}{a}x$$

粒子的能量

$$E_n=n^2\frac{h^2}{8ma^2}$$

拓展思考

① 粒子的能量是量子化的

激发态能量

$$E_n=n^2\frac{h^2}{8ma^2}=n^2E_1,\quad n=2,3,\cdots$$

② 粒子在势阱中各处出现的概率密度是不同的，随量子数而改变

$$|\psi(x)|^2=\frac{2}{a}\sin^2\left(\frac{n\pi}{a}x\right)$$

(3) 当量子数 $n=1$ 时，粒子在中部 $x=\frac{a}{2}$ 出现的概率密度为 $|\psi(x)|^2=\frac{2}{a}\sin^2\left(\frac{n\pi}{a}x\right)=\frac{2}{a}$；

当量子数 $n=1$ 时，粒子在两端 $x=0$ 或 $x=a$ 出现的概率密度为 0；

当量子数 $n=2$ 时，粒子在中部 $x=\frac{a}{2}$ 出现的概率密度为 0；

当量子数 $n=2$ 时，粒子在 $x=\frac{a}{4}$ 或 $x=\frac{3a}{4}$ 出现的概率密度为 $x=\frac{2}{a}$。

(4) 当 $n=1$ 时，由三角函数的性质，$|\sin x|$ 的最大值为 1，所以概率 $|\psi(x)|^2$ 最大的位置为 $x=\frac{a}{2}$。

(5) 由 $|\psi(x)|^2=\frac{2}{a}\sin^2\left(\frac{n\pi}{a}x\right)$，有 $\int_0^{\frac{a}{2}}\frac{2}{a}\sin^2\frac{n\pi}{a}x\,\mathrm{d}x=\frac{1}{2}$，在 $0\sim\frac{a}{2}$ 发现粒子的概率是 $\frac{1}{2}$。

(6) 波函数在势阱内形成驻波形式，阱壁处为波节，波腹的个数与量子数 n 相等。

概率密度在势阱内的分布曲线的峰值的个数也与量子数 n 相等，相邻峰值的距离随 n 的增大而减小，当 n 很大时就非常接近经典力学中粒子在势阱各处的概率相同的情况。

(7) 根据一维无限深势阱(图 15.6)内粒子的能量公式，基态($n=1$)能量为

$$E_1=\frac{h^2}{8ma^2}n^2=6.04\times10^{-18}\,\mathrm{J}$$

第一激发态($n=2$)能量为

$$E_2=\frac{h^2}{8ma^2}n^2=24.1\times10^{-18}\,\mathrm{J}$$

电子从基态跃迁到第一激发态所获得的能量为

$$\Delta E=E_2-E_1=1.81\times10^{-17}\,\mathrm{J}$$

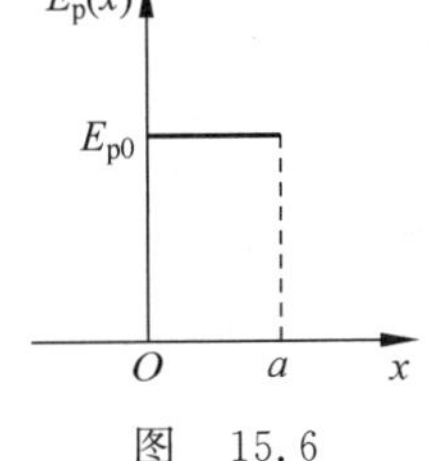

图　15.6

(8) 在基态时，电子在 $x=0$ 到 $x=\frac{a}{3}$ 之间被找到的概率为

$$\int_0^{\frac{a}{3}}|\psi|^2\mathrm{d}x=\int_0^{\frac{a}{3}}\frac{2}{a}\sin^2\frac{\pi x}{a}\mathrm{d}x=\frac{1}{3}-\frac{\sqrt{3}}{4\pi}$$

例 5　对原子给出能够占据一个 d 支壳层的最多电子数，并写出这些电子的 m_l 和 m_s 值。

要点分析　本题考查的是磁量子数和自旋磁量子数。

解　由于 d 支壳层 $l=2$，所以能够占据一个 d 支壳层的最多电子数为 $N=2(2l+1)=10$，它们的 m_l 和 m_s 值如表 15.2。

表　15.2

	$l=2$									
m_l	−2		−1		0		1		2	
m_s	1/2	−1/2	1/2	−1/2	1/2	−1/2	1/2	−1/2	1/2	−1/2

第六　反思与总结

1. 海森堡不确定关系的内容是什么？除位置与动量的不确定关系外，时间与能量也存在类似的不确定关系 $\Delta E \cdot \Delta t \geqslant \frac{h}{4\pi}$，你能证明吗？

2. 自发辐射与受激辐射的区别是什么？

3. 什么是符合方法？

4. 每当新理论建立以后，如何看待旧理论，这是一个值得探讨的问题。玻尔在提出氢原子理论之后指出“任何一个新理论的极限情况，必须与旧理论一致”。这就是对应原理。

从内容与形式上，量子物理规律与经典物理规律有着本质的不同。

但在某些极限条件下，量子物理规律可以转化为经典物理规律，这就是对应原理。以一维无限深势阱中的能量为例，谈谈量子物理中的对应原理。

5. 举例谈谈曾经学过的相对论效应中的对应原理。(1)洛伦兹变换与伽利略变换；(2)质点的相对性动能 $\varepsilon_k = mc^2 - m_0c^2$，在 $v \ll c$ 时，可得经典力学的动能 $\varepsilon_k = \frac{1}{2}m_0v^2$。

$\left(提示：m = m_0 \Big/ \sqrt{1-\frac{v^2}{c^2}}\right)$

6. 什么是薛定谔猫？你有什么想法？

第2章

40分钟练习

40 分钟练习一

（质点运动学）

一、选择题

1. 关于$\dfrac{\mathrm{d}v}{\mathrm{d}t}$的物理意义，下面哪些说法是正确的？[　　]

(1) 表示直线运动中的加速度，这时 v 是速度

(2) 表示直线运动中的加速度，这时 v 是速率

(3) 表示曲线运动中的切向加速度，这时 v 是速度

(4) 表示曲线运动中的切向加速度，这时 v 是速率

(A) (1)(2)　　(B) (2)(4)　　(C) (1)(4)　　(D) (2)(3)

2. 如图 1 所示，湖中有一小船，有人用绳绕过岸上一定高度处的定滑轮拉湖中的船向岸边运动。设该人以匀速率 v_0 收绳，绳不伸长，湖水静止，则小船的运动是[　　]。

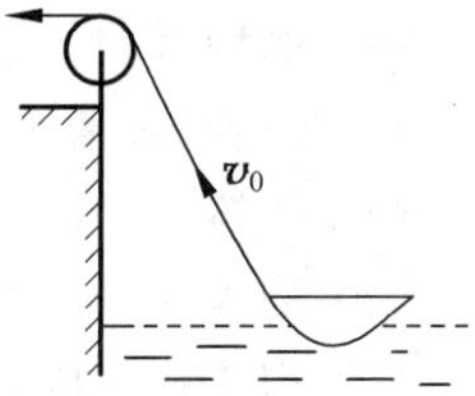

(A) 匀加速运动

(B) 匀减速运动

(C) 变减速运动

(D) 变加速运动

(E) 匀速直线运动

图　1

3. 质点由静止开始以匀角加速度 α 沿半径为 R 的圆周运动，如果在某一时刻此质点的总加速度 a 与切向加速度 a_t 成 45°，则此时刻质点已转过的角度 θ 为[　　]。

(A) $\dfrac{1}{6}\mathrm{rad}$　　(B) $\dfrac{1}{4}\mathrm{rad}$　　(C) $\dfrac{1}{3}\mathrm{rad}$　　(D) $\dfrac{1}{2}\mathrm{rad}$

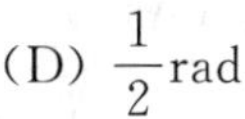

二、填空题

1. 一质点作直线运动，其坐标 x 与时间 t 的关系曲线如图 2 所示。则该质点在第________ s 瞬时速度为零；在第________ s 至第________ s 间速度与加速度同方向。

2. 灯距地面高度为 h_1，一个人身高为 h_2，在灯下以匀速率 v 沿水平直线行走，如图 3 所示。他的头顶在地上的影子 M 点沿地面移动的速度为 $v_M=$________。

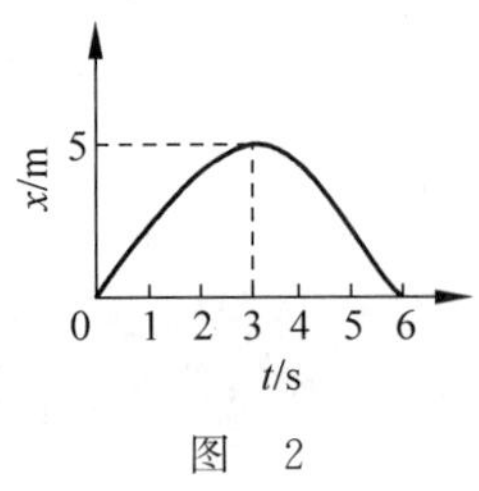

图 2

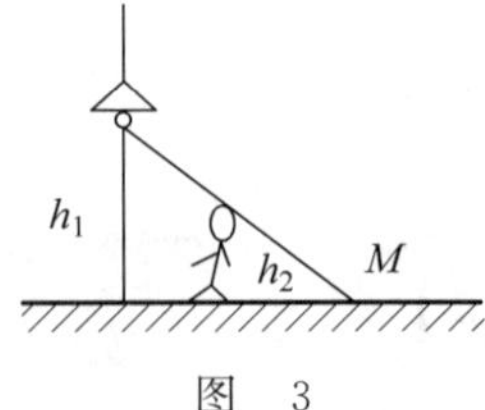

图 3

提示：本题测试的是速度的求解。

三、思考题

一质点作抛体运动(忽略空气阻力)，如图 4 所示。请回答下列问题：质点在运动过程中，

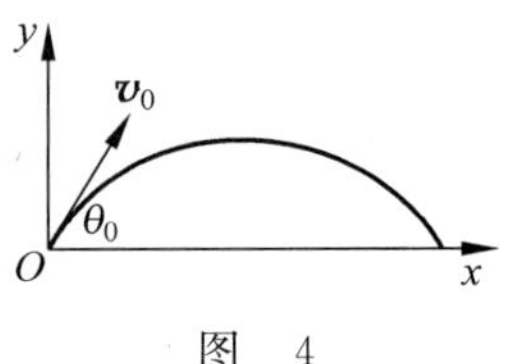

图 4

(1) $\frac{\mathrm{d}v}{\mathrm{d}t}$是否变化?

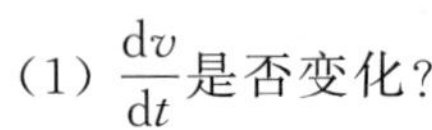

(2) $\frac{\mathrm{d}\boldsymbol{v}}{\mathrm{d}t}$是否变化?

(3) 法向加速度是否变化?

(4) 轨道何处曲率半径最大? 其数值是多少?

40 分钟练习二

（质点运动学）

一、选择题

1. 下列哪些情况是可能的[　　]。

(1) 物体在一段时间内的位移为 0,终止时刻的速率为最大

(2) 物体在一段时间内的位移不为 0,终止时刻的速度为 0

(3) 物体在一段时间内的位移向东,终止时刻的速度向南

(4) 物体在一段时间($\Delta t \to 0$)内的位移方向和速度方向相反

(A) (1)(2)(4)　　(B) (2)(3)(4)　　(C) (1)(3)(4)　　(D) (1)(2)(3)

2. 某物体的运动规律为 $\mathrm{d}v/\mathrm{d}t = -kv^2 t$,式中的 k 为大于零的常量。当 $t=0$ 时,初速为 v_0,则速度 v 与时间 t 的函数关系是[　　]。

(A) $v=\frac{1}{2}kt^2+v_0$　　(B) $v=-\frac{1}{2}kt^2+v_0$

(C) $\frac{1}{v}=-\frac{kt^2}{2}+\frac{1}{v_0}$　　(D) $\frac{1}{v}=\frac{kt^2}{2}+\frac{1}{v_0}$

二、填空题

1. 一质点的运动方程为 $\boldsymbol{r}=t\boldsymbol{i}+2t^3\boldsymbol{j}$ (SI),则 $t=1\mathrm{s}$ 时的速度 $\boldsymbol{v}=$________,1～3s 的平均速度 $\bar{\boldsymbol{v}}=$________,平均加速度 $\bar{\boldsymbol{a}}=$________。

2. 当一列火车以 10m/s 的速率向东行驶时,若相对于地面竖直下落的雨滴在列车的窗子上形成的雨迹偏离竖直方向 30°,则雨滴相对于地面的速率是________；相对于列车的速

率是________。

三、计算题

1. 一质点在 xOy 平面上运动，运动方程为 $x=3t+5$，$y=\frac{1}{2}t^2+3t-4$，式中，t 以 s 计，x，y 以 m 计。

(1) 以时间 t 为变量，写出质点位置矢量的表示式；

(2) 求出 $t=1\text{s}$ 时刻和 $t=2\text{s}$ 时刻的位置矢量，计算这 1s 内质点的位移；

(3) 计算 $t=0\text{s}$ 时刻到 $t=4\text{s}$ 时刻内的平均速度；

(4) 求出质点速度矢量表示式，计算 $t=4\text{s}$ 时质点的速度；

(5) 计算 $t=0\text{s}$ 到 $t=4\text{s}$ 内质点的平均加速度；

(6) 求出质点加速度矢量的表示式，计算 $t=4\text{s}$ 时质点的加速度(请把位置矢量、位移、平均速度、瞬时速度、平均加速度、瞬时加速度都表示成直角坐标系中的矢量式)。

*2. 一飞机驾驶员想往正北方向航行，而风以 60km/h 的速度由东向西刮来，如果飞机的航速(在静止空气中的速率)为 180km/h，试问驾驶员应取什么航向？飞机相对于地面的速率为多少？试用矢量图说明。

40 分钟练习三

(质点运动学)

一、选择题

1. 质点沿半径为 R 的圆周作变速运动，在任一时刻质点加速度的大小为($v=v(t)$表示任一时刻质点的速率)[ ]。

(A) $\frac{\mathrm{d}v}{\mathrm{d}t}$　　(B) $\frac{v^2}{R}$

(C) $\frac{\mathrm{d}v}{\mathrm{d}t}+\frac{v^2}{R}$　　(D) $\sqrt{\left(\frac{\mathrm{d}v}{\mathrm{d}t}\right)^2+\left(\frac{v^2}{R}\right)^2}$

2. 一质点沿 y 轴运动，其运动方程为 $y=4t^2-2t^3$(SI)，则当质点返回原点时，其速度和加速度分别为[ ]。

(A) $8\text{m}\cdot\text{s}^{-1}$，$16\text{m}\cdot\text{s}^{-2}$　　(B) $-8\text{m}\cdot\text{s}^{-1}$，$16\text{m}\cdot\text{s}^{-2}$

(C) $8\text{m}\cdot\text{s}^{-1}$，$-16\text{m}\cdot\text{s}^{-2}$　　(D) $-8\text{m}\cdot\text{s}^{-1}$，$-16\text{m}\cdot\text{s}^{-2}$

二、填空题

1. 一质点沿 x 轴运动，其速度与时间的关系式为 $v=4+t^2$，式中 v 的单位是 cm/s，t 的单位是 s。当 $t=3\text{s}$ 时质点位于 $x=9\text{cm}$ 处，则质点的位置与时间的关系为________。

2. 一质点在 $x=10\text{m}$ 处由静止开始沿 Ox 轴正方向运动，它的加速度为 $a=6t$，经过 5s 后，它的位置在________m 处。

三、计算题

1. 一飞轮以速率 $n=1500\text{r/min}$ 的转速转动，受到制动后均匀地减速，经 $t=50\text{s}$ 后静止。试求：

（1）角加速度；

（2）制动后 $t=25\text{s}$ 时飞轮的角速度，以及从制动开始到停转，飞轮的转数 N；

（3）设飞轮的半径 $R=1\text{m}$，则 $t=25\text{s}$ 时飞轮边缘上一点的速度和加速度的大小。

2. 一质点沿 x 轴正向运动，其加速度随位置变化的关系为 $a=\dfrac{1}{3}+3x^2$，如在 $x=0$ 处，速度 $v_0=5\text{m/s}$，那么，$x=3\text{m}$ 处的速度为多少？

40 分钟练习四

（质点运动学）

一、选择题

1. 质点沿 x 轴正向运动，其加速度随位置变化的关系为 $a=2+3x^2$，如在 $x=0$ 处，速度 $v_0=4\text{m/s}$，那么，$x=5\text{m}$ 处的速度为[　　]。

(A) 16.9m/s　　(B) 18m/s　　(C) 17m/s　　(D) 12m/s

2. 质点由静止开始以匀角速度 α 沿半径为 R 的圆周运动。如果在某一时刻此质点的总加速度 $\bar{\boldsymbol{a}}$ 与切向加速度 $\boldsymbol{a}_t$ 成 $45°$，则此时刻质点已转过的角度 θ 为[　　]。

(A) 1/6rad　　(B) 1/4rad　　(C) 1/3rad　　(D) 1/2rad

二、填空题

1. 质点沿半径为 R 的圆周按规律 $s=bt-(ct^2/2)$ 运动，其中 b、c 是常数。则在切向加速度与法向加速度大小相等时所经历的时间为________。

2. 一物体从某一确定高度以 v_0 的速度水平抛出，那么它运动 t 时刻的切向加速度为________，法向加速度为________，曲率半径为________。

3. 一弹簧原长 l_0，劲度系数为 k，其一端固定在半径为 $R=l_0$ 的半圆环的端点 A，另一端与一套在半圆环上的小环相连，如图 1 所示。在把小环由半圆环中点 B 移到另一端 C 的过程中，弹簧的拉力对小环所做的功为________。

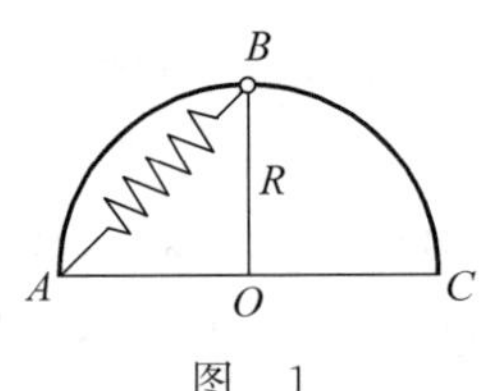

图 1

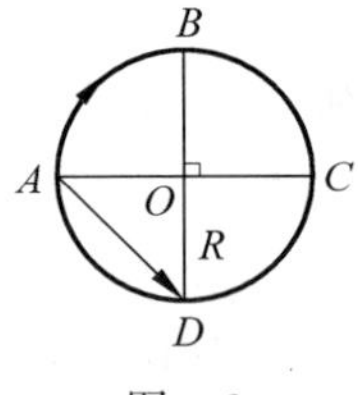

图 2

三、计算题

质点沿半径 $R=0.1\text{m}$ 的圆作圆周运动，自 A 沿顺时针方向经 B、C 到达 D 点，如图 2 所示，所需时间为 2s。试求：

（1）质点 2s 内位移的量值和路程；

（2）质点 2s 内的平均速率和平均速度的量值。

40 分钟练习五

（质点动力学）

一、选择题

1. 一质量为 m 的物体沿 x 轴运动，其运动方程为 $x=x_0\sin\omega t$，式中 x_0、ω 均为正的常量，t 为时间变量，则该物体所受的合力 f 为[　　]。

(A) $f=\omega^2 x$　　(B) $f=\omega^2 mx$　　(C) $f=-\omega mx$　　(D) $f=-\omega^2 mx$

2. 水平地面上放一物体 A，它与地面间的滑动摩擦系数为 μ。现加一恒力 $\boldsymbol{F}$ 如图 1 所示。欲使物体 A 有最大加速度，则恒力 $\boldsymbol{F}$ 与水平方向夹角 θ 应满足[　　]。

(A) $\sin\theta=\mu$　　(B) $\cos\theta=\mu$　　(C) $\tan\theta=\mu$　　(D) $\tan\theta=\mu$

二、填空题

1. 静止在 x_0 处的质量为 m 的物体，在力 $F=-\dfrac{k}{x^2}$的作用下沿 x 轴运动。则物体在 x 处的速率为________。

2. 如图 2 所示，质量为 m 的小球系在劲度系数为 k 的轻弹簧一端，弹簧的另一端固定在 O 点。开始时弹簧在水平位置 A，处于自然状态，原长为 l_0。小球由位置 A 释放，下落到 O 点正下方位置 B 时，弹簧的长度为 l，则小球到达 B 点时的速度大小为 $v_B=$________。

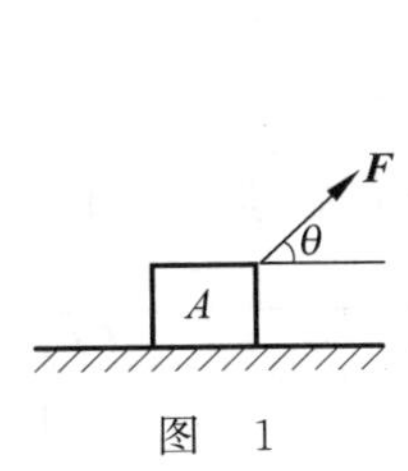

图 1

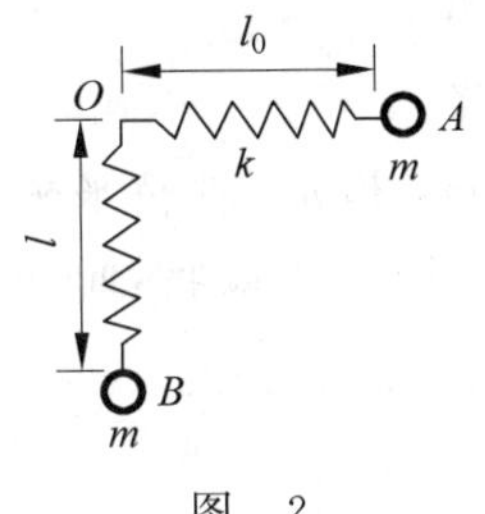

图 2

三、计算题

1. 如图 3 所示，汽车 A 以 30m/s 的恒定速度向东驶向某路口，当它通过该路口时，在路口正北方向距其 40m 处，汽车 B 由静止开始以 2m/s^2 的恒定加速度向南行驶，经过 6s 的时间，求：

(1) B 相对于 A 的位矢；

(2) B 相对于 A 的速度；

(3) B 相对于 A 的加速度。

2. 一个质量为 M 的小珠子穿在半径为 R 的光滑半圆形的铁丝上，现铁丝以角速度 ω 绕竖直轴转动，如图 4 所示。若小珠子相对铁丝静止，求小珠子与圆心的连线与铅直轴的夹角 φ。

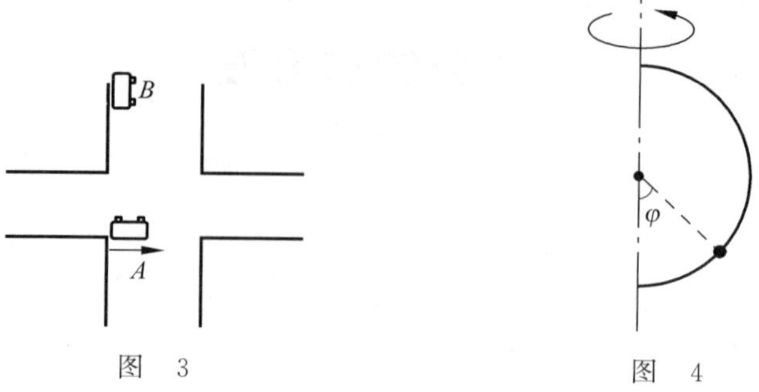

图 3　　　　图 4

40 分钟练习六

（质点动力学）

一、选择题

1. 质量为 20g 的子弹，以 400m/s 的速率沿图 1 所示方向射入一原来静止的质量为 980g 的摆球中，摆线长度不可伸缩。子弹射入后开始与摆球一起运动的速率为[　　]。

(A) 2m/s　　(B) 4m/s　　(C) 7m/s　　(D) 8m/s

2. 图 2 为跨过两个质量忽略不计的定滑轮的轻绳，一端挂重物 m_2 和 m_3，另一端挂重物 m_1，而 $m_1=m_2+m_3$，当 m_2 和 m_3 绕着铅直轴旋转时，[　　]。

(A) m_1 上升

(B) m_1 下降

(C) m_1 与 m_2 和 m_3 保持平衡

(D) 当 m_2 和 m_3 不旋转，而 m_1 在水平面上作圆周运动时，两边保持平衡

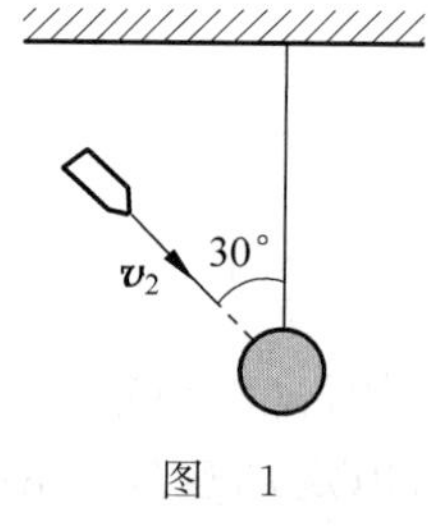

图 1

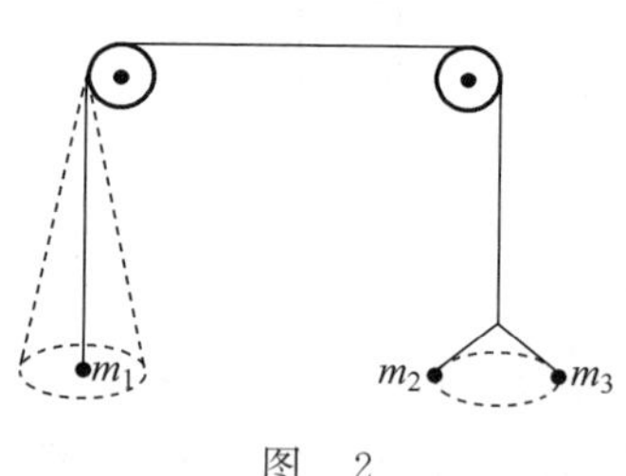

图 2

二、填空题

1. 一长为 l，质量均匀的链条，放在光滑的水平桌面上，若使其长度的 $\frac{1}{2}$ 悬于桌边下，然后由静止释放，任其滑动，则它全部离开桌面时的速率为________。

2. 两个质量相等的小球由一轻弹簧连接，再用一细绳挂于天花板上，处于静止状态，如图 3 所示。将绳子剪断的瞬间，球 1 和球 2 的加速度大小分别为 $a_1=$________，$a_2=$________。

三、计算题

1. 光滑金属丝弯成如图 4 所示平面曲线形状，以角速度 ω 绕其对称轴转动。小环套在金属丝上，且放在任何位置都不相对金属丝滑动，试确定金属丝的形状。

2. 一个粒子质量为 $m=10\text{kg}$，在如图 5 所示的坐标系 xOy 中沿着一条平行于 x 轴的直线以恒定速度运动，速度方向与 x 轴正向一致。设粒子对坐标原点的角动量大小为 $L=15\text{kg}\cdot\text{m}^2/\text{s}^2$，求粒子的位矢在单位时间内扫过的面积为多少？

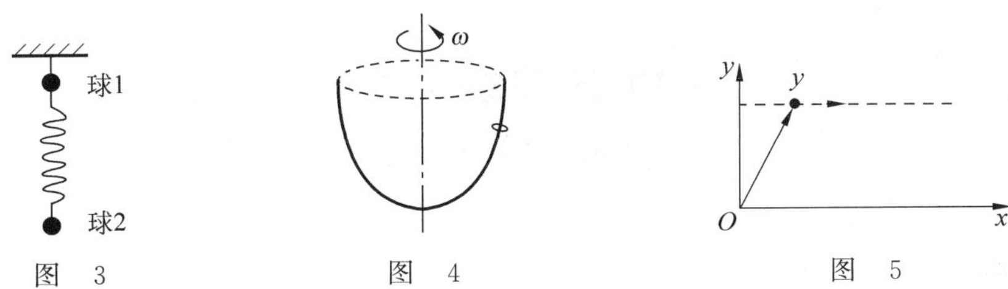

图 3　　图 4　　图 5

40 分钟练习七

（质点动力学）

一、选择题

1. 今有一劲度系数为 k 的轻弹簧，竖直放置，下端悬一质量为 m 的小球，如图 1 所示，开始时使弹簧为原长而小球恰好与地接触，今将弹簧上端缓慢地提起，直到小球刚能脱离地面为止，在此过程中外力做功为[　　]。

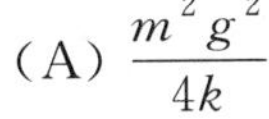

(A) $\dfrac{m^2g^2}{4k}$　　(B) $\dfrac{m^2g^2}{3k}$　　(C) $\dfrac{m^2g^2}{2k}$

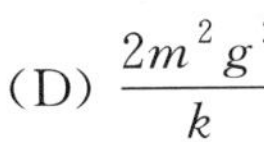

(D) $\dfrac{2m^2g^2}{k}$　　(E) $\dfrac{4m^2g^2}{k}$

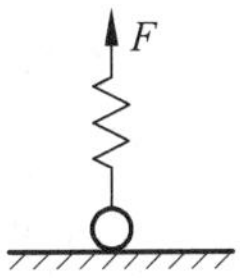

F

图 1

2. 一链条放置在光滑桌面上，用手按住一端，另一端有六分之一长度悬在桌边下，设链条长为 l，质量为 m，则链条全部拉上桌面所做的功为[　　]。

(A) $10mgl$　　(B) $1/12mgl$　　(C) $1/72mgl$　　(D) $6mgl$

二、填空题

1. 一个质量为 m 的质点，仅受到力 $\boldsymbol{F}=k\boldsymbol{r}/r^3$ 的作用，式中 k 为常量，$\boldsymbol{r}$ 为从某一定点到质点的矢径。该质点在 $r=r_0$ 处被释放，由静止开始运动，则当它到达无穷远时的速率为________。

2. 一小船质量为 100kg，船头到船尾共长 3.6m。现有一质量为 50kg 的人从船头走到船尾时，船将移动________距离。（假定水的阻力不计）

三、计算题

1. 质量 $m=2\text{kg}$ 的物体在坐标原点处由静止出发沿水平面内 x 轴运动，物体受到一个沿 x 轴正向的外力为变力 $F=2+3x$ 的作用，则

(1) 物体在开始运动的 3m 内，外力所做的功 W 等于多少？

(2) $x=3\text{m}$ 时其速率为多大?

2. 一质量为 m 的质点在指向圆心的平方反比力 $F=-\frac{k}{r^2}$ 的作用下,作半径为 r 的圆周运动,问:

(1) 此质点的速率等于多大?

(2) 若取距圆心无穷远处为势能零点,它的机械能为多少?

40 分钟练习八

(质点动力学)

一、选择题

1. 一个质点同时在几个力作用下的位移为 $\Delta\boldsymbol{r}=2\boldsymbol{i}-6\boldsymbol{j}+7\boldsymbol{k}$(SI),其中一个力为恒力 $\boldsymbol{F}=-2\boldsymbol{i}-4\boldsymbol{j}+7\boldsymbol{k}$(SI),则此力在该位移过程中所做的功为[　　]。

(A) 69J　　(B) 17J　　(C) 67J　　(D) 81J

2. 质量为 m 的一艘宇宙飞船关闭发动机返回地球时,可认为该飞船只在地球的引力场中运动。已知地球质量为 M,万有引力恒量为 G,则当它从距地球中心 R_1 处下降到 R_2 处时,飞船增加的动能应等于[　　]。

(A) $\frac{GMm}{R_2}$　　(B) $\frac{GMm}{R_2^2}$

(C) $GMm\frac{R_1-R_2}{R_1R_2}$　　(D) $GMm\frac{R_1-R_2}{R_1^2}$

(E) $GMm\frac{R_1-R_2}{R_1^2R_2^2}$

二、填空题

1. 如图 1 所示,一个小物体 A 靠在一辆小车的竖直前壁上,A 和车壁间静摩擦系数是 μ,若要使物体 A 不致掉下来,小车的加速度的最小值应为 $a=$________。

2. 一颗速率为 700m/s 的子弹,打穿一块木板后,速率降到 500m/s。如果让它继续穿过厚度和阻力均与第一块完全相同的第二块木板,则子弹的速率将降到________(空气阻力忽略不计)。

3. 图 2 中,沿着半径为 R 作圆周运动的质点,所受的几个力中有一个是恒力 $\boldsymbol{F}_0$,方向始终沿 x 轴正向,即 $\boldsymbol{F}_0=F_0\boldsymbol{i}$。当质点从 A 点沿逆时针方向走过 3/4 圆周到达 B 点时,力 $\boldsymbol{F}_0$ 所做的功为 $W=$________。

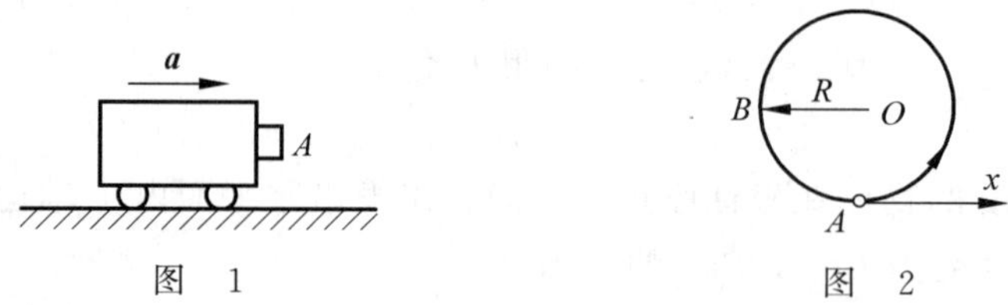

图 1　　图 2

三、计算题

1. 物体的质量为 m，距地面的高度恰好与地球的半径 R 相同。设地球的质量为 M，若以无穷远处为引力势能的零点，物体与地球组成的系统的万有引力势能为多大？若将势能零点选在地球表面处，该系统的引力势能变为多大？

2. 哈雷彗星绕太阳运动的轨道是一个椭圆，它离太阳的最近距离是 8.75×10^{10} m，在这点的速率为 5.46×10^4 m/s。它离太阳最远时速率为 9.08×10^2 m/s，这时它与太阳间的距离是多大？

40分钟练习九

（刚体的定轴转动）

一、选择题

1. 刚体绕定轴作匀变速转动时，刚体上距转轴为 x 的任一点的[　　]。

(A) 切向、法向加速度的大小均随时间变化

(B) 切向、法向加速度的大小均保持恒定

(C) 切向加速度的大小恒定，法向加速度的大小变化

(D) 法向加速度的大小恒定，切向加速度的大小变化

2. 太空中各类人造地球卫星都是绕地球作椭圆轨道运动，地球球心为椭圆的一个焦点，在卫星运动过程中[　　]。

(A) 动量守恒，机械能守恒　　(B) 动能守恒，机械能守恒

(C) 角动量守恒，机械能守恒　　(D) 以上均不守恒

3. 光滑的水平桌面上有长为 $2l$、质量为 m 的匀质细杆，可绕通过其中点 O 且垂直于桌面的竖直固定轴自由转动，转动惯量为 $\frac{1}{3}ml^2$，起初杆静止。有一质量为 m 的小球在桌面上正对着杆的一端，在垂直于杆长的方向上，以速率 v 运动，如图 1 所示。当小球与杆端发生碰撞后，就与杆粘在一起随杆转动，则这一系统碰撞后的转动角速度是[　　]。

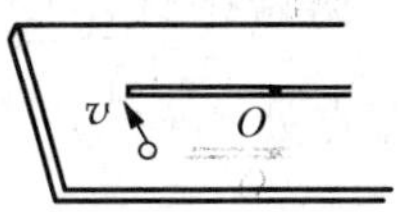

图 1

(A) $\frac{lv}{12}$　　(B) $\frac{2v}{3l}$　　(C) $\frac{3v}{4l}$　　(D) $\frac{3v}{l}$

二、填空题

1. 半径为 $r=1.5$m 的飞轮，初角速度 $\omega_0=10$rad/s，角加速度 $\beta=-5$rad/s^2，若初始时刻角位移为零，则在 $t=$ ________ 时角位移再次为零，而此时边缘上点的线速度 $v=$ ________。

2. 长为 l 的匀质细杆，可绕过其端点的水平轴在竖直平面内自由转动。如果将细杆置于水平位置，然后让其由静止开始自由下摆，则开始转动的瞬间，细杆的角加速度为 ________，细杆转动到竖直位置时角速度为 ________。

三、计算题

1. 在质量为 M、半径为 R 的匀质圆盘上，挖出一个半径为 $r\left(<\frac{1}{2}R\right)$ 的圆孔，圆孔的中心在盘半径的中点 O' 处，如图 2 所示。求剩余部分对通过原来的盘心 O 且与盘面垂直的轴的转动惯量。

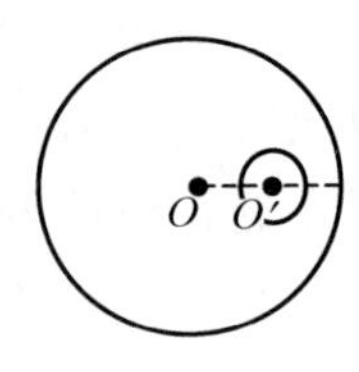

图 2

2. 在半径为 R_1、质量为 M 的静止水平圆盘上，站一静止的质量为 m 的人。圆盘可无摩擦地绕过盘中心的竖直轴转动。当这个人沿着与圆盘同心、半径为 $R_2(<R_1)$ 的圆周相对于圆盘走一周时，问圆盘和人相对于地面转动的角度各为多少？

40 分钟练习十

（刚体的定轴转动）

一、选择题

1. 一水平的匀质圆盘，可绕通过盘心的竖直光滑固定轴自由转动。圆盘质量为 M，半径为 R，对轴的转动惯量 $J=\frac{1}{2}MR^2$。当圆盘以角速度 ω_0 转动时，有一质量为 m 的子弹沿盘的直径方向射入而嵌在盘的边缘上。子弹射入后，圆盘的角速度 ω 为[　　]。

(A) $\omega=M\omega_0/(M+2m)$　　(B) $\omega=M\omega_0/m$

(C) $\omega=M\omega_0/(M+m)$　　(D) $\omega=M/(M+2m)\omega_0$

2. 一根质量为 m、长为 l 的细而均匀的棒，其下端铰接在水平地板上并竖直地立起，如让它掉下，则棒将以角速度 ω 撞击地板。如图 1 将同样的棒截成长为 $l/2$ 的一段，初始条件不变，则它撞击地板时的角速度最接近于$\left(\text{端点处 } J=\frac{1}{3}ml^2\right)$[　　]。

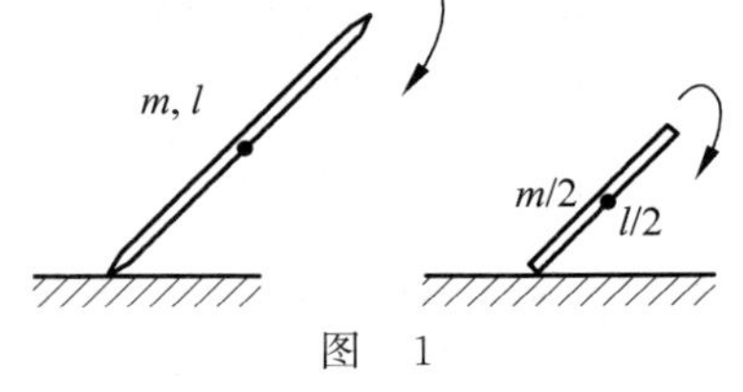

图 1

(A) 2ω　　(B) $\sqrt{2}\omega$　　(C) ω

(D) $\omega/\sqrt{2}$　　(E) $\omega/2$

3. 关于力矩有以下几种说法，其中正确的是：[　　]。

(A) 内力矩会改变刚体对某个定轴的角动量(动量矩)

(B) 作用力和反作用力对同一轴的力矩之和必为零

(C) 角速度的方向一定与外力矩的方向相同

(D) 质量相等、形状和大小不同的两个刚体，在相同力矩的作用下，它们的角加速度一定相等

二、填空题

1. 一根质量为 m、长为 l 的均匀细杆，可在水平桌面上绕通过其一端的竖直固定轴转动。已知细杆与桌面的滑动摩擦系数为 μ，则杆转动时受的摩擦力矩的大小为________。

2. 质量分别为 m 和 $2m$ 的两物体(都可视为质点),用一长为 l 的轻质刚性细杆相连,系统绕通过杆且与杆垂直的竖直固定轴 O 转动,如图 2 所示,已知 O 轴离质量为 $2m$ 的质点的距离为 $\frac{1}{3}l$,质量为 m 的质点的线速度为 v 且与杆垂直,则该系统对转轴的角动量(动量矩)大小为________。

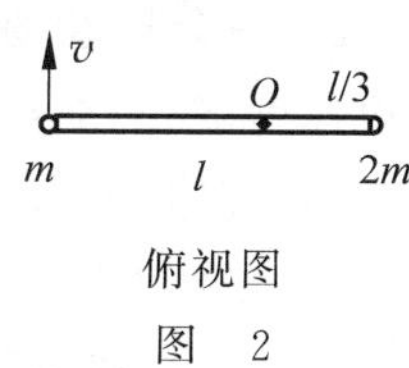

图 2

三、计算题

1. 长 l、质量 M 的匀质木棒,可绕水平轴 O 在竖直平面内转动,开始时棒自然竖直悬垂,现有质量 m 的子弹以 v 的速率从 A 点射入棒中,A 点与 O 点的距离为 $OA=r$,如图 3 所示。求:(1)棒开始运动时的角速度;(2)棒的最大偏转角。

(已知 $l=0.40\text{m}$、质量 $M=1.00\text{kg}$、$m=8\text{g}$、$v=200\text{m/s}$、OA 距离 $=\frac{3}{4}l$,代入计算以上两问;同学们还可自行设计数据代入计算;或设计若子弹从棒中射出,再计算以上两问)

2. 一个质量为 M、半径为 R 并以角速度 ω 转动着的飞轮(可看作匀质圆盘),在某一瞬时突然有一片质量为 m 的碎片从轮的边缘上飞出,如图 4 所示。假定碎片脱离飞轮时的瞬时速度方向正好竖直向上。

(1) 它能升高多少?

(2) 求余下部分的角速度与角动量。

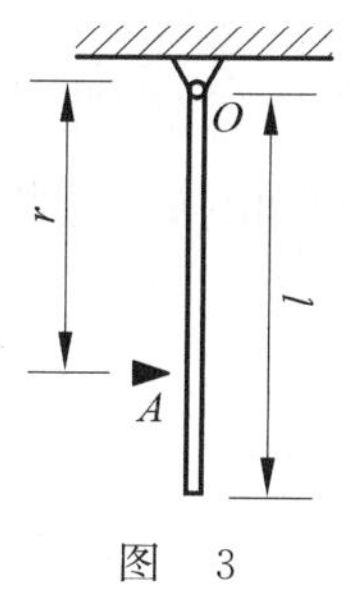

图 3

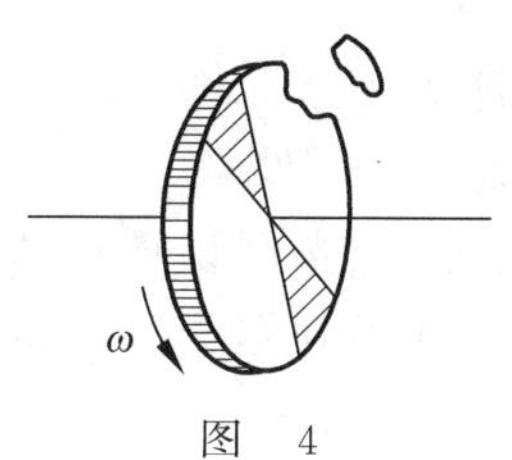

图 4

40 分钟练习十一

（刚体的定轴转动）

一、选择题

1. 均匀细棒 OA 可绕通过其一端 O 而与棒垂直的水平固定光滑轴转动,如图 1 所示,今使棒从水平位置由静止开始自由下落,在棒摆动到竖直位置的过程中,下述说法哪一种是正确的?[　　]

(A) 角速度从小到大,角加速度从大到小

(B) 角速度从小到大,角加速度从小到大

(C) 角速度从大到小,角加速度从大到小

(D) 角速度从大到小,角加速度从小到大

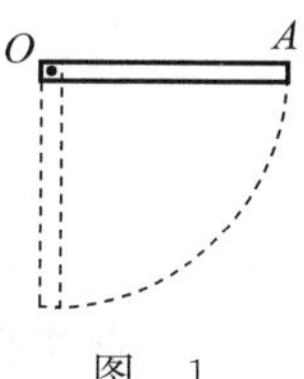

图 1

2. 一个转动惯量为 J 的圆盘绕一固定轴转动，初角速度为 ω_0。设它所受阻力矩与转动角速度成正比，$M=-k\omega$（k 为正常数）。

（1）它的角速度从 ω_0 变为 $\omega_0/2$ 所需时间是[　　]。

（A）$J/2$　　（B）J/k　　（C）$(J/k)\ln 2$　　（D）$J/2k$

（2）在上述过程中阻力矩所做的功为[　　]。

（A）$J\omega_0^2/4$　　（B）$-3J\omega_0^2/8$　　（C）$-J\omega_0^2/4$　　（D）$J\omega_0^2/8$

二、填空题

1. 如图 2 所示，一匀质木球固结在一细棒下端，且可绕水平光滑固定轴 O 转动。今有一子弹沿着与水平面成一角度的方向击中木球而嵌于其中，则在此击中过程中，木球、子弹、细棒组成的系统的________守恒，原因是________。木球被击中后棒和球升高的过程中，木球、子弹、细棒、地球系统的________守恒。

2. 一飞轮的转动惯量为 0.125kg/m^2，其角动量在 1.5s 内从 3.0kg/m^2 减到 2.0kg/m^2。(1)在此期间作用于飞轮上的力矩 $\boldsymbol{M}=$________，(2)飞轮做功 $A=$________。

三、计算题

1. 质量为 m、长度为 l 的匀质杆，可绕通过其下端的水平光滑固定轴 O 在竖直平面内转动(见图 3)，设它从竖直位置由静止倒下。求它倾倒到与水平面成 θ 角时的角速度 ω 与角加速度 α。

2. 质量为 M、长为 l 的均匀直棒，可绕垂直于棒的一端的水平固定轴 O 无摩擦地转动。转动惯量 $J=\dfrac{1}{3}Ml^2$。它原来静止在平衡位置上，如图 4 所示，图面垂直于 O 轴。现有一质量为 m 的弹性小球从左侧飞来，正好在棒的下端与棒垂直相撞。相撞后使棒从平衡位置摆动到最大角度 $\theta=60°$处，

（1）设碰撞为弹性的，试计算小球与棒碰撞前速度 v_0。

（2）相撞时，小球受到多大的冲量？

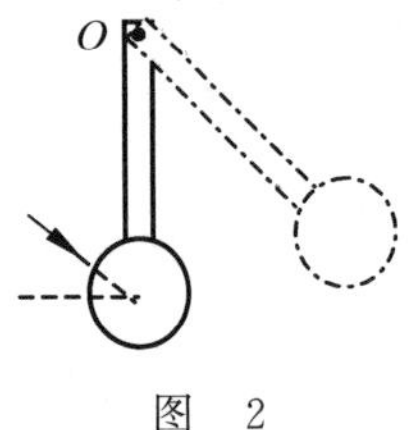

图 2

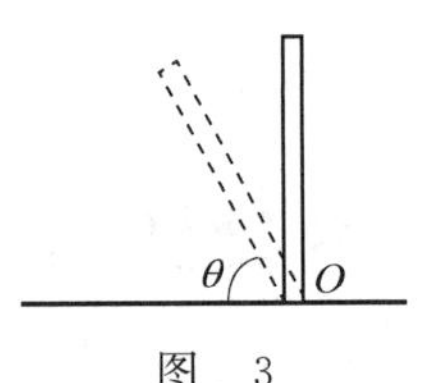

图 3

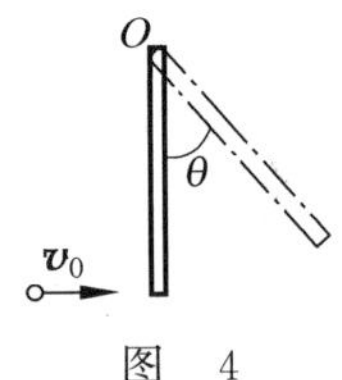

图 4

40 分钟练习十二

（刚体的定轴转动）

一、选择题

1. 如图 1 所示，一水平刚性轻杆，质量不计，杆长 $l=20$cm，其上穿有两个小球。初始时，两小球相对杆中心 O 对称放置，与 O 的距离 $d=5$cm，二者之间用细线拉紧。现在让细

杆绕通过中心 O 的竖直固定轴作匀角速的转动，转速为 ω_0，再烧断细线让两球向杆的两端滑动。不考虑转轴和空气的摩擦，当两球都滑至杆端时，杆的角速度为[　　]。

(A) $2\omega_0$　　(B) ω_0

(C) $\frac{1}{2}\omega_0$　　(D) $\frac{1}{4}\omega_0$

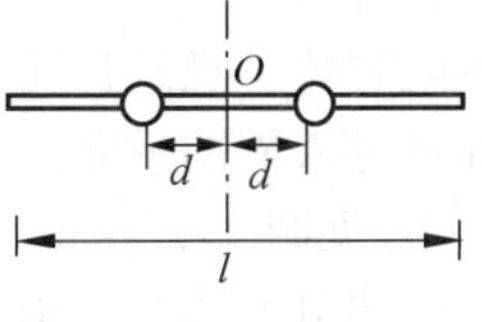

图 1

2. 一个物体正在绕固定光滑轴自由转动，[　　]。

(A) 它受热膨胀或遇冷收缩时，角速度不变

(B) 它受热时角速度变大，遇冷时角速度变小

(C) 它受热或遇冷时，角速度均变大

(D) 它受热时角速度变小，遇冷时角速度变大

3. 人造地球卫星绕地球作椭圆轨道运动，卫星轨道近地点和远地点分别为 A 和 B，用 L 和 E_k 分别表示卫星对地心的角动量及其动能的瞬时值，则应有[　　]。

(A) $L_A > L_B, E_{kA} > E_{kB}$　　(B) $L_A = L_B, E_{kA} < E_{kB}$

(C) $L_A = L_B, E_{kA} > E_{kB}$　　(D) $L_A < L_B, E_{kA} < E_{kB}$

二、填空题

1. 在一水平放置的质量为 m、长度为 l 的均匀细杆上，套着一质量也为 m 的套管 B(可看作质点)，套管用细线拉住，它到竖直的光滑固定轴 OO' 的距离为 $\frac{1}{2}l$，杆和套管所组成的系统以角速度 ω_0 绕 OO' 轴转动，如图 2 所示。若在转动过程中细线被拉断，套管将沿着杆滑动。在套管滑动过程中，该系统转动的角速度 ω 与套管离轴的距离 x 的函数关系为________。

2. 如图 3 所示，滑块 A、重物 B 和滑轮 C 的质量分别为 m_A、m_B 和 m_C，滑轮的半径为 R，滑轮对轴的转动惯量 $J=\frac{1}{2}m_C R^2$。滑块 A 与桌面间、滑轮与轴承之间均无摩擦，绳的质量可不计，绳与滑轮之间无相对滑动。滑块 A 的加速度 $a=$________。

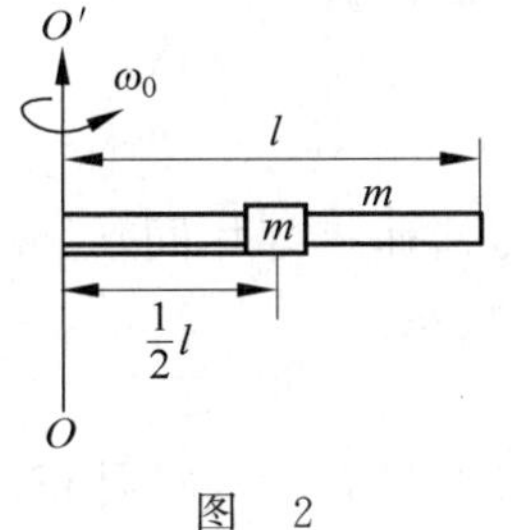

图 2

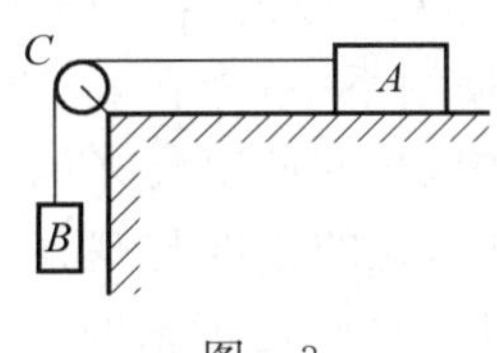

图 3

三、证明题

证明：行星运动的开普勒第二定律，行星对太阳的径矢在相等的时间内扫过相等的面积。

拓展阅读：

匈牙利国王鲁道夫同天文学家第谷·布拉赫和约翰内斯·开普勒联系密切，先后任命他们为皇家天文学家。

被称为“星子之王”的第谷·布拉赫在天体观测方面获得不少成就，死后留下 20 多年的观测资料和一份精密星表(鲁道夫行星表)。

他的助手开普勒利用了这些观测资料和星表，进行新星表编制。然而工作伊始便遇到了困难，按照正圆轨道来编制火星运行表一直行不通，火星这个“狡猾家伙”总不听指挥，老爱越轨。经过长期细致而复杂计算以后，他终于发现：行星在通过太阳的平面内沿椭圆轨道运行，太阳位于椭圆的一个焦点上(见图 4)。这就是行星运动第一定律，又叫“轨道定律”。

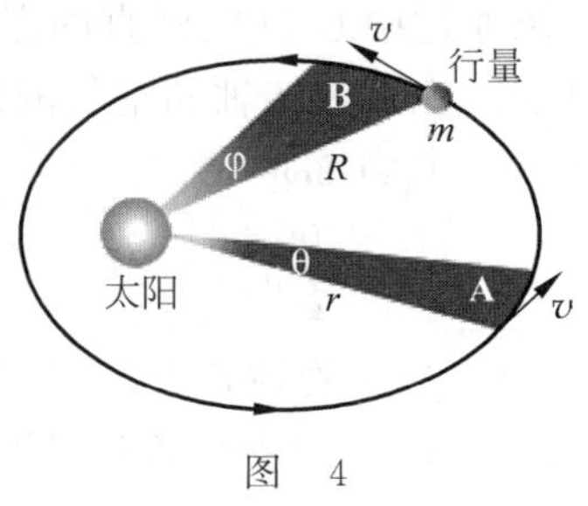

图 4

当开普勒继续研究时，“诡谲多端”的火星又将他骗了。原来，开普勒和前人都把行星运动当作等速来研究。他按照这一方法苦苦计算了 1 年，却仍得不到结果。后来他发现，在椭圆轨道上运行的行星速度不是常数，而是在相等时间内，行星与太阳的连线所扫过的面积相等(见图 4)。这就是行星运动第二定律，又叫“面积定律”。

开普勒定律，或者是用几何语言，或者是用方程，将行星的坐标及时间跟轨道参数相连结，有效解决了对于天体运动规律的解释。在对于天体的运动中，利用牛顿力学和开普勒三大定律的有效结合，可以预测天体的运行轨道、运动速度、旋转周期，从而能够预测某一时刻天体在空间中的位置，能够应用到天体探测、卫星发射等领域。

40 分钟练习十三

(狭义相对论)

一、选择题

1. 为了解决伽利略相对性原理与电磁规律之间的矛盾，爱因斯坦提出了两条新的假设，它们是下列哪两条[　　]。

(1) 同时性的相对性原理　　(2) 光速不变原理

(3) 相对性原理　　(4) 长度收缩原理

(A) (1)(2)　　(B) (2)(3)　　(C) (3)(4)　　(D) (1)(4)

2. 狭义相对性原理指的是[　　]。

(1) 一切惯性系中物理规律都是等价的

(2) 在所有惯性系中，光在真空中沿任何方向的传播速率都相同

(3) 在真空中，光的速度与光的频率、光源的运动状态无关

(4) 在真空中，光的速度与观察者的运动状态有关

(A) 只有(1)(2)是正确的　　(B) 只有(2)(3)是正确的

(C) 只有(1)(4)是正确的　　(D) (1)(2)(3)是正确的

3. 一飞船的固有长度为 L，相对于地面作匀速直线运动的速度为 v_1，飞船上有一个射击手从飞船的后端向飞船前端上的一只气球发射一颗相对于飞船的速度为 v_2 的子弹。在飞船上测得子弹从射出到击中气球的时间间隔是：(c 表示真空中光速)[　　]。

(A) $\dfrac{L}{v_1+v_2}$　　(B) $\dfrac{L}{v_2}$

(C) $\dfrac{L}{v_2-v_1}$　　(D) $\dfrac{L}{v_1\sqrt{1-(v_1/c)^2}}$

二、填空题

1. (1)对于观察者来说,发生在某惯性系中同一地点、同一时刻的两个事件,对于相对该惯性系作匀速直线运动的其他惯性系中的观察者来说,它们是否同时发生:__________;(2)在某惯性系中发生于同一时刻、不同地点的两个事件,它们在其他惯性系中是否同时发生:________。

2. 有一直尺固定在 K' 系中,它与 Ox' 轴的夹角 $\theta'=45°$,如果 K' 系以匀速度无论沿 Ox 正方向或负方向相对于 K 系运动,K 系中观察者测得该尺与 Ox 轴的夹角________(大于、小于、等于)45°。

3. 静止时边长为 50cm 的立方体,当它沿着与它的一个棱边平行的方向相对于地面以匀速度 $2.4\times10^8\text{m}\cdot\text{s}^{-1}$ 运动时,在地面上测得它的体积是________。

三、计算题

北京至上海的距离为 1463km,甲乙两列火车分别从北京站和上海站相向开出,已知乙车比甲车晚开出 3.5×10^{-3}s。今有一宇宙飞船以 $0.9c$ 的速度从北京至上海的上空飞过。试求飞船上的宇航员测得两列火车发车的时间差。若北京站另一列开往上海方向的丙火车发车时间比甲车也晚 3.5×10^{-3}s,则宇航员测得甲丙两列火车发车的时间差又是多少?

40 分钟练习十四

(狭义相对论)

一、选择题

1. 在某地发生两事件,静止位于该地的甲测得时间间隔为 6s,若相对于甲作匀速直线运动的乙测得时间间隔为 7.5s,则乙相对于甲的运动速度是(c 表示真空中光速)[　　]。

(A) $0.8c$　　(B) $0.2c$　　(C) $0.4c$　　(D) $0.6c$

2. 在狭义相对论中,下列说法中哪些是正确的?[　　]。

(1) 一切运动物体相对于观察者的速度都不能大于真空中的光速

(2) 质量、长度、时间的测量结果都是随物体与观察者的相对运动状态而改变的

(3) 在一惯性系中发生于同一时刻不同地点的两个事件在其他一切惯性系中也同时发生

(4) 惯性系中的观察者观察一个与他作匀速相对运动的时钟时,会看到该时钟比与他相对静止的相同的时钟走得慢些

(A) (1),(3),(4)　　(B) (1),(2),(4)

(C) (1),(2),(3)　　(D) (2),(3),(4)

3. 在惯性系 S 中某一地点先后发生两个事件 A 和 B,已知在 S 系中 A 事件超前 B 事件 Δt 的时间。在飞船 S'系上观察则[　　]。

(A) 事件 A 仍超前事件 B,但 $\Delta t'<\Delta t$　　(B) 事件 A 始终超前事件 B,但 $\Delta t'\geqslant\Delta t$

(C) 事件 B 超前事件 A,$|\Delta t'|<\Delta t$　　(D) 事件 B 超前事件 A,$|\Delta t'|\geqslant\Delta t$

二、填空题

1. 两个惯性系中的观察者 O 和 O'以 $0.6c$(c 为真空中光速)的相对速度互相接近,如

果观察者 O 测得两者的初始距离是 20m，则观察者 O' 测得两者经过时间 $\Delta t=$________ s 后相遇。

2. 微观粒子的总能量是它的静止能量的 K 倍，则其运动速度的大小为(以 c 表示真空中的光速)________。

三、计算题

氢弹利用聚变反应。在这反应中，四个氢核聚变成一个氦核，同时以各种辐射形式放出能量。每用 1g 氢，约损失 0.006g 的质量。求在这种反应中释放出来的能量与等量的氢被燃烧释放出来的能量的比值。(当被燃烧时，1g 氢放出 1.3×10^5J 的能量。液氢、液氧是近代火箭的高能推进剂)

40 分钟练习十五

(狭义相对论)

一、选择题

1. 某核电站年发电量为 100 亿 kW·h，它等于 36×10^{15}J 的能量。如果这些能量是由核材料的全部静止能量转化而来，则该核电站每年所要消耗的核材料的质量为[　　]。

(A) 0.4kg　　(B) 0.8kg　　(C) 12×10^7kg　　(D) $\frac{1}{12}\times10^7$kg

2. 把一个静止质量为 m_0 的粒子，由静止加速到 $v=0.8c$(c 为真空中光速)需做的功等于[　　]。

(A) $0.18m_0c^2$　　(B) $0.25m_0c^2$　　(C) $0.36m_0c^2$　　(D) $0.67m_0c^2$

3. 已知电子的静能为 0.511MeV，若电子的动能为 0.25MeV，则它所增加的质量 Δm 与静止质量 m_0 的比值近似为[　　]。

(A) 0.1　　(B) 0.2　　(C) 0.5　　(D) 0.9

二、填空题

在参照系 S 中，有两个静止质量都是 m_0 的粒子 A 和 B，分别以速度 v 沿同一直线相向运动，相碰后合在一起成为一个粒子，则其静止质量 M_0 的值为________。

三、计算题

假想飞船 A 和 B 分别以 $0.6c$ 和 $0.8c$ 的速度相对地面向东飞行。地面上某地先后发生两个事件，在飞船 A 上观测，时间间隔为 5s，那么在飞船 B 上观测，相应的时间间隔为多少?

(提示：先求出固有时，再求出飞船 B 测得运动时)

四、拓展思考

1. 阅读以下内容，并用两句话概括

爱因斯坦在建立狭义相对论时提出了两个基本假设，其中的一个是相对性原理，说的是物理定律在所有惯性系中具有相同的表示形式。后来他想到，为什么惯性系就特殊，就比非惯性系优越呢? 于是他从分析非惯性系入手，在 1915 年建立了研究引力场与时空关系的广义相对论。

爱因斯坦提出两个基本假设作为广义相对论的基础。

设想一个密封的箱子相对于地面作自由落体运动，箱子内部的人也同样作自由落体运动。如果不告诉这个人箱子外面的情况，他可能会由于完全失重而认为自己和箱子一起在外太空漂浮。这个例子表明，在引力场中自由下落的箱子参考系和完全的惯性系没有区别。相反，如果这个人真正在外太空，但乘坐一个以重力加速度加速前进的飞船，那么他会感到飞船地板对他有支持力而认为与在地面上没有什么不同，即飞船参考系（非惯性系）与引力场中的静止参考系等价。两个例子简单归结为一点，就是引力与加速度（或惯性力）等效。爱因斯坦坚信自然界的内在和谐，不允许惯性系和非惯性系的不平等存在，把相对性原理推广到非惯性系，认为物理定律在所有参考系中都具有相同的数学表达形式。

广义相对论的一个基本实例就是引力引起空间弯曲。弯曲的三维空间不容易理解。我们以弯曲的二维空间为例说明。假设一个人不知道大地是球形的，而认为是平的，他想一直向东走，如果能坚持到底的话会发现又回到了原来的位置，于是他很困惑，我们则认为这很简单，他走的是地球的纬线，是一个圆周。这说明，在弯曲的二维空间里，所谓的"直线"是平坦二维空间中的曲线。本例中，弯曲的二维空间是地球表面，平坦的二维空间是纬线所在平面，如图 1 所示。同样，在弯曲的三维空间里，"直线"是平坦三维空间中的曲线。太阳系中行星运动的曲线轨迹，如果看成是平坦三维空间的曲线，那么也可以看成是弯曲三维空间的"直线"，换句话说，太阳的引力造成了三维空间的弯曲，如图 2 所示。宇宙中物质聚集的区域，万有引力大，空间弯曲也大。在广义相对论预言的含有大量物质的黑洞附近，空间弯曲极其强烈。

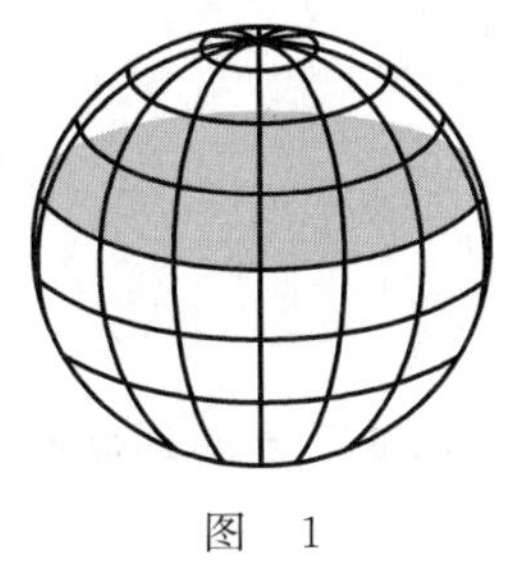

图　1

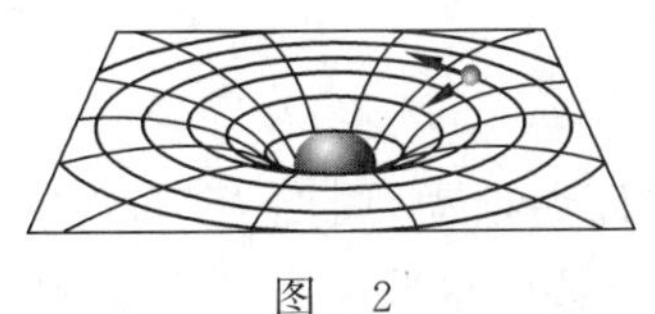

图　2

广义相对论指出，在引力场附近，不仅空间发生弯曲，时间也要发生弯曲。即靠近太阳的钟比远离太阳的钟要走得慢，这种效应叫引力的时间延缓。时间、空间的弯曲是紧密联系、不可分割的。这种弯曲的时空不适合用我们熟知的欧几里得几何描述，爱因斯坦在格罗斯曼(M. Grossman)的帮助下用黎曼几何解决了问题。1915 年爱因斯坦建立了引力场方程，标志着广义相对论理论体系的完成，距离 1905 年狭义相对论的建立整整 10 年。

2. 在广义相对论建立之初，爱因斯坦提出了三项实验检验方案，后来都一一得以实现。这三项实验分别是什么？后来又有什么实验可以验证？

水星近日点的进动（见图 3），指的是水星椭圆轨道的长轴每世纪转动 $1°33'21''$，计入其他行星对它的影响，用牛顿定律计算，还差 $33''$ 得不到解释。考虑到水星距离太阳很近，太阳引力造成的空间弯曲较强，用广义相对论计算，就可以对其做出解释。

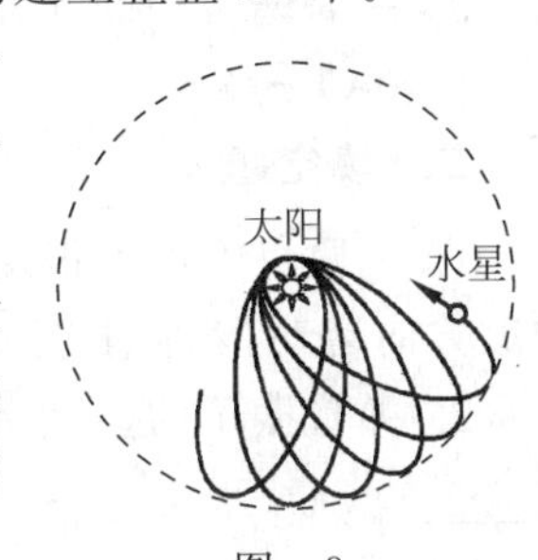

图　3

广义相对论还预言，远处光线经过大质量星体表面时，由于引力会发生偏折，对太阳，偏角为1.75″，通过日食观测和射电望远镜观测，得到的结果与预测值符合得很好。

引力的时间延缓效应可以由光谱线的引力红移现象验证，引力红移指大质量天体内原子能级跃迁发出的光线频率比远离天体同样跃迁发出的光线的频率要低，现代物理实验已观测到太阳甚至地球引力造成的微小红移，与广义相对论的预言符合很好。

广义相对论的另外一个重要预言是引力波，像加速运动的电荷辐射电磁波一样，加速运动的质量也辐射引力波，因此损失能量和质量。对脉冲双星的观测数据证实了这个预言。

还有雷达回波延迟实验。广义相对论认为，物质的存在和运动造成周围时空的弯曲，光线在大质量物体附近的弯曲可以看作一种折射，相当于光速的变慢。从地球上向某一行星发射一束雷达波，雷达波到达行星表面后被反射回地球，就可以测出往返一次所需的时间。将雷达波经由太阳附近传播的往返时间与远离太阳附近传播的往返时间相比较，就可以得到雷达回波延迟的时间。20世纪80年代初，利用在火星表面登陆的“海盗号”探测器反射雷达波，已使雷达回波延迟实验测量值的不确定度减小到0.1%，有力地支持了广义相对论理论。

广义相对论是关于时空与引力关系的理论，它指出时空不能脱离物质而独立存在，时空随物质分布和运动速度的变化而变化。现在广义相对论的主要应用是在宇观领域，即宇宙学和天体物理学，黑洞即是广义相对论的预言之一。从广义相对论出发建立起来的引力理论是目前所有有关理论中最好的一种。

40分钟练习十六

（简谐振动）

一、选择题

1. 一质点作简谐振动，周期为 T，当它由平衡位置向 x 轴正方向运动时，从二分之一最大位移处到最大位移处这段路程所需要的时间为[　　]。

(A) $T/4$　　(B) $T/12$　　(C) $T/8$　　(D) $T/6$

2. 已知两个振动方程为 $x_1=(3\times10^{-2}\,\mathrm{m})\cos(\omega t-\pi/6)$ 与 $x_2=(4\times10^{-2}\,\mathrm{m})\cos(\omega t+\pi/3)$(SI)，求这两个同方向同频率的简谐振动的合振幅为[　　]。

(A) $7\times10^{-2}\,\mathrm{m}$　　(B) $1\times10^{-2}\,\mathrm{m}$

(C) $5\times10^{-2}\,\mathrm{m}$　　(D) $\sqrt{7}\times10^{-2}\,\mathrm{m}$

3. 一简谐运动曲线如图1所示，则运动的初相位是[　　]。

(A) $\pi/3$　　(B) $\pi/6$　　(C) $2\pi/3$　　(D) $-\pi/3$

二、填空题

1. 一质点作简谐振动，$x=6\cos(100\pi t+0.7\pi)\,\mathrm{cm}$，某时刻它在 $x_1=3\sqrt{2}\,\mathrm{cm}$ 处且向 x 轴负方向运动，若它重新回到该位置，至少需要经历时间 $\Delta t=$________。

2. 弹簧振子的振动周期为 T，现将弹簧截去一半，则新弹簧质子的振动周期为原来的________。

三、计算题

1. 两质点作同方向、同频率的谐振动，它们的振幅分别为 $2A$ 和 A；当质点1在 $x_1=A$ 处向右运动时，质点2在 $x_2=0$ 处向左运动，试用旋转矢量法求这两个谐振动的相位差。

2. 已知如图2，轻弹簧的劲度系数为 k，定滑轮的半径为 R，转动惯量为 J，物体的质量为 m，试求：

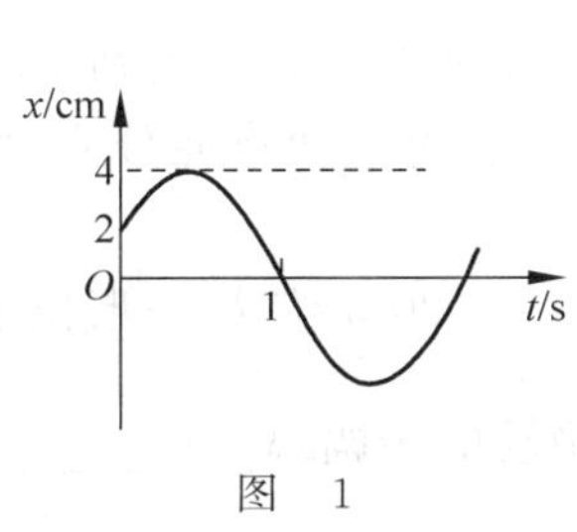

图　1

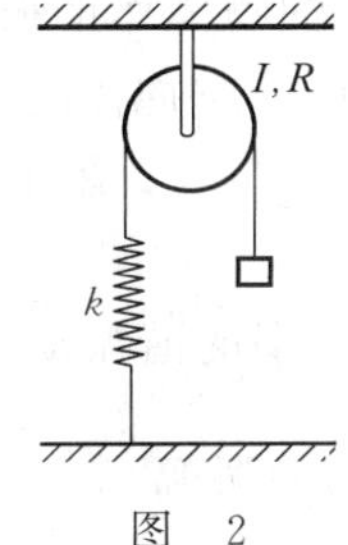

图　2

(1) 系统的振动频率；

(2) 当将 m 拉至弹簧原长并释放时，求 m 的运动方程(以向下为正方向)。

40分钟练习十七

(简谐振动)

一、选择题

1. 一个质点作简谐运动，振幅为 A，代表此简谐运动的旋转矢量正确说法的为[　　]。

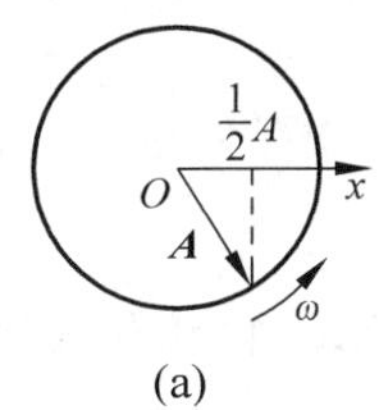

(a)

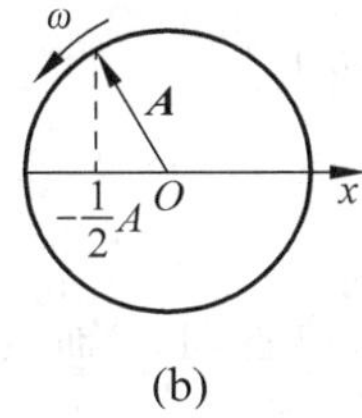

(b)

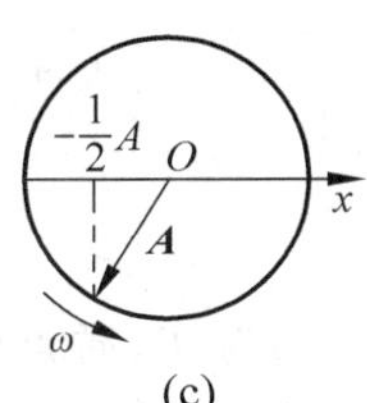

(c)

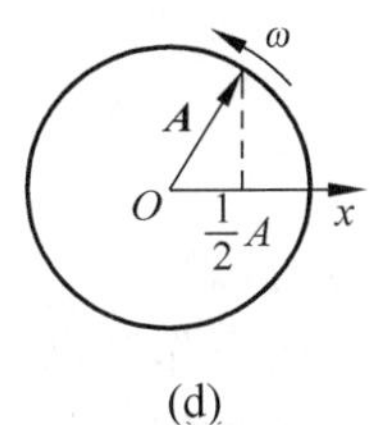

(d)

(1) 图(a)起始时刻质点的位移为$-\dfrac{A}{2}$，且向 x 轴正方向运动

(2) 图(b)表示起始时刻质点的位移为$-\dfrac{A}{2}$，且向 x 轴正方向运动

(3) 图(c)表示起始时刻质点的位移为$-\dfrac{A}{2}$，且向 x 轴正方向运动

(4) 图(d)表示起始时刻质点的位移为$\dfrac{A}{2}$，且向 x 轴负方向运动

(A) 只有(2)(4)正确　　(B) 只有(3)(4)正确

(C) 只有(1)(3)正确　　(D) 只有(1)(2)正确

2. 两个振动方向、振幅、频率均相同的简谐运动叠加，测得某时刻两个振动的位移都等于零，而运动方向相反，则表明两个振动的[　　]。

(A) 相位差 $\Delta\varphi=\pi$,合振幅等于原振幅的 2 倍

(B) 相位差 $\Delta\varphi=0$,合振幅等于 0

(C) 相位差 $\Delta\varphi=\pi$,合振幅等于 0

(D) 相位差 $\Delta\varphi=0$,合振幅等于原振幅的$\sqrt{2}$倍

二、填空题

1. 质量为 10g 的物体作谐振动,周期 $T=4$s,当 $t_0=0$ 时,物体恰在振幅处,即有 $x_0=A=24$cm,则 $t_1=0.5$s 时物体的位置 $x_1=$________；从初位置运动到 $x_2=-12$cm 处所需的最短时间 $\Delta t=$________；在 $x_2=-12$cm 处物体的动能和势能分别为 $E_k=$________，$E_p=$________。

2. 同方向、同频率的谐振动,其合振动振幅 $A=0.20$m,与第一谐振动的相位差 $\Delta\varphi=\frac{\pi}{6}$,已知第一谐振动的振幅 $A_1=\frac{\sqrt{3}}{10}$m,则第二谐振动的振幅 $A_2=$________；一、二谐振动的相位差 $\Delta\varphi=$________。

三、计算题

质量为 10g 的物体沿 x 轴作简谐运动,振幅 $A=10$cm,周期 $T=4.0$s,$t=0$ 时物体的位移为 $x_0=-5.0$cm,且物体朝 x 轴负方向运动,求:

(1) $t=1.0$s 时物体的位移;

(2) $t=1.0$s 时物体受的力;

(3) $t=0$ 之后何时物体第一次到达 $x=5.0$cm 处;

(4) 第二次和第一次经过 $x=5.0$cm 处的时间间隔。

40 分钟练习十八

(简谐振动)

一、选择题

1. 一质点作简谐振动,周期为 T,质点由平衡位置向 x 轴负方向运动,由该位置到负二分之一最大位移这段路程所需要的最短时间为[　　]。

(A) $T/8$　　(B) $T/4$　　(C) $T/6$　　(D) $T/12$

2. 某一单摆从平衡位置向正方向拉开微小角度 θ 放开,从放手开始计时,用余弦函数表示运动方程,则该单摆振动的初相位为[　　]。

(A) θ　　(B) 0　　(C) $\frac{\pi}{2}$　　(D) π

3. 劲度系数为 k_1,k_2 的两个轻弹簧并接在一起,下面挂着质量为 m 的物体,构成一个垂直悬挂的谐振子,振子作简谐运动,问该系统的振动周期为[　　]。

(A) $T=2\pi\sqrt{\frac{m}{k_1+k_2}}$　　(B) $T=2\pi\sqrt{m\left(\frac{1}{k_1}+\frac{1}{k_2}\right)}$

(C) $T=2\pi\sqrt{\frac{k_1+k_2}{2mk_1k_2}}$　　(D) $T=2\pi\sqrt{\frac{2mk_1k_2}{k_1+k_2}}$

二、填空题

1. 有一弹簧，当其下端挂一质量为 m 的物体时，伸长量为 9.8×10^{-2}m。若使物体上下振动，且规定向下为正方向，(1) 当 $t=0$ 时，物体在平衡位置上方 8.0×10^{-2}m 处，由静止开始向下运动，则运动方程为________。

(2) 当 $t=0$ 时，物体在平衡位置并以 $0.6\text{m}\cdot\text{s}^{-1}$ 的速度向上运动，则运动方程为________。

2. 一质点作简谐振动，速度最大值为 4cm/s，振幅为 2cm，若令速度具有负最大值的那一刻为初始时刻，则振动方程为________。

三、计算题

一质点作简谐运动，其运动方程为 $x=0.3\cos(\pi t+\pi/3)$(SI)，用旋转矢量法求质点由初始状态 $t=0$ 时运动到 $x=-0.15$m 时所需最短时间。

40 分钟练习十九

（机械波）

一、选择题

1. 机械波的表达式为 $y=0.02\cos[6\pi(t+0.02x)+\pi/2]$(SI)，则下列叙述正确的是[　　]。

(A) 振幅为 2m　　(B) 周期为 1/3s

(C) 波速为 0.01m/s　　(D) 波沿 x 轴正向传播

2. 波由一种介质进入另一种介质时，其传播速度、频率、波长：[　　]。

(A) 都发生变化　　(B) 波速和频率变，波长不变

(C) 波速和波长变，频率不变　　(D) 波速、波长和频率都不变化

3. 一平面简谐波在弹性介质中传播，介质中质元在从平衡位置回到最大位移处的过程中，简谐波的[　　]。

(A) 势能从最大逐渐减小，动能逐渐增大

(B) 动能从最大逐渐减小，势能逐渐增大

(C) 把能量传给了相邻质元，能量逐渐减小

(D) 从相邻质元获得能量，能量逐渐增大

二、填空题

1. 一纵波在空气中的传播速度为 300m/s，波长为 0.05m，当进入另一介质时，波长变成了 0.12m，则它在介质中的传播速度为________。

2. 频率为 50Hz，波速为 150m/s 的简谐波，相距为 2.25m 的两点间的相位差为________。

三、计算题

1. 图 1 所示为平面简谐波在 $t=0$ 时的波形图，设此简谐波的频率为 100Hz，且此时图中质点 P 的运动方向向下，求：

(1) 该波的波动方程；

(2) 在距原点 O 为 15m 处质点的运动方程与 $t=0$ 时该点的振动速度。

2. 如图 2 所示,两相干波源 S_1,S_2,其振动方程分别为 $y_1=0.2\cos 1.5\pi t$(SI)和 $y_2=0.2\cos(1.5\pi t+\varphi)$(SI),它们在 P 点相遇,已知波速 $u=15\text{m/s}$,$r_1=30\text{m}$,$r_2=40\text{m}$,求:(1)两列波传到 P 点的相位差;(2)P 点质点振动减弱时 φ 的取值。

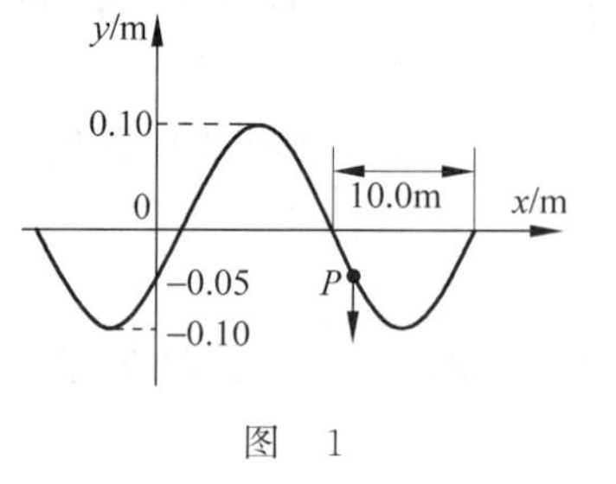

图 1

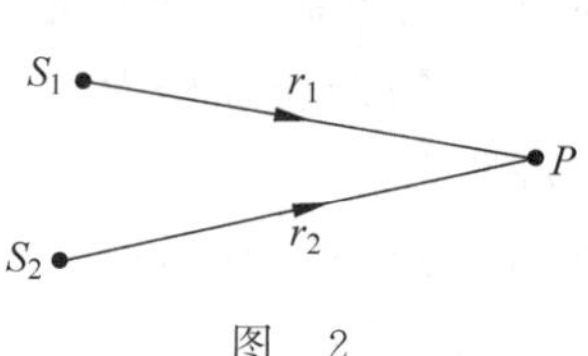

图 2

40 分钟练习二十

(机械波)

一、选择题

1. 下列关于两列波是相干波条件叙述正确的是[　　]。

(A) 振幅和频率相同,相位差恒定,振动方向垂直

(B) 振动方向平行,相位差恒定,频率和振幅可以不同

(C) 频率相同,振动方向平行,相位差恒定

(D) 振幅、频率、振动方向都必须相同,相位差恒定

2. 如图 1 所示,两列波长为 λ 的相干波在点 P 相遇,波在点 S_1 振动的初相是 φ_1,点 S_1 到点 P 的距离是 r_1。波在点 S_2 的初相是 φ_2,点 S_2 到点 P 的距离是 r_2,以 k 代表零或正、负整数,则点 P 是干涉极大的条件为[　　]。

(A) $r_2-r_1=k\pi$

(B) $\varphi_2-\varphi_1+2\pi(r_1-r_2)/\lambda=2k\pi$

(C) $\varphi_2-\varphi_1+2\pi(r_2-r_1)/\lambda=2k\pi$

(D) $\varphi_2-\varphi_1=2k\pi$

3. 图 2(a)为一质点的振动曲线,图 2(b)表示 $t=0$ 时的简谐波的波形图,波沿 x 轴正方向传播,则图 2(a)中所表示的振动的初相位与图 2(b)所表示的 $x=0$ 处振动的初相位分别为[　　]。

(A) 均为零　　(B) 均为 $-\dfrac{\pi}{2}$

(C) $\dfrac{\pi}{2}$ 与 $-\dfrac{\pi}{2}$　　(D) 均为 $\dfrac{\pi}{2}$

(E) $-\dfrac{\pi}{2}$ 与 $\dfrac{\pi}{2}$

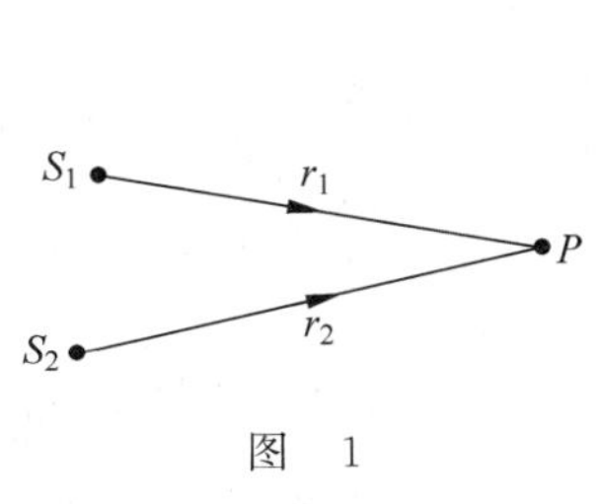

图 1

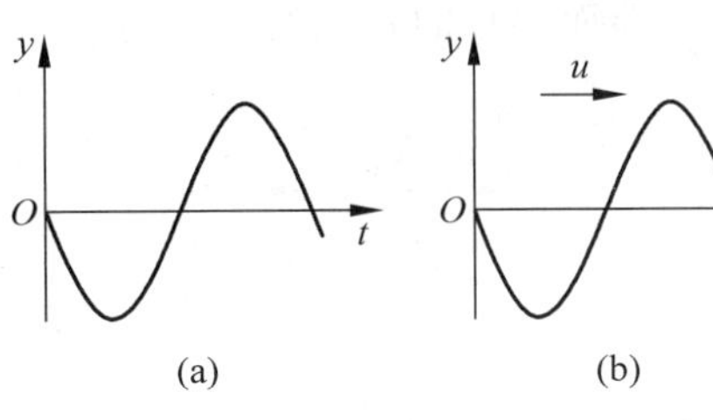

图 2

4. 一横波以速度 u 沿 x 轴正方向传播，t 时刻波形曲线如图 3 所示，则该时刻[　　]。

(A) A 点相位为 π

(B) B 点向上运动

(C) C 点相位为 0

(D) D 点向下运动

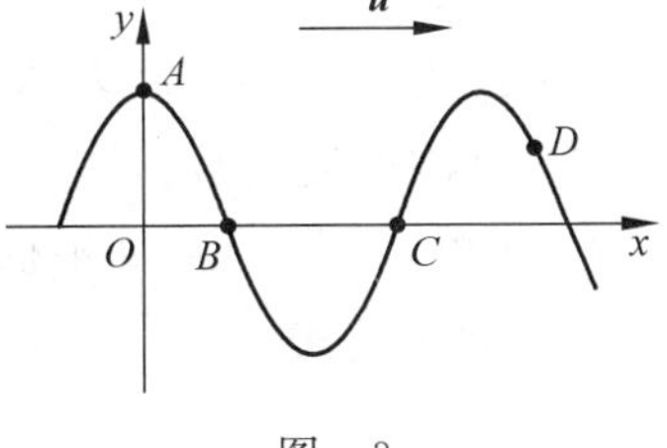

图 3

5. 设声波在媒质中的传播速度为 u，声源的频率为 ν_s，若声源 S 不动，探测器 R 相对于媒质以速度 v_R 沿着 S、R 连线远离声源 S 运动，则探测器测到的声源的振动频率为[　　]。

(A) ν_s　　(B) $\dfrac{u+v_R}{u}\nu_s$　　(C) $\dfrac{u}{u-v_R}\nu_s$　　(D) $\dfrac{u-v_R}{u}\nu_s$

6. 在波长为 λ 的驻波中，两个相邻波节之间的距离为[　　]。

(A) $\dfrac{\lambda}{4}$　　(B) λ　　(C) $\dfrac{3\lambda}{4}$　　(D) $\dfrac{\lambda}{2}$

7. 在弦线上有一简谐波，方程为 $y_1=0.03\cos\left[2\pi\left(\dfrac{t}{0.01}+\dfrac{x}{20}\right)+\dfrac{\pi}{6}\right]$(SI)，为了在此弦线上形成驻波，且在 $x=0$ 处为一波节，此弦线上还应有一简谐波，其方程为[　　]。

(A) $y_1=0.03\cos\left[2\pi\left(\dfrac{t}{0.01}-\dfrac{x}{20}\right)+\dfrac{\pi}{6}\right]$(SI)

(B) $y_1=0.06\cos\left[2\pi\left(\dfrac{t}{0.01}-\dfrac{x}{20}\right)+\dfrac{7\pi}{6}\right]$(SI)

(C) $y_1=0.03\cos\left[2\pi\left(\dfrac{t}{0.01}-\dfrac{x}{20}\right)+\dfrac{7\pi}{6}\right]$(SI)

(D) $y_1=0.03\cos\left[2\pi\left(\dfrac{t}{0.01}-\dfrac{x}{20}\right)-\dfrac{\pi}{6}\right]$(SI)

二、填空题

1. 一平面简谐波沿绳子向右传播，波速为 30m/s，波线上一点 P 的振动方程为 $y=0.05\cos\left(6\pi t+\dfrac{2}{3}\pi\right)$m，点 Q 位于点 P 左端 5m 处，分别以点 P 为坐标原点，写出波动方程为________；以点 Q 为坐标原点，写出波动方程为________

2. 两相干波波源位于同一介质中的 A、B 两点，相向传播，如图 4(a)所示，其振幅相等、频率皆为 100Hz，B 比 A 的相位超前 π。若 A、B 相距 30.0m，波速为 $u=400\text{m}\cdot\text{s}^{-1}$，则

AB 连线上因干涉而静止的各点的位置为________

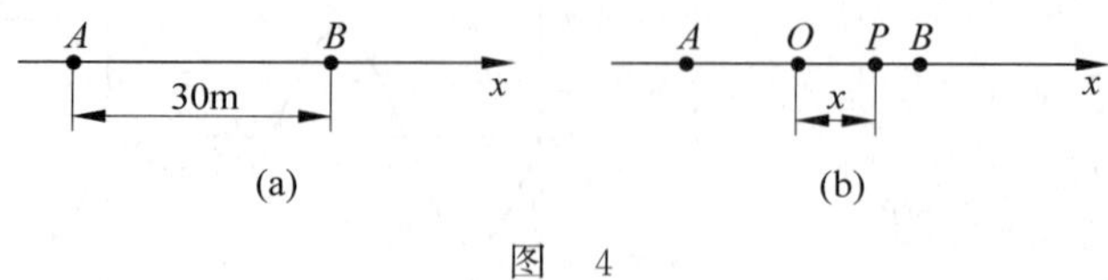

图 4

三、计算题

1. 一列沿 x 轴正方向传播的平面简谐波在 $t_1=0$ 和 $t_2=0.25\text{s}$ 时刻的波形曲线如图 5 所示，求：

(1) P 处质元的振动表达式；

(2) 该波的波函数。

2. 已知 $t=2\text{s}$ 时一列平面简谐波的波形曲线如图 6 所示，求该波的波函数及 $x=0$ 处质元的振动表达式。

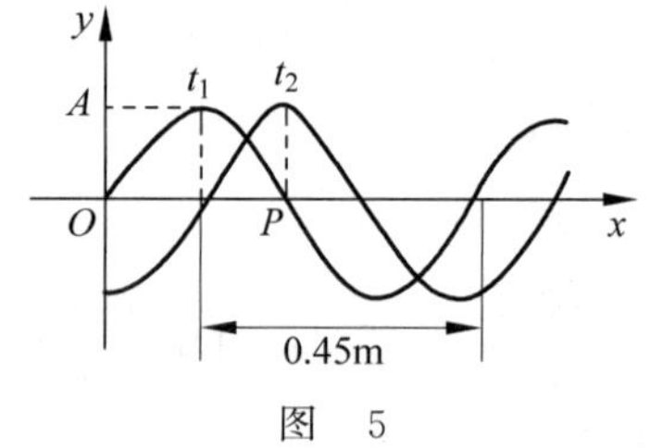

图 5

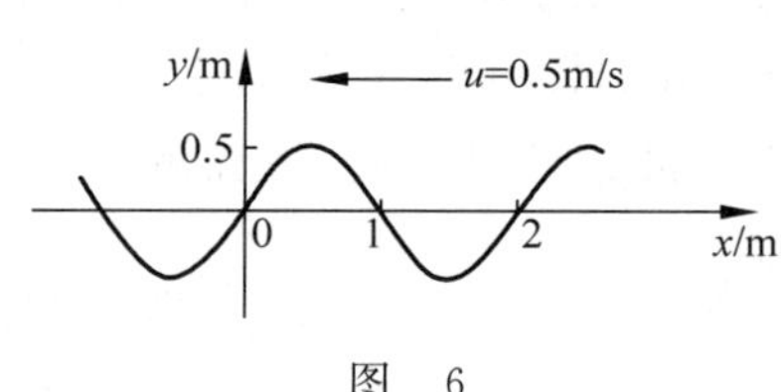

图 6

3. 设入射波的表达式为 $y=A\cos 2\pi\left(\frac{x}{\lambda}+\frac{t}{T}\right)$，在 $x=0$ 处发生反射，反射点为一固定端，设反射时无能量损失，求：

(1) 反射波的表达式；

(2) 合成的驻波的表达式；

(3) 波腹和波节的位置。

40 分钟练习二十一

（几何光学）

一、选择题

1. 一远视眼的近点在 1m 处，要看清楚眼前 12cm 处的物体，应佩戴怎样的眼镜？[　　]。

(A) 焦距为 12cm 的凸透镜　　(B) 焦距为 12cm 的凹透镜

(C) 焦距为 13.6cm 的凸透镜　　(D) 焦距为 13.6cm 的凹透镜

2. 光线由某种媒质射向与空气的分界面，当入射角大于 60°时折射光线消失，由此可判断这种媒质的折射率是[　　]。

(A) $n=0.866$　　(B) $n=\sqrt{3}$　　(C) 0.5　　(D) $n=1.15$

3. 光线在空气和盐水的分界面上发生全反射的条件是[　　]。

(A) 光从空气射到分界面上，入射角足够小

(B) 光从空气射到分界面上，入射角足够大

(C) 光从盐水射到分界面上，入射角足够大

(D) 光从盐水射到分界面上，入射角足够小

4. 水的折射率为1.33，在水面下有一点光源，在水面上看到一个圆形透光面，若看到透光面圆心位置不变而半径不断减少，则下面正确的说法是[　　]。

(A) 光源上浮　　(B) 光源下沉　　(C) 光源静止　　(D) 以上都不对

5. 一束从折射率为 $n=\sqrt{2}$ 的某种玻璃射向空气的表面，下列正确的说法是[　　]。

(A) 折射角等于45°，应以60°的角度入射

(B) 当入射角大于45°时会发生全反射现象

(C) 无论入射角是多大，折射角都不会超过45°

(D) 入射角 i 满足 $\arctan i=\sqrt{2}$ 时，反射光线与折射光线恰好垂直

二、填空题

1. 凸球面镜对实物成像的性质是________。

2. ABC 为一全反射棱镜，它的主截面是等腰直角三角形，如图1所示，一束白光垂直入射到 AC 面上，在 AB 面上发生全反射。若光线入射点 O 的位置保持不变，改变光线的入射方向，(不考虑自 BC 面反射的光线)，使入射光按图中所示的顺时针方向逐渐偏转，如果有色光射出 AB 面，则________(红光或紫光)将首先射出。

3. 白光从空气中进入玻璃三棱镜时会产生色散现象。________色光向棱镜底边偏折最大；________光在三棱镜中传播速率最大。

4. 在厚度为 d，折射率为 n 的大玻璃板的下表面，紧贴着一个半径为 r 的圆形发光面，如图2所示。为了从玻璃板的上方看不见圆形发光面，可在玻璃板的上表面贴一块纸片，所贴纸片的最小面积为________。

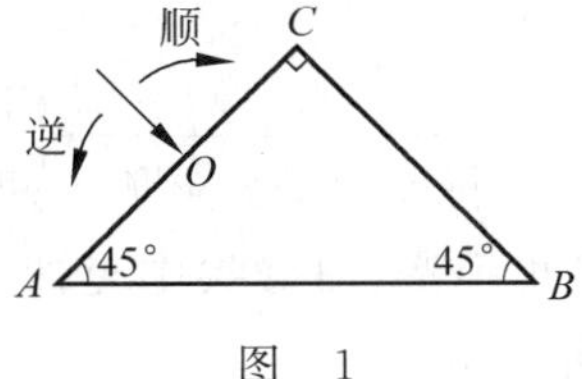

图 1

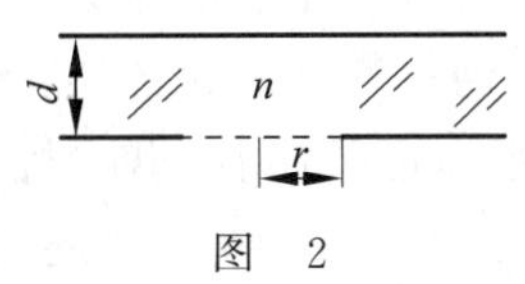

图 2

5. 在水(水的折射率为1.33)中的鱼看来，水面上和岸上的所有景物，都出现在一倒立圆锥里，其顶角为________。

三、计算题

1. 一架显微镜的物镜和目镜相距为20cm，物镜的焦距为7mm，目镜的焦距为5mm，把物镜和目镜均看作是薄透镜。试求：(1)被观察物到物镜的距离；(2)物镜的横向放大率；(3)显微镜的视角放大率。

(提示：人眼的明视距离为25cm)

2. 一天文望远镜，物镜与目镜相距100cm，放大倍数为9×(即9倍)，求物镜和目镜的焦距。

40 分钟练习二十二

（波动光学）

一、选择题

1. 关于双缝干涉条纹的以下说法中错误的是：[　　]。

(A) 用同一单色光做双缝干涉实验，能观察到明暗相间的单色条纹

(B) 用同一单色光经双缝干涉后的明条纹距两缝的距离之差为该色光波长的整数倍

(C) 用同一单色光经双缝干涉后的明条纹距两缝的距离之差为该色光波长的奇数倍

(D) 用同一单色光经双缝干涉后的暗条纹距两缝的距离之差为该色光半波长的奇数倍

2. 在真空中波长为 λ 的单色光，在折射率为 n 的透明介质中从 A 沿某路径传到 B，若 A、B 两点位相差为 3π，则此路径 AB 的光程为[　　]。

(A) $1.5n\lambda$　　(B) 1.5λ　　(C) 3λ　　(D) $1.5\lambda/n$

3. 将杨氏双缝实验放在水中进行，与在空气中相比，相邻明条纹间距将[　　]。

(A) 增大　　(B) 不变　　(C) 减小　　(D) 干涉消失

4. 用白光光源进行双缝实验，若用一个纯蓝色的滤光片盖一条缝，用纯绿色的滤光片盖另一条缝，则[　　]

(A) 产生蓝光和绿光的两种彩色干涉条纹　　(B) 干涉条纹的亮度变暗

(C) 不产生干涉条纹　　(D) 干涉条纹的宽度不再均匀

二、填空题

1. 用白光垂直照射一厚度为 400nm，折射率为 1.50 的空气中的薄膜，透射光中相干减弱的可见光波长为________。

2. 劈尖干涉中，当劈尖角变小时，干涉条纹将变________且________(远离还是向着)劈尖棱方向移动；若劈尖角不变，将上方玻璃片向上缓慢平移，干涉条纹间距________但将________(远离还是向着)劈尖棱方向平移；若劈尖角不变，向劈尖中充油，则干涉条纹间距变________并________(远离还是向着)劈尖棱方向移动。

3. 在牛顿环实验中，曲率半径为 R 的平凸透镜与平玻璃板在中心接触，把装置放在折射率为 n 的液体中，波长为 λ 的平行单色光垂直照射在牛顿环装置上，则反射光形成的干涉条纹中，暗环半径 r_k 的表达式为________。

三、计算题

1. 双缝干涉实验中，波长 $\lambda=760$nm 的红光垂直入射到缝间距 0.2mm 的双缝上，屏到双缝的距离为 1.0m。求：

(1) 中央明纹两侧的两条第 3 级明纹中心的间距；

(2) 用一厚度为 0.006mm，折射率为 1.52 的玻璃片覆盖上边一条缝后，零级明纹将怎样移动？移到何处？

2. 白色光垂直入射到间距为 0.30mm 的杨氏双缝上，距离 60cm 处放置一屏幕，则第一级彩色明纹的线宽度是多少？

40 分钟练习二十三

（波动光学）

一、选择题

1. 如图 1 所示两个直径有微小差别的彼此平行的滚柱之间的距离为 L，夹在两块平晶的中间，形成空气劈尖，当单色光垂直入射时，产生等厚干涉条纹，如果滚柱之间的距离变小，则在滚柱之间的距离范围内干涉条纹的[　　]。

(A) 数目减少，间距变大　　(B) 数目增加，间距变小

(C) 数目不变，间距变小　　(D) 数目减少，间距不变

2. 如图 2 所示，若在牛顿环装置的透镜和两种材料做成的平板玻璃板间充满某种折射率液体，则从透射光方向所观察到的牛顿环的环心是[　　]。

(A) 暗斑　　(B) 明斑

(C) 左半部明右半部暗　　(D) 左半部暗右半部明

3. 光学平板玻璃 A 与平放的待测工件 B 之间形成空气劈尖，用波长为 600nm 单色光垂直照射，看到的反射光干涉条纹如图 3 所示，条纹弯曲部分的顶点恰好与左边条纹的直线部分相切，则工件的表面缺陷是[　　]。

(A) 不平处为凸纹，最大高度为 600nm　　(B) 不平处为凸纹，最大高度为 300nm

(C) 不平处为凹槽，最大深度为 600nm　　(D) 不平处为凹槽，最大深度为 300nm

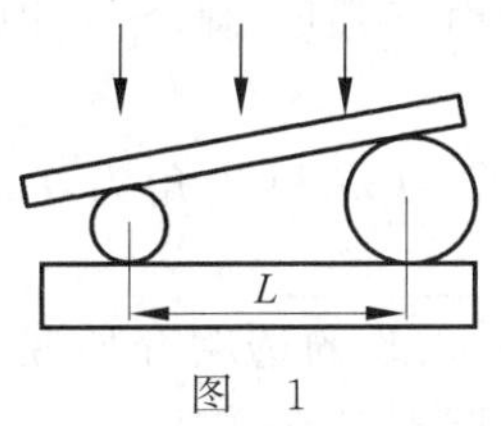

图 1

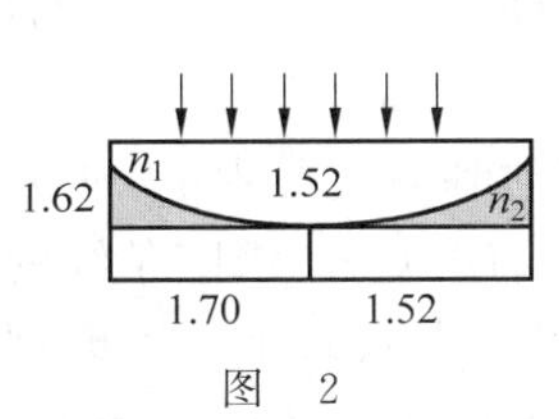

图 2

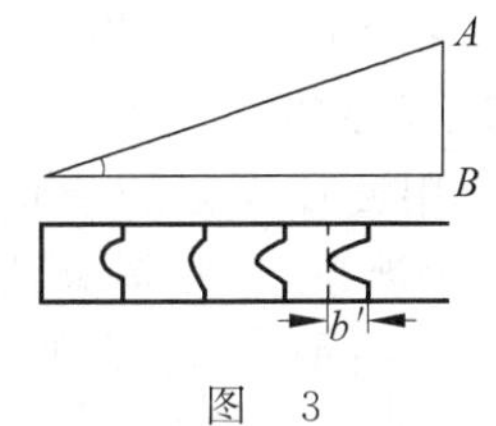

图 3

4. 在双缝实验中，用一块厚度为 e 的介质片盖住上方的一条缝，则条纹如何变化？[　　]。

(A) 向下平移，条纹间距不变　　(B) 不移动，条纹间距变小

(C) 向上平移，条纹间距不变　　(D) 向上平移，且条纹间距变小

二、填空题

1. 在真空中波长为 λ 的单色光，在折射率为 n 的均匀透明介质中，从 A 沿某路径传到 B，若 A、B 两点路径的长度为 $3\lambda/2n$，则 A、B 两点光振动的相位差 $\Delta\varphi$ 为________。

2. 在空气中有一透明材料做成的劈尖，劈尖角 $\theta=1.0\times10^{-4}$rad，在波长为 760nm 的红光垂直照射下，两相邻干涉条纹间距为 2.5mm，则此透明材料做成的劈尖的折射率为________。

3. 用波长为 λ 的红光垂直照射到空气劈尖上，观察反射光的干涉条纹，距顶点为 x 处

是明条纹。使劈尖角 θ 连续变大，直到该点处再次出现明条纹为止，此时劈尖角的改变量 $\Delta\theta=$________。

4. 用 400nm 的紫光照射在迈克耳孙干涉仪，调节可动反射镜 M，观察到干涉条纹移动了 2500 条，则可动反射镜 M 移动了________ mm。

三、计算题

1. 为了增加透射率，减少反射，常常在玻璃镜片（折射率为 1.50）上真空镀一层氟化镁的膜，已知空气折射率为 1.0，氟化镁的折射率为 1.35，设光波波长为 560nm，求氟化镁膜的最小厚度。

2. 已知折射率为 1.52 的两块玻璃板之间形成一个空气劈尖，用波长 420nm 的紫光垂直入射，产生等厚干涉条纹，现将劈尖放入折射率为 1.38 的液体中时，条纹间距缩小 0.48mm，求劈尖角 θ 是多大？

40 分钟练习二十四

（波动光学）

一、选择题

1. 两个几何形状完全相同的劈尖：一个是由空气中玻璃形成；另一个是夹在玻璃中的空气形成，当用相同的单色光分别垂直照射它们时，产生干涉条纹间距小的是[　　]。

(A) 空气中的玻璃劈尖　　(B) 玻璃夹层中的空气劈尖

(C) 两个劈尖干涉条纹间距相等　　(D) 观察不到玻璃劈尖的干涉条纹

2. 当用单色光垂直照射杨氏双缝时，下列说法正确的是[　　]。

(A) 减小双缝间距，则条纹间距变小　　(B) 减小屏缝距离，则条纹间距不变

(C) 减小入射波长，则条纹间距不变　　(D) 减小入射光强度，则条纹间距不变

二、填空题

1. 用波长为 λ 的紫光垂直照射到空气劈尖上，劈尖的折射率为 n，劈尖角为 θ，观察反射光的干涉条纹，则第 k 级暗条纹与第 $k+4$ 级暗条纹的间距是________。

2. 在折射率 n_1 为 1.5 的玻璃板上表面镀一层折射率 n_2 为 2.5 的透明介质膜可增强反射。设在镀膜过程中用一束波长为 760nm 的红光从上方垂直照射到介质膜上，并用照度表测量反射光的强度，如图 1 所示。当介质膜的厚度逐步增大时，反射光的强度发生时强时弱的变化，当观察到反射光的强度第二次出现最强时，则镀了________ nm 厚度的透明介质膜。

3. 若在牛顿环装置的透镜和平板玻璃板间充满某种折射率小于透镜折射率而大于平板玻璃的液体，如图 2 所示，则从透射光方向所观察到的牛顿环的环心是________。

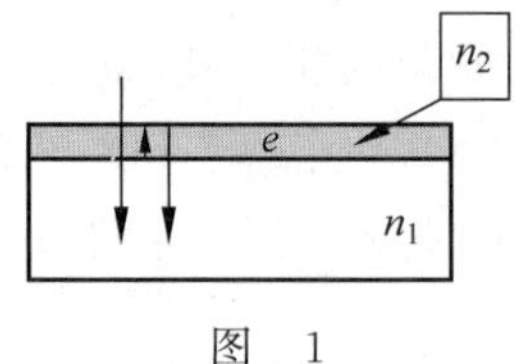

图 1

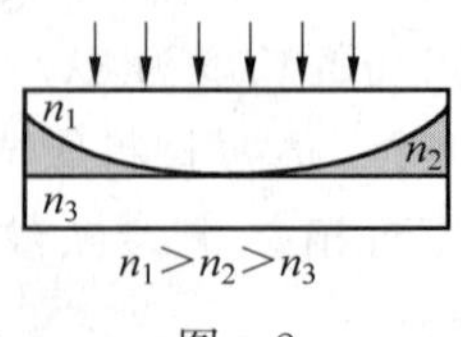

图 2

三、计算题

1. 一块厚 1.5μm 的折射率为 1.38 的透明膜片，以波长介于 400～760nm 的可见光垂直入射，求透射光中哪些波长的光最强？(提示：运用试算法)

2. 用牛顿环来测可见光的波长时，测得某一明环的直径为 3.60mm，在它外数第六个明环的直径为 5.80mm，所用凸透镜的曲率半径为 1.24m，求该单色光的波长。

40 分钟练习二十五

(波动光学)

一、选择题

1. 单缝夫琅禾费衍射实验中，波长为 λ 的单色光垂直入射到宽度为 $b=5\lambda$ 的单缝上，对应于衍射角 30°的方向上，单缝处波振面可分成的半波带数目和屏上出现的条纹分别是[　　]。

(A) 2 个，第 2 级明纹　　(B) 3 个，第 3 级暗纹

(C) 5 个，第 2 级暗纹　　(D) 5 个，第 2 级明纹

2. 单缝夫琅禾费衍射实验中，将单缝宽度稍稍变窄，同时将会聚透镜沿垂直于透镜光轴稍稍向下平移，则屏幕中央零级明纹[　　]。

(A) 变宽，不移动　　(B) 变窄，不移动

(C) 变窄，同时向上平移　　(D) 变宽，同时向上平移

(E) 变窄，同时向下平移　　(F) 变宽，同时向下平移

3. 单缝夫琅禾费衍射实验中，将单缝宽度稍稍变窄，同时使单缝沿垂直于透镜光轴稍稍向上平移，则屏幕中央零级明纹[　　]。

(A) 变窄，不移动　　(B) 变宽，不移动

(C) 变宽，同时向上平移　　(D) 变窄，同时向上平移

(E) 变窄，同时向下平移　　(F) 变宽，同时向下平移

4. 单缝夫琅禾费衍射实验中，将入射波长由波长较短的紫光改成波长较长的红光，则屏幕中央零级明纹[　　]。

(A) 变窄　　(B) 变宽

(C) 宽度不变　　(D) 没有衍射现象

二、填空题

1. 双缝的缝宽为 b，缝间距为 $2b$(缝的中心点的间隔)，则单缝中央衍射包络线内明条纹有________条。

2. 光栅衍射是光的________，b 为透光部分的宽度，b' 为不透光部分即两缝之间的间距，光的干涉产生明纹的条件是 $(b+b')\sin\varphi=k\lambda$，光的衍射产生暗纹的条件是________。

三、计算题

1. 方向单一的高速公路上埋设微波雷达，对于超速汽车，高速摄像机接收到微波雷达所侦测到的高速移动车辆，迅速进入快速抓拍状态进行违章取证。如图 1 所示，将雷达天线输出口看成是发出衍射波的单缝，衍射波能量主要集中在中央明纹范围内，一雷达设在距离

路边 d 处，射束与公路成 12°，而它的中央明纹两边射束与公路分别成 α_1 角和 α_2 角，假如发射天线的输出口宽度为 $b=0.15\mathrm{m}$，发射的微波波长是 26mm，在它监视范围内的公路长度 AB 大约是 200m 能拍到车牌号码，问雷达应设在距离路边 d 处多远比较合适？

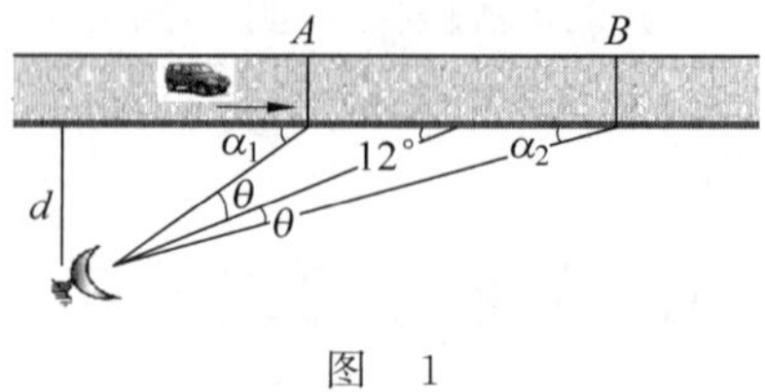

图 1

2. 试设计一个平面透射光栅的光栅常数，每厘米需刻多少条刻痕才能使得该光栅能将某种可见光的第一级衍射光谱展开 30°的范围。

40 分钟练习二十六

（波动光学）

一、选择题

1. 在单缝的夫琅禾费衍射实验中，屏上第四级暗纹对应的单缝处波面可划分为几个半波带[　　]。

(A) 4 个　　(B) 8 个　　(C) 2 个　　(D) 6 个

2. 在单缝的夫琅禾费衍射实验中，若将缝宽缩小一半，原来第四级暗纹处将是[　　]。

(A) 第二级亮纹　　(B) 仍是第四级暗纹

(C) 第四级亮纹　　(D) 第二级暗纹

3. 观察单色光垂直入射时的光栅图样，发现 ±4，±8 等主极大缺级，光栅透光部分的宽度为 0.2mm，则不透光部分的宽度为[　　]。

(A) 0.6mm　　(B) 0.8mm　　(C) 0.1mm　　(D) 0.3mm

4. 用波长为 550nm 的单色光垂直入射在一块光栅上，光栅每厘米刻有 2×10^4 条刻痕，透光部分宽度为 0.25μm，则在光栅衍射的中央明条纹中共含有谱线(主极大)[　　]。

(A) 2 条　　(B) 5 条　　(C) 4 条　　(D) 3 条

二、填空题

1. 人眼正常状态下的瞳孔直径大约为 4mm，可见光中对人眼最敏感的波长为 550nm，人眼在晚上能分辨远方迎面驶来的汽车前车灯两灯之间的距离约为 0.3m，此时车与人的距离是________。

2. 观察小圆孔衍射图样时，圆孔直径为 3mm，透镜焦距为 120cm，用波长为 550nm 的光观察，屏幕上可看到的艾里斑的直径是________。

3. 哈勃空间望远镜在 1990 年 4 月 24 日升上太空，最小分辨角可达 4×10^{-7} rad。2009 年 5 月 11 日，美国“亚特兰蒂斯”号航天飞机发射升空，机上的 7 名宇航员通过 5 次太空行走对哈勃太空望远镜再次进行了维护，更换了大量设备和辅助仪器。最后一次维修任务在 2014 年开始，詹姆斯·韦伯太空望远镜(JWST)发射升空，并逐步接替哈勃的工作。韦伯太空望远镜的主透镜直径至少 6.5m，可对 800nm 的红外光工作，韦伯太空望远镜的分辨本领将是哈勃空间望远镜的________倍。

4. 单缝宽度为 0.4mm，以波长 580nm 的单色光垂直照射，透镜焦距为 1.0m，则中央明纹的宽度为________，第二级暗纹距中心的距离为________。

三、计算题

1. 波长为 600nm 的单色光垂直入射到一光栅上，测得第二级主极大的衍射角为 30°，且第三级是缺级。求：

(1) 光栅常数等于多少?

(2) 透光缝可能的最小宽度等于多大?

(3) 求屏幕上在 $-\frac{\pi}{2}<\varphi<\frac{\pi}{2}$ 的衍射范围内可能呈现的全部主极大的级次。

2. 一衍射光栅每厘米刻有 3000 条，入射光包括红光和紫光两种成分，垂直入射到光栅上，发现与光栅法线 24.5°的方位上，红光和紫光谱线重合。试问：

(1) 在大于 400nm 小于 760nm 范围内红光和紫光的波长多大?

(2) 还会出现红光紫光重合谱线的衍射角多大?

(3) 出现单一的红光谱线的衍射角多大?

(本题采用试算法，$\sin 24.5°=0.415$)

40 分钟练习二十七

(波动光学)

一、选择题

1. 把两块偏振片堆叠在一起放置在一盏灯前，使其出射光强为零。当其中一偏振片慢慢转动 180°时透射光强度发生的变化为[　　]。

(A) 光强不变，始终为零

(B) 光强增大后不变

(C) 光强先增加到最大值，后又减小至零

(D) 光强先增加后减小，再增加到最大值

2. 将一束光强为 I_0 的线偏振光，先后通过两个偏振片，入射光的振动方向与前后两个偏振片的夹角分别为 $\theta(0°<\theta<90°)$ 和 90°，则穿过两个偏振片的光强为[　　]。

(A) $I_0 \sin^2\theta$　　(B) $0.5I_0 \cos^2\theta$

(C) 0　　(D) $0.25I_0 \sin^2 2\theta$

3. 当一束自然光在湖面上以布儒斯特角入射时，有[　　]。

(A) 反射光与入射光相互垂直

(B) 折射光线与入射光线相互垂直

(C) 折射光线为线偏振光，振动方向垂直于入射面

(D) 反射光线为线偏振光，振动方向垂直于入射面

4. 某自然光在两种媒质界面上发生全反射的临界角(即光从光密媒质射向光疏媒质且

折射角为 90°时的入射角)是 30°,则它在界面同一侧的布儒斯特角为[　　]。

(A) 60°　　(B) 30°　　(C) 26.6°　　(D) 63.4°

5. 当自然光从光密媒质(折射率为 n_1)射向光疏媒质(折射率为 n_2),其布儒斯特角为 α,反之,则当自然光从该光疏媒质射向光密媒质时的布儒斯特角为 β,则有[　　]。

(A) $\alpha=\beta$　　(B) $\alpha<\beta$　　(C) $\alpha>\beta$　　(D) 无法确定

二、填空题

1. 一束由自然光和线偏振光组成的混合光,垂直通过一偏振片,以此入射光束为轴旋转偏振片,测得透射光强度的最大值是最小值的 4 倍,则入射光束中自然光与线偏振光的强度之比为________。

2. 强度为 I_0 的自然光通过透振方向互相垂直的两块偏振片,若将第三块偏振片插入起偏器和检偏器之间,且它的透振方向和竖直方向成 θ 角,则透射光的光强为________。

3. 写出用一块偏振片鉴定自然光、线偏振光、部分偏振光的方法:__________。

三、计算题

1. 如图 1 所示,将一块有一定厚度的透明介质平板斜放在水中,板面与水面之间的夹角为 α,已知水的折射率为 1.33,介质板的折射率为 1.68,要使水面和介质板表面的反射光均为线偏振光,则 α 为多大?

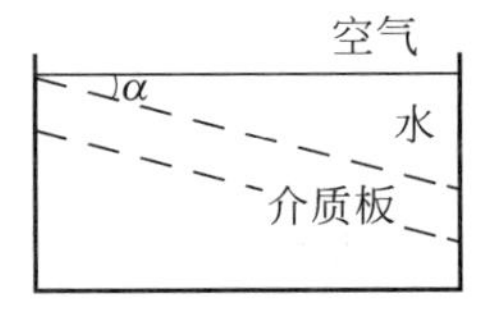

图 1

2. 使自然光通过两个偏振化方向相交 30°的偏振片,透射光强为 I_1;若在这两个偏振片之间插入另一偏振片,其偏振化方向与第一个偏振片成 60°,则透射光强为多少?

40 分钟练习二十八

(气体动理论)

一、选择题

1. 如图 1 所示,某容器内分子数密度为 $10^{26}/m^3$,每个分子的质量为 3×10^{-27}kg,若其中的 1/6 分子以速度 $v=2000$m/s 垂直向容器的一壁运动,而其余 5/6 的分子或离开该壁或离开壁且垂直向上运动。并假设分子与器壁间是完全弹性碰撞的,碰撞的分子作用于器壁的压强为[　　]N/m^2。

(A) 1.2×10^5　　(B) 2.0×10^5　　(C) 4.0×10^5　　(D) 2.0×10^6

(E) 4.0×10^6

2. 当锅炉内水蒸气的气压值超过正常气压值时,减小气压值的最可行方法是哪一条?[　　]。

(A) 立即熄灭　　(B) 立即注入一部分冷水

(C) 立即放掉一部分热水　　(D) 立即放掉一部分水蒸气

3. 有二容器,一盛氧气,一盛氢气。若氧气和氢气的方均根速率相等,氧气与氢气的温度比 $T_{O_2}:T_{H_2}$ 为[　　]。

(A) 1∶1　　(B) 1∶4　　(C) 16∶1

4. 如图 2 为在室温下氧气分子的速率分布曲线。若曲线上 A、B、C 三点相对应的速率属于氧气分子的平均速率、方均根速率和最可几速率，那么哪一点对应的是方均根速率？[　　]。

(A) A　　(B) B　　(C) C

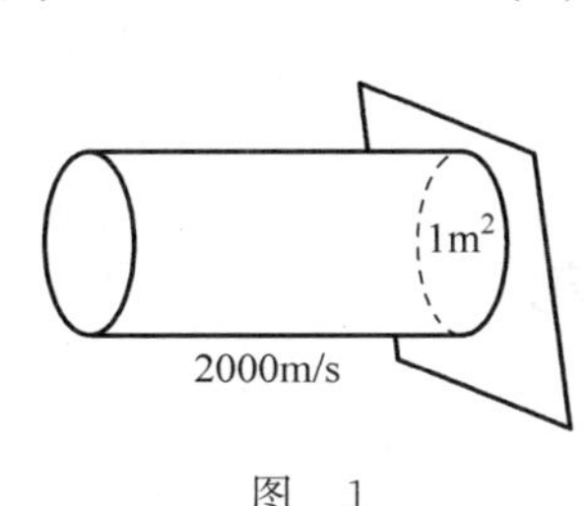

图 1

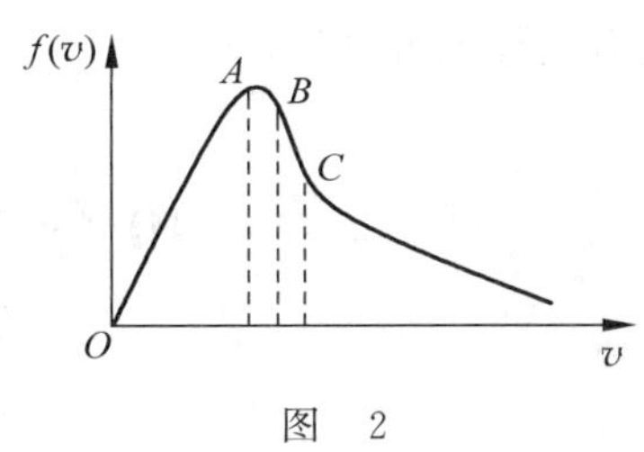

图 2

二、填空题

1. 有容积不同的 A、B 两个容器，A 中装有单原子分子理想气体，B 中装有双原子分子理想气体，若两种气体的压强相同，那么，这两种气体的单位体积的内能 $(E/V)_A$ 和 $(E/V)_B$ 的关系为________。

2. 若氧分子$[O_2]$气体离解为氧原子$[O]$气体后，其热力学温度提高一倍，则氧原子的平均速率是氧分子的平均速率的________倍。

3. 在一密闭容器中，储有三种理想气体 A、B、C，处于平衡状态。A 种气体的分子数密度为 n_1，它产生的压强为 p_1，B 种气体的分子数密度为 $2n_1$，C 种气体的分子数密度为 $3n_1$，则混合气体的压强 p 为________。

三、简答题

推导理想气体压强公式可分四步：

(1) 求任一分子 i 一次碰撞器壁施于器壁的冲量为 $2mv_{ix}$；

(2) 求分子 i 在单位时间内施于器壁冲量的总和为 $\dfrac{m}{l_1}v_{ix}^2$；

(3) 求所有 N 个分子在单位时间内施于器壁的总冲量为 $(m/l_1)\sum\limits_{l=1}^{N}(v_{ix})^2$；

(4) 求所有分子在单位时间内施于单位面积器壁的总冲量——压强为

$$p=[m/(l_1l_2l_3)]\sum_{i=1}^{N}(v_{ix})^2=(2/3)n\bar{w}$$

在上述四步过程中，哪几步用到了理想气体模型的假设？哪几步用到了平衡态的条件？哪几步用到了统计平均的概念？(l_1、l_2、l_3 分别为长方形容器的三个边长)

四、计算题

1. 导体中自由电子的运动可以看作类似于气体分子的运动，所以通常称导体中的自由电子为电子气。设导体中共有 N 个自由电子，电子气中电子的最大速率为 v_f(称作费米速率)。电子的速率分布函数为

$$f(v)=\begin{cases}4\pi Av^2, & 0\leqslant v\leqslant v_f\\ 0, & v>v_f\end{cases}$$

式中,A 为常量。(1)用 v_f 确定常数 A;(2)求电子气中一个自由电子的平均动能。

2. 一容积为 $V=1.0\text{m}^3$ 的容器内装有 $N_1=1.0\times10^{24}$ 个氧分子和 $N_2=3.0\times10^{24}$ 个氮分子的混合气体,混合气体的压强 $p=2.58\times10^4\text{Pa}$。试求:

(1) 分子的平均平动动能;

(2) 混合气体的温度。

40 分钟练习二十九

(气体动理论)

一、选择题

1. 把内能为 U_1 的 1mol 氢气和内能为 U_2 的 1mol 的氦气相混合,在混合过程中与外界不发生任何能量的交换。若这两种气体视为理想气体,那么达到平衡后混合气体的温度为[ ]。

(A) $\frac{U_1+U_2}{3R}$　　(B) $\frac{U_1+U_2}{4R}$

(C) $\frac{U_1+U_2}{5R}$　　(D) 条件不足,难以确定

2. 某容器装有温度为 273K 和压强为 1atm 的 O_2。试问容器中 O_2 的方均根速率为[ ]m/s。

(A) 185　　(B) 333　　(C) 462

(D) 590　　(E) 1100

3. 设 M 为气体的质量,m 为气体分子质量,N 为气体分子总数目,n 为气体分子数密度,N_0 为阿伏伽德罗常数,则下列各式中哪一式表示气体分子的平均平动动能?[ ]。

(A) $\frac{3m}{2M}pV$　　(B) $\frac{3m}{2M_{mol}}pV$

(C) $\frac{3}{2}npV$　　(D) $\frac{3M_{mol}}{2M}N_0pV$

4. 1mol 单原子理想气体在 1atm 下从 0℃上升到 100℃时,内能的增量为[ ]J。

(A) 2.3　　(B) 46　　(C) 125

(D) 1250　　(E) 12 500

二、填空题

1. 在重力场中,气体(分子质量为 m)温度 T 恒定,取 z 轴竖直向上,$z=0$ 处的分子数密度为 n_0,则任一高度 z 处的分子数密度为 $n=$________。若 $z=0$ 处的压强为 p_0,并测得高度 z 处的压强为 p,则 z 与 p 之间的关系为 $z=$________。

2. 同一温度下的氢气和氧气的速率分布曲线如图 1 所示,其中曲线①为________气的速率分布曲线,________气的最概然速率较大。

3. 在一个以匀速度 v 运动的容器中,盛有分子质量为 m 的某种单原子理想气体,若使容器突然停止运动,则气体状态达到平衡后,其温度的增量(玻耳兹曼常数为 k)$\Delta T=$________。

4. 两个相同的容器，一个盛氢气，一个盛氦气（均视为刚性分子理想气体），开始时它们的压强和温度都相等，现将 6J 热量传给氦气，使之升高到一定温度。若使氢气也升高同样温度，则应向氢气传递热量________。

三、计算题

1. 假想的气体分子，其速率分布如图 2 所示，总分子数为 N。当 $v>5v_0$ 时分子数为零。(1)根据 N 和 v_0，表示常数 a 的值；(2)求速率在 $2v_0 \sim 3v_0$ 间隔内的分子数；(3)求分子的平均速率。

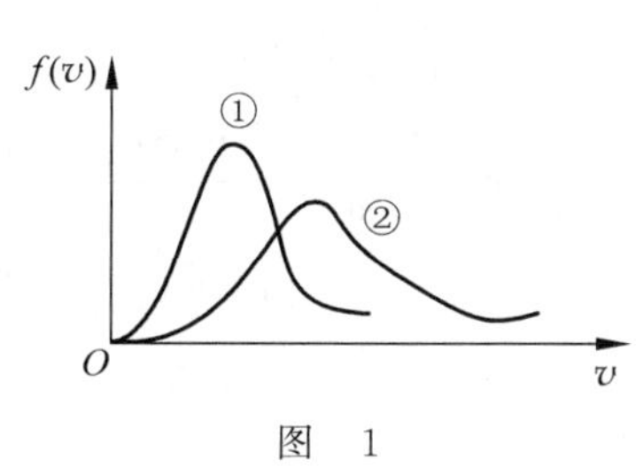

图　1

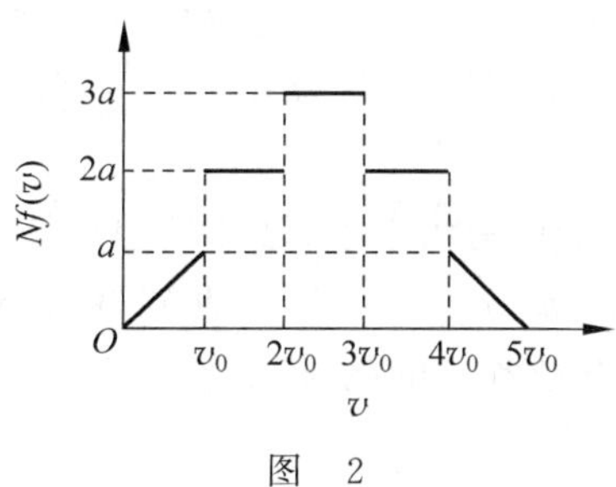

图　2

2. 在半径为 R 的球形容器里贮有分子有效直径为 d 的气体，试求该容器中最多可容纳多少个分子，才能使气体分子之间不致相碰？

40 分钟练习三十

（气体动理论）

一、选择题

1. 不同种类的两瓶理想气体，它们的体积不同，但温度和压强都相同，则单位体积内的气体分子数 n，单位体积内的气体分子的总平动动能 E_k/V，单位体积内的气体质量 ρ，分别有如下关系：[　　]。

(A) n 不同，E_k/V 不同，ρ 不同　　(B) n 不同，E_k/V 不同，ρ 相同

(C) n 相同，E_k/V 相同，ρ 不同　　(D) n 相同，E_k/V 相同，ρ 相同

2. 把温度为 T_1 的 1mol 氢气和温度为 T_2 的 1mol 氦气相混合，在混合过程中与外界不发生任何能量交换。若这两种气体视为理想气体，那么达到平衡后混合气体的温度为[　　]。

(A) $\frac{1}{2}(T_1+T_2)$　　(B) $\frac{1}{3}(T_1+T_2)$

(C) $\frac{1}{8}(3T_1+5T_2)$　　(D) 条件不足，难以确定

3. 如果在一固定容器内，理想气体分子速率提高为原来的二倍，那么[　　]。

(A) 温度和压强都提高为原来的二倍

(B) 温度提高为原来的四倍，压强提高为原来的二倍

(C) 温度提高为原来的二倍,压强提高为原来的四倍

(D) 温度与压强都提高为原来的四倍

(E) 由于体积固定,所以温度和压强都不变化

4. 相同条件下,氧原子的平均动能是氧分子的平均动能的[　　]倍。

(A) 6/5　　(B) 3/5　　(C) 3/10　　(D) 1/2　　(E) 1/3

二、填空题

1. 图1所示的曲线分别表示了氢气和氦气在同一温度下的麦克斯韦分子速率的分布情况。由图可知:氦气分子的最概然速率为________,氢气分子的最概然速率为________。

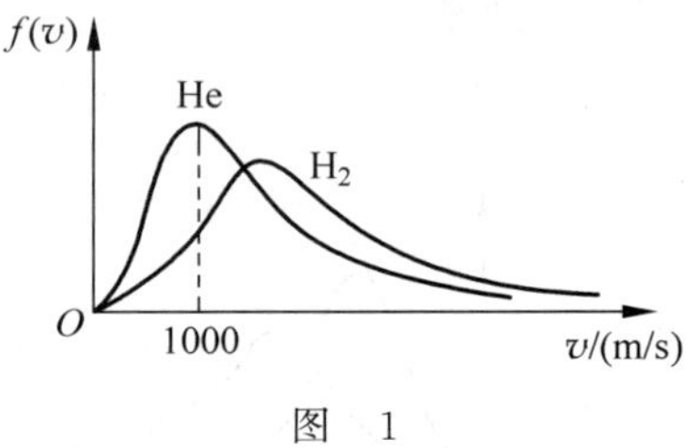

图 1

2. 在平衡状态下,已知理想气体分子的麦克斯韦速率分布函数为 $f(v)$、分子质量为 m、最概然速率为 v_p,试说明下列各式的物理意义。

(1) $\int_{v_p}^{\infty} f(v)\mathrm{d}v$ 表示________________;

(2) $\int_0^{\infty} \frac{1}{2}mv^2 f(v)\mathrm{d}v$ 表示________________。

3. 在容积为 $V=4\times10^{-3}\,\mathrm{m}^3$ 的容器中,装有压强 $p=5\times10^2\,\mathrm{Pa}$ 的理想气体,则容器中气体分子的平动动能总和为________。

三、计算题

根据麦克斯韦速率分布律 $f(v)=4\pi\left(\frac{\mu}{2\pi kT}\right)^{3/2}\mathrm{e}^{-\frac{\mu}{2kT}v^2}v^2$,试求:

(1) 平动动能 $\varepsilon\left(=\frac{1}{2}\mu v^2\right)$ 介于 $\varepsilon\to\varepsilon+\mathrm{d}\varepsilon$ 之间的分子数占总分子数的比例;

(2) 平动动能的最概然值 ε_p。

四、证明题

根据麦克斯韦速率分布率,试证明:速率在最概然速率 $v_p\sim v_p+\Delta v$ 区间内的分子数与 $\sqrt{T}$ 成反比。(设 Δv 很小)

40 分钟练习三十一

(热力学基础)

一、选择题

1. 在标准状态下的 5mol 氧气,经过一绝热过程,它对外界做功 831J,那么这氧气终态的温度为[　　]。

(A) 8℃　　(B) −8℃　　(C) 40℃　　(D) −40℃

2. 各为 1mol 的氢气和氦气,从同一初状态(p_0,V_0)开始作等温膨胀。若氢气膨胀后体积变为 $2V_0$,氦气膨胀后压强变为 $\frac{p_0}{2}$,那么它们从外界吸收的热量之比 $Q_{H_2}:Q_{He}$

为[　　]。

(A) 1∶1　　(B) 1∶2　　(C) 2∶1　　(D) 4∶1

3. 1mol 的氧气经历如图 1 所示的两种过程，由状态 a 变化到状态 b。若氧气经历绝热过程 R_1 时对外做功 75J，而经历过程 R_2 时对外做功 100J，那么经历过程 R_2 时，氧气从外界吸热为[　　]。

(A) 25J　　(B) -25J

(C) 175J　　(D) -175J

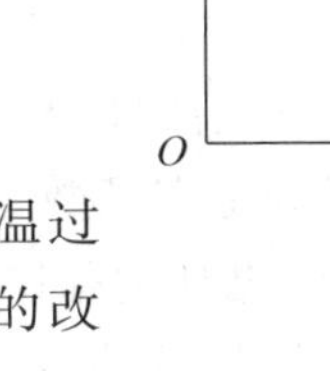

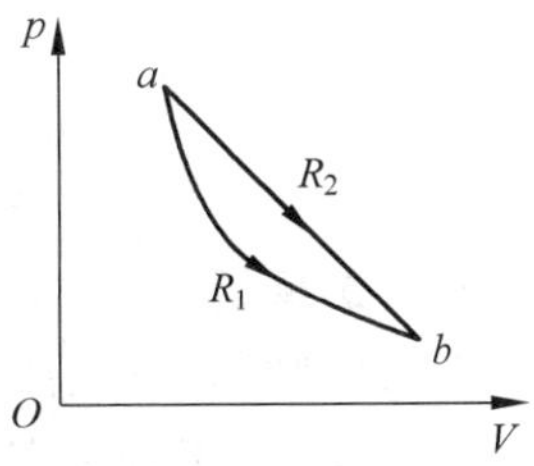

图　1

4. 质量一定的理想气体，从相同状态出发，分别经历等温过程、等压过程和绝热过程，使其体积增加一倍，那么气体温度的改变(绝对值)在[　　]。

(A) 绝热过程中最大，等压过程中最小

(B) 绝热过程中最大，等温过程中最小

(C) 等压过程中最大，绝热过程中最小

(D) 等压过程中最大，等温过程中最小

二、填空题

1. 如图 2 表示的两个卡诺循环，第一个沿 $ABCDA$ 进行，第二个沿 $ABC'D'A$ 进行，这两个循环的效率 η_1 和 η_2 的关系是________，这两个循环所做的净功 A_1 和 A_2 的关系是________。

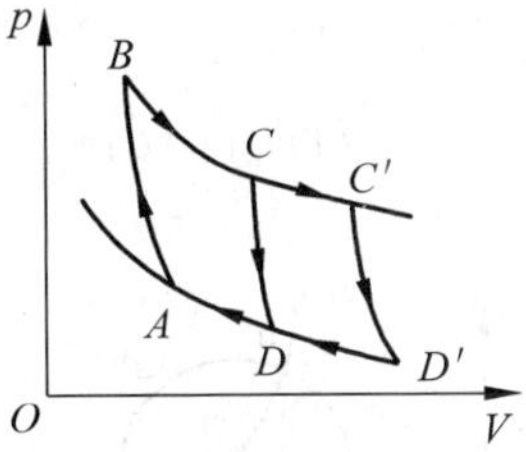

图　2

2. 一气体分子的质量可以根据该气体的定容比热容来计算，氩气的定容比热容 $c_v=0.314\text{kJ}\cdot\text{kg}^{-1}\cdot\text{K}^{-1}$，则氩原子的质量 $m=$________。($1\text{kcal}=4.18\times10^3\text{J}$)

3. 设高温热源的热力学温度是低温热源的热力学温度的 n 倍，则理想气体在一次卡诺循环中，传给低温热源的热量是从高温热源吸取的热量的________倍。

三、计算题

1. ν_1 mol 的单原子分子理想气体与 ν_2 mol 的双原子分子理想气体混合组成一种理想气体，已知该混合理想气体在常温下的绝热方程为

$$pV^{\frac{11}{7}}=\text{常量}$$

试求 ν_1 与 ν_2 的比值 a。

$\left(\text{混合气体的比热容比为 }\gamma=1+\dfrac{(\nu_1+\nu_2)R}{\nu_1 C_{V1}+\nu_2 C_{V2}}\right)$

2. 除非温度很低，许多物质的定压摩尔热容都可以表示为

$$C_p=a+2bT-cT^2$$

式中，a、b、c 均为常数。试求：

(1) 在定压情况下，1mol 物质的温度从 T_1 升至 T_2 时需要吸收的热量；

(2) 在温度 T_1 和 T_2 之间的平均摩尔热容。

40 分钟练习三十二

（热力学基础）

一、选择题

1. 试判断以下说法哪个是正确的？[　　]

(A) 由于熵是态函数，因此任何循环过程的熵变必为零

(B) 因为经循环过程体系回到了原来的状态，因此不可逆绝热循环过程的熵变也为零

(C) 已知态 B 的熵 S_B 小于态 A 的熵 S_A，由熵增加原理可得，由 A 态不可能通过一个不可逆过程达到 B 态

(D) 气体向真空自由膨胀，因为 $\mathrm{d}Q=0$，所以熵不变，即 $S_1=S_2$

2. 一定量的理想气体，经历某过程后，它的温度升高了，则根据热力学定律可以断定：

(1) 该理想气体系统在此过程中吸了热

(2) 在此过程中外界对该理想气体系统做了正功

(3) 该理想气体系统的内能增加了

(4) 在此过程中理想气体系统既从外界吸了热，又对外做了正功

以上正确的断言是[　　]。

(A) (1)(3)　　(B) (2)(3)　　(C) (3)　　(D) (3)(4)

(E) (4)

3. 一定量的理想气体，从 a 态出发经过①或②过程到达 b 态，acb 为等温线（见图 1），则①、②两过程中外界对系统传递的热量 Q_1、Q_2 是[　　]。

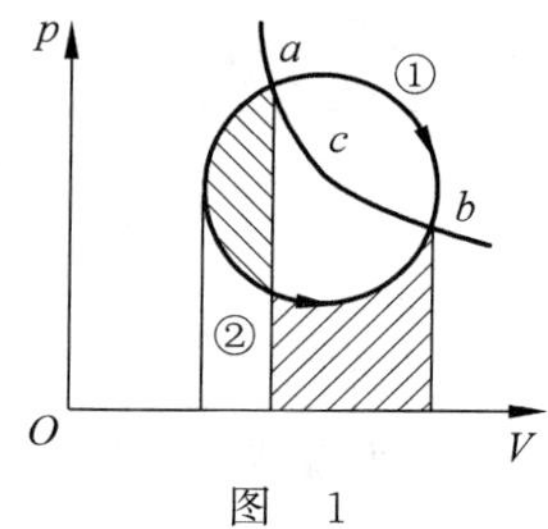

图 1

(A) $Q_1>0, Q_2>0$

(B) $Q_1<0, Q_2<0$

(C) $Q_1>0, Q_2<0$

(D) $Q_1<0, Q_2>0$

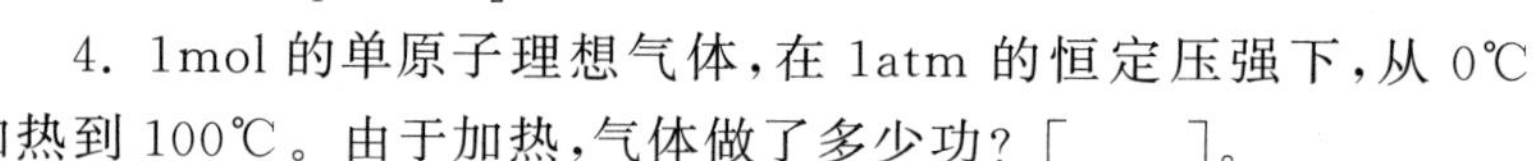

4. 1mol 的单原子理想气体，在 1atm 的恒定压强下，从 0℃加热到 100℃。由于加热，气体做了多少功？[　　]。

(A) 7.4J　　(B) 38J　　(C) 8.31×10^2J　　(D) 1.3×10^3J

(E) 7.4×10^4J

二、填空题

1. 下面给出理想气体状态方程的几种微分形式，指出它们各表示什么过程。

(1) $p\mathrm{d}V=(M/M_{\mathrm{mol}})R\mathrm{d}T$ 表示________过程；

(2) $V\mathrm{d}p=(M/M_{\mathrm{mol}})R\mathrm{d}T$ 表示________过程；

(3) $p\mathrm{d}V+V\mathrm{d}p=0$ 表示________过程。

2. 一定量的理想气体经历 acb 过程时吸热 200J，则经历 $acbda$ 过程时（见图 2），吸热为________。

3. 一定量的理想气体，其状态改变在 p-T 图上沿着一条直线从平衡态 a 到平衡态 b（见图 3），可知这是一个________过程。

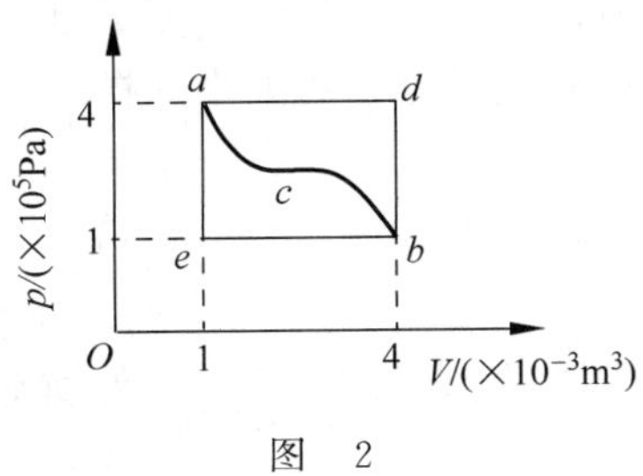

图　2

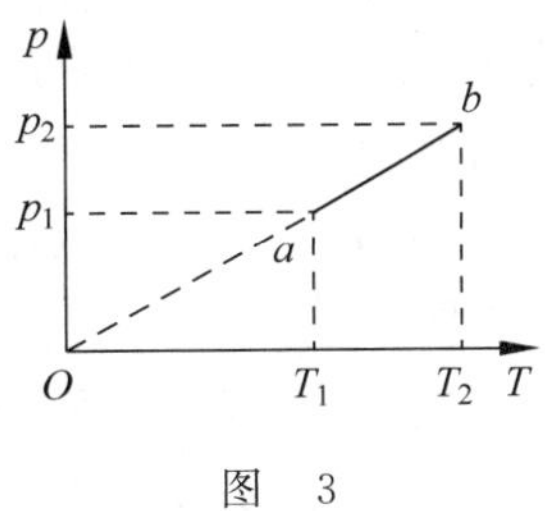

图　3

三、计算题

由 ν_1 mol 氦气和 ν_2 mol 的氮气组成混合理想气体，当混合气体经历一准静态绝热过程时，试求：

(1) 混合气体的定容摩尔热容和定压摩尔热容。

(2) 在该过程中混合气体的温度与体积的函数关系。（已知 C_{V1} 和 C_{V2} 分别是氦气和氮气的定容摩尔热容）

40 分钟练习三十三

（热力学基础）

一、选择题

1. 某理想气体分别进行了如图 1 所示的两个卡诺循环 Ⅰ($abcda$)和 Ⅱ($a'b'c'd'a'$)，已知两低温热源温度相等，且两循环曲线所围面积相等，设循环 Ⅰ 的效率为 η，从高温热源吸热 Q，循环 Ⅱ 的效率为 η'，从高温热源吸热 Q'，则[　　]

(A) $\eta<\eta', Q<Q'$　　(B) $\eta>\eta', Q<Q'$

(C) $\eta<\eta', Q>Q'$　　(D) $\eta>\eta', Q>Q'$

2. 一系统从同一初态 a 经三个不同的过程变化到相同的末态 d，过程 R_1、过程 R_2 和过程 R_3 分别如图 2 所示。比较这三个过程中系统对外做的功为[　　]。

(A) $W_1<W_2<W_3$　(B) $W_1=W_2=W_3$　(C) $W_1>W_2>W_3$

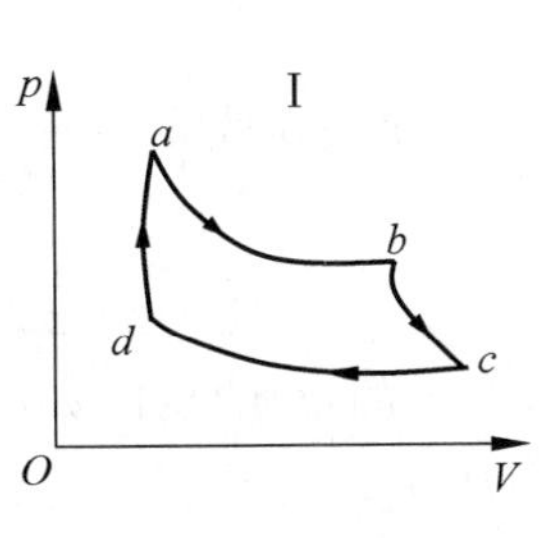

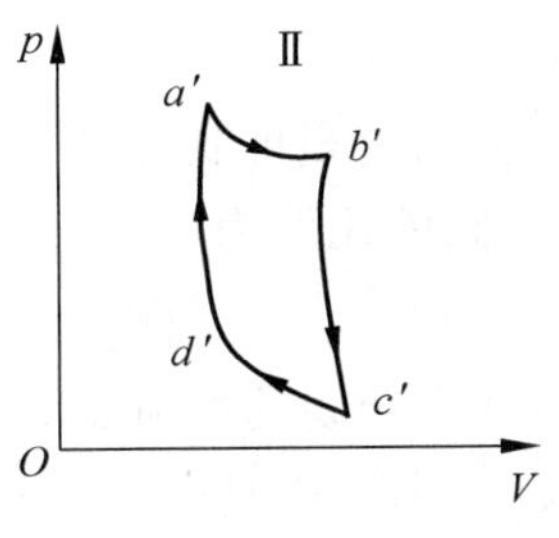

图　1

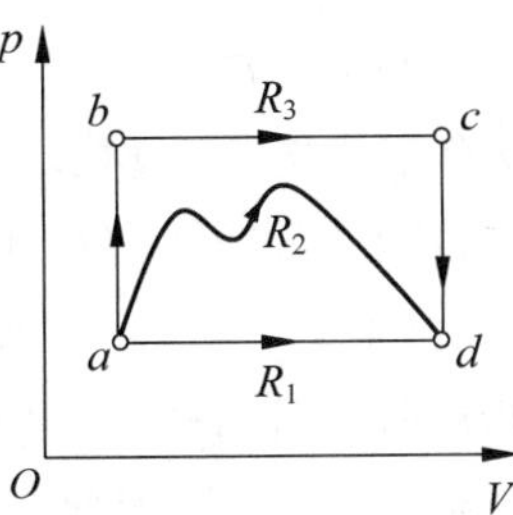

图　2

3. 一种三原子的理想气体，与另一种双原子的理想气体具有相同的比热比(即定压比热与定容比热之比)，这时：

(1) 三原子分子中原子的排列是线性的　(2) 两种气体具有相同的分子量

(3) 分子的原子可以看成质点　(4) 两种气体分子的大小一样

以上正确的是[　　]。

(A) (3)(4)　(B) (1)(3)　(C) (2)(4)　(D) (1)(2)

二、填空题

1. 对于室温下的双原子分子理想气体，在等压膨胀的情况下，系统对外所做的功与从外界吸收的热量之比 A/Q 等于________。

2. 在相同的温度和压强下，单位体积的氢气(视为刚性双原子分子气体)和氦气的内能之比为________，单位质量的氢气和氦气的内能之比为________。

3. 一定量理想气体从体积 V_1 膨胀到体积 V_2 分别经历的过程是：$A\to B$ 等压过程；$A\to C$ 等温过程；$A\to D$ 绝热过程，如图 3 所示，其中吸热最多的是________过程。

三、证明题

试证明如图 4 所示的循环过程其摩尔热容不可能为常量。

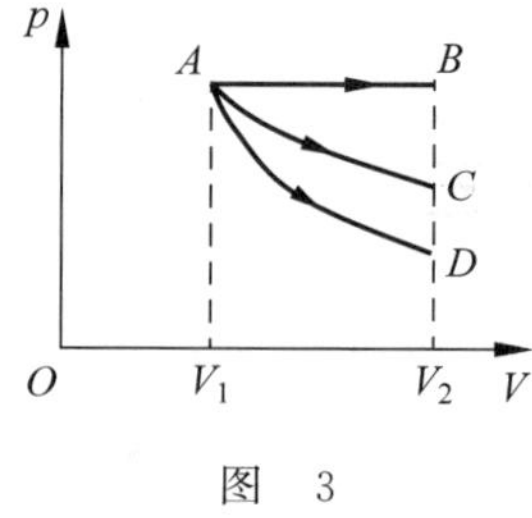

图 3

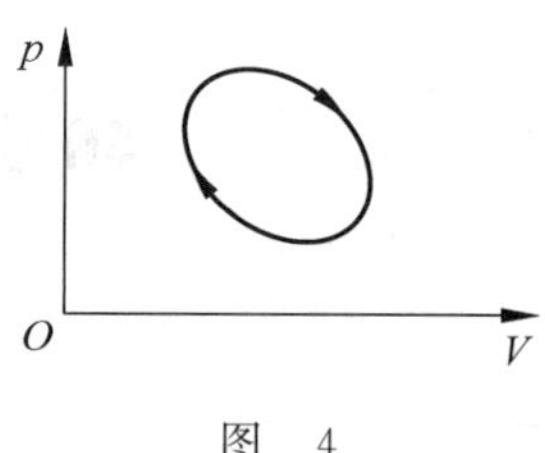

图 4

40 分钟练习三十四

(静电场)

一、选择题

1. 若均匀电场 E 平行于半径为 R 的半球的轴，则通过半球的电通量 ϕ 为[　　]。

(A) πR^2E　(B) $2\pi RE$　(C) $\pi R^2E/2$

(D) $\sqrt{2}\pi R^2E$　(E) $\pi R^2E/\sqrt{2}$

2. 设有带负电的小球 A、B、C，它们的电量的比为 1∶3∶5，三球均在同一直线上，A、C 固定不动，而 B 也不动时，BA 与 BC 间的比值为[　　]。

(A) 1∶5　(B) 5∶1　(C) $1:\sqrt{5}$　(D) 1∶25

3. 两大小相同的球，质量均为 m，并带相同的电荷 q，以长度为 l 的丝线悬挂，如图 1 所示，设 θ 较小，$\tan\theta$ 可以近似用 $\sin\theta$ 表示，则平衡时两球分开的距离 x 约等于[　　]。

(A) $\left(\dfrac{kq^2l}{mg}\right)^{1/3}$　(B) $\left(\dfrac{2lkq^2}{mg}\right)^{1/3}$

(C) $\left(\frac{kq^2 l}{2mg}\right)^{1/3}$　　(D) $\left(\frac{2mg}{kq^2 l}\right)^{1/3}$

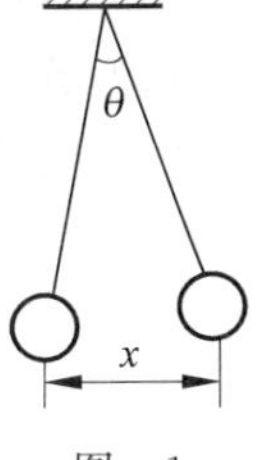

图 1

4. 在失重的情况下($g=0$),使单摆的摆球带正电,在平面地板上均匀分布负电,它对带正电的摆球有引力,若摆球所受的电力为恒力 F,摆球质量为 m,摆长为 l,则此单摆振动(可视作甚小角度的摆动)的周期为[　　]。

(A) $2\pi\sqrt{\frac{l}{Fm}}$　　(B) $2\pi\sqrt{\frac{m}{Fl}}$　　(C) $2\pi\sqrt{\frac{ml}{F}}$

(D) $4\pi^2\sqrt{\frac{ml}{F}}$　　(E) $2\pi\sqrt{\frac{F}{ml}}$

二、填空题

1. 已知均匀带正电圆盘的静电场的电力线分布如图 2 所示。由该电力线分布图可断定圆盘边缘处一点 P 的电势 U_P 与中心 O 处的电势 U_O 的大小关系是________。

2. 在空间有一非均匀电场,其电力线分布如图 3 所示。在电场中作一半径为 R 的闭合球面 S,已知通过球面上某一面元 ΔS 的电场强度通量为 $\Delta\Phi_e$,则通过该球面其余部分的电场强度通量为________。

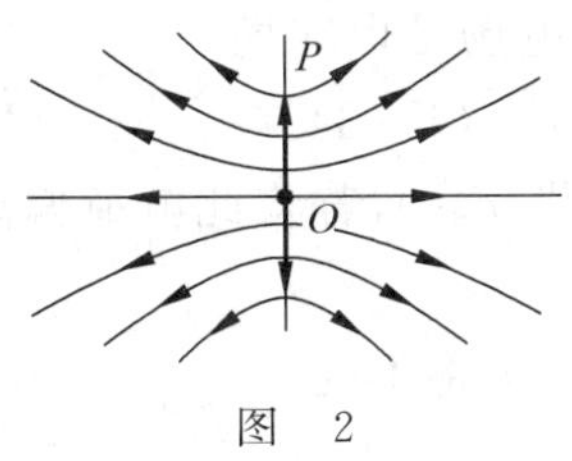

图 2

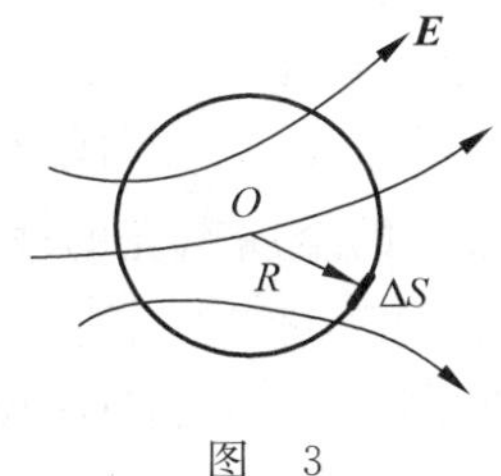

图 3

3. 如图 4 所示,两个同心球壳,内球壳半径为 R_1,均匀带有电量 Q;外球壳半径为 R_2,壳的厚度忽略,原先不带电,与地相连接。设地为电势零点,则在内球壳里面、距离球心为 r 的 P 点处电场强度的大小为________,电势为________。

三、计算题

1. 如图 5 所示,一无限大均匀带电平面,电荷面密度为 $+\sigma$,其上挖去一半径为 R 的圆孔。通过圆孔中心 O,并垂直于平面的 x 轴上有一点 P,$OP=x$。试求 P 点处的场强。

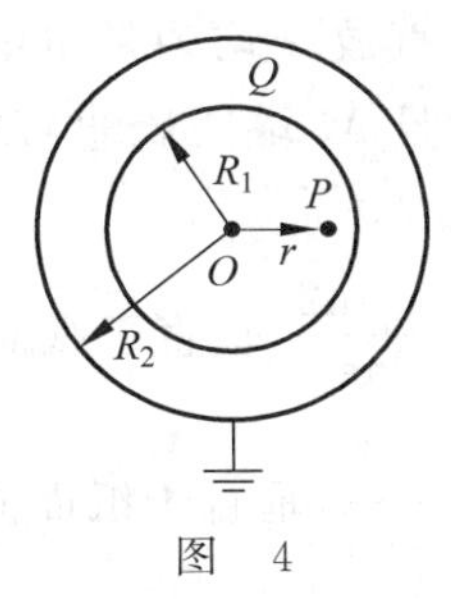

图 4

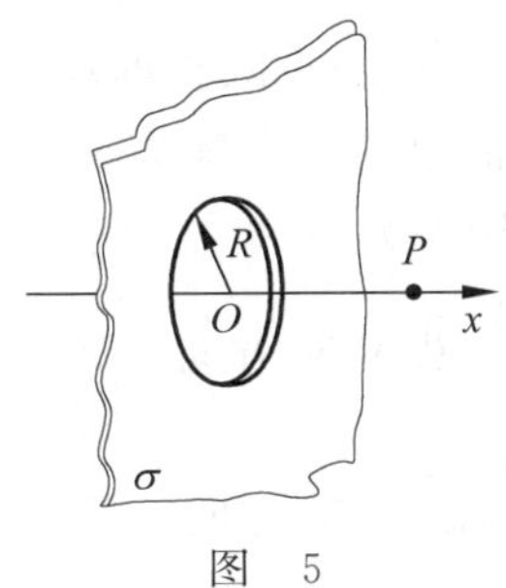

图 5

2. 电荷以相同的面密度 σ 分布在半径为 $r_1=10\text{cm}$ 和 $r_2=20\text{cm}$ 的两个同心球面上,设无限远处电势为零,球心处的电势为 $U_0=300\text{V}$。

(1) 求电荷的面密度 σ。

(2) 若要使球心处的电势也为零,外球面上应放掉多少电荷?

$[\varepsilon_0 = 8.85\times10^{-12}\mathrm{C}^2/(\mathrm{N}\cdot\mathrm{m}^2)]$

40 分钟练习三十五

(静电场)

一、选择题

1. 如图 1 所示,两无限大平行平面,其电荷面密度均为 $+\delta$,图中 a,b,c 三处的电场强度的大小分别为[　　]。

(A) $0,\dfrac{\delta}{\varepsilon_0},0$　　(B) $\dfrac{\delta}{\varepsilon_0},0,\dfrac{\delta}{\varepsilon_0}$　　(C) $\dfrac{\delta}{2\varepsilon_0},\dfrac{\delta}{\varepsilon_0},\dfrac{\delta}{2\varepsilon_0}$　　(D) $0,\dfrac{\delta}{2\varepsilon_0},0$

2. 电场的环流定理 $\oint \boldsymbol{E}\cdot \mathrm{d}\boldsymbol{l}=0$,说明了静电场的哪些性质?[　　]

(1) 静电场的电力线不是闭合曲线　　(2) 静电力是保守力

(3) 静电场是有源场　　(4) 静电场是保守场

(A) (1)(4)　　(B) (2)(3)　　(C) (1)(3)　　(D) (2)(4)

3. 在一不带电的金属球壳的球心处放置一点电荷 $q>0$,若将此电荷偏离球心,则该球壳的电位[　　]。

(A) 将升高　　(B) 将降低　　(C) 将不变

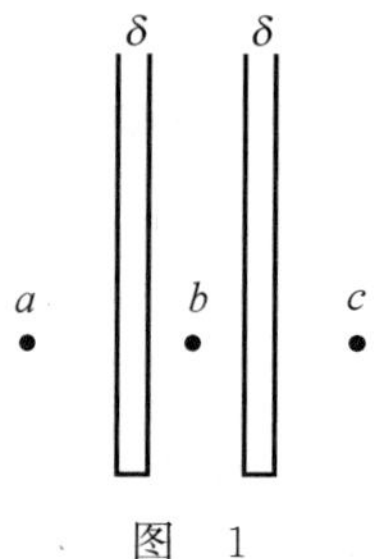

图 1

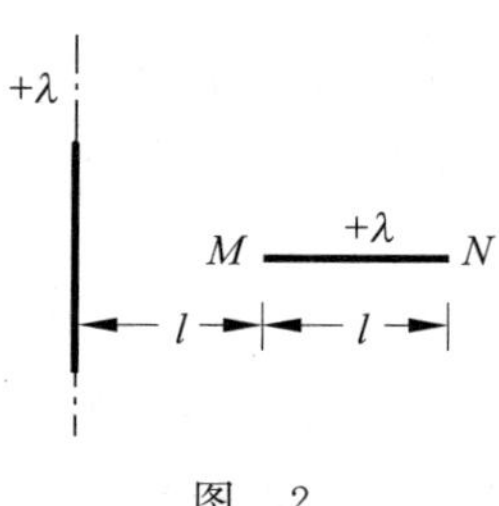

图 2

4. 如图 2 所示,在一无限长的均匀带电的细棒旁垂直放一均匀带电的细棒 MN,且二细棒共面,若二棒的电荷线密度为 $+\lambda$,细棒 MN 长为 l,且 M 端距长直细棒也为 l,那么细棒 MN 受到的电场力为[　　]。

(A) $\dfrac{\lambda^2\ln 2}{2\pi\varepsilon_0}$,沿 MN 方向　　(B) $\dfrac{\lambda^2\ln 2}{2\pi\varepsilon_0}$,垂直于纸面向里

(C) $\dfrac{\lambda^2\ln 2}{\pi\varepsilon_0}$,沿 MN 方向　　(D) $\dfrac{\lambda^2}{\pi\varepsilon_0}$,垂直于纸面向里

二、填空题

1. 质量均为 m,相距为 r_1 的两个电子,由静止开始在电力作用下(忽略重力作用)运动至相距为 r_2,此时每一个电子的速率为________。

2. 如图 3 所示，一点电荷 q 位于正立方体的 A 角上，则通过侧面 $abcd$ 的电通量 $\Phi_e=$________。

3. 真空中有一电量为 Q 的点电荷，在与它相距为 r 的 a 点处有一试验电荷 q。现使试验电荷 q 从 a 点沿半圆弧轨道运动到 b 点，如图 4 所示，则电场力做功为________。

4. 在静电场中，电势不变的区域，场强必定为________。

5. 有一边长为 a 的正方形平面，在其中垂线上距中心 O 点 $a/2$ 处有一电量为 q 的正点电荷，如图 5 所示，则通过该平面的电场强度通量为________。

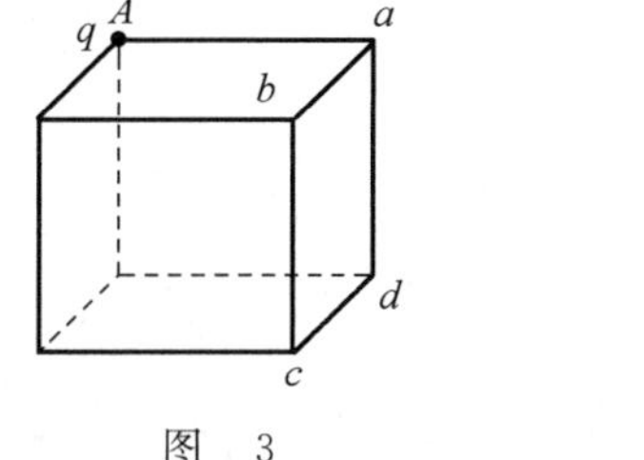

图 3

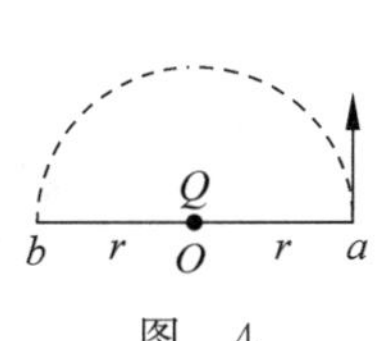

图 4

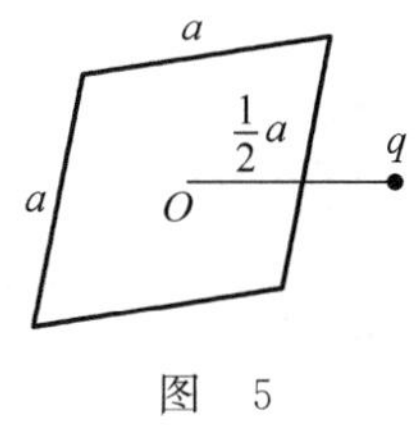

图 5

三、计算题

1. 电量 q 均匀分布在长为 l 的细杆上，求杆的延长线上与杆一端距离为 a 的 P 点的电势(设无穷远处为电势零点)。

2. 一个电荷按体密度 $\rho=\rho_0\dfrac{\mathrm{e}^{-k\gamma}}{r}$ 对称分布的球体，试求带电球体场强的分布。

40 分钟练习三十六

（静电场）

一、选择题

1. 两块"无限大"均匀带电的平行平板的电荷面密度分别为 $+\sigma$ 和 $-\sigma$，放在与平面相垂直的 x 轴上的 $+a$ 和 $-a$ 位置上，如图 1 所示。设坐标原点 O 处电势为零，则在 $-a<x<+a$ 区域的电势分布曲线为[　　]。

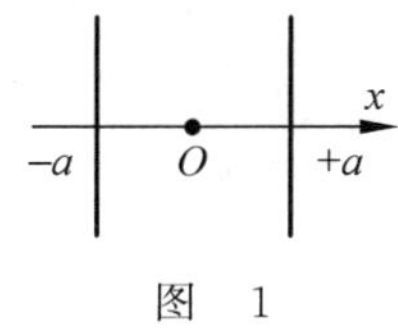

图 1

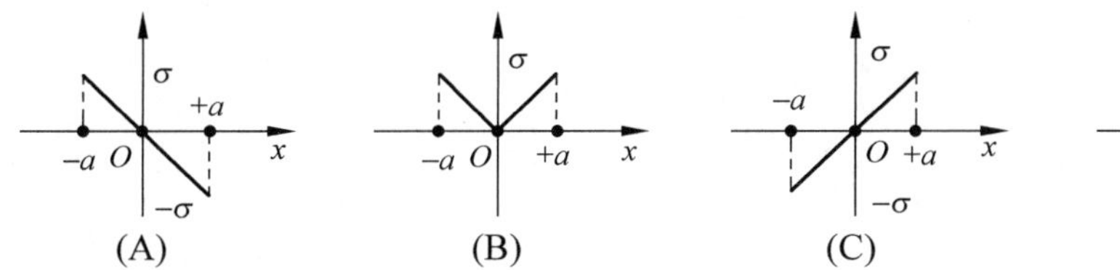

2. 一根均匀细刚体绝缘杆，用细丝线系住一端悬挂起来，先让它的两端部分别带上电荷$+q$和$-q$，再加上水平方向的均匀电场$\boldsymbol{E}$，如图2所示。试判断当杆平衡时，将处于下面各图中的哪种状态？[　　]

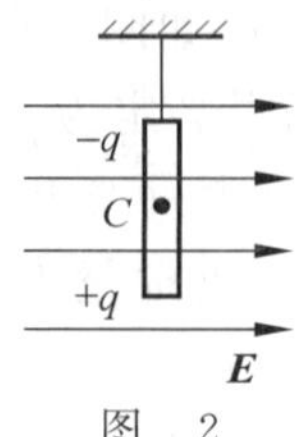

图 2

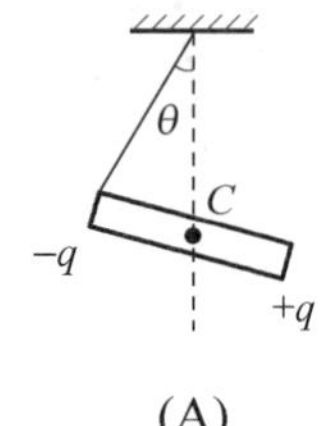

(A)

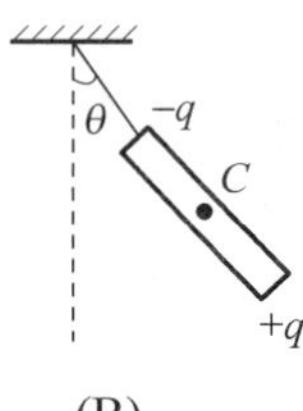

(B)

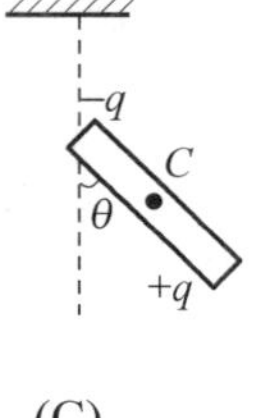

(C)

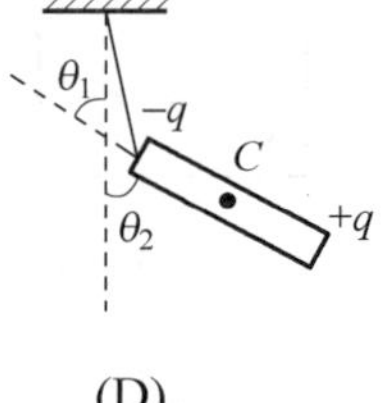

(D)

3. 真空中两块互相平行的无限大均匀带电平板，其中一块的面电荷密度为$+\sigma$，另一块的面电荷密度为$+2\sigma$，两板间的距离为d，两板间的电位差为[　　]。

(A) 0　　(B) $\dfrac{3\sigma}{2\varepsilon_0}d$　　(C) $\dfrac{\sigma}{\varepsilon_0}d$　　(D) $\dfrac{\sigma}{2\varepsilon_0}d$

4. 在静电场中，下列说法中哪一个是正确的？[　　]。

(A) 带正电荷的导体，其电势一定是正值　　(B) 等势面上各点的场强一定相等

(C) 场强为零处，电势也一定为零　　(D) 场强相等处，电势梯度矢量一定相等

二、填空题

1. 边长为a的等边三角形的三个顶点上，放置着三个正的点电荷，电量分别为q、$2q$、$3q$，如图3所示，若将另一正点电荷Q从无穷远处移到三角形的中心O处，外力所做的功为________。

2. 有两点电荷，电量均为$+q$，相距为$2a$，如图4所示。若选取如图所示的球面S，则通过面S的电场强度通量$\Phi_0=$________；若在S面上取两块面积相等的面元S_1，S_2，则通过S_1，S_2面元的电场强度通量Φ_1和Φ_2的大小关系为Φ_1 ________ Φ_2。

3. 如图5所示，A，B两点与O点分别相距为5cm和20cm，位于O点的点电荷$Q=10^{-9}$C。若选A点的电势为零，则B点的电势$U_B=$________；若选无穷远处为电势零点，则$U_B=$________。

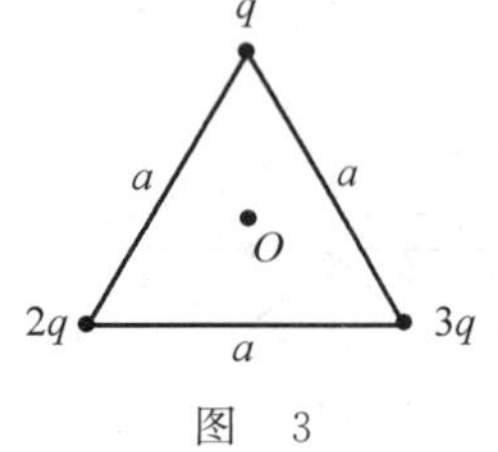

图 3

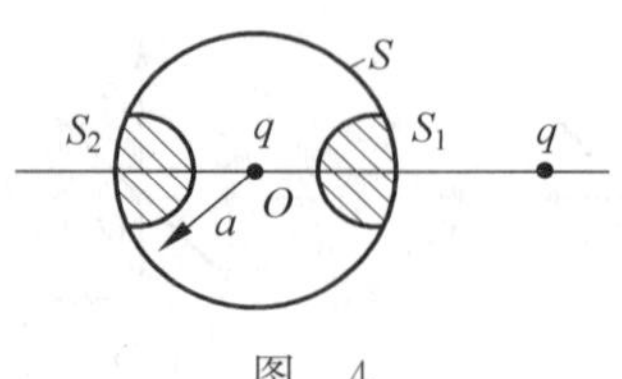

图 4

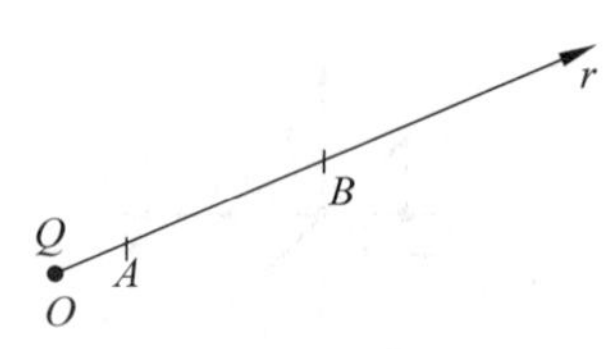

图 5

4. 静电场的高斯定理$\oiint_S \boldsymbol{E}\cdot \mathrm{d}\boldsymbol{S}=\dfrac{\sum q}{\varepsilon_0}$,表明静电场是__________;静电场的环路定理$\oint_L \boldsymbol{E}\cdot \mathrm{d}\boldsymbol{l}=0$,表明静电场是________。

三、计算题

如图 6 所示,一半径为 R 的均匀带电球面,带电量为 q,沿矢径方向放置有一均匀带电细线,电荷线密度为 λ,长度为 l,细线近端离球心距离为 a。设球和细线上的电荷分布不受相互作用影响,试求:

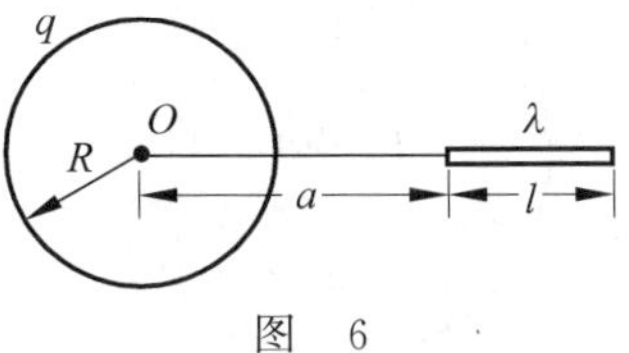

图 6

(1) 细线与球面之间的电场力 F;

(2) 细线和该电场中的电势能 W_e。(设无穷远处为电势零点)

四、证明题

一个半球面上均匀分布有电荷,试根据对称性和叠加原理论证下述结论成立:在半球面的圆形底面区域上,各点的场强方向都垂直于此圆底面。

40 分钟练习三十七

(静电场中的导体和电介质)

一、选择题

1. 图 1 中,一个不带电的导电壳,壳内有一个点电荷 $+q_1$,壳外有两个点电荷 $+q_2$ 和 $+q_3$,则下列叙述中正确的是[ ]。

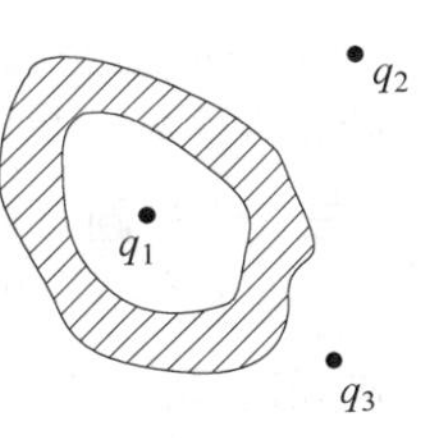

图 1

(A) q_1 与 q_2、q_1 与 q_3 间相互作用力为 0

(B) q_2、q_3 对 q_1 的作用力的矢量和为 0

(C) 壳外表面的电荷对 q_1 的作用力为 0

(D) 壳内表面的电荷和 q_2、q_3 对 q_1 的作用力的矢量和为 0

2. 在一带电量为 q,半径为 r_A 的导体外,同心地套上一个内外半径分别为 r_B、r_C,相对介电常数为 ε_r 的介质球壳,如图 2 所示,介质内外均为真空,介质中 $(r_B<r<r_C)P$ 点电场强度 $\boldsymbol{E}$ 为[ ]。

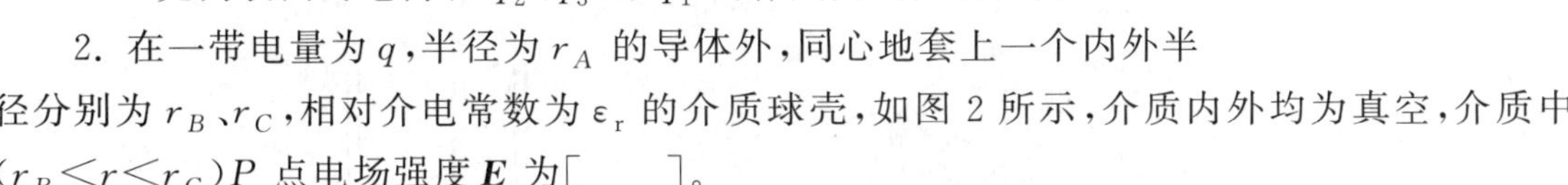

(A) $\dfrac{1}{4\pi\varepsilon_r\varepsilon_0}\dfrac{q}{r^3}\boldsymbol{r}$　　(B) $\dfrac{1}{4\pi\varepsilon_0}\dfrac{q}{r^3}\boldsymbol{r}$

(C) $\dfrac{1}{4\pi\varepsilon_0 r^3}\left(\dfrac{\varepsilon_{r-1}}{\varepsilon_r}\right)\boldsymbol{r}$　　(D) $\dfrac{q}{4\pi\varepsilon_r\varepsilon_0 r^3}\left(\dfrac{r_C-r_A}{r_B-r_C}\right)\boldsymbol{r}$

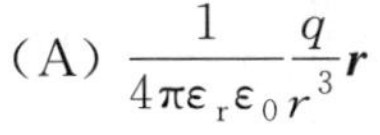

3. 带电量不相等的两个球形导体相隔很远,现用一根导线将它们连接起来。若大球半径为 R,小球半径为 r。当静电平衡后,二球表面电荷面密度比$\dfrac{\sigma_R}{\sigma_r}$为[ ]。

(A) $\dfrac{R}{r}$　　(B) $\dfrac{r}{R}$　　(C) $\dfrac{R^2}{r^2}$　　(D) $\dfrac{r^2}{R^2}$

4. 空气电容器充电后撤去电源，然后将一块电介质板插入电容器的一端后释放，如图3所示。电介质板仅在静电力作用下，将如何运动？[　　]。

(A) 不动　　(B) 向右加速运动

(C) 向左加速运动　　(D) 左右振动

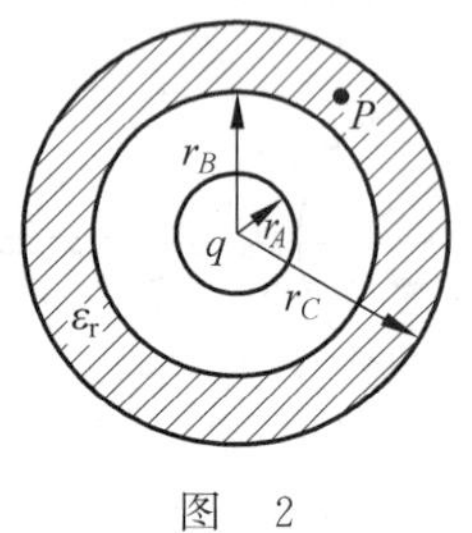

图　2

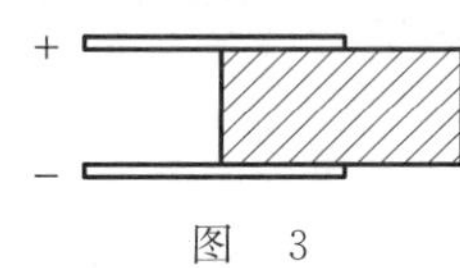

图　3

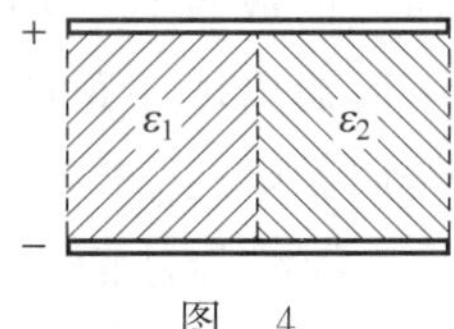

图　4

5. 如图4所示，在平行板电容器中充满两种不同的电介质，介电常数 $\varepsilon_1 > \varepsilon_2$。当电容器充电后，两种电介质中的电位移 D_1 与 D_2，场强 E_1 与 E_2 的关系是[　　]。

(A) $D_1 = D_2, E_1 > E_2$　　(B) $D_1 = D_2, E_1 < E_2$

(C) $D_1 > D_2, E_1 = E_2$　　(D) $D_1 < D_2, E_1 = E_2$

二、填空题

1. 电介质在电容器中的作用是________和________。

2. 如图5所示，半径为 R_0 的导体 A，带电 Q，球外套一内外半径为 R_1, R_2 的同心球壳 B，设 r_1, r_2, r_3, r_4 分别代表图中Ⅰ，Ⅱ，Ⅲ，Ⅳ区域内任一点至球心 O 的距离，则若球壳为介质壳，相对介电常数为 ε_r，此时以无穷远点为电势零点，则 A 球的电势为 $U=$________。

3. 一孤立金属球，带有电量 1.2×10^{-8}C，当电场强度的大小为 3×10^6 V/m 时，空气将被击穿。若要空气不被击穿，则金属球的半径至少大于________。

三、计算题

如图6所示，平行板电容器由面积 $S=2\text{m}^2$ 的两个平行导体板 A、B 组成。两板放在空气中，充电到 $\Delta V=100$V 后与电源断开，再放入一等面积的平行导体板 C，距 A、B 板分别为2mm和6mm，并将 C 板接地。试求：

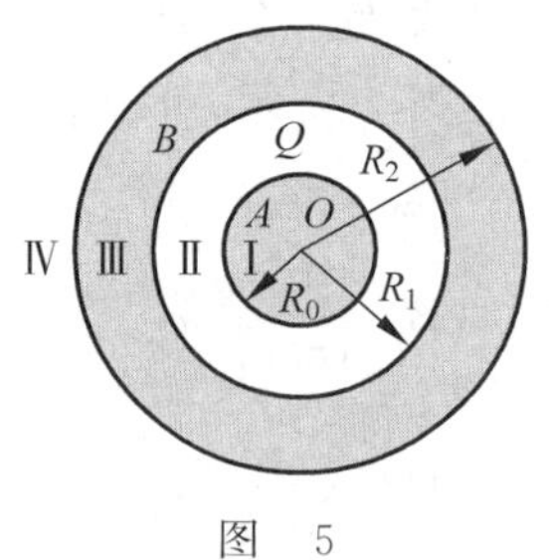

图　5

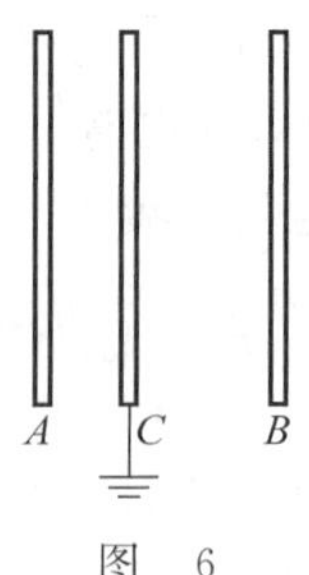

图　6

(1) 放入 C 板后，A、B 板间的电势差；

(2) 用一导线将 A、B 板连接，此时 A、B 板与 C 板间的电势差。

40 分钟练习三十八

（静电场中的导体和电介质）

一、选择题

1. 如图 1 所示，某电容器的两极板呈正方形，面积为 A，若极板间的电位差为 U，且保持恒定，并在极板间把一块面积为 A、厚度为 d、相对介电常数为 ε_r 的正方形的电介质插入到距离 x 处，为了阻止电介质进一步进入极板间，需要多大的力？[　　]。

(A) $[(\varepsilon_r-1)\varepsilon_0/2](Ud^2/A)$　　(B) $\varepsilon_r\sqrt{A}(U/2d^2)$

(C) $(\varepsilon_r-1)\varepsilon_0(Ud^2\sqrt{A})$　　(D) $(\varepsilon_r-1)\varepsilon_0 A(U/d)$

(E) $[(\varepsilon_r-1)\varepsilon_0/2]\sqrt{A}(U^2/d)$

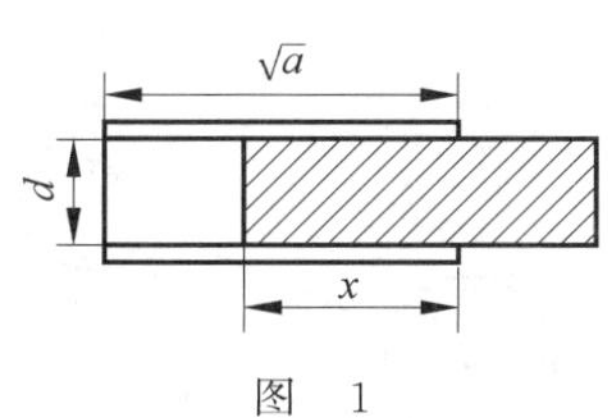

图 1

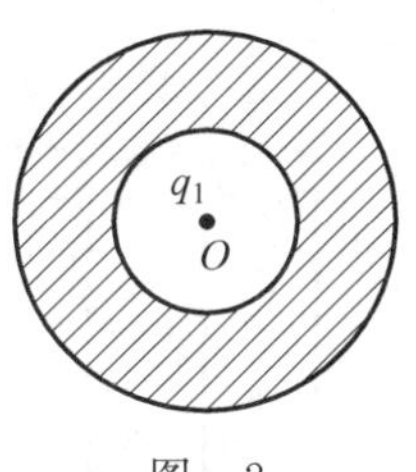

图 2

2. 如图 2 所示，金属球内有一球形空腔，金属球整体不带电，而在球形空腔中心处有一点电荷 q_1。

(1) 空腔内场强 $E=\dfrac{q_1}{4\pi\varepsilon_0 r^2}$；　　(2) 导体内部场强 $E=0$；

(3) 导体球外表面附近的场强 $E=\dfrac{\sigma}{\varepsilon_0}$；　　(4) 导体球外场强 $E=\dfrac{q_1}{4\pi\varepsilon_0 r^2}$。

下列说法正确的是[　　]。

(A) (1)(2)(4)　　(B) (2)(3)(4)

(C) (1)(3)(4)　　(D) (1)(2)(3)

3. 两个带电量不同的金属球，直径相同，但一个是实心的，一个是空心的。现使两者相互接触一下再分开，则两导体球上的电荷[　　]。

(A) 不变化　　(B) 平均分配

(C) 集中到空心导体球上　　(D) 集中到实心导体球上

二、填空题

1. 一个未带电的空腔导体球壳，内半径为 R，如图 3 所示，在腔内离球心的距离 d 处 ($d<R$)，固定一电量为 $+q$ 的点电荷。用导线把球壳接地后，再把地线撤去。选无穷远处为电势零点，则球心 O 处的电势为________。

2. 如图 4 所示，在金属球内有两个空腔，此金属球原来不带电，在两空腔中心各放一点电荷 q_1 和 q_2，则金属球外表面上的电量为________。在金属球外远处放一点电荷 q ($r\gg$

R)，则 q_1 受力 $F_1=$________；q_2 受力 $F_2=$________，q 受力 $F=$________。

3. 一空气平行板电容器，极板间距为 d，电容为 C，如图 5 所示，若在两板中间平行地插入一块厚度为 $d/3$ 的金属板，则其电容值变为________。

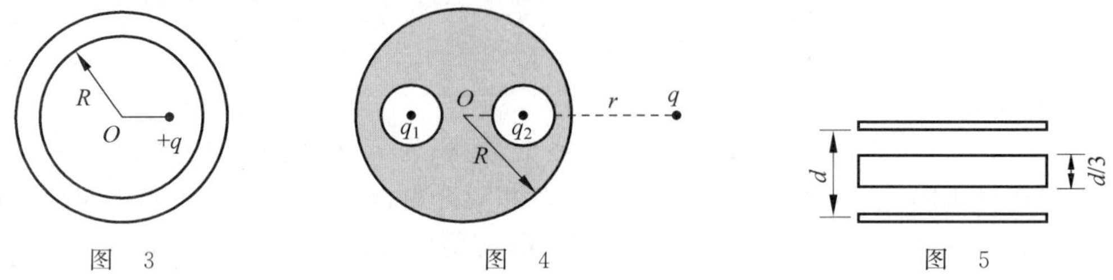

图 3　　图 4　　图 5

三、计算题

1. 如图 6 所示，半径都为 a 的两根平行无限长直导线，相距为 $d(d\gg a)$。试求单位长度的电容。

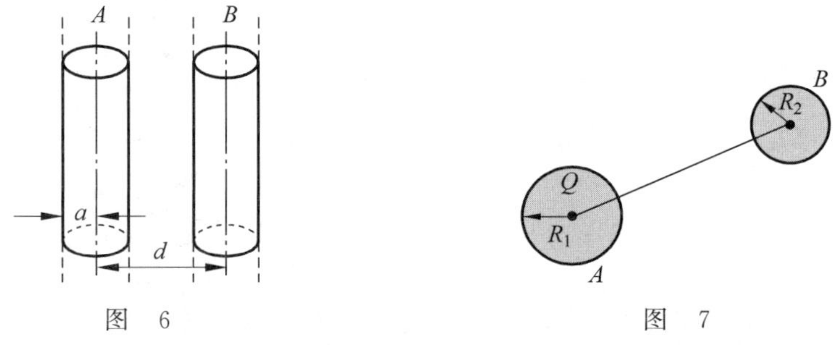

图 6　　图 7

2. 如图 7 所示，半径分别为 R_1、R_2 的两个导体球 A、B，相距很远，因而可将两球视为孤立导体球。原来 A 球带电 Q，B 球不带电，现用一根细长导线将两球连接，静电平衡后忽略导线中所带电量。试求：

(1) A、B 球上各带电量为多少；

(2) 两球的电势；

(3) 该系统的电容。

40 分钟练习三十九

（稳恒磁场）

一、选择题

1. 一束带电粒子通过真空室，打在荧光屏的中心处产生亮点，当有一方向如图 1 所示的磁场作用时，在荧光屏中心上 1.5cm 和 3cm 处出现亮点，则可能是下列哪一种情况下的带电粒子束？[　　]。

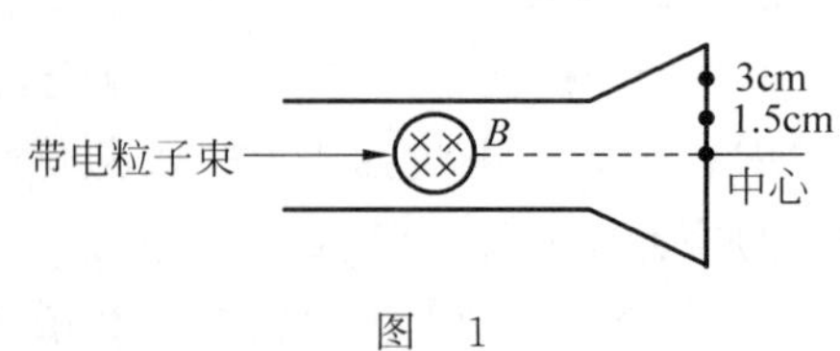

图 1

(A) 电子和质子以同样速率射入

(B) 电子和 α 粒子以同样速度射入

(C) 电子以速度 v,质子以速度 $2v$ 射入

(D) 质子和 α 粒子以同样速度射入

(E) 质子以速度 v 射入,α 粒子以速度 $2v$ 射入

2. 一无限长薄圆筒形导体上均匀分布着电流,圆筒半径为 R,厚度可忽略不计,如图 2 所示。在下面的四幅图中,r 轴表示沿垂直于薄圆筒轴线的径向,坐标原点与圆筒轴线重合,则这四幅图中哪一条曲线正确地表示出了载流薄圆筒在空间的磁场分布?[　　]。

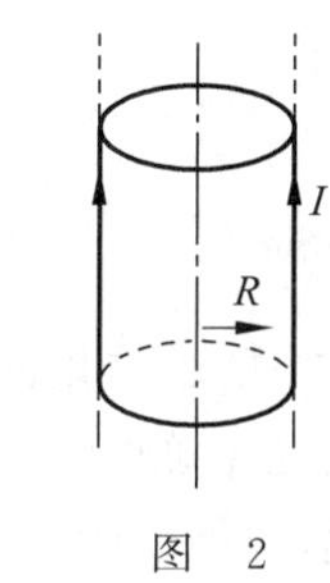

图　2

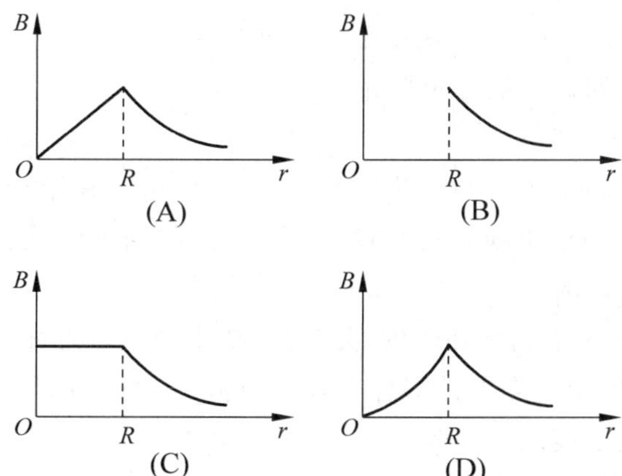

3. 三根长直载流导线 A、B、C 平行地置于同一平面内,分别载有稳恒电流 I、$2I$、$3I$,电流流向如图 3 所示。导线 A 与 C 的距离为 d,若使导线 B 受力为零,则导线 B 与 A 之间的距离应为[　　]。

(A) $\dfrac{1}{4}d$　　(B) $\dfrac{3}{4}d$　　(C) $\dfrac{1}{3}d$　　(D) $\dfrac{2}{3}d$

4. 从电子枪同时射出两电子,初速分别为 v 和 $2v$,方向如图 4 所示,经均匀磁场偏转后,[　　]。

(A) 初速为 v 的电子先回到出发点

(B) 初速为 $2v$ 的电子先回到出发点

(C) 同时回到出发点

5. 如图 5 所示,载流导线(其两端延伸至无限远)在圆心 O 处的磁感应强度为[　　]。

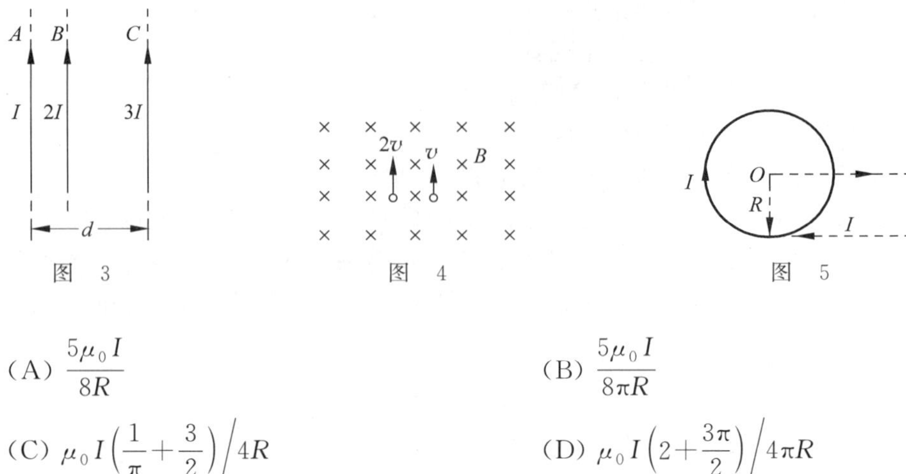

图 3　　图 4　　图 5

(A) $\dfrac{5\mu_0 I}{8R}$　　(B) $\dfrac{5\mu_0 I}{8\pi R}$

(C) $\mu_0 I\left(\dfrac{1}{\pi}+\dfrac{3}{2}\right)\Big/4R$　　(D) $\mu_0 I\left(2+\dfrac{3\pi}{2}\right)\Big/4\pi R$

6. 在均匀磁场中放置三个面积相等并且通过相同电流的线圈：一个是矩形，一个是正方形，另一个是三角形。下列哪一个叙述是正确的？[　　]。

(A) 线圈受到的合磁力为零，矩形线圈受到的合磁力最大

(B) 三角形线圈所受到的最大磁力矩最小

(C) 三线圈所受的合磁力和最大磁力矩均为零

(D) 三线圈所受的最大磁力矩均相等

二、填空题

1. 一质点带电 $q=8.0\times10^{-19}\,\mathrm{C}$，以速度 $v=3\times10^{5}\,\mathrm{m/s}$ 在半径为 $R=6.0\times10^{-8}\,\mathrm{m}$ 的圆周上作匀速圆周运动，该带电质点在轨道中心所产生的磁感应强度 $B=$________，该带电质点运动产生的磁矩大小 $p_{\mathrm{m}}=$________。

2. 在半径为 R 的长直金属圆柱体内部挖去一个半径为 r 的长直圆柱体，两柱体轴线平行，其间距为 a，如图 6 所示。今在此导体上通以电流 I，电流在截面上均匀分布，则空心部分轴线上 O' 点的磁感应强度的大小为________。

3. 在磁感应强度为 $\boldsymbol{B}$ 的均匀磁场中作一半径为 r 的半球面 S，S 边线所在平面的法线方向单位矢量 $\boldsymbol{n}$ 与 $\boldsymbol{B}$ 的夹角为 α（见图 7），则通过半球面 S 的磁通量大小为________。

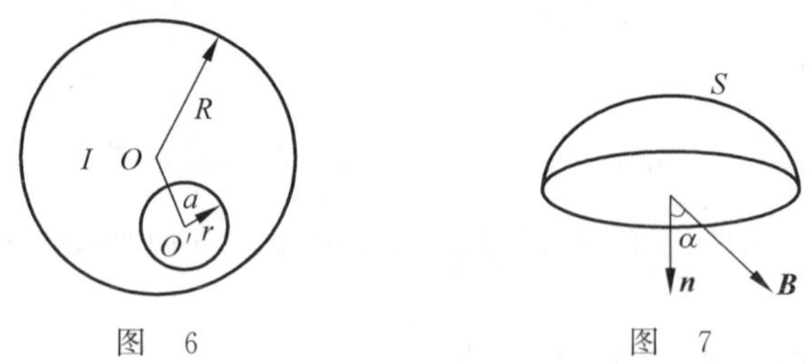

图 6　　图 7

4. 两个同心圆线圈，大圆半径为 R，通有电流 I_1；小圆半径为 r，通有电流 I_2，方向如图 8 所示。若 $r\ll R$（大线圈在小线圈处产生的磁场近似为均匀磁场），当它们处在同一平面内时小线圈所受磁力矩的大小为________。

5. 一个动量为 p 的电子，沿图 9 所示方向入射并能穿过一个宽度为 D、磁感应强度为

$\boldsymbol{B}$（方向垂直纸面向外）的均匀磁场区域，则该电子出射方向和入射方向间的夹角 $a=$________。

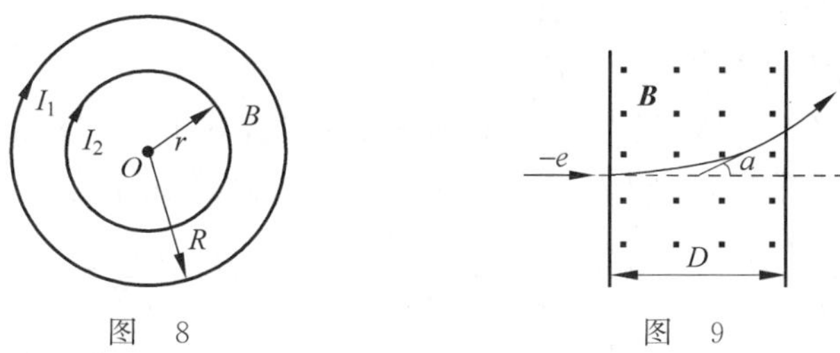

图 8　　图 9

三、计算题

1. 如图 10 所示，一半径为 R 的无限长半圆柱形金属薄片，其上沿轴线方向均匀分布着电流强度为 I 的电流。

(1) 试求该半圆柱形金属薄片在轴线上任一点处的磁感应强度 $\boldsymbol{B}$；

(2) 如在轴线上放一等值而反向的无限长截流直导线，求直导线上单位长度受到的安培力 F。

2. 一半径为 R 的长圆柱形导体，在距其轴线为 d 处挖去一半径为 $r(r<R)$、轴线与大圆柱形导体平行的小圆柱，形成圆柱形空腔，导体中沿轴均匀通有电流 I，如图 11 所示。试求空腔内的磁感应强度 $\boldsymbol{B}$。

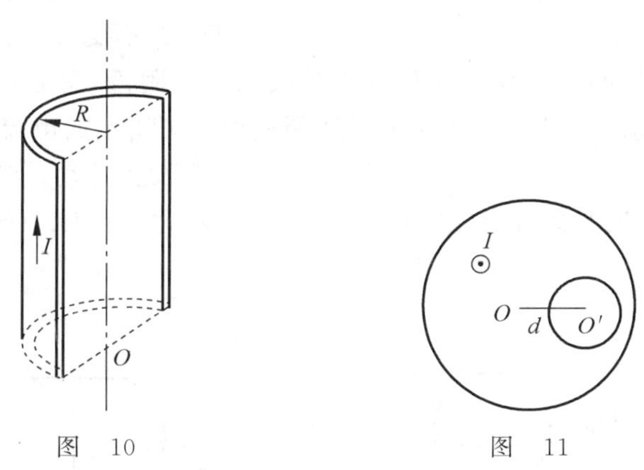

图 10　　图 11

40 分钟练习四十

（稳恒磁场）

一、选择题

1. 如图 1 所示，电流由长直导线 1 沿切向经 a 点流入一个电阻均匀分布的圆环，再由 b 点沿切向从圆环流出，经长直导线 2 返回电源。已知直导线上电流强度为 I，圆环的半径为 R，且 a、b 和圆心 O 在同一直线上。设长直载流导线 1、2 和圆环分别在 O 点产生的磁感应强度为 $\boldsymbol{B}_1$，$\boldsymbol{B}_2$，$\boldsymbol{B}_3$，则圆心处磁感应强度的大小[　　]。

(A) $B=0$,因为 $B_1=B_2=B_3=0$

(B) $B=0$,因为虽然 $B_1\neq0$,$B_2\neq0$,但 $\boldsymbol{B}_1+\boldsymbol{B}_2=0$,$B_3=0$

(C) $B\neq0$,因为 $B_1\neq0$,$B_2\neq0$,$B_3\neq0$

(D) $B\neq0$,因为虽然 $B_3=0$,但 $\boldsymbol{B}_1+\boldsymbol{B}_2=0$

2. 通有电流为 I 的"无限长"导线弯成如图 2 形状,其中半圆段的半径为 R,直线 CA 和 DB 平行地延伸到无限远,则圆心 O 点处的磁感应强度的大小为[　　]。

(A) $\dfrac{\mu_0 I}{4\pi R}+\dfrac{3\mu_0 I}{8R}$　(B) $\dfrac{\mu_0 I}{4R}+\dfrac{\mu_0 I}{2\pi R}$　(C) $\dfrac{\mu_0 I}{\pi R}$　(D) $\dfrac{\mu_0 I}{2R}+\dfrac{\mu_0 I}{\pi R}$

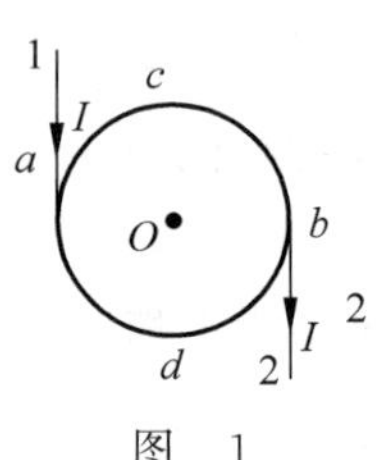

图 1

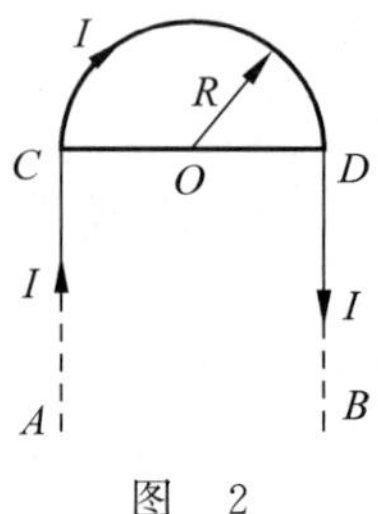

图 2

3. 如图 3 所示,在无限长的载流直导线附近作一个球形闭合曲面 S,当面 S 向长直导线靠近时,穿过面 S 的磁通量 Φ 和面上各点的磁感应强度 B 如何变化?[　　]。

(A) Φ 增大,B 也增大　(B) Φ 不变,B 也不变

(C) Φ 增大,B 不变　(D) Φ 不变,B 增大

4. 把轻的正方形线圈用细线挂在载流直导线 AB 的附近,两者在同一平面内,直导线 AB 固定,线圈可以活动(见图 4)。当正方形线圈通以如图所示的电流时线圈将[　　]。

(A) 不动　(B) 发生转动,同时靠近导线 AB

(C) 发生转动,同时离开导线 AB　(D) 靠近导线 AB

(E) 离开导线 AB

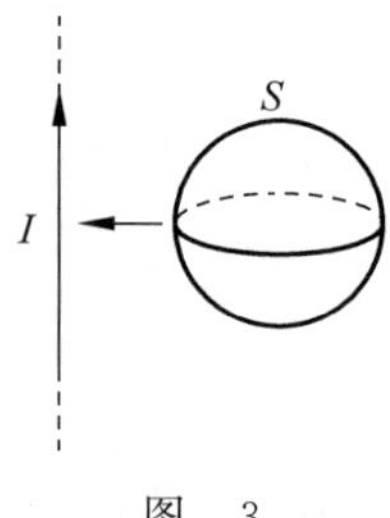

图 3

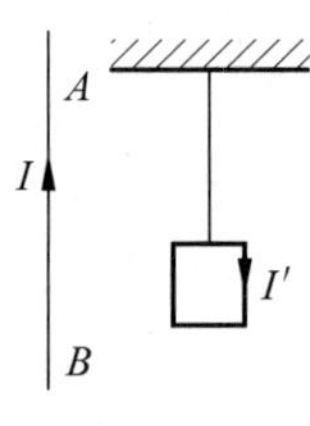

图 4

5. 如图 5 所示,相距为 r 的两个电流元 $I_1\mathrm{d}\boldsymbol{l}_1$ 和 $I_2\mathrm{d}\boldsymbol{l}_2$ 互相垂直放置。电流元 $I_2\mathrm{d}\boldsymbol{l}_2$ 受到的安培力 $\mathrm{d}F_2$ 为[　　]。

(A) 0

(B) $\dfrac{\mu_0}{4\pi r}I_1 I_2 \mathrm{d}l_1 \mathrm{d}l_2$,方向向上

(C) $\dfrac{\mu_0}{4\pi r}I_1 I_2 \mathrm{d}l_1 \mathrm{d}l_2$,方向向右

6. 一根半径为 R 的无限长直铜导线，载有电流 I，电流均匀分布在导线的横截面上。在导线内部通过中心轴作一横切面 S，如图 6 所示，则通过横截面 S 上每单位长度的磁通量 Φ_m 为[　　]。

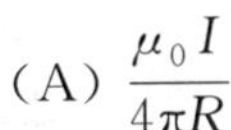

(A) $\dfrac{\mu_0 I}{4\pi R}$　　(B) $\dfrac{\mu_0 I}{4\pi}$　　(C) $\dfrac{\mu_0 I}{2\pi}$　　(D) $\dfrac{\mu_0 I}{2\pi R^2}$

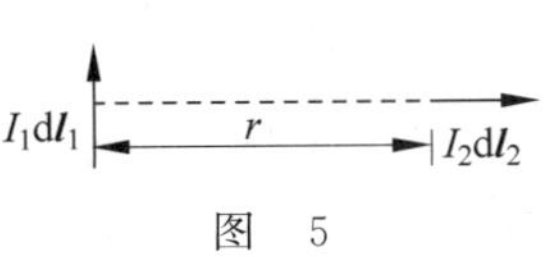

图 5

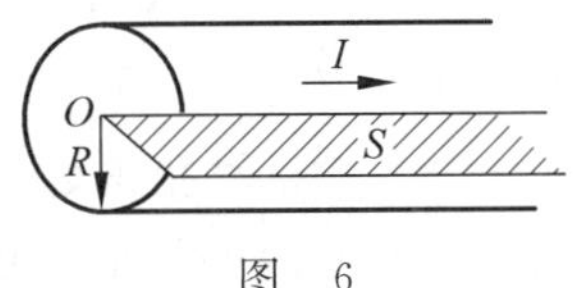

图 6

二、填空题

1. 如图 7 所示，磁感应强度 $\boldsymbol{B}$ 沿闭合曲线 L 的环流 $\oint_L \boldsymbol{B} \cdot d\boldsymbol{l} =$________。

2. 如图 8 所示，半圆形线圈(半径为 R)通有电流 I。线圈处在与线圈平面平行向右的均匀磁场 $\boldsymbol{B}$ 中。线圈所受磁力矩的大小为________，方向为________。

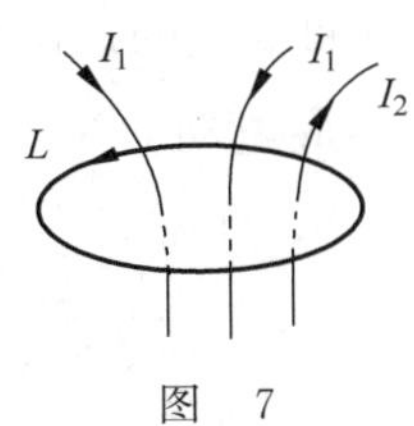

图 7

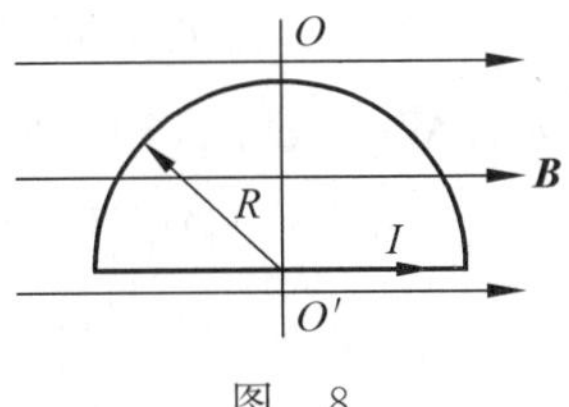

图 8

3. 六根无限长导线互相绝缘，通过电流均为 I，如图 9 所示，区域Ⅰ、Ⅱ、Ⅲ、Ⅳ均为相等的正方形，则________区域指向纸内的磁通量最大。

4. 边长为 l 的正方形线圈，分别用图 10 所示两种方式通以电流 I(其中 ab、cd 与正方形共面)，在这两种情况下，线圈在其中心产生的磁感应强度的大小 $B_1=$________，$B_2=$________。

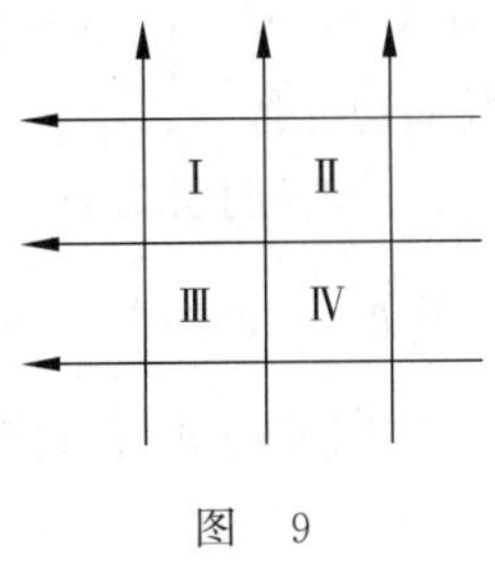

图 9

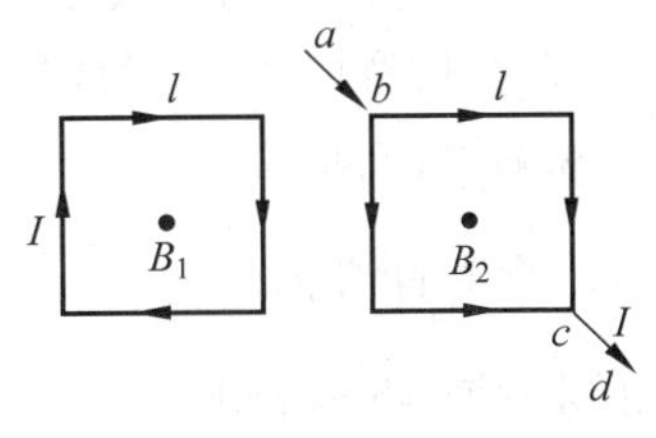

图 10

5. 空间某处有互相垂直的两个水平磁场 $\boldsymbol{B}_1$ 和 $\boldsymbol{B}_2$，$\boldsymbol{B}_1$ 向北，$\boldsymbol{B}_2$ 向东，现在该处有一段载流直导线，只有当这段导线________放置时，才能使两磁场作用在它上面的合力为零，当这段导线与 $\boldsymbol{B}_2$ 的夹角为 60°时，欲使导线所受合力为零，则两个水平磁场 $\boldsymbol{B}_1$ 和 $\boldsymbol{B}_2$ 的大小必须满足的关系为________。

三、计算题

1. 一边长为 $2a$ 的载流正方形线圈，通有电流 I。试求：

(1) 轴线上距正方形中心为 r_0 处的磁感应强度；

(2) 当 $a=1.0\text{cm}, I=5.0\text{A}, r_0=0$ 或 10cm 时，B 等于多少特斯拉？

2. 如图 11 所示，空间某处有互相垂直的两个水平磁场 B_1 和 B_2。在直角坐标系中 B_1 沿 y 轴，数值为 $1.73\times10^{-4}\text{T}$；$B_2$ 沿 x 轴，数值为 $1.0\times10^{-4}\text{T}$。若在该处有一小段载流直导线，试求这段导线应如何放置，才能使两磁场对它的作用力的合力为零。

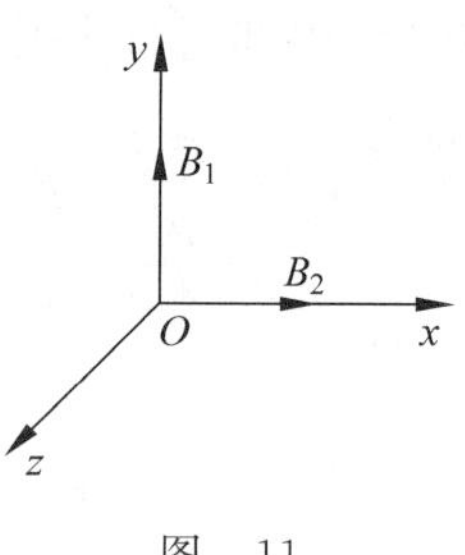

图 11

40 分钟练习四十一

（电磁感应）

一、选择题

1. 如图 1 所示为垂直于线圈平面通过的磁通量，它随时间变化的规律为 $\phi=6t^2+7t+1$，式中 ϕ 的单位为 mWb。试问当 $t=2.0\text{s}$ 时，线圈中的磁感应电动势为[　　]mV。

(A) 14　　(B) 31　　(C) 41　　(D) 51

(E) 61

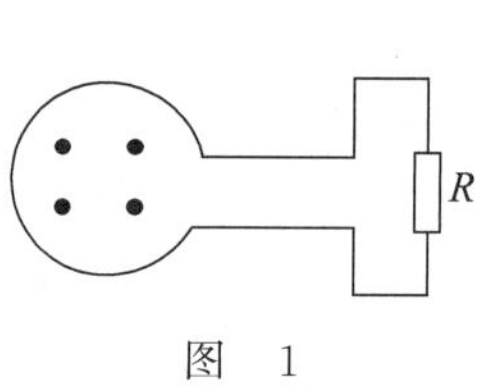

图 1

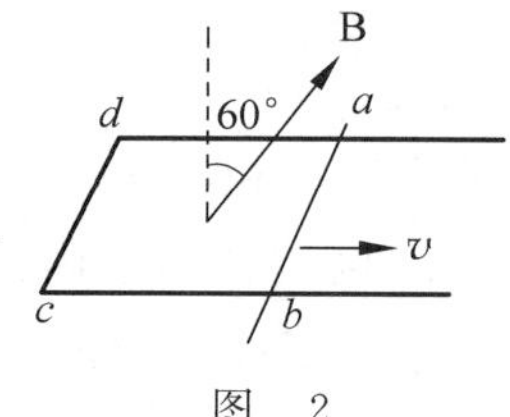

图 2

2. 如图 2 所示，长为 l 的导线杆 ab，以速率 v 在导线轨 $adcb$ 上平行移动。已知导轨处于均匀磁场中，$\boldsymbol{B}$ 的方向与回路的法线成 60°，其大小为 $B=Kt(K>0)$。如果在 $t=0$ 时，杆位于导轨 dc 处，那么在任意时刻 t，导线回路中的感应电动势是[　　]。

(A) $klvt$，顺时针方向　　(B) $klvt$，逆时针方向

(C) $\frac{1}{2}klvt$，顺时针方向　　(D) $\frac{1}{2}klvt$，逆时针方向

3. 若尺寸相同的铁环和铜环所包围的面积中穿过相同变化率的磁通量，则两环中[　　]。

(A) 感应电动势不同，感应电流不同　　(B) 感应电动势不同，感应电流相同

(C) 感应电动势相同，感应电流相同　　(D) 感应电动势相同，感应电流不同

4. 如图 3 所示，在螺线管外套着一个可以移动的金属环，此环靠近螺线管的右端。当电键 K 接通的瞬间，金属环的摆动方向是[　　]。

(A) 向左　　(B) 向右　　(C) 不动

5. 载有大小相等方向相反的电流 I 的两根无限长平行直导线，I 以 $\mathrm{d}l/\mathrm{d}t$ 的变化率增长，一矩形线圈位于导线平面内(见图 4)，则：[　　]。

图 3　　　　图 4

(A) 线圈中无感应电流
(B) 线圈中感应电流为顺时针方向
(C) 线圈中感应电流为逆时针方向
(D) 线圈中感应电流方向不确定

二、填空题

1. 如图 5 所示，在均匀磁场中，有一长为 L 的导体杆 AC 绕竖直轴 AO 以匀角速度 ω 转动，已知 AC 与 AO 的夹角为 θ，则 AC 中的感应电动势 $\varepsilon_i=$________；方向________。

2. 一矩形线框长为 a，宽为 b，置于均匀磁场中，线框绕 OO' 轴，以匀角速度 ω 旋转，如图 6 所示。设 $t=0$ 时，线框平面处于纸面内，则任一时刻感应电动势的大小为________。

3. 如图 7 所示，导体棒 AB 在均匀磁场 $\boldsymbol{B}$ 中绕通过 C 点的垂直于棒长且沿磁场方向的轴 OO' 转动(角速度 $\boldsymbol{\omega}$ 与 $\boldsymbol{B}$ 同方向)，BC 的长度为棒长的 1/3。则 A 点与 B 点比较，电势较高的一点是________。

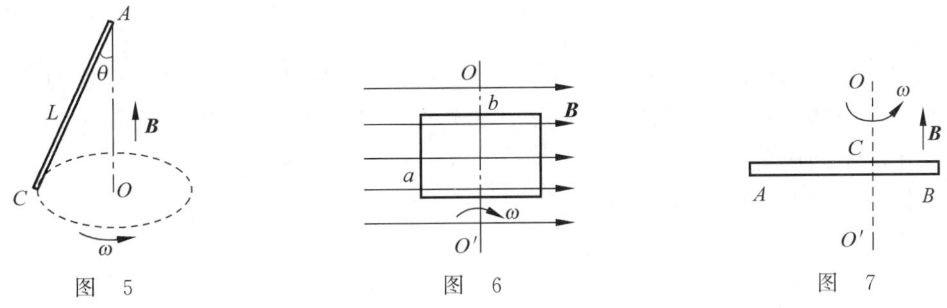

图 5　　　　图 6　　　　图 7

4. 反映电磁场基本性质和规律的积分形式的麦克斯韦方程组为：

$$\oiint_S \boldsymbol{D}\cdot \mathrm{d}\boldsymbol{S}=\sum q_i \tag{1}$$

$$\oint_S \boldsymbol{E}\cdot \mathrm{d}\boldsymbol{l}=-\frac{\mathrm{d}\Phi_{\mathrm{m}}}{\mathrm{d}t} \tag{2}$$

$$\oiint_S \boldsymbol{B}\cdot \mathrm{d}\boldsymbol{S}=0 \tag{3}$$

$$\oint_L \boldsymbol{H}\cdot \mathrm{d}\boldsymbol{l}=I+\frac{\mathrm{d}\Phi_{\mathrm{D}}}{\mathrm{d}t} \tag{4}$$

试判断下列结论是包含于或等效于哪一个麦克斯韦方程式的，将你确定的方程式用代号填在相应结论的空格处：

(1) 变化的磁场一定伴随有电场________；

（2）磁感应线是无头无尾的________；

（3）电荷总伴随有电场________。

5. 直角三角形金属框架 abc 放在均匀磁场中，磁场 $\boldsymbol{B}$ 平行于 ab 边，bc 的长度为 l，如图 8 所示，当金属框架绕 ab 边以匀角速度 ω 转动时，abc 回路中的感应电动势 $\varepsilon=$________，a、c 两点间的电势差 $U_a-U_c=$________。

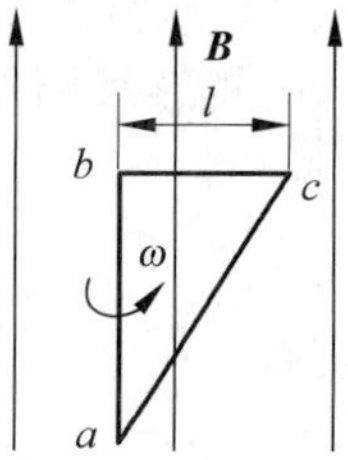

图 8

三、计算题

1. 如图 9 所示，一无限长的直导线中通有交变电流 $i=I_0\sin\omega t$，它旁边有一个与其共面的长方形线圈 $ABCD$，长为 l，宽为 $(b-a)$。试求：

（1）穿过回路 $ABCD$ 的磁通量 Φ；

（2）回路 $ABCD$ 中的感应电动势 ε。

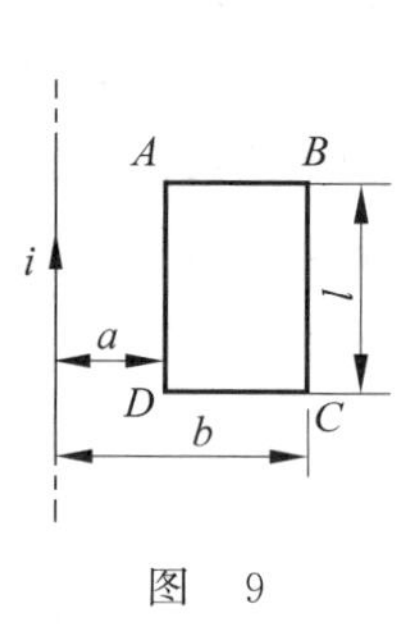

图 9

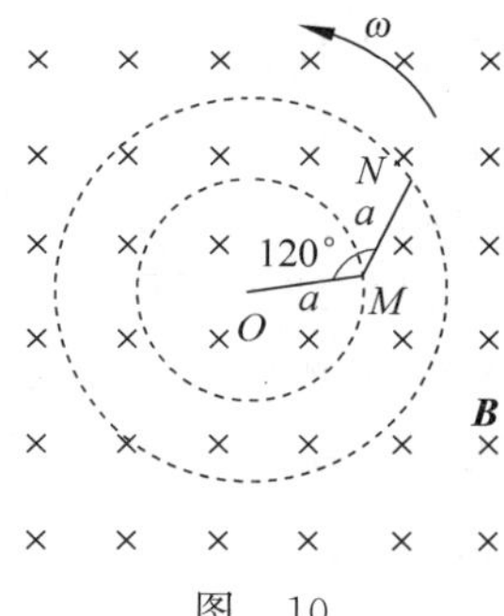

图 10

2. 在均匀磁场 $\boldsymbol{B}$ 中，导线 $\overline{OM}=\overline{MN}=a$，$\angle OMN=120°$，$OMN$ 整体可绕 O 点在垂直于磁场的平面内逆时针转动，如图 10 所示。若转动角速度为 ω，

（1）求 OM 间电势差 U_{OM}；

（2）求 ON 间电势差 U_{ON}；

（3）指出 O,M,N 三点中哪点电势高。

40 分钟练习四十二

（电磁感应）

一、选择题

1. 地球表面附近地磁场沿南北方向的水平分量为 B，现有一长为 l 的均匀金属棒东西方向放置，当它自由下落 t 秒时，棒中感应电动势 ε_i 的大小为[　　]。

(A) $\dfrac{Bl}{gt}$　　(B) $Blgt$　　(C) $\dfrac{1}{2}gBlt^2$　　(D) Blt

2. 两个闭合的金属环，穿在一极光滑的绝缘杆上，如图 1 所示，当条形磁铁 N 极自右向左插向圆环时，两圆环的运动是[　　]。

(A) 边向左移边分开　　(B) 边向左移边合拢

(C) 边向右移边合拢　　(D) 同时同向移动

3. 如图 2 所示，ab 为长 l，质量 m 的金属棒，$abcd$ 为整个平面与地面成 θ 角的导电轨道，整个装置处于竖直向上的均匀磁场 $\boldsymbol{B}$ 中。设轨道电阻可忽略不计，棒 ab 的电阻为 R。棒 ab 沿轨道无摩擦地滑下，最后能达到的稳定速率为[　　]。

(A) $\dfrac{mgR}{B^2l^2\sin\theta}$　　(B) $\dfrac{mgR}{B^2l^2\cos\theta}$　　(C) $\dfrac{mgR\sin\theta}{B^2l^2\cos^2\theta}$　　(D) $\dfrac{mgR\cos\theta}{B^2l^2\sin^2\theta}$

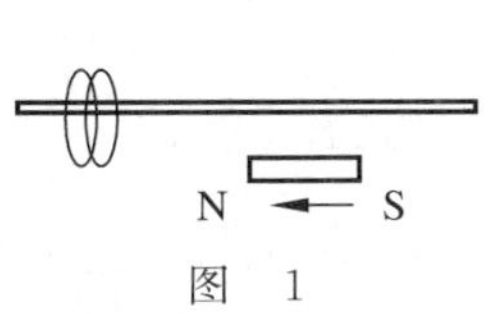

图　1

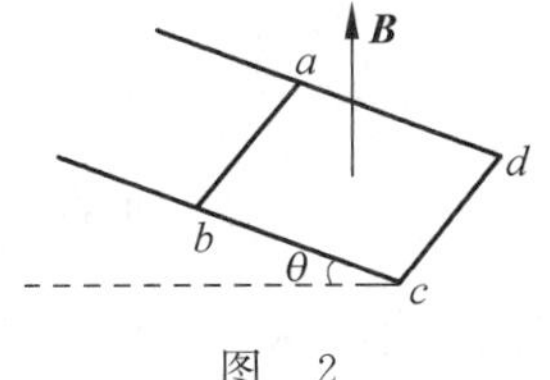

图　2

4. 如图 3 所示，半径为 R 的圆弧 abc 在磁感应强度为 $\boldsymbol{B}$ 的均匀磁场中沿轴 x 向右移动，已知$\angle aOx=\angle cOx=150°$，若移动速度为 v，则在圆弧 abc 中的动生电动势为[　　]。

(A) $(2\pi-1)RvB$　　(B) $\left(2\pi-\dfrac{\pi}{3}\right)RvB$　　(C) RvB　　(D) 0

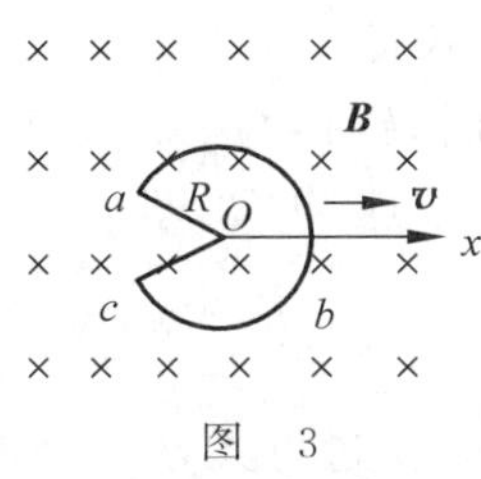

图　3

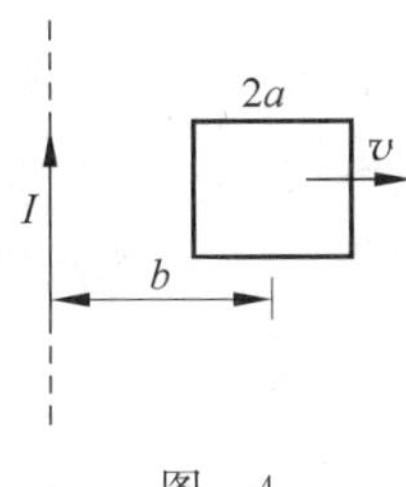

图　4

5. 一长直导线载有电流 I，旁边有一正方形线圈与它共面。线圈边长为 $2a$，其几何中心到直导线的距离为 b，如图 4 所示，如果线圈以速度 v 离开直导线，那么线圈中感应电动势是[　　]。

(A) $\dfrac{2\mu_0 Ivab}{\pi(b^2-a^2)}$，顺时针方向　　(B) $\dfrac{2\mu_0 Ivab}{\pi(b^2-a^2)}$，逆时针方向

(C) $\dfrac{2\mu_0 Iav^2}{\pi(b^2-a^2)}$，顺时针方向　　(D) $\dfrac{2\mu_0 Ia^2v}{\pi(b^2-a^2)}$，逆时针方向

二、填空题

1. M、N 为水平面内两根平行金属导轨，如图 5 所示，ab 与 cd 为垂直于导轨并可在其上自由滑动的两根直裸导线。外磁场垂直水平面向上。当外力使 ab 向右平移时，cd 将________。

2. 在圆柱形空间内有一磁感应强度为 $\boldsymbol{B}$ 的均匀磁场，如图 6 所示，$\boldsymbol{B}$ 的大小以速率 $\mathrm{d}B/\mathrm{d}t$ 变化。有一长度为 l_0 的金属棒先后放在磁场的两个不同位置 1(ab)和 2($a'b'$)，则金属棒在这两个位置时棒内的感应电动势 ε_1 和 ε_2 的大小关系为________。

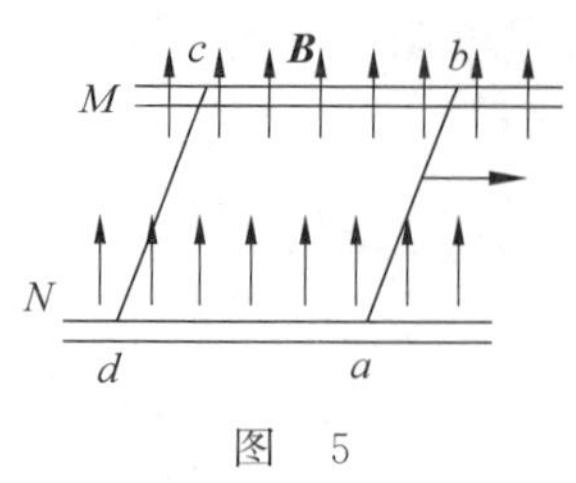

图 5

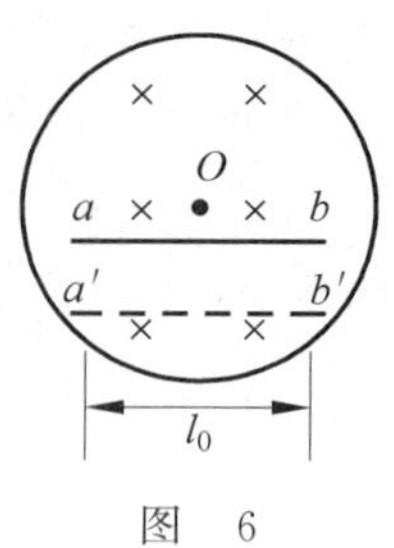

图 6

3. 一半径为 $r=10\text{cm}$ 的圆形闭合回路置于均匀磁场 $\boldsymbol{B}$($B=0.80\text{T}$)中,$\boldsymbol{B}$ 与回路平面正交。若圆形回路的半径从 $t=0$ 时开始以恒定的速率 $\dfrac{\mathrm{d}r}{\mathrm{d}t}=-80\text{cm/s}$ 收缩,则在 $t=0$ 时刻,闭合回路中感应电动势的大小为________。如要求感应电动势保持这一数值,则闭合回路的面积应以 $\dfrac{\mathrm{d}S}{\mathrm{d}t}=$.________的恒定速率收缩。

4. 用导线制成一半径为 $r=10\text{cm}$ 的圆形闭合线圈,其电阻 $R=10\Omega$。均匀磁场 $\boldsymbol{B}$ 垂直于线圈平面。欲使电路中有一稳定的感应电流 $I=0.01\text{A}$,B 的变化率 $\dfrac{\mathrm{d}B}{\mathrm{d}t}=$________。

5. 一根长度为 L 的铜棒,在均匀磁场 $\boldsymbol{B}$ 中以匀角速度 ω 旋转,$\boldsymbol{B}$ 的方向垂直铜棒转动的平面,如图 7 所示。设 $t=0$ 时,铜棒与 Ob 成 θ 角,则在任一时刻 t,这根铜棒两端之间的感应电动势是________。

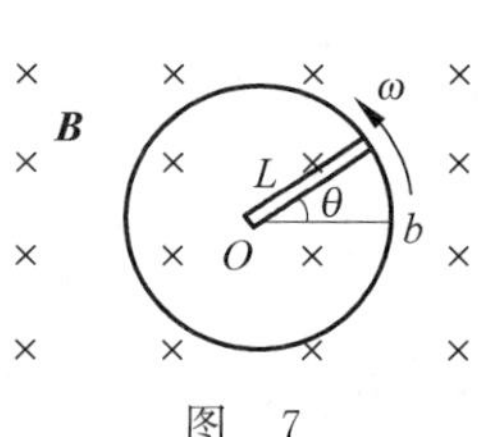

图 7

三、计算题

1. 如图 8 所示,在均匀磁场中有一金属框架 $aOba$,ab 边可无摩擦自由滑动,已知 $\angle aOb=\theta$,$ab\perp Ox$,磁场随时间变化规律为 $B_t=t^2/2$。若 $t=0$ 时,ab 边由 $x=0$ 处开始以速率 v 作平行于 x 轴的匀速滑动。试求任意时刻 t 金属框中感应电动势的大小和方向。

2. 如图 9 所示,在无限长直螺线管的磁场中放一段直导线 ab,轴 O 到 ab 的垂直距离为 h,垂足 P 为 ab 的中心,P 对 O 点的张角为 θ_0,试求 ab 上的感生电动势。$\left(\text{设 } B \text{ 以速率 } \dfrac{\mathrm{d}B}{\mathrm{d}t} \text{ 变化}\right)$

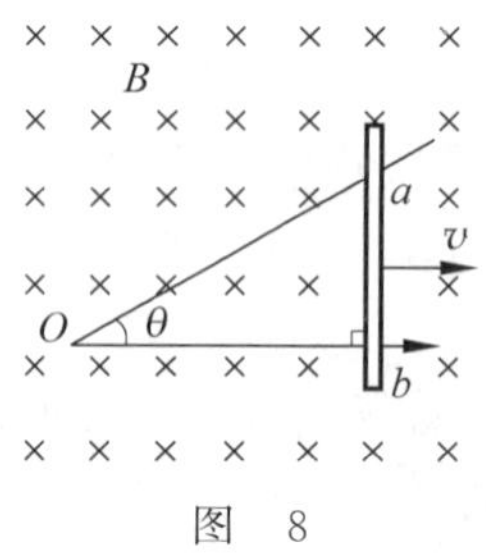

图 8

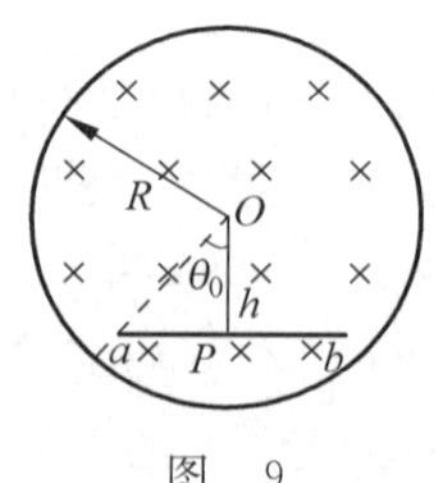

图 9

40分钟练习四十三

（量子物理）

一、选择题

1. 白炽灯工作时，灯丝的温度为2400K。灯丝可看作黑体，如果灯的功率为100W，则灯丝的表面积约为[　　]m^2。

(A) 5.3×10^{-8}　(B) 1.00×10^{-6}　(C) 5.3×10^{-5}　(D) 7.4×10^{-2}
(E) 6.4×10^{-1}

2. 300K的热平衡中子，其德布罗意波长近似为[　　]。

(A) 17nm　(B) 1.79nm　(C) 0.179nm　(D) 0.0179nm

3. 光电效应中光电子的初动能与入射光的关系是[　　]。

(A) 与入射光的频率成正比　(B) 与入射光的强度成正比
(C) 与入射光的频率成线性关系　(D) 与入射光的强度成线性关系

4. 如果氢原子中质子与电子的电荷值加倍，则由$n=2$跃迁到$n=1$所产生的辐射量子能量将乘以下列哪个数？[　　]。

(A) 1　(B) 2　(C) 4
(D) 8　(E) 16

二、填空题

1. 一束动量为p的电子，通过缝宽为a的狭缝，在距离狭缝为R处放置一荧光屏，如图1所示，屏上衍射图样中央最大的宽度d等于________。

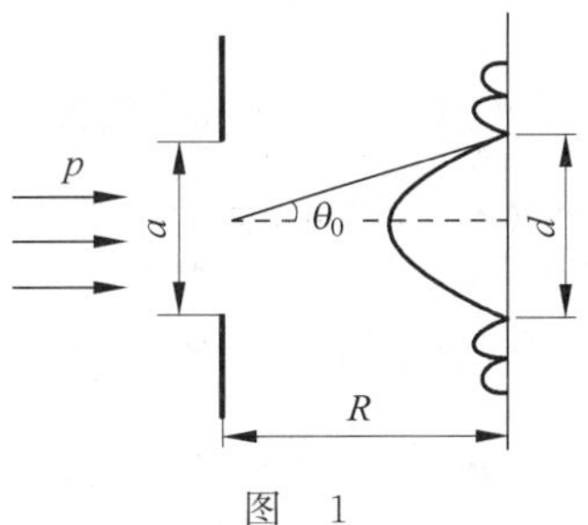

图 1

2. 某金属产生光电效应的红限波长为λ_0，今以波长为$\lambda(\lambda<\lambda_0)$的单色光照射该金属，金属释放出的电子（质量为$m_e$）的动量大小为________。

三、计算题

α粒子在磁感应强度为$B=0.025$T的均匀磁场中沿半径为$R=0.83$cm的圆形轨道运动。

(1) 试计算其德布罗意波长。

(2) 若使质量$m=0.1$g的小球以与α粒子相同的速率运动，则其波长为多少？（α粒子的质量$m_\alpha=6.64\times10^{-22}$kg，普朗克常数$h=6.63\times10^{-34}$J·s，基本电荷$e=1.6\times10^{-19}$C）

40 分钟练习答案

40 分钟练习一答案

一、选择题

1. (C)　2. (D)　3. (D)

二、填空题

1. 3,3,6　2. $h_1 v/(h_1-h_2)$

三、思考题

提示：本题测试的是曲线运动中加速度的概念：总加速度 $\boldsymbol{a}=\frac{\mathrm{d}\boldsymbol{v}}{\mathrm{d}t}$。

若 $\boldsymbol{a}$ 与曲线法线方向的夹角为 θ，$a_{\mathrm{t}}=a\sin\theta$，$a_{\mathrm{n}}=a\cos\theta$，则切向加速度 $\frac{\mathrm{d}v}{\mathrm{d}t}$ 负责改变速度的大小；法向加速度为 $\frac{v^2}{\rho}$ 负责改变速度的方向。

答：(1) $\frac{\mathrm{d}v}{\mathrm{d}t}$ 是指切向加速度的大小，现在知道的抛体的总加速度 $a=g$，其曲线方向不断改变，即 θ 在不断地改变，所以切向加速度的大小也不断变化。

(2) $\frac{\mathrm{d}\boldsymbol{v}}{\mathrm{d}t}$ 是指总的加速度，是重力加速度 $\boldsymbol{g}$，所以不变。

(3) 法向加速度变化，法向加速度：$a_{\mathrm{n}}=\frac{v^2}{\rho}=g\cos\theta$。

(4) 在轨道起点和终点法向加速度最小，速率最大。在最高点法向加速度最大，速率最小。因此在起点和终点曲率半径一定最大，在最高点最小。

曲率半径最大值：$\rho=\frac{v^2}{a_{\mathrm{n}}}=\frac{v_0^2}{g\cos\theta_0}$

40 分钟练习二答案

一、选择题

1. (D)　2. (D)

二、填空题

1. $\boldsymbol{i}+6\boldsymbol{j}$，$\boldsymbol{i}+26\boldsymbol{j}$，$24\boldsymbol{j}$　2. 17.32m/s，20m/s

三、计算题

1. (1) $\boldsymbol{r}=(3t+5)\boldsymbol{i}+\left(\frac{1}{2}t^2+3t-4\right)\boldsymbol{j}$；

(2) $\Delta\boldsymbol{r}=\boldsymbol{r}_2-\boldsymbol{r}_1=3\boldsymbol{i}+4.5\boldsymbol{j}$；

(3) $\bar{\boldsymbol{v}}=\frac{\Delta\boldsymbol{r}}{\Delta t}=\frac{\boldsymbol{r}_4-\boldsymbol{r}_0}{4-0}=\frac{12\boldsymbol{i}+20\boldsymbol{j}}{4}=3\boldsymbol{i}+5\boldsymbol{j}\,(\mathrm{m\cdot s^{-1}})$；

(4) $\boldsymbol{v}_4=3\boldsymbol{i}+7\boldsymbol{j}$；

(5) $\bar{\boldsymbol{a}}=\frac{\Delta\boldsymbol{v}}{\Delta t}=\frac{\boldsymbol{v}_4-\boldsymbol{v}_0}{4}=\frac{4}{4}=1\boldsymbol{j}\,(\mathrm{m\cdot s^{-2}})$；

(6) $\boldsymbol{a}=\frac{\mathrm{d}\boldsymbol{v}}{\mathrm{d}t}=1\boldsymbol{j}\,(\mathrm{m\cdot s^{-2}})$

2. 驾驶员取北偏东 19.4°的航向，相对于地面的速率为 170km/h

40 分钟练习三答案

一、选择题

1. (D)　2. (D)

二、填空题

1. $x=4t+\frac{1}{3}t^3-12\mathrm{cm}$　2. 135

三、计算题

1. (1) $-\pi/\mathrm{s}^2$；(2) $25\pi/\mathrm{s}$，625 圈；(3) $25\pi\mathrm{m/s}$，约 $625\pi^2\,\mathrm{m/s^2}$

2. 9m/s

40 分钟练习四答案

一、选择题

1. (A)　2. (D)

二、填空题

1. $\frac{b}{c}-\sqrt{\frac{R}{c}}$　2. $a_{\mathrm{t}}=\frac{g^2t}{\sqrt{v_0^2+g^2t^2}}$，$a_{\mathrm{n}}=\frac{gv_0}{\sqrt{v_0^2+g^2t^2}}$，$\rho=\frac{v}{g}\sqrt{v_0^2+g^2t^2}$

3. $(1-\sqrt{2})l_0^2k$

三、计算题

(1) 0.1414m，0.471m；(2) 0.2355m/s，0.0707m/s

40 分钟练习五答案

一、选择题

1.（D） 2.（C）

二、填空题

1. $\sqrt{\frac{2k}{m}\left(\frac{1}{x}-\frac{1}{x_0}\right)}$ 2. $\sqrt{2gl-\frac{k(l-l_0)^2}{m}}$

三、计算题

1. 以初始时刻的 A 为坐标原点 O，正东方向为 x 轴，正北方向为 y 轴建立平面直角坐标系，则

（1）$\boldsymbol{r}=-180\boldsymbol{i}+4\boldsymbol{j}$；

（2）$\boldsymbol{v}=-30\boldsymbol{i}-12\boldsymbol{j}$；

（3）$\boldsymbol{a}=-2\boldsymbol{j}$

2. $\arccos(g/R\omega^2)$

40 分钟练习六答案

一、选择题

1.（B） 2.（C）

二、填空题

1. $\frac{1}{2}\sqrt{3gl}$ 2. $2g$，0

三、计算题

1. 解：以曲线与转轴的交点为原点 O，垂直转轴方向为 x 轴，沿转轴方向为 y 轴建立平面直角坐标系。

利用曲线斜率 $y'=\tan\theta=\frac{m\omega^2 x}{mg}$，可得 $y=\frac{\omega^2 x^2}{2g}$，形状为抛物线。

2. 面积 $S=7.5\text{m}^2$

40 分钟练习七答案

一、选择题

1.（C） 2.（C）

二、填空题

1. $\sqrt{\frac{2k}{mr_0}}$ 2. 1.2m

三、计算题

1. (1) 19.5J;(2) $\sqrt{19.5}$ m/s

2. (1) $\sqrt{\dfrac{k}{mr}}$;(2) $-\dfrac{k}{2r}$

40 分钟练习八答案

一、选择题

1. (A)　2. (C)

二、填空题

1. $\dfrac{g}{\mu}$　2. 100m/s　3. $-F_0R$

三、计算题

1. $\dfrac{GMm}{2R}, \dfrac{GMm}{R}$

2. 5.26×10^{12} m

40 分钟练习九答案

一、选择题

1. (C)　2. (C)　3. (C)

二、填空题

1. 4s,15m/s　2. $\dfrac{3g}{2l}, \sqrt{3g/l}$

三、计算题

1. 解:对通过盘心且与盘面垂直的轴而言,完整圆盘的转动惯量为

$$J_1 = \frac{1}{2}MR^2$$

挖去部分(小圆盘)的转动惯量为

$$J_2 = \frac{1}{2}mr^2 + m\left(\frac{1}{2}R\right)^2 = \frac{1}{2}mr^2 + mR^2/4$$

其中

$$m = r^2M/R^2$$

根据转动惯量的可加性,所求剩余部分的转动惯量为

$$J = J_1 - J_2 = \left(\frac{1}{2}\right)^2 M(2R^4 - 2r^4 - R^2r^2)/R^2$$

2. $\theta_M = -\dfrac{mR_2^2}{mR_2^2 + \dfrac{1}{2}MR_1^2} \cdot 2\pi$

$$\theta_m = \frac{\frac{1}{2}MR_1^2}{mR_2^2 + \frac{1}{2}MR_1^2} \cdot 2\pi$$

40 分钟练习十答案

一、选择题

1.（A） 2.（B） 3.（B）

二、填空题

1. $\frac{1}{2}\mu mgl$ 2. mvl

三、计算题

1. 由 $\omega = \frac{3rmv}{3mr^2 + Ml^2}$；$\theta = \arccos\left[1 - \frac{r^2m^2v^2}{\left(mr^2 + \frac{1}{3}Ml^2\right)(Mgl + 2mr)}\right]$ 可得：

（1）$\omega = 8.9\text{rad/s}$；（2）$\theta = 94.5°$

2. 解：（1）碎片离盘瞬时的线速度即是它上升的初速度

$$v_0 = R\omega$$

设碎片上升高度 h 时的速度为 v，则有

$$v^2 = v_0^2 - 2gh$$

令 $v=0$，可求出上升最大高度为

$$H = \frac{v_0^2}{2g} = \frac{1}{2g}R^2\omega^2$$

（2）圆盘的转动惯量 $I = \frac{1}{2}MR^2$，碎片抛出后圆盘的转动惯量 $I' = \frac{1}{2}MR^2 - mR^2$，碎片脱离前，盘的角动量为 $I\omega$，碎片刚脱离后，碎片与破盘之间的内力变为零，但内力不影响系统的总角动量，碎片与破盘的总角动量应守恒，即

$$I\omega = I'\omega' + mv_0R$$

式中，ω' 为破盘的角速度。于是

$$\frac{1}{2}MR^2\omega = \left(\frac{1}{2}MR^2 - mR^2\right)\omega' + mv_0R$$

$$\left(\frac{1}{2}MR^2 - mR^2\right)\omega = \left(\frac{1}{2}MR^2 - mR^2\right)\omega'$$

得 $\omega' = \omega$（角速度不变）。

圆盘余下部分的角动量为

$$\left(\frac{1}{2}MR^2 - mR^2\right)\omega$$

40 分钟练习十一答案

一、选择题

1.（A） 2.（1）（C） （2）（B）

二、填空题

1. 对 O 轴的角动量，对该轴的合外力矩为零，机械能 2. $-0.67\mathrm{N/m}$，$-20\mathrm{J}$

三、计算题

1. 解：选杆与地球为系统，机械能守恒。有

$$\frac{1}{2}J\omega^2=\frac{1}{2}mgl(1-\sin\theta)$$

$$\frac{1}{2}\times\frac{1}{3}ml^2\omega^2=\frac{1}{2}mgl(1-\sin\theta)$$

得

$$\omega=\sqrt{3(1-\sin\theta)g/l}$$

由定轴转动定律

$$M=J\beta$$

在 θ 角位置杆受重力矩

$$M=\frac{1}{2}mgl\cos\theta$$

故这时有

$$\frac{1}{2}mgl\cos\theta=\frac{1}{3}ml^2\beta$$

得

$$\beta=\frac{3g}{2l}\cos\theta$$

2. 解：（1）设小球与棒碰撞后，小球速度大小为 v，与 $\boldsymbol{v}_0$ 方向相同，棒角速度为 ω。在碰撞过程中，小球和棒组成的系统，所受外力对 O 轴的合力矩为零，角动量守恒，即

$$v_0l=mvl+J\omega \qquad ①$$

因是弹性碰撞，碰撞前后动能相等，有

$$\frac{1}{2}mv_0^2=\frac{1}{2}mv^2+\frac{1}{2}J\omega^2 \qquad ②$$

选棒和地球为系统，棒摆动中机械能守恒，则

$$\frac{1}{2}J\omega^2=Mg\cdot\frac{1}{2}l(1-\cos\theta) \qquad ③$$

联立三个方程，可求得

$$v_0=\frac{1}{2}\left(1+\frac{1}{3}M/m\right)\sqrt{3gl(1-\cos\theta)}$$

当 $\theta=60°$时，$v_0=\dfrac{3m+M}{6m}\sqrt{\dfrac{3}{2}gl}$

(2) 相撞时,小球受到的冲量 $\boldsymbol{I}=\int \boldsymbol{F}\mathrm{d}t=m\boldsymbol{v}-m\boldsymbol{v}_0$,

又由式①有

$$m(v_0-v)=J\omega/l$$

可求得冲量的大小

$$I=\int F\mathrm{d}t=m(v_0-v)=\frac{1}{3}Ml\omega=\frac{1}{3}M\sqrt{3gl/2}$$

冲量的方向与 $\boldsymbol{v}_0$ 方向相反。

40 分钟练习十二答案

一、选择题

1. (D) 2. (D) 3. (C)

二、填空题

1. $\dfrac{7l^2\omega_0}{4(l^2+3x^2)}$ 2. $\dfrac{m_Bg}{m_A+m_B+\frac{1}{2}m_C}$

三、证明题

要点提示:本题测试的是角动量守恒。

证:Δt 时间内径矢扫过的面积为

$$\Delta S=\frac{1}{2}r\,|\Delta\boldsymbol{r}|\,\sin\theta$$

单位时间扫过的面积

$$\frac{\Delta S}{\Delta t}=\frac{1}{2}r\frac{|\Delta\boldsymbol{r}|}{\Delta t}\sin\theta$$

$$\lim_{\Delta t\to 0}\frac{\Delta S}{\Delta t}=\frac{1}{2}r_V\sin\theta=\frac{1}{2m}L$$

所以相等的时间内扫过相等的面积。

40 分钟练习十三答案

一、选择题

1. (B) 2. (D) 3. (B)

二、填空题

1. (1) 同时,(2) 不同时 2. 大于 3. $7.5\times10^{-5}\,\mathrm{m}^3$

三、计算题

解:取地面为 S 系,飞船为 S'系,以北京为 S 系的原点,北京至上海方向为 $x(x')$轴正向,如图 1 所示。

对甲乙两列车,$\Delta t_1=3.5\times10^{-3}\,\mathrm{s}$,$\Delta x_1=1.463\times10^6\,\mathrm{m}$。由时空间隔变换关系式有

$$\Delta t_1' = \frac{\Delta t_1 - \frac{u}{c^2}\Delta x_1}{\sqrt{1-\left(\frac{u}{c}\right)^2}}$$

$$= \frac{3.5\times10^{-3} - \frac{0.9}{3\times10^8}\times 1.463\times10^6}{\sqrt{1-0.9^2}}$$

$$= -2.04\times10^{-3}(\text{s}) < 0$$

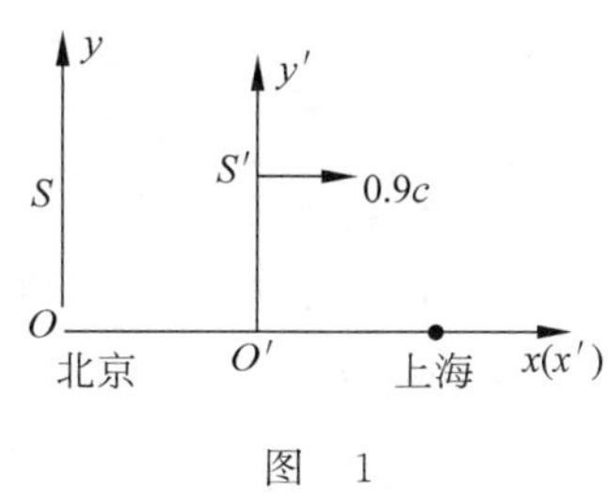

图 1

表明在飞船中的宇航员测得北京站的甲车晚于上海站的乙车 2.04×10^{-3}s 发车，时序发生了颠倒。

对甲丙两列火车，$\Delta t_2 = \Delta t_1 = 3.5\times10^{-3}$s，$\Delta x_2 = 0$，于是

$$\Delta t_2' = \frac{\Delta t_2}{\sqrt{1-\left(\frac{u}{c}\right)^2}} = \frac{3.5\times10^{-3}}{\sqrt{1-0.9^2}}\text{s} = 8.03\times10^{-3}\text{s} > 0$$

表明飞船中的宇航员测得丙车仍然是晚于甲车发车，两参照系的时序不变。

40 分钟练习十四答案

一、选择题

1.(D) 2.(B) 3.(B)

二、填空题

1. 8.89×10^{-8} 2. $\frac{c}{K}\sqrt{K^2-1}$

三、计算题

解：$\Delta E = \Delta mc^2 = 0.006\times10^{-3}\times(3\times10^8)^2 = 5.4\times10^{11}$J，$\Delta E' = 1.3\times10^5$J

则

$$\frac{\Delta E}{\Delta E'} = \frac{5.4\times10^{11}}{1.3\times10^5} = 4.2\times10^6$$

40 分钟练习十五答案

一、选择题

1.(A) 2.(D) 3.(C)

二、填空题

$$\frac{2m_0}{\sqrt{1-(v/c)^2}}$$

三、计算题

解：$\Delta t_A = \frac{\Delta t}{\sqrt{1-\beta_A^2}} = 5\text{s}$，$\Delta t = 4\text{s}$，$\Delta t_B = \frac{\Delta t}{\sqrt{1-\beta_B^2}} = \frac{20}{3}\text{s}$

40 分钟练习十六答案

一、选择题

1.（D） 2.（C） 3.（D）

二、填空题

1. 0.015s 2. $\frac{\sqrt{2}}{2}$

三、计算题

1. $\frac{5}{6}\pi$

2.（1）$\sqrt{\frac{kR^2}{J+mR^2}}$；（2）$y=-x_0\cos\left(\sqrt{\frac{kR^2}{J+mR^2}}t+\pi\right)$

40 分钟练习十七答案

一、选择题

1.（B） 2.（C）

二、填空题

1. 16.97cm，1.33s，5.3×10^{-4}J，1.7×10^{-4}J 2. 0.1m，$\frac{\pi}{2}$

三、计算题

解：$x=0.10\cos\left(\frac{\pi}{2}t+\frac{2\pi}{3}\right)$m

（1）$x=0.10\cos\left(1.0\times\frac{\pi}{2}+\frac{2\pi}{3}\right)\text{m}=-8.66\times10^{-2}\text{m}$

（2）$F=-m\omega^2x=-10\times10^{-3}\times\left(\frac{\pi}{2}\right)2\times(-8.66\times10^{-2})\text{N}$

$=2.14\times10^{-3}\text{N}$

（3）$t_1=\frac{\Delta\varphi}{\omega}=\frac{\pi}{\pi/2}\text{s}=2\text{s}$

（4）$\Delta t=t_2-t_1=\frac{\Delta\varphi}{\omega}=\frac{2\pi/3}{\pi/2}\text{s}=\frac{4}{3}\text{s}$

40 分钟练习十八答案

一、选择题

1.（C） 2.（B） 3.（B）

二、填空题

1. (1) $x_1=8.0\times10^{-2}\cos(10t+\pi)$(m)；(2) $x_2=6.0\times10^{-2}\cos(10t+0.5\pi)$(m)

2. $y=0.02\cos\left(2t+\dfrac{\pi}{2}\right)$(SI)

三、计算题

$t=\dfrac{1}{3}\text{s}$

40 分钟练习十九答案

一、选择题

1. (B) 2. (C) 3. (C)

二、填空题

1. 720m/s 2. $\dfrac{3}{4}\pi$

三、计算题

1. (1) 波动方程：

$$y=A\cos[\omega(t+x/u)+\varphi_0]$$
$$=0.1\cos\left[200\pi\left(t+\frac{x}{2000}\right)-\frac{2}{3}\pi\right]\ (\text{m})$$

(2) $x=15\text{m}$ 处的运动方程：

$$y=0.1\cos(200\pi t+5\pi/6)(\text{m})$$

$t=0$ 时该点的振动速度为

$$v=(\mathrm{d}y/\mathrm{d}t)_{t=0}=-20\pi\sin(5\pi/6)=-10\pi\text{m/s}$$

2. (1) $\varphi-\pi$；(2) $\varphi=2(k+1)\pi$

40 分钟练习二十答案

一、选择题

1. (C) 2. (B) 3. (C) 4. (B) 5. (D) 6. (D) 7. (C)

二、填空题

1. $y=0.05\cos\left[6\pi\left(t-\dfrac{x}{30}\right)+\dfrac{2}{3}\pi\right]\text{m}$， $y=0.05\cos\left[6\pi\left(t-\dfrac{x}{30}\right)-\dfrac{1}{3}\pi\right]\text{m}$

2. $\Delta\varphi=\varphi_2-\varphi_1-\dfrac{2\pi\Delta r}{\lambda}$分 A 点左边，B 点右边，AB 之间，15 个点，距 A 点 1m，3m，5m，…，27m，29m

三、计算题

1. (1) $y_P=A\cos\left(2\pi-\dfrac{\pi}{2}\right)$；(2) $y=A\cos\left[2\pi\left(t-\dfrac{5}{3}x\right)+\dfrac{\pi}{2}\right]$

2. $y=0.5\cos\left[\frac{\pi}{2}(t+2\pi)+\frac{\pi}{2}\right]$，$y=0.5\cos\left(\frac{\pi}{2}t+\frac{\pi}{2}\right)$

3. (1) 反射点是固定端，所以反射有相位突变 π，且反射波振幅为 A，因此反射波的表达式为 $y_2=A\cos[2\pi(x/\lambda-t/T)+\pi]$；

(2) 驻波的表达式是 $y=y_1+y_2=2A\cos\left(2\pi x/\lambda+\frac{1}{2}\pi\right)\cos\left(2\pi t/T-\frac{1}{2}\pi\right)$；

(3) 波腹位置：$2\pi x/\lambda+\frac{1}{2}\pi=n\pi$，$x=\frac{1}{2}\left(n-\frac{1}{2}\right)\lambda\quad(n=1,2,3,\cdots)$

波节位置：$2\pi x/\lambda+\frac{1}{2}\pi=n\pi+\frac{1}{2}\pi$，$x=\frac{1}{2}n\lambda\quad(n=1,2,3,\cdots)$

40分钟练习二十一答案

一、选择题

1. (C)　2. (D)　3. (C)　4. (A)　5. (B)

二、填空题

1. 虚像都是正立放大的；2. 红光；3. 紫，红　4. $S=\pi\left(r+\frac{d}{\sqrt{n^2-1}}\right)$

5. $2\arcsin\frac{1}{1.33}$

三、计算题

1. (1) -7.3mm；(2) -26.7；(3) -1343

2. 解：设物镜焦距为 f_1，目镜为 f_2

$$f_1+f_2=100,\quad \frac{f_1}{f_2}=9$$

解得，$f_1=90$cm，$f_2=10$cm。

40分钟练习二十二答案

一、选择题

1. (C)　2. (B)　3. (C)　4. (C)

二、填空题

1. 480nm　2. 疏，远离，不变，向着，小，向着　3. $\sqrt{kR\lambda/n}$

三、计算题

1. (1) 0.0228m；(2) 向上移动，移到第4级明纹处

2. 分别求出紫光与红光离开屏幕中心的距离，然后得到线宽度 7.2×10^{-4} m

40 分钟练习二十三答案

一、选择题

1.（C） 2.（C） 3.（D） 4.（C）

二、填空题

1. 3π 2. 1.52 3. $\dfrac{\lambda}{2x}$ 4. 0.5

三、计算题

1. 反射光为暗条纹，$\Delta=2nd=(2k+1)\lambda/2$，$d=1.03\times10^{-5}\,\text{m}$

2. $\dfrac{\lambda}{2\theta}-\dfrac{\lambda}{2n\theta}=0.48\times10^{-3}$，$\theta=1.2\times10^{-4}\,\text{rad}$

40 分钟练习二十四答案

一、选择题

1.（A） 2.（D）

二、填空题

1. $\dfrac{2\lambda}{n\theta}$ 2. 228 3. 明纹

三、计算题

1. 解：由投射相长公式有

$$2ne=k\lambda\quad(k=1,2,3,\cdots)$$

得

$$\lambda=\frac{2ne}{k}=\frac{4140\times10^{-9}}{k}$$

利用试算法，得

$$k=6,\lambda=690.0\text{nm};\quad k=7,\lambda=591.4\text{nm}$$
$$k=8,\lambda=517.5\text{nm};\quad k=9,\lambda=460.0\text{nm}$$
$$k=10,\lambda=414.0\text{nm}$$

2. 由牛顿环曲率半径公式 $R=\dfrac{r_{k+m}^2-r_k^2}{m\lambda}$，得

$$\lambda=\frac{r_{k+m}^2-r_k^2}{mR}=\frac{(2.9\times10^{-3})^2-(1.8\times10^{-3})^2}{6\times1.24}=690\text{nm}$$

40 分钟练习二十五答案

一、选择题

1.（D） 2.（A） 3.（B） 4.（B）

二、填空题

1. 3　2. 衍射和干涉的总效果，$b\sin\theta=\pm k'\lambda$

三、计算题

1. 解：根据单缝衍射暗纹条件，有

$$b\sin\theta=\lambda$$

此 θ 即对应于第一暗纹的衍射角，于是解得

$$\theta=\arcsin\frac{\lambda}{b}=\arcsin\frac{26\times10^{-3}}{0.15}=10^\circ$$

雷达应设立的位置为

$$d=\frac{s}{\cot(12^\circ-\theta)-\cot(12^\circ+\theta)}=\frac{200}{\cot2^\circ-\cot22^\circ}=7.7\text{m}$$

2. 解：设第一级衍射光谱的最小衍射角为 θ_1，最大衍射角为 $\theta_2=\theta_1+30^\circ$，则

$$(b+b')\sin\theta_1=400\text{nm}$$

$$(b+b')\sin(\theta_1+30^\circ)=760\text{nm}$$

联立方程可得

$$b+b'=595.5\text{nm},\quad N=16\,793\text{ 条}$$

40 分钟练习二十六答案

一、选择题

1. (B)　2. (D)　3. (A)　4. (D)

二、填空题

1. 890m　2. 0.537mm　3. 2.67　4. 2.9×10^{-3}m；2.9×10^{-3}m

三、计算题

1. (1) $(b+b')\sin\theta=k\lambda$，$b+b'=2.4\times10^{-6}$m；

(2) 8×10^{-7}m；

(3) $k_{max}=4$(由于此时 $\theta=90^\circ$，不可取，故舍去)，全部主极大为 $k=0,\pm1,\pm2$

2. (1) $(b+b')\sin\theta=k\lambda$，采用试算法，$k=2$，$\lambda_{红}=690$nm，$k=3$，$\lambda_{紫}=460$nm；

(2) $k=4$，$\lambda_{红}=690$nm，$k=6$，$\lambda_{紫}=460$nm，$\sin\theta=0.828$，$\theta=56^\circ$；

(3) $k=5$，$\theta=90^\circ$

40 分钟练习二十七答案

一、选择题

1. (C)　2. (D)　3. (D)　4. (C)　5. (B)

二、填空题

1. 2∶3　2. $\frac{1}{8}I_0\sin^2 2\theta$

3. 让光垂直照射检偏器，并让检偏器绕光的传播方向旋转，若屏幕上收到的透射光强

不变则为自然光；若透射光强由最亮变为零又从零变到最亮，则为线偏振光；若透射光强由最亮变为较暗(仍有部分光)，又从较暗变到最亮，则为部分偏振光。

三、计算题

1. 解：考虑空气中的光线进入水后反射光为线偏振光，利用布儒斯特公式，得

$$\tan i=\frac{1.33}{1}=1.33,\quad i=53.1^\circ$$

又根据布儒斯特定律，当光线由水射入平板，发生的反射光为线偏振光，布儒斯特角为

$$\tan i_2=\frac{1.68}{1.33}=1.26,\quad i_2=51.6^\circ$$

由几何关系可得，$\alpha=180^\circ-[(180^\circ-i)+(90^\circ-i_2)]=14.7^\circ$

2. 解：设入射光强为 I_0，根据马吕斯定律：

$$I_1=\frac{1}{2}I_0\cos^2 30^\circ=\frac{3I_0}{8}$$

讨论偏振片摆放情况，再次利用马吕斯定律，可得

$$I_2=\frac{1}{2}I_0\cos^2 60^\circ\cos^2 30^\circ=\frac{1}{4}I_1$$

40分钟练习二十八答案

一、选择题

1. (C)　2. (D)　3. (C)　4. (C)

二、填空题

1. $(E/V)_A<(E/V)_B$　2. 2　3. $6p_1$

三、简答题

略。

四、计算题

1. 解：(1) 由速率分布函数的归一化条件 $\int_0^\infty f(v)\mathrm{d}v=1$，有

$$\int_0^{v_f}4\pi Av^2\mathrm{d}v+\int_{v_f}^\infty 0\mathrm{d}v=1$$

得 $\frac{4}{3}\pi Av_f^3=1$，所以常量 A 为 $A=\frac{3}{4\pi v_f^3}$

(2) 电子气中一个电子的平均动能为

$$\bar{\varepsilon}=\int_0^{v_f}\frac{1}{2}m_e v^2 f(v)\mathrm{d}v=\frac{m_e}{2}\int_0^{v_f}v^2\cdot\pi Av^2\mathrm{d}v$$

$$=\frac{2}{5}\pi Am_e v_f^5=\frac{3}{10}m_e v_f^2$$

2. 解：(1) 由压强公式 $p=\frac{2}{3}n\bar{\varepsilon}_t$，有

$$\bar{\varepsilon}_t=\frac{1}{2}\overline{mv^2}=\frac{3}{2}\frac{p}{n}=\frac{3pV}{2(N_1+N_2)}=\frac{3\times 2.58\times 10^4\times 10}{2(1.0\times 10^{24}+3.0\times 10^{24})}=9.68\times 10^{-21}(\mathrm{J})$$

(2) 由理想气体状态方程 $p=nkT$,有

$$T=\frac{p}{nk}=\frac{pV}{(N_1+N_2)k}=\frac{2.58\times10^4}{1.38\times10^{-23}(1.0\times10^{24}+3.0\times10^{24})}\text{K}=467\text{K}$$

40 分钟练习二十九答案

一、选择题

1. (B) 2. (C) 3. (A) 4. (D)

二、填空题

1. $n_0 e^{-\frac{mgz}{kT}}$, $\frac{kT}{mg}\ln\frac{p_0}{p}$ 2. 氧,氢 3. $\frac{mu^2}{3k}$ 4. 10J

三、计算题

1. 解:(1) 根据速率分布曲线,速率分布可表示为

$$Nf(v)=\begin{cases}\frac{a}{v_0}v, & 0<v<v_0\\ 2a, & v_0<v<2v_0\\ 3a, & 2v_0<v<3v_0\\ 2a, & 3v_0<v<4v_0\\ -\frac{a}{v_0}(v-5v_0), & 4v_0<v<5v_0\\ 0, & v>5v_0\end{cases}$$

由归一化条件,有

$$\int_0^{\infty}Nf(v)\mathrm{d}v=N$$

即

$$\int_0^{v_0}\frac{a}{v_0}v\mathrm{d}v+\int_{v_0}^{2v_0}2a\mathrm{d}v+\int_{2v_0}^{3v_0}3a\mathrm{d}v+\int_{3v_0}^{4v_0}2a\mathrm{d}v+\int_{4v_0}^{5v_0}\frac{-a}{v_0}(v-5v_0)\mathrm{d}v=N$$

由此式可解得

$$a=\frac{N}{8v_0}$$

(2) 速率分布在 $2v_0\to3v_0$ 间隔内的分子数为

$$\Delta N=N\int_{2v_0}^{3v_0}f(v)\mathrm{d}v=\int_{2v_0}^{3v_0}3a\mathrm{d}v=3av_0=\frac{3}{8}N$$

(3) 分子的平均速率为

$$\bar{v}=\int_0^{\infty}vf(v)\mathrm{d}v=\frac{1}{N}\int_0^{\infty}vNf(v)\mathrm{d}v$$

$$=\frac{1}{N}\left[\int_0^{v_0}\frac{a}{v_0}v^2\mathrm{d}v+\int_{v_0}^{2v_0}2av\mathrm{d}v+\int_{2v_0}^{3v_0}3av\mathrm{d}v+\int_{3v_0}^{4v_0}2av\mathrm{d}v+\int_{4v_0}^{5v_0}\frac{-a}{v_0}(v-5v_0)v\mathrm{d}v\right]$$

$$=\frac{1}{N}\left[\frac{a}{v_0}\times\frac{v_0^3}{3}+a(4v_0^2-v_0^2)+\frac{3a}{2}(9v_0^2-4v_0^2)+\right.$$

$$a(16v_0^2-9v_0^2)-\frac{a}{3v_0}(125v_0^3-64v_0^3)+\frac{5av_0}{2v_0}(25v_0^2-16v_0^2)\Big]$$

$$=\frac{1}{8v_0}\left[\frac{v_0^2}{3}+3v_0^2+\frac{15}{2}v_0^2+7v_0^2-\frac{61}{3}v_0^2+\frac{45}{2}v_0^2\right]$$

$$=\frac{5}{2}v_0$$

2. 解：为使气体分子之间不相碰，则必须使分子的平均自由程不小于容器的直径，即必须满足

$$\bar{\lambda}\geqslant 2R$$

由分子的平均自由程 $\bar{\lambda}=\frac{1}{\sqrt{2}\pi d^2 n}$，可得

$$n=\frac{1}{\sqrt{2}\pi d^2\bar{\lambda}}\leqslant\frac{1}{\sqrt{2}\pi d^2(2R)}$$

上式表明，为使分子之间不相碰，容器中可容许的最大分子数密度为 $n_{\max}=\frac{1}{2\sqrt{2}\pi d^2 R}$，因此，在容积 $V=\frac{4}{3}\pi R^3$ 的容器中，最多可容纳的分子数 N 为

$$N=n_{\max}V=\frac{1}{2\sqrt{2}\pi d^2R}\frac{4}{3}\pi R^3=\frac{2}{3\sqrt{2}}\frac{R^2}{d^2}=0.47\frac{R^2}{d^2}$$

40分钟练习三十答案

一、选择题

1.（C） 2.（C） 3.（D） 4.（B）

二、填空题

1. 1000m/s，$\sqrt{2}\times1000$m/s

2. 分布在 $v_p\sim\infty$ 速率区间的分子数在总分子数中的百分率；分子平动动能的平均值

3. 3J

三、计算题

解：(1) 由于 $\varepsilon=\frac{1}{2}\mu v^2$，故 $\mathrm{d}\varepsilon=\mu v\mathrm{d}v$，即 $\mathrm{d}v=\frac{\mathrm{d}\varepsilon}{\mu v}$。又由于 $v=\sqrt{\frac{2\varepsilon}{\mu}}$，因此 $\mathrm{d}v=\frac{\mathrm{d}\varepsilon}{\sqrt{2\mu\varepsilon}}$。

根据麦克斯韦速率分布律，速率介于 $v\to v+\mathrm{d}v$ 之间的分子数占总分子数的比例为

$$\frac{\mathrm{d}N}{N}=f(v)\mathrm{d}v=4\pi\left(\frac{\mu}{2\pi kT}\right)^{3/2}\mathrm{e}^{-\frac{\mu v^2}{2kT}}v^2\mathrm{d}v$$

将 $v=\sqrt{\frac{2\varepsilon}{\mu}}$ 和 $\mathrm{d}v=\frac{\mathrm{d}\varepsilon}{\sqrt{2\mu\varepsilon}}$ 代入上式，即可得平动动能 ε 介于 $\varepsilon\to\varepsilon+\mathrm{d}\varepsilon$ 之间的分子数占总分子数的比例

$$\frac{\mathrm{d}N}{N}=F(\varepsilon)\mathrm{d}\varepsilon=4\pi\left(\frac{\mu}{2\pi kT}\right)^{3/2}\mathrm{e}^{\frac{\varepsilon}{kT}}\frac{1}{\sqrt{2\mu\varepsilon}}\mathrm{d}\varepsilon$$

$$=\frac{2}{\sqrt{\pi}}(kT)^{\frac{3}{2}}\varepsilon^{\frac{1}{2}}e^{-\frac{\varepsilon}{kT}}d\varepsilon$$

（2）只需对 $F(\varepsilon)$ 求极值，就可求得平动动能的最概然值 ε_p。

$$\frac{dF(\varepsilon)}{d\varepsilon}=0$$

即

$$\frac{1}{2}\varepsilon^{-\frac{1}{2}}e^{\frac{-\varepsilon}{kT}}-\frac{1}{kT}e^{\frac{\varepsilon}{kT}}\varepsilon^{\frac{1}{2}}=0$$

由此式可解得

$$\varepsilon_p=\varepsilon=\frac{1}{2}kT$$

而最概然速率所对应的平动动能为

$$\varepsilon(v_p)=\frac{1}{2}\mu v_p^2=\frac{1}{2}\mu\frac{2kT}{\mu}=kT$$

四、证明题

对于理想气体，最概然速率为

$$v_p=\sqrt{\frac{2kT}{\mu}}\quad(\mu\text{ 为分子质量})$$

代入麦克斯韦速率分布律中，有

$$f(v)=4\pi\left(\frac{\mu}{2\pi kT}\right)^{3/2}e^{-\mu v^2/2RT}v^2$$
$$=\frac{4}{\sqrt{\pi}}v_p^{-3}e^{-v^2/v_0^2}v^2$$

当 $v=v_p$ 时有

$$f(v_p)=\frac{4}{\sqrt{\pi}}v_p^{-1}e^{-1}$$

由于 Δv 很小，所以在 $v_p\sim v_p+\Delta v$ 区间内的分子数为

$$\Delta N\approx Nf(v_p)\Delta v=\frac{4N}{\sqrt{\pi}}v_p^{-1}e^{-1}\Delta v=\frac{4N}{\sqrt{\pi}}\sqrt{\frac{\mu}{2kT}}e^{-1}\Delta v$$

故

$$\Delta N\propto\frac{1}{\sqrt{T}}$$

40 分钟练习三十一答案

一、选择题

1.（B） 2.（A） 3.（A） 4.（D）

二、填空题

1. $\eta_1=\eta_2$，$A_1<A_2$ 2. 6.59×10^{-26}kg 3. $\frac{1}{n}$

三、计算题

1. 解：混合气体的比热容比为

$$\gamma=1+\frac{(\nu_1+\nu_2)R}{\nu_1 C_{V1}+\nu_2 C_{V2}}$$

对于单原子分子有 $C_{V1}=\frac{3}{2}R$，对于双原子分子有 $C_{V2}=\frac{5}{2}R$，将它们代入上式有

$$\gamma=1+\frac{(\nu_1+\nu_2)R}{\nu_1\frac{3}{2}R+\nu_2\frac{5}{2}R}=1+\frac{2(\nu_1+\nu_2)}{3\nu_1+5\nu_2}=\frac{11}{7}$$

所以

$$\frac{2\left(\frac{\nu_1}{\nu_2}+1\right)}{\frac{3\nu_1}{\nu_2}+5}=\frac{4}{7}$$

即

$$a=\frac{\nu_1}{\nu_2}=3$$

2. 解：(1) 温度从 T_1 升至 T_2 的等压过程中，系统吸收的热量为

$$Q_p=\int_{T_1}^{T_2}C_p\,\mathrm{d}T=\int_{T_1}^{T_2}(a+2bT-cT^2)\,\mathrm{d}T$$

$$=a(T_2-T_1)+b(T_2^2-T_1^2)-\frac{1}{3}c(T_2^3-T_1^3)$$

(2) 在 T_1 和 T_2 之间的平均摩尔热容为

$$\overline{C_p}=\frac{Q_p}{T_2-T_1}=\frac{\int_{T_1}^{T_2}C_P\,\mathrm{d}T}{T_2-T_1}=a+b(T_2+T_1)-\frac{1}{3}(T_2^2+T_1T_2+T_1^2)$$

40分钟练习三十二答案

一、选择题

1.（A） 2.（C） 3.（A） 4.（C）

二、填空题

1. 等压，等容，等温 2. －1000J 3. 吸热膨胀过程

三、计算题

解 (1) 混合气体在等体过程中，温度升高 ΔT 时，系统吸收的热量为

$$Q=\nu C_V\Delta T=\nu_1 C_{V1}\Delta T+\nu_2 C_{V2}\Delta T$$

式中，C_V 为混合气体定体摩尔热容。C_{V1} 和 C_{V2} 分别是氦气和氮气的摩尔热容。ν 是混合气体的摩尔数，其值为

$$\nu=\nu_1+\nu_2$$

所以

$$C_V=\frac{\nu_1C_{V1}+\nu_2C_{V2}}{\nu_1+\nu_2}$$

同理,对于定压摩尔热容,有

$$C_V=\frac{\nu_1C_{p1}+\nu_2C_{p2}}{\nu_1+\nu_2}$$

(2) 由混合气体的定体和定压摩尔热容,有

$$\gamma=\frac{C_p}{C_V}=\frac{\nu_1C_{p1}+\nu_2C_{p2}}{\nu_1C_{V1}+\nu_2C_{V2}}=1+\frac{(\nu_1+\nu_2)R}{\nu_1C_{V1}+\nu_2C_{V2}}$$

所以,混合气体的温度与体积的关系为

$$TV^{\gamma-1}=TV^{\frac{(\nu_1+\nu_2)R}{\nu_1C_{V1}+\nu_2C_{V2}}}=\text{常数}$$

40分钟练习三十三答案

一、选择题

1.(C) 2.(A) 3.(B)

二、填空题

1. $\frac{2}{7}$ 2. $\frac{5}{3},\frac{10}{3}$ 3. 是 A→B

三、证明题

证:用反证法。假设该循环的摩尔热容 C 为常数。当系统从某一初态开始经图示循环又回到初态时,系统内能不变,即

$$\Delta E=0$$

由图可以看出,在该循环过程中,系统对外做功

$$A>0$$

由热力学第一定律,系统在一个循环中吸收的热量

$$Q=\Delta E+A=A>0$$

在循环过程中任取一元过程,对于该过程,系统吸收的热量可写为

$$\mathrm{d}Q=\nu C\mathrm{d}T$$

由于摩尔热容为常量,因而在一个循环中吸收的热量为

$$Q=\oint\nu C\mathrm{d}T=\nu C\oint\mathrm{d}T=0$$

这与 $Q>0$ 的结论相矛盾,因而假设不成立,即循环过程的摩尔热容不可能为常量。

40分钟练习三十四答案

一、选择题

1.(A) 2.(C) 3.(B) 4.(C)

二、填空题

1. $U_P=U_O$　2. $-\Delta\Phi_e$　3. $E=0, U=\frac{Q}{4\pi\varepsilon_0}\left(\frac{1}{R_1}-\frac{1}{R_2}\right)$

三、计算题

1. 解：取一细圆环带，其半径为 $r(r>R)$，带宽为 dr，则圆环带的面积为 $dS=2\pi r dr$，其上带电量为

$$dq=\sigma ds=\sigma 2\pi r dr$$

应用已知的带电细圆环在轴线上的场强公式，可得该圆环带在轴线上 P 点产生的电场的大小，

$$dE=\frac{\sigma 2\pi r drx}{4\pi\varepsilon_0(x^2+r^2)^{3/2}}$$

因此，该系统在 P 点产生的总场强大小为

$$E=\int dE=\int_R^\infty \frac{\sigma 2\pi r drx}{4\pi\varepsilon_0(x^2+r^2)^{3/2}}=\frac{\sigma x}{2\varepsilon_0\sqrt{R^2+x^2}}$$

方向沿 x 轴正方向。

2. 解：(1) 球心处的电势为两个同心带电球面各自在球心处产生的电势的叠加，即

$$\begin{aligned}U_0&=\frac{1}{4\pi\varepsilon_0}\left(\frac{q_1}{r_1}+\frac{q_2}{r_2}\right)\\&=\frac{1}{4\pi\varepsilon_0}\left(\frac{4\pi r_1^2\sigma}{r_1}+\frac{4\pi r_2^2\sigma}{r_2}\right)\\&=\frac{\sigma}{\varepsilon_0}(r_1+r_2)\end{aligned}$$

$$\sigma=\frac{U_0\varepsilon_0}{r_1+r_2}=8.85\times10^{-9}\ \text{C/m}^2$$

(2) 设外球面上放电后电荷面密度为 σ'，则应有

$$U_0'=\frac{1}{\varepsilon_0}(\sigma r_1+\sigma' r_2)=0$$

则

$$\sigma'=\frac{r_1}{r_2}\sigma$$

外球面上应变成带负电，共应放掉电荷

$$\begin{aligned}q'&=4\pi r_2^2(\sigma-\sigma')=4\pi r_2^2\sigma\left(1+\frac{r_1}{r_2}\right)\\&=4\pi r_2\sigma(r_1+r_2)=4\pi\varepsilon_0U_0r_2\\&=6.67\times10^{-9}\text{C}\end{aligned}$$

40 分钟练习三十五答案

一、选择题

1. (B)　2. (D)　3. (C)　4. (A)

二、填空题

1. $e\sqrt{\frac{m}{k}\left(\frac{1}{r_1}-\frac{1}{r_2}\right)}$　2. $q/(24\varepsilon_0)$　3. 0　4. 零　5. $\frac{q}{6\varepsilon_0}$

三、计算题

1. 解：设坐标原点位于 P 点，x 轴沿杆的方向，如图 1 所示。杆的电荷线密度 $\lambda=q/l$。在 x 处取电荷元 $\mathrm{d}q$

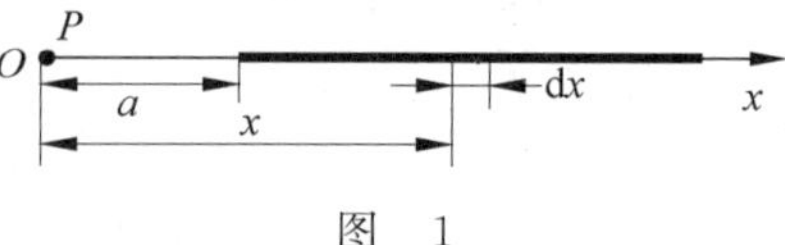

图　1

$$\mathrm{d}q=\lambda\mathrm{d}x=q\mathrm{d}x/l$$

它在 P 点产生的电势

$$\mathrm{d}U_{\mathrm{p}}=\frac{\mathrm{d}q}{4\pi\varepsilon_0 x}$$

整个杆上电荷产生的电势

$$U_{\mathrm{p}}=\frac{q}{4\pi\varepsilon_0 l}\int_a^{a+l}\frac{\mathrm{d}x}{x}=\frac{q}{4\pi\varepsilon_0 l}\ln\frac{a+l}{a}$$

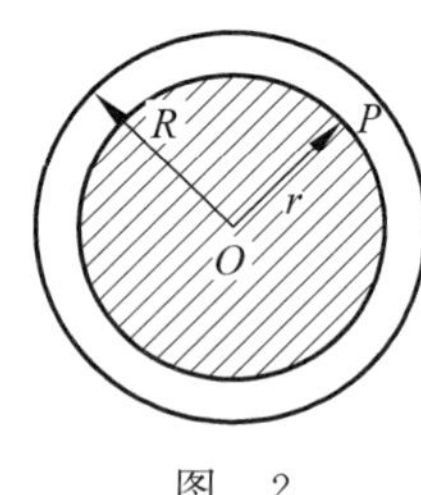

图　2

2. 解：由于电荷分布具有球对称性，所以它所激发的电场也具有对称性，其场强的方向沿径向，而且在同一球面上场强处处相等。因此，可用高斯定理求解 $\boldsymbol{E}$。

设球内任一点 P 到球心 O 的距离为 r，如图 2 所示，在以 O 为中心，r 为半径的球面上各点的场强数值相等，而方向均垂直于球面。因此可以选择此球面作为高斯面，根据高斯定理可得

$$\oint_S \boldsymbol{E}\cdot\mathrm{d}\boldsymbol{S}=\oint E\cos(\boldsymbol{E}\cdot\boldsymbol{r})\mathrm{d}S=E\cdot 4\pi r^2=\frac{1}{\varepsilon_0}\sum_{(S向)}q_i$$

由于电荷沿径向分布，所以

$$\sum_{(S内)}q_i=\int\mathrm{d}q=\int\rho\mathrm{d}V$$

$$=\int_0^r\frac{\rho_0\mathrm{e}^{-k\gamma}}{r}4\pi r^2\mathrm{d}r=4\pi\rho_0\left(\frac{1}{k}-\frac{1}{k}\mathrm{e}^{-k\gamma}\right)$$

$$=\frac{4\pi\rho_0}{k}(1-\mathrm{e}^{-k\gamma})$$

代入上式得

$$4\pi r^2E=\frac{1}{\varepsilon_0}\frac{4\pi\rho_0(1-\mathrm{e}^{-k\gamma})}{k}$$

$$E(r)=\frac{\rho_0}{\varepsilon_0 kr^2}(1-\mathrm{e}^{-k\gamma})$$

若球体半径为 R，求解球外一点 P 的场强时，由高斯定理得

$$E\cdot 4\pi r^2=\frac{1}{\varepsilon_0}\sum_{(S内)}q_i$$

此时

$$\sum_{(S内)} q_i = \int_0^R \frac{\rho_0 e^{-k\gamma}}{r} 4\pi r^2 dr = \frac{4\pi\rho_0}{k}(1-e^{-kR})$$

则

$$E(r) = \frac{\rho_0}{\varepsilon_0 k r^2}(1-e^{-kR})$$

40分钟练习三十六答案

一、选择题

1.(C) 2.(C) 3.(D) 4.(D)

二、填空题

1. $\frac{6\sqrt{3}qQ}{4\pi\varepsilon_0 a}$ 2. $\oiint_S \boldsymbol{E}\cdot d\boldsymbol{S} = \frac{q}{\varepsilon_0}$ 3. $-135V,45V$ 4. 有源场,无源场

三、计算题

解:如图1以O点为圆点沿细线方向建立坐标系,在细线上任取一线元dx,其上电荷量

$$dq = \lambda dx$$

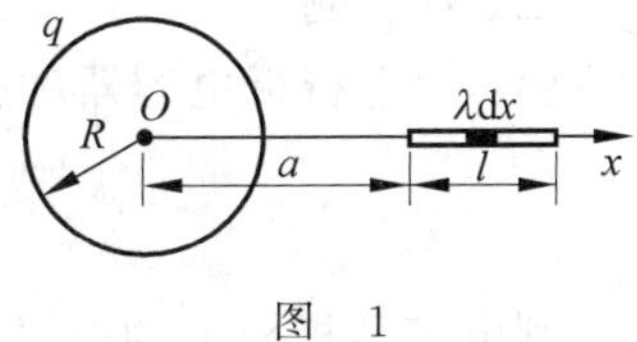

图 1

球面在线元dx处的场强为

$$E = \frac{q}{4\pi\varepsilon_0 x^2}$$

电荷元dq受到的电场力为

$$dF = \frac{1}{4\pi\varepsilon_0}\frac{q\lambda dx}{x^2}$$

整个细线所受的电场力为

$$F = \int dF = \frac{q\lambda}{4\pi\varepsilon_0}\int_a^{a+l}\frac{dx}{x^2} = \frac{q\lambda}{4\pi\varepsilon_0}\left(\frac{1}{a}-\frac{1}{a+l}\right)$$

方向沿x轴正向。

电荷元在球面电荷电场中的电势能为

$$dW_e = \frac{q}{4\pi\varepsilon_0 x}\lambda dx$$

整个细线在电场中具有的电势能为

$$W_e = \frac{q\lambda}{4\pi\varepsilon_0}\int_a^{a+l}\frac{dx}{x} = \frac{q\lambda}{4\pi\varepsilon_0}\ln\frac{a+l}{a}$$

四、证明题

证:已知一均匀带电球面在其内部的场强处处为零。此题可在此基础上分析。设想一均匀带电球面由上下两个带电半球面组合而成,那么上半球面在球内P点的场强和下半球面在球内P点场强的矢量叠加应为零。

如果上半球面在圆底面上 P 点处的场强矢量 $\boldsymbol{E}$，如图 2 所示，那么下半球面在此圆底面上 P 点的场强矢量 $\boldsymbol{E}'$，亦如图 2 所示。显然，如果 $\boldsymbol{E}$ 的方向不与圆底面垂直，则

$$\boldsymbol{E}+\boldsymbol{E}'\neq 0$$

这与已知结论矛盾。因此，带电半球面在圆底面上各点场强方向应处处垂直于圆底面。

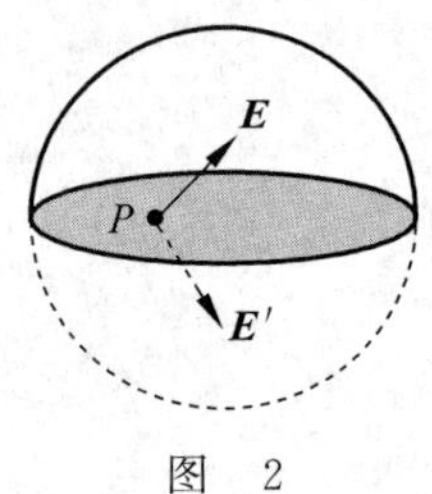

图 2

40 分钟练习三十七答案

一、选择题

1.（D） 2.（A） 3.（B） 4.（D） 5.（B）

二、填空题

1. 增强抗压能力，增大电容值 2. $\dfrac{A}{4\pi\varepsilon_0}\left(\dfrac{1}{R_0}-\dfrac{1}{R_1}+\dfrac{1}{\varepsilon_r R_1}-\dfrac{1}{\varepsilon_r R_2}+\dfrac{1}{R_2}\right)$

3. 6.0×10^{-3} m

三、计算题

解：由平行板电容器的公式可得

$$C=\frac{\varepsilon_0 S}{d}=2\times10^2\varepsilon_0\ \text{F}$$

则电容器极板上的电量为

$$Q=C\Delta V=2\times10^4\varepsilon_0\ \text{C}$$

（1）A、B 板间的电势差在未插入 C 板前，两板之间的场强为

$$E=\frac{\Delta V}{d}=\frac{100}{10^{-2}}=10^4\ \text{V/m}$$

插入 C 板之后，由于极板上的电量不改变，所以电荷面密度不变，因此两板间的场强 $E=\dfrac{\sigma}{\varepsilon_0}$ 也不变，A、C 板间和 C、B 板间的场强都是 $E=\dfrac{\sigma}{\varepsilon_0}$。由此可得

$$\Delta V_{AC}=Ed_1=10^4\times2\times10^{-3}=20\text{V}$$

$$\Delta V_{CB}=Ed_2=10^4\times6\times10^{-3}=60\text{V}$$

板间的电势差为

$$\Delta V=\Delta V_{AC}+\Delta V_{CB}=20\text{V}+60\text{V}=80\text{V}$$

（2）用导线连接 A、B 板后，两板电势相同，系统相当于两个电容器并联，所以此时系统的电容为

$$C=C_1+C_2=\frac{\varepsilon_0 S}{d_1}+\frac{\varepsilon_0 S}{d_2}=\varepsilon_0\left(10^3+\frac{10^3}{3}\right)=\frac{4}{3}\times10^3\varepsilon_0\text{F}$$

因为极板上总电量未变，所以板与板间的电势差为

$$\Delta V=\frac{Q}{U}=15\text{V}$$

40 分钟练习三十八答案

一、选择题

1.（E） 2.（D） 3.（B）

二、填空题

1. $\dfrac{q}{4\pi\varepsilon_0}\left(\dfrac{1}{d}-\dfrac{1}{R}\right)$ 2. $Q=q_1+q_2,0,0,qE=\dfrac{q(q_1+q_2)}{4\pi\varepsilon_0 r^2}$ 3. $3C/2$

三、计算题

1. 解：设两平行长直导线上电荷线密度为 λ，用叠加原理和高斯定理可求得两导线之间垂直连线上任意一点 P 的场强。以导线 A 的轴线为轴，以 r 为半径，作过 P 点的圆柱形高斯面，柱长为 l，如图 1 所示。则由对称性分析可知

图 1

$$\oint_S \boldsymbol{E}_1 \cdot \mathrm{d}\boldsymbol{S} = E_1 \cdot 2\pi r l = \frac{1}{\varepsilon_0}\sum_{(S)} q_i$$

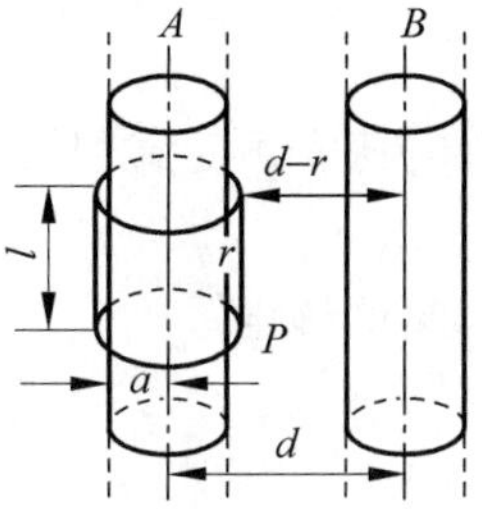

因为

$$\sum q_i = \int \lambda \,\mathrm{d}l = \lambda l$$

代入上式得

$$E_1 = \frac{\lambda}{2\pi\varepsilon_0 r}$$

同理可得，导线 B 在 P 点产生的场强

$$E_2 = \frac{\lambda}{2\pi\varepsilon_0 (d-r)}$$

因为 E_1 和 E_2 的方向均是由带 $+\lambda$ 电荷线密度的导线指向带 $-\lambda$ 电荷线密度的导线，故 P 点的总场强为

$$E = E_1 + E_2 = \frac{\lambda}{2\pi\varepsilon_0}\left(\frac{1}{r} + \frac{1}{d-r}\right)$$

则两导线之间的电势差

$$\Delta V = \int_a^{d-a} E \cdot \mathrm{d}l = \frac{\lambda}{2\pi\varepsilon_0}\int_a^{d-a}\left(\frac{1}{r} + \frac{1}{d-r}\right)\mathrm{d}r = \frac{\lambda}{\pi\varepsilon_0}\ln\frac{d-a}{a}$$

因此，单位长度导线上的电容为

$$C = \frac{C'}{l} = \frac{\lambda}{\Delta V} = \frac{\pi\varepsilon_0}{\ln\dfrac{d-a}{a}}$$

由题意可知，$d \gg a$，则 $d-a \approx d$，所以

$$C = \frac{\pi\varepsilon_0}{\ln\dfrac{d}{a}}$$

2. 解：(1) 根据孤立导体电容的定义，设 A、B 球各带电量 Q_A 和 Q_B，则它们的电势分

别为

$$V_A=\frac{Q_A}{C_A},\quad V_B=\frac{Q_B}{C_B}$$

C_A 和 C_B 分别为 A、B 球的电容。已知导体球的电容为

$$C_A=4\pi\varepsilon_0 R_1,\quad C_B=4\pi\varepsilon_0 R_2$$

又因两球相连后，$V_A=V_B$，可得

$$V_A=\frac{Q_A}{4\pi\varepsilon_0 R_1}=V_B=\frac{Q_B}{4\pi\varepsilon_0 R_2}$$

即

$$\frac{Q_A}{R_1}=\frac{Q_B}{R_2}$$

由电荷守恒定律可知，

$$Q_A+Q_B=Q$$

因此可解出

$$Q_A=\frac{R_1}{R_1+R_2}Q,\quad Q_B=\frac{R_2}{R_1+R_2}Q$$

（2）两球相连后等电势，则有

$$V=V_A=V_B=\frac{Q_A}{4\pi\varepsilon_0 R_1}=\frac{Q_B}{4\pi\varepsilon_0 R_2}=\frac{Q}{4\pi\varepsilon_0 (R_1+R_2)}$$

（3）由电容定义式可知

$$C=\frac{Q}{V}=4\pi\varepsilon_0 (R_1+R_2)$$

40分钟练习三十九答案

一、选择题

1.（D） 2.（B） 3.（A） 4.（C） 5.（C） 6.（D）

二、填空题

1. $\frac{2}{3}\times10^{-5}$ T，7.2×10^{-21} A·m^2 2. $\frac{\mu_0 I}{2\pi a}\cdot\frac{a^2}{R^2-r^2}$ 3. $\pi r^2 B\cos\alpha$ 4. 0

5. $\arcsin\frac{eBD}{p}$

三、计算题

1. 解：（1）如图 1 所示，首先将半圆柱形通电金属薄片分割为无穷多个平行于轴线的无限长直载流导线。

每个直导线所载电流

$$dI=j\,dl$$

其中

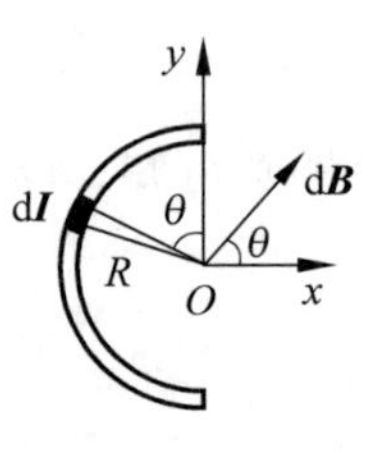

图 1

$$j=\frac{I}{\pi R},\quad \mathrm{d}l=R\,\mathrm{d}\theta$$

该直导线在 O 点产生的磁场为

$$\mathrm{d}B=\frac{\mu_0\,\mathrm{d}I}{2\pi R}=\frac{\mu_0 I}{2\pi^2 R}\mathrm{d}\theta$$

由对称性分析可知,各长直载流导线在 O 点磁场的叠加只有 y 方向分量不为零,x 方向的分量均相互抵消。

$$B=\int \mathrm{d}B\sin\theta=\int_0^{\pi}\frac{\mu_0 I}{2\pi^2 R}\sin\theta\,\mathrm{d}\theta=\frac{\mu_0 I}{\pi^2 R}$$

(2) 载流直导线与半圆柱形金属薄片电流反向,故直导线受到的单位长度的排斥力为

$$\frac{\mathrm{d}\boldsymbol{F}}{\mathrm{d}l}=\frac{I\,\mathrm{d}\boldsymbol{l}\times\boldsymbol{B}}{\mathrm{d}l}=\frac{\mu_0 I^2}{\pi^2 R}\boldsymbol{i}$$

2. 解:取坐标系 xOy,如图 2(a)所示。由于空腔的存在,不能直接用安培环路定理求解。小圆柱空腔表示其中通过的电流等于 0,这可以等效成空腔中同时存在的两个等值反向的电流,因此可采用补偿法求解。将空腔部分等效成同时存在着电流密度 j 和($-j$)的电流,空腔中任意一点的磁场为通有电流密度 j,半径为 R 和半径为 r 的长圆柱体和通有反向电流密度($-j$),半径为 r 的小圆柱体产生的磁场的矢量和,即

$$\boldsymbol{B}=\boldsymbol{B}_1+\boldsymbol{B}_2$$

取空腔中的任意一点 P,$\overline{OP}=r_1$,$\overline{O'P}=r_2$,由于半径为 R 和半径为 r 的长圆柱体产生的磁场具有轴对称性,故根据安培环路定理,有

$$B_1=\frac{\mu_0 j\pi r_1^2}{2\pi r_1}=\frac{\mu_0 r_1}{2}j$$

其中 $j=\dfrac{I}{2\pi(R^2-r^2)}$。

所以

$$B_1=\frac{\mu_0 I r_1}{2\pi(R^2-r^2)}$$

同理,可得

$$B_2=\frac{\mu_0 r_2}{2}j=\frac{\mu_0 I r_2}{2\pi(R^2-r^2)}$$

$\boldsymbol{B}_1$ 和 $\boldsymbol{B}_2$ 方向根据右手法则确定,如图 2(b)所示。

将 $\boldsymbol{B}_1$,$\boldsymbol{B}_2$ 在 x,y 轴上投影,其分量为

$$B_{1x}=-B_1\sin\theta=-\frac{\mu_0}{2}jr_1\sin\theta$$

$$B_{1y}=B_1\cos\theta=\frac{\mu_0}{2}jr_1\cos\theta$$

$$B_{2x}=B_2\cos\theta'=-\frac{\mu_0}{2}jr_2\sin\alpha$$

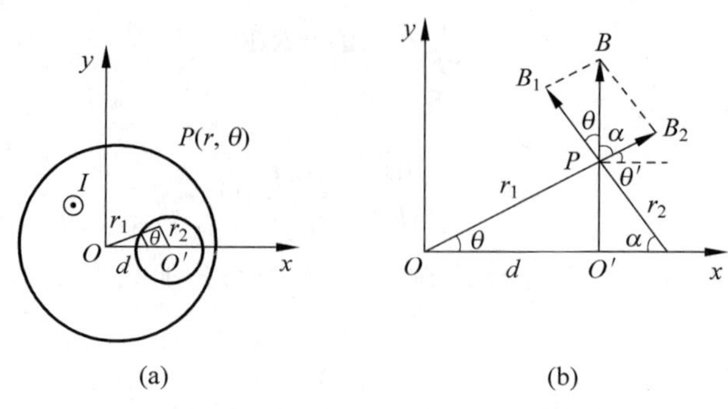

图 2

$$B_{2y}=B_2\sin\theta'=\frac{\mu_0}{2}jr_2\cos\alpha$$

P 点的磁感应强度 B 的两个正交分量为

$$B_x=B_{1x}+B_{2x}=\frac{\mu_0 j}{2}(r_2\sin\alpha-r_1\sin\theta)=0$$

$$B_y=B_{1y}+B_{2y}=\frac{\mu_0 j}{2}(r_1\cos\theta+r_2\cos\alpha)=\frac{\mu_0 j}{2}d$$

结果表明，P 点的磁感应强度 B 的大小为一常量，方向垂直于 OO'之间的连线 d，即在 y 轴方向上，所以空腔中的磁场为匀强磁场：

$$B_y=\frac{\mu_0 Id}{2\pi(R^2-r^2)}$$

40 分钟练习四十答案

一、选择题

1. (B) 2. (B) 3. (D) 4. (D) 5. (B) 6. (B)

二、填空题

1. $\mu_0(I_2-2I_1)$ 2. $\frac{1}{2}\pi R^2 IB$，在图面中向上

3. Ⅱ区域 4. $2\sqrt{2}\mu_0 I/\pi l$，0 5. 在水平面内，$B_1/B_2=\sqrt{3}$

三、计算题

1. 解：(1) 沿轴向取坐标轴 Ox，如图 1 所示。利用一载流直导线产生磁场的结果，正方形载流线圈每边在点 P 产生的磁感应强度的大小均为

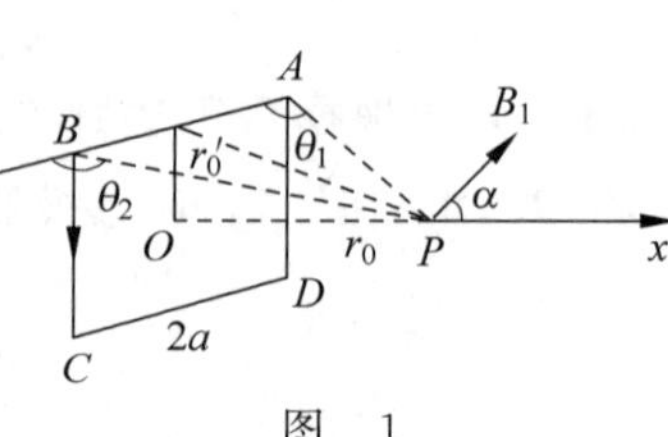

图 1

$$B_1=\frac{\mu_0 I}{4\pi r_0'}(\cos\theta_1-\cos\theta_2)$$

式中

$$r_0'=\sqrt{r_0^2+a^2}$$

$$\cos\theta_1=\frac{a}{\sqrt{r'^2_0+a^2}}=\frac{a}{\sqrt{r_0^2+2a^2}}=-\cos\theta_2$$

由分析可知，4 条边在点 P 的磁感应强度矢量的方向并不相同，其中 AB 边在 P 点的 B_1 的方向，如图 1 所示。由对称性可知，点 P 的 B 应沿 x 轴，其大小等于 B_1 在 x 轴投影的 4 倍。设 B_1 与 x 轴的夹角为 α，则

$$B=4B_{1x}=4B_1\cos\alpha=4B_1\frac{a}{\sqrt{r_0^2+a^2}}$$

$$=\frac{4\mu_0 I}{4\pi\sqrt{r_0^2+a^2}}\cdot\frac{2a}{\sqrt{r_0^2+2a^2}}\cdot\frac{a}{\sqrt{r_0^2+a^2}}$$

$$=\frac{2\mu_0 Ia^2}{\pi(r_0^2+a^2)\sqrt{r_0^2+2a^2}}$$

(2) 把 $r_0=10\text{cm}, a=1.0\text{cm}, I=5.0\text{A}$ 代入上式，得 $B=3.9\times10^{-7}\text{T}$，

把 $r_0=0, a=1.0\text{cm}, I=5.0\text{A}$ 代入，得 $B=2.8\times10^{-4}\text{T}$。

2. 解：由题意可知

$$\boldsymbol{B}_1=B_1\boldsymbol{j},\quad \boldsymbol{B}_2=B_2\boldsymbol{i}\ (\boldsymbol{i},\boldsymbol{j}\text{ 为 }x,y\text{ 轴的单位向量})$$

小段载流导线可表示为

$$I\boldsymbol{L}=IL_x\boldsymbol{i}+IL_y\boldsymbol{j}+IL_z\boldsymbol{k}\ (\boldsymbol{k}\text{ 为 }z\text{ 轴的单位向量})$$

式中，I 为导线中的电流强度，L 为导线长度，$\boldsymbol{L}$ 方向表示电流 I 的流向。要使 IL 所受的磁场合力为零，则应有

$$I\boldsymbol{L}\times\boldsymbol{B}_1+I\boldsymbol{L}\times\boldsymbol{B}_2=0$$

即

$$L_xB_1-L_yB_2=0$$
$$L_zB_1=0$$
$$L_zB_2=0$$

由上述关系解出

$$L_x=\frac{B_2}{B_1}L_y$$

$$L_z=0$$

由此可知，小载流线段应放在 xy 平面内，它与 x 轴之间的夹角 φ 应为

$$\tan\varphi=\frac{L_y}{L_x}=\frac{B_1}{B_2}=\frac{1.73}{1.0}=1.73,\quad \varphi=0^\circ\text{ 或 }240^\circ$$

40 分钟练习四十一答案

一、选择题

1. (B)　2. (A)　3. (D)　4. (B)　5. (B)

二、填空题

1. $\frac{1}{2}L^2\omega B\sin^2\theta$，由 A 指向 C　2. $\omega abB\cos\omega t$　3. A 点　4. (1) 式(2)；(2) 式(3)；(3) 式(1)　5. 0，$-B\omega l^2/2$

三、计算题

1. 解：(1) 无限长直导线中通有交变电流，其周围空间产生交变磁场，根据无限长直载流导线产生磁场的公式可知，此交变磁场的磁感应强度的表达式为

$$B=\frac{\mu_0 i}{2\pi r}=\frac{\mu_0 I_0}{2\pi r}\sin\omega t$$

如图 1 所示，在距导线 r 远处，取面元 $l\mathrm{d}r$，穿过该面元的磁通量为

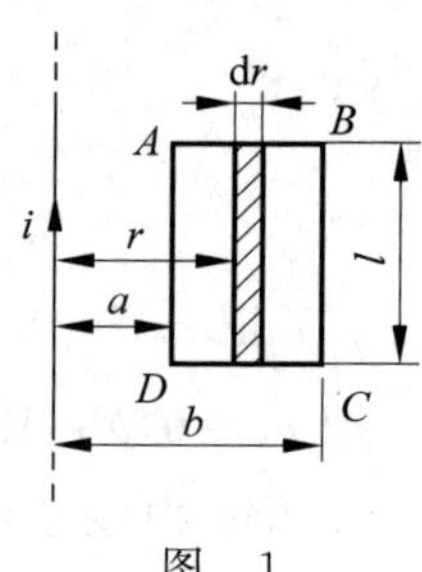

图　1

$$\mathrm{d}\Phi=\boldsymbol{B}\cdot\mathrm{d}\boldsymbol{S}=B\cos\theta\mathrm{d}S=B\mathrm{d}S=\frac{\mu_0 I_0}{2\pi r}\sin\omega t\cdot l\mathrm{d}r$$

在 t 时刻穿过回路 $ABCD$ 的磁通量为

$$\Phi=\int\mathrm{d}\Phi=\iint_{(S)}\boldsymbol{B}\cdot\mathrm{d}\boldsymbol{S}=\int_a^b\frac{\mu_0 I_0}{2\pi r}\sin\omega t\cdot l\mathrm{d}r$$

$$=\frac{\mu_0 l}{2\pi}\left(\ln\frac{a}{b}\right)I_0\sin\omega t$$

(2) 根据法拉第电磁感应定律，将 Φ 对时间 t 求导数，得回路 $ABCD$ 中的感应电动势

$$\varepsilon=-\frac{\mathrm{d}\Phi}{\mathrm{d}t}=-\frac{\mu_0 l\omega}{2\pi}\left(\ln\frac{b}{a}\right)I_0\cos\omega t$$

其方向作周期性变化。

2. 解：(1) $U_{OM}=U_O-U_M=\frac{1}{2}\omega a^2 B$

(2) 添加辅助线 ON，由于整个 $\triangle OMN$ 内感应电动势为零，所以 $\varepsilon_{OM}+\varepsilon_{MN}=\varepsilon_{ON}$，即可直接由辅助线上的电动势 ε_{ON} 来代替 OM、ON 两段内的电动势。

$$\overline{ON}=2a\cos30^\circ=\sqrt{3}a$$

$$U_{ON}=U_O-U_N=\frac{1}{2}\omega B(\sqrt{3}a)^2=3\omega a^2B/2$$

(3) O 点电势最高。

40 分钟练习四十二答案

一、选择题

1. (B)　2. (B)　3. (C)　4. (C)　5. (B)

二、填空题

1. 向右移动　2. $\varepsilon_2>\varepsilon_1$　3. 0.128π，$-0.5\mathrm{m}^2/\mathrm{s}$　4. 3.18T/s　5. $\omega L^2B/2$

三、计算题

1. 解：由于 B 随时间变化，同时 ab 导线切割磁场线，故回路中既存在感生电动势，又存在动生电动势。

由法拉第电磁感应定律可知，t 时刻金属框中感应电动势的大小为

$$\begin{aligned} |\varepsilon| &= \frac{\mathrm{d}\Phi}{\mathrm{d}t} = \frac{\mathrm{d}(BS)}{\mathrm{d}t} = B\frac{\mathrm{d}S}{\mathrm{d}t} + S\frac{\mathrm{d}B}{\mathrm{d}t} \\ &= B\frac{\mathrm{d}}{\mathrm{d}t}\left(\frac{1}{2}lx\right) + \frac{1}{2}lx\frac{\mathrm{d}}{\mathrm{d}t}\left(\frac{1}{2}t^2\right) \\ &= \varepsilon_{动} + \varepsilon_{势} \end{aligned}$$

$\varepsilon_{动}$ 的方向从 b 指向 a，$\varepsilon_{势}$ 的方向为逆时针方向。

将 $x = vt$，$l = x\tan\theta = vt\tan\theta$ 代入上式，则

$$\begin{aligned} |\varepsilon| &= \frac{1}{2}t^2\frac{\mathrm{d}}{\mathrm{d}t}\left(\frac{1}{2}v^2t^2\tan\theta\right) + \frac{1}{2}v^2t^2\tan\theta\frac{\mathrm{d}}{\mathrm{d}t}\left(\frac{1}{2}t^2\right) \\ &= v^2t^3\tan\theta \end{aligned}$$

ε 的方向为逆时针方向。

2. 解：用 $\varepsilon = \int_a^b E_V \cdot \mathrm{d}l$ 求解。

$$\varepsilon = \int_a^b E_V \cdot \mathrm{d}l = \int_a^b E_V\cos\theta \cdot \mathrm{d}l$$

因为

$$E_V(r < R) = \frac{1}{2}\frac{\mathrm{d}B}{\mathrm{d}t}r = \frac{1}{2}\frac{\mathrm{d}B}{\mathrm{d}t}\frac{h}{\cos\theta}$$

$$\mathrm{d}l = \mathrm{d}(h\tan\theta) = h\,\mathrm{d}(\tan\theta)$$

所以

$$\begin{aligned} \varepsilon &= \int_a^b \frac{1}{2}\frac{\mathrm{d}B}{\mathrm{d}t}\frac{h}{\cos\theta} \cdot \cos\theta \cdot h\,\mathrm{d}(\tan\theta) \\ &= \frac{1}{2}\frac{\mathrm{d}B}{\mathrm{d}t}h^2\int_{-\theta_0}^{\theta_0}\mathrm{d}(\tan\theta) \\ &= \frac{\mathrm{d}B}{\mathrm{d}t}h^2\tan\theta_0 \end{aligned}$$

40分钟练习四十三答案

一、选择题

1. (C)　2. (C)　3. (C)　4. (E)

二、填空题

1. $2Rh/(ap)$　2. $\sqrt{\dfrac{2m_e hc(\lambda_0-\lambda)}{\lambda\lambda_0}}$

三、计算题

解：(1) 德布罗意公式：$\lambda = h/mv$

由题可知 α 粒子受磁场力作用作圆周运动，所以

$$qvB = m_\alpha v^2/R,\quad m_\alpha v = qRB$$

另

$$q = 2e$$

所以

$$m_\alpha v = 2eRB$$

故

$$\lambda_\alpha = h/(2eRB) = 1.00 \times 10^{-11}\,\text{m}$$
$$= 1.00 \times 10^{-2}\,\text{nm}$$

(2) 由上一问可得

$$v = 2eRB/m_\alpha$$

对于质量为 m 的小球

$$\lambda = \frac{h}{mv} = \frac{h}{2eRB} \cdot \frac{m_\alpha}{m}$$
$$= \frac{m_\alpha}{m} \cdot \lambda_\alpha = 6.64 \times 10^{-34}\,\text{m}$$

后　　记

将自主学习循环模式引入物理课堂的反思

第一，为了使自主学习循环模式在物理课堂上具有蓬勃的生命力，教师必须具备六种能力：

（1）示范各种自主学习技能的使用；

（2）以学生能够理解和接受的方式来示范自主学习技能的功效；

（3）坚持记录学生的进步；

（4）预测学生可能提出的关于自主学习的问题；

（5）做出计划将自主学习过程整合到物理课程中；

（6）根据自主学习训练中获得的经验来改进计划和教学方法，然后设计实验，收集证据，填写表格，自己得出结论。

教师记录学生的进步，也可以由学生用本子画表格记录自己的进步。必要时由同学之间交换记录，让学生参与到这个过程中来，还可以将记录保存作为标志自我学习进展的个人档案的组成部分。

节后安排"课题研究"让学生回答、思考，并对所学的内容进行调整、补充、交流研究结果。

在上述案例中，自始至终地贯串着这样一根主线：自主学习。尽管齐莫尔曼的自主学习循环模式来自纽约，但在他们编著书中引用了中国的俗语："授人以鱼，只供一饭之需，教人以渔，则终身受用无穷。"大量的研究证明，无论城市乡村，无论国度差异，把自主学习的精神和程序应用在学生身上，可以满足学生自己一生对知识的渴求。

学生自主学习能力的培养与发展是一个漫长而渐进的过程，对自主学习模式的建构进行深度设计与研究，已经较好地做到了以下几点：①从他控到自控；②从被动依赖到自觉能动；③从单维到多维；④从有意识到自动化。学生最初的自主学习往往不够熟练和迅速，对学习的自我计划、自我观察、自我监控、自我反应等过程常常是在高度集中的意识水平上依次发生和进行的，需要付出足够的注意和意志努力，随着自主学习能力的发展，学习活动变得日趋娴熟，意识控制成分逐渐减少，最终达到自动的水平。

第二，留给人们的思考：

高等教育教学改革已经开始，大学物理教学改革远没有结束，今后仍将继续改革。各国改革的情况不尽相同，但有些共同的问题需要思考或再思考。

（1）在高等教育前期阶段，开设综合理科课程，内容将如何组织？是按物理学、化学、生物学等分门编辑在一起，还是以对自然现象的方式来组织内容？"综合"的意义在哪里呢？东京理科大学的石川考夫教授，建议内容可分为三部分：能，极小的世界，巨大的世界。

（2）应在学校教育的哪一阶段去发现对理科中某一种有特殊兴趣、将来可培养成为国家所需要的人才的学生呢？从何时为这种发现作好准备呢？选拔和识别这种学生的方法是什么呢？又怎么对待这些学生呢？

（3）在精选物理内容时，应增加现代物理学的知识，增加哪些内容？有什么依据呢？比如说，"量子"概念很重要，但对学生来说，又有多大的意义呢？

（4）自主学习作为一种能力，其形成和发展要经历一个渐进的、相对漫长的过程，自主学习包含大量的子过程或分过程，应当由全体任课老师把自主学习能力的培养作为一项长期的任务在教学诸环节上予以训练。这需要克服困难、创造条件、持之以恒！

（5）尚未完成的内容：经过长时间的训练与指导，同学们不仅学到本学科的知识，一定也会在自学、思考、查找文献中获得更多的综合学科的知识，同学们的正向思维、逆向思维、横向思维、纵向思维、交叉思维、联想与对比、排列与类比、延伸与迁移、识记与表达、框图与结构等的能力一定有很大提高，虽然开始进程会比较缓慢，但只要持之以恒，滴水穿石，一定能够大幅提高，学习自信心更强。问题是要设计出测量学生自主学习的度量标和具体指标，可以设置三级：C、B、A，学生的自主学习以及全面素质的体现达到了哪一级，也让同学自我意识加强，需进一步标注具体策略，使之日趋完美。

参考文献

[1] 联合国教科文组织.学会生存——世界教育的今天和明天[M].邵瑞珍,等译.北京:教育科学出版社,1979.

[2] 刘炳升.科技活动创造教育原理与设计[M].南京:南京师范大学出版社,1999.

[3] 庞维国.Self-regulated Learning[M].上海:华东师范大学出版社,2003.

[4] 卢德馨.研究型教学20年——理念、实践、物理[M].北京:清华大学出版社,2008.

[5] 卢德馨.大理科模式20年——思想、举措、人才[M].北京:清华大学出版社,2009.

[6] 国务院学位委员会办公室.教育学[M].北京:高等教育出版社,2000.

[7] 查有梁.教育模式[M].北京:教育科学出版社,1999.

[8] [美]布鲁纳.教育过程[M].邵瑞珍,译.北京:文化教育出版社,1982.

[9] 张华.课程与教学论[M].上海:上海教育出版社,2000.

[10] 董国福.读启教学论[M].北京:教育科学出版社,1997.

[11] 费秀壮.教师的思维品质[M].长春:东北师范大学出版社,2001.

[12] 邵瑞珍.教育心理学[M].上海:上海教育出版社,1988.

[13] 陈琦,刘儒德.当代教育心理学[M].北京:北京师范大学出版社,1997.

[14] Barry J. zimmernan,et al.自我调节学习[M].姚梅林,等译.北京:中国轻工业出版社,2001.

[15] 皮连生.学与教的心理学[M].上海:华东师范大学出版社,1997.

[16] 杨家兴.自学式教材设计手册[M].台北:台湾心理出版社,2000.

[17] 阎金铎,田世昆.初中物理教学通论[M].北京:高等教育出版社,1994.

[18] 王丹东,刘炳升.中学物理教学通论[M].香港:国际展望出版社,1991.

[19] 董奇.儿童创造力发展心理[M].杭州:浙江教育出版社,1993.

[20] 王瑞旦,宋善炎.物理方法论[M].长沙:中南大学出版社,2002.

[21] 田世昆,胡卫平.物理思维论[M].南宁:广西教育出版社,1996.

[22] 教育部高等学校物理学与天文学教学指导委员会物理基础课程教学分指导委员会.理工科类大学物理课程教学基本要求(2010年版)[M].北京:高等教育出版社,2011.

[23] 张三慧.大学物理学[M].4版.北京:清华大学出版社,2018.

[24] 赵凯华.新概念物理[M].北京:高等教育出版社,2004.

[25] 马文蔚,周雨青.大学物理教程[M].2版.北京:高等教育出版社,2006.

[26] 张三慧.大学物理学(第4版)学习指导与习题解答[M].北京:清华大学出版社,2019.

[27] 冯杰.大学物理专题研究[M].北京:北京大学出版社,2011.

[28] 周川.简明高等教育学[M].南京:河海大学出版社,2006.

[29] 何维杰,欧阳玉.物理思想史与方法论[M].长沙:湖南大学出版社,2001.

[30] 骆炳贤.中国物理学史大系物理教育史[M].长沙:湖南教育出版社,2001.

[31] 杨中超,何鸿禧.大学物理:二维提要与多解题曲[M].长春:吉林大学出版社,2010.

[32] 班丽瑛.大学物理学习与指导[M].西安:西北工业大学出版社,2008.

[33] 杨建华,戴兵,秦玉明.大学物理上下册[M].苏州:苏州大学出版社,2012.

[34] 戴兵.大学物理学习指导[M].上海:上海交通大学出版社,2006.

[35] 张三慧.大学物理学简程[M].北京:清华大学出版社,2010.

[36] 张利,等.大学研究性学习概念及其实现策略研究[M].青岛:中国海洋大学出版社,2012.

[37] 李伯生,张建发,曹秀华.中学物理教材研究[M].长春:吉林人民出版社,2000.

[38] 沈生民.奥苏伯尔的有意义接受学习教学理论//心理学百科全书[M].杭州：浙江教育出版社,1995.

[39] 王艺,田芬,曹秀华.大学物理学习辅导与大作业[M].苏州：苏州大学出版社,2010.

[40] 陈娴.多元智力观与物理教学策略[M].北京：高等教育出版社,2008.

[41] 曹秀华.自主学习模式的研究[D].南京：南京师范大学,2004.

[42] 曹秀华.对多尔的后现代课程观的理性反思[J].南通大学学报教育科学版,2008(1).

[43] 曹秀华.对自主学习理念的认识与探讨[J].教育探索,2006(4).

[44] 曹秀华.基于多元智力理论的分层作业设计[J].教育探索,2006(11)；中国人大报刊复印资料全文转载 G36.

[45] 谢冉.哲学人类视野下的大学课程研究[D].苏州大学,2013.

[46] 曹秀华.osbell 理论启示下的知识迁移研究[J].物理教学探讨 2007(9):29.

[47] 陈娴.多元智力的实证研究与物理教学的对策[D].南京师范大学,2004.

网页参考：http://baike.baidu.com/link? url=m348l6zmEUwEzbjCbA6xe-8-z6GH1vTXDGaYJRl-ye0dCbJOCUMAN4-quVM-n1rW2o.

致　　谢

本书在出版过程中得到了清华大学出版社朱红莲编辑的大力支持和帮助，她对待审稿工作中的斟字酌句，推敲再三，为本书倾注了许多心血，使编者深受感动，在此深表谢意。

也非常感谢苏州科技大学科研处及数理学院同事们的帮助。

孙坚、时善进、田芬、王艺等诸位老师提供了部分习题，对此编者谨致深深的谢意。

葛文宣对练习答案进行了核对，在此编者一并表示诚挚的感谢。

感谢我丈夫给予的支持和帮助，他时常为我熬粥做菜，提醒我注意身体不要熬通宵。

感谢我的女儿对我的鼓励与支持。

是家人的鼓励与学生的期盼鼓舞着我。

一个人的多元智力无论有多高，坚持与努力才是通往成功彼岸的唯一主轴线。

我会不断鞭策自己，开辟科研与教研航线，继续前行。

2019 年 11 月

致谢